新世纪电气及自动化类规划系列

模拟电子技术

主　编　周淑阁

副主编　杨　栋

参　编　孙正凤　李永琳　周　洪

东南大学出版社

南　京

内容简介

全书共分3篇。第一篇是电子器件及基本应用，包括晶体二极管、三极管、场效应管的特性，基本应用和分析方法；第二篇是基本功能电路，包括负反馈放大器、振荡电路、电流源电路、差分电路、功率放大器等功能电路的特性、技术指标和实际应用；第三篇是模拟集成电路，包括集成运算放大器、集成稳压电源的原理和应用。全书注重电子电路分析方法的学习和应用，注重学生应用电子技术能力的培养。

本书是高等学校电子信息类学生"模拟电子线路"、"电子技术基础"、"低频电子线路"等课程的教材，也可以供从事电子技术工作的工程技术人员、非电子信息类相关课程的教师和学生参考。

图书在版编目(CIP)数据

模拟电子技术/周淑阁主编. —南京：东南大学出版社，2008.5(2017.7重印)

(新世纪电气及自动化类规划系列教材)

ISBN 978-7-5641-1169-4

Ⅰ.模… Ⅱ.周… Ⅲ.模拟电路—电子技术—高等学校—教材 Ⅳ.TN710

中国版本图书馆CIP数据核字(2008)第039966号

模拟电子技术

出版发行	东南大学出版社
出 版 人	江建中
社　　址	南京市四牌楼2号
邮　　编	210096
经　　销	全国各地新华书店
印　　刷	虎彩印艺股份有限公司
开　　本	787mm×1092mm　1/16
印　　张	23
字　　数	570千
版　　次	2008年5月第1版
印　　次	2017年7月第5次印刷
书　　号	ISBN 978-7-5641-1169-4/TN·14
定　　价	37.00元

(本社图书若有印装质量问题，请直接与营销部联系。电话：025-83791830)

前言

本书的编写是按照国家教育部“十一五”期间高等教育要全面贯彻落实科学发展观、切实把重点放在提高质量上的指示精神，以“把提高教材质量作为教材建设的核心”为宗旨，按照国家教育部电气信息类课程指导委员会分委会制定的教学大纲编写的。

教材中吸取了我们多年来的教学实践经验，注重电子电路的基本理论和分析方法，对重要的概念、重要的分析方法、较难理解的内容都提供了比较典型的例题，注意吸收国内外的先进技术，加强了集成电路原理和应用方面的内容。

全书共分3篇。第一篇是电子器件及基本应用，包括晶体二极管、三极管、场效应管等电子器件的特性、基本应用和分析方法；第二篇是基本功能电路，包括负反馈放大器、振荡电路、电流源电路、差分放大电路、功率放大器等功能电路的特性、技术指标和实际应用；第三篇是模拟集成电路，包括集成运算放大器、集成稳压电源的原理和应用。

全书各章节相对独立，便于不同学校的教师按不同学时和不同专业的要求对教学内容进行不同的选择。

本书由周淑阁教授担任主编，杨栋担任副主编。第1章到第4章由周淑阁编写，第8章和第10章由杨栋编写，第6章和第7章由孙正凤编写，第5章由李永琳编写，第9章由周洪编写。

感谢东南大学出版社编辑朱珉女士对本书出版的支持。

由于编者水平有限，加上时间仓促，书中错误和不妥之处恳请读者批评指正。

编　者

2007年9月

目　录

第一篇 电子器件及其基本应用

各种电子系统和电子电路都是由电子器件组成的，因此，学习电子电路和研究电子系统必须首先学习和了解最基本的电子器件及其基本应用。如果将电子系统比喻为一座大厦，则电子器件就是建造大厦的砖瓦。因此，本书的第一篇作为基础篇，介绍各种半导体电子器件的结构、工作原理、性能参数和它们的基本应用电路。

本篇共3章。第1章为晶体二极管的结构、工作原理、特性曲线、基本应用和二极管电路的分析方法，为了更好地了解二极管的工作原理，在第1章中还介绍了必要的半导体物理知识。第2章为晶体三极管的结构、工作原理、特性曲线、基本参数以及由三极管组成的基本放大器的原理、特性和分析方法等，通过这一章的学习可以对基本放大器有比较全面的认识，并且学会分析线性放大器的2种重要的方法：图解法、小信号等效电路法。第3章为场效应管的工作原理、特性曲线以及由场效应管组成的放大器的工作原理、基本特性和分析方法。

1 晶体二极管工作原理及应用

1.1 引　言

晶体二极管(diode)是用半导体材料制成的、广泛应用于电子设备中的最简单的半导体器件。它的内部结构示意图和电路符号如图 1.1 所示。

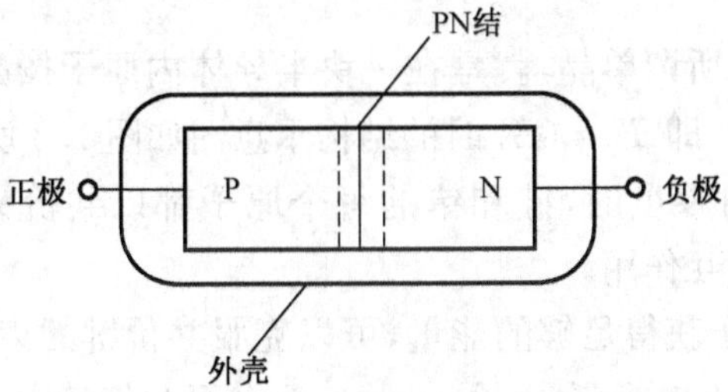

(a) 二极管结构示意图

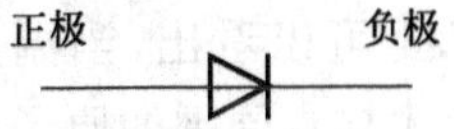

(b) 二极管的电路符号

图 1.1　二极管的内部结构示意图及电路符号

二极管的核心是 PN 结。PN 结是 P 型半导体和 N 型半导体的接触面附近的区域。PN 结由外壳保护起来,引出 2 个极,就构成二极管。其中,一个极与 P 型半导体相连接,称为正极或阳极(anode),另一个极与 N 型半导体相连接,称为负极或阴极(cathode)。二极管在电路中的符号如图 1.1(b)所示。那么,什么是 PN 结?什么是 N 型半导体和 P 型半导体?二极管的工作原理是什么?流过二极管的电流和加在二极管两端电压的关系如何?晶体二极管有什么用途?这些都是本章要回答的问题。

本章首先介绍半导体物理知识,包括本征半导体、N 型半导体、P 型半导体,然后介绍 PN 结的形成和工作原理、二极管电流与电压的关系(称为伏安特性)、二极管的应用、含有二极管的电路的求解方法等问题。

1.2　半导体物理知识

1.2.1　概　述

自然界中的物质,按其导电能力分类,可以分成三大类:导体、绝缘体、半导体。电阻率低于 $10^{-3}\,\Omega\cdot cm$ 的物质称为导体,电阻率高于 $10^{9}\,\Omega\cdot cm$ 的物质称为绝缘体,半导体的导电能力介于导体与绝缘体之间,因此称之为半导体。最常用的半导体材料是硅(silicon),其次是锗(germanium),还有一些化合物如砷化镓(gallium arsenide)等也是半导体。本书中着重介绍硅(Si)和锗(Ge)的特性。

硅(Si)在元素周期表中的序号是 14,因此在原子核外部有 14 个电子,它的价电子是 4 个。锗(Ge)在元素周期表中的序号是 32,因此在原子核外部有 32 个电子,而它的最外层电子也是 4 个,即也有 4 个价电子。因此,可以用同一个模型来表示硅和锗的原子,如图 1.2 所示。

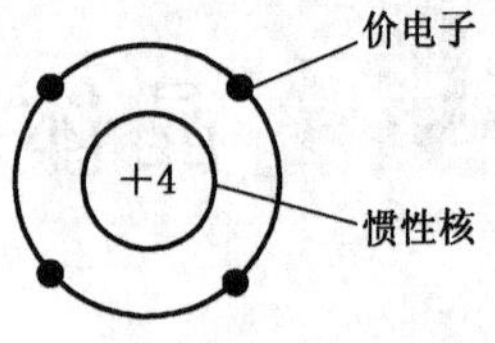

图 1.2　硅和锗原子结构简化模型

图 1.2 表示硅和锗的原子结构的简化模型。此模型将硅和锗的模型分成了 2 个部分,一部分是价电子,另一部分称为惯性核。惯性核是硅或锗的原子除了价电子以外的部分。很明显,惯性核应具有 4 个正电荷。

用硅和锗的简化模型讨论问题时,不必提及是硅还是锗,这样可以使问题简化。

1.2.2　本征半导体

本征半导体是纯净的半导体单晶。所谓单晶,就是在一块半导体内原子按晶格排列得非常整齐。硅或锗的单晶在绝对零度时,即 $T = 0$ K 时的结构示意图如图 1.3 所示。

从图 1.3 可以看出,当温度为绝对零度时,硅和锗的每个原子都以共价键(covalent bonds)的形式与它周围的原子结合并相互作用。

当温度升高时,有些原子中的价电子获得足够的能量,可以克服共价键的束缚,跑到晶格中,成为可以在晶格中自由运动的自由电子(free electron),而在原共价键中出现了一个空位置,称之为空穴(hole)。因此,只要产生一个自由电子,必然对应着一个空穴产生,即电子和空穴成对出现,称之为电子-空穴对。温度越高,产生的电子-空穴对就越多。这种产生电子-空穴对的过程,称为本征激发。当温度高于绝对零度时,本征半导体中都存在着由本征激发而产生的电子和空穴。如图 1.4 所示。

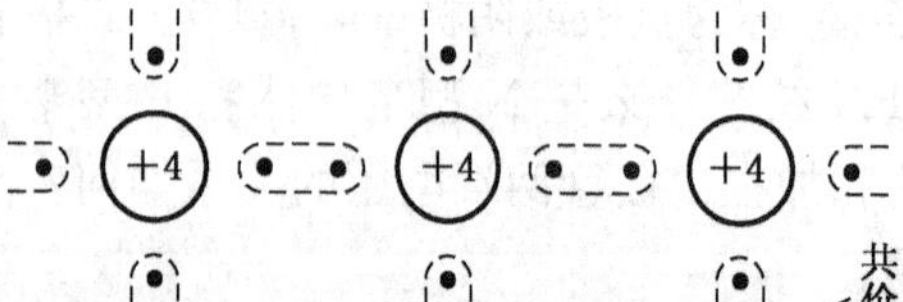

图 1.3　$T = 0$ K 时硅或锗单晶结构的平面示意图

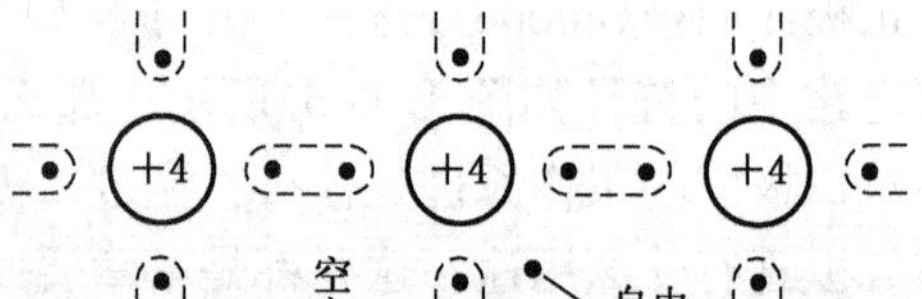

图 1.4　$T > 0$ K 时硅或锗单晶中本征激发的示意图

自由电子(以下简称为电子)可以在晶格中运动,它是带负电的粒子,因此,它的运动可以产生电流。空穴也可以运动，如果其他共价键中的电子移动到某一空穴所在的共价键中，填补了空位，这样就相当于空穴移动了位置。

在图 1.5 中，共价键 A 中的电子填补了共价键 B 中的空位，共价键 A 中就出现了空位，也就是空穴从 B 移动到了 A 中，所以空穴的运动方向和共价键中电子运动的方向相反，因此可以把空穴看作是一种带正电的粒子。空穴的运动也产生电流，电流的方向与空穴的运动方向相同。因此，把自由电子和空穴都称为载流子(carrier)。

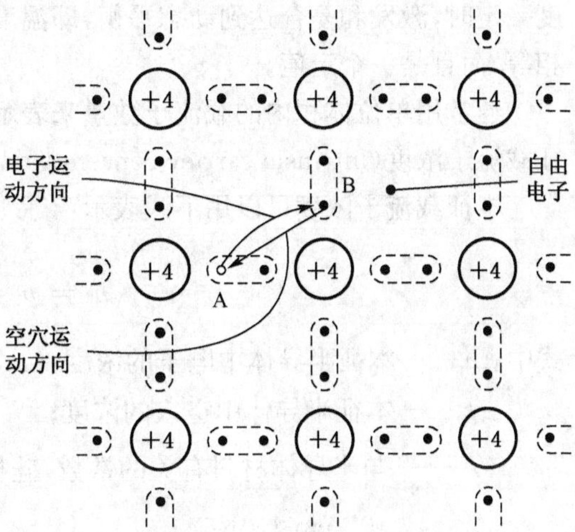

图 1.5　空穴的移动示意图

本征激发的实质是：当温度升高时，价电子获得足够的能量，从能量较低的价带能级跳到能量较高的导带能级上去。如图 1.6 所示。

由图 1.6 可知，当价电子得到大于带隙能量(band-gap energy)E_g 的能量之后，可以克服共价键的束缚，从价带跳到导带而成为自由电子。自由电子的运动实际上是电子在导带中的运动，而空穴的运动是价带中的电子填补空位而形成了空穴的运动，也就是空穴是在价带中运动的。如图 1.7 所示。

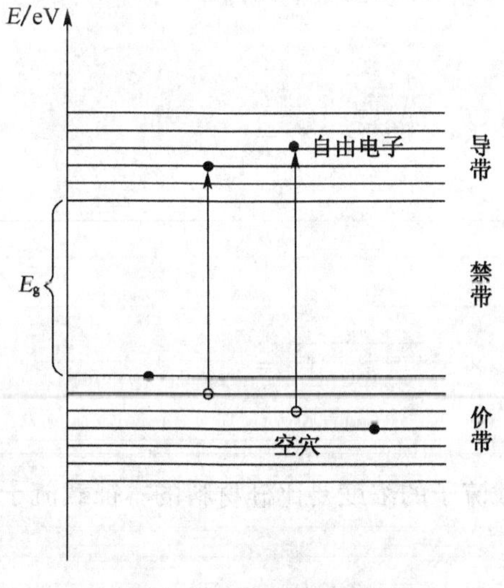

图 1.6　价电子的能带示意图

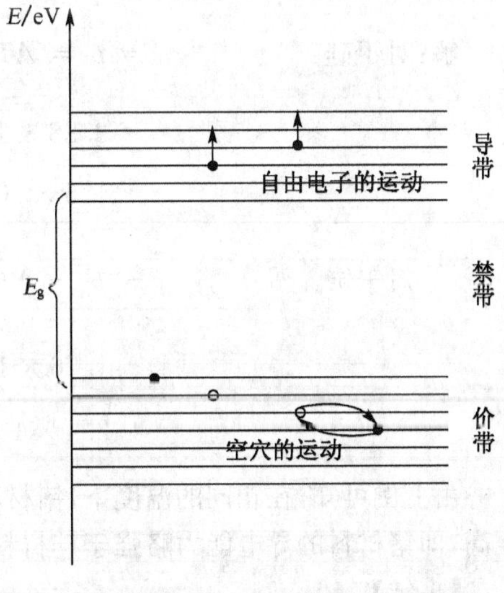

图 1.7　电子、空穴在能带中运动示意图

半导体材料的带隙能量在 1 eV(1 eV 是一个电子由于 1 V 的电场加速而产生的能量，1 eV ＝ 1.6×10^{-19} J)左右，绝缘材料的带隙能量 E_g 为 3 eV ～ 6 eV，而绝大多数导体的价带和导带重叠，即没有禁带存在，因此这 3 种物质的导电能力不同。

在本征半导体中，与本征激发同时存在的一种现象称为复合。复合是指导带上的电子放出能量又跳回价带中而填补价带中的空穴的过程。当电子和空穴发生复合时，一对电子-空穴对就消失了。显然，激发过程使电子-空穴对增加，而复合又使电子-空穴对减少。当温度一定时，激发和复合达到动态平衡，即温度一定时，本征半导体内的电子浓度与空穴浓度相等，而且是一个定值。

通常用单位体积内的载流子数量来表示本征半导体材料内的载流子的多少，称其为本征载流子浓度(intrinsic carrier concentration)。

本征载流子浓度可以用下式表示：

$$n_i = p_i = AT^{\frac{3}{2}} e^{\frac{-E_{g0}}{2kT}} \tag{1.1}$$

式中：n_i——本征半导体中电子的浓度；

p_i——本征半导体中空穴的浓度；

A—— 与半导体材料有关的常数，硅材料为 $3.88\times10^{16}\ \mathrm{cm^{-3}\cdot K^{-\frac{3}{2}}}$，锗材料为 $1.76\times10^{16}\ \mathrm{cm^{-3}\cdot K^{-\frac{3}{2}}}$；

E_{g0}——0 K 时半导体材料的带隙能量，硅材料的 E_{g0} 为 1.207 eV，锗材料的 E_{g0} 为 0.785 eV；

T——热力学温度(K)；

k——玻尔兹曼常数(Boltzmann's constant)，$k=8.63\times10^{-5}\ \mathrm{eV/K}=1.38\times10^{-23}\ \mathrm{J/K}$。

由式(1.1)可知，本征载流子浓度与温度有关，温度升高，本征载流子浓度就增加，当温度一定时，对固定的一块半导体材料，本征载流子浓度是一定的。

【例 1.1】 计算在室温 27 ℃(300 K)时硅和锗的本征载流子浓度。

解：对于硅：

$$n_i = p_i = AT^{\frac{3}{2}} e^{\frac{-E_{g0}}{2kT}} = 3.88\times10^{16}\times300^{\frac{3}{2}}\times e^{\frac{-1.207}{2\times(8.63\times10^{-5})\times300}} = 1.5\times10^{10}\ (\mathrm{cm^{-3}})$$

对于锗：

$$n_i = p_i = AT^{\frac{3}{2}} e^{\frac{-E_{g0}}{2kT}} = 1.76\times10^{16}\times300^{\frac{3}{2}}\times e^{\frac{-0.785}{2\times(8.63\times10^{-5})\times300}} = 2.4\times10^{13}\ (\mathrm{cm^{-3}})$$

由上例可知，在相同的温度下，锗材料的本征载流子的浓度要比硅材料的本征载流子浓度高，即锗材料的导电能力略强于硅材料的导电能力。

【小结】

* 价带中的空穴和导带中的电子是成对出现的，因此整块本征半导体还是电中性的。

* 自由电子在导带中运动；空穴在价带中运动，即自由电子在晶格中运动；空穴在共价键内运动。

* 温度一定时，激发和复合达到动态平衡，即温度一定时半导体材料中的载流子浓度是一定的。

* 温度升高时，半导体材料中的载流子浓度就增大，导电能力增强。因此，本征半导体可以制成热敏元件和光敏元件。

1.2.3　杂质半导体

由例 1.1 中知道，在室温 27 ℃(300 K)时，硅材料的本征载流子浓度为 $1.5\times10^{10}\ cm^{-3}$，锗材料的本征载流子浓度为 $2.4\times10^{13}\ cm^{-3}$。它们的载流子浓度与其原子密度相比要小得多，如硅材料的原子密度是 $5\times10^{22}\ cm^{-3}$，所以只有 $\frac{1}{3.3\times10^{12}}$，即 3 万亿分之一的原子由于本征激发产生了电子-空穴对，因此，本征半导体的导电能力很弱。另外，本征半导体的导电能力不能人为地控制，只要温度一定，对给定的本征半导体材料，它的载流子浓度就是一个定值，它的导电能力也就不能被改变了。为了提高半导体材料的导电能力，并且实现人为控制半导体材料的导电性，可以采用掺杂技术。

所谓掺杂，就是将半导体材料中掺入一定量的杂质元素，这样的半导体材料称为杂质半导体。一般掺入杂质元素的浓度要远大于本征载流子的浓度，又要远小于半导体材料的原子密度，使杂质原子零星地分布于半导体材料的晶格中。

杂质半导体分为两种：一种是 N 型半导体，另一种是 P 型半导体。

1) N 型半导体

如果在半导体材料中掺入五价元素，就能制成 N 型半导体。用于掺杂的常见的五价元素有磷(phosphorus)和砷(arsenic)。如图 1.8 所示，图中是五价的杂质原子在晶格中分布的平面示意图。

因为杂质的原子是五价的，所以杂质的原子有 5 个价电子，其中 4 个价电子和周围的半导体材料的原子中的价电子组成共价键，而余下的一个价电子很容易挣脱杂质原子的束缚，成为自由电子。理论和实验证明，在室温下，晶格中所有的杂质原子都能释放出一个电子。因此，这种杂质称为施主杂质(donor impurity)。由于这个电子不是共价键中的电子，所以就没有空穴产生。杂质原子由于释放出一个电子而变成了正离子，而这个正离子是束缚在晶格中的，不能像载流子那样运动。杂质离子带正电而自由电子带负电，所以整块半导体还是电中性的。

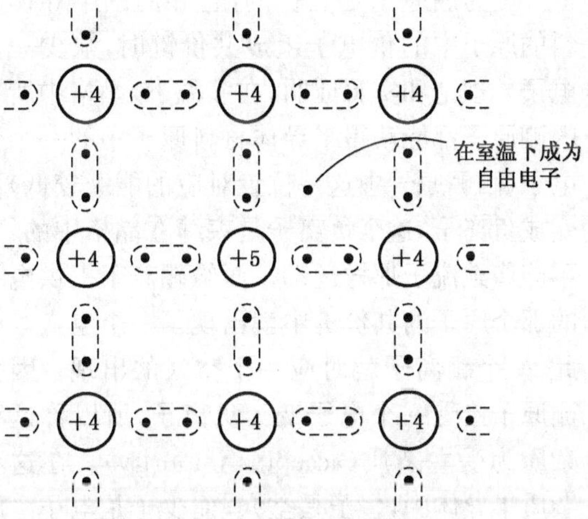

图 1.8　N 型半导体结构示意图

由以上分析可知，施主杂质掺入半导体材料中，半导体中的自由电子浓度大大增加。此时空穴的浓度比相同温度下的本征半导体中的浓度还要少，这是因为自由电子的浓度增加后，加大了空穴与自由电子复合的机会。也就是说在这种半导体中，自由电子的浓度很大而空穴的浓度很小。因此，将这种半导体中的自由电子称为多数载流子(majority carriers)，简称为多子；空穴称为少数载流子(minority carriers)，简称为少子。由于这种半导体中的多子是电子，电子带负(negative)电，因此这种半导体称为 N 型半导体。

在室温情况下，N 型半导体中的每一个施主杂质都能提供一个自由电了。虽然此时 N 型半导体内仍然存在着由本征激发而产生的自由电子，但是，由于掺杂浓度远远大于由本征激发而产生的载流子浓度，所以N型半导体内的自由电子主要由掺入的施主杂质而产生。因此，N型半导体内的自由电子浓度可以认为近似等于掺杂浓度。用 N_d 表示掺入的施主杂质浓度，则N型半导体中的多子浓度（电子浓度）n_{n0} 表示为：

$$n_{n0} \approx N_d \tag{1.2}$$

由半导体物理中的热平衡条件可知，在温度一定时，半导体内的自由电子浓度 n_0 和空穴浓度 p_0 的乘积为本征载流子的浓度 n_i 和 p_i 的乘积，可由下式表示：

$$n_0 p_0 = n_i p_i = n_i^2 \tag{1.3}$$

由热平衡条件，可以求出N型半导体中少子（空穴）的浓度 p_{n0}：

$$p_{n0} \approx \frac{n_i^2}{N_d} \tag{1.4}$$

2）P型半导体

如果在半导体材料中掺入三价元素，就能制成P型半导体。用于掺杂的常见的三价元素是硼（boron）。如图1.9所示为硼原子在晶格中分布的平面示意图。

因为硼原子是三价的，它和周围半导体材料的原子中的价电子组成共价键时，缺少一个电子。理论和实验证明，在室温下，晶格中所有的硼原子都能获得半导体材料原子中的一个价电子（因硼原子中这一位置对应的能级较低）而变成负离子，这个负离子是束缚在晶格中的，它不能像载流子那样运动。而给硼离子提供电子的那个原子的共价键中就出现了一个空穴。因此，一个硼离子就对应一个空穴的出现。因为硼原子接受一个电子变为负离子，所以称这种杂质为受主杂质（acceptor impurity）。在这种杂质半导体中，多子是空穴，而少子是电子。因为将空穴看成带正（positive）电的粒子，因此称这种杂质半导体为P型半导体。

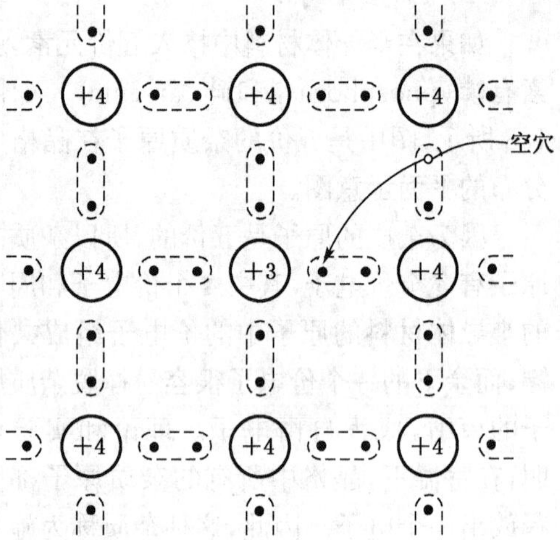

图1.9　P型半导体结构示意图

用 N_a 表示掺入的受主杂质浓度，则P型半导体的多子浓度（即空穴浓度）p_{p0} 表示为：

$$p_{p0} \approx N_a \tag{1.5}$$

P型半导体的少子浓度（即电子浓度）n_{p0} 为：

$$n_{p0} \approx \frac{n_i^2}{N_a} \tag{1.6}$$

由式（1.2）和式（1.5）可以看出，无论是N型半导体还是P型半导体，多子浓度都可以由掺杂浓度来控制。因此，可以认为杂质半导体的多子浓度只与掺杂浓度有关，而与温度无关。少子浓度与 n_i^2 有关，因此少子浓度与温度有关，当温度升高时，少子浓度会增加。

【例 1.2】 分别计算温度为 $T = 300\ \text{K}$ 和 $T = 310\ \text{K}$ 时，硅的 N 型半导体中的多子浓度和少子浓度（杂质浓度 $N_d = 10^{16}\ \text{cm}^{-3}$）。

解： 当 $T = 300\ \text{K}$ 时，由例 1.1 已经求出了硅在 $T = 300\ \text{°K}$ 时的本征载流子浓度 $n_i = 1.5 \times 10^{10}\ \text{cm}^{-3}$。多子浓度为：

$$n_{n0} = N_d = 10^{16}\ \text{cm}^{-3}$$

少子浓度为：

$$p_{n0} = \frac{n_i^2}{N_d} = \frac{(1.5 \times 10^{10})^2}{10^{16}} = 2.25 \times 10^4\ (\text{cm}^{-3})$$

当 $T = 310\ \text{K}$ 时，本征载流子浓度为：

$$n_i = AT^{\frac{3}{2}} e^{\frac{-E_{g0}}{2kT}} =$$

$$3.88 \times 10^{16} \times 310^{\frac{3}{2}} \times e^{\frac{-1.207}{2\times(8.63\times10^{-5})\times310}} =$$

$$3.38 \times 10^{10}\ (\text{cm}^{-3})$$

多子浓度为：

$$n_{n0} = N_d = 10^{16}\ \text{cm}^{-3}$$

少子浓度为：

$$p_{n0} = \frac{n_i^2}{N_d} = \frac{(3.38 \times 10^{10})^2}{10^{16}} = 1.14 \times 10^5\ (\text{cm}^{-3})$$

应该指出的是，在半导体器件和集成电路的制造过程中，都采用了所谓的杂质补偿技术，即在一块半导体中或在半导体的某个特定的区域中，既掺入施主杂质，又掺入受主杂质，那么这块半导体或这一半导体的某个特定的区域是什么类型的半导体，要看具体的掺杂情况而定，掺杂浓度较大的杂质决定半导体的特性。见例 1.3。

【例 1.3】 有一块本征硅半导体，掺入 $2\times10^{14}\ \text{cm}^{-3}$ 的磷，又掺入 $4\times10^{15}\ \text{cm}^{-3}$ 的硼。试问这块硅半导体将成为什么类型的半导体，求在 $T = 300\ \text{K}$ 时这块半导体内的多子浓度和少子浓度。

解： 因为掺入的受主杂质浓度大于施主杂质浓度，因此这块半导体为 P 型半导体。

多子是空穴，它的浓度是：

$$p_{p0} = N_a - N_d = 4 \times 10^{15} - 2 \times 10^{14} = 3.8 \times 10^{15}\ (\text{cm}^{-3})$$

少子是电子，它的浓度是：

$$n_{p0} = \frac{n_i^2}{p_{p0}}$$

由例 1.1 已经求出了硅半导体在 $T = 300\ \text{K}$ 时的本征载流子浓度是 $1.5\times10^{10}\ \text{cm}^{-3}$，因此有：

$$n_{p0} = \frac{(1.5 \times 10^{10})^2}{3.8 \times 10^{15}} = 5.9 \times 10^4\ (\text{cm}^{-3})$$

另外需要注意：由于本征载流子浓度与温度有关，因此少子浓度随温度升高而增加，当温度高到一定程度时，少子浓度有可能比掺杂浓度还要高，这时，杂质半导体的特点就不存在了，2 种载流子浓度近似相等。因此，又可以将这种半导体看成本征半导体了。见例 1.4。

【例 1.4】 一块锗半导体掺入浓度为 $4\times10^{15}\ \text{cm}^{-3}$ 的施主杂质，求这块锗半导体在 $T=300\ \text{K}$ 时的多子浓度和少子浓度，它是哪种类型的半导体？当 $T=550\ \text{K}$ 时它会是哪种类型的半导体？

解： 因为这块锗半导体中掺入的是施主杂质，且浓度为 $4\times10^{15}\ \text{cm}^{-3}$，而由例 1.1 可知，在 $T=300\ \text{K}$ 时，锗的本征载流子浓度是 $2.4\times10^{13}\ \text{cm}^{-3}$。因此，掺杂浓度远大于本征载流子浓度，此时这块半导体为 N 型半导体。

多子是电子时，多子浓度为：

$$n_{n0}\approx N_d=4\times10^{15}\ \text{cm}^{-3}$$

少子是空穴时，少子浓度为：

$$p_{n0}=\frac{n_i^2}{N_d}=\frac{(2.4\times10^{13})^2}{4\times10^{15}}=1.41\times10^{11}(\text{cm}^{-3})$$

当 $T=550\ \text{K}$ 时，

$$n_i=AT^{\frac{3}{2}}e^{\frac{-E_{g0}}{2kT}}=$$

$$1.76\times10^{16}\times550^{\frac{3}{2}}\times e^{\frac{-0.785}{2\times(8.63\times10^{-5})\times550}}=$$

$$5.8\times10^{16}(\text{cm}^{-3})$$

此时本征载流子浓度远大于掺杂浓度，因此这时还将这块半导体看成是本征半导体。

【小结】

* 杂质半导体有两类：一类是 N 型半导体，另一类是 P 型半导体。

* 杂质半导体掺杂浓度要远大于对应的本征载流子浓度，又要远远小于半导体的原子密度。

* 本征半导体中掺入五价元素（施主杂质）就形成 N 型半导体，N 型半导体的多数载流子是电子，少数载流子是空穴；当本征半导体中掺入三价元素（受主杂质）就形成 P 型半导体，P 型半导体的多子是空穴，少子是电子。

* 在一定的温度范围内，杂质半导体中的多子浓度近似等于掺杂浓度，少子浓度是对应温度下的本征载流子浓度的平方除以掺杂浓度。

* 在一定的温度范围内，杂质半导体中的多子浓度几乎与温度无关，而少子浓度随温度的升高而增加。

* 当温度过高时，本征载流子浓度可能会高于掺杂浓度，此时的半导体就具有本征半导体的特性。

1.2.4 载流子的运动

半导体中的电子和空穴有两种运动形式：一种称为漂移运动，另一种称为扩散运动。

1）载流子的漂移运动

载流子在外加电场的作用下产生的定向运动称为漂移(drift)运动。由载流子的漂移运动产生的电流称为漂移电流。如图 1.10 所示，在一块半导体的两端加一个电压 V，因此生成的电场 E 的方向如图所示。

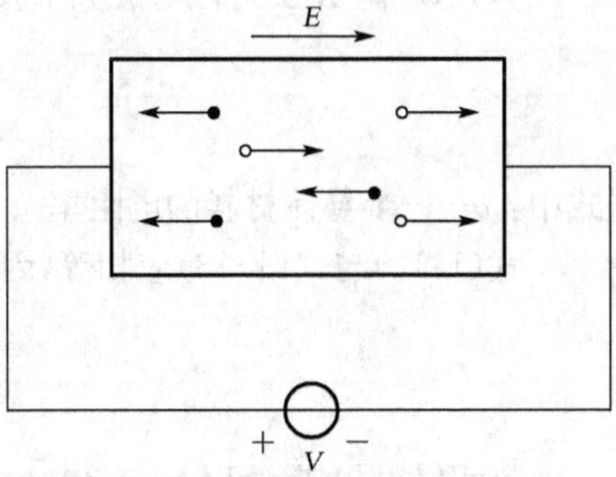

图 1.10　截流子的漂移运动示意图

电子在电场中的运动方向与 E 的方向相反，因此由电子运动而产生的电流的方向与 E 相同；空穴在电场中的运动方向与 E 的方向相同，因此空穴运动而产生的电流与 E 方向相同。亦即，在半导体内部的漂移电流是电子和空穴产生的电流之和。

显然，电场的场强越强，载流子的运动速度就越大，即载流子的运动速度与场强成正比。比例系数用 μ 表示，称为迁移率(mobility)。迁移率表示在单位场强的电场作用下，载流子的平均漂移速度，它的单位是 $cm^2/(V \cdot s)$。

用 μ_n 表示电子的迁移率，μ_p 表示空穴的迁移率。一般在相同的温度下，同一种半导体的 $\mu_n > \mu_p$。

载流子的迁移率与温度有关，由于温度升高时半导体内晶格的振动加剧而使载流子的迁移率变低，因此温度越高，迁移率越低。

另外，载流子的迁移率也与掺杂浓度有关。掺杂浓度越高，杂质离子对载流子运动的影响就越大，载流子的迁移率就越低，即掺杂浓度越高，载流子的迁移率越低。

在低掺杂浓度情况下，迁移率变化不大。因此，空穴的平均漂移速度为：

$$\bar{v}_p = \mu_p E \tag{1.7}$$

电子的平均漂移速度为：

$$\bar{v}_n = -\mu_n E \tag{1.8}$$

式(1.8)中的负号表示电子漂移速度的方向与电场的方向相反。用 J_p 和 J_n 分别表示空穴和电子的漂移电流密度(drift current density)，则：

$$J_p = qp\bar{v}_p = qp\mu_p E \tag{1.9}$$

$$J_n = (-q)n\bar{v}_n = (-q)n(-\mu_n E) = qn\mu_n E \tag{1.10}$$

式中：p——半导体中的空穴的浓度；

n——半导体中电子的浓度；

q——单位电荷量，空穴的电荷量为 q，电子带负电，因此电荷为 $-q$。

在电场 E 的作用下，半导体内载流子由漂移运动而产生的总的漂移电流密度 J 为：

$$J = J_p + J_n = q(p\mu_p + n\mu_n)E \tag{1.11}$$

若半导体材料的截面积为 S，长度为 l，则它两端的电压为 $V - El$，漂移电流为 $I - JS$，由欧姆定律有：

$$R = \frac{V}{I} = \frac{El}{JS} \tag{1.12}$$

另外，电阻 R 又可以写成如下公式：

$$R = \rho \frac{l}{S} \tag{1.13}$$

式中：ρ——半导体材料的电阻率。

式(1.12)与式(1.13)应相等，因此有：

$$\rho = \frac{E}{J} \tag{1.14}$$

将式(1.11)代入式(1.14)得：

$$\rho = \frac{1}{q(p\mu_p + n\mu_n)} \tag{1.15}$$

由式(1.15)可以看出，半导体的电阻率与载流子的浓度及它们的迁移率有关。在杂质半导体中，多子浓度远远大于少子浓度，因此，式(1.15)中的少子浓度可以忽略不计。对 N 型半导体，式(1.15)可以近似表示为：

$$\rho_n = \frac{1}{qN_d\mu_n} \tag{1.16}$$

同理，P 型半导体的电阻率可以近似表示为：

$$\rho_p = \frac{1}{qN_a\mu_p} \tag{1.17}$$

式(1.16)和式(1.17)说明，杂质半导体的导电能力可以由掺杂浓度控制。

【例 1.5】 温度为 300 K 时硅半导体中电子的迁移率为 1 350 $cm^2/(V \cdot s)$，空穴的迁移率为 480 $cm^2/(V \cdot s)$。本征载流子浓度为 $1.5 \times 10^{10}\ cm^{-3}$，求本征半导体的电阻率。若将该本征半导体掺入 $4 \times 10^{16}\ cm^{-3}$ 的施主杂质，求这种杂质半导体的电阻率。

解：本征半导体的电阻率为：

$$\rho = \frac{1}{q(p_i\mu_p + n_i\mu_n)} = \frac{1}{qn_i(\mu_p + \mu_n)} =$$

$$\frac{1}{1.6 \times 10^{-19} \times 1.5 \times 10^{10} \times (1\,350 + 480)} =$$

$$2.3 \times 10^5 (\Omega \cdot cm)$$

因为掺入的是施主杂质，所以为 N 型半导体，它的电阻率为：

$$\rho_n = \frac{1}{qN_d\mu_n} = \frac{1}{1.6 \times 10^{-19} \times 4 \times 10^{16} \times 1\,350} = 0.12(\Omega \cdot cm)$$

由例 1.5 可以看出，杂质半导体的导电能力比本征半导体要强得多，并且杂质半导体的电阻率(导电能力)可以人为地通过掺杂浓度的大小进行控制。

2）载流子的扩散运动

由于某种原因使半导体中载流子的分布不均匀时（有的地方载流子浓度高，有的地方载流子浓度低），由于载流子的浓度差会引起载流子由浓度高的地方流向浓度低的地方，这种由于浓度差而引起的载流子的运动，称为载流子的扩散运动。由载流子扩散运动产生的电流称为扩散电流（diffusion current）。

如图 1.11 所示，一块 N 型半导体，如果外界不断地向这块半导体内注入空穴，则在 N 型半导体内部空穴的分布就不是均匀的，即沿 x 轴方向有浓度差存在，则空穴就从浓度高的地方扩散到浓度低的地方，这样就形成了电流，电流的方向和空穴运动的方向相同。

图 1.11 中，p_0 为 N 型半导体没有注入任何载流子时，空穴在热平衡时的浓度。当不断地注入空穴时，空穴也不断地从浓度高的地方流向浓度低的地方，这样就形成如图中的浓度分布曲线。空穴的扩散方向如图所示为 x 轴正方向，因此空穴的扩散电流方向也是 x 轴正方向。

如图 1.12 所示，一块 P 型半导体，不断有电子注入，则电子扩散的方向是 x 轴正方向，但电子的扩散电流的方向与 x 轴方向相反。

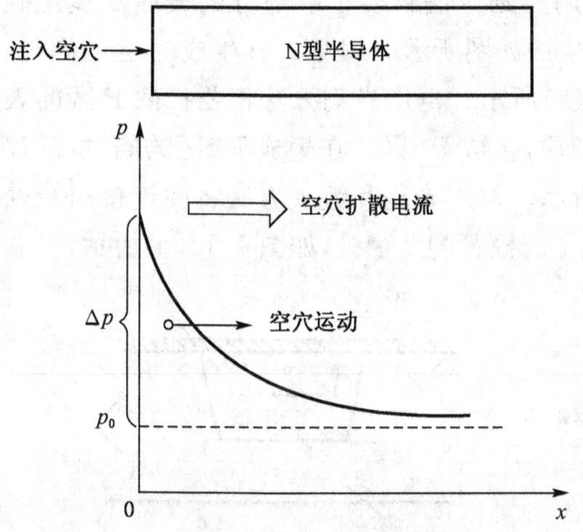

图 1.11　空穴的扩散运动

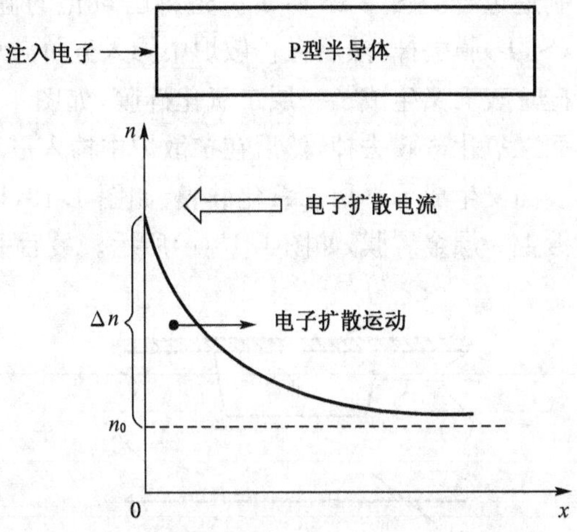

图 1.12　电子的扩散运动

图 1.12 中，n_0 为 P 型半导体中电子在热平衡时的浓度。

【小结】

* 载流子有两种运动：漂移运动和扩散运动。

* 在电场的作用下，载流子的运动为漂移运动，载流子的漂移运动产生漂移电流。

* 在浓度差的作用下，载流子的运动称为扩散运动，载流子的扩散运动产生扩散电流。

1.3　PN 结

1.3.1　概　述

所谓 PN 结，就是 P 型半导体和 N 型半导体相互接触的区域。从 1.2 节已经知道，实际上，在一块半导体上利用杂质补偿技术就能够做出 2 种类型的半导体区域。在集成电路或半导体器件的制造中，是用一块半导体单晶在一个区域中掺入施主杂质使这区域成为 N 区，然后再在这 N 区中选一个较小的区域掺入比原施主杂质浓度还要大的受主杂质，利用杂质补偿技术使这个区域变为 P 区，一般，P 区的净掺杂浓度是 N 区的掺杂浓度的 10 倍～100 倍左右，这样一个 PN 结就制成了。P 区和 N 区的净掺杂浓度不同时，称为不对称的 PN 结。若 P 区掺杂浓度高，称为 P^+ 区，可以用 P^+N 表示不对称 PN 结。一般半导体器件中的 PN 结都是不对称结。

二极管按 PN 结面积的大小可以分成点接触型二极管和面接触型二极管。点接触型二极管的 PN 结面积较小，而面接触型二极管的 PN 结面积较大。平面型面接触型二极管的制造过程如图 1.13 所示。先将已氧化的硅片用光刻方法将要扩散部分的表面二氧化硅（SiO_2）膜去掉，然后在扩散炉中掺入五价杂质，生成如图所示的 N 区。在生成 N 区的同时，硅片表面又生成了一层二氧化硅膜，如图 1.13(a)所示。再用光刻方法将要扩散 P 区的表面二氧化硅膜去掉，然后在扩散炉中掺入三价杂质，生成 P^+ 区。在生成 P^+ 区的同时，硅片表面又生成了一层二氧化硅膜，如图 1.13(b)所示。再用光刻和镀膜方法将要连接引线处镀上一层金属膜，如图 1.13(c)所示。最后引出了二极管的 2 个极，如图 1.13(d)所示。

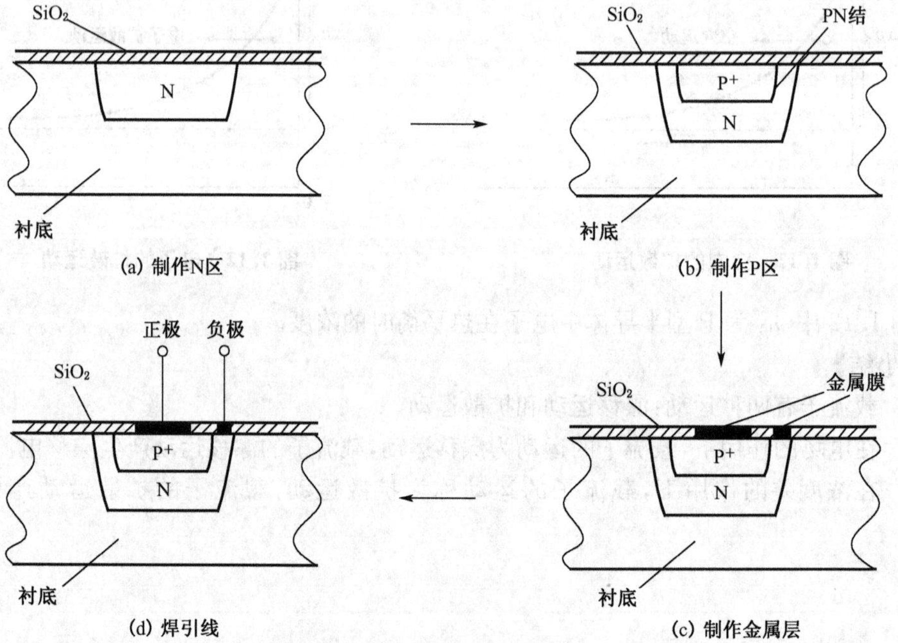

图 1.13　面接触型二极管(PN 结)制造工艺示意图

1.3.2　热平衡情况下的 PN 结

如上所述,用杂质补偿的技术在一块半导体上同时生成 2 个相互连接的区域,即 N 区和 P 区。P 区的多子是空穴,而空穴在 N 区内是少子,因此在 P 区和 N 区的接触面附近,存在着浓度差。由于 P 区空穴的浓度大于 N 区空穴的浓度,则 P 区的空穴就向 N 区扩散。同样,N 区的多子是电子,而 P 区的少子是电子,因此,电子从 N 区向 P 区扩散,如图 1.14 所示。

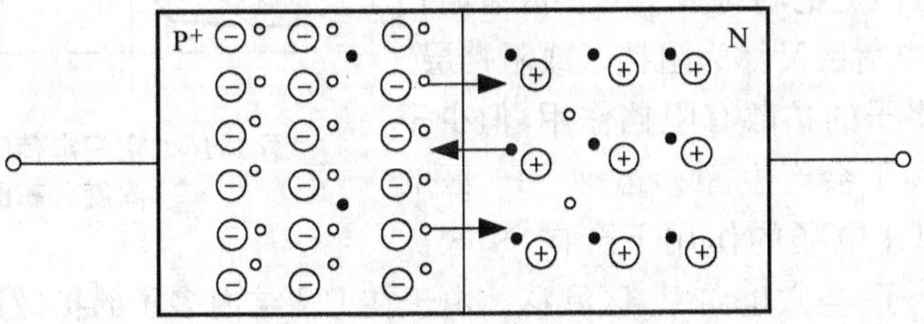

图 1.14　载流子扩散示意图

由图 1.14 可知,P 区的空穴向 N 区扩散,当空穴到 N 区后,就成为 N 区的少子,很容易被 N 区内的多子-电子复合掉。因此,在接触面附近,剩下了受主杂质的负离子,这些负离子被束缚在晶格内,不能自由移动。同样道理,N 区的多子-电子扩散到 P 区,在接触面附近留下了施主杂质的正离子,如图 1.15 所示,这样形成了所谓的空间电荷区(space-charge region)。

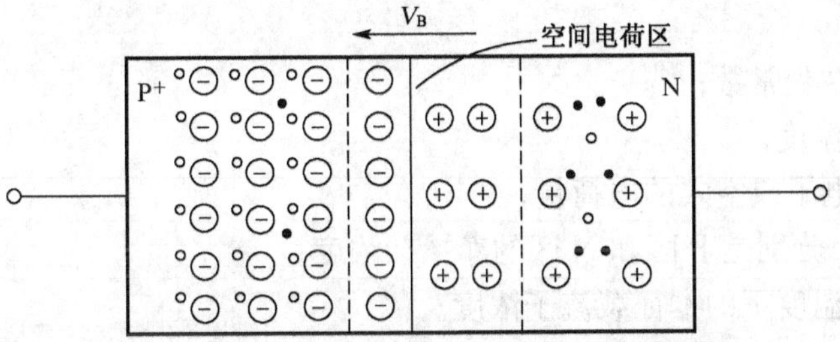

图 1.15　空间电荷区示意图

在空间电荷区内,载流子很少了,空间电荷区内、外的载流子浓度分布如图 1.16 所示。图中两虚线中间为空间电荷区,P^+ 区的多子-空穴的浓度为 p_{p0},经空间电荷区之后变化为 N 区的少子浓度 p_{n0}。同样,N 区的多子-电子的浓度为 n_{n0},经空间电荷区之后变化为 P^+ 区的少子浓度 n_{p0}。可以看出,在空间电荷区内载流子的浓度很小。因此,空间电荷区又称为耗尽层(depletion region)。

由于空间电荷区内有带正电的施主杂质离子和带负电的受主杂质离子,即一边是正电荷,另一边是负电荷,因此存在电场,称为内建电场(build-in electric field)。电力线从正电荷出发,终止于负电荷,电场只在空间电荷区内存在,而空间电荷区以外的 P^+ 区和 N 区还是电中性的,称为中性区(neutral region)。

由于电力线从正电荷到负电荷,且只在空间电荷区内,因此,空间电荷区内的正负电荷数相等，而 P^+ 区的杂质浓度大，空间电荷区在 P^+ 区一边的体积要小些，在 x 方向的宽度也小些。如图 1.16 所示，空间电荷区在 P^+ 区一侧的宽度是 x_p，而在 N 区一侧是 x_n，且 $x_n > x_p$。

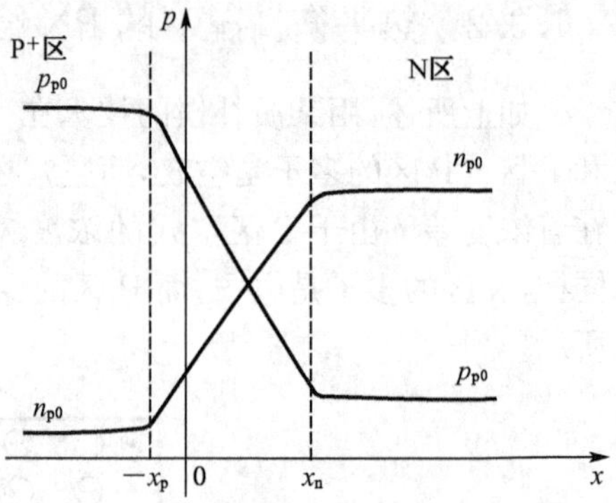

图 1.16 空间电荷区内、外的载流子浓度分布图

由于空间电荷区存在内建电场，对多子的扩散起到阻碍作用，P^+ 区的多子-空穴就不太容易扩散到 N 区，而 N 区的多子-电子也不太容易扩散到 P^+ 区，也就是内建电场对多子的扩散有阻挡作用。因此，空间电荷区又称为阻挡区或阻挡层。

内建电场对多子的扩散有阻挡作用，但少子在内建电场的作用下会产生漂移运动。P^+ 区的少子是电子，在内建电场的作用下会向 N 区漂移，同样，N 区的少子-空穴也向 P^+ 区漂移。由于在 PN 结内多子的扩散运动的方向正好与少子的漂移运动的方向相反，当温度一定时，扩散运动和漂移运动会达到动态平衡状态，这时内建电场的大小是一个定值，空间电荷区的宽度也是一定的，在 PN 结两端存在的电位差也是一定的，称为内建电位差或内建电压（built-in voltage），用 V_B 表示。由半导体物理知识，内建电位差的表达式为：

$$V_B = \frac{kT}{q}\ln\frac{N_a N_d}{n_i^2} = V_T \ln\frac{N_a N_d}{n_i^2} \tag{1.18}$$

式中：$V_T = \dfrac{kT}{q}$；

k——玻尔兹曼常数；

T——绝对温度；

q——一个电子或空穴的电荷量；

N_a，N_d——分别是 P 区和 N 区的净掺杂浓度；

n_i——对应温度下的本征载流子浓度。

因为 k 和 q 都是一定的，因此 V_T 只与温度有关，故称之为热电压（thermal voltage）。当室温 27 ℃（$T = 300$ K）时，$V_T \approx 0.026$ V，即 26 mV。

由式(1.18)可知，内建电压与 PN 结 2 个区的掺杂浓度的乘积有关，另外也与材料有关，材料不同，本征载流子浓度就不同。在相同的温度下，锗的本征载流子浓度比硅的大，因此，锗材料制成的 PN 结的内建电压要比硅材料的内建电压小。

【例 1.6】 一个硅 PN 结，N 型区的净掺杂浓度为 $N_d = 10^{15}\ \text{cm}^{-3}$，P 型区的净掺杂浓度为 $N_a = 10^{16}\ \text{cm}^{-3}$，求在温度 $T = 300$ K 时，PN 结的内建电压。

解： 在例 1.1 中已经求出了硅在 $T = 300$ K 时，$n_i = 1.5 \times 10^{10}\ \text{cm}^{-3}$，因此，

$$V_B = V_T \ln\frac{N_a N_d}{n_i^2} = 0.026 \ln\frac{10^{16} \times 10^{15}}{(1.5 \times 10^{10})^2} = 0.64(\text{V})$$

【例 1.7】 例 1.6 中的硅 PN 结，当温度升高到 $T = 350$ K 时，求 PN 结的内建电压。

解： 当温度 $T = 350$ K 时，硅的本征载流子浓度为：

$$n_i = AT^{\frac{3}{2}} q^{\frac{-E_{g0}}{2kT}} =$$

$$3.88 \times 10^{16} \times 350^{\frac{3}{2}} \times q^{\frac{-1.207}{2\times(8.63\times10^{-5})\times350}} =$$

$$5.34 \times 10^{11}(\mathrm{cm}^{-3})$$

$$V_B = \frac{kT}{q}\ln\frac{N_a N_d}{n_i^2} =$$

$$(8.63 \times 10^{-5}) \times 350 \ln\frac{10^{16} \times 10^{15}}{(5.34 \times 10^{11})^2} =$$

$$0.52(\mathrm{V})$$

由例 1.7 可见,PN 结的内建电压随温度升高而减小。通常情况下,温度升高 1 ℃,V_B 要减小 2.0 mV～2.5 mV。这里需要指出,温度不能太高,如果温度过高,本征载流子浓度大大增加,当本征载流子浓度超过掺杂浓度时,不管是原来的 N 区还是 P 区,都表现出本征半导体的特性,此时 PN 结也就不存在了。一般硅 PN 结正常工作时温度要低于 150 ℃,而锗 PN 结要低于 80 ℃。

1.3.3　PN 结的伏安特性

以上是没有加任何电压时热平衡情况下的 PN 结。但是,PN 结在使用过程中都是要加电压的,有可能加正向电压(P 区接电源的正极,N 区接电源的负极),也有可能加反向电压(N 区接电源的正极,P 区接电源的负极),或者加上正、反向交替变化的交流电压。下面将要讨论 PN 结的电流与加在它两端的电压的关系,称之为伏安特性(volt-ampere characteristics)。

1) PN 结的正向特性

如图 1.17 所示,PN 结加上了正向电压,即 P 区接电源的正极,N 区接电源的负极。

空间电荷区内的载流子极少,它的电阻很高,而中性区内有大量的载流子,中性区的电阻很小,所以电源电压 V 几乎都加到空间电荷区上。在空间电荷区中 V 所形成的电场 E 的方向与原内建电场 E_B 的方向相反,因此使 PN 结两端的电压为(V_B-V)。此时空间电荷区的宽度变窄,由未加电压时的 L 变为 L'(如图 1.17 所示)。PN 结未加电压时处于热平衡状态,多子的扩散和少子的漂移处于动态平衡状态。

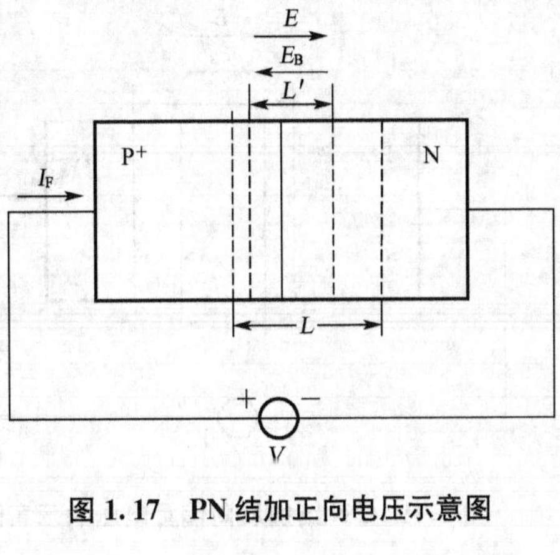

图 1.17　PN 结加正向电压示意图

加正向电压之后,阻挡层变窄,阻挡层两端电位差变小,因此有利于多子的扩散,使多子扩散数量大于少子的漂移数量。此时 P 区的多子-空穴向 N 区扩散,N 区的少子-空穴在电场力的作用下向 P 区漂移,但是,从 P 区扩散到 N 区的空穴数量大于从 N 区漂移到 P 区的空穴数量,所以有一定数量的空穴由 P 区净注入到 N 区。空穴到了 N 区就形成 N 区的少子。由于空穴不断注入到 N 区,则在 N 区的边缘处,少子的浓度就比较高,因此少子要向浓度低的方向扩散,只要电压 V 是稳定的,空穴就不断地注入到 N 区，并且使 N 区的少子浓度有一个稳定的分布，如图 1.18 中 $p_n(x)$所示。

同样道理，N 区的多子-电子也不断向 P 区注入，注入后成为 P 区的少子，少子不断从浓度高的地方向浓度低的地方扩散，并且形成了稳定的分布，如图 1.18 中 $n_p(x)$所示。

从图 1.18 中可见，PN 结内空穴运动的方向与 x 方向相同，因此，电流的方向是 x 方向，电子的运动方向与 x 方向相反，而电子运动产生电流的方向也是与 x 方向相同。因此，通过 PN 结的总的电流应该是空穴运动和电子运动产生的电流之和，方向是从 P 区指向 N 区。

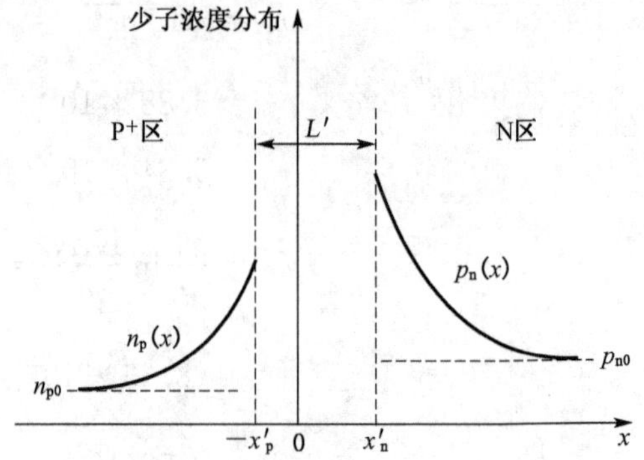

图 1.18　PN 结加正向电压时少子浓度分布图

图 1.18 中，p_{n0} 和 n_{p0} 分别是 N 型区和 P 型区的少子热平衡值，在空间电荷区两侧少子分布高于热平衡值，因此称之为过量少子（excess minority carriers）。过量少子一边扩散一边和对应区域中的多子复合，最后达到热平衡值。而电源所起的作用是不断给 N 区提供电子和不断给 P 区提供空穴，使 P 区的空穴源源不断地流向 N 区，N 区的电子源源不断地流向 P 区，它们产生的电流方向相同，形成了从 P 区指向 N 区的电流，即生成了连续的正向电流 I_F。

显然，外加的正向电压越高，PN 结的正向电流 I_F 就越大，称这种正向电压为正向偏置电压（forward-bias voltage）。

2）PN 结的反向特性

当 PN 结加上反向偏置电压（reverse-bias voltage）时，如图 1.19 所示。P 区与电源的负极连接，N 区与电源的正极连接。

此时电源电压在空间电荷区内产生的电场 E 的方向与内建电场 E_B 的方向相同，因此，使空间电荷区变宽（变为图中的 L'），若忽略中性区的压降，在空间电荷区两端的电压近似为(V_B+V)，这使多子的扩散很难进行，但是有利于少子的漂移。因此，N 区的少子-空穴只要到达空间电荷区的边缘，就很快被电场拉到 P 区。同样，P 区少子-电子只要运动到空间电荷区边缘，就被空间电荷区内的电场拉到 N 区。可以证明，只要 V 的值大于 0.1 V 以上，空间电荷区边缘处（如图 1.20 中的 x_n'和$-x_p'$处）的少子浓度就近似为 0。

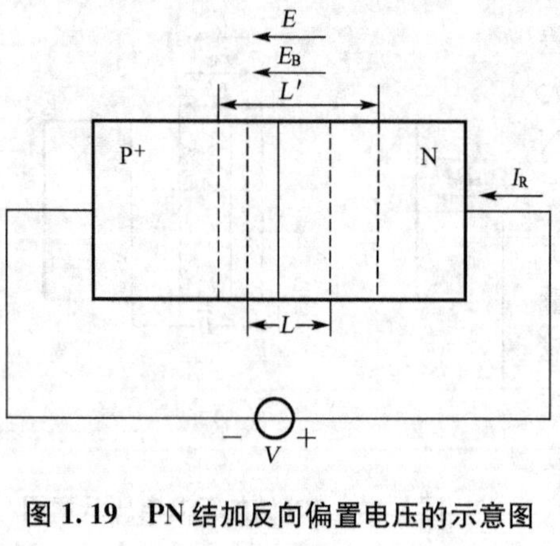

图 1.19　PN 结加反向偏置电压的示意图

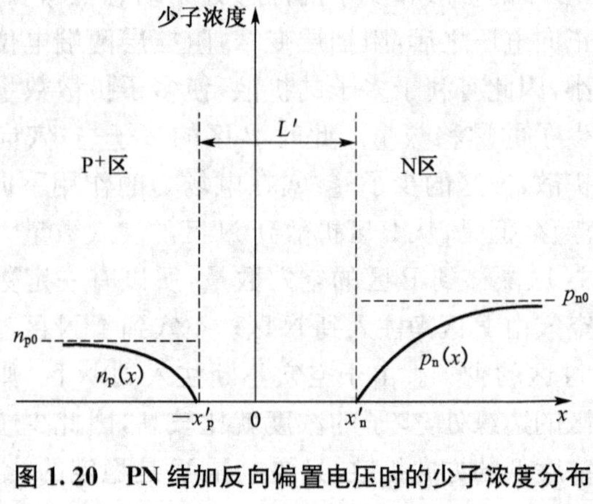

图 1.20　PN 结加反向偏置电压时的少子浓度分布

只要V的值大于0.1 V以上，空间电荷区内基本上没有多子的扩散电流，只有少子的漂移电流。N区少子–空穴向P区漂移，形成的漂移电流方向与x轴方向相反，P区少子–电子向N区漂移，形成的漂移电流方向也与x轴方向相反。因此，总的漂移电流等于空穴的漂移电流加上电子的漂移电流，这就是PN结的反向电流I_R。反向电流I_R的方向如图1.19所示。

PN结以外的中性区内，在距PN结较远处的少子浓度是热平衡值，N区和P区的少子浓度分别为p_{n0}和n_{p0}(参见图1.20)，而x_n'和$-x_p'$处的少子浓度几乎为0，在这种浓度差的作用下，少子就从浓度高的地方向浓度低的地方扩散，即N区的空穴向x轴反方向运动，而P区的电子向x轴正方向运动，它们运动生成电流的方向都是x轴的反方向，这样产生了连续的PN结反向电流I_R。电源的作用是不断地向P区和N区提供电子和空穴。

反向电流I_R很小，因为它是由少子的运动而形成的，而无论P区还是N区，少子浓度都很小，当反向电压V增加时，反向电流也增加。但是，当反向电压增加到约0.1 V以上时，反向电流基本上就不再增加了，由于此时几乎全部少子都参与了形成反向电流的定向运动，所以反向电流基本上保持不变，称这时的反向电流为反向饱和电流(reverse-bias saturation current)，用I_S表示。

一般硅PN结的反向饱和电流I_S的值在10^{-15} A到10^{-9} A之间，锗PN结的反向饱和电流I_S的值在10^{-9}A到10^{-6}A之间。

由于反向饱和电流与少子浓度有关，而少子浓度又与温度有关，因此，反向饱和电流I_S也与温度有关，当温度升高时，I_S增加，这一点在PN结的应用中应特别注意。

3) PN结的伏安特性表达式

如上所述，当PN结加正向电压时，就会产生正向电流I_F；当PN结加反向电压时，就会产生反向电流I_R。理论和实践都可以证明，PN结的电流与电压的关系式可以用下式表示：

$$I = I_S\left(e^{\frac{V}{nV_T}} - 1\right) \tag{1.19}$$

式中：I_S——PN结的反向饱和电流；

V_T——热电压，如前所述，室温时$V_T = 0.026$ V；

n——理想因数(ideality factor)。

一般，$1 \leqslant n \leqslant 2$，它与PN结的尺寸、材料及通过PN结的电流有关，实际上是考虑了空间电荷区内部电子和空穴的复合而加上的一个修正系数，当电流非常小时，n取2，一般情况下n取1。因此今后如果没有特殊说明，都将n取为1，即式(1.19)可以写成：

$$I = I_S\left(e^{\frac{V}{V_T}} - 1\right) \tag{1.20}$$

【例1.8】 已知一个硅PN结在室温下$I_S = 10^{-10}$ A，求$V = +0.6$ V和$V = -0.6$ V时的PN结电流。

解：当$V = +0.6$ V时，产生的是正向电流I_F。所以有：

$$I_F = I_S\left(e^{\frac{V}{V_T}} - 1\right) =$$

$$10^{-10}\left(e^{\frac{0.6}{0.026}} - 1\right) =$$

$$10^{-10}(1.05 \times 10^{10} - 1) \approx$$

$$1.05(A)$$

当 $V = -0.6$ V 时，产生的是反向电流 I_R。所以有：

$$I_R = I_S\left(e^{\frac{V}{V_T}} - 1\right) =$$

$$10^{-10}\left(e^{\frac{-0.6}{0.026}} - 1\right) =$$

$$10^{-10}(9.5 \times 10^{-11} - 1) \approx$$

$$-10^{-10}(A)$$

从例 1.8 的计算过程可以看出，当所加正向电压 V 远大于 V_T 时(一般大于 0.1 V 以上时)，式(1.20)括号中的 1 可以忽略不计，即正向特性表达式可以近似写成如下形式：

$$I_F \approx I_S e^{\frac{V}{V_T}} \tag{1.21}$$

由式(1.21) 可知，当所加正向电压 V 远大于 V_T 时(一般 $V > 0.1$ V)，PN 结中的电流 I 与所加电压 V 成指数关系。由于正向偏置电压增加时正向电流很快增加，为了避免 PN 结因电流过大而烧毁，PN 结上所加的正向电压必须小于内建电压 V_B。

另外，从例 1.8 反向电流的计算中可以看出，只要 $|V|$ 远大于 V_T 时($|V| > 0.1$ V)，式(1.20) 括号中的 $e^{\frac{V}{V_T}}$ 可以忽略，则反向电流的表达式可以写成：

$$I_R \approx -I_S \tag{1.22}$$

式(1.22)说明，反向电流几乎与 PN 结上所加的反向电压无关，因此称之为反向饱和电流。这里再次强调一下，反向饱和电流随温度的增加而增加。

4) PN 结的击穿

式(1.22)所表明的反向电流与反向电压无关是有条件的，条件是 PN 结上所加的反向电压不能太大。如果反向电压加得太大，PN 结的反向电流会突然猛增，这种现象称之为"击穿"(breakdown)。

在 PN 结发生击穿时，如果不采取措施限制反向电流的增长，PN 结会因电流太大而烧毁，称这种击穿为热击穿。热击穿是不可逆击穿，因此在 PN 结的应用中应避免热击穿。

另一种击穿是可逆击穿，如果采取一定的措施使 PN 结在击穿区的电流不致无限制增加，则管子不会损坏。

可逆击穿有两种：一种是雪崩击穿(avalanche breakdown)，另一种是齐纳击穿(Zener breakdown)。

一般，雪崩击穿发生在掺杂浓度比较低的 PN 结中，当反向电压加得比较大时，空间电荷区的宽度较大，当载流子通过空间电荷区时，能获得足够大的动能。这种具有足够动能的载流子在运动中会与空间电荷区内的原子相碰撞，使原子中的价电子由于获得能量而脱离原子的束缚而成为自由电子，这样就产生了电子-空穴对，这些电子和空穴又可以在电场中加速而获得足够大的动能，再去与空间电荷区内的原子碰撞。这种载流子增加的过程与雪崩类似。由于空间电荷区内的载流子急剧增加，使 PN 结反向电流急剧增加而产生了击穿。

齐纳击穿发生在掺杂浓度比较高的 PN 结中，因为掺杂浓度比较高，空间电荷区很薄，PN 结加上较高的反向电压时，空间电荷区内的电场强度足够大，它能使空间电荷区内的原子中的价电子摆脱原子的束缚，而产生电子-空穴对，这样也使空间电荷区内的载流子急剧增加，从而使反向电流急剧增加，PN 结产生了击穿。

一般情况下，击穿电压在 6 V 以下多属齐纳击穿，击穿电压在 30 V 以上多属雪崩击穿，而击穿电压在 6 V 到 30 V 之间时，齐纳击穿和雪崩击穿同时发生。

综上所述，PN 结电流与电压的关系可以用图 1.21 表示。

在图 1.21 中，第一象限的曲线表示 PN 结加正向电压时，正向电流与所加的正向电压成指数关系。在实际应用中，正向电流不能太大，电流太大时，PN 结会因为过热而被烧毁。因此，流过 PN 结的正向电流有一定的限制，所加的正向电压也有一定的限制，一般硅 PN 结正向工作电压在 0.6 V 到 0.8 V 范围内，工程计算常近似取其中间值，即为 0.7 V。锗 PN 结正向电压在 0.2 V 到 0.4 V 范围内，工程计算常近似取 0.3 V。

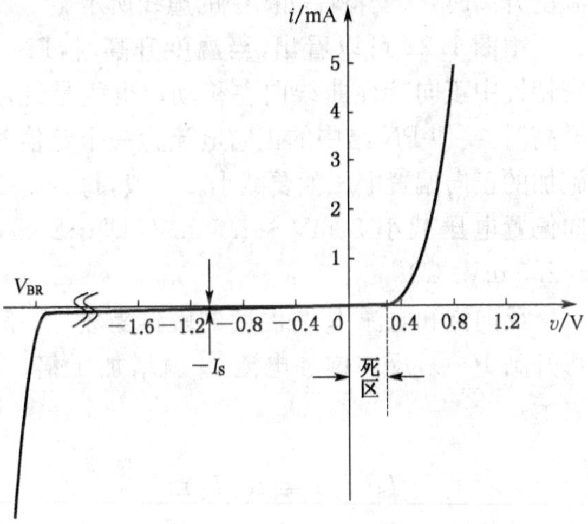

图 1.21 PN 结的伏安特性

一般，PN 结在测试正向特性时，规定正向电流到一定值（比如规定 $I_F > 1\ \mu A$）时，才认为 PN 结处于导通状态。图 1.21 中标出的死区范围内，正向电流达不到规定值，可以认为 PN 结还没有正式导通，因此将这个区域称为死区。

【例 1.9】 一个硅 PN 结，$I_S = 10^{-13}$ A，求当正向电流 $I_F = 1\ \mu A$ 时，所加的正向电压是多少?

解:

$$I_F \approx I_S e^{\frac{V}{V_T}}$$

所以有：

$$V \approx V_T \ln \frac{I_F}{I_S} = 0.026 \ln \frac{10^{-6}}{10^{-13}} = 0.42(\text{V})$$

例 1.9 中求出了对应正向电流为 1 μA 时的正向电压为 0.42 V，如果规定 $I_F > 1\ \mu A$ 时 PN 结才算导通，因此 0 V 到 0.42 V 之间的范围为死区范围。在死区内正向电流极小，认为 PN 结没有充分导通。

一般,硅 PN 结的死区范围是 0 V 到 0.4 V 左右,锗 PN 结的死区范围是 0 V 到 0.1 V 左右。

图 1.21 中第三象限的曲线表示 PN 结加反向电压时反向电流的变化情况,反向电压在一定的范围内($|V|<|V_{BR}|$)时,反向电流很小(如例 1.9 中,反向电流只有 10^{-13} A),因此可以忽略不计,即认为 PN 结没有导通。从这个意义上,可以说 PN 结具有单向导电性,即加正向电压时 PN 结导通,加反向电压时 PN 结不导通。

如图 1.21 所示,当反向电压加到 V_{BR} 时,反向电流突然猛增,这时发生了 PN 结的击穿。发现在伏安特性曲线的击穿区,反向电流变化较大时,加在 PN 结上的电压变化很小,因此利用这部分特性,PN 结还可以起到稳压作用。

5) PN 结的温度特性

由 PN 结的伏安特性表达式(式(1.20))可以看出,其中 I_S 和 V_T 均与温度有关,因此 PN 结的伏安特性也与温度有关。如图 1.22 所示,当温度升高时,伏安特性如图中的虚线所示。

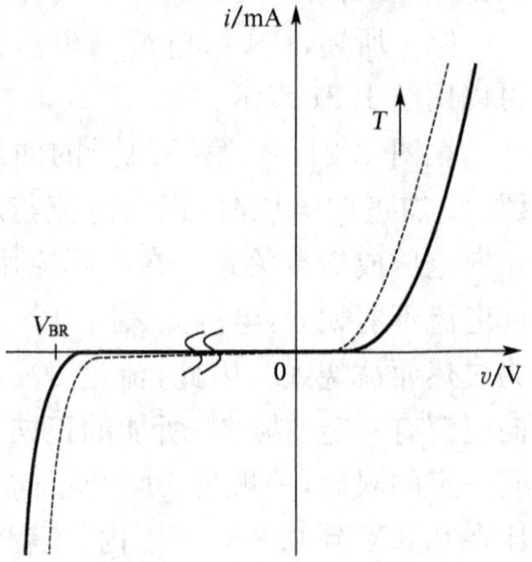

图 1.22 PN 结温度特性示意图

由图 1.22 可以看出,当温度升高时,PN 结的伏安特性中正向特性曲线向左移动。也就是说,当温度升高时,要使 PN 结中的正向电流为一个定值时,所需施加的正向偏置电压就要减小。一般,每升高 1 ℃,正向偏置电压减小 2 mV~2.5 mV(即 −2 mV/℃~−2.5 mV/℃)。

反向饱和电流 I_S 是温度的敏感函数。一般,温度每升高 10 ℃,反向饱和电流 I_S 就增加 1 倍。用下式表示:

$$I_S(T_2)=I_S(T_1)2^{\frac{T_2-T_1}{10}} \tag{1.23}$$

式中:$I_S(T_1)$,$I_S(T_2)$——对应温度分别为 T_1 和 T_2 时的反向饱和电流。

图 1.22 中的击穿电压随温度升高而减小,这样的击穿电压称为具有负温度系数。要强调的是,击穿电压也有可能具有正温度系数,即击穿电压随温度升高而增加。一般,击穿电压低于 6 V 时(齐纳击穿),其温度系数为负,而高于 6 V 时(以雪崩击穿为主),其温度系数有可能为正,而击穿电压为 6 V 左右时,其温度系数几乎为 0,即击穿电压不随温度的变化而变化。这样的 PN 结用做稳压管是最理想的。

1.3.4 PN 结的电容特性

若 PN 结两端加上随时间变化的电压时,PN 结还会显示出电容特性。PN 结电容有两种类型:一种为势垒电容(barrier capacitance),用 C_B 表示;另一种为扩散电容(diffusion capacitance),用 C_D 表示。

1) 势垒电容

由以上讨论知道,PN 结两端所加的电压如果变化时,PN 结的空间电荷区宽度就改变,空间电荷区内杂质离子的数量就会改变,这一效果很像电容器的充电和放电。尤其是 PN 结所加的反向电压变化时这一效果更明显,因为此时空间电荷区的宽度的变化比较大。

图 1.23 给出了空间电荷区 N 区一边或 P 区一边的杂质离子的电荷随 PN 结所加的反向电压的变化曲线。

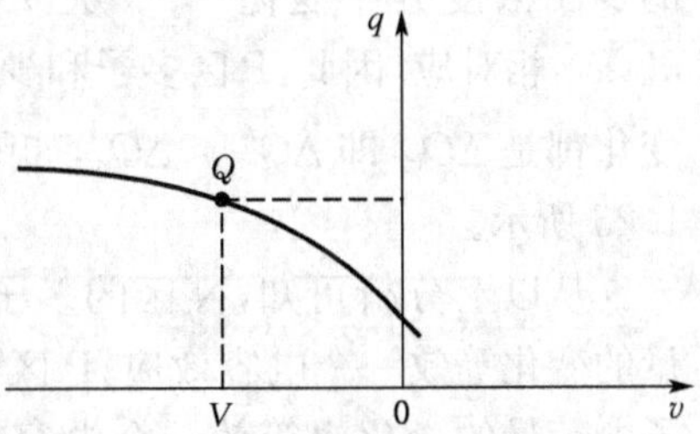

图 1.23　空间电荷区的电荷与电压关系

由图 1.23 可以看出，PN 结的势垒电容也是非线性的。若 PN 结所加的电压为 V，则工作点(operation point)为 Q 点，显然此时势垒电容等于 Q 点切线斜率再加上一个负号，即

$$C_B = -\left.\frac{dq}{dv}\right|_{v=V} \tag{1.24}$$

当 $v=0$ 时，即 PN 结上不加电压时，PN 结的势垒电容表示为 C_{B0}。在图 1.23 中，它与坐标原点对应的曲线处的切线的斜率有关。

经过推导，PN 结的势垒电容也可以表示如下：

$$C_B = \frac{C_{B0}}{\left(1-\frac{V}{V_B}\right)^m} \tag{1.25}$$

式中：V_B——内建电位差；

m——常数，与 PN 结的制造工艺有关，范围是 0.33～0.5；

C_{B0}——PN 结电压为 0 V 时的势垒电容。

一般，PN 结势垒电容的值为 0.1 pF～100 pF。

2) 扩散电容

当 PN 结加正向电压时，会有多数载流子注入，因此，在空间电荷区以外的中性区附近，就形成了一定的少子分布。当正向电压有变化时，这种少子分布也随之改变，如图 1.24 所示。

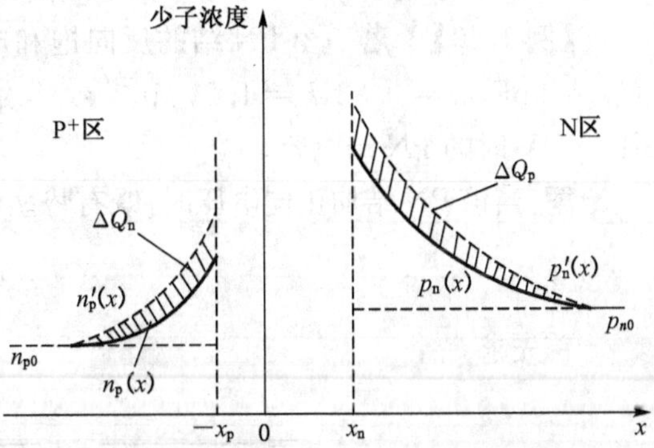

图 1.24　PN 结正向电压变化时的少子浓度分布

图 1.24 中，N 区的 x_n 处的少子浓度最高，由于扩散形成的少子分布曲线为 $p_n(x)$。同理，在 P^+ 区中少子分布曲线为 $n_p(x)$。如果 PN 结上的正向电压增加，少子浓度分布曲线会变化，如 N 区和 P 区的少子浓度分布分别变为 $p_n'(x)$ 和 $n_p'(x)$，少子的电荷量分别增加了 ΔQ_p 和 ΔQ_n。

因为在空间电荷区之外的 P 区和 N 区是中性区，因此，非平衡少子有什么样的浓度分布，多子也要有同样的非平衡多子的分布(当然载流子是由电源补充的)。如图 1.25 所示。图中，N 区和 P^+ 区中的多子分布曲线分别为 $n_n(x)$ 和 $p_p(x)$。

当 PN 结上的正向电压增加时，N 区的多子浓度分布从 $n_n(x)$ 变化到 $n_n'(x)$。N 区的少子电荷量增加了 ΔQ_p，N 区的多子的电荷量也增加了同样多的量，即 $\Delta Q = \Delta Q_p$，如图 1.24 和图 1.25 所示。

同样道理，图 1.25 中，在 P 区的多子浓度分布从 $P_p(x)$ 变化到 $P_p'(x)$，与图 1.24 中 P 区的少子浓度分布变化 —— 从 $n_p(x)$ 变化到 $n'_p(x)$ 相对应，因此，P 区多子和少子电荷量的变化都是 ΔQ_n，即 $\Delta Q' = \Delta Q_n$，如图 1.24 和图 1.25 所示。

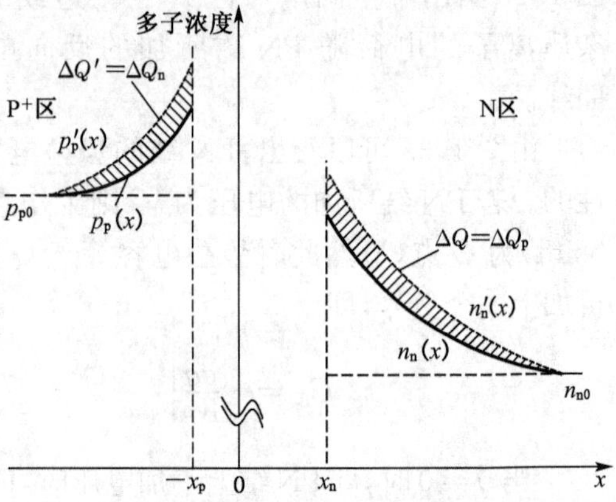

图 1.25　与图 1.24 相对应的多子浓度分布

从以上分析可知，N 区的多子、少子电荷量的变化等效一个电容效应，P 区的多子和少子电荷量的变化也等效一个电容效应，因此，扩散电容 C_D 可表示为：

$$C_D = \frac{\Delta Q_p}{\Delta V} + \frac{\Delta Q_n}{\Delta V} \tag{1.26}$$

可以证明扩散电容与流过 PN 结的电流有如下关系：

$$C_D = k(I + I_S) \tag{1.27}$$

式中：I——流过 PN 结的电流；

I_S——反向饱和电流；

k——比例系数，与 PN 结的掺杂浓度等制造工艺有关。

当 PN 结加反向电压时，没有载流子的注入，因此，PN 结不存在扩散电容。由式(1.27)也可以得出此结论，即当 PN 结加反向电压时，$I = -I_S$，可以得出 $C_D = 0$。

一般，扩散电容在 1 pF 到 100 pF 之间。

【例 1.10】　若一个 PN 结的反向饱和电流 $I_S = 10^{-14}$ A，内建电位差 $V_B = 0.75$ V，$C_{B0} = 4$ pF，$m = 0.33$，$k = 1.2 \times 10^{-8}$ s/V，分别求该 PN 结加正向电压 0.7 V 时和加反向电压 −6 V 时的 PN 结电容。

解：当该 PN 结加正向电压时，既有势垒电容又有扩散电容，因此 PN 结电容用 C_j 表示，

$$C_j = C_B + C_D$$

首先求 C_B：

$$C_B = \frac{C_{B0}}{\left(1 - \frac{V}{V_B}\right)^m} = \frac{4 \times 10^{-12}}{\left(1 - \frac{0.7}{0.75}\right)^{0.33}} = 9.78(\text{pF})$$

扩散电容 C_D：

$$I \approx I_S e^{\frac{V}{V_T}} = 10^{-14} e^{\frac{0.7}{0.026}} = 4.93 \times 10^{-3}(\text{A})$$

$$C_D = k(I + I_S) \approx kI$$

$$C_D \approx 1.2 \times 10^{-8} \times 4.93 \times 10^{-3} = 59.16(\text{pF})$$

因此，PN 结电容为：

$$C_j = 9.78 + 59.16 = 68.94(\text{pF})$$

加反向电压时,$C_D = 0$,所以只需要求出 C_B 来,就可得:

$$C_j = C_B = \frac{C_{B0}}{\left(1-\frac{V}{V_B}\right)^m} = \frac{4\times10^{-12}}{\left(1+\frac{6}{0.75}\right)^{0.33}} = 1.94(\mathrm{pF})$$

从例 1.10 可以看出,PN 结加正向电压时,扩散电容远大于势垒电容,因此,PN 结电容以扩散电容为主,PN 结加反向电压时扩散电容基本为 0,此时 PN 结电容就等于势垒电容。

1.3.5 小 结

* 当温度一定时,PN 结处于动态平衡,多子的扩散数量等于少子的漂移数量,因而使空间电荷区宽度一定,内建电位差为一个定值,$V_B = \frac{kT}{q}\ln\frac{N_a N_d}{n_i^2}$。

* 当温度升高时,V_B 下降。

* PN 结的伏安特性呈非线性,表达式为: $I = I_S(e^{\frac{V}{V_T}} - 1)$。PN 结加正向电压时,$I_F$ 与 V 近似成指数关系;PN 结加反向电压时,反向电流与反向电压无关,$I_R = -I_S$。

* 当 PN 结上的反向电压大于 V_{BR} 时,PN 结击穿。PN 结的击穿特性可以用来稳压。

* 当温度升高时,PN 结伏安特性的正向特性左移;反向饱和电流 I_S 增大;击穿电压 V_{BR} 可能是负温度系数(对应齐纳击穿),也可能是正温度系数(对应雪崩击穿)。

* PN 结电容 $C_j = C_B + C_D$,当 PN 结加正向电压时,以扩散电容 C_D 为主,即 $C_j \approx C_D$;当 PN 结加反向电压时,$C_j = C_B$。

1.4 实际二极管的伏安特性

以上讨论的 PN 结的伏安特性,是针对理想化的 PN 结讨论的。在讨论过程中认为中性区的体电阻为 0,中性区与引线之间的接触电阻也为 0,因此认为电压 V 全部加到了空间电荷区上。但是,实际二极管的中性区存在体电阻,中性区与引线之间存在接触电阻,这些电阻的存在使实际二极管的正向伏安特性与理想的 PN 结伏安特性略有不同,如图 1.26 所示。当正向电压相同时,实际二极管的正向电流要小些。

另外,PN 结在制造过程中不可避免地会产生表面污染,使反向电流有较大增加。由于表面污染的存在,反向电流也不再与反向电压无关了,实际二极管的反向电流随着反向电压的增加而略有增加。如图 1.26 所示。

在图 1.26 中,实际二极管的反向电流比理想 PN 结的反向电流要大些,且随反向电压的增加而增加,因此实际二极管的击穿电压的绝对值要比理想 PN 结击穿电压的绝对值低。

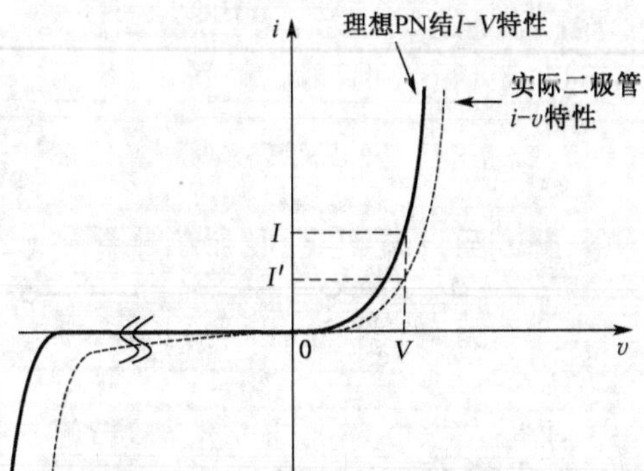

图 1.26 实际二极管与理想 PN 结伏安特性比较

1.5　二极管的模型、参数、分析方法及基本应用

1.5.1　概　述

二极管是一个非线性元件，即二极管的各项参数会随电流和电压的改变而变化。二极管的特点是：对应不同的工作点，它的直流电阻和交流电阻都不相同。如图 1.27 所示。

图 1.27 中选了两个不同的工作点 Q_1 和 Q_2，它们的直流电阻等于从原点分别到 Q_1、Q_2 连线的直线斜率的倒数，显然，这两点的直流电阻不同，即：$R_1=V_1/I_1$，$R_2=V_2/I_2$。Q_1、Q_2 两点交流电阻为 $r_1=\left.\frac{dv}{di}\right|_{Q_1}$，$r_2=\left.\frac{dv}{di}\right|_{Q_2}$，它们分别等于 Q_1、Q_2 处切线斜率的倒数。显然，这两点的交流电阻（或称为小信号微变电阻）不同。因此，如果非常精确地研究非线性元件组成的电路就显得很复杂。实际上，在工程计算中，非常精确地研究也没有必要，因为二极管的工作还受电路中其他元件的影响。工程计算中，往往根据不同的分析要求而采用不同的简化模型。

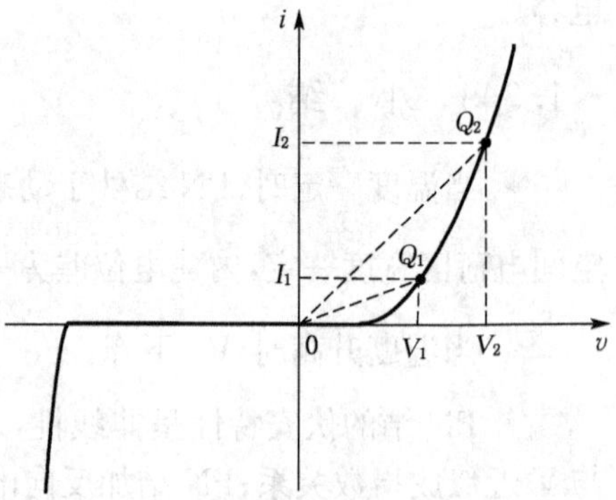

图 1.27　二极管的直流电阻和交流电阻示意图

1.5.2　二极管的开关模型及应用

因为二极管加正向电压时电流与电压成指数关系，电压增加时电流很快增大；而反向电流很小，可忽略，即二极管加反向电压时可以看成关断，电流等于 0。因此，在工程上可以将二极管当作开关使用。当二极管有电流流过时，认为其压降为 0；当二极管加反向电压时，其电流为 0，反向电压加于二极管两端。二极管的开关模型如图 1.28 所示。

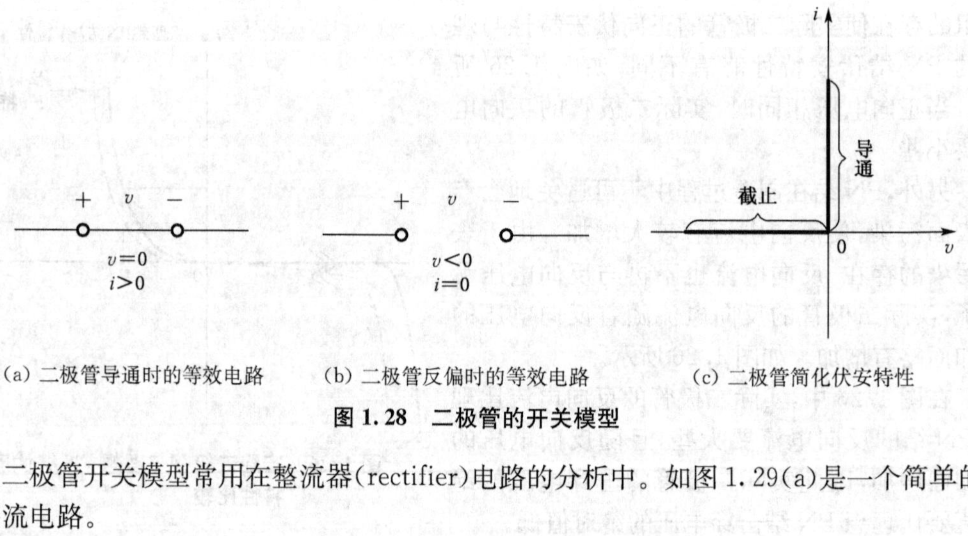

(a) 二极管导通时的等效电路　(b) 二极管反偏时的等效电路　(c) 二极管简化伏安特性

图 1.28　二极管的开关模型

二极管开关模型常用在整流器（rectifier）电路的分析中。如图 1.29(a)是一个简单的半波整流电路。

图 1.29(a) 电路中的输入电压是一个正弦电压 $v_i = V_m \sin\omega t$，当输入电压为正半周时，二极管导通，而且二极管上的压降为 0，因此输出电压 $v_o = v_i$。当输入电压是负半周时，二极管截止（不导通称为截止），电路中电流为 0，因此 $v_o = 0$。

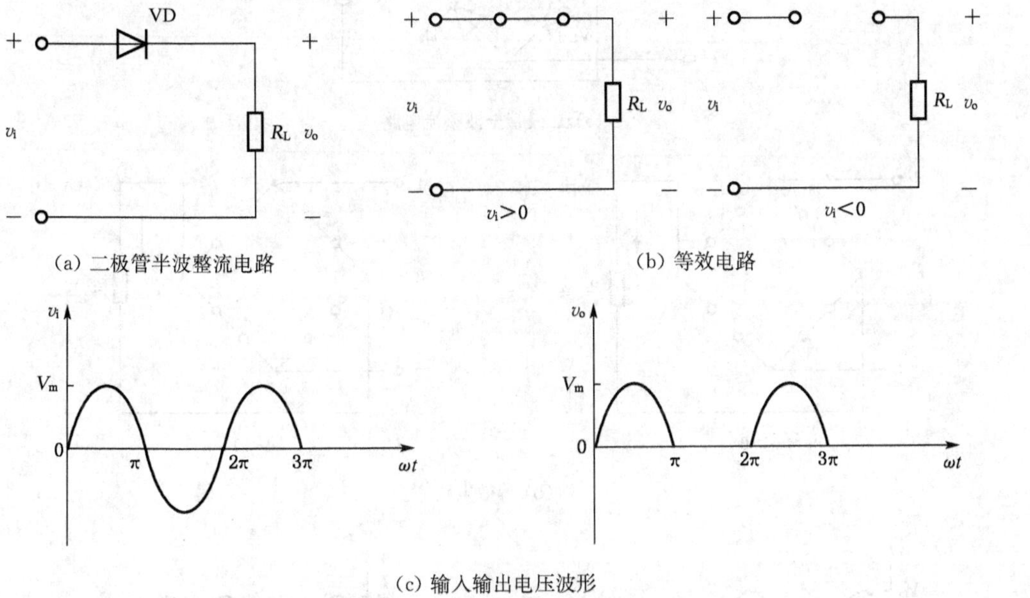

图 1.29　半波整流电路

v_i 在正半周和负半周时，图 1.29(a)的等效电路如图 1.29(b)所示。输入、输出电压的波形图如图 1.29(c)所示。

图 1.29(a)所示的整流电路只利用了输入电压的一半，故称之为半波整流电路。目前更常用的是全波整流电路，如图 1.30(a)所示。

图 1.30(a) 是典型的二极管全波整流电路，被称为桥式整流器(bridge rectifier)，VD_1、VD_2、VD_3、VD_4 是整流二极管。当 v_i 为正半周时，VD_1、VD_3 导通，VD_2、VD_4 截止，由于二极管开关模型在二极管导通时无压降，因此输出电压 $v_o = v_i$，R_L 上的电流是自上而下的，如图 1.30(b) 所示。

当 v_i 为负半周时，VD_1、VD_3 截止，VD_2、VD_4 导通，因此 R_L 上的电流和止半周时相同，输出电压 v_o 也与正半周时相同，总的输出电压波形如图 1.30(c)所示。

一般来说，整流的目的是将交流电变成方向不变的电压。在实际应用中很注重输出电压的直流分量。由输出电压的波形图可以求出输出电压的平均值 V_O(即输出电压的直流分量)：

$$V_O = \frac{1}{\pi}\int_0^{\pi} v_o \mathrm{d}(\omega t) = \frac{1}{\pi}\int_0^{\pi} V_m \sin\omega t \mathrm{d}(\omega t) = \frac{2}{\pi}V_m \tag{1.28}$$

若用 V_i 表示输入信号的有效值，上式也可以写成：

$$V_O \doteq \frac{2\sqrt{2}V_i}{\pi} \approx 0.9V_i \tag{1.29}$$

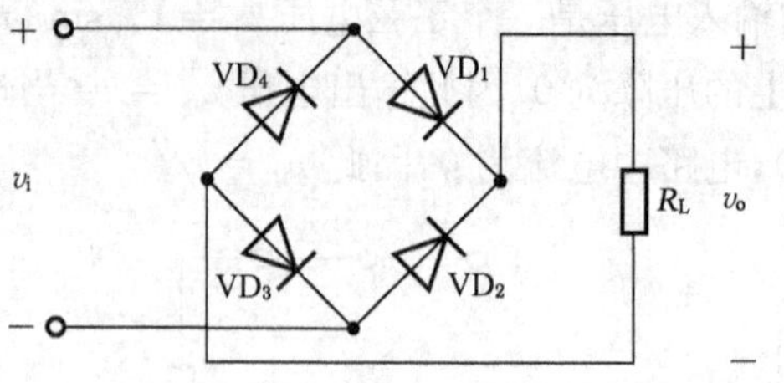

(a) 二极管全波整流电路

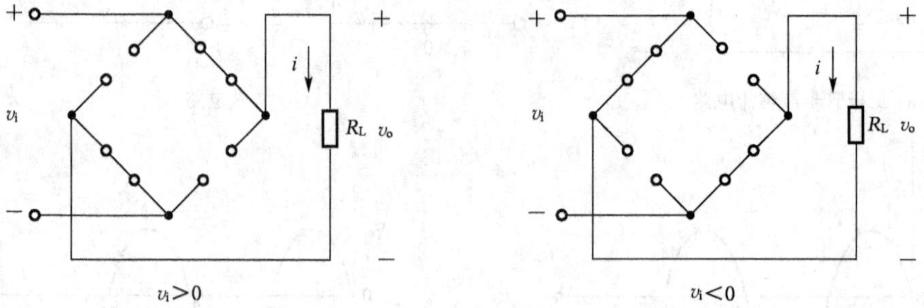

(b) 等效电路

(c) 输入、输出电压波形

图 1.30　桥式整流电路

因此，负载上得到的电流的平均值 I_O 为：

$$I_O=\frac{V_O}{R_L}=\frac{0.9V_i}{R_L} \tag{1.30}$$

很明显，对图 1.29 中的半波整流电路，输出电压的直流分量为全波整流电路的1/2，即：

$$V_O=\frac{\sqrt{2}V_i}{\pi}\approx 0.45V_i \tag{1.31}$$

1.5.3　二极管的恒压模型及应用

有些情况下，二极管的正向导通电压不能忽略，可以将二极管的伏安特性简化为如图 1.31 所示的折线。

在整流电路中，一般输入电压的幅值比较大，因此，二极管导通时的正向压降(只有零点几伏)完全可以忽略，可以使用二极管的开关模型。有些电路中，输入、输出电压幅值不太大，因此，二极管的导通压降不可忽略，那么就要使用二极管的恒压模型。例如分析限幅电路(limiter circuits)或削波电路(clipper circuits)时，就常用二极管的恒压模型。

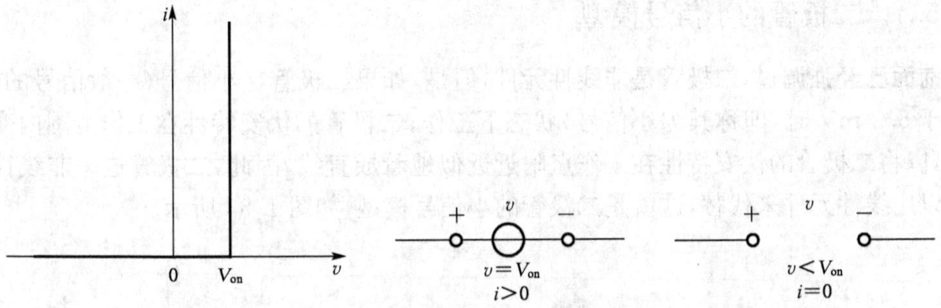

(a) 二极管的恒压简化伏安特性　(b) 二极管导通时的等效电路　(c) $V<V_{on}$ 时的等效电路

图 1.31　二极管恒压模型

图 1.32(a) 是一个简单的二极管削波电路。若电路中的电阻 R 很小，则电阻 R 上的压降可以忽略不计。输入电压为一个正弦波，$v_i = 5\sin \omega t$(V)，电源 V 的电压为 2 V，二极管的导通电压为 0.7 V。当输入电压为正半周时，并且幅度大于 2.7 V 时，二极管导通，二极管导通后电路可以等效为图 1.32(b) 中的 $I_D > 0$ 时的电路，因此输出电压 $v_o = V_{on} + V = 0.7 + 2 = 2.7$ V。当输入电压的幅度小于 2.7 V 时，二极管截止，则电路可以等效为图 1.32(b) 中的 $i_D = 0$ 时的电路，二极管截止，$v_o = v_i$。因此，输出电压波形如图 1.32(c) 所示。

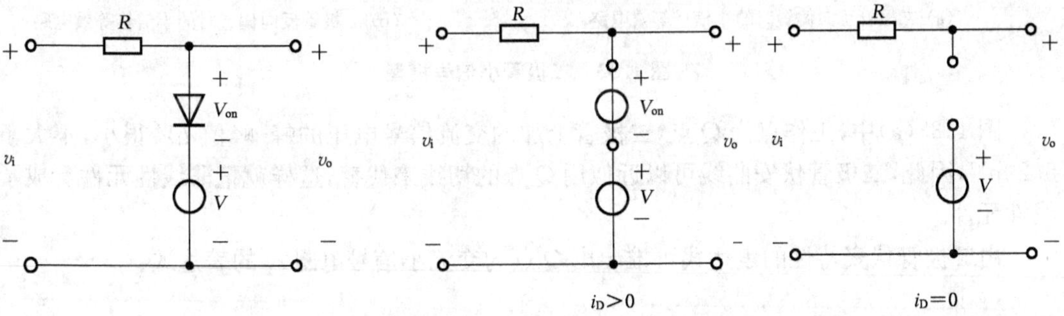

(a) 二极管削波电路　(b) 二极管导通与截止的等效电路

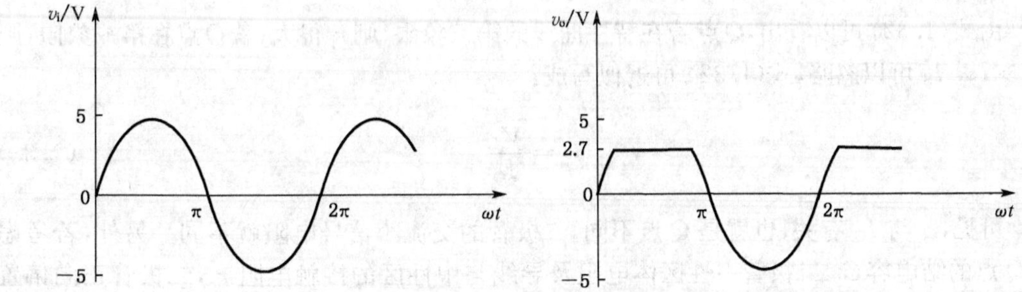

(c) 输入与输出电压波形

图 1.32　二极管削波电路和波形

二极管限幅电路的形式很多，常用做波形的整形和电平的移动。

1.5.4　二极管的小信号模型

前面已经强调过，二极管是非线性元件，但是，如果二极管在小信号(一般信号的峰-峰值小于 5.2 mV 时，即称其为小信号)状态下工作，二极管的伏安特性在工作范围内变化很小，可以将二极管的伏安特性在工作点附近近似地看成直线，因此，二极管这一非线性元件就可以用线性元件来代替，这就是二极管的小信号模型，如图 1.33 所示。

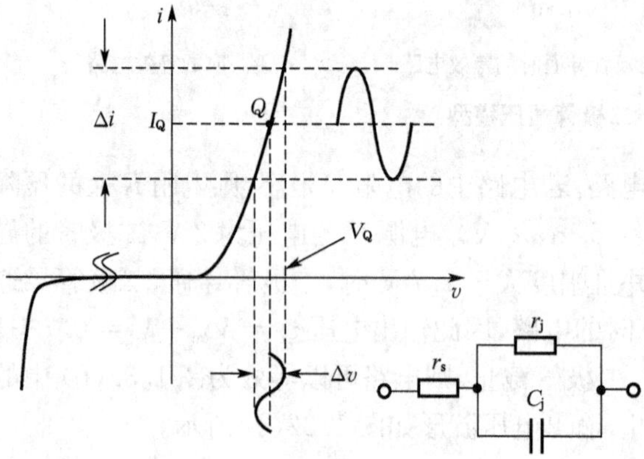

(a) 二极管正向偏置时的小信号等效电路

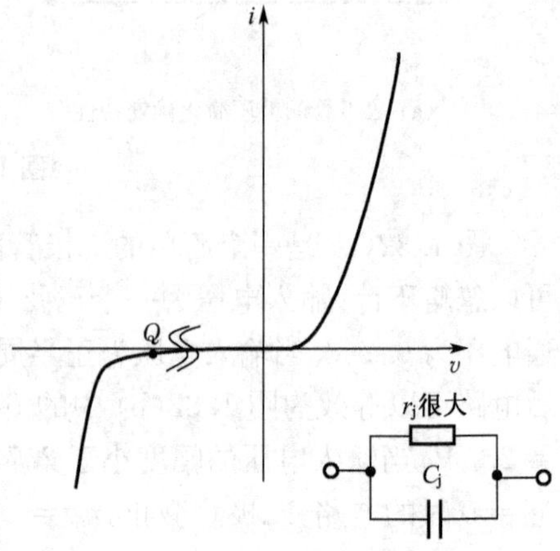

(b) 二极管反向偏置时的小信号等效电路

图 1.33　二极管小信号模型

图 1.33(a)中，工作点为 Q 点，二极管上加的交流信号电压的峰-峰值 ΔV 很小，不大于 5.2 mV，因此，二极管伏安曲线可以近似用 Q 点的切线来代替，这样就把非线性元件看成了线性元件。

由二极管伏安特性的表达式可推导出 Q 点的交流小信号电阻 r_j 的表达式：

$$\frac{1}{r_j}=\frac{\partial I}{\partial V}\bigg|_Q=\frac{\partial\left[I_S\left(e^{\frac{V}{V_T}}-1\right)\right]}{\partial V}\bigg|_{V=V_Q}=\frac{I_S e^{\frac{V_Q}{V_T}}}{V_T}=\frac{I_Q+I_S}{V_T}\tag{1.32}$$

由式(1.32)可以看出，Q点若在特性曲线的第三象限，则 r_j 很大；若 Q 点在第一象限，则 $I_Q \gg I_S$，I_S 可以忽略，式(1.32)可近似写成：

$$r_j=\frac{V_T}{I_Q}\tag{1.33}$$

可见，r_j 与 I_Q 有关，也就是 Q 点不同，二极管的交流小信号电阻就不同。另外，若考虑到 Q 点的结电容 C_j、二极管中性区体电阻及导线与中性区的接触电阻 r_s，二极管正向偏置时的小信号等效电路如图 1.33(a)所示。在实际使用时，r_s 有时可以忽略。当信号频率较低时，C_j 也可以看成开路，这样等效电路就更简化了，只剩下结电阻 r_j。

一般，频率低于 200 kHz 的信号都可以认为是低频信号。二极管低频小信号等效电路如图 1.34 所示。

由于工作点不同，二极管小信号等效电路中的参数就不同，因此，在决定小信号等效电路元件参数之前,必须首先要确定工作点,称为静态工作点(quiescent operation point)。求静态工作点处的参数就是要求出 I_Q 和 V_Q。

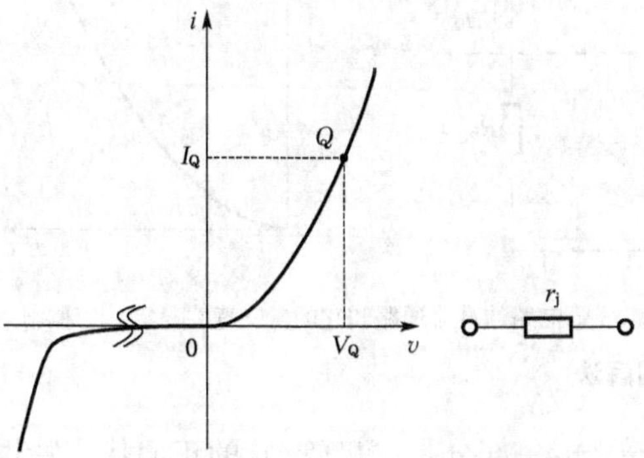

(a) 二极管正向偏置时的低频小信号等效电路

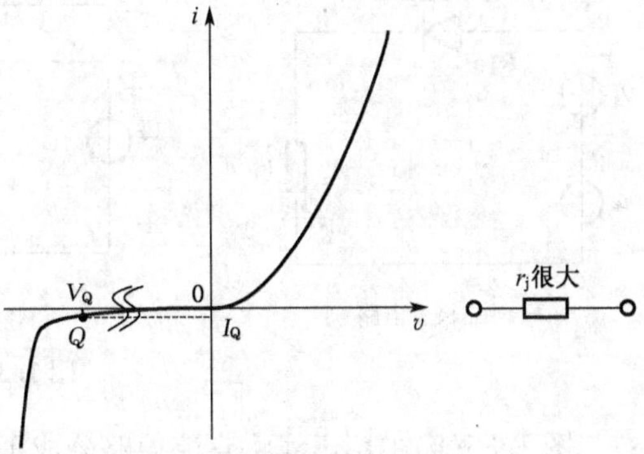

(b) 二极管反向偏置时的低频小信号等效电路

图 1.34 二极管低频小信号等效电路

1.5.5 二极管电路的分析方法

电子电路的分析方法目前常用的有两种:一种是图解法(graphic method),另一种是解析法或称为近似估算法(approximate method)。

1) 图解法

所谓图解法,就是利用器件的伏安特性曲线和电路组成的各种特性曲线,通过作图的方法求解电路问题。

因为二极管在小信号情况下工作时,在工作点附近可以将二极管看成线性元件。对线性电路可以使用叠加原理,可以将电路的直流工作状态和交流工作状态分开讨论,然后进行线性叠加。

首先对直流工作状态进行分析。考虑直流工作状态时,假设交流信号为 0,即将电路图中的交流信号电压源短路,或将交流信号电流源开路,这样处理后所画出的电路图称为原电路图的直流通路图。从直流通路图可以求出静态工作点。

然后是对交流工作状态进行分析。此时首先要画出交流通路图,将电路图中的直流电压源短路,或将直流电流源开路,就可以画出原电路图的交流通路图。通过交流通路图可以分析电路的交流工作指标。

电路中既有直流电源,又有交流电源,因此有必要提前规定各种物理量的表示方法。本书中规定各种物理量的表示方法如下:

直流量的表示方法:字母和下标均为大写,如:V_I,I_I。

交流量的瞬时值表示方法:字母和下标均为小写,如:v_i,i_i。

交流量的有效值表示方法:字母大写;下标为小写,如:V_i,I_i。

交流量和直流量的叠加值(或混合值)表示方法:字母小写;下标为大写,如:v_I,i_I。

二极管在小信号情况下工作时图解法可以分两步:第 1 步画出直流通路,求出静态工作点,第 2 步画出交流通路,求出交流指标。

如图 1.35(a)所示的二极管电路中,V_S 是直流电源,v_s 是交流信号源。首先讨论直流工作状态，画出直流通路图，如图 1.35(b)所示。

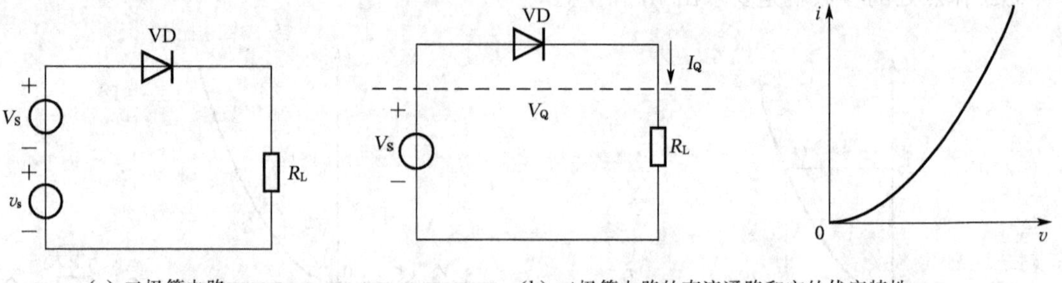

(a) 二极管电路 (b) 二极管电路的直流通路和它的伏安特性

图 1.35 图解法

图 1.35(b)中用虚线将直流通路分成了两个部分：一部分是二极管，它的正向伏安特性在图中已经给出，在实际应用中的二极管的伏安特性可以测出，因此认为二极管伏安特性是已知的；另一部分电路由 R_L 和电源 V_S 组成，显然它是一个线性电路，它的伏安特性是一条直线。由电路图中可以看出，二极管中的电流和 R_L 中的电流应该相等，而线性电路部分的端电压，就是二极管两端的电压，所以只要作出线性电路部分的伏安特性，找出它与二极管伏安特性的交点，这个交点就是静态工作点(或直流工作点)。

参考图 1.36 可以列出线性电路部分的伏安特性方程：

$$I = -\frac{V}{R_L} + \frac{V_S}{R_L} \tag{1.34}$$

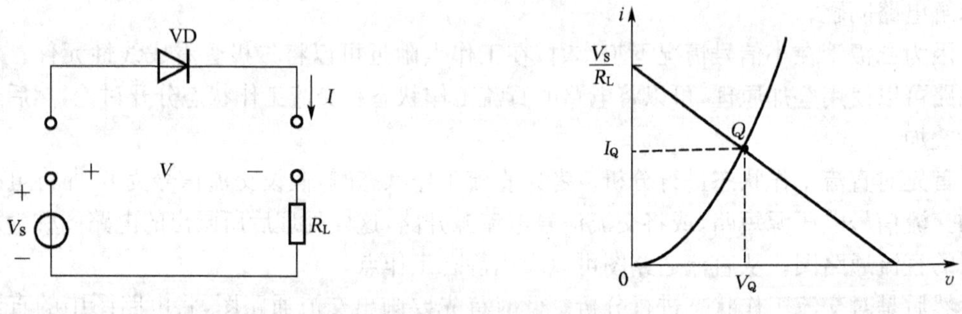

图 1.36 用图解法求静态工作点

式(1.34)为一个直线方程。两点决定一条直线，如果能找出两个特殊点，这条直线就可以确定。这条线画在二极管伏安特性的同一坐标中，就可以找到直线与二极管伏安特性的交点。如图 1.36 所示。

如图 1.36 中的线性电路部分，当 $I = 0$ 时，端电压 $V = V_S$，即可求出横轴上的一点；当 $V = 0$ 时(即线性电路的两端短路)，则有 $I = V_S/R_L$，则可求出纵轴上的一点。连接这两点，作出直线，这条直线与二极管的伏安特性相交于 Q 点，Q 点就是工作点，这时可以读出对应的 V_Q 和 I_Q。

从图 1.37 中可以看出，直线的斜率是 $-1/R_L$，只与 R_L 有关，通常称 R_L 为负载电阻，因此这条直线称为直流负载线。

求出静态工作点后，再考虑交流工作情况。首先画出图 1.35(a)的交流通路，如图 1.37 所示。考虑交流信号叠加在静态工作点上，因此可以通过作图法，求解交流信号的工作范围。如图 1.37 所示，可以从图中读出电路中电流的最大变化范围。

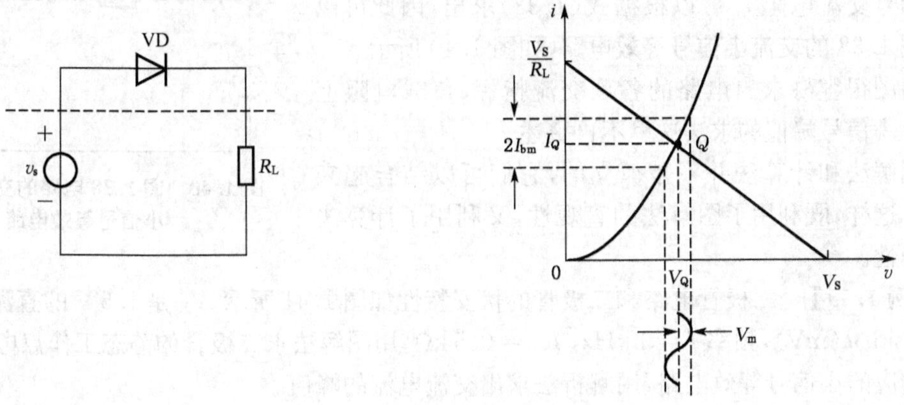

图 1.37 用图解法求交流工作范围

2) 解析法(近似估算法)

在工程计算中，经常使用解析法(近似估算法)。这种方法是利用电子器件的电路模型将电路化简(在直流通路中利用器件的直流参数化简电路；在交流通路中利用器件的交流参数化简电路)，然后通过计算的方法求解电路的各项指标。

解析法求解电路指标时一般也分两个步骤：一是直流分析，二是交流分析。直流分析时要作出电路的直流通路，求出直流工作点；交流分析时要作出电路的交流通路或交流等效电路，求电路的各项交流指标。

下面用解析法求解图 1.38 电路，求二极管的静态工作点和负载电阻上的交流小信号峰值。

首先作出图 1.38 的直流通路，如图 1.39 所示。

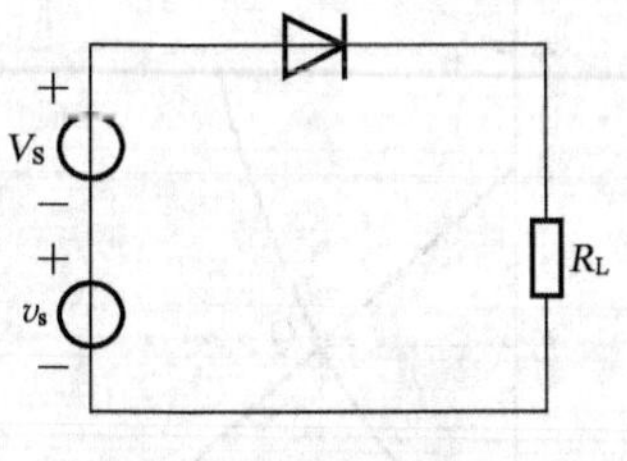

图 1.38 二极管电路

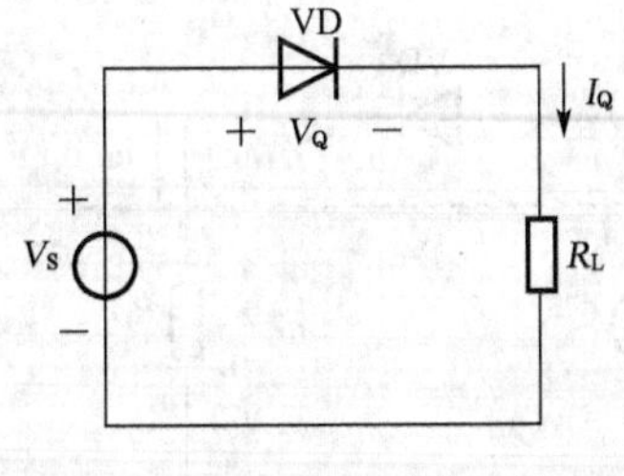

图 1.39 图 1.38 电路的直流通路

下面求二极管的静态工作点 V_Q 和 I_Q。一般，对硅二极管，导通电压 V_{on} 估算为 0.7 V；对锗二极管，导通电压 V_{on} 估算为 0.3 V。图 1.39 所示的直流通路中，二极管的静态工作点为：

$$V_Q = V_{on} \tag{1.35}$$

可以得出电路中的静态电流为：

$$I_Q = \frac{V_S - V_{on}}{R_L} \tag{1.36}$$

二极管的静态工作点求出后，二极管在工作点附近的小信号交流电阻 r_j 可以根据式(1.33)求出，因此可以画出图 1.38 的交流小信号等效电路，如图 1.40 所示。

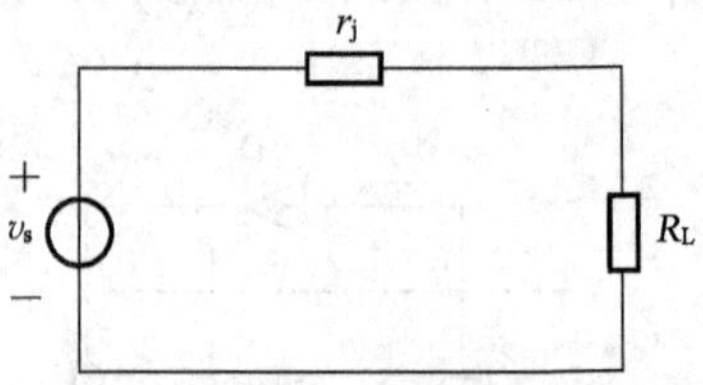

图 1.40　图 1.38 电路的交流小信号等效电路

由图很容易求出电路的各项交流指标，负载电阻上的交流小信号峰值的求法这里不再赘述。

图解法和计算法并不是孤立的，它们可以结合起来使用。这样，既利用了图解法的直观性，又利用了计算法的准确性。

【例 1.11】　二极管电路和二极管的伏安特性如图 1.41 所示。V_S 是 1.5 V 的直流电源，$v_s = 2\sin\omega t$(mV)，频率 $f = 1\,\text{kHz}$，$R_L = 0.5\,\text{k}\Omega$。用图解法求二极管的静态工作点电流 I_Q，作出对应的小信号等效电路，用解析法求出交流电流的峰值。

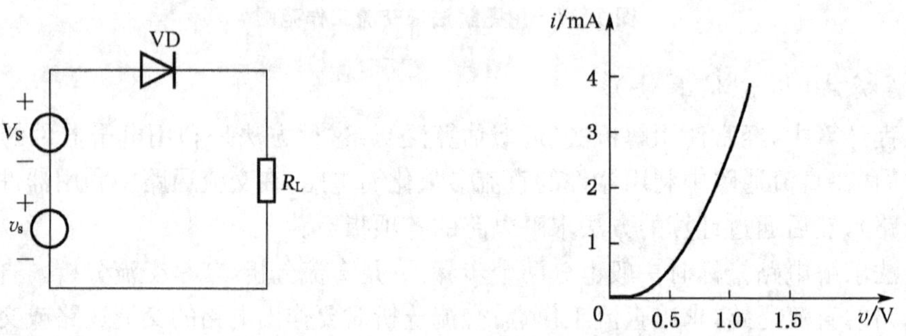

图 1.41　例 1.11 的电路图和二极管伏安特性

解：

求静态工作点：先把 v_s 短路，作出直流通路的电路图。如图 1.42 所示。

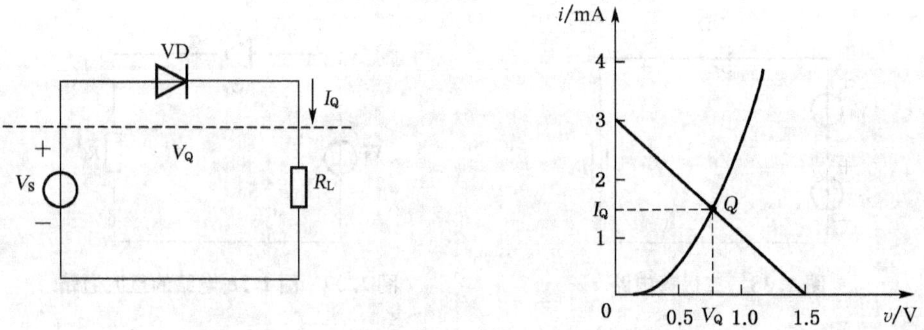

图 1.42　例 1.11 用图解法求静态工作点

因此，可以求出负载线在横轴的交点是 1.5 V，在纵轴的交点为：

$$\frac{V_S}{R_L} = \frac{1.5}{0.5} = 3(\text{mA})$$

负载线和二极管伏安特性曲线的交点为静态工作点,从图 1.42 中读出:

$$I_Q = 1.4\,\text{mA}$$

$$V_Q = 0.75\,\text{V}$$

交流分析:下面用解析法进行交流分析。

为了作出交流通路,首先要求出二极管工作点处的交流电阻:

$$r_j = \frac{V_T}{I_Q} = \frac{26}{1.4} = 18.75(\Omega)$$

可作出图 1.38 所示电路的小信号等效电路图,如图 1.43 所示。

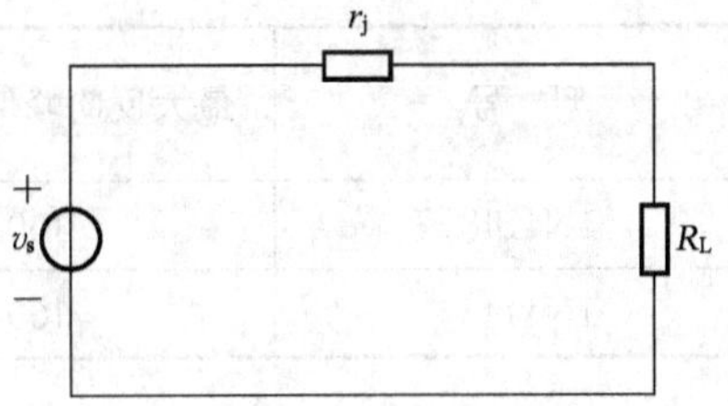

图 1.43 图 1.41 的交流小信号等效电路

由图 1.43 可知,交流电流的峰值为:

$$I_m = \frac{V_m}{r_j + R_L} = \frac{2}{500 + 18.57} = 3.86(\text{mA})$$

因此,电路中的交流电流为:

$$i = I_m \sin \omega t = 3.86 \sin \omega t(\text{mA})$$

1.5.6 二极管的主要参数

在实际应用中,选择适当的二极管对电路的设计很重要。不同用途的二极管有不同的结构和不同的参数;不同用途的二极管对二极管参数的要求也不相同。二极管的主要参数有:

1) 最大整流电流

二极管的最大整流电流是指在规定的测试温度下,二极管允许通过的最大平均电流。二极管在正常工作时,平均工作电流不应超过此值,否则会损坏二极管。

2) 最大反向峰值电压

最大反向峰值电压是二极管在工作时允许承受的最大反向电压。

3) 最大正向浪涌电流

最大正向浪涌电流是二极管允许流过的过量的正向电流,表示二极管承受非正常工作电流(浪涌电流不是经常出现,只是偶然出现)的能力。一般测试时规定一个 50 Hz 的浪涌电流。

4) 反向电流

反向电流是指二极管在未击穿时的反向电流,一般规定在室温 25 ℃时进行测试。

5) 反向恢复时间

当二极管两端电压从正向电压变为反向电压时,理想情况是电流能瞬时截止,但是实际上二极管一般要延迟一段时间,这段延迟的时间称为反向恢复时间。

不同用途的二极管对各种参数的要求不同。表 1.1 为普通整流二极管的参数举例;表 1.2 为开关二极管的参数举例。

表 1.1 普通整流二极管的参数

型　号	最大反向峰值电压/V	最大整流电流/A (50 Hz, 75 ℃)	最大正向浪涌电流/A (50 Hz 浪涌)	反向电流/μA (25 ℃)
1N4001	50	1.0	30.0	≤5.0
1N4002	100	1.0	30.0	≤5.0
1N4003	200	1.0	30.0	≤5.0
1N4004	400	1.0	30.0	≤5.0

表 1.2 开关二极管的参数

型　号	最大反向峰值电压/V	正向电流/A (25 ℃)	反向恢复时间/ns
1N4148	100	0.5	4
1N4448	100	0.5	4

由表 1.1 和表 1.2 可以看出，对不同用途的二极管所关注的参数不同。

1.5.7 小　结

* 二极管电路的分析要求不同、工作条件不同，可以使用不同的二极管模型。

* 二极管模型有 3 种：开关模型、恒压模型和小信号等效模型。

* 电子电路的分析方法有图解法、解析法、计算机辅助分析法。进行直流分析时要用直流通路，直流分析的目的主要是求解直流工作点。进行交流分析时要用交流通路或交流等效电路，交流分析的目的是求解电路的各项交流指标，不同的电路交流指标的类型不同，要具体问题具体分析。

* 利用二极管可以构成整流电路、限幅电路（或削波电路）等。

* 不同用途的二极管，制造工艺不同，因此要根据不同的用途来选择不同的二极管，如整流电路中要使用整流二极管，逻辑电路中要使用开关二极管。因此，在实际应用中特别应注意选择合适类型的二极管。

1.6 其他类型的二极管

二极管的种类很多，除了前面介绍的普通二极管和整流二极管之外，还有利用特殊工艺制造的具有各种不同用途的二极管，如齐纳二极管（Zener diode）、光敏二极管（photodiode）、发光二极管（light-emitting diode）等。

1.6.1 稳压二极管

前面已经提到，二极管加反向偏置电压时，如果反向电压达到 V_{BR}，则二极管就会产生击穿，击穿时反向电流迅速增加，但此时二极管两端的电压变化很小。稳压二极管就是根据 PN 结的这一特性，经特殊工艺制造的。使用稳压二极管能构成一个固定的稳定电压的电路。

图 1.44(a)是稳压二极管的伏安特性。可以看出，稳压二极管在伏安特性的击穿区电流变化很大，而稳压二极管上的电压变化很小。稳压二极管的电路符号如图 1.44(b)所示。

稳压二极管工作时，应加上反向击穿电压，流过稳压二极管的电流是反向电流，在击穿区的反向电流较大，因此稳压二极管在击穿区的交流电阻很小，大约为几欧到几十欧，有时可以近似为 0。使用稳压二极管时，一定要有限流电阻，否则稳压二极管会因电流过大而发生热击穿。

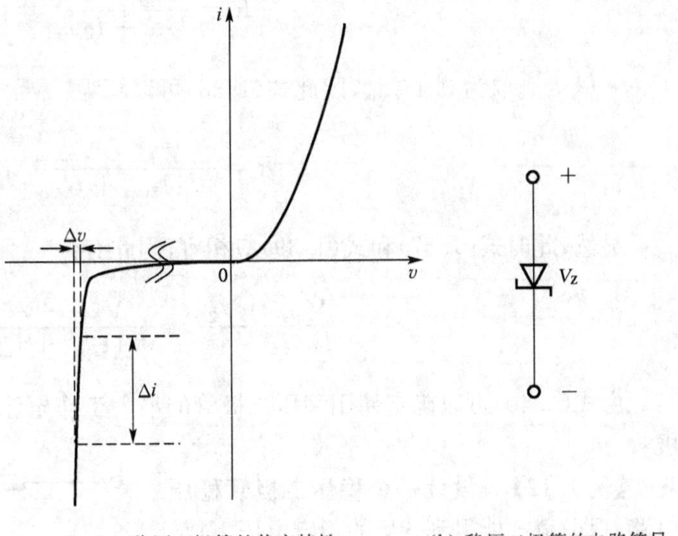

(a) 稳压二极管的伏安特性　　(b) 稳压二极管的电路符号

图 1.44　稳压二极管

图 1.45 为一个典型的稳压二极管组成的稳压电路。图中 R 为限流电阻，VD_Z 为稳压二极管，R_L 是负载电阻。当输入电压 V_I 变化时，电路可以经过一个自动调节的过程使负载电阻上的电压(输出电压 V_O) 基本不变。若假定 V_I 升高，则有以下的调节过程：

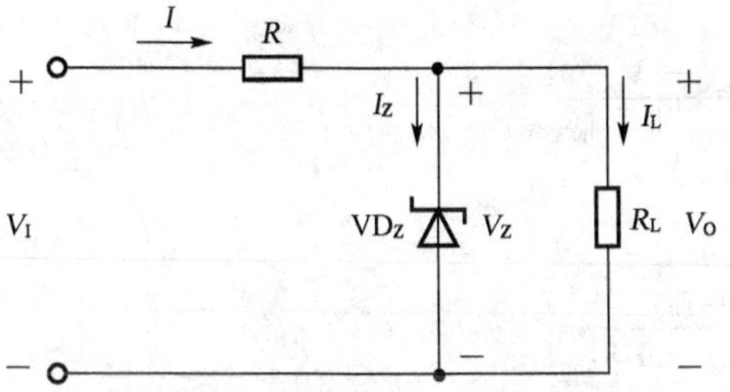

图 1.45　稳压二极管的稳压电路

V_I 上升使输出电压 V_O 有上升的趋势，使稳压二极管 VD_Z 上的反向电压升高，稳压二极管的电流 I_Z 迅速增加，这时 R 上的电流增加，使 R 上的压降增加，$V_O = V_I - V_R$，因此 V_O 基本不变。该电路工作的实质是将输入电压的变化转换为电阻 R 上的电压变化，而使输出电压变化不大。

要使电路正常工作，稳压二极管的电流要在一定范围之内，即在 I_{Zmin} 与 I_{Zmax} 之间(稳压二极管电流小于最小电流值 I_{Zmin} 时不能起稳压作用，稳压二极管电流大于最大值 I_{Zmax} 时，稳压二极管有可能烧毁。稳压二极管工作时的管耗一定要确保小于额定值。

可以写出两个特殊情况下的表达式：当负载电流最小(即 $I_L = I_{Lmin}$) 且输入电压最大(即 $V_I = V_{Imax}$) 时，I_Z 最大，即 $I_Z = I_{Zmax}$；当负载电流最大(即 $I_L = I_{Lmax}$) 且输入电压最小(即 $V_I = V_{Imin}$) 时，I_Z 最小，即 $I_Z = I_{Zmin}$。在这两种情况下 R 的表达式分别为：

I_Z 最大时，

$$R = \frac{V_{Imax} - V_Z}{I_{Zmax} + I_{Lmax}} \tag{1.37}$$

I_Z 最小时，

$$R=\frac{V_{\mathrm{Imin}}-V_{\mathrm{Z}}}{I_{\mathrm{Zmin}}+I_{\mathrm{Lmax}}} \tag{1.38}$$

一般 I_{Zmin} 取为 $0.1I_{\mathrm{Zmax}}$，因此式(1.38)可以写为：

$$R=\frac{V_{\mathrm{Imin}}-V_{\mathrm{Z}}}{0.1I_{\mathrm{Zmax}}+I_{\mathrm{Lmax}}} \tag{1.39}$$

显然，此时式(1.37)和式(1.39)应相等，因此有：

$$\frac{V_{\mathrm{Imax}}-V_{\mathrm{Z}}}{I_{\mathrm{Zmax}}+I_{\mathrm{Lmin}}}=\frac{V_{\mathrm{Imin}}-V_{\mathrm{Z}}}{0.1I_{\mathrm{Zmax}}+I_{\mathrm{Lmax}}} \tag{1.40}$$

由式(1.40)可以确定使用稳压二极管的最大工作电流，即可以选用合适功率的稳压二极管。

【例 1.12】 设计一个稳压二极管稳压电路，保证负载能得到 6 V 的稳定电压，负载电流的变化范围是 0 到 100 mA，输入电压变化范围是 10(1±10%)V。

解：设计电路如图 1.46 所示。

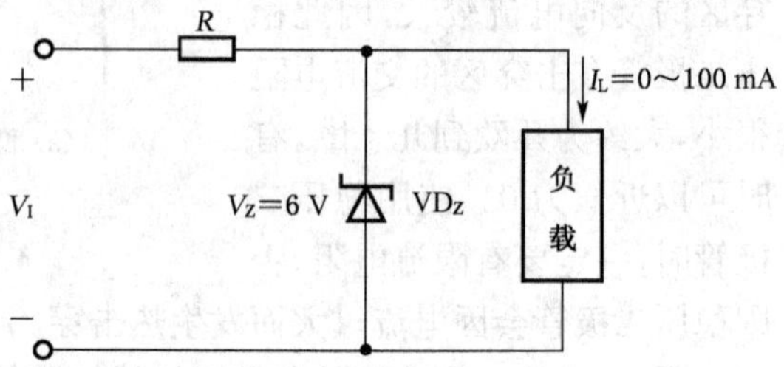

图 1.46 稳压二极管稳压电路

题目要求负载得到 6 V 的稳定电压，因此选稳压值为 6 V 的稳压二极管，由式(1.40)可求得稳压二极管的最大工作电流：

$$\frac{V_{\mathrm{Imax}}-V_{\mathrm{Z}}}{I_{\mathrm{Zmax}}+I_{\mathrm{Lmin}}}=\frac{V_{\mathrm{Imin}}-V_{\mathrm{Z}}}{0.1I_{\mathrm{Zmax}}+I_{\mathrm{Lmax}}}$$

即

$$\frac{11-6}{I_{\mathrm{Zmax}}+0}=\frac{9-6}{0.1I_{\mathrm{Zmax}}+100}$$

可以求出：

$$I_{\mathrm{Zmax}}=200\ \mathrm{mA}$$

因此，稳压二极管的最大管耗是：

$$P_{\mathrm{Zmax}}=I_{\mathrm{Zmax}}V_{\mathrm{Z}}=0.2\times 6=1.2(\mathrm{W})$$

一般，在电路设计中都要留有余地，因此要选 I_{Zmax} 和 P_{Zmax} 均比计算值大的稳压二极管。

用式(1.37)求出 R：

$$R=\frac{V_{\mathrm{Imax}}-V_{\mathrm{Z}}}{I_{\mathrm{Zmax}}+I_{\mathrm{Lmin}}}=\frac{11-6}{0.2+0}=25(\Omega)$$

稳压二极管的参数有稳定电压、稳定电流、最大管耗等，表 1.3 为稳压二极管的参数举例。

表 1.3　稳压二极管的参数

型　号	稳定电压/V	稳定电流/mA	最大功耗/W	温度系数/(%·℃$^{-1}$)
2CW11	3.2～4.5	10～55	0.25	−0.05～+0.03
2DW7	5.8～6.6	10～30	0.20	+0.05

【小结】

＊ 稳压二极管主要利用其击穿区，在击穿区中稳压二极管的动态电阻很小，一般可近似为 0。

＊ 稳压二极管工作时需加反向电压，并且要注意它的工作电流范围和最大管耗。

＊ 稳压二极管组成的稳压电路中一定要使用限流电阻。

*1.6.2　光电二极管

光电二极管(photodiode)是可以将光信号转换成电信号的一种二极管。光电二极管是在一块低掺杂的 P 型半导体表面生成一层很薄的 N 型半导体，形成一个面积较大的 PN 结，并在管子外壳上开一个透明窗口，能接收外部的光照。光电二极管工作时 PN 结加反向偏置电压。光照可以使空间电荷区内产生大量的电子-空穴对，在反向偏置电压的作用下，会形成较大的反向电流。光电二极管的电路符号和伏安特性曲线如图 1.47 所示。

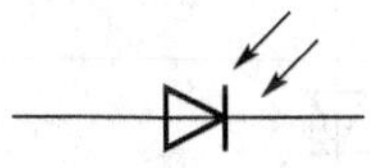

(a) 光电二极管的电路符号

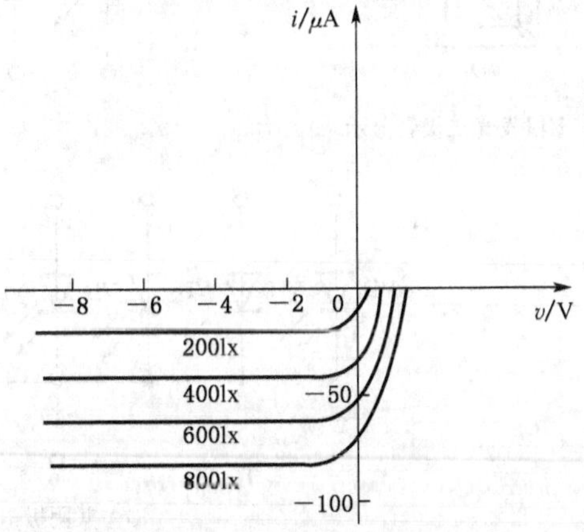

(b) 光电二极管的伏安特性

图 1.47　光电二极管

从图 1.47(b)中可以看出，光电二极管的反向电流(当反向电压足够大时)与照度近似成正比关系。一般，照度每增加 1 lx(勒[克斯])，反向电流就增加 0.1 μA 左右。

太阳能电池(solar cell)和光电二极管的构造相同，只不过它的 PN 结面积要比光电二极管大得多。太阳能电池工作时不加偏压。工作原理和光电二极管相同。

*1.6.3　发光二极管

发光二极管(light-emitting diode，缩写为 LED)是将电信号转换为光信号的器件。

发光二极管工作时应加正向偏置电压。当PN结加正向电压时，由于多子的注入，使N区和P区在空间电荷区附近出现非平衡少子，这些非平衡少子就要扩散，在扩散的过程中和中性区内的多子复合。复合的过程是自由电子从导带跳回到价带的过程，在这过程中必定有能量放出，即发射出光子。

发光二极管是由化合物半导体材料制成的，如砷化镓或磷砷化镓等材料，因为这些材料的能带结构不同，因此在电子和空穴复合时放出的光子的能量不同，光波波长不同，发出光的颜色就不同，可以制成不同颜色的发光二极管。

发光二极管所需要的正向偏置电压要比一般硅二极管的高。发光二极管的正向工作电压需要一点几伏到二点几伏。发光强度与发光二极管的工作电流有关，一般发光二极管的工作电流为10 mA～20 mA。

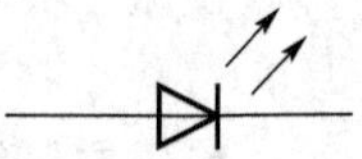

图1.48　发光二极管的电路符号

发光二极管的电路符号如图1.48所示。

发光二极管也可以制成数字显示器件。所谓七段发光二极管显示器件(seven-segment LED display)就是用发光二极管制成的。如图1.49(a)所示。

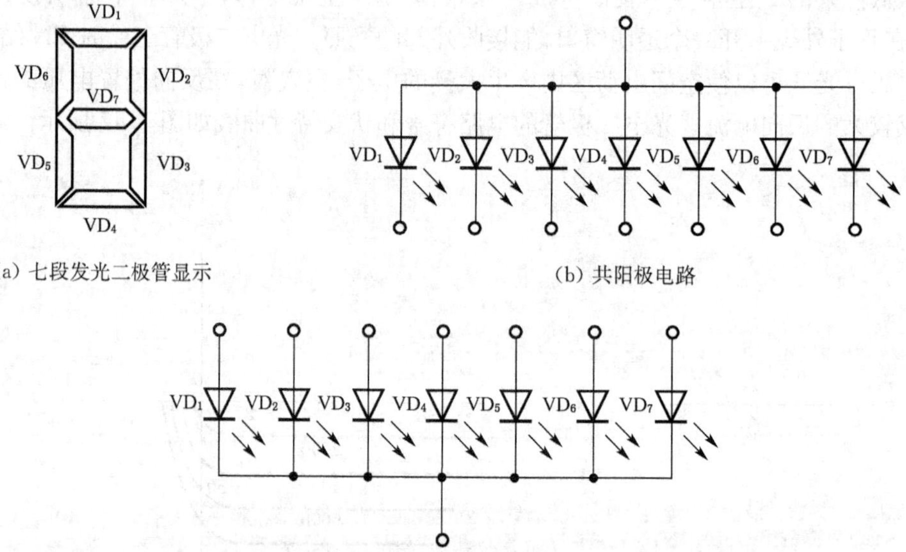

(a) 七段发光二极管显示　　(b) 共阳极电路

(c) 共阴极电路

图1.49　数码管

图1.49(b)中所有的发光二极管的阳极都连接在一起，因此称为共阳极(common-anode)显示器。工作时，所有发光二极管的阳极都接在高电平上，若需要哪个发光二极管发光，在电路中就要使那个发光二极管的阴极加上低电平。

图1.49(c)称为共阴极(common-cathode)显示器。工作时，所有发光二极管的阴极接低电平，若需要哪个发光二极管发光，则那个发光二极管的阳极加高电平。

*1.6.4　光隔离器件

光隔离器(optoisolator)如图1.50所示。

光隔离器是由发光二极管 VD_1 和 VD_2 组成的。器件的输入端和输出端都是电信号，但是这两个电信号被隔离，即没有任何电路连接线的连接。当输入端加电信号时，使发光二极管 VD_1 发光，即将电信号转换成光信号。VD_1 发出的光照到光电二极管 VD_2 上，VD_2 又把光信号变成了电信号输出。这样就实现了输入端和输出端的电隔离。

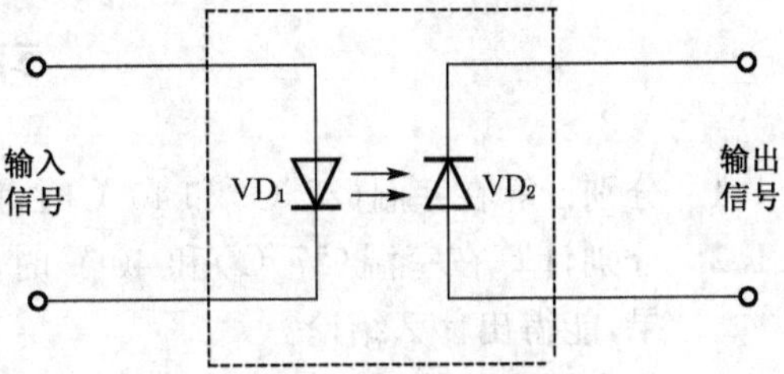

图 1.50 光电隔离

*1.6.5 变容二极管

如前所述，PN 结加反向电压时反向电流很小，即反向电阻很大，二极管可以看成开路，这样的结论只能用于在低频信号情况下工作，如果二极管在高频信号情况下工作，电阻可以看成开路，PN 结电容必须考虑。

当 PN 结加反向电压时，PN 结电容由势垒电容形成。由前面所述的势垒电容的表达式(式(1.25))可以画出势垒电容与外加电压的关系曲线如图 1.51(a)所示。从图中可以看出，PN 结电压变化时，它的结电容就变化。用这一特性可以制成变容二极管(varactor diode)，也称为变容管。变容二极管的电路符号如图 1.51(b)所示。

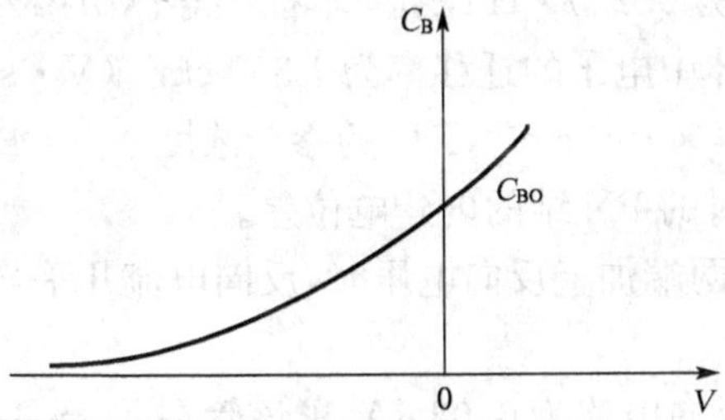

(a) C_B 随二极管电压变化曲线

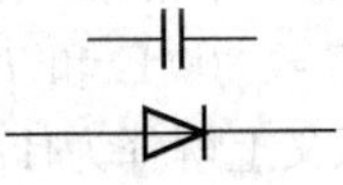
(b) 变容二极管电路符号

图 1.51 变容二极管

1.6.6 小 结

* 除了普通二极管、整流二极管外，介绍的其他类型的二极管有稳压二极管、光电二极管、发光二极管、光隔离器件和变容二极管。

* 光电二极管可以将光信号转换为电信号，工作时 PN 结加反向偏置电压。

* 发光二极管是将电信号转换成光信号，工作时加正向偏置电压。

* 光隔离器件是由一个发光二极管和一个光电二极管组成的，对输入和输出信号进行电隔离。

* 变容二极管常在高频条件下工作。反向偏置使用时，结电容的变化就是势垒电容 C_B 的变化。

习　题

1.1 分别计算在室温(27 ℃)和 40 ℃时,硅的本征载流子浓度。

1.2 分别计算在室温(27 ℃)和 40 ℃时,锗的本征载流子浓度。由习题 1.1 和本题的结果,能得出什么结论?

1.3 往本征半导体硅中掺入磷,浓度为 $N_d = 5\times10^{16}\ cm^{-3}$,试计算在常温下该 N 型半导体的多子浓度和少子浓度,计算温度升高到 320 K 时的多子浓度和少子浓度,从计算结果中能得出什么结论?

1.4 已知室温下,锗的本征载流子的浓度 n_i 约为 $2.4\times10^{13}\ cm^{-3}$,若在锗单晶材料中掺入施主杂质,其浓度为 $N_d = 2\times10^{14}\ cm^{-3}$。试求室温下自由电子和空穴的浓度,指出该半导体为何种半导体;若再掺入受主杂质,其浓度为 $N_a = 4\times10^{14}\ cm^{-3}$,再求自由电子和空穴的浓度,指出此时锗半导体为何种半导体;若温度升高到 $T = 400$ K(该温度下锗的 n_i 约为 $1.62\times10^{15}\ cm^{-3}$),此时为何种半导体?

1.5 已知锗的本征载流子浓度 n_i 在 $T = 300$ K 和 $T = 400$ K 时分别为 $2.4\times10^{13}\ cm^{-3}$ 和 $1.62\times10^{15}\ cm^{-3}$,一个锗 PN 结两边的杂质浓度分别为 $N_d = 3\times10^{18}\ cm^{-3}$ 和 $N_a = 2\times10^{16}\ cm^{-3}$,试求 $T = 300$ K 和 $T = 400$ K 时的内建电位差。

1.6 室温时,要使 N 型半导体的电阻率为 0.2 Ω · cm,须向本征半导体中掺入浓度为多少的施主杂质?设室温时,N 型半导体中电子的迁移率为 1 350 $cm^2/(V\cdot s)$。

1.7 设硅 PN 结 N 区的掺杂浓度 $N_d = 4\times10^{15}\ cm^{-3}$,P 区的掺杂浓度 $N_a = 4\times10^{16}\ cm^{-3}$,分别求 $T = 300$ K 和 $T = 340$ K 时的 PN 结的内建电位差。

1.8 从物理意义上解释为什么在 PN 结两端加上反向电压时,反向电流几乎与反向电压无关(未反向击穿状态)?

1.9 有一只二极管,在 $T_1 = 300$ K 时,反向电流为 0.02 μA,求该管在 $T_2 = 310$ K 及 $T_3 = 320$ K 时反向电流分别为多少?

1.10 试解释什么是 PN 结的可逆击穿和不可逆击穿,可逆击穿包括哪两种击穿?怎样才能使可逆击穿的管子在击穿区安全工作?

1.11 试比较锗二极管和硅二极管的正向压降、死区电压和反向饱和电流的取值范围,并用表格表示。

1.12 室温下,当流过二极管的正向电流分别为 0.5 mA、1 mA、2 mA 时,二极管的正向交流电阻分别是多少?

1.13 在用三用表测二极管的正向电阻时,为什么用不同的欧姆挡测出的电阻值不同?

1.14 图 1.52 电路中,设二极管为理想二极管,即导通时压降为 0 V,截止时电阻为无穷大。电路中的 V_{I1},V_{I2},V_{I3} 只能为 0 V 或 3 V,试求 V_{I1}、V_{I2}、V_{I3} 的电压在各种不同的组合情况下,输出电压 V_O 的值。

1.15 已知图 1.53 中二极管的导通电压为 0.6 V,反向饱和电流为 0 mA,计算流过二极管的电流和输出电压。

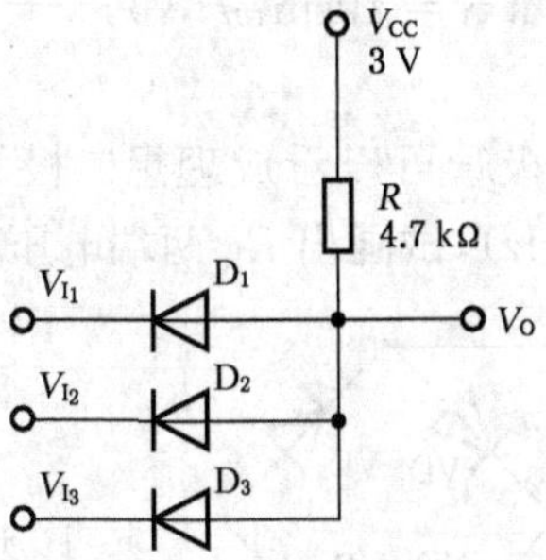

图 1.52　习题 1.14 用图

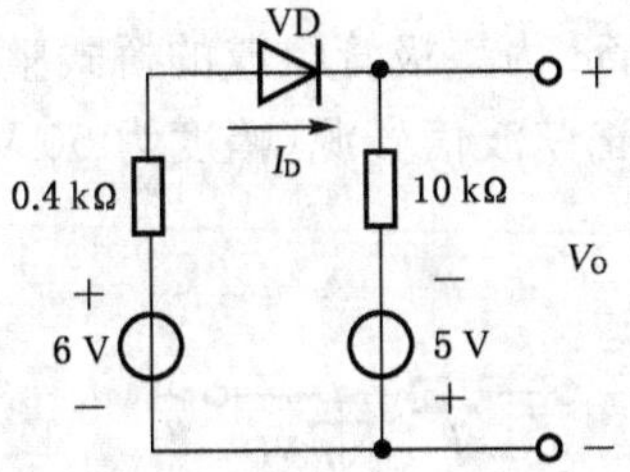

图 1.53　习题 1.15 用图

1.16　电路如图 1.54 所示，设二极管是理想的二极管，判断二极管是导通还是截止，并求 V_O。

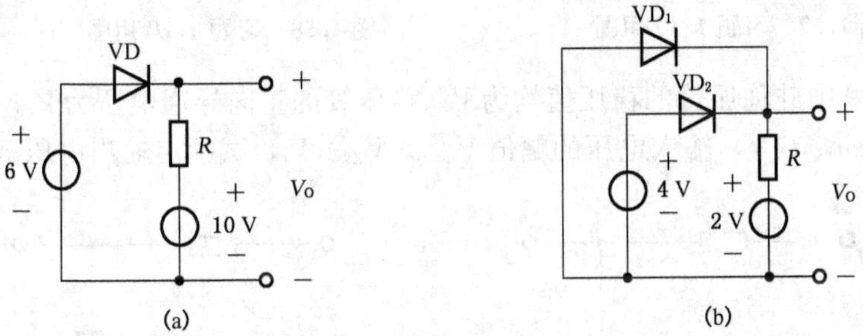

图 1.54　习题 1.16 用图

1.17　图 1.55 所示电路中，二极管的导通压降均为 0.7 V，$v_i = 1\sin\omega t$(V)，试画出输出电压 v_o 的波形。

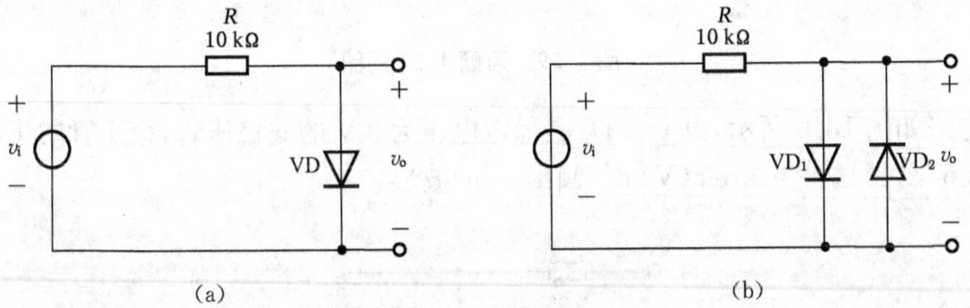

图 1.55　习题 1.17 用图

1.18　电路如图 1.56(a)所示，v_i 的波形如图 1.56(b)所示，试画出输出电压 v_o 的波形图，假设二极管为理想二极管，即导通时压降为 0 V，截止时电阻为无穷大。

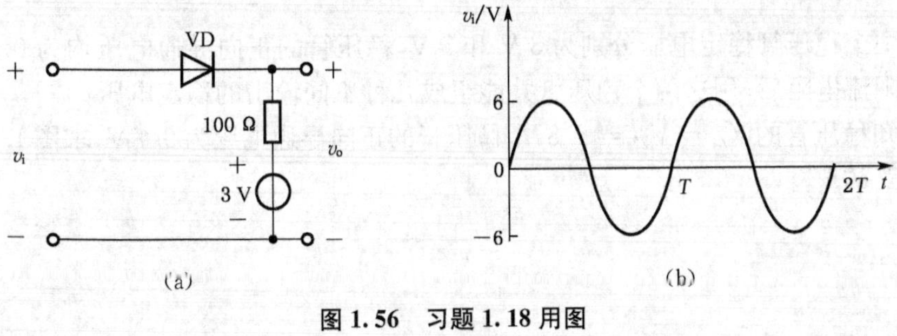

图 1.56　习题 1.18 用图

1.19　电路如图 1.57 所示，二极管为理想二极管，已知 $v_i = 10\sin\omega t(\mathrm{V})$，$V = 5\ \mathrm{V}$，画出 v_o 的波形。

1.20　图 1.58 为二极管组成的桥式整流电路，若二极管可以看成理想二极管，输入信号源为正弦波信号源（幅度为 50 V，频率为 50 Hz），试画出 R_L 两端电压的波形。

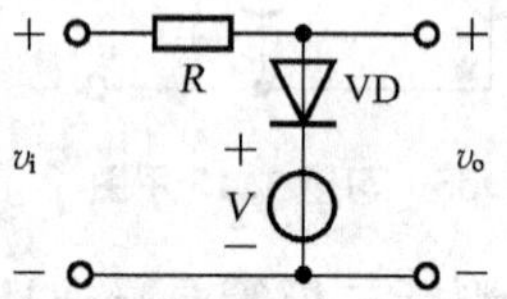

图 1.57　习题 1.19 用图

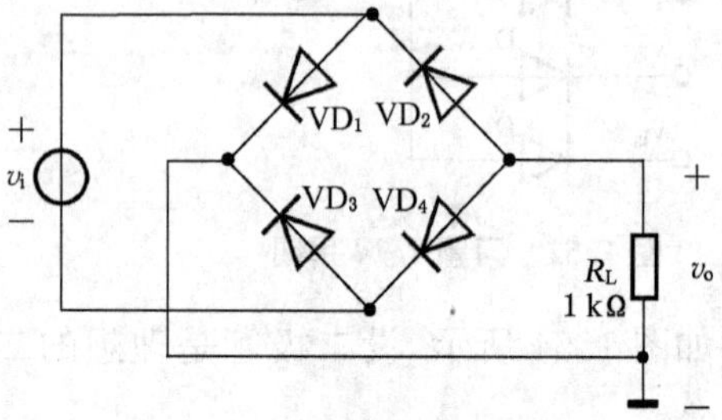

图 1.58　习题 1.20 用图

1.21　图 1.59 中硅稳压管的稳压值均为 V_Z，稳压管的正向导通电压为 $V_{on} = 0.7\ \mathrm{V}$，设 $v_i = V_{im}\sin\omega t(\mathrm{V})$，输入电压的幅值 $V_{im} > V_Z + V_{on}$，试画出输出电压 v_o 的波形。

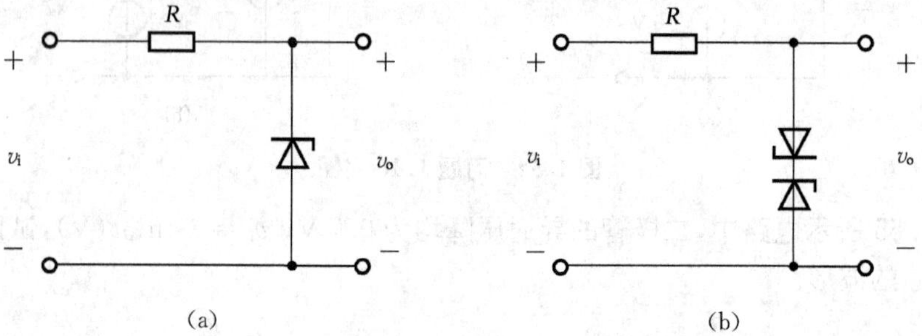

图 1.59　习题 1.21 用图

1.22　电路如图 1.60 所示，设 D_1、D_2 是稳定电压为 3 V 的硅稳压管，稳压管的正向压降为 0.6 V，当 $v_i = 6\sin\omega t(\mathrm{V})$ 时，画出 v_o 的波形。

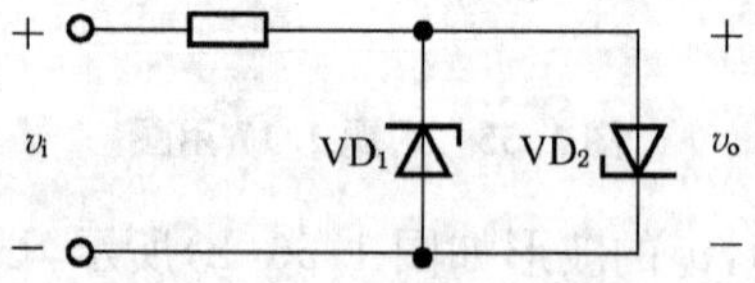

图 1.60　习题 1.22 用图

1.23　有两个稳压管稳定电压分别为 3 V 和 5 V，稳压管的正向导通电压均为 0.6 V，试问加限流电阻后，用这两个稳压管共能组成几种不同输出的稳定电压？

1.24　已知稳压管的 $V_{Z1} = V_{Z2} = 5.3\ \mathrm{V}$，稳压管的正向导通电压为 0.7 V，求图 1.61 所示各电路的 V_o。

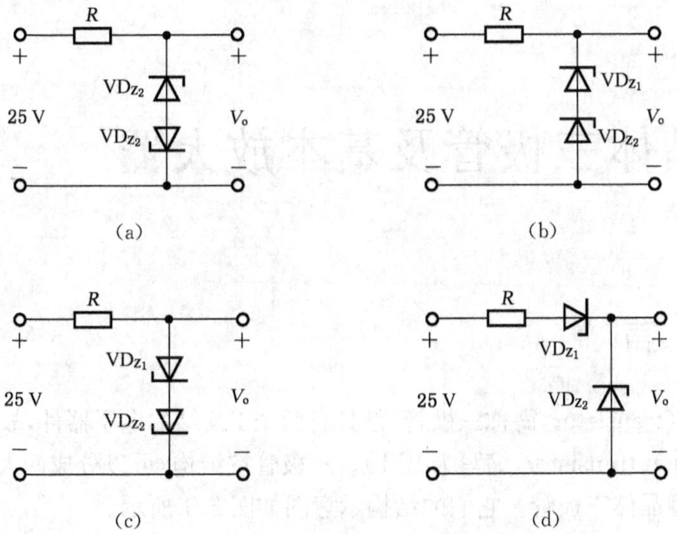

图 1.61　习题 1.24 用图

1.25　稳压电路如图 1.62 所示，已知稳压管的稳定电流为 10 mA，稳定电压为 5 V，额定功耗为 200 mW，限流电阻为 500 Ω，当 $V_I = 30$ V 时，要使输出获得稳定的电压输出，R_L 应在什么范围内变化？

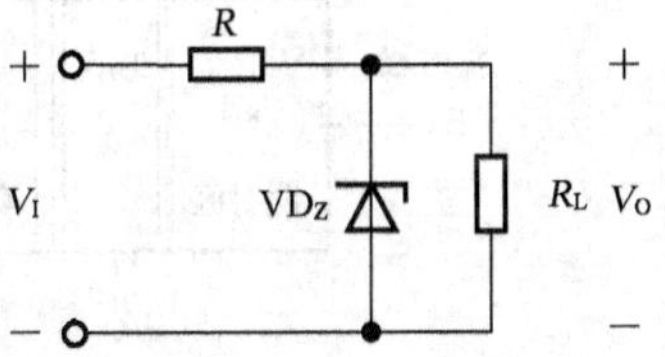

图 1.62　习题 1.25 用图

1.26　用一个稳定电压为 3 V、稳定电流为 10 mA ~ 60 mA 的稳压管设计一个稳压电路（电路如图 1.62 所示），负载电流的变化范围是 0 ~ 50 mA，输入电压变化范围是 5 V ~ 6 V，求限流电阻的取值范围。

1.27　图 1.63 的稳压电路中，V_I 的变化范围是 $V_{Imin} < V_I < V_{Imax}$，$R_L$ 的变化范围是 $R_{Lmin} < R_L < R_{Lmax}$，试问什么时候稳压管的电流最大，什么时候最小？

1.28　图 1.64 电路中，V_I 的变化范围在 14.5 V ~ 15 V，稳压管正常工作的电流变化范围是 5 mA ~ 20 mA，稳定电压 $V_Z = 12$ V，求：

(1) 限流电阻的最小值；

(2) 负载 R_L 的阻值范围；

(3) 稳压管的最大耗散功率。

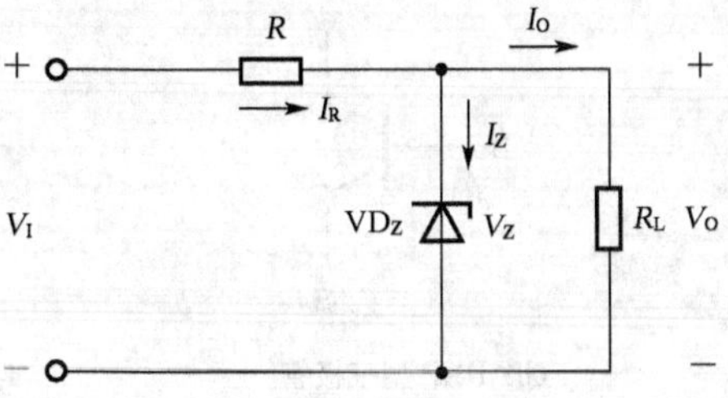

图 1.63　习题 1.27 用图

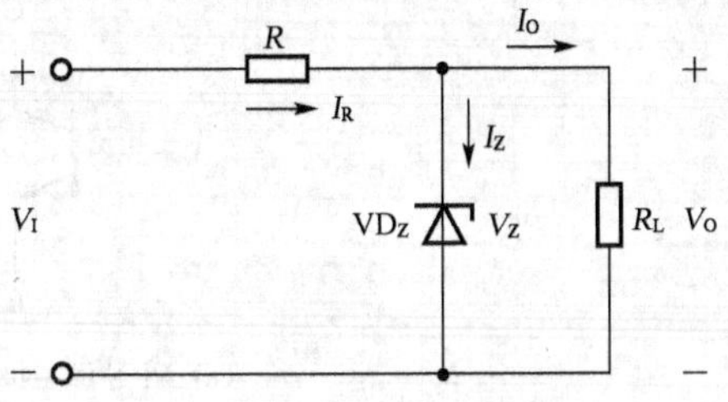

图 1.64　习题 1.28 用图

2 晶体三极管及基本放大器

2.1 引 言

晶体三极管(transistor,简称三极管)是具有两个PN结的电子器件,故也称为双结晶体管(bipolar junction transistor,缩写为BJT)。三极管按结构,可以分成两大类:NPN型晶体三极管和PNP型晶体三极管。它们的结构示意图如图2.1所示。

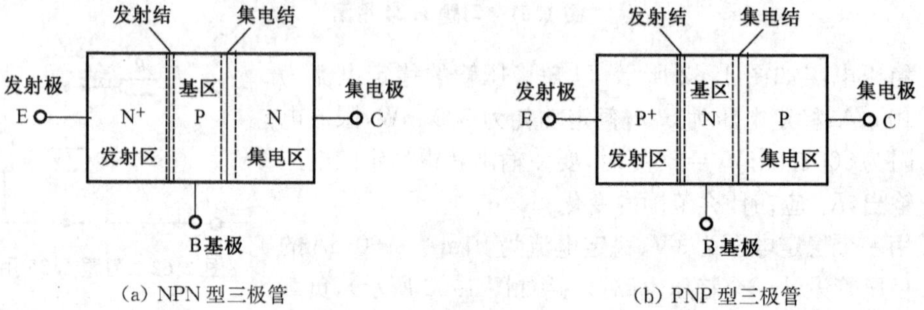

图2.1 三极管结构示意图

如图2.1所示,三极管由3个区组成,分别是发射区、基区、集电区。一般,发射区的掺杂浓度最高,因此图中发射区表示为N^+区或P^+区。掺杂浓度最低的是集电区,基区的掺杂浓度居中。从每一个区都引出一个极,分别称为发射极(emitter)、基极(base)和集电极(collector),分别用E,B和C(或e,b和c)表示。三极管有两个PN结,发射区与基区之间的PN结称为发射结或B-E结(base-emitter junction),基区与集电区之间的PN结称为集电结或B-C结(base-collector junction)。

三极管的电路符号如图2.2所示。

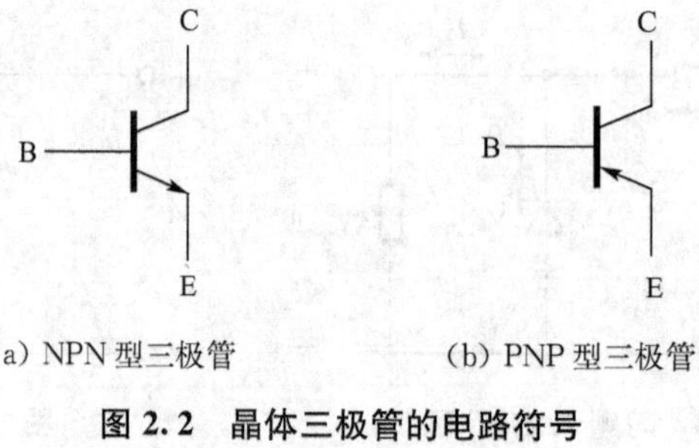

图2.2 晶体三极管的电路符号

本章介绍晶体三极管的工作原理、伏安特性、用三极管组成放大器的原理、分析方法和由晶体三极管组成的 3 种基本放大器的性能指标和主要特点。

2.2　晶体三极管的工作原理

晶体三极管有两个 PN 结，一个是发射结，另一个是集电结，这两个 PN 结上加正向偏置电压（简称正偏）或反向偏置电压（简称反偏）的组合情况共有 4 种。首先讨论发射结加正向偏置电压、集电结加反向偏置电压的情况。

2.2.1　晶体三极管的正向控制作用

以 NPN 型三极管为例来讨论晶体三极管发射结加正向电压（正偏）、集电结加反向电压（反偏）时，晶体三极管的工作情况。

图 2.3 为晶体三极管发射结正偏、集电结反偏时，三极管内载流子的运动示意图。

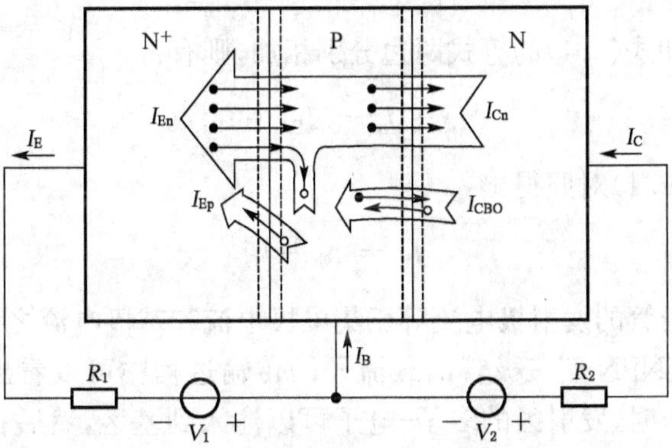

图 2.3　发射结正偏、集电结反偏时三极管内载流子运动示意图

如图 2.3 所示，当发射结加正向电压时，则有多子注入到对方区域中，也就是发射区（N^+区）的多子-电子注入到基区，而基区（P 区）中的多子-空穴注入到发射区，由于发射区掺杂浓度远远大于基区的掺杂浓度，因此注入到基区的电子要远多于注入到发射区的空穴。载流子运动就形成电流，电子运动产生的电流与电子运动的方向相反，所以形成了从基区指向发射区的电流 I_{En}。空穴运动产生的电流与空穴运动的方向相同，而基区中的多子-空穴向发射区的注入就形成了从基区指向发射区的电流 I_{Ep}。因此三极管发射极电流可表示为：

$$I_E = I_{En} + I_{Ep} \tag{2.1}$$

由于发射结正偏，发射区注入到基区的电子到基区后就成了基区的少子，靠近发射结处的浓度大，因此在浓度梯度的作用下，注入到基区内的电子向集电结方向扩散，由于基区很薄，大多数注入到基区中的电子都能够扩散到集电结的边缘，由于集电结加的是反向偏压，所以电子一旦到达集电结的边缘就很快被集电结内的电场加速，使电子很快到达集电区，形成了电流 I_{Cn}，如图 2.3 所示。从发射区注入到基区的电子，不可能全部都扩散到集电结的边缘，电子在扩散的过程中有可能和基区的多子-空穴复合，因此 I_{Cn} 必定小于 I_{En}，但基区很薄，参与复合的电子很少，绝大部分电子都能穿过集电结到达集电区。

另外，由于集电结加反向偏压，因此会有反向电流流过集电结，反向电流是由集电区的少子-空穴和基区的少子-电子在反向电压的作用下产生漂移运动而形成的，知道这反向电流很小，用 I_{CBO} 表示，即

$$I_{R集电结} = I_{CBO} \tag{2.2}$$

因此，集电极电流 I_C 可以表示为：

$$I_C = I_{Cn} + I_{CBO} \tag{2.3}$$

由以上讨论可知，基极电流应该由以下 3 个部分组成：第 1 部分是基区空穴注入到发射区形成的电流 I_{Ep}；第 2 部分是由发射区注入到基区的电子在扩散过程中与基区的空穴复合形成的电流，显然这部分电流可以表示为 $(I_{En} - I_{Cn})$；第 3 部分是由于集电结反偏而产生的反向饱和电流 I_{CBO}。

如果基极电流的方向如图 2.3 所示，则基极电流可以表示为：

$$I_B = I_{Ep} + (I_{En} - I_{Cn}) - I_{CBO} \tag{2.4}$$

如果将式(2.3)和式(2.4)的等式两边分别相加，则有：

$$I_C + I_B = I_{Ep} + I_{En} \tag{2.5}$$

将式(2.5)和式(2.1)对照得出：

$$I_E = I_C + I_B \tag{2.6}$$

式(2.6)说明三极管的发射极电流等于集电极电流和基极电流之和。

由图 2.3 所示的 NPN 型三极管的载流子的传输过程中可以看出，当发射结加正向偏压、集电结加反向偏压时，发射区的多子-电子可以注入到基区，然后在基区扩散，当扩散到集电结的边缘时，能在集电结的电场作用下加速到达集电极，从而形成集电极电流的一部分，而且这部分在集电极电流中占了很大的比例。

通常，把发射极一边称为三极管电路的输入端，而把集电极一边称为三极管电路的输出端。显然，输出端与输入端之间有联系，这种联系就是电流 I_{Cn} 与 I_{En} 之间的联系。实际上，I_{Cn} 是 I_{En} 能传输到输出端的部分，只有输入端与输出端产生一种联系，才有可能实现输入端的电流对输出端的电流的控制作用。这种控制作用称为正向控制作用。

I_{Ep} 是基区多子-空穴注入到发射区而形成的电流，它与 I_C 无关，即与三极管的输出端无关。

I_{CBO} 是集电结反向饱和电流，它与输入端无关。由此可见，I_{Ep} 和 I_{CBO} 对三极管的输入端和输出端的联系不产生任何影响，因此这两部分电流越小越好。

显然，可以用发射结的发射效率 η_E 来衡量三极管发射结的载流子发射能力。定义 η_E 为：

$$\eta_E = \frac{I_{En}}{I_E} \tag{2.7}$$

要想使三极管的发射效率高，就要在三极管的制造过程中使发射区掺杂浓度远远大于基区的掺杂浓度。

用 η_B 来表示从晶体三极管的输入端传输到输出端时载流子的传输效率。定义 η_B 为：

$$\eta_B = \frac{I_{Cn}}{I_{En}} \tag{2.8}$$

一般说来，传输效率 η_B 越高越好。因此，要提高传输效率，在三极管的制造过程中要将基区做得很薄，即基区宽度要很小(一般在微米数量级)，这样才能保证载流子在传输过程中，注入到基区的载流子在基区中只有很少一部分被复合掉，而绝大部分都能够穿过集电结而到达集电区，形成 I_{Cn}。

另外，由于载流子的扩散方向并不是水平的，而是向各个方向扩散，如图 2.4 所示，因此要想使载流子都能受到集电结的加速作用并到达集电区，集电结面积要大，一般集电结面积是发射结面积的 2 倍～3 倍。

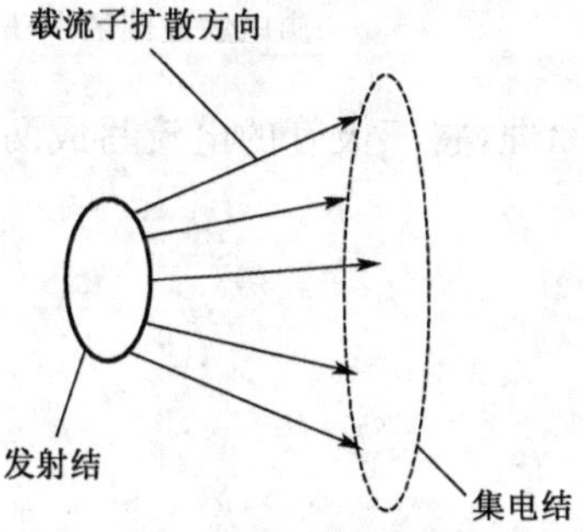

图 2.4　载流子在基区扩散示意图

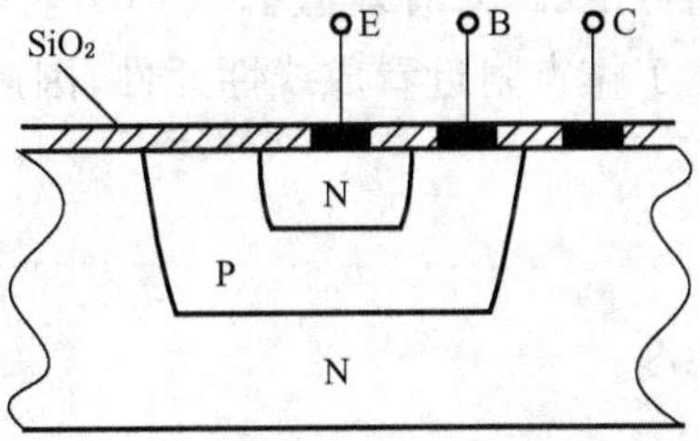

图 2.5　NPN 型三极管的管芯结构剖面图

图 2.5 为一个 NPN 型三极管的管芯结构剖面图。从图中可以看出，集电结的面积比发射结的面积大得多。

由以上讨论可知，三极管的内部结构必须满足以下要求：3 个区的掺杂浓度不同，而且发射结为不对称结；基区很薄，一般是微米数量级；集电结的面积要比发射结的面积大得多。

三极管的正向控制能力不但与发射效率有关，也与传输效率有关。因此定义：

$$\bar{\alpha} = \eta_E \eta_B = \frac{I_{En}}{I_E}\frac{I_{Cn}}{I_{En}} = \frac{I_{Cn}}{I_E} \tag{2.9}$$

$\bar{\alpha}$ 称为三极管共基极接法(所谓共基极接法，是指将发射极和基极看成输入端，集电极与基极之间看成输出端，基极为公共端)的直流电流传输系数，它表示发射极电流有多大比例能成为集电极电流。

因为 I_{Cn}无法直接测量，因此要把式(2.9)变换如下：

$$\bar{\alpha} = \frac{I_{Cn}}{I_E} = \frac{I_C - I_{CBO}}{I_E} \tag{2.10}$$

式(2.10)还可以写成：

$$I_C = \bar{\alpha} I_E + I_{CBO} \tag{2.11}$$

式(2.11)称为三极管共基极接法的直流电流传输方程。因为 I_{CBO} 非常小，因此式(2.11)可以近似写为：

$$I_C \approx \bar{\alpha} I_E \tag{2.12}$$

或写成：

$$\bar{\alpha}=\frac{I_C}{I_E} \tag{2.13}$$

因此，$\bar{\alpha}$ 称为三极管的共基极直流电流传输系数。

图 2.3 所示的三极管用其符号代替则如图 2.6 所示。

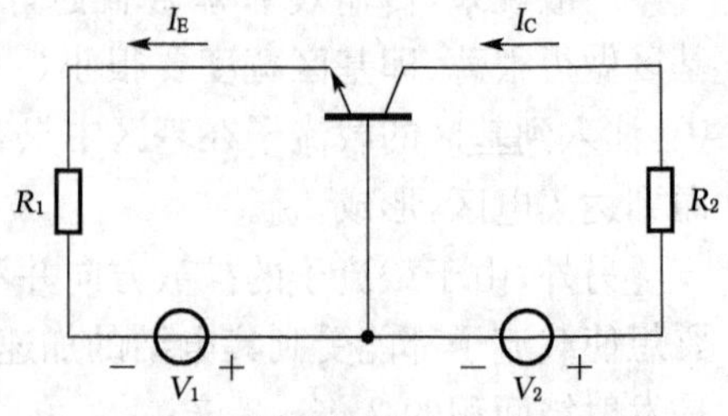

图 2.6　三极管发射结正偏、集电结反偏的电路

实际上，三极管组成放大电路时，在放大器电路输入端还要加上交流信号。交流信号电压表示为：$v_i=V_{im}\sin\omega t$（任何信号电压都可以分解成多个正弦信号相叠加，因此今后都以正弦信号电压为例）。只要这一信号足够小（有效值小于 V_T）就可以将非线性元件在工作点附近看成线性元件，因此可以用叠加原理，将三极管的电流写成两部分之和：

$$i_E=I_{EQ}+i_e \tag{2.14}$$

这时 i_C 为：

$$i_C=I_{CQ}+i_c \tag{2.15}$$

i_C 也可以写为：

$$i_C=\bar{\alpha}I_{EQ}+\alpha i_e \tag{2.16}$$

式中，α 应该是工作点附近的三极管共基极接法的交流电流传输系数，实验证明，三极管的直流电流传输系数与交流电流传输系数相差不大，因此，以后就不作区别了。一般，α 在 0.90～0.99 之间，因此式(2.16)可写为：

$$i_C=\alpha i_E \tag{2.17}$$

2.2.2　晶体三极管各极电流表达式

一般在三极管放大器中，三极管的发射结加正向偏压，集电结加反向偏压，同时发射结上还要加上微变的交流小信号电压。因此，可以利用 PN 结的伏安特性表达式来表示发射极电流：

$$i_E=I_{EBS}(e^{\frac{v_{BE}}{V_T}}-1)\approx I_{EBS}e^{\frac{v_{BE}}{V_T}} \tag{2.18}$$

式中：I_{EBS}——发射结的反向饱和电流；

v_{BE}——加在发射结上的正向电压，它是静态工作点电压和小信号输入电压之和；

V_T——热电压。

由于三极管的正向控制作用，也可以写出三极管的集电极电流的表达式：

$$i_C\approx\alpha i_E\approx\alpha I_{EBS}e^{\frac{v_{BE}}{V_T}} \tag{2.19}$$

因此，也可以写出基极电流 i_B 的表达式：

$$i_B = i_E - i_C = (1-\alpha) I_{EBS} e^{\frac{v_{BE}}{V_T}} \tag{2.20}$$

2.2.3 晶体三极管两个 PN 结均加反向电压

如果三极管的发射结和集电结都加反向电压时，如图 2.7 所示。

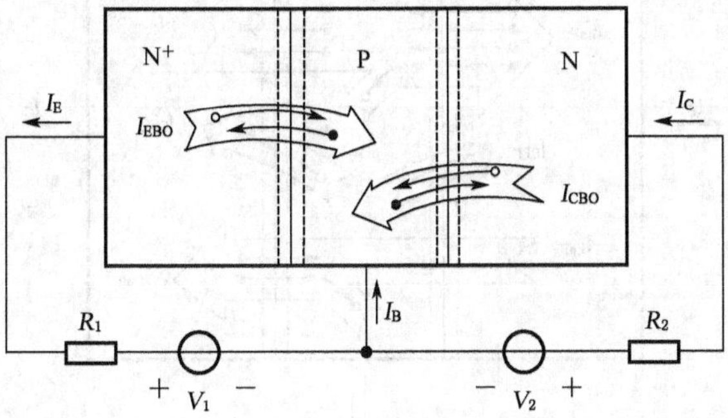

图 2.7 发射结和集电结都加反向电压

由于两个结都加反向偏置电压，因此流过两个 PN 结只有很小的反向饱和电流，流过发射结的反向饱和电流称为 I_{EBO}，流过集电结的反向饱和电流称为 I_{CBO}，两个结都加反向偏置电压时，三极管各极电流的表达式分别为：

$$I_E = -I_{EBO} \tag{2.21}$$

$$I_C = I_{CBO} \tag{2.22}$$

$$I_B = -I_{EBO} - I_{CBO} \tag{2.23}$$

在这种工作状态下，集电极电流与发射极电流无关，而且 I_{EBO} 与 I_{CBO} 都很小。如果将反向饱和电流忽略，可以近似认为三极管的各极电流均为 0，称此时三极管截止，因此三极管可以作开关使用。当发射结和集电结均加反向偏压时，三极管的各极电流为 0，相当于开关断开。若发射结加正向偏压而集电极加反向偏压（或两个结都加正向偏压）时，三极管处于导通状态，相当于开关接通。

2.2.4 晶体三极管两个 PN 结均加正向电压

当发射结和集电结均加正向电压时，发射结和集电结都有多子的注入，如图 2.8 所示。

由于发射结和集电结都加正向偏置电压，因此都有多子注入，由发射区注入到基区的电子扩散到集电结边缘后，可以由空间电荷区内的电场加速，使电子到达集电区，这与正向控制作用相同。

同样，集电结加正向偏压也有多子注入，即集电区的电子注入到基区，基区的空穴注入到集电区。注入到基区的电子也可以穿过发射结到达发射区。不过由于集电区的掺杂低，使到达发射区的电子要少。因此，发射极电流可以写成：

$$I_E \approx I_{EBS} e^{\frac{V_{BE}}{V_T}} - \alpha_R I_{CBS} e^{\frac{V_{BC}}{V_T}} \tag{2.24}$$

式中：I_{EBS}，I_{CBS}——分别为发射结和集电结的反向饱和电流；

V_{BE}，V_{BC}——分别为加在发射结和集电结的正向偏置电压；

α_R——三极管共基极接法的反向电流传输系数。

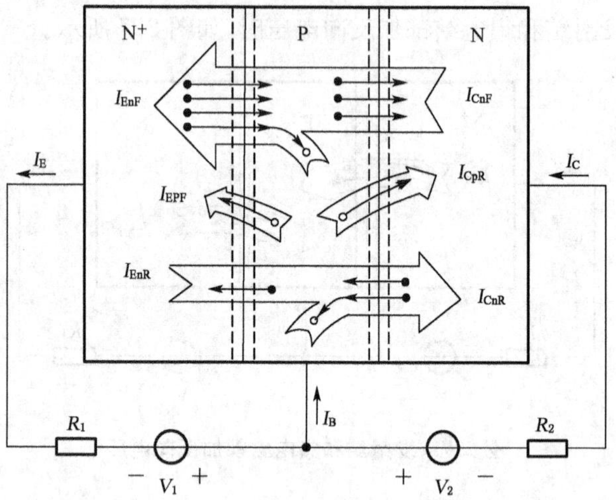

图 2.8　发射结和集电结都加正向电压

同样，集电极电流可以写成：

$$I_C = \alpha_F I_{EBS} e^{\frac{V_{BE}}{V_T}} - I_{CBS} e^{\frac{V_{BC}}{V_T}} \tag{2.25}$$

式中：α_F——正向电流传输系数。

由式(2.24)和式(2.25)可以看出，当发射结和集电结都加正向偏压时，I_C 和 I_E 都比发射结加正向偏压、集电结加反向偏压时减小了，而 I_B 由下式可知却增大了：

$$I_B = I_E - I_C = (1-\alpha_F) I_{EBS} e^{\frac{V_{BE}}{V_T}} + (1-\alpha_R) I_{CBS} e^{\frac{V_{BC}}{V_T}} \tag{2.26}$$

从以上分析可以看出，当两个 PN 结都加正向偏置电压时，I_E、I_C 都要比发射结正偏集电结反偏时小。实验证明，当 V_{BE}变化时，I_E、I_C 的变化也变小，因此把三极管两个 PN 结都加正向偏置电压的工作状态称为饱和(saturation)工作状态。

三极管第 4 种工作状态是发射结加反向偏压、集电结加正向偏压。因为集电区的掺杂浓度低，因此载流子的注入量小，再加上发射结面积比集电结面积小，所以载流子到达发射区的数量也较小。所以这种状态在实际电路中一般不会使用，因此不再赘述。

2.2.5　小　结

* 三极管的结构特点是：发射结为不对称结；基区宽度很窄；集电结面积比发射结面积大得多。

* 三极管发射结加正向偏压、集电结加反向偏压时，三极管有正向控制作用。电流表达式为：$i_C = \alpha i_E$，$i_E \approx I_{EBS} e^{\frac{V_{BE}}{V_T}}$，利用三极管的正向控制作用可以使微弱信号放大。

* 三极管的两个 PN 结均加反向偏压时，三极管处于截止状态，各极电流近似为 0。

* 三极管的两个 PN 结均加正向偏压时，三极管处于饱和状态，此时发射极和集电极电流减小，而基极电流增大。

* 三极管 3 个极的电流关系为：$I_E = I_C + I_B$ 或 $i_E = i_C + i_B$。

2.3 晶体三极管的 3 种连接方式

2.3.1 概 述

三极管在组成实际放大电路时，总是组成两端口网络，即一端是输入端另一端是输出端。因为三极管有 3 个极，总要有一个极是输入端和输出端的公共端，所以三极管在电路中的连接方式有 3 种：共基极(common-base)接法、共发射极(common-emitter)接法、共集电极(common-collector)接法，如图 2.9 所示。

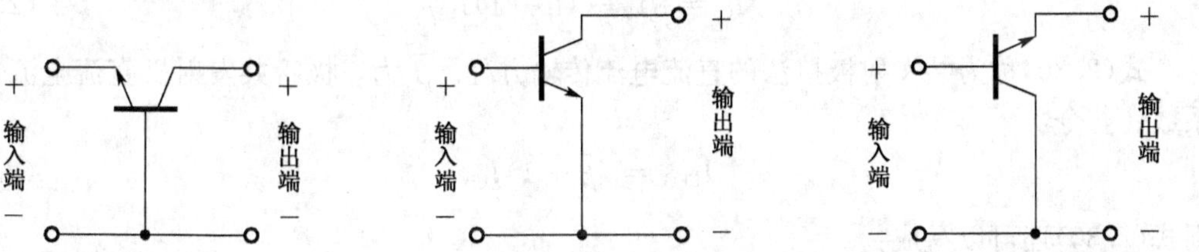

(a) 共基极连接方式 (b) 共发射极连接方式 (c) 共集电极连接方式

图 2.9 晶体三极管 3 种不同连接方式

这里需要强调的是，上述 3 种接法是相对于交流信号而言的。如果电路的接法是共基极连接方式时，交流信号在发射极输入、集电极输出。如果电路的接法是共发射极连接方式时，交流信号在基极输入、集电极输出。同理，如果电路的接法是共集电极连接方式时，交流信号在基极输入、发射极输出。

应该指出，不论三极管组成什么样连接方式的放大器，要想使三极管起到正向控制作用，都需要给三极管的发射结加正向偏置电压、集电结加反向偏置电压。因此，无论什么接法，三极管中载流子的传输过程都是相同的。

2.1.1 节讨论二极管的正向控制作用时，其接法是共基极接法，它的直流电流传输方程如式(2.11)所示，现在可以更确切地说，它是共基极接法的直流电流传输方程。

2.3.2 共发射极接法的直流电流传输方程

图 2.10 是共发射极接法的直流偏置电路，输入端的直流电流为 I_B，输出端的直流电流为 I_C。要讨论输出电流 I_C 与输入电流 I_B 的关系。

图 2.10 中的 V_{BB}、R_B 是为了给三极管的基极提供一个合适的基极电流 I_B；V_{CC}、R_C 是为了给三极管的集电极到发射极之间提供一个合适的电压 V_{CE}。应该强调的是，V_{CE} 要大于发射结的正向工作电压，而确保三极管的集电结加反向偏置电压。

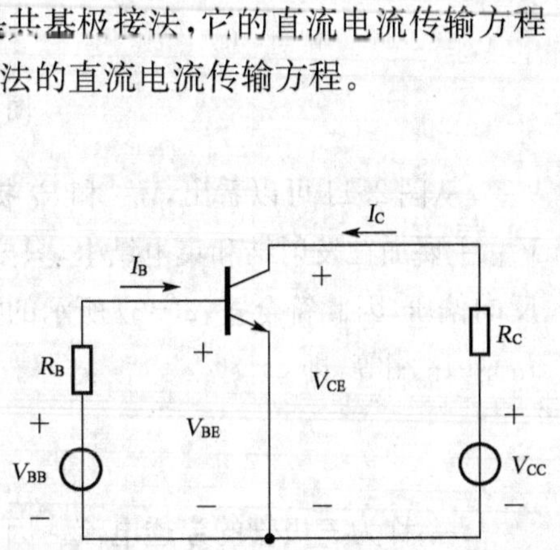

图 2.10 共发射极接法的直流偏置电路

只要三极管的发射结加正向偏置电压、集电结加反向偏置电压，其内部载流子的运动就符合讨论的正向控制作用时的传输规律，因此它的直流电流方程就可以用式(2.11)表示。但是，现在要求解 I_C 与 I_B 的关系，因此，将 $I_E=I_C+I_B$ 代入式(2.11)，得

$$I_C=\bar{\alpha}(I_C+I_B)+I_{CBO} \tag{2.27}$$

整理后得：

$$I_C=\frac{\bar{\alpha}}{1-\bar{\alpha}}I_B+\frac{1}{1-\bar{\alpha}}I_{CBO} \tag{2.28}$$

若令：

$$\bar{\beta}=\frac{\bar{\alpha}}{1-\bar{\alpha}} \tag{2.29}$$

则式(2.28)可写成：

$$I_C=\bar{\beta}I_B+(\bar{\beta}+1)I_{CBO} \tag{2.30}$$

式(2.30)称为共发射极接法的直流电流传输方程。$\bar{\beta}$ 为三极管共发射极直流电流传输系数。若令：

$$I_{CEO}=(\bar{\beta}+1)I_{CBO} \tag{2.31}$$

则式(2.30)还可以写成：

$$I_C=\bar{\beta}I_B+I_{CEO} \tag{2.32}$$

由式(2.32)可知，当 $I_B=0$ 时，$I_C=I_{CEO}$，因此 I_{CEO} 的物理意义如图 2.11 所示。

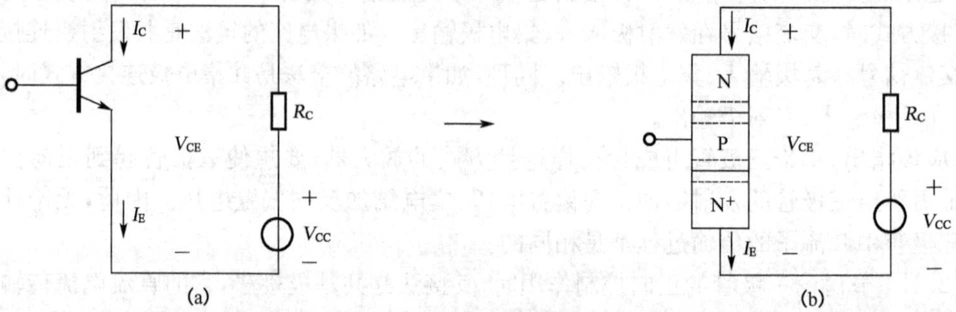

图 2.11 I_{CEO}的物理意义

从图 2.11 可以看出，V_{CC} 和 R_C 提供一个电压 V_{CE}，因为三极管中性区的电阻很小，因此 V_{CE} 主要加在发射结和集电结上，只要 V_{CE} 足够大，就能使发射结加上正向偏压而集电结加反向偏压，因此符合式(2.32)所示的共发射极接法的直流电流传输方程。此时 $I_B=0$，因此，I_C 和 I_E 相等，即

$$I_E=I_C=I_{CEO} \tag{2.33}$$

I_{CEO}称为三极管的穿透电流。因为 I_{CEO}很小，在 10^{-6} A～10^{-9} A 数量级，一般 $\bar{\beta}$ 在 10^2 数量级。因此，I_{CEO}通常也可以忽略，所以式(2.32)可以近似写为：

$$\bar{\beta}=\frac{I_C}{I_B} \tag{2.34}$$

这里顺便指出，当三极管工作在有交流信号输入的情况下，基极电流产生变化量 Δi_B 时，集电极电流的变化量若为 Δi_C，则交流电流传输系数为：

$$\beta=\frac{\Delta i_C}{\Delta i_B} \tag{2.35}$$

一般，交流 β 与直流 $\bar{\beta}$ 相差不多，今后不是特别强调区别时，认为它们相等。

同样可以证明共发射极接法的交流电流传输系数 β 和共基极接法的交流电流传输系数 α 的关系为：

$$\beta=\frac{\alpha}{1-\alpha} \tag{2.36}$$

【例 2.1】 一个三极管工作时，$I_B = 20\ \mu A$，$I_E = 2\ mA$。求该三极管的 $\bar{\alpha}$ 和 $\bar{\beta}$。

解：

$$I_C = I_E - I_B = (2-0.02)\text{mA} = 1.98\ \text{mA}$$

$$\bar{\beta}=\frac{I_C}{I_B}=\frac{1.98}{0.02}=99$$

$$\bar{\alpha}=\frac{\bar{\beta}}{1+\bar{\beta}}=\frac{99}{1+99}=0.99$$

2.3.3 共集电极接法的直流电流传输方程

由图 2.9(c)可知，共集电极接法的直流电流传输方程是表示 I_E 与 I_B 的关系。因为：

$$I_E = I_C + I_B \tag{2.37}$$

将式(2.32)代入式(2.37)，有

$$I_E = (1+\bar{\beta})I_B + I_{CEO} \tag{2.38}$$

式(2.38)就是共集电极接法的直流电流传输方程。同样，如果忽略 I_{CEO}时，可以写成：

$$I_E \approx (1+\bar{\beta})I_B \tag{2.39}$$

2.3.4 小　结

* 三极管的 3 种连接方式是按交流信号的输入和输出方式划分的，有共基极、共发射极和共集电极连接方式。

* 直流电流传输方程为：

共基极接法：

$$I_C = \bar{\alpha}I_E + I_{CBO}$$

共发射极接法：

$$I_C = \bar{\beta}I_B + I_{CEO}$$

共集电极接法：

$$I_E = (1+\bar{\beta})I_B + I_{CEO}$$

式中：$I_{CEO} = (1+\bar{\beta})I_{CBO}$。

* $\bar{\alpha}$ 与 $\bar{\beta}$ 的关系，以及 α 与 β 的关系为：

$$\bar{\beta} = \frac{\bar{\alpha}}{1-\bar{\alpha}};\quad \beta = \frac{\alpha}{1-\alpha}$$

$$\bar{\alpha} = \frac{\bar{\beta}}{1+\bar{\beta}};\quad \alpha = \frac{\beta}{1+\beta}$$

* $\bar{\alpha}$、$\bar{\beta}$、α、β 的近似求法如下：

$$\bar{\alpha} \approx \frac{I_C}{I_E};\quad \bar{\beta} \approx \frac{I_C}{I_B}$$

$$\alpha \approx \frac{\Delta i_C}{\Delta i_E};\quad \beta \approx \frac{\Delta i_C}{\Delta i_B}$$

2.4　晶体三极管共发射极接法的伏安特性和参数

2.4.1　概　述

三极管的连接方法不同，它的输入端和输出端的端电压与端电流也不同，因此它的伏安特性也不相同。最常用的是三极管共发射极接法的伏安特性，因此这里只讨论三极管共发射极接法的伏安特性。

图 2.12 中表示出共发射极接法时三极管的端电流和端电压。

由图 2.12 可知，要讨论三极管共发射极接法的伏安特性，应分别讨论它的输入特性和输出特性。显然，输入特性是 i_B 与 v_{BE} 的关系曲线，而输出特性是 i_C 与 v_{CE} 的关系曲线。

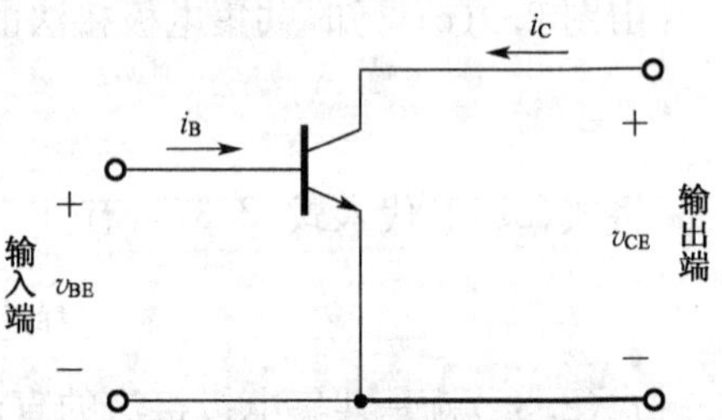

图 2.12　共发射极接法的端电流和端电压

2.4.2　输入特性

共发射极输入特性是研究 i_B 与 v_{BE} 的关系，但是 i_B 还受 v_{CE} 的影响，因为 v_{CE} 变化时，三极管的集电结电压就变化，由于集电结电压变化，集电结空间电荷区的宽度就发生变化，这样就引起了基区的宽度发生变化。当基区宽度宽时，从发射区注入的载流子在基区复合的机会就多些，i_B 就大些，若基区宽度窄，从发射区注入的载流子在基区复合的机会就少些，i_B 就小些。这种由于 v_{CE} 变化引起基区宽度变化的效应称为基区宽度调制效应，或称为厄尔利(Early)效应。

从以上讨论可知，i_B 不但与 v_{BE} 有关，也与 v_{CE} 有关，写成函数的形式为：

$$i_B = f_1(v_{BE},\ v_{CE}) \tag{2.40}$$

由式(2.40)可知,讨论 i_B 与 v_{BE} 的关系时,可以将 v_{CE} 作为参变量。只要固定一个 v_{CE} 的值,就对应一条 i_B-v_{BE} 曲线。若固定多个 v_{CE} 值,则对应 i_B-v_{BE} 的曲线族。因此式(2.40)可以写为:

$$i_B = f_1(v_{BE})\Big|_{v_{CE}=\text{常数}} \tag{2.41}$$

由式(2.41)可以测出 NPN 型三极管共发射极输入特性曲线族,如图 2.13 所示。

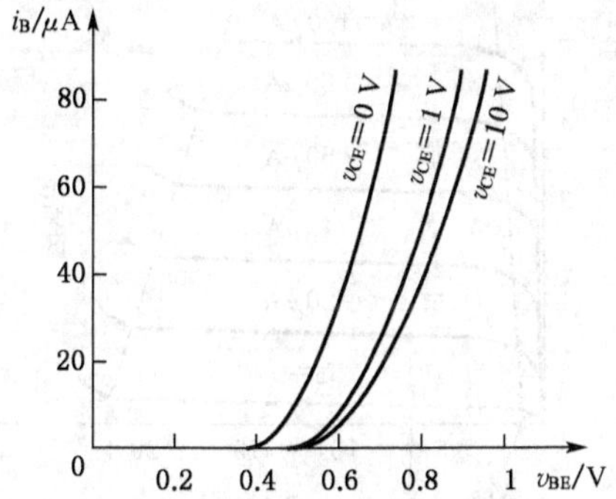

图 2.13　NPN 型三极管共发射极输入特性曲线族

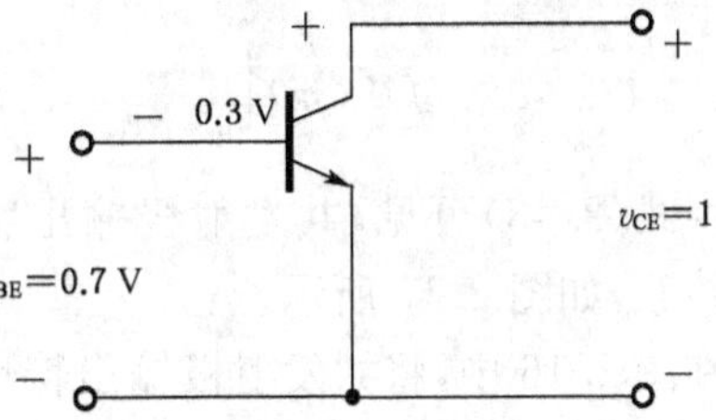

图 2.14　v_{CE}=1 V、v_{BE}=0.7 V 时的集电结电压

图 2.13 所示的输入特性曲线是发射结加正向偏压时,i_B 与 v_{BE} 的关系。从图中可以看出,v_{CE} 增加时曲线向右移动,即对应相同的 v_{BE},i_B 随 v_{CE} 的增加而减小。v_{CE} 从 0 V 变化到 1 V 时曲线向右移动的距离较大,而 v_{CE} 从 1 V 变化到 10 V 时曲线向右移动的距离较小。这是因为,当 v_{CE} 在 0 V 到零点几伏时,三极管的两个 PN 结均为正向偏压,三极管工作在饱和状态,即基区的两边都有载流子注入,使 i_B 较大。

当 $v_{CE}=1$ V 时,因为发射结的正向偏压只是零点几伏,所以集电结反偏。

在图 2.14 中,$v_{BE}=0.7$ V、$v_{CE}=1$ V 时,集电结电压为反向偏置电压 0.3 V。此时三极管工作在正向控制作用状态,发射区向基区注入的载流子绝大部分都能到达集电区,因而使 i_B 较小。

由图 2.14 可知,当 v_{CE} 在 1 V 到 10 V 之间时,曲线右移的不太多。因为当 v_{CE} 大于 1 V 以后,只要 v_{BE} 保持不变,则从发射区注入到基区的载流子数量就一定了,v_{CE} 的变化体现在基区宽度调制效应对 i_B 的影响。由于基区宽度本身就比较小,因此基区宽度调制效应对 i_B 的影响不太大,所以 $v_{CE}=1$ V 和 $v_{CE}=10$ V 的特性曲线相距很近。

在实际应用中,三极管工作于 $v_{CE}>1$ V 时,输入特性曲线只作出一条曲线来就可以了。如图 2.15 所示,图中给出了 $v_{CE}=5$ V 时的输入特性曲线。

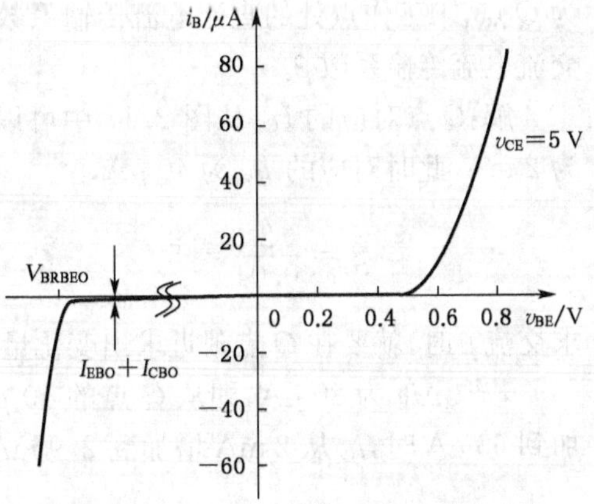

图 2.15　$v_{CE}=5$ V 时的输入特性曲线

在图 2.15 中，$v_{BE}<0\,V$ 时，三极管的两个 PN 结均加反向电压，因此，i_B 为两个 PN 结的反向电流之和 $(I_{EBO}+I_{CBO})$。当 $v_{BE}=V_{(BR)BEO}$ 时，发射结击穿。由于发射区掺杂较高，$V_{(BR)BEO}$ 一般比较低，大约为 $-6\,V$。

2.4.3　输出特性

由图 2.12 可知，共发射极输出特性是研究 i_C 与 v_{CE} 的关系。考虑到 i_C 与 i_B 也有关系，因此共发射极输出特性的表达式可写成：

$$i_C = f_2(v_{CE},\ i_B) \tag{2.42}$$

可取 i_B 作为参变量，即式(2.42)可写为：

$$i_C = f_2(v_{CE})\Big|_{i_B=\text{常数}} \tag{2.43}$$

由式(2.43)可见，共发射极输出特性也是一曲线族，如图 2.16 所示。

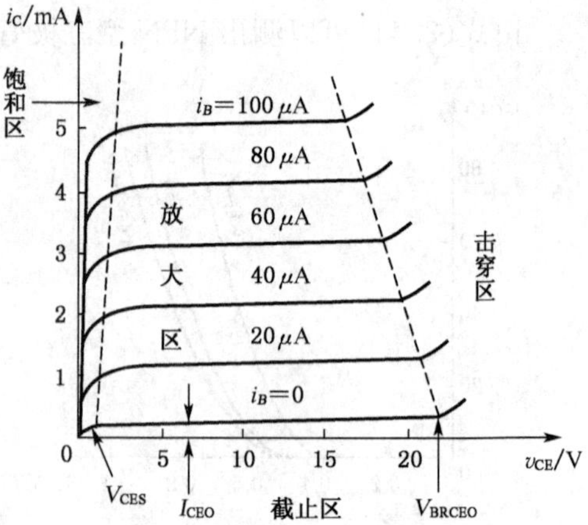

图 2.16　NPN 型三极管共发射极输出特性曲线族

在图 2.16 中，将共发射极输出特性分成了 4 个区域：放大区(active region)、饱和区(saturation region)、截止区(cutoff region)和击穿区(breakdown region)。

1）放大区

在放大区中可以看出，当 i_B 等量增加时，i_C 的曲线也基本上是等增量地向上平移，因此，在输出特性上可以求出某一工作点的 β 值或 $\bar{\beta}$ 值。即

$$\beta = \frac{\Delta i_C}{\Delta i_B}\Big|_Q$$

$$\bar{\beta} = \frac{I_C}{I_B}\Big|_Q$$

【例 2.2】 某一个 NPN 型三极管的共发射极输出特性曲线如图 2.17 所示。若工作点为 Q 点，求工作点处的直流电流传输系数 $\bar{\beta}$ 和交流电流传输系数 β。

解： Q 点对应的 I_{CQ} 从图 2.17 中可以读出为 2 mA，此时对应的 I_{BQ} 为 40 μA，

$$\bar{\beta} = \frac{2}{0.04} = 50$$

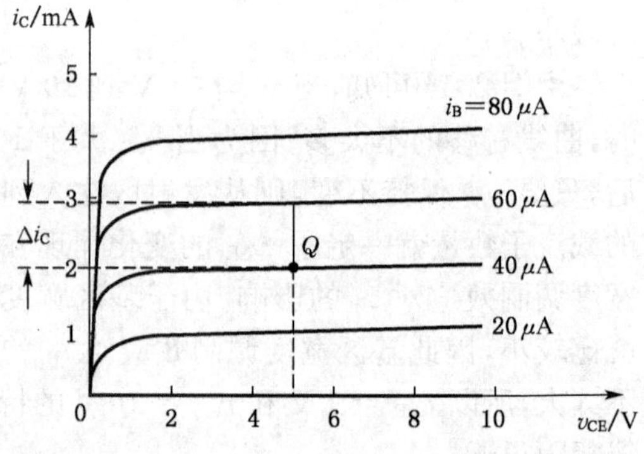

图 2.17　某 NPN 型三极管共发射极输出特性

求交流 β 时，就要在 Q 点附近求出变化量。

若取 Δi_B 为 20 μA，即从 Q 点的 40 μA 增加到 60 μA 时，i_C 从 2 mA 增加到 2.9 mA，因此有：

$$\Delta i_C = 0.9\ \text{mA}$$

$$\beta = \frac{\Delta i_C}{\Delta i_B} = \frac{0.9}{0.02} \approx 48$$

由例 2.2 可见，$\bar{\beta}$ 和 β 的含义不同，$\bar{\beta}$ 是反映直流工作状态（静态工作）时三极管的电流传输系数，而 β 则是反映交流工作状态（动态工作）时三极管的电流传输系数。因为三极管是非线性元件，所以各工作点的 β 值不同，只有在线性工作区（放大区）才可以近似认为 β 是基本恒定的。

由于制造工艺的分散性，同种型号的三极管，β 值有较大差异，β 值一般在几十到几百之间。

由图 2.16 可以看出，当 v_{CE} 增加时，三极管在放大区的输出特性略微向上倾斜，这主要是基区宽度调制效应的影响，当 v_{CE} 增加时，使集电结反向偏压增加，集电结宽度增加，从而使基区宽度减小，载流子传输过程中在基区的复合减少，使 i_B 略有下降，i_C 略有提高，而输出特性是保证 i_B 不变，则 i_C 就要提高得多些，因此，输出特性曲线在放大区内随 v_{CE} 的增加略微向上倾斜。

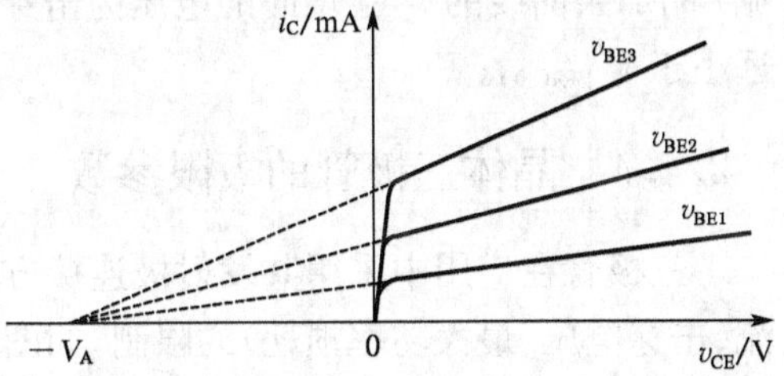

图 2.18 厄尔利电压

若将参变量 i_B 变为 v_{BE}，则输出特性曲线的反向延长线交于一点，如图 2.18 所示，放大区特性曲线向上倾斜的程度可以用厄尔利电压（Early voltage）V_A 来描述。

由图 2.18 可以看出，V_A 的值越小，三极管的输出特性向上倾斜得就越明显，一般，三极管的 V_A 在 50 V 到 300 V 之间。如果考虑厄尔利电压，三极管集电极电流的表达式应修正为：

$$i_C \approx I_{EBS} e^{\frac{v_{BE}}{V_T}} \left(1 + \frac{v_{CE}}{V_A}\right) \tag{2.44}$$

为了使问题简化，今后讨论三极管的特性和公式时，一般不考虑厄尔利电压的影响。

2）截止区

在图 2.16 中，$i_B = 0$ 的曲线所对应的 $i_C = I_{CEO}$，即此时集电极电流等于穿透电流。一般，小功率三极管穿透电流极小（小功率三极管的输出特性中，$i_C = I_{CEO}$ 对应的曲线几乎与水平方向的坐标轴重合），为了说明问题，图 2.16 也画出了穿透电流，因此工程上规定在 $i_B = 0$ 曲线以下的区域为截止区。

在截止区内，发射结和集电结均为反向偏压，三极管各极电流均为 0。

3）饱和区

在图 2.16 中，当 v_{CE} 很小（为零点几伏）时，发射结和集电结均为正向偏压，三极管工作在饱和状态。因此，称这个区域为饱和区。在饱和区，三极管集电极到发射极的电压表示为 V_{CES}，将饱和区与放大区的界限电压称为集电极-发射极的饱和压降（collector-emitter saturation voltage），因此 V_{CES} 一般为零点几伏。

由图 2.16 可以看出，在饱和区内，当 i_B 增加时，i_C 要比放大区小得多，即在此区域内 I_C 和 I_B 不满足直流电流传输方程，也就是说，$I_C = \bar{\beta} I_B$ 在饱和区内不成立。

由此可见，要使用三极管组成放大器，必须使用三极管的放大区。也就是说，三极管组成放大器时，其发射结必须加正向偏压，集电结必须加反向偏压。

三极管做开关使用时，工作在饱和区和截止区(有时也可以工作在放大区和截止区)，当三极管的两个结均为反向偏压时，三极管截止，表示开关断开。当三极管的两个结均为正向偏压时，三极管工作在饱和区，若忽略集电极与发射极之间的饱和压降 V_{CES}，则可以认为集电极到发射极之间没有压降，相当于开关闭合。

4) 击穿区

三极管共发射极输出特性的击穿区如图 2.16 所示。当 v_{CE}增加时，集电结上所加的反向偏置电压也随之增加，当 v_{CE}增加到一定值时，集电结被击穿，i_C 突然猛增。

从图 2.16 中可以看出：i_B 越大，开始击穿时的 v_{CE} 越低。一般，定义 $i_B = 0$(对应穿透电流)的那条曲线的 i_C 猛增时的电压为击穿电压，用 $V_{(BR)CEO}$ 表示。实际应用中，三极管的 v_{CE} 远小于 $V_{(BR)CEO}$。

2.4.4 晶体三极管的极限参数

三极管在应用中采用共发射极连接方式时，其工作范围受 3 个极限参数(最大集电极电流、击穿电压、最大功率损耗)的限制，如图 2.19 所示。

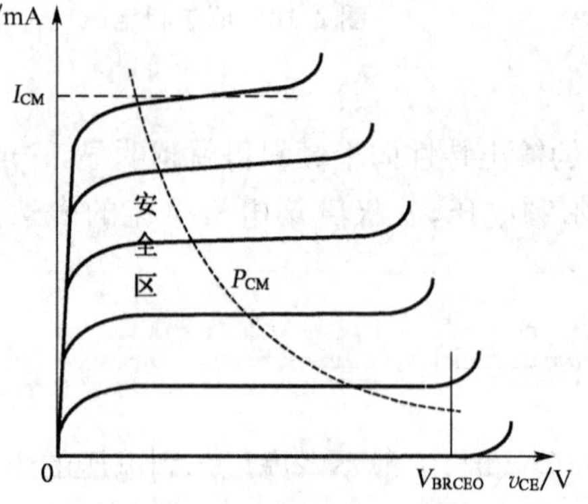

图 2.19　NPN 型晶体三极管的安全工作区

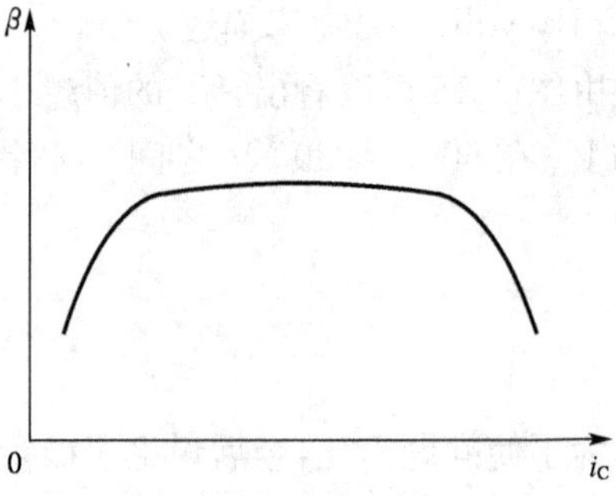

图 2.20　三极管的 β 和 i_C 的关系

1) 最大集电极电流(maximum collector current) I_{CM}

三极管工作时，集电极电流不允许超过最大集电极电流 I_{CM}。当三极管的集电极电流超过 I_{CM}时，有可能会将三极管烧毁，即使三极管没有被烧毁，其 β 也会明显下降。β 和 i_C 有如图 2.20 所示的关系。

由图 2.20 可见，当 i_C 很小和很大时，β 都会下降，只有当 i_C 适中时，β 才基本不变。

2) 击穿电压 $V_{(BR)CEO}$

图 2.19 中的击穿电压 $V_{(BR)CEO}$可以作为放大区与击穿区的界限，三极管工作时，v_{CE}要小于 $V_{(BR)CEO}$。作为极限参数，称击穿电压 $V_{(BR)CEO}$为最大集电极-发射极电压(maximum collector-emitter voltage)。

3) 最大功率损耗 P_{CM}

图 2.19 中的 P_{CM}表示三极管集电结的最大功率损耗(maximum power dissipation)。

因为三极管在放大区工作时，集电结加反向偏压，因此 v_{CE} 的绝大部分都降落在集电结上，三极管的功率损耗也主要在集电结上。因此，三极管集电结的功率损耗 P_C 表示为：

$$P_C = i_C v_{CE} \tag{2.45}$$

因此，P_C 不能超过规定的集电结最大功率损耗 P_{CM}。利用下式可以画出临界功耗线：

$$P_{CM} = i_C v_{CE} \tag{2.46}$$

如图 2.19 中的 P_{CM}线所示。

如果同时考虑三极管的 3 个极限参数，三极管工作的安全工作区（safe operating area）如图 2.19 所示。

2.4.5 小 结

∗ 三极管共发射极接法特性曲线分为输入特性曲线和输出特性曲线，它们的表达式为：

输入特性的表达式： $i_B = f_1(v_{BE})\Big|_{v_{CE}=\text{常数}}$；

输出特性的表达式： $i_C = f_2(v_{CE})\Big|_{i_B=\text{常数}}$。

∗ 已经叙述了 NPN 型三极管的伏安特性，图 2.21 给出了 PNP 型三极管的伏安特性。

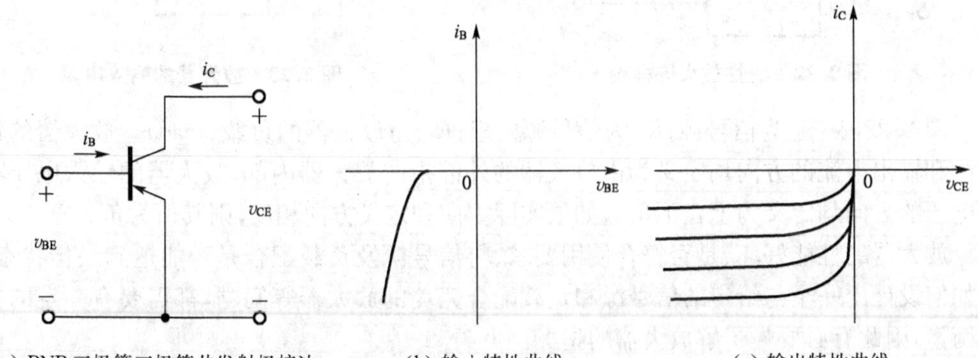

(a) PNP 三极管三极管共发射极接法 (b) 输入特性曲线 (c) 输出特性曲线

图 2.21 PNP 型晶体三极管的接法和特性

∗ 输出特性曲线可分为放大区、饱和区、截止区、击穿区。

∗ 三极管的主要参数有：

共基极接法直流和交流电流传输系数：$\bar{\alpha}$，α；

共发射极接法直流和交流电流传输系数：$\bar{\beta}$，β；

发射极开路时，集电极-基极反向饱和电流：I_{CBO}；

基极开路时，集电极-发射极穿透电流：I_{CEO}；

三极管饱和压降，V_{CEO}；

最大集电极电流：I_{CM}；

最大击穿电压：$V_{(BR)CEO}$；

集电结最大功率损耗：P_{CM}。

2.5 晶体三极管组成的基本放大器

放大器(amplifier)可以将微弱的电信号进行处理而变成幅度较大的信号。

所谓信号(signal)，是指带有某些信息特征的电流或电压。比如要测量温度、压力、液体的流速等，往往是利用传感器将温度、压力、流速等信息变成电流信号或电压信号，这些信号往往是微弱的，需要经过放大器将其放大后，才能推动指示系统或监测系统。一般，对微弱信号进行的放大称为线性放大。所谓线性放大器(linear amplifier)，是指放大器的输出信号等于输入信号乘以一个常数，即输出信号与输入信号成正比。本节所述的就是这种线性放大器。

2.5.1 放大器的指标

线性放大器的方框图如图 2.22 所示。

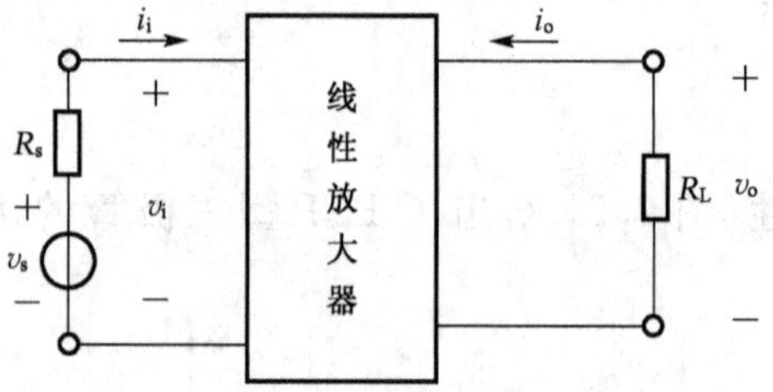

图 2.22 线性放大器框图

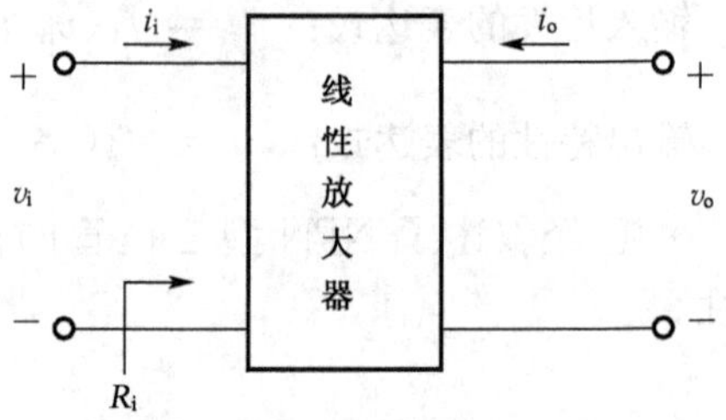

图 2.23 放大器的输入电阻

图 2.22 中：v_s 为信号源；R_s 为信号源内阻；R_L 为放大器的负载(load)。放大器的输入电流和输出电流的方向均定义为由放大器的外部指向放大器内部，放大器的输入电压和输出电压的方向均定义为上正下负。如果实际方向和定义方向相反，则其值为负。

放大器的性能好坏、是否符合使用要求、与信号源及负载配合是否能达到最佳状态，以及如何设计出一个与给定的信号源和负载配合完美的放大器等问题，都需要有一定的指标来衡量，因此有必要先了解放大器的指标。

1) 放大器的输入电阻

如图 2.23 所示，放大器的输入电阻(input resistance)R_i 定义为从放大器的输入端看进去的等效电阻：

$$R_i = \frac{v_i}{i_i} \tag{2.47}$$

一般，交流信号多用有效值表示，式(2.47)也可以写成：

$$R_i = \frac{V_i}{I_i} \tag{2.48}$$

在放大器的设计过程中，R_i 的大小应根据信号源的情况而定。

放大器的输入电阻可以看成信号源的负载，放大器的输入端得到的信号越强，对信号的放大越则有利。如图 2.24(a) 所示，如果信号源是电压源，因为 $V_i = \dfrac{R_i}{R_s + R_i} V_s$，则放大器的输入电阻 R_i 越大越好，亦即，设计放大器时，要求 $R_i \gg R_s$；若信号源是如图 2.24(b) 所示的电流源，因为 $I_i = \dfrac{R_s}{R_s + R_i} I_s$，则放大器的输入电阻 R_i 越小越好，亦即，设计放大器时，要求 $R_i \ll R_s$。

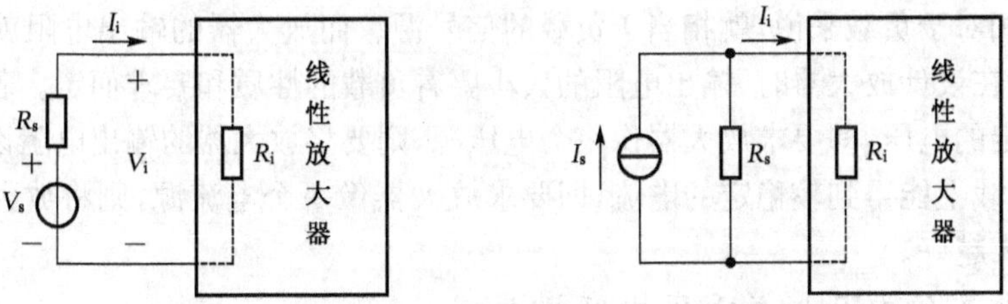

(a) 信号源为电压源 (b) 信号源为电流源

图 2.24 放大器和信号源的配合

2）放大器的输出电阻

放大器的输出电阻(output resistance)R_o 定义为从放大器的输出端看进去的等效电阻。如图 2.25 所示。

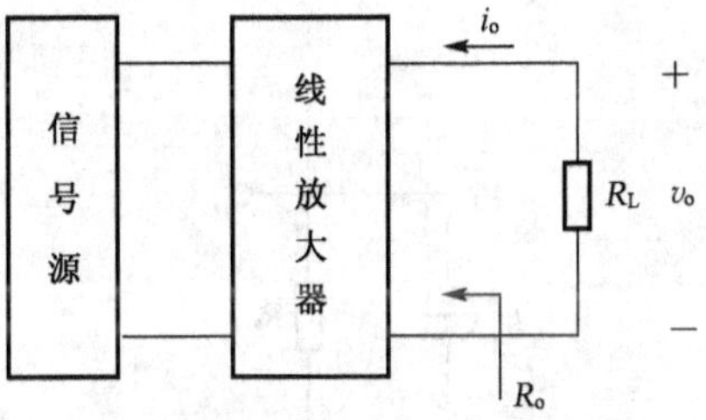

图 2.25 放大器的输出电阻

求放大器的输出电阻，首先要对放大器输入端所加的信号源进行处理：如果信号源是电压源，令 $V_s = 0$，即将 电压源短路，如图 2.26(a) 所示。如果信号源是电流源，令 $I_s = 0$，即将电流源开路，如图 2.26(b) 所示。

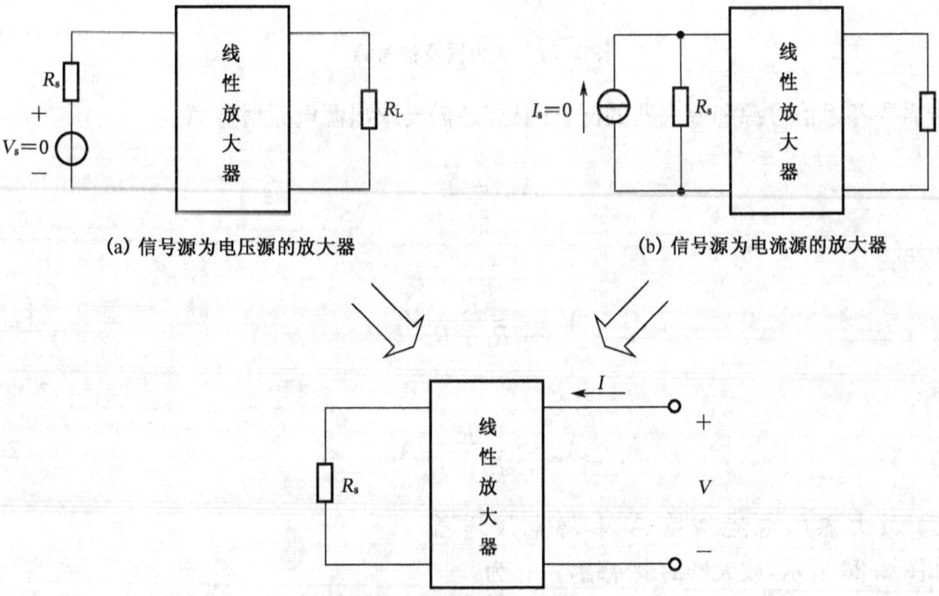

(c) 求解输出电阻的电路

图 2.26 放大器的输出电阻的求法

由图 2.26(c)可见，输入端无论是电压源还是电流源，处理后只在放大器的输入端留下了信号源内阻 R_s。

另外，还要将负载 R_L 去掉，在输出端加一个信号电压 V，若输出端电流为 I，输出电阻为：

$$R_o = \frac{V}{I} \tag{2.49}$$

放大器相对于负载来说，就相当于负载的信号源。而放大器的输出电阻就相当于信号源内阻，因此在设计放大器时，输出电阻的大小要看负载的性质和要求而定。若要求负载上能得到较稳定的电压，即要求放大器像一个电压源，则要将放大器的输出电阻设计得越小越好；若要求负载上能得到较稳定的电流，即要求放大器像一个电流源，则将放大器的输出电阻设计得越大越好。

3) 放大器的电压增益和源电压增益

增益(gain)又称为放大倍数，它反映放大器放大信号的能力。

如图 2.27 所示，电压增益 A_v 为输出电压和输入电压之比：

$$A_v = \frac{V_o}{V_i} \tag{2.50}$$

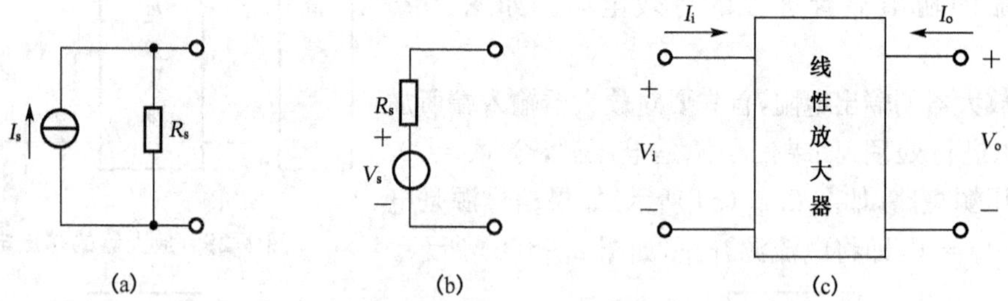

图 2.27 放大器及信号源

若需要考虑信号源和放大器的配合问题，还需要求出源电压增益 A_{vs}：

$$A_{vs} = \frac{V_o}{V_s} \tag{2.51}$$

因为：

$$V_i = \frac{R_i}{R_i + R_s} V_s \tag{2.52}$$

所以有：

$$A_{vs} = \frac{R_i}{R_i + R_s} A_v \tag{2.53}$$

4) 放大器的电流增益 A_i 和源电流增益

如图 2.26 所示，放大器的电流增益 A_i 为：

$$A_i = \frac{I_o}{I_i} \tag{2.54}$$

放大器的源电流增益 A_{is} 为：

$$A_{is}=\frac{I_o}{I_s} \tag{2.55}$$

A_{is} 也可以写成：

$$A_{is}=\frac{R_s}{R_i+R_s}A_i \tag{2.56}$$

一般，信号源可以用电压源的形式表示，也可以用电流源的形式表示，这两种形式可以根据需要互换。

5）放大器的互阻增益和源互阻增益

放大器的互阻增益 A_r 定义为：

$$A_r=\frac{V_o}{I_i} \tag{2.57}$$

A_r 的量纲是电阻的量纲，因此叫互阻增益。

放大器的源互阻增益 A_{rs} 为：

$$A_{rs}=\frac{V_o}{I_s}=\frac{R_s}{R_i+R_s}A_r \tag{2.58}$$

6）放大器的互导增益和源互导增益

放大器的互导增益 A_g 定义为：

$$A_g=\frac{I_o}{V_i} \tag{2.59}$$

A_g 的量纲是电导的量纲，因此叫互导增益。

放大器的源互导增益 A_{gs} 为：

$$A_{gs}=\frac{I_o}{V_s}=\frac{R_i}{R_i+R_s}A_g \tag{2.60}$$

7）放大器的功率增益

放大器的功率增益 A_p 定义为：

$$A_p=\left|\frac{I_oV_o}{I_iV_i}\right|=|A_iA_v| \tag{2.61}$$

因为功率增益与电流增益及电压增益的乘积有关，一般情况下，只讨论放大器的电压增益和电流增益而不考虑功率增益，只有在专门需要研究功率增益时才去讨论。

以上讨论的 5 种增益中，电压增益、电流增益和功率增益都没有量纲，在工程上常以分贝(dB)表示，定义为：

$$\text{电压增益}=20\lg A_v\,(\text{dB}) \tag{2.62}$$

$$\text{电流增益}=20\lg A_i\,(\text{dB}) \tag{2.63}$$

$$\text{功率增益}=10\lg A_p\,(\text{dB}) \tag{2.64}$$

放大器还有频率响应和非线性失真等性能指标，留待以后讨论。

【小结】

＊ 放大器的输入电阻为输入电压与输入电流之比。放大器输入电阻的设计与信号源有关，如果信号源是电压源，放大器的输入电阻越大越好；如果信号源是电流源，放大器的输入电阻越小越好。

＊ 放大器的输出电阻的求法是：首先处理信号源，如果信号源是电压源，则将其短路，如果信号源是电流源，则将其开路；然后将负载去掉，在放大器的输出端加一个输入电压 V，放大器的输出电阻就是电压 V 与输出端电流之比。放大器输出电阻的设计与负载的要求有关。如果要求放大器输出一个稳定的负载电流，放大器的输出电阻越大越好；如果要求放大器输出一个稳定的负载电压，放大器的输出电阻越小越好。

＊ 放大器的增益有：电压增益、电流增益、互阻增益、互导增益、功率增益等，各种增益的求法都是输出端的对应量与输入端的对应量之比。

＊ 放大器的源增益有：源电压增益、源电流增益、源互阻增益、源互导增益等，各种源增益的求法都是输出端的对应量与信号源的对应量之比。

2.5.2 放大器的分析方法

分析放大器的方法目前有两种：图解分析法和解析法（计算法）。这两种方法各有优缺点，因此目前普遍使用。

图解分析法的直观性非常好；同时，放大器在大信号工作状态下工作时，必须使用图解法分析。但是，用图解法求放大器的输入电阻、输出电阻等指标比较困难。

解析法应用的前提是放大器处在小信号工作（线性放大）状态，解析法实际上是将非线性元件在工作点附近看作线性元件，使用非线性元件的线性模型取代非线性元件，求解（计算）电路的各个性能指标。它的缺点是不能分析大信号工作电路。

目前还可以用计算机进行辅助分析，其最大优点是分析快捷、准确，尤其是对复杂的电路或系统更显示出其功能强大的优越性。但是，目前对电路的修改，以及电路方案的选择等，仍还需要懂得电路理论的专业技术人员进行，因此还处在辅助分析的阶段。

1）图解分析法

用图解法分析放大器时一般可以分成两个步骤：第 1 步是静态分析（直流分析），找出静态工作点；第 2 步是动态分析（交流分析），求出放大器的指标。下面以实例说明。

【例 2.3】 在图 2.28(a) 所示的放大器中，$V_{CC}=6\,\text{V}$，$R_C=2\,\text{k}\Omega$，$R_B=200\,\text{k}\Omega$，$R_L=2\,\text{k}\Omega$。C_1、C_2 足够大，对交流信号可以视为短路。三极管特性曲线为已知。

(1) 说明电路中各元件的作用；

(2) 说明这个电路三极管的连接方式；

(3) 求解静态工作点；

(4) 分析放大器的动态工作情况。

解：

(1) 放大器中，要使三极管工作在放大区，应该给三极管提供合适的工作条件，即要使发射结加正向偏置电压，集电结加反向偏置电压，并且建立合适的静态工作点。电路中的 V_{CC}、R_B、R_C 就是起这样的作用，使三极管有合适的直流工作点。

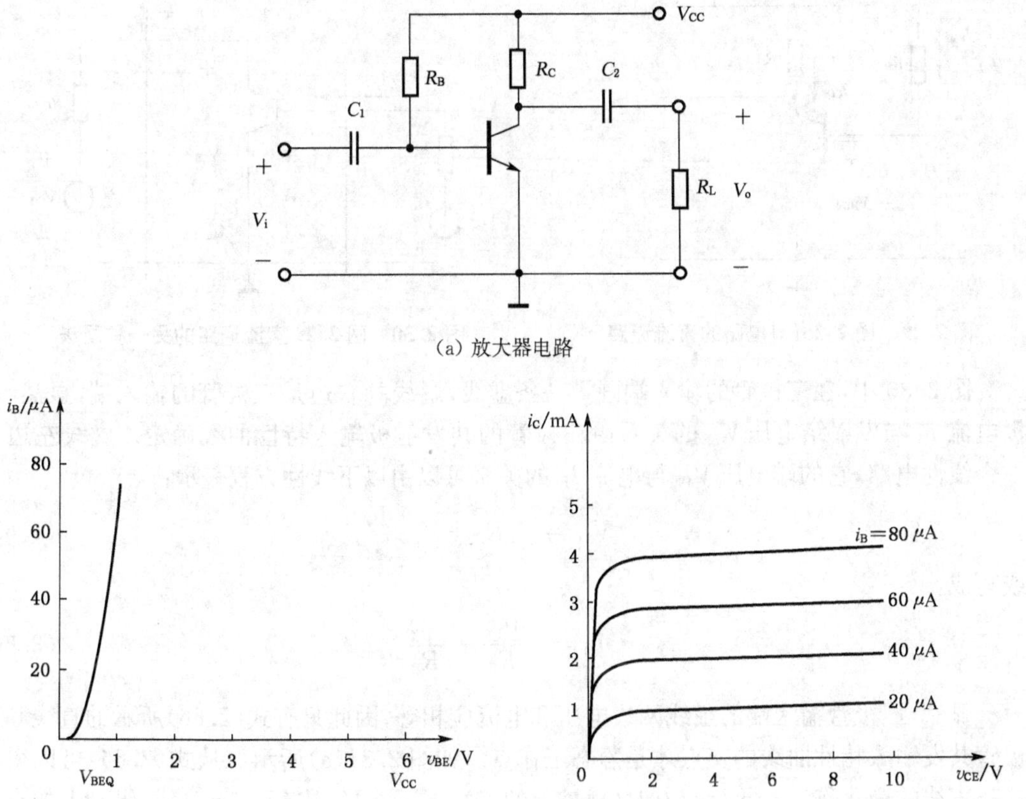

(a) 放大器电路

(b) 三极管输入特性曲线

(c) 三极管输出特性曲线

图 2.28 图解法

图 2.28(a)中的 C_1、C_2 称为耦合电容(coupling capacitors)，C_1、C_2 足够大对交流信号可以视为短路。C_1 使输入端的交流信号耦合到三极管的基极，C_2 使输出端的交流信号耦合到负载电阻上。对直流来说，C_1、C_2 相当于开路。因此，也称 C_1、C_2 为隔直耦合电容。

首先画出放大器的直流通路，如图 2.29 所示。

从图 2.29 可以看出，流过 R_C 的电流就是三极管集电极的静态电流 I_{CQ}，流过 R_B 的电流就是三极管基极的静态电流 I_{BQ}。

图 2.29 中，$V_{CC}=I_{BQ}R_B+V_{BEQ}$，因此，三极管发射结上加的是正向偏置电压。另外，还可以写出 $V_{CC}=I_{CQ}R_C+V_{CEQ}$，只要 $V_{CEQ}>V_{CES}$，三极管的集电结上加的就是反向偏置电压，三极管就工作在放大区。

(2) 由图 2.28(a)可以看出，输入端的交流信号通过 C_1 耦合到三极管的基极，即输入端交流信号电压 V_i 加在三极管的基极与发射极之间；输出端的交流信号经过 C_2 耦合到负载上，即输出端交流信号电压 V_o 由集电极和发射极引出。放大器交流信号输入端和输出端的公共端是发射极，因此，三极管是共发射极接法。这个放大器称为共发射极放大器(common emitter amplifier)，或简称为共发放大器，也有人称其为共射放大器。

(3) 求静态工作点。

已经画出了直流通路如图 2.29 所示，现在将图 2.29 改画成图 2.30。

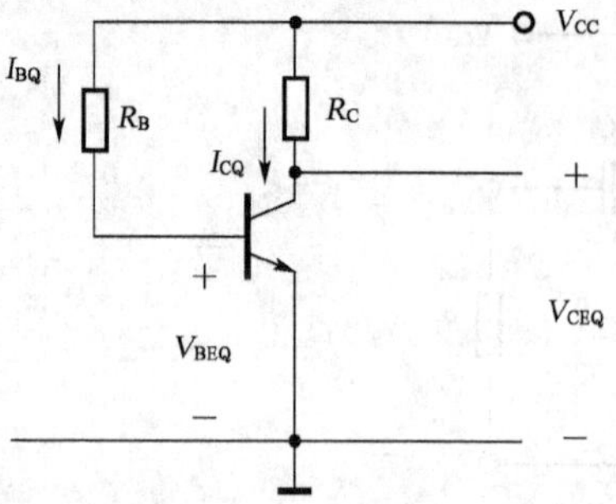

图 2.29　图 2.28(a)电路的直流通路

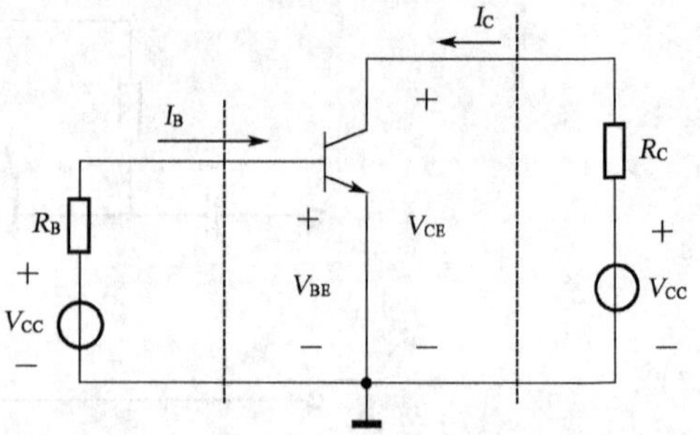

图 2.30　图 2.29 直流通路的另一种画法

图 2.30 中，在三极管的输入端画了一条虚线，虚线的右边是三极管的输入端，显然，基极电流 I_B 与发射结电压 V_{BE} 的关系由三极管的共发射极输入特性曲线确定。虚线左边是一个线性电路，它的端电压 V_{BE} 与电流 I_B 的关系可以由以下线性方程表示：

$$V_{CC} = I_B R_B + V_{BE} \tag{2.65}$$

或写成：

$$I_B = -\frac{V_{BE}}{R_B} + \frac{V_{CC}}{R_B} \tag{2.66}$$

显然，三极管输入端的虚线两边电压和电流应相等，因此只有式(2.66)所示的直线和三极管共发输入特性曲线的交点才是静态工作点。如图 2.31(a)所示。从式(2.66)可以得出这条直线的简化作法：当 $I_B = 0$ 时(横轴上的点)，$V_{BE} = V_{CC}$；当 $V_{BE} = 0$ 时(纵轴上的点)，$I_B = \frac{V_{CC}}{R_B}$。

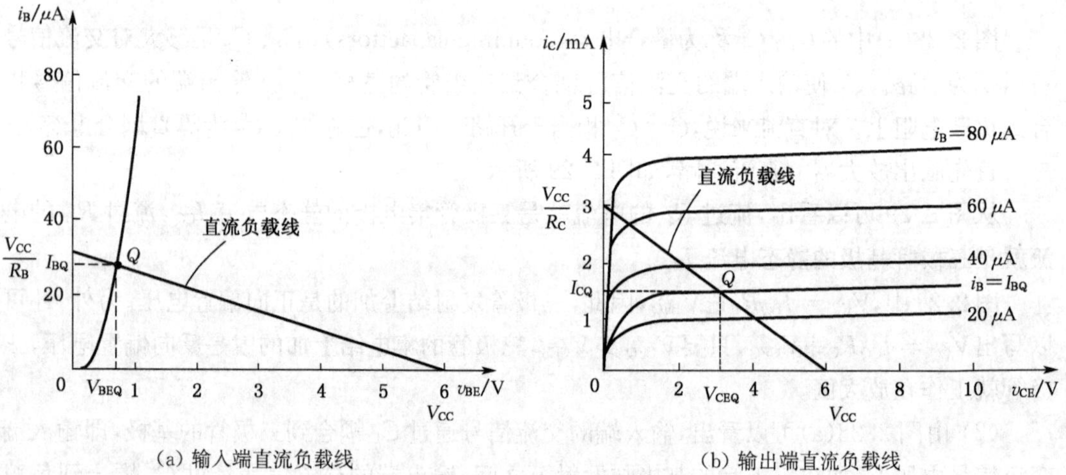

(a) 输入端直流负载线　　　　　　　　　　(b) 输出端直流负载线

图 2.31　直流负载线的作法

在三极管输入特性曲线的坐标中画出的这条直线称为输入端的直流负载线(DC load line)，它的斜率为 $-1/R_B$。直流负载线与输入特性曲线的交点为静态工作点 Q。Q 点对应的基极电流 I_{BQ} 和 V_{BEQ} 可以从图中读出，约为 28 μA，V_{BEQ} 约为 0.7 V。

在图 2.30 中，放大器直流通路的输出端也画了一条虚线，虚线的左边是三极管的输出端，电流与电压的关系由三极管的输出特性曲线表示。虚线的右边是线性电路，它的伏安特性应为一直线，由下面的线性方程表示：

$$V_{CC} = I_C R_C + V_{CE} \tag{2.67}$$

或写成：

$$I_C = -\frac{V_{CE}}{R_C} + \frac{V_{CC}}{R_C} \tag{2.68}$$

在图 2.31(b)所示的输出特性曲线坐标中可以画出这一直线，取两个特殊点：当 $I_C = 0$ 时(横轴上)，$V_{CE} = V_{CC}$；当 $V_{CE} = 0$ 时(纵轴上)，$I_C = \frac{V_{CC}}{R_C}$。

连接横轴和纵轴上的两个点，画出放大器输出端的直流负载线如图 2.31(b) 所示。放大器输出端直流负载线的斜率为 $-1/R_C$。直流负载线与 $i_B = I_{BQ}$ 的那条输出特性曲线相交于Q点，从坐标上可以读出静态工作点 Q 对应的电流 I_{CQ} 和电压 V_{CEQ}。图中，$I_{CQ} = 1.5\ \mathrm{mA}$，$V_{CEQ} = 3\ \mathrm{V}$。

(4) 求解放大器的动态工作范围(交流工作状态的分析)。

首先画出放大器的交流通路。在图 2.28(a)中，C_1、C_2 是交流耦合电容，一般，C_1、C_2 足够大，它在工作信号频率范围内的容抗足够小，可以看作是交流短路。

V_{CC}是直流电压源，画电路的交流通路时，应使直流电压源短路。

图 2.28(a)所示电路的交流通路如图 2.32 所示。

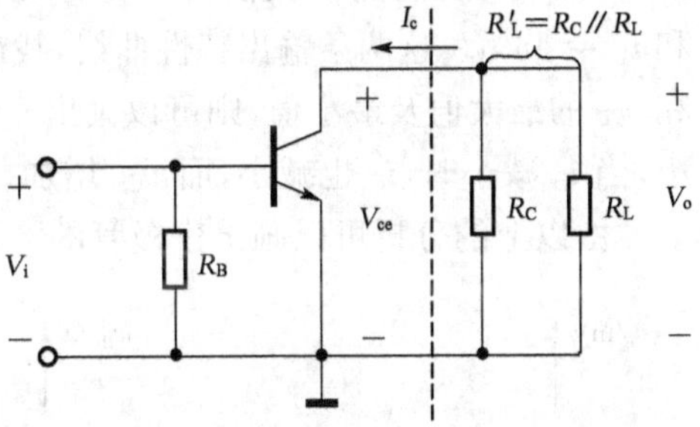

图 2.32　图 2.28(a)中放大器的交流通路

放大器工作时，三极管的电流和电压的直流成分及交流成分是交织在一起的，交流信号叠加在直流工作点上。图 2.28(a)所示放大器输入端加交流信号后的动态工作情况如图 2.33(a)所示。

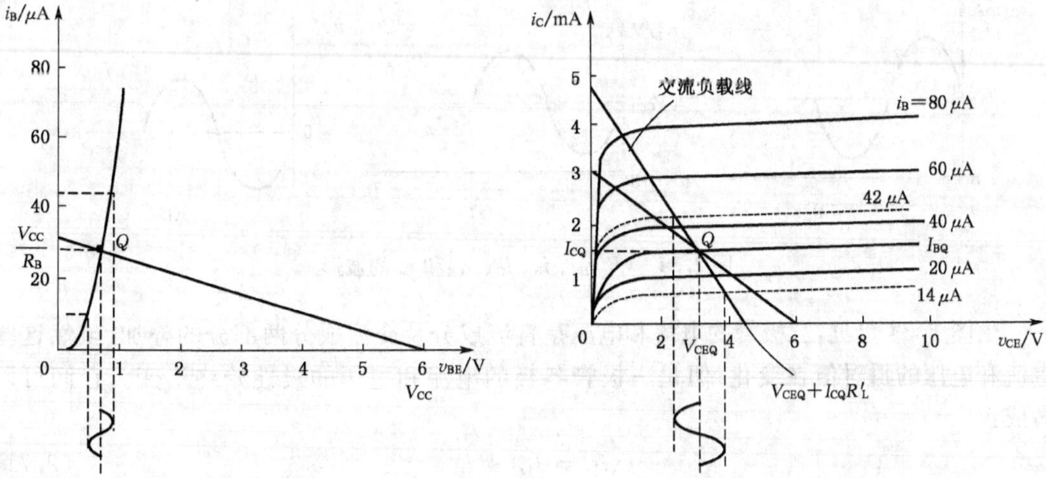

(a) 输入端的交流分析　　　　(b) 输出端的交流分析

图 2.33　交流分析

在图 2.32 中，输出端虚线右边的 R_C 和 R_L 并联后的电阻记作 $R_L{}'$。显然，这时应该在输出特性曲线的坐标中画出交流负载线(AC load line)。交流负载线的方程为：

$$v_{ce} = -i_c R_L{}' \tag{2.69}$$

或写成：

$$i_c = -\frac{1}{R_L{}'} v_{ce} \tag{2.70}$$

由式(2.70)可知，交流负载线的斜率为 $-1/R_L{}'$。另外，静态工作点是交流工作时的一个特殊点。因此，可以过 Q 点作斜率为 $-1/R_L{}'$ 的直线，这条直线称为交流负载线(AC load line)，如图 2.33(b) 所示。由图中可见，交流负载线与横轴的交点坐标为 $V_{CEQ} + I_{CQ}R_L{}'$。

此例中：

$$V_{CEQ} + I_{CQ}R_L{}' = 3 + 1.5 \times 1 = 4.5(\text{V})$$

由图 2.33(a) 可以看出，放大器在输入端加上了交流信号后，使三极管的 v_{BE} 在 Q 点附近变化，当 v_{BE} 增加时，i_B 也增加，当 v_{BE} 减小时，i_B 也减小，i_B 的最大值和最小值可以在图中读出。图中对应的 i_B 最大值为42 μA，最小值为 14 μA。可以在图 2.33(b) 中画出 $i_B = 42\ \mu$A 和 $i_B = 14\ \mu$A 这两条输出特性曲线，找出这两条特性曲线与交流负载线的交点所对应的 i_C 和 v_{CE} 的最大值及最小值，则可以画出 i_C 和 v_{CE} 的变化波形。当 i_B 增大时，i_C 也增加，而 v_{CE} 减小；当 i_B 减小时，i_C 也减小，而 v_{CE} 增加。

由以上的分析可以画出三极管的 v_i、v_{BE}、i_B、i_C、v_{CE}、v_o 的波形图，如图 2.34 所示。

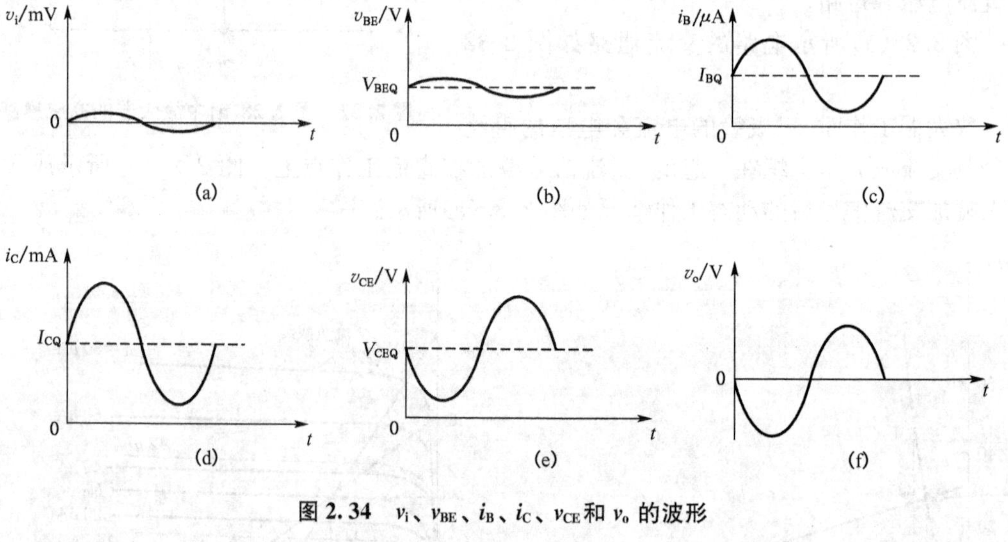

图 2.34　v_i、v_{BE}、i_B、i_C、v_{CE}和 v_o 的波形

由图 2.34 可见，三极管的电流和电压是直流成分及交流成分两部分的叠加，虽然这些电流和电压的瞬时值在变化，但是三极管各极的电流和电压的极性始终不变。它们可以写成：

$$i_B = I_{BQ} + i_b \tag{2.71}$$

$$i_C = I_{CQ} + i_c \tag{2.72}$$

$$v_{BE} = V_{BEQ} + v_{be}（或\ v_{BE} = V_{BEQ} + v_i） \tag{2.73}$$

$$v_{CE} = V_{CEQ} + v_{ce}（或\ v_{CE} = V_{CEQ} + v_o） \tag{2.74}$$

另外，从图中可以看出，v_o 的相位与 v_i 的相位相反，因此，共发射极放大器又称为反相放大器。

放大倍数也可以从图中读出，$A_v = -\left|\dfrac{V_{om}}{V_{im}}\right|$，其中负号表示 v_i 的相位与 v_o 的相位相反。输出电压和输入电压相位相反的原因如下。

由图 2.28(a)可知：

$$V_{CC} = R_C i_C + v_{CE} \tag{2.75}$$

V_{CC}是直流电源的电压，它是一个定值，当 i_C 增大时，$R_C i_C$ 一项增大，v_{CE}必定减小，也就是 v_{CE}与 i_C 的相位相反。从图 2.34 还可以看出，i_C 与 v_i 的相位相同，则 v_{CE}与 v_i 的相位相反，而输出电压 v_o 取了 v_{CE}的交流成分，因此输出电压 v_o 的相位与输入电压 v_i 的相位相反。

【小结】

* 图解法分两大步骤：静态分析和动态分析。

* 静态分析：画出放大器的直流通路；在三极管的输入特性曲线和输出特性曲线的坐标中分别画出直流负载线；在坐标中读出 I_{BQ}、V_{BEQ}、I_{CQ}、V_{CEQ}。

* 动态分析：画出放大器的交流通路；在三极管的输出特性的坐标中，过 Q 点画交流负载线；对应输入端交流信号的变化范围，求出放大器输出交流信号电压的变化范围。

* 三极管各极电流和电压是直流成分及交流成分的叠加。

2）三极管的小信号模型

放大电路的第 2 种分析方法是解析法（或称为计算法），应用解析法的前提是放大器在小信号状态下工作，即放大器是线性放大器。

当要放大的交流信号较小时，在工作点附近可以把三极管看作线性元件，因此可以用三极管小信号线性模型来取代电路中的三极管，取代后可以用计算法求解放大器的各项指标。因此，首先要讨论三极管的小信号模型。

三极管的小信号模型可以用两种方法得到：一种是用三极管工作的物理过程来模拟，用这种方法可以得到三极管的混合 π（hybrid-π）模型；另一种是由网络方程推导三极管小信号模型，用这种方法可以得到 H 参数（H-parameters）模型。

(1) 三极管共发射极混合 π 模型

从第 1 章知道，PN 结的小信号等效电路是 PN 结电阻与 PN 结电容并联。另外，中性区电阻及中性区与导线的接触电阻可以等效为一个电阻，再考虑到三极管的正向控制作用，模拟三极管工作的物理过程得出如图 2.35 所示的小信号模型。

图 2.35(b)是三极管共发射极接法的混合 π 形等效电路（hybrid-π equivalent circuit）。三极管发射区和集电区的体电阻很小，可以忽略不计。而基区很薄，因此体电阻较大，一般低频小功率三极管大约为 200 Ω～300 Ω，高频小功率三极管大约为 10 Ω～100 Ω，图中用 $r_{bb'}$ 表示基区体电阻，$r_{b'e}$和 $C_{b'e}$分别表示发射结的结电阻和结电容；$r_{b'c}$和 $C_{b'c}$分别表示集电结的结电阻和结电容；$g_m V_{b'e}$表示三极管的正向受控作用，当发射结电压变化时三极管的输

入电流(基极电流)变化,因此集电极电流也变化,则可以将这种受控作用模拟为受控电流源,要表示电流源和电压 $V_{b'e}$ 的关系,必然引入跨导(transconductance)g_m,受控电流源用 $g_m V_{b'e}$ 表示。r_{ce} 可以看作是受控电流源内阻,实质上就是三极管的输出电阻。

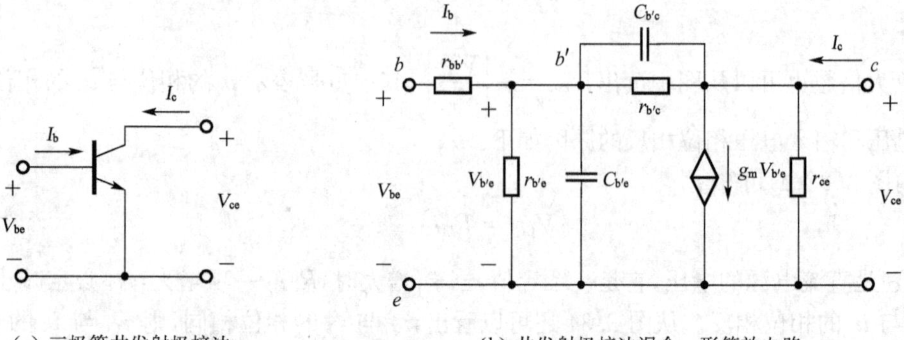

(a) 三极管共发射极接法　　　　(b) 共发射极接法混合 π 形等效电路

图 2.35　共发射极接法混合 π 模型

$C_{b'e}$ 一般为几皮法到几十皮法,$C_{b'c}$ 一般为几皮法,当放大器工作频率比较低时,$C_{b'e}$ 和 $C_{b'c}$ 的容抗都很大,可以看出开路。$r_{b'c}$ 是集电结电阻,因为三极管工作在放大区时,集电结加反向偏压,因此集电结电阻 $r_{b'c}$ 很大,也可以看成开路。由此可见,当放大器工作频率比较低时,可以将图 2.35 所示的三极管小信号混合 π 形等效电路简化为如图 2.36 所示的低频小信号混合 π 形等效电路。

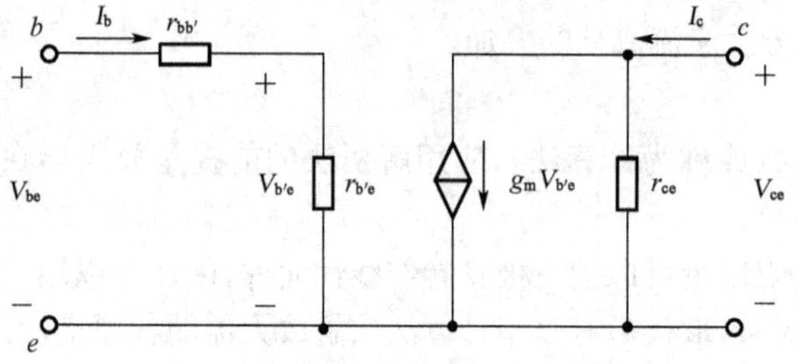

图 2.36　简化低频小信号混合 π 形等效电路

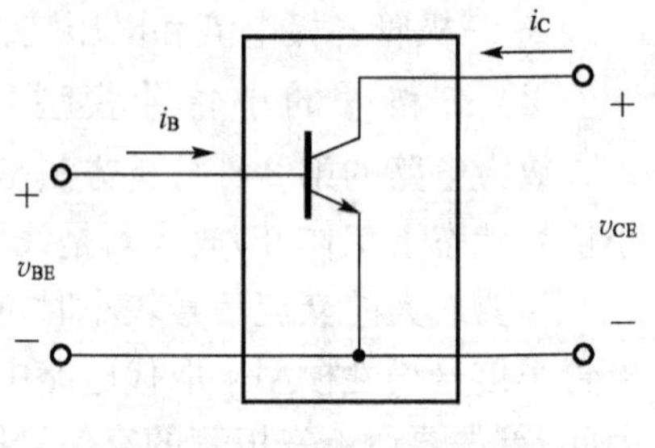

图 2.37　三极管共发射极接法

(2) 三极管共发射极 H 参数等效电路

图 2.37 为三极管共发射极接法,为两端口网络,输入端电流、电压分别为 i_B 和 v_{BE},输出端电流、电压分别为 i_C 和 v_{CE}。如果取 i_B 和 v_{CE} 为自变量,v_{BE} 和 i_C 为因变量,则可以写成:

$$\begin{cases} v_{BE} = f_1(i_B,\ v_{CE}) \\ i_C = f_2(i_B,\ v_{CE}) \end{cases} \tag{2.76}$$

在 Q 点附近的交流小信号表达式可由式(2.76)进行微分运算得到:

$$\begin{cases} v_{be} = \left.\dfrac{\partial f_1}{\partial i_B}\right|_Q i_b + \left.\dfrac{\partial f_1}{\partial v_{CE}}\right|_Q v_{ce} \\ i_c = \left.\dfrac{\partial f_2}{\partial i_B}\right|_Q i_b + \left.\dfrac{\partial f_2}{\partial v_{CE}}\right|_Q v_{ce} \end{cases} \tag{2.77}$$

用交流有效值表示式(2.77)为：

$$\begin{cases} V_{\mathrm{be}} = h_{\mathrm{ie}} I_{\mathrm{b}} + h_{\mathrm{re}} V_{\mathrm{ce}} \\ I_{\mathrm{c}} = h_{\mathrm{fe}} I_{\mathrm{b}} + h_{\mathrm{oe}} V_{\mathrm{ce}} \end{cases} \tag{2.78}$$

对比式(2.77)和式(2.78)得：

$$h_{\mathrm{ie}} = \frac{\partial f_1}{\partial i_{\mathrm{B}}}\bigg|_Q = \frac{V_{\mathrm{be}}}{I_{\mathrm{b}}}\bigg|_{V_{\mathrm{ce}}=0} \tag{2.79}$$

h_{ie}具有电阻的量纲，是输出端交流短路时三极管的输入电阻。

$$h_{\mathrm{re}} = \frac{\partial f_1}{\partial v_{\mathrm{CE}}}\bigg|_Q = \frac{V_{\mathrm{be}}}{V_{\mathrm{ce}}}\bigg|_{I_{\mathrm{b}}=0} \tag{2.80}$$

h_{re}是输入端交流开路时三极管的反向电压传输系数，无量纲。

$$h_{\mathrm{fe}} = \frac{\partial f_2}{\partial i_{\mathrm{B}}}\bigg|_Q = \frac{I_{\mathrm{c}}}{I_{\mathrm{b}}}\bigg|_{V_{\mathrm{ce}}=0} \tag{2.81}$$

h_{fe}是输出端交流短路时三极管的正向电流传输系数，实际上 h_{fe}就是 β，无量纲。

$$h_{\mathrm{oe}} = \frac{\partial f_2}{\partial v_{\mathrm{CE}}}\bigg|_Q = \frac{I_{\mathrm{c}}}{V_{\mathrm{ce}}}\bigg|_{I_{\mathrm{b}}=0} \tag{2.82}$$

h_{oe}具有电导量纲，是输入端交流开路时三极管的输出电导。

根据式(2.78)可以画出三极管的 H 参数等效电路，如图 2.38 所示。

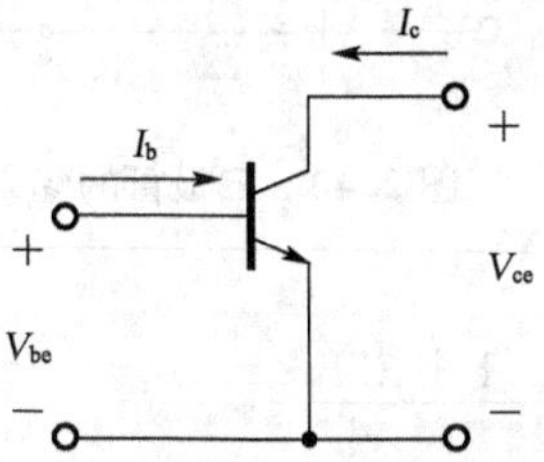

(a) 三极管共发射极接法

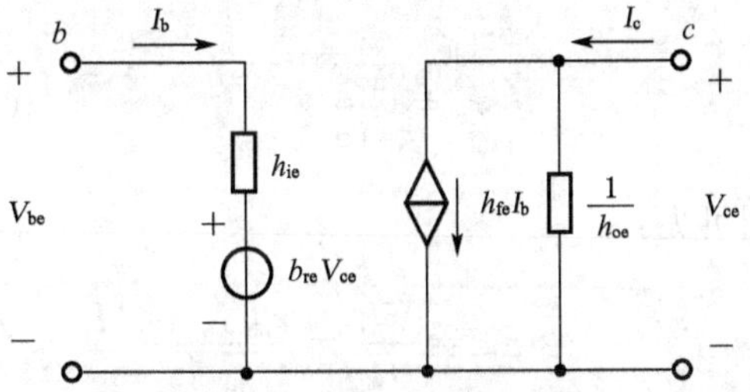

(b) 共发射极接法 H 参数等效电路

图 2.38 共发射极接法 H 参数等效电路

由式(2.78)的第 1 个方程可知，V_{be}是由两个电压相加组成的，因此，图 2.38(b)所示的 H 参数等效电路中，输入电压 V_{be}是由两部分电压串联组成的；式(2.78)第 2 个方程表示 I_{c} 是两项电流之和，因此，图 2.38(b)所示的 H 参数等效电路中，输出电流 I_{c} 是两部分并联。

一般 h_{re}很小，为 $10^{-3} \sim 10^{-4}$，因此，H 参数等效电路中的 $h_{\mathrm{re}} V_{\mathrm{ce}}$一项也很小，可以忽略。简化的 H 参数等效电路如图 2.39 所示。

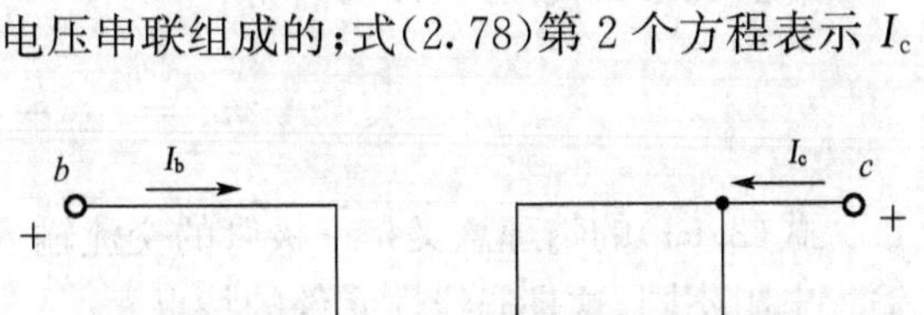

图 2.39 三极管共发射极 H 参数简化电路

既然简化的混合 π 形等效电路和简化

的 H 参数等效电路都是三极管共发射极低频小信号等效电路，那么它们相对应的部分一定相等。对照图 2.36 和图 2.39 可以得出：

$$h_{ie} = r_{bb'} + r_{b'e} \tag{2.83}$$

$$h_{oe} = \frac{1}{r_{ce}} \tag{2.84}$$

$$h_{fe}I_b = g_m V_{b'e} = g_m r_{b'e} I_b \tag{2.85}$$

因此得出：

$$h_{fe} = g_m r_{b'e} \tag{2.86}$$

有时 H 参数等效电路的 $1/h_{oe}$ 直接写成 r_{ce}，$h_{fe}I_b$ 写成 βI_b，h_{ie} 写成 r_{be}。

由式(2.83)可以看出，三极管共发射极接法的输入电阻 h_{ie} 由两部分组成：一部分是基区的体电阻 $r_{bb'}$，对低频小功率三极管，工程上经常以 200 Ω 计算；另一部分是 $r_{b'e}$，它是发射结的结电阻 r_e 反映到输入端的等效电阻。如图 2.40 所示。

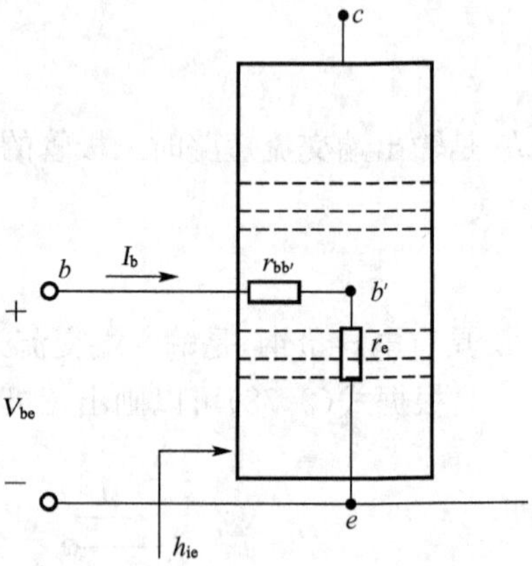

图 2.40　三极管的输入电阻

由第 1 章可知，PN 结工作点处的交流电阻为：

$$r_j = \frac{V_T}{I_Q} \tag{2.87}$$

对于发射结，可以写出发射结在工作点处的交流电阻为：

$$r_e = \frac{V_T}{I_{EQ}} \tag{2.88}$$

由图可见：

$$h_{ie} = \frac{V_{be}}{I_b} = \frac{r_{bb'}I_b + r_e I_e}{I_b} = \frac{r_{bb'}I_b + r_e(1+\beta)I_b}{I_b} \tag{2.89}$$

因此得出：

$$h_{ie} = r_{bb'} + (\beta+1)r_e \tag{2.90}$$

将式(2.88)代入式(2.90)，得

$$h_{ie} = r_{bb'} + (\beta+1)\frac{V_T}{I_{EQ}} \tag{2.91}$$

式(2.91)的物理意义是三极管的交流输入电阻与静态工作点有关，工作点不同，则交流输入电阻不同，这是非线性元件的特点。

对比式(2.83)和式(2.91)可以得出：

$$r_{b'e} = (\beta+1)\frac{V_T}{I_{EQ}} \tag{2.92}$$

3）线性放大器的解析法

现在用解析法分析共发射极放大电路。用解析法分析放大器时，同样需要两步：静态分析（求静态工作点，一般求 I_{BQ}、I_{CQ}、V_{CEQ}）和动态分析（求放大器的各项指标，如输入电阻、输出电阻、电压增益等）。

如图 2.41(a)所示的共发射极放大器，求它的静态工作点和放大器的各项指标。

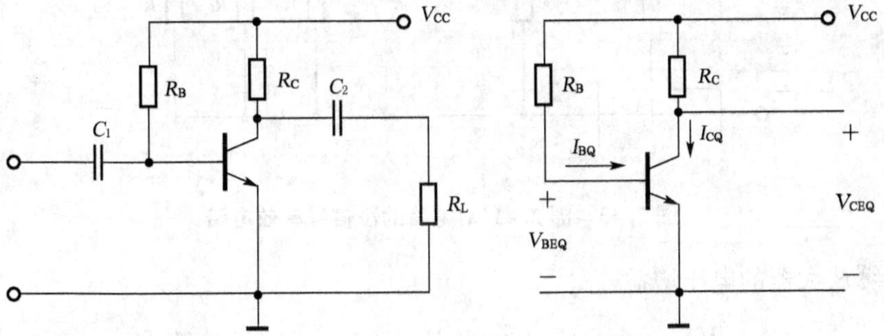

(a) 共发射极放大器　　(b) 共发射极放大器的直流通路

图 2.41　共发射极放大器及其直流通路

(1) 静态分析

首先画出图 2.41(b)所示的放大器的直流通路。由图可知：

$$I_{BQ}=\frac{V_{CC}-V_{BEQ}}{R_B} \tag{2.93}$$

在工程上，V_{BEQ}一般可以进行估算，V_{BEQ}为晶体三极管发射结正向导通电压，硅管估算为 0.7 V，锗管估算为 0.3 V。

$$I_{CQ}=\beta I_{BQ} \tag{2.94}$$

$$V_{CEQ}=V_{CC}-I_{CQ}R_C \tag{2.95}$$

只有静态工作点已确定，三极管在工作点附近的交流参数才能确定，例如：

$$r_{b'e}=(\beta+1)\frac{V_T}{I_{EQ}}=\beta\frac{V_T}{I_{CQ}} \tag{2.96}$$

(2) 动态分析

进行动态分析时要画出图 2.41(a)放大器的交流通路，如图 2.42 所示。

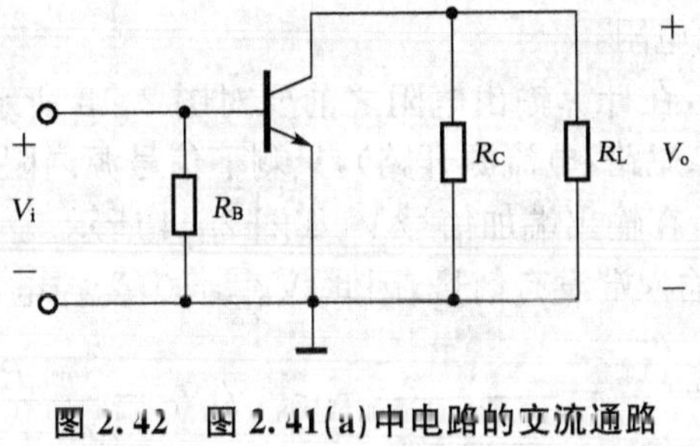

图 2.42　图 2.41(a)中电路的交流通路

将图 2.42 中的三极管用简化的混合 π 形等效电路取代，可以画出图 2.43 所示的混合 π 形小信号等效电路。

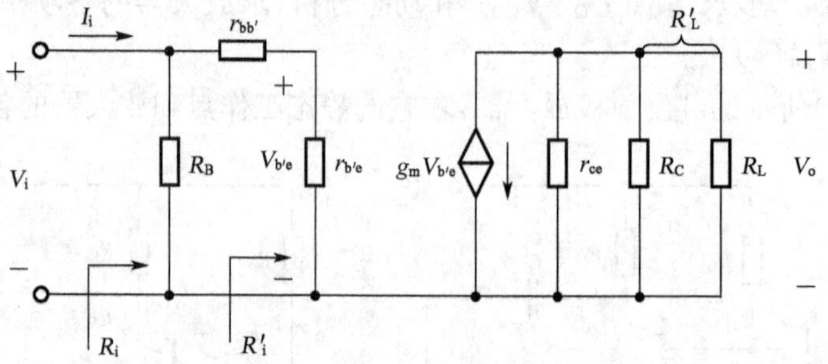

图 2.43　图 2.41(a)电路的小信号等效电路

① 计算放大器的电压增益

$$A_v = \frac{V_o}{V_i} = \frac{-g_m V_{b'e}(r_{ce} /\!/ R_L{}')}{I_b(r_{bb'} + r_{b'e})} = \frac{-g_m r_{b'e}(r_{ce} /\!/ R_L{}')}{r_{bb'} + r_{b'e}} \tag{2.97}$$

一般，$r_{ce} \gg R_L{}'$（r_{ce}一般为几十欧到 100 kΩ，而 $R_L{}'$一般为几千欧），因此，电压增益可近似表示为：

$$A_v \approx -\frac{g_m r_{b'e} R_L{}'}{r_{bb'} + r_{b'e}} \tag{2.98}$$

或用 H 参数表示：

$$A_v \approx -\frac{\beta R_L{}'}{h_{ie}} \tag{2.99}$$

式中，负号表示输出电压与输入电压的相位相反。

② 计算放大器的输入电阻

由图 2.43 可见，若求出 $R_i{}'$，则 $R_i{}' = R_B /\!/ R_i{}'$。

$$R_i{}' = \frac{V_i}{I_b} = \frac{I_b(r_{bb'} + r_{b'e})}{I_b} = r_{bb'} + r_{b'e} \tag{2.100}$$

或写成：

$$R_i{}' = h_{ie} \tag{2.101}$$

因此可以求出：

$$R_i = R_B /\!/ R_i{}' \tag{2.102}$$

③ 计算放大器的输出电阻

根据输出电阻的定义，在计算输出电阻之前要对图 2.43 所示电路进行处理，去掉 R_L，输入端信号源去掉（电压源短路，电流源开路），只剩下信号源内阻 R_s（虽然图中没有画出信号源，知道应该有信号源），在输出端加信号 V，如图 2.44 所示。

图 2.44 所示电路的输入端没有信号，因此，$V_{b'e} = 0$，受控电流源 $g_m V_{b'e} = 0$。

$$R_o = \frac{V}{I} = \frac{V}{\dfrac{V}{r_{ce} /\!/ R_C}} = r_{ce} /\!/ R_C = \frac{r_{ce} R_C}{r_{ce} + R_C} \tag{2.103}$$

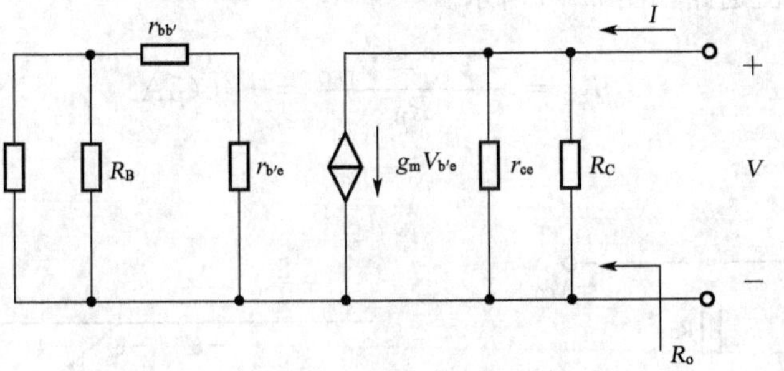

图 2.44　图 2.43 求输出电阻时的等效电路

一般，$r_{ce} \gg R_C$，所以 R_o 可以写成：

$$R_o \approx R_C \tag{2.104}$$

在实际应用中，图解法和解析法经常结合使用，在例 2.3 中看到，由于 V_{CC} 较高，而三极管输入特性的范围又很小，导致坐标的横轴很长，因此，一般 I_{BQ} 用计算方法求解。

【例 2.4】　如图 2.45 所示的放大器，$V_{CC}=6\text{ V}$，$R_B=135\text{ k}\Omega$，$R_L=R_C=2\text{ k}\Omega$，C_1、C_2 足够大，对交流信号可以看作短路。三极管发射结导通电压为 0.6 V，三极管的输出特性已在图中给出。

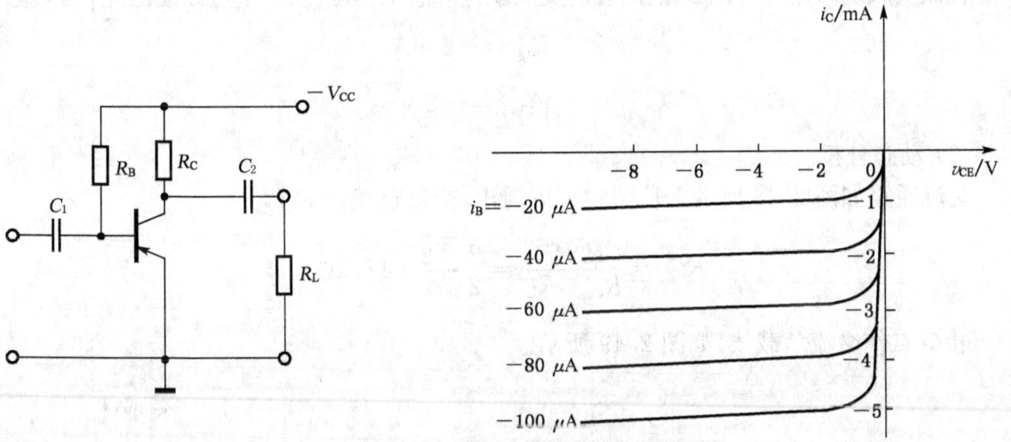

图 2.45　放大器电路和三极管输出特性

(1) 求静态工作点 I_{BQ}、I_{CQ}、V_{CEQ}；

(2) 若输入电压为 $v_i=2\sin\omega t$(mV)，引起 i_B 的变化为 $i_b=20\sin\omega t$(μA)，求放大器的电压增益。

由图可知，放大器中的三极管是 PNP 型，它的输出特性曲线在第三象限。

为了使放大器正常工作，发射结应加正向偏压，集电极加反向偏压，因此，直流电源的正极接地，负极与 R_C 及 R_B 相连。

解：

(1) 求静态工作点

放大器的直流通路如图 2.46 所示。

$$I_{BQ} = \frac{-V_{CC} - V_{BEQ}}{R_B} = -40(\mu A)$$

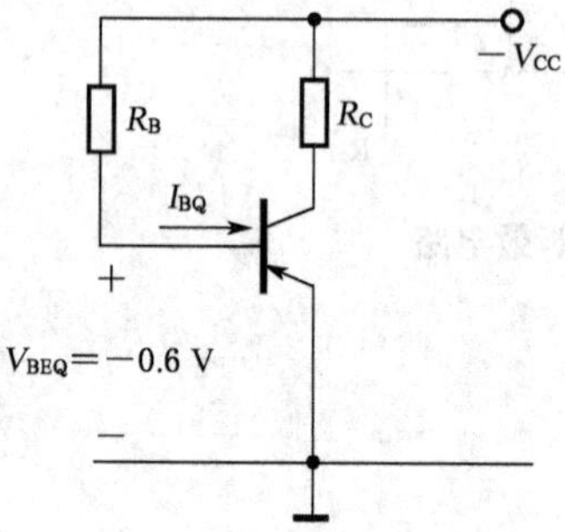

图 2.46　图 2.45 放大器的直流通路

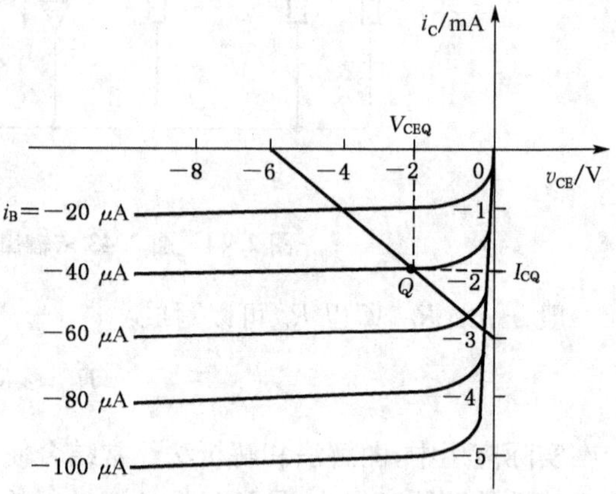

图 2.47　直流负载性和静态工作点

在输出特性上画直流负载线，即将横轴上 $-V_{CC}=-6$ V 的点和纵轴上 $-6/2=-3$ mA 的点连接成一条直线，如图 2.47 所示。

直流负载线与 $i_B=-40\,\mu A$ 的曲线的交点就是静态工作点。从图中可以读出 I_{CQ} 和 V_{CEQ}，即

$$I_{CQ} = -2 \text{ mA}$$

$$V_{CEQ} = -2 \text{ V}$$

(2) 动态分析

交流通路如图 2.48 所示。从图中可以看出，交流负载是 $R_L{}'$，

$$R_L{}' = \frac{R_C R_L}{R_C + R_L} = \frac{2\times 2}{2+2} = 1(\text{k}\Omega)$$

过 Q 点作交流负载线，如图 2.49 所示。

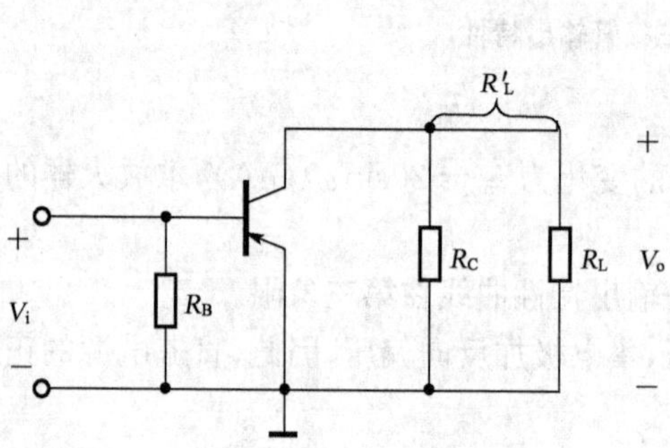

图 2.48　图 2.45 放大器的交流通路

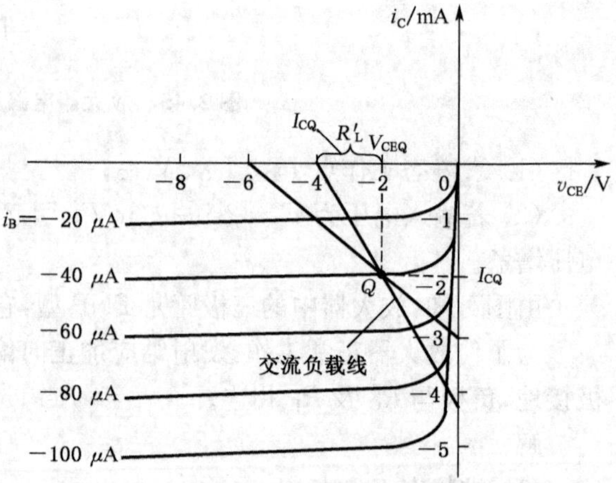

图 2.49　过 Q 点作交流负载线

交流负载线与横轴的交点为：

$$V_{CEQ}+I_{CQ}R_L{}'=-2+(-2)\times 1=-4(V)$$

分析动态信号时根据交流负载线和三极管的输出特性进行，比如：对应 $i_B=-20\ \mu A$ 时，$i_C=-1\ mA$，$v_{CE}=-3\ V$，当 $i_B=-60\ \mu A$ 时，$i_C=-3\ mA$，$v_{CE}=-1\ V$。

因此可以作出 v_i、i_B、i_C、v_{CE}和 v_o 的波形图如图 2.50 所示。

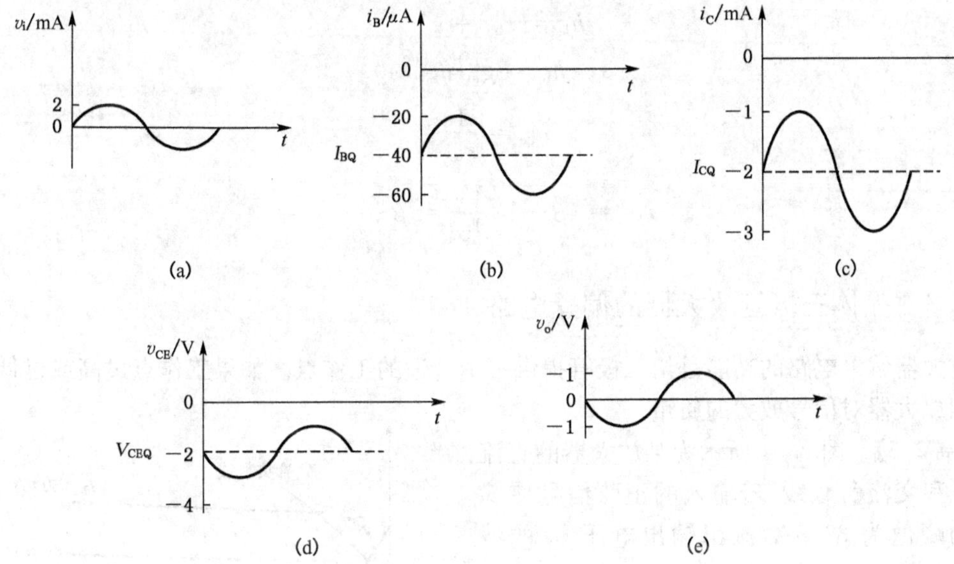

图 2.50　v_i、i_B、i_C、v_{CE}和 v_o 的波形

可以求出电压增益为：

$$A_v=-\left|\frac{V_{om}}{V_{im}}\right|=-\frac{1}{0.002}=-500$$

将图 2.50 和图 2.34 比较可知，在 NPN 型三极管共发放大器和 PNP 型三极管共发放大器中，三极管各极的交流电流和交流电压的相位完全相同。因此，今后使用小信号等效电路求解放大器时，无论三极管是 PNP 型还是 NPN 型，它的共发射极小信号混合 π 形等效电路是相同的，均如图 2.35(b)所示，简化小信号混合 π 形等效电路也相同，均如图 2.36 所示，共发射极 H 参数等效电路相同，均如图 2.38(b)所示，简化 H 参数等效电路也相同，均如图 2.39 所示。

NPN 型三极管共发放大器与 PNP 型三极管共发放大器不同点在于，直流工作点的设置要求直流电源的极性接法不同，即在 NPN 型三极管组成的放大器中，直流电源的负极接地，而在 PNP 型三极管组成的放大器中，直流电源的正极接地。

【小结】

* 解析法分两步进行：静态分析和动态分析。

* 静态分析：画出放大器的直流通路，求出静态工作点对应的电流、电压值（一般求 I_{BQ}、I_{CQ}、V_{CEQ}）。

* 动态分析：

第 1 步：根据静态分析结果，找出工作点附近的交流参数（对三极管简化混合 π 形等效电路为：$r_{bb'}$、$r_{b'e}$、g_m、r_{ce}；对三极管简化 H 参数等效电路为：h_{ie}、h_{fe}、h_{oe}）。

第 2 步：画出放大器的交流通路。

第 3 步：画出放大器的小信号等效电路。

第 4 步：求放大器的各项指标。

* 解析法中的有关公式如下：

$$h_{ie} = r_{bb'} + r_{b'e}$$

$$h_{fe} = g_m r_{b'e}$$

$$h_{oe} = \frac{1}{r_{ce}}$$

$$r_{b'e} = (\beta+1)\frac{V_T}{I_{EQ}} = \beta\frac{V_T}{I_{CQ}}$$

2.5.3　晶体三极管放大器的偏置电路

放大器偏置电路的功能是给三极管提供一个合适的工作点。如果工作点过高或过低都会影响放大器对信号放大的质量。

【例 2.5】　图 2.51 所示为某放大器的直流负载线和交流负载线，若输入的正弦信号使 i_B 变化的峰值为 30 μA，画出输出电压 v_o 的波形图。

解：输出电压的波形图如图 2.52 所示。

由图 2.52 可以看出输出波形不是正弦波，即出现了失真（distortion）。由于三极管饱和区引起的失真称为饱和失真（saturation distortion）。

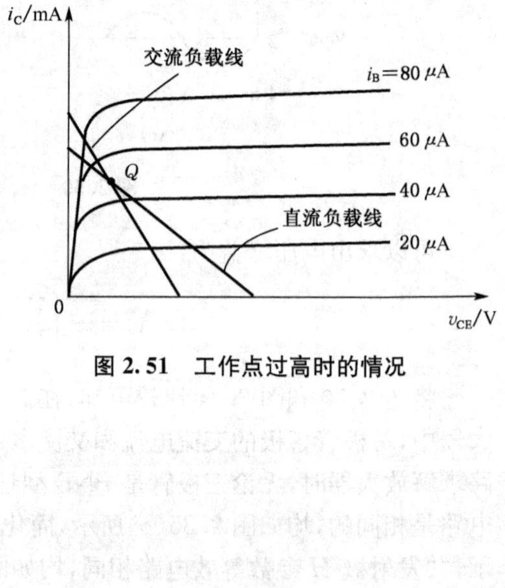

图 2.51　工作点过高时的情况

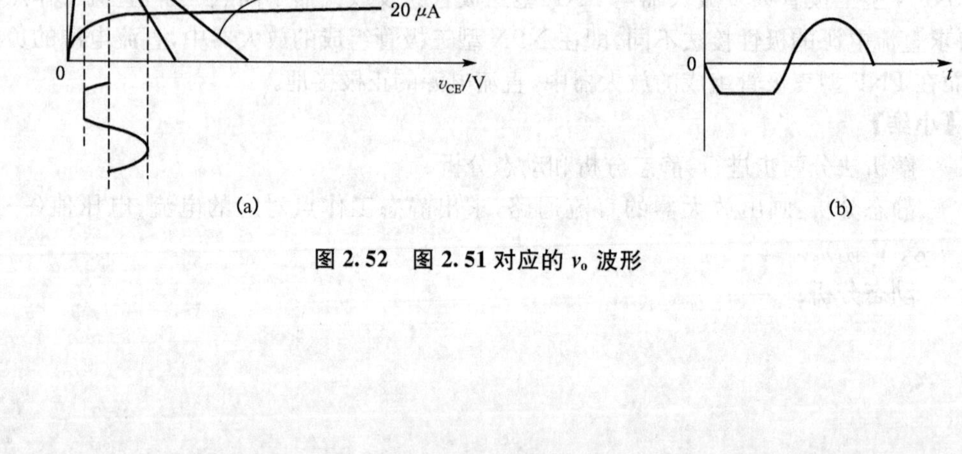

图 2.52　图 2.51 对应的 v_o 波形

【例 2.6】 图 2.53 所示为某放大器的直流负载线和交流负载线，若输入的正弦信号使 i_B 变化的峰值为 30 μA，画出输出电压 v_o 的波形图。

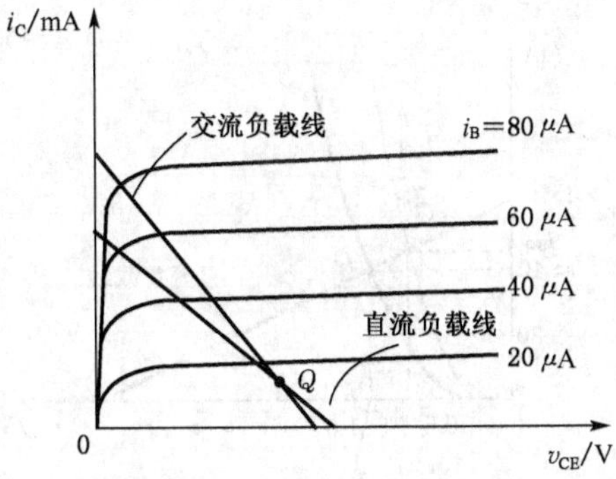

图 2.53　工作点过低时的情况

解：输出电压的波形图如图 2.54 所示。

由图 2.54 可知输出波形出现了失真。由于三极管进入截止区工作而引起的输出波形失真称为截止失真(cutoff distortion)。

由以上讨论可知，对一个线性放大器，选择工作点很重要，选择工作点的原则是使其工作范围在放大区内。

偏置电路除了要保障放大器有一个合适的工作点之外，还要保证工作点稳定。

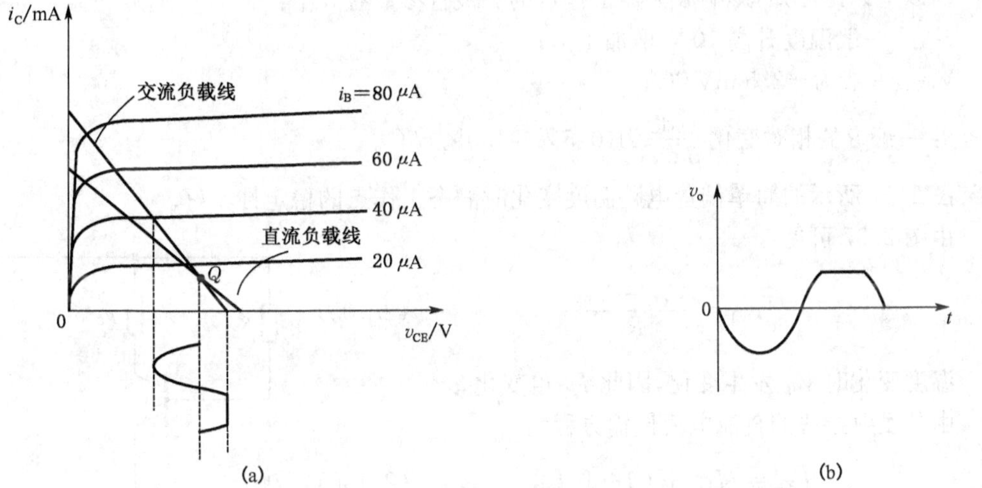

图 2.54　图 2.53 对应的 v_o 波形

1) 放大电路工作点的稳定

影响放大电路工作点稳定性的因素较多，最重要的就是环境温度的影响，因为三极管的参数或输入、输出特性曲线都对温度变化较敏感。

图 2.55 为温度升高时三极管输入特性曲线变化导致工作点变化的示意图。

由图 2.55 可以看出，温度升高时，三极管的输入特性向左移动，静态工作点由点 Q 变到点 Q'。因此，温度升高使 V_{BE} 下降，由 V_{BEQ} 下降到 V_{BEQ}'，使 I_B 上升，由 I_{BQ} 上升到 I_{BQ}'。

温度升高时 I_{CBO} 上升，因此穿透电流 I_{CEO} 也上升。同时，温度升高时，三极管的 β 增大，原因是当温度升高时，载流子的运动加快，载流子在基区内的复合减小，使 β 增大。β 增大导致三极管输出特性中曲线之间的间距增大。

温度升高时，输出特性由于 I_{CEO} 和 β 的变化使各条特性曲线上移且间距加大，如图 2.56 所示，原来静态工作点在 $i_B = 40$ μA 的特性上，现在对应 $i_B = 40$ μA 的特性已经移到了标号为 3 的位置。另外，由图 2.55 可知，现在的 I_{BQ}' 要大于原来的 I_{BQ}，所以图 2.56 中的工作点从 Q 点移到了 Q' 点。由此可见，当温度变化时，放大器的工作点也改变了，这样有可能使放大器的输出波形产生失真。

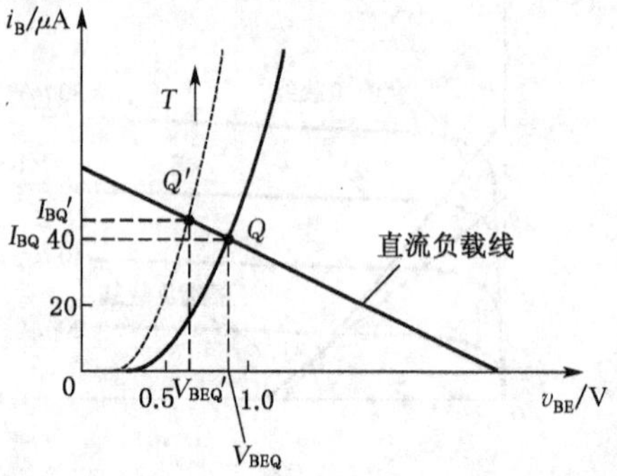

图 2.55 温度升高时 I_{BQ} 和 V_{BEQ} 的变化

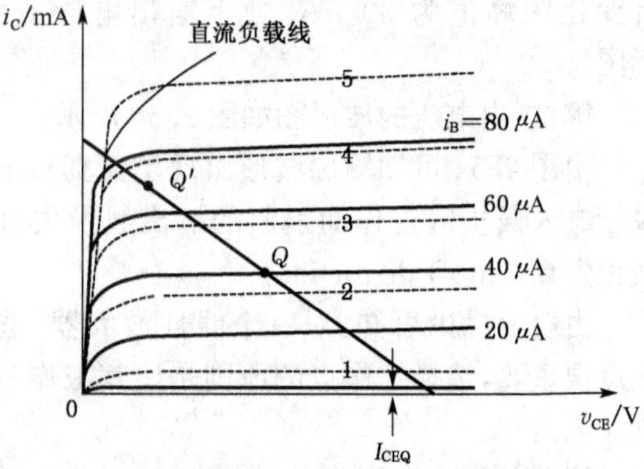

图 2.56 温度升高时工作点的变化

由以上讨论可知,影响放大器工作点的三极管参数有 3 个:

I_{CBO}:一般温度升高 10 ℃增加 1 倍;

V_{BE}:一般为 $-2.5\ mV/℃$;

β:一般 β 的相对变化 $\frac{1}{\beta}\frac{d\beta}{dT}$ 为(0.5%~1.0%)/℃。

图 2.57 所示的简单偏置电路温度变化时静态工作点的稳定性不好。

由图 2.57 可见:

$$I_{BQ}=\frac{V_{CC}-V_{BE}}{R_B} \tag{2.105}$$

温度变化时 V_{BE} 发生变化,因此 I_{BQ} 也变化。

由共发射接法的直流电流传输方程为:

$$I_{CQ}=\beta I_{BQ}+(\beta+1)I_{CBO} \tag{2.106}$$

当温度变化时 β 变化,I_{CBO} 变化,因此 I_{CQ} 也变化。由此可见,这种简单的偏置电路不能使工作点稳定。

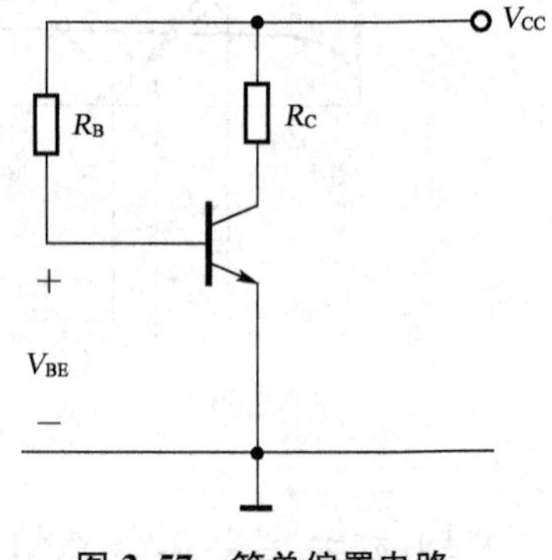

图 2.57 简单偏置电路

2) 稳定放大器工作点的方法

稳定放大器工作点的方法有两种:一种是使用具有温度自动调节能力的偏置电路;另一种是进行温度补偿,即引入一些对温度敏感的器件来补偿三极管参数随温度的变化。

(1) 分压式偏置电路

分压式偏置电路是应用最广的具有自动调节能力的偏置电路,如图 2.58 所示。图中虚线所示的电容是使发射极交流接地。

图 2.58 所示的分压式偏置电路的要求是:

① 取适当的 R_{B1} 和 R_{B2} 使 I_1 远大于 I_{BQ},即 $I_2\approx I_1$。满足这个条件后,I_{BQ} 可以忽略,V_B 点电压只与电阻 R_{B1} 和 R_{B2} 有关,则

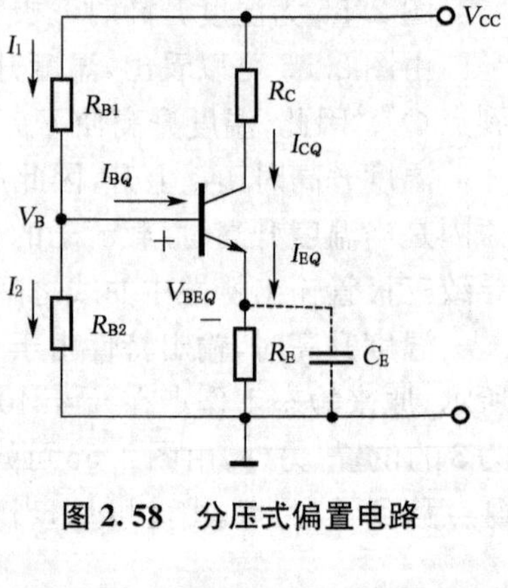

图 2.58 分压式偏置电路

$$V_B \approx \frac{R_{B2}}{R_{B1}+R_{B2}}V_{CC} \tag{2.107}$$

② 要求 V_B 远大于 V_{BEQ}。满足这一条件后，V_{BEQ}与 V_B 比较可以忽略，则

$$I_{EQ} = \frac{V_B - V_{BEQ}}{R_E} \approx \frac{V_B}{R_E} \tag{2.108}$$

因此，

$$I_{CQ} \approx \frac{V_B}{R_E} \tag{2.109}$$

由式(2.107)和(2.109)可以看出，如果以上两个条件满足，这种偏置电路的静态工作点几乎与三极管的参数无关，而只与 R_{B1}、R_{B2}、R_E、V_{CC}有关。而电阻的温度系数极小，电源电压一般用稳压电源可以实现稳定，这时电路的工作点则很稳定。

但是在实际电路中，除了要考虑工作点稳定问题，还要兼顾其他问题，例如 I_1 若很大，则在 R_{B1} 和 R_{B2} 上的功耗就较大，因此，I_1 也不能太大，一般取 $I_1=(5\sim10)I_{BQ}$。若要使 V_B 远大于V_{BEQ}，则R_E 上的压降需要增大，这样也会带来放大器性能指标的改变(以后学习中会逐步理解)。因此，V_B 不能太大，一般取 $V_B=(3\sim5)V_{BEQ}$。

分压式偏置电路对放大器的批量生产也有好处，因为在批量生产中不同的三极管其 β、V_{BE}不同，而采用分压式偏置电路后，使静态工作点相差不多。

(2) 温度补偿电路

图 2.59 是用热敏电阻进行温度补偿的放大器偏置电路。

热敏电阻的特性是温度升高时阻值变小。图 2.59(a)中，热敏电阻和 R_{B3} 并联，当温度升高时，电阻 R_T 下降，使 V_B 下降，用来补偿三极管的 V_{BE}下降，使 R_E 上的电压基本不变，因此三极管的 I_{CQ}基本不变。

图 2.59(b)中，当温度上升时，R_T 电阻下降，使 R_T 的电流增大，从而使 R_E 的电流增大。V_B 基本不变，因此 V_{BE}下降，使 I_{BQ}减小，结果使三极管的 I_{CQ}基本不变。

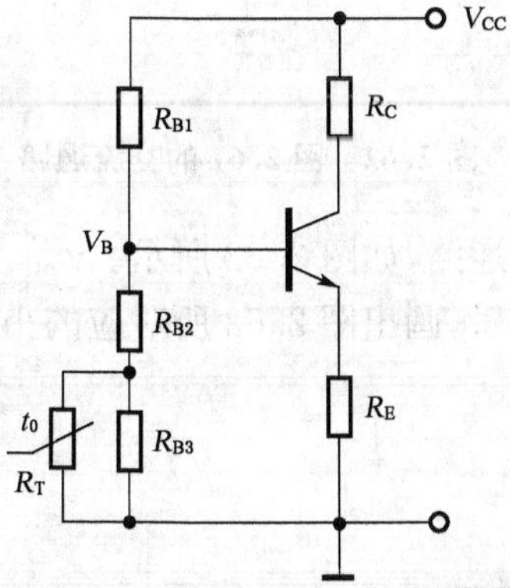

(a) 改变 V_B 进行温度补偿

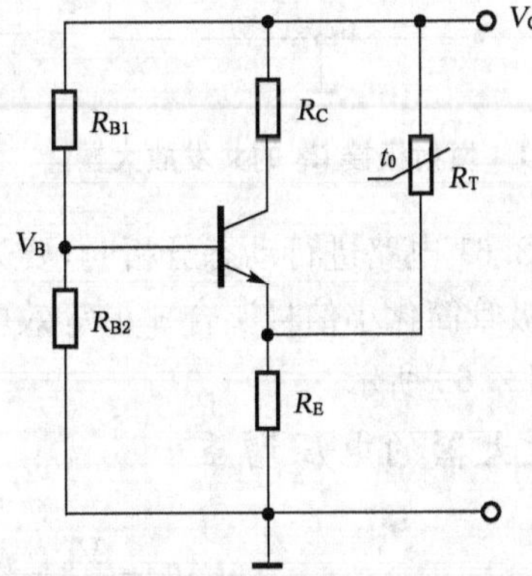

(b) 改变 R_E 上的电流进行温度补偿

图 2.59 用热敏电阻进行温度补偿

由工作原理可知，图 2.59 中的电路都是分压式偏置电路加上温度补偿热敏电阻，因此

工作点的稳定性很好。

图 2.60 也是温度补偿电路，电路中着重补偿三极管的 V_{BE} 的变化。

图 2.60 中，三极管 VT_2 的特性与 VT_1 的特性相同，将 VT_1 的发射结接入电路中，当温度升高时，VT_1 的发射结电压 V_{BE} 下降，VT_2 的 V_{BE} 也下降，使 R_E 的电压基本不变，因此使 I_{CQ} 稳定。

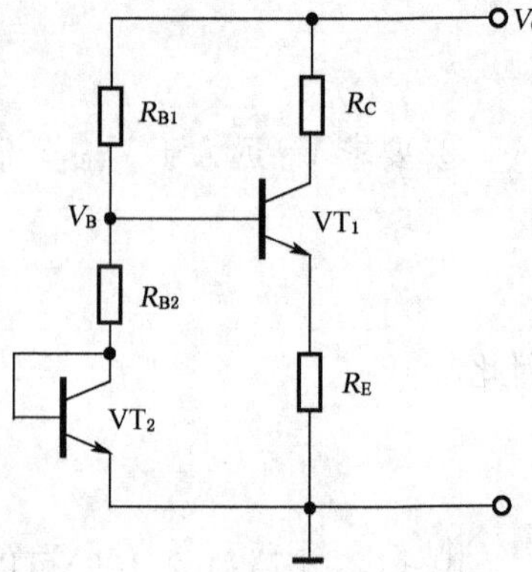

图 2.60　对 V_{BE} 的补偿电路

【小结】

＊ 放大器的偏置电路要达到两个要求：一是使放大器有一个合适的工作点，使其工作范围在放大区内；二是能保证工作点基本稳定。

＊ 三极管的 I_{CBO}、V_{BE}、β 是对温度变化敏感的参数。

＊ 稳定工作点的方法有两种：一是使用分压式偏置电路；二是在分压式偏置电路的基础上增加温度补偿电路，使工作点稳定性进一步提高。

2.5.4　发射极接 R_E 的共发放大器

图 2.61 所示的电路是发射极上接电阻 R_E 的共发放大器。它的直流偏置电路就是分压式偏置电路，前面已经分析过，这里不再进行静态分析。

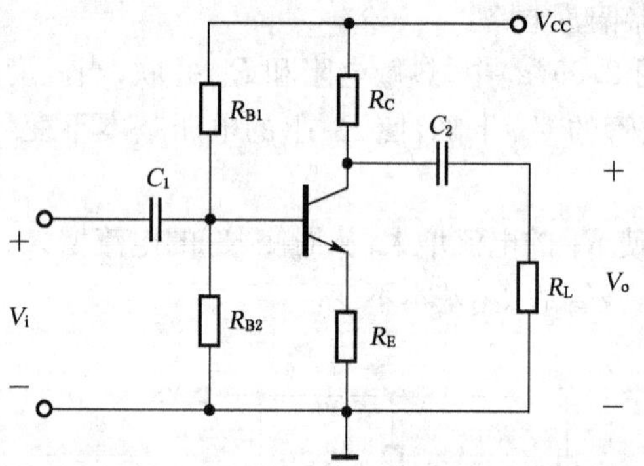

图 2.61　发射极接 R_E 的共发放大器

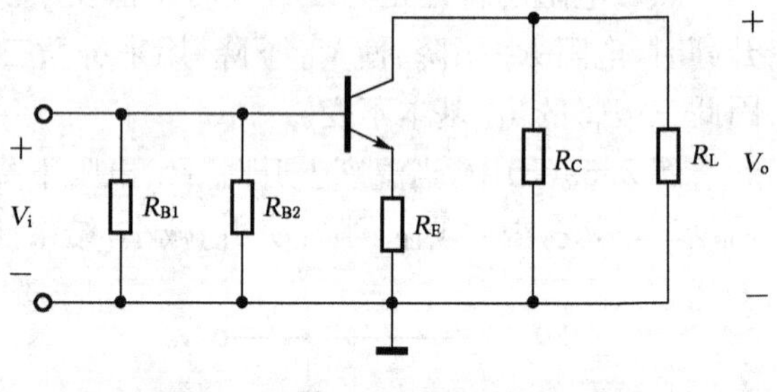

图 2.62　图 2.61 的交流通路

对图 2.61 电路进行动态分析时，要先画出其交流通路，如图 2.62 所示。

用三极管简化小信号混合 π 形等效电路取代三极管，画出图 2.62 所对应的小信号等效电路，如图 2.63 所示。

1）放大器的电压增益

$$A_v = \frac{V_o}{V_i} = \frac{-I_c R_L'}{I_b(r_{bb'} + r_{b'e}) + I_e R_E} \tag{2.110}$$

图 2.63 中，$I_c = g_m V_{b'e} + I$，因为 r_{ce} 很大，因此 I 很小，可以忽略，得

$$I_c \approx g_m V_{b'e} \tag{2.111}$$

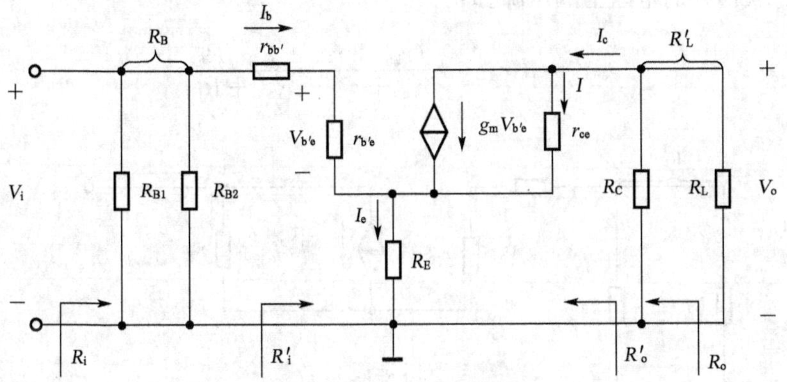

图 2.63　图 2.62 的小信号等效电路

代入式(2.110),得

$$A_v = \frac{-g_m V_{b'e} R_L{}'}{I_b(r_{bb'}+r_{b'e})+(I_b+g_m V_{b'e})R_E} = -\frac{g_m r_{b'e} R_L{}'}{r_{bb'}+r_{b'e}+(1+g_m r_{b'e})R_E} \quad (2.112)$$

式中,负号表示输出电压与输入电压相位相反。由式(2.112)可见,共发射极电路发射极有电阻 R_E 时,要比没有 R_E 的电路的电压增益小,R_E 越大,A_v 则越小。

式(2.112)也可以用 H 参数表示:

$$A_v = -\frac{\beta R_L{}'}{h_{ie}+(1+\beta)R_E} \quad (2.113)$$

2) 放大器的输入电阻

从图中可以看出:

$$R_i = R_B \mathbin{/\!/} R_i{}' \quad (2.114)$$

式中:

$$R_B = \frac{R_{B1}R_{B2}}{R_{B1}+R_{B2}} \quad (2.115)$$

$$R_i{}' = \frac{V_i}{I_b} = \frac{I_b(r_{bb'}+r_{b'e})+(1+g_m r_{b'e})I_b R_E}{I_b} = r_{bb'}+r_{b'e}+(1+g_m r_{b'e})R_E \quad (2.116)$$

由式(2.116)可见,发射极接电阻 R_E 时,$R_i{}'$的值要比没有 R_E 的放大器的 $R_i{}'$大。

式(2.116)可以用 H 参数表示为:

$$R_i{}' = h_{ie}+(1+\beta)R_E \quad (2.117)$$

3) 放大器的输出电阻

由图 2.63 可知,$R_o = R_o{}' \mathbin{/\!/} R_C$,可见只要求出 $R_o{}'$ 即可。由图 2.63 可以得出求 $R_o{}'$ 的等效电路如图 2.64 所示。

由图 2.64 可知,V 是两部分电压之和,一部分是 r_{ce} 上的压降,另一部分是 $r_{bb'}+r_{b'e}+$

$R_S{}'$ 和 R_E 并联得到的电阻上的压降。即

$$V = I' r_{ce} + I \frac{(r_{bb'} + r_{b'e} + R_S{}')R_E}{r_{bb'} + r_{b'e} + R_S{}' + R_E} \tag{2.118}$$

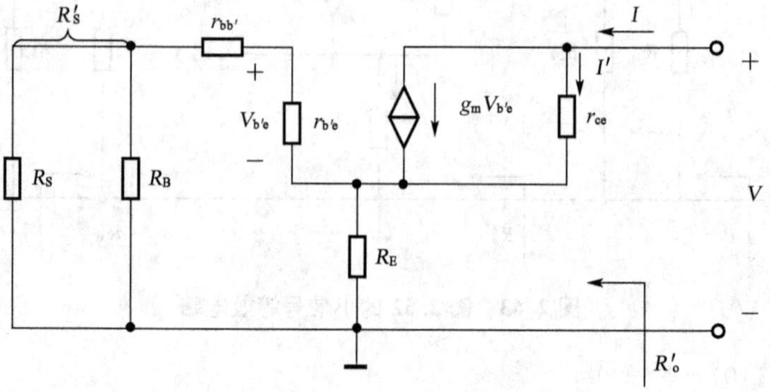

图 2.64　求 $R_o{}'$的等效电路

考虑到 $I' = (I - g_m V_{b'e})$，式(2.118) 可写为：

$$V = (I - g_m V_{b'e}) r_{ce} + I \frac{(r_{bb'} + r_{b'e} + R_S{}')R_E}{r_{bb'} + r_{b'e} + R_S{}' + R_E} \tag{2.119}$$

因为：

$$V_{b'e} = -I \frac{R_E r_{b'e}}{r_{bb'} + r_{b'e} + R_S{}' + R_E} \tag{2.120}$$

将 $V_{b'e}$代入式(2.119)，整理后得：

$$R_o{}' = \frac{V}{I} = \left(1 + \frac{g_m r_{b'e} R_E}{r_{bb'} + r_{b'e} + R_S{}' + R_E}\right) r_{ce} + \frac{(r_{bb'} + r_{b'e} + R_S{}')R_E}{r_{bb'} + r_{b'e} + R_S{}' + R_E} \tag{2.121}$$

式中，r_{ce} 很大(几十千欧 ~ 100 kΩ)，因此式(2.121) 等号后第 1 项很大，而第 2 项是 R_E 和$(r_{bb'} + r_{b'e} + R_S{}')$ 的并联电阻，一般较小，与第 1 项相比可以忽略，因此可以写成：

$$R_o{}' \approx \left(1 + \frac{g_m r_{b'e} R_E}{r_{bb'} + r_{b'e} + R_S{}' + R_E}\right) r_{ce} \tag{2.122}$$

与发射极上没有 R_E 的情况比较，$R_o{}'$要大。

式(2.122)可以用 H 参数表示为：

$$R_o{}' \approx \left(1 + \frac{\beta R_E}{h_{ie} + R_S{}' + R_E}\right) r_{ce} \tag{2.123}$$

2.5.5　共基极放大器

图 2.65 所示为共基极放大器。由图可知，三极管的基极经电容 C_B 交流接地，交流信号电压的输入端是发射极，输出端是集电极，因此是共基极电路。

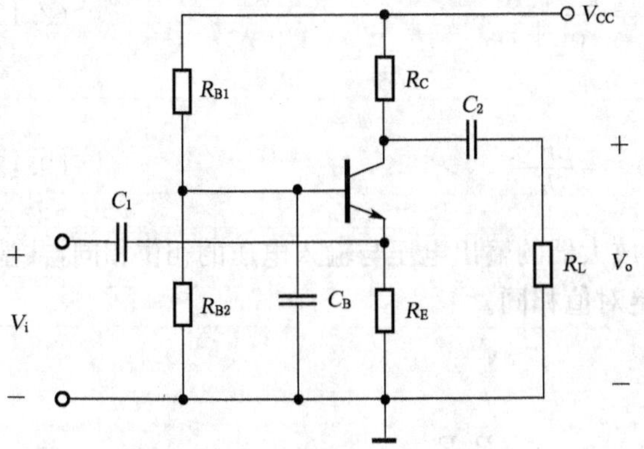

图 2.65　共基极放大器

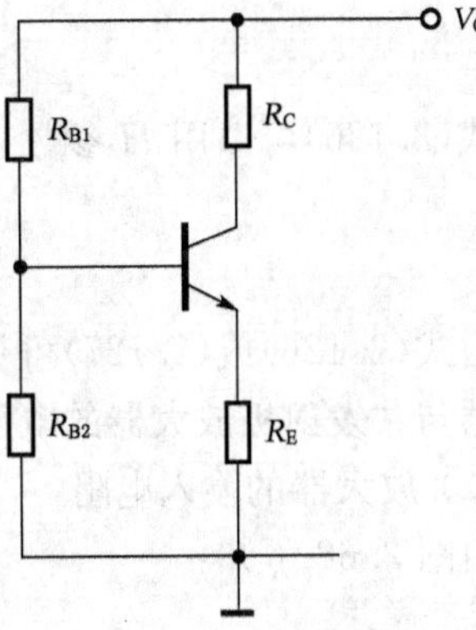

图 2.66　共基放大器的直流通路

1）静态分析

图 2.65 所示的直流通路如图 2.66 所示。

由图 2.66 可见，它的直流通路与共发射极放大器的直流通路相同，因此，直流工作点求法不再赘述。

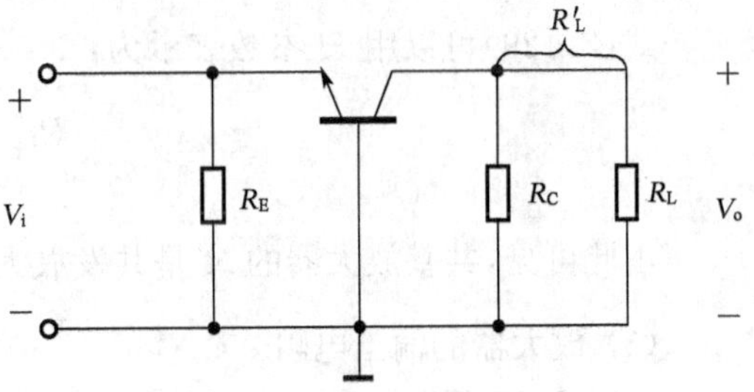

图 2.67　图 2.65 的交流通路

2）动态分析

图 2.65 所示的交流通路如图 2.67 所示。

由图 2.67 画出小信号等效电路如图 2.68 所示。

(1) 放大器的电压增益

$$A_v = \frac{V_o}{V_i} = \frac{-I_c R_L{}'}{-I_b(r_{bb'} + r_{b'e})} \tag{2.124}$$

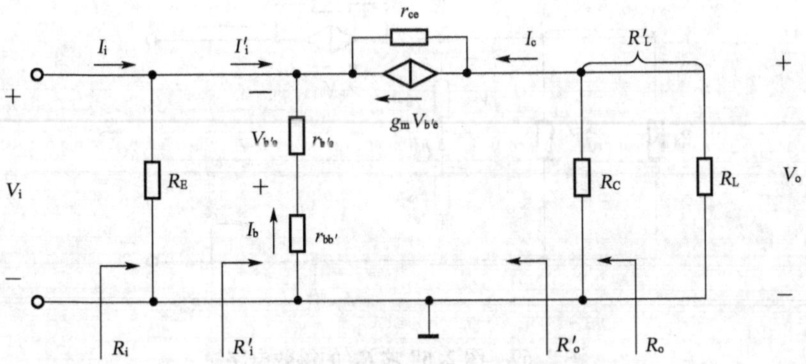

图 2.68　共基极放大器小信号等效电路

因 r_{ce} 很大，r_{ce} 上的电流与 $g_m V_{b'e}$ 相比可以忽略，即

$$I_c \approx g_m V_{b'e} \tag{2.125}$$

将式(2.125)代入式(2.124)，整理后得：

$$A_v = \frac{g_m r_{b'e} R_L{}'}{r_{bb'} + r_{b'e}} \tag{2.126}$$

式(2.126)可以用 H 参数表示为：

$$A_v = \frac{\beta R_L{}'}{h_{ie}} \tag{2.127}$$

由式(2.126)或(2.127)可见，共基极放大器的输出电压与输入电压的相位相同，共基极放大器与共发射极放大器的电压增益的绝对值相同。

(2) 放大器的输入电阻

由图 2.68 可知：

$$R_i = R_i{}' \mathbin{/\!/} R_E = \frac{R_E R_i{}'}{R_E + R_i{}'} \tag{2.128}$$

$$R_i{}' = \frac{V_i}{I_i{}'} = \frac{-I_b(r_{bb'} + r_{b'e})}{-(I_b + I_c)} = \frac{r_{bb'} + r_{b'e}}{1 + g_m r_{b'e}} \tag{2.129}$$

式(2.129)可以用 H 参数表示为：

$$R_i{}' = \frac{h_{ie}}{1+\beta} \tag{2.130}$$

由此可见，共基放大器的 R' 是共发放大器的 R' 的 $\frac{1}{1+\beta}$。

(3) 放大器的输出电阻

由图 2.68 可知：

$$R_o = R_o{}' \mathbin{/\!/} R_C = \frac{R_o{}' R_C}{R_o{}' + R_C} \tag{2.131}$$

求 $R_o{}'$ 的等效电路如图 2.69 所示。

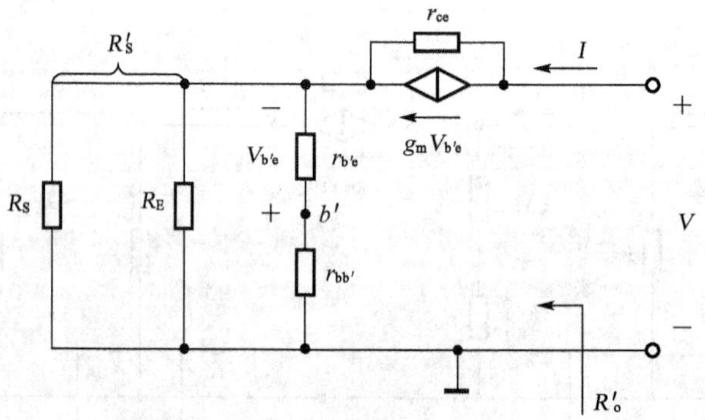

图 2.69 图 2.68 求 $R_o{}'$ 的等效电路

$$V = (I - g_m V_{b'e}) r_{ce} + I \frac{R_S{}'(r_{bb'} + r_{b'e})}{R_S{}' + r_{bb'} + r_{b'e}} \tag{2.132}$$

$$V_{b'e} = -I \frac{R_S{}' r_{b'e}}{R_S{}' + r_{bb'} + r_{b'e}} \tag{2.133}$$

将式(2.133)代入式(2.132),整理后得:

$$R_o' = \frac{V}{I} = \left(1+\frac{g_m r_{b'e} R_S'}{R_S' + r_{bb'} + r_{b'e}}\right) r_{ce} + \frac{R_S'(r_{bb'} + r_{b'e})}{R_S' + r_{bb'} + r_{b'e}} \tag{2.134}$$

式(2.134) 等号后第2项是 R_S' 和 $(r_{bb'} + r_{b'e})$ 并联,与等号后第1项相比可以忽略,因此式(2.134) 可写为:

$$R_o' \approx \left(1+\frac{g_m r_{b'e} R_S'}{R_S' + r_{bb'} + r_{b'e}}\right) r_{ce} \tag{2.135}$$

式(2.135)可以用 H 参数表示为:

$$R_o' \approx \left(1+\frac{\beta R_S'}{R_S' + h_{ie}}\right) r_{ce} \tag{2.136}$$

由以上分析可知,共基极放大器的电压增益较大,它的绝对值与共发射极放大器的电压增益的绝对值相同,但是,共基极放大器的输出电压与输入电压的相位相同,输入电阻 R_i' 较小,一般为十几欧到几十欧。输出电阻 R_o' 较大,可以到达几百千欧。

2.5.6 共集电极放大器

图 2.70 所示电路为共集电极放大器,交流信号电压的输入端是基极,输出端是发射极。输入端和输出端的公共端是集电极。

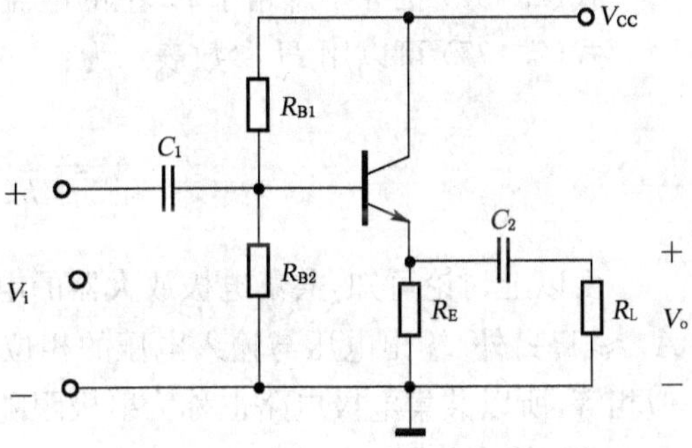

图 2.70 共集电极放大器

1) 静态分析

图 2.70 所示电路的直流通路如图 2.71 所示。

静态工作点可以求出,不再赘述。

2) 动态分析

图 2.70 所示电路的交流通路如图 2.72 所示。

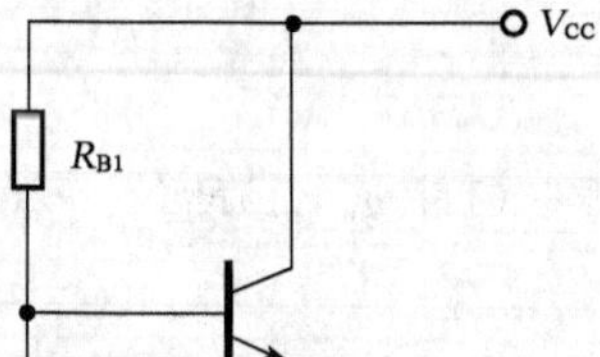

图 2.71 图 2.70 电路的直流通路

图 2.72 图 2.70 电路的交流通路

由交流通路画出小信号等效电路如图 2.73 所示。

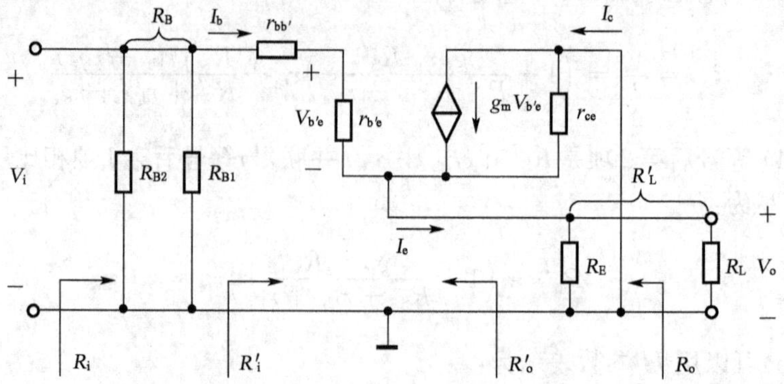

图 2.73　图 2.70 的小信号等效电路

(1) 共集电极放大器的电压增益

$$A_v = \frac{V_o}{V_i} = \frac{I_e R_L{}'}{I_b(r_{bb'} + r_{b'e}) + I_e R_L{}'} = \frac{(1+g_m r_{b'e})R_L{}'}{r_{bb'} + r_{b'e} + (1+g_m r_{b'e})R_L{}'} \tag{2.137}$$

式(2.137) 推导中忽略了 r_{ce} 上的电流，即认为 $I_c \approx g_m V_{b'e}$。

式(2.137) 可以用 H 参数表示为：

$$A_v = \frac{(1+\beta)R_L{}'}{h_{ie} + (1+\beta)R_L{}'} \tag{2.138}$$

由以上讨论可知，共集电极放大器的电压增益小于 1，一般$(1+\beta)R_L{}'$ 远大于 h_{ie}，因此 $A_v \approx 1$。另外，输出电压与输入电压的相位相同，即共集电极电路的输出电压与输入电压近似相等，所以共集电极电路也称为射极跟随器。

(2) 输入电阻

由图 2.73 可知：

$$R_i = R_i{}' \,/\!/\, R_B = \frac{R_i{}' R_B}{R_i{}' + R_B} \tag{2.139}$$

$$R_i{}' = \frac{V_i}{I_b} = \frac{I_b(r_{bb'} + r_{b'e}) + I_e R_L{}'}{I_b} = r_{bb'} + r_{b'e} + (1+g_m r_{b'e})R_L{}' \tag{2.140}$$

式(2.140)可以用 H 参数表示为：

$$R_i{}' = h_{ie} + (1+\beta)R_L{}' \tag{2.141}$$

(3) 输出电阻

由图 2.73 可知：

$$R_o = R_o{}' \,/\!/\, R_E = \frac{R_o{}' R_E}{R_o{}' + R_E} \tag{2.142}$$

求 $R_o{}'$ 的等效电路如图 2.74 所示。

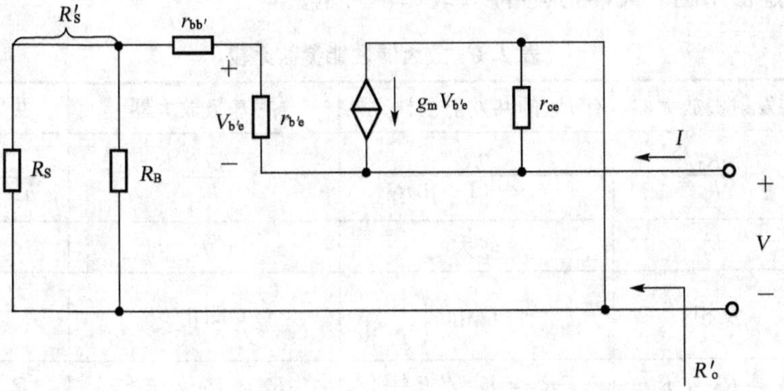

图 2.74　求 $R_o{}'$的等效电路

$$I=\frac{V}{r_{ce}}-g_m V_{b'e}+\frac{V}{r_{bb'}+r_{b'e}+R_S{}'} \tag{2.143}$$

$$V_{b'e}=-\frac{Vr_{b'e}}{r_{bb'}+r_{b'e}+R_S{}'} \tag{2.144}$$

将式(2.144)代入式(2.143),得

$$I=\frac{V}{r_{ce}}+\frac{(1+g_m r_{b'e})V}{r_{bb'}+r_{b'e}+R_S{}'} \tag{2.145}$$

即

$$\frac{1}{R_o{}'}=\frac{I}{V}=\frac{1}{r_{ce}}+\frac{1}{\dfrac{r_{bb'}+r_{b'e}+R_S{}'}{1+g_m r_{b'e}}} \tag{2.146}$$

$$R_o{}'=r_{ce}\ /\!/\ \frac{r_{bb'}+r_{b'e}+R_S{}'}{1+g_m r_{b'e}} \tag{2.147}$$

因为 r_{ce}很大,所以 $R_o{}'$ 可以近似为:

$$R_o{}'\approx\frac{r_{bb'}+r_{b'e}+R_S{}'}{1+g_m r_{b'e}} \tag{2.148}$$

式(2.148)可以用 H 参数表示为:

$$R_o{}'=\frac{h_{ie}+R_S{}'}{1+\beta} \tag{2.149}$$

由以上分析可知,共集电极电路的电压增益近似为 1。输入电阻 $R_i{}'$ 较大,一般为几十欧到几百千欧,输出电阻 $R_o{}'$ 较小,一般为十几欧到几十欧。

2.5.7 小　结

* 以上讨论了共发射极放大器、有 R_E 的共发射极放大器、共基极放大器、共集电极放

大器，它们都是常用的放大器，其性能如表 2.1 所示。

表 2.1　放大器性能参数比较

指　标	共发射极放大器	有 R_E 的共发射极放大器	共基极放大器	共集电极放大器
A_v	$-\frac{\beta R_L'}{h_{ie}}$	$-\frac{\beta R_L'}{h_{ie}+(1+\beta)R_E}$	$\frac{\beta R_L'}{h_{ie}}$	$\frac{(1+\beta)R_L'}{h_{ie}+(1+\beta)R_L'}$
	大	较大	大	小
v_o 和 v_i 的相位关系	反相	反相	同相	同相
R_i	$R_i = R_B // R_i'$	$R_i = R_B // R_i'$	$R_i = R_E // R_i'$	$R_i = R_B // R_i'$
R_i'	$R_i' = h_{ie}$	$R_i' = h_{ie} + (1+\beta)R_E$	$R_i' = \frac{h_{ie}}{1+\beta}$	$R_i' = h_{ie} + (1+\beta)R_L'$
	较大	大	小	大
R_o	$R_o = R_C // R_o' \approx R_C$	$R_o = R_C // R_o' \approx R_C$	$R_o = R_C // R_o'$	$R_o = R_E // R_o'$
R_o'	$R_o' = r_{ce}$	$R_o' = \left(1+\frac{\beta R_E}{h_{ie}+R_S'+R_E}\right)r_{ce}$	$R_o' = \left(1+\frac{\beta R_S'}{h_{ie}+R_S'}\right)r_{ce}$	$R_o' = \frac{h_{ie}+R_S'}{1+\beta}$
	较大	大	大	小
		$R_S' = R_S // R_B$	$R_S' = R_S // R_E$	$R_S' = R_S // R_B$

* 共发射极放大器与共基极放大器电压增益的绝对值相等，并且较大，共集电极放大器电压增益小于 1。

* 共集电极放大器 R_i' 最大，共基极放大器 R_i' 最小，共发射极放大器 R_i' 居中。

* 共基极放大器 R_o' 最大，共集电极放大器 R_o' 最小，共发射极放大器 R_o' 居中。

2.6　多级放大器

2.6.1　概　述

电子设备中单级放大器通常不能满足要求，需使用多级放大器，如图 2.75 所示。

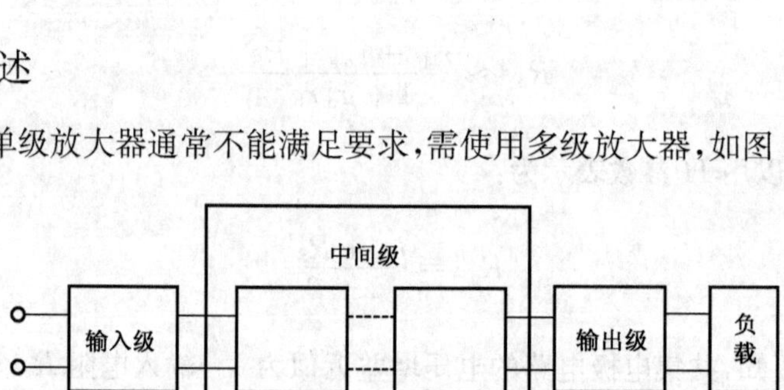

图 2.75　多级放大器方框图

前面叙述的共发射极、共基极和共集电极线性放大器多用于输入级和中间级，而输出级一般使用功率放大器。功率放大器在第 8 章叙述。本章中只叙述能组成输入级和中间级的多级放大器。

下面以两级放大器为例来讨论多级放大器的电压增益、输入电阻和输出电阻。

从图 2.76 可以看出，第 2 级放大器的输入电阻相当于第 1 级放大器的负载，第 1 级放大器相当于第 2 级放大器的信号源。图 2.76 中，多级放大器的输入电阻为：

$$R_i = R_{i1} \tag{2.150}$$

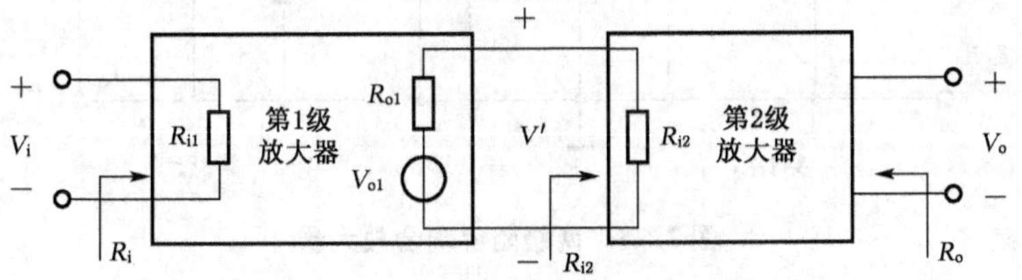

图 2.76　两级线性放大器

输出电阻为：

$$R_o = R_{o2} \tag{2.151}$$

式中，R_{o2}的公式中的信号源内阻 R_s 要用 R_{o1}代替。

由图 2.76 可知，放大器的电压增益为：

$$A_v = \frac{V_o}{V_i} = \frac{V'}{V_i}\frac{V_o}{V'} = A_{v1}A_{v2} \tag{2.152}$$

推广到 n 个放大器级联的情况，电压增益可以表示为：

$$A_v = A_{v1}A_{v2}\cdots A_{vn} \tag{2.153}$$

常用的多级放大器的耦合方式有：阻容耦合、变压器耦合、光电耦合和直接耦合。通常，前 3 种统称为交流耦合，它的特点是交流信号实现了前后级的耦合，而直流通路前后级是被隔断的，因此前后级的工作点不会相互影响。直接耦合是将前级放大器的输出端直接连到下级放大器的输入端，因此直流工作点不是独立的，前后级有联系，这样的耦合方式多用于集成电路中或固定组合的组合电路中。

2.6.2　阻容耦合放大器

图 2.77 为两级阻容耦合放大器。设两个三极管的交流参数相同。

图 2.77 中，虚线左边是第 1 级，虚线右边是第 2 级，两级之间通过 C_2 及第 3 级的输入电阻进行耦合，因此称为阻容耦合放大器。很明显，它们的直流工作点各级是独立的。

交流通路如图 2.78 所示。

图 2.78 中，$R_{B1} = R_1 \,/\!/\, R_2$，$R_{B2} = R_3 \,/\!/\, R_4$。

若两个二极管的特性参数相同，则可以画出图 2.78 的小信号等效电路，如图 2.79 所示。

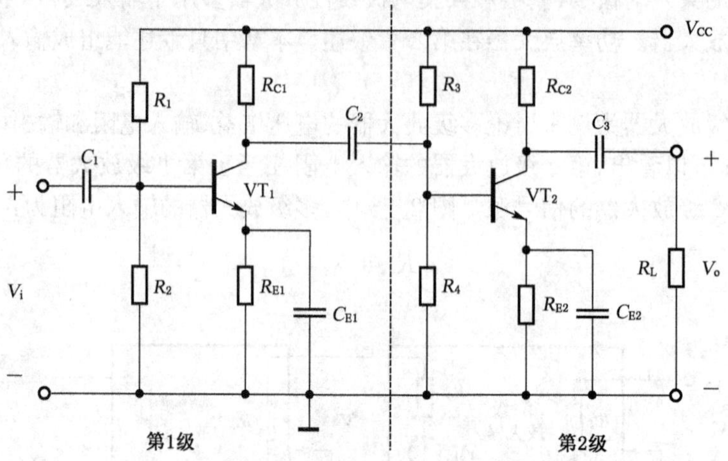

图 2.77　两级阻容耦合放大器

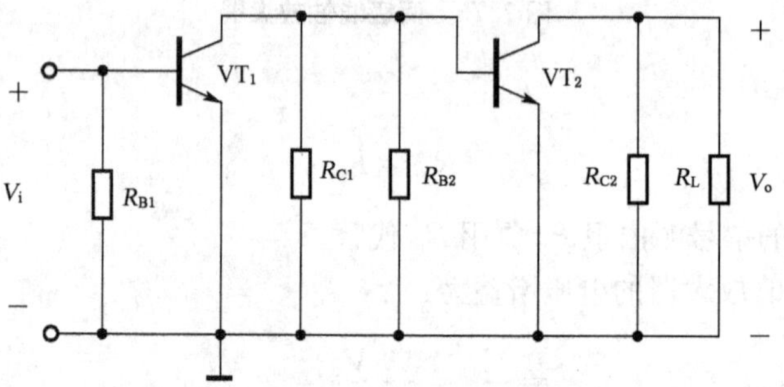

图 2.78　图 2.77 的交流通路

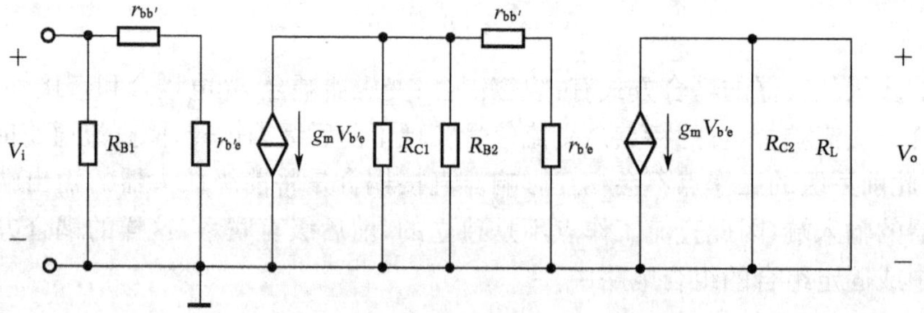

图 2.79　图 2.78 的小信号等效电路

由图 2.79 可以看出，第 1 级放大器的负载为：

$$R_{L1} = R_{B2} \,/\!/\, (r_{bb'} + r_{b'e}) \tag{2.154}$$

所以第 1 级的 $R_{L1}' = R_{C1} \,/\!/\, R_{L1}$，第 2 级的 $R_{L2}' = R_{C2} \,/\!/\, R_L$，因此电压增益为：

$$A_v = A_{v1} A_{v2} = -\frac{g_m r_{b'e} R_{L1}'}{r_{bb'} + r_{b'e}} \left(-\frac{g_m r_{b'e} R_{L2}'}{r_{bb'} + r_{b'e}} \right) \tag{2.155}$$

输入电阻为：

$$R_i = R_{i1} = R_B \mathbin{/\!/} (r_{bb'} + r_{b'e}) \tag{2.156}$$

输出电阻为：

$$R_o \approx R_{C2} \tag{2.157}$$

*2.6.3 变压器耦合放大器

图 2.80 为两级变压器耦合放大器。第 1 级的输出信号通过变压器耦合到第 2 级的输入端。直流电压第 1 级和第 2 级由变压器隔离，每级的直流工作点是独立的。

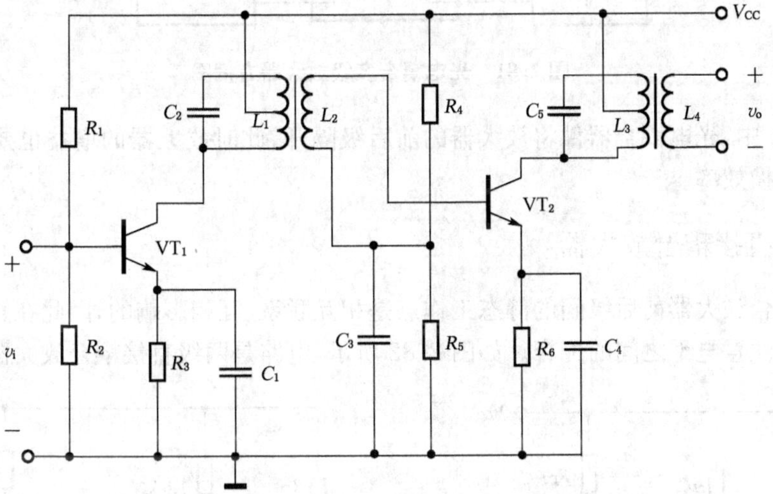

(a) 变压器耦合放大器

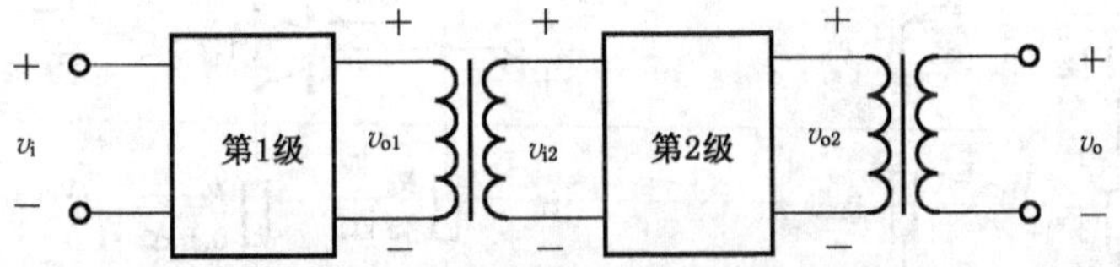

(b) 变压器耦合放大器方框图

图 2.80 两级变压器耦合放大器

图 2.80 中的变压器耦合放大器适用于工作频率较高的场合，而阻容耦合放大器适用于工作频率较低的场合。变压器耦合放大器和阻容耦合放大器不同的地方就是将负载电阻换成了电容和电感组成的调振电路，如第 1 级的调振电路由 C_2 和 L_1 组成，放大器工作频率在由 C_2、L_1 组成的调振电路的调振频率上时，调振电路的等效电阻较大，放大器能获得较大的电压增益。从图 2.80(b)可以看出，放大器的总增益应为第 1 级增益和第 2 级增益相乘再乘以变压器初次级之间的转换效率，即

$$A_v = \frac{v_o}{v_i} = \frac{v_{o1}}{v_i}\frac{v_{i2}}{v_{o1}}\frac{v_{o2}}{v_{i2}}\frac{v_o}{v_{o2}} = A_{v1}\eta_1 A_{v2}\eta_2 \tag{2.158}$$

式中：η_1、η_2——分别为两个耦合变压器的次级和初级电压比。

同样，式(2.158)也可以推广到 n 级变压器耦合放大器。这里不再赘述。

*2.6.4　光电耦合放大器

光电耦合放大器是放大器之间利用光电耦合器件——光电二极管或光电三极管，将放大器之间进行耦合。放大器的框图如图 2.81 所示。

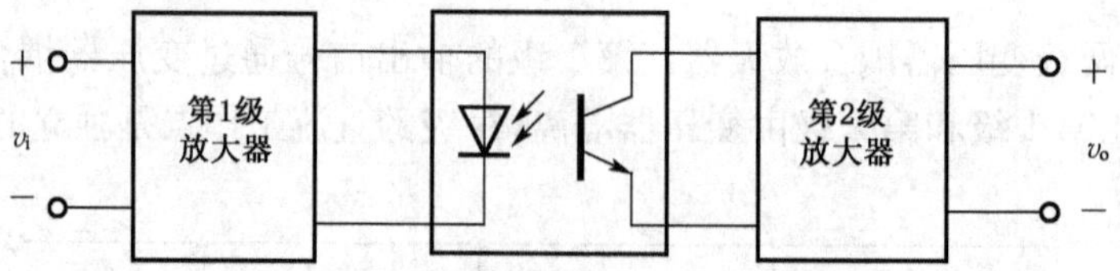

图 2.81　光电耦合多级放大器方框图

图 2.81 中，光电耦合器件将放大器的前后级隔开，此时放大器的增益也要考虑光电耦合器件的转换效率。

2.6.5　直接耦合放大器

直接耦合放大器前后级间的静态工作点是相互联系、互相影响的，因此在直接耦合放大器中应特别注意电平之间的配合。如图 2.82 所示，电路是两级直接耦合放大器。

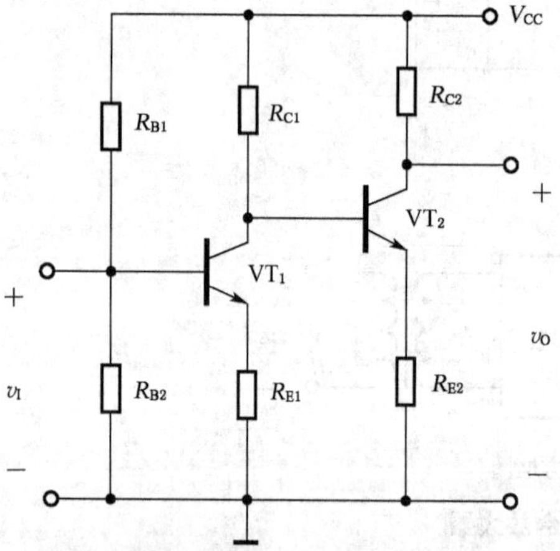

图 2.82　两级直接耦合放大器

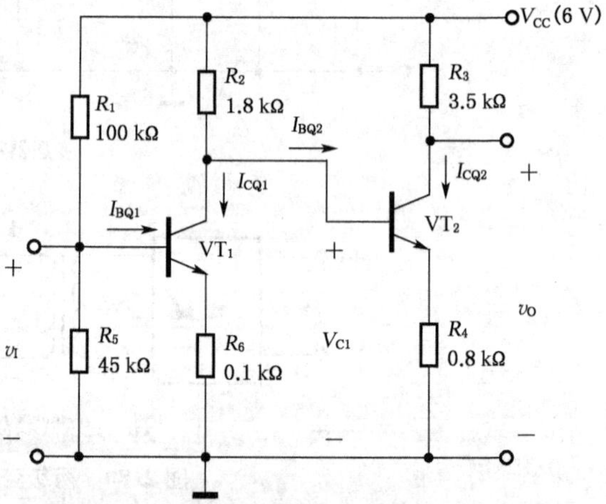

图 2.83　两级直接耦合放大器

为了使 VT_1 管工作在放大区，VT_1 管的集电极电压应足够大，为此必须在 VT_2 管的发射极接一个电阻 R_{E2}，R_{E2} 要足够大，使 VT_2 的基极电压足够高，从而能保障 VT_1 管工作在放大区。

【例 2.7】　如图 2.83 所示的两级直接耦合放大器中，VT_1 管的 $\beta_1 = 81$，VT_2 管的 $\beta_2 = 66$，两管的 V_{BEQ} 均为 0.67 V。计算静态工作点 I_{BQ1}、I_{CQ1}、V_{CEQ1} 和 I_{BQ2}、I_{CQ2}、V_{CEQ2}。

解：

$$R_{B1} = \frac{R_1 R_5}{R_1 + R_5} = \frac{45 \times 100}{45 + 100} = 31.03(\text{k}\Omega)$$

$$I_{BQ1}=\frac{\frac{R_5}{R_1+R_5}V_{CC}-V_{BEQ}}{R_{B1}+(\beta_1+1)R_6}=\frac{\frac{45}{100+45}\times 6-0.67}{31.03+(81+1)\times 0.1}=0.03(\text{mA})$$

$$I_{CQ1}=\beta_1 I_{BQ1}=81\times 0.03=2.43(\text{mA})$$

$$V_{C1}=V_{CC}-(I_{CQ1}+I_{BQ2})R_2=6-2.43\times 1.8-I_{BQ2}\times 1.8=1.63-1.8I_{BQ2}$$

$$I_{BQ2}=\frac{V_{C1}-V_{BEQ}}{(\beta_2+1)R_4}=\frac{1.63-1.8I_{BQ2}-0.67}{(66+1)\times 0.8}$$

整理后得：

$$I_{BQ2}=0.017\text{ mA}$$

$$I_{CQ2}=\beta_2 I_{BQ2}=66\times 0.017=1.12(\text{mA})$$

$$V_{CEQ1}=V_{CC}-(I_{CQ1}+I_{BQ2})R_2-I_{EQ1}R_6=$$
$$6-(2.43+0.017)\times 1.8-2.46\times 0.1=1.35(\text{V})$$

$$V_{CEQ2}=V_{CC}-I_{CQ2}R_3-I_{EQ2}R_4=$$
$$6-1.12\times 3.5-1.14\times 0.8=1.17(\text{V})$$

由图 2.82 和图 2.83 可知，如果直接耦合放大器的级数增加，则输出级三极管的集电极直流电压越来越高，这时为了使输出级三极管工作在放大区，电源电压还要增高，为了克服这一缺点，电路中经常采用电平移动电路(level-shifting circuit)。一般电平移动有两种方法，一种是 PNP 型三极管和 NPN 型三极管配合使用，另一种是利用三极管的发射结的电压降使电平移动。

如图 2.84 是 PNP 型三极管和 NPN 型三极管配合使用组成的直接耦合放大器。PNP 三极管的集电极直流电位要比基极的直流电位低，即实现了直流电平的下移。

图 2.85 所示电路是用三极管的发射结产生直流电平的移动。

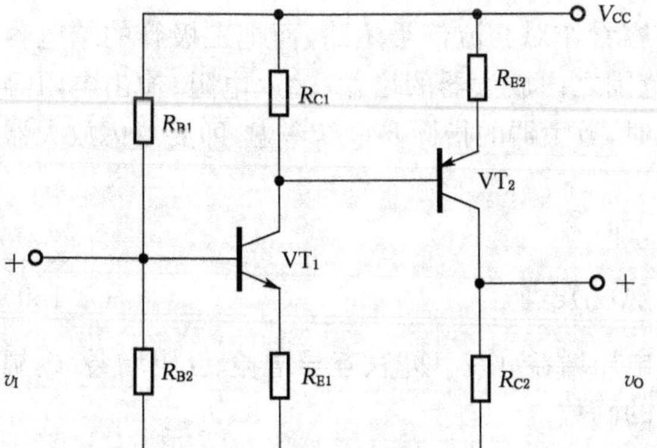

图 2.84　用 PNP 管的电平移动电路

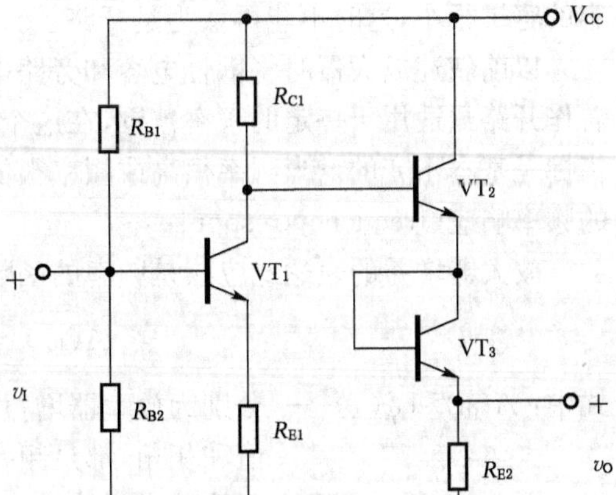

图 2.85　用三极管发射结的电平移动电路

如图 2.85 所示的 VT_3 的集电极和基极短路，三极管当作二极管使用，输出电压的直流

电平比 T_1 的集电极下降了 $(V_{BEQ2}+V_{BEQ3})$。

直接耦合多级放大器各项交流指标的分析与阻容耦合放大器的分析近似，这里不再重复。

2.6.6 小　结

* 多级放大器的信号耦合方式最常用的有阻容耦合、变压器耦合、光电耦合和直接耦合。

* 直接耦合放大器的直流工作点相互影响，而阻容耦合、变压器耦合和光电耦合放大器的直流工作点每级是独立的。

* 阻容耦合多级放大器和直接耦合多级放大器的电压增益为：

$$A_v = A_{v1}A_{v2}\cdots A_{vn}$$

在计算时要注意，后级放大器的输入电阻是前级放大器的负载。变压器耦合和光电耦合放大器的增益还要考虑耦合器件的效率。

* 多级放大器第 1 级的输入电阻就是多级放大器的输入电阻。

* 多级放大器最后一级的输出电阻就是多级放大器的输出电阻。

2.7 放大器的频率响应

2.7.1 概　述

在前面叙述放大器的各项指标时，假设耦合电容和旁路电容足够大，对交流信号，这些电容可以看作短路。实际上，这种假设只适合于一定的工作频率范围。当放大器工作频率很低时，耦合电容和旁路电容的容抗比较大，这时就不能再看作短路了。另外，在前面的叙述中，三极管的结电容都没考虑(即认为是开路)，但是当放大器的工作频率非常高时，结电容的容抗很小，这时不能再认为是开路了。

以前叙述放大器时将耦合电容和旁路电容看作对交流信号短路，而把三极管的结电容看作开路只适用于一定的频率范围，在这个范围之内放大器的增益、输入电阻、输出电阻等指标是基本不变的。当频率很高或频率很低时，放大器的指标要重新考虑，即要考虑放大器的频率响应(frequency response)。

放大器增益的表达式应该是频率的函数，即

$$A(j\omega) = A(\omega)e^{j\varphi(\omega)} \tag{2.159}$$

式中：$A(\omega)$和 $\varphi(\omega)$——分别为放大器增益(电压增益、电流增益、互导增益、互阻增益)的幅值和相角，都是频率的函数。

图 2.86 所示是某电路的某增益的频响特性。图 2.86(a)称为幅频响应(magnitude-frequency response)特性，图 2.86(b)称为相频响应(phase-frequency response)特性，分别简称为幅频特性和相频特性。

一般作图时，幅频特性和相频特性的横轴用对数坐标，而纵轴用等分坐标，并且用渐近线(asymptote)来代替实际频率响应特性。这种以渐近线来近似实际频率响应特性的作图方法是波特(H. W. Bode)首先提出的，因此称这种图为波特图。今后都用波特图来表示放大器的频率响应特性。

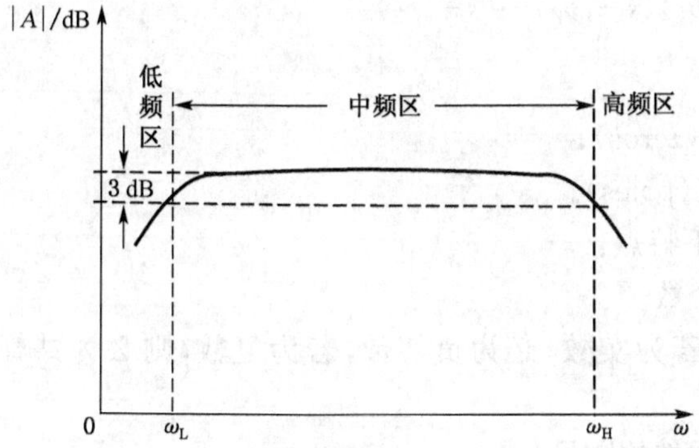

(a) 放大器的幅频特性

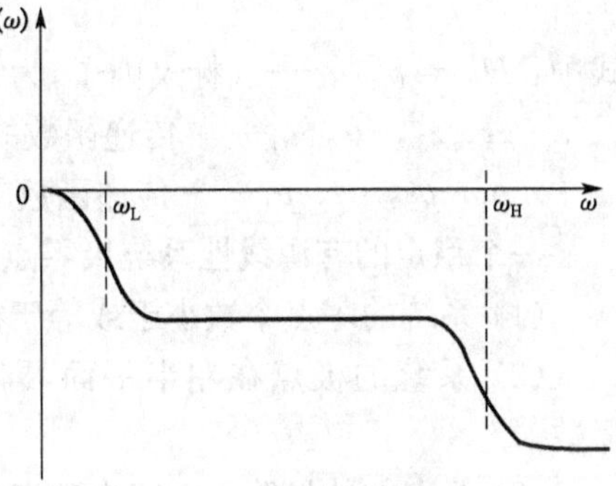

(b) 放大器的相频特性

图 2.86　放大器的频率响应

从图 2.86 可以看出，可以将放大器的增益随频率变化的曲线分成 3 个区域：低频区(low-frequency range)、中频区(midband-frequency range)和高频区(high-frequency range)。中频区的增益基本上不随频率的变化而变化。在低频区，频率越低，则增益越小。在高频区，频率越高，则增益越小。当 $\omega=\omega_L$ 和 $\omega=\omega_H$ 时，增益和中频区的最高增益相比较下降了 3 dB。定义 ω_L 为放大器的下限角频率，ω_H 为放大器的上限角频率，放大器的通频带即放大器的带宽(bandwidth，缩写为 BW)为：

$$\omega_{BW}=\omega_H-\omega_L \tag{2.160}$$

或将角频率写成对应的频率，即

$$f_{BW}=f_H-f_L \tag{2.161}$$

式中：f_L——放大器的下限频率；

f_H——放大器的上限频率。

放大器的输入信号并不是单一频率的正弦信号，而是多种频率的信号，例如要放大的信号是音乐信号时，在音乐信号中有丰富的高频信号和低频信号。如果使放大器的输入信号频率都在放大器频率特性的中频区，则对不同频率的信号增益相同，放大器的输出信号与输入信号相比较不会产生失真。如果输入信号的频率超出了中频区，则超出中频区的信号的增益不如中频区信号的增益高，输出信号将产生失真，这种失真称为频率失真。例如要放大的信号的频率范围是 20 Hz $<f<$ 20 kHz 时，所设计的放大器必须使 $f_L<$ 20 Hz、$f_H>$ 20 kHz 才能实现放大的信号不失真。

*2.7.2　波特图

小信号放大器是线性时不变系统，传递函数(transfer function)的表达式可以写成：

$$A(s)=\frac{b_m s^m+b_{m-1}s^{m-1}+\cdots+b_0}{a_n s^n+a_{n-1}s^{n-1}+\cdots+a_0} \tag{2.162}$$

将式(2.162)的分子、分母多项式进行因式分解，可写成：

$$A(s) = H_0 \frac{(s-z_1)(s-z_2)\cdots(s-z_m)}{(s-p_1)(s-p_2)\cdots(s-p_n)} \tag{2.163}$$

式中：$H_0 = b_m/a_n$—— 标尺因子，为常数；

$z_1, z_2, \cdots, z_m$—— 传递函数的零点(zeros)；

$p_1, p_2, \cdots, p_n$—— 传递函数的极点(poles)。

一个稳定的有源线性系统极零点有以下特点：

(1) 系统的零点个数小于或等于极点个数。

(2) 系统的极点在左半平面，即极点若为实数，必为负实数，若为复数，则必为共轭复数。

(3) 极点的数目等于电路中独立电抗元件的数目。

将式(2.163)中的 s 用 $\mathrm{j}\omega$ 代替，得到系统的频率特性的表达式：

$$A(\mathrm{j}\omega) = H_0 \frac{(\mathrm{j}\omega-z_1)(\mathrm{j}\omega-z_2)\cdots(\mathrm{j}\omega-z_m)}{(\mathrm{j}\omega-p_1)(\mathrm{j}\omega-p_2)\cdots(\mathrm{j}\omega-p_n)} \tag{2.164}$$

$A(\mathrm{j}\omega)$也可以表示为：

$$A(\mathrm{j}\omega) = A(\omega)\mathrm{e}^{\mathrm{j}\varphi(\omega)} \tag{2.165}$$

对比式(2.164)和式(2.165)可以写出幅频特性和相频特性的表达式。

一般，比较复杂的系统(例如极点为复数的情况)要用计算机分析其频率响应，手工分析简单的系统比较方便，因此，现在假设系统的极点和零点均为实数。由式(2.164)可以写出波特图的表达式：

幅频特性为：

$$\begin{aligned} A(\mathrm{j}\omega) = {} & 20\lg H_0 + 10\lg(\omega^2+z_1^2) + 10\lg(\omega^2+z_2^2) + \cdots 10\lg(\omega^2+z_m^2) - \\ & 10\lg(\omega^2+p_1^2) - 10\lg(\omega^2+p_2^2) - \cdots - 10\lg(\omega^2+p_n^2) \end{aligned} \tag{2.166}$$

相频特性为：

$$\begin{aligned} \varphi(\omega) = {} & \arctan\left(-\frac{\omega}{z_1}\right) + \arctan\left(-\frac{\omega}{z_2}\right) + \cdots + \arctan\left(-\frac{\omega}{z_m}\right) - \\ & \arctan\left(-\frac{\omega}{p_1}\right) - \arctan\left(-\frac{\omega}{p_2}\right) - \cdots - \arctan\left(-\frac{\omega}{p_n}\right) \end{aligned} \tag{2.167}$$

从式(2.166)和式(2.167)可以看出，无论是幅频特性还是相频特性，都可以看成各因子的代数和。由此给出一个启示，即作波特图时，可以在图上分别作出各因子的因子图，然后将各因子图求代数和，便得到整个系统的波特图。

下面分别介绍式(2.166)中可能出现的因子的波特图。

1) 常数因子

$$A(\mathrm{j}\omega) = H_0 \tag{2.168}$$

式中：H_0——常数，它的幅频特性和相频特性的表达式为：

$$\begin{cases} A(\omega) = 20\lg H_0 \\ \varphi(\omega) = 0 \end{cases} \tag{2.169}$$

根据式(2.169)可以作出其幅频特性和相频特性，如图 2.87 所示。

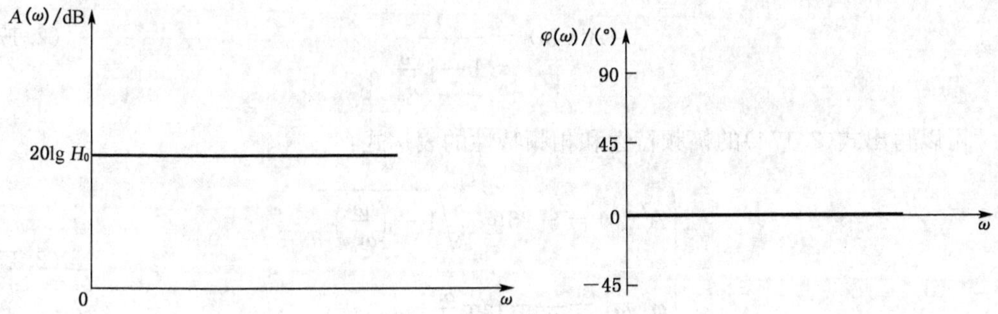

图 2.87　常数因子的波特图

2）jω 因子

若
$$A(j\omega) = j\omega \tag{2.170}$$

则幅频特性与相频特性的表达式为：

$$\begin{cases} A(\omega) = 20\lg \omega \\ \varphi(\omega) = \arctan \dfrac{\omega}{0} = 90^\circ \end{cases} \tag{2.171}$$

根据式(2.171)作出幅频特性与相频特性，如图 2.88 所示。

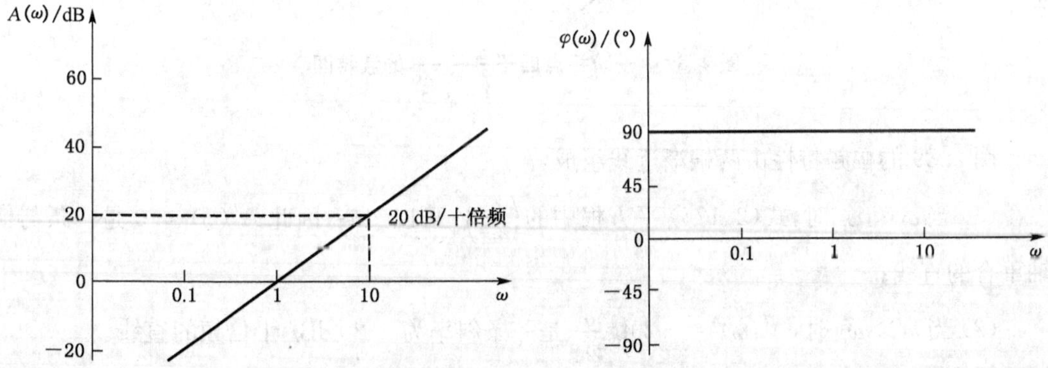

图 2.88　jω 因子的波特图

由图 2.88 可见，jω 因子的幅频特性是一条通过横轴上 $\omega = 1$ 点、斜率为 20 dB/ 十倍频的一条直线，相移是 90°。

3）一阶极点因子

$$A(j\omega) = \frac{1}{j\omega + \omega_p} \tag{2.172}$$

改写式(2.172)的分母，得到：

$$A(j\omega)=\frac{1}{\omega_p\left(1+j\frac{\omega}{\omega_p}\right)} \tag{2.173}$$

式中，ω_p 可以归并到常数因子中，因此只要讨论如下因子：

$$A'(j\omega)=\frac{1}{1+j\frac{\omega}{\omega_p}} \tag{2.174}$$

可以写出式(2.174)的幅频特性和相频特性的表达式：

$$\begin{cases} A'(\omega)=-20\lg\sqrt{1+\left(\dfrac{\omega}{\omega_p}\right)^2} \\ \varphi'(\omega)=-\arctan\dfrac{\omega}{\omega_p} \end{cases} \tag{2.175}$$

根据式(2.175)可以作出波特图，如图 2.89 所示。

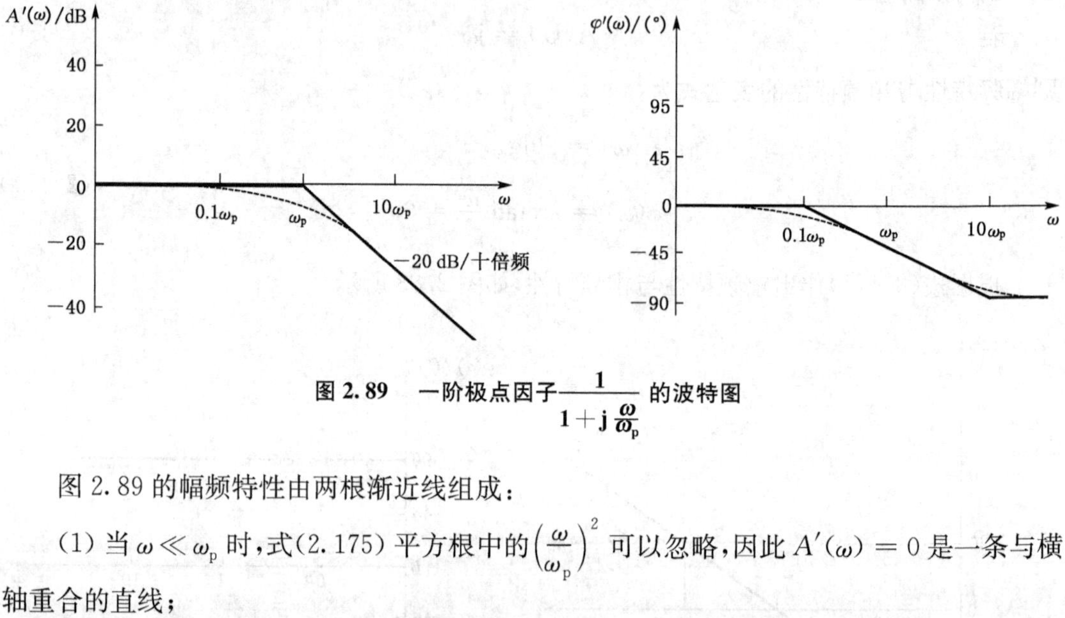

图 2.89　一阶极点因子 $\frac{1}{1+j\frac{\omega}{\omega_p}}$ 的波特图

图 2.89 的幅频特性由两根渐近线组成：

(1) 当 $\omega \ll \omega_p$ 时，式(2.175) 平方根中的 $\left(\frac{\omega}{\omega_p}\right)^2$ 可以忽略，因此 $A'(\omega)=0$ 是一条与横轴重合的直线；

(2) 当 $\omega \gg \omega_p$ 时，$A'(\omega)=-20\lg\frac{\omega}{\omega_p}$ 是一条斜率为 -20 dB/ 十倍频的直线。

由图 2.89 可见，以上两条直线相交于 $\omega=\omega_p$ 处，称 ω_p 为转折点(break-point) 角频率或 -3 dB 角频率，因为实际的幅频特性如图中虚线所示，用折线来近似幅频特性的最大误差就发生在 $\omega=\omega_p$ 处，其误差为 -3 dB。

图 2.89 中的相频特性由 3 条渐近线组成：

(1) 当 $\omega \ll 0.1\omega_p$ 时，由式(2.175) 得：$\varphi'(\omega)\approx 0°$ 是一条与横轴重合的直线；

(2) 当 $\omega \gg 10\omega_p$ 时，由式(2.175) 得：$\varphi'(\omega)\approx -90°$ 是一条与横轴平行的直线；

(3) 当 $\omega=\omega_p$ 时，由式(2.175) 得：$\varphi'(\omega)=-45°$ 在 $0.1\omega_p<\omega<10\omega_p$ 范围内相频特性是一条斜率为 $-45°$/ 十倍频的直线。

$\omega \ll 0.1\omega_p$ 时对应的直线与斜率为 $-45°$/ 十倍频的直线在 $\omega = 0.1\omega_p$ 处相交；斜率为 $-45°$/ 十倍频的直线与 $\omega \gg 10\omega_p$ 时对应的直线在 $\omega = 10\omega_p$ 处相交。因此，用折线近似实际相频特性的最大误差就发生在这两个地方，误差分别为 $\pm 5.7°$。

由图 2.89 可见，一个极点的相频特性的最大相移是 $-90°$。

4）一阶零点因子

$$A(j\omega) = j\omega + \omega_z \tag{2.176}$$

式(2.176)还可以写成：

$$A(j\omega) = \omega_z\left(1 + j\frac{\omega}{\omega_z}\right) \tag{2.177}$$

同样，式(2.177)中的 ω_z 可以归并到常数因子中去，因此只需讨论如下因子：

$$A'(j\omega) = 1 + j\frac{\omega}{\omega_z} \tag{2.178}$$

可以写出式(2.178)的幅频特性和相频特性的表达式：

$$\begin{cases} A'(\omega) = 20\lg\sqrt{1 + \left(\dfrac{\omega}{\omega_z}\right)^2} \\ \varphi'(\omega) = \arctan\dfrac{\omega}{\omega_z} \end{cases} \tag{2.179}$$

根据式(2.179)可以作出波特图，如图 2.90 所示。

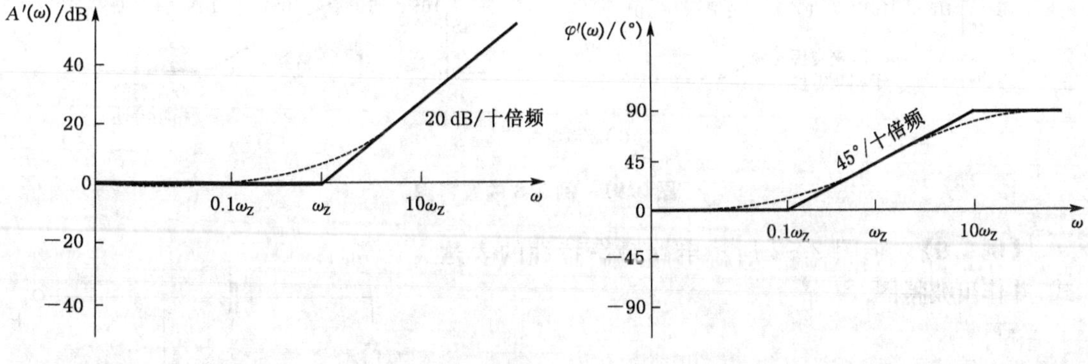

图 2.90　一阶零点因子 $1 + j\dfrac{\omega}{\omega_z}$ 的波特图

一阶零点因子的作法和一阶极点因子的作法类似，这里不再重复。由图可见，它与一阶极点因子正好相反，当 $\omega > \omega_z$ 时，幅频特性的斜率是 20 dB/ 十倍频，相频特性的最大相移是 $+90°$。

【例 2.8】 若某电路的频率特性的表达式为：

$$A(j\omega) = \frac{10^6}{j\omega + 10^4}$$

作出该电路的波特图。

解：

$$A(\mathrm{j}\omega)=\frac{10^6}{\mathrm{j}\omega+10^4}=\frac{10^6}{10^4\left(1+\mathrm{j}\,\dfrac{\omega}{10^4}\right)}=\frac{10^2}{1+\mathrm{j}\,\dfrac{\omega}{10^4}}$$

从 $A(\mathrm{j}\omega)$ 的表达式中可以看出，它包括一个常数因子 10^2 和一个极点因子，极点角频率 $\omega_{\mathrm{p}}=10^4$。因此，可以分别作出这两个因子的波特图，然后在图中求代数和，就可以得到系统的波特图，如图 2.91 所示。

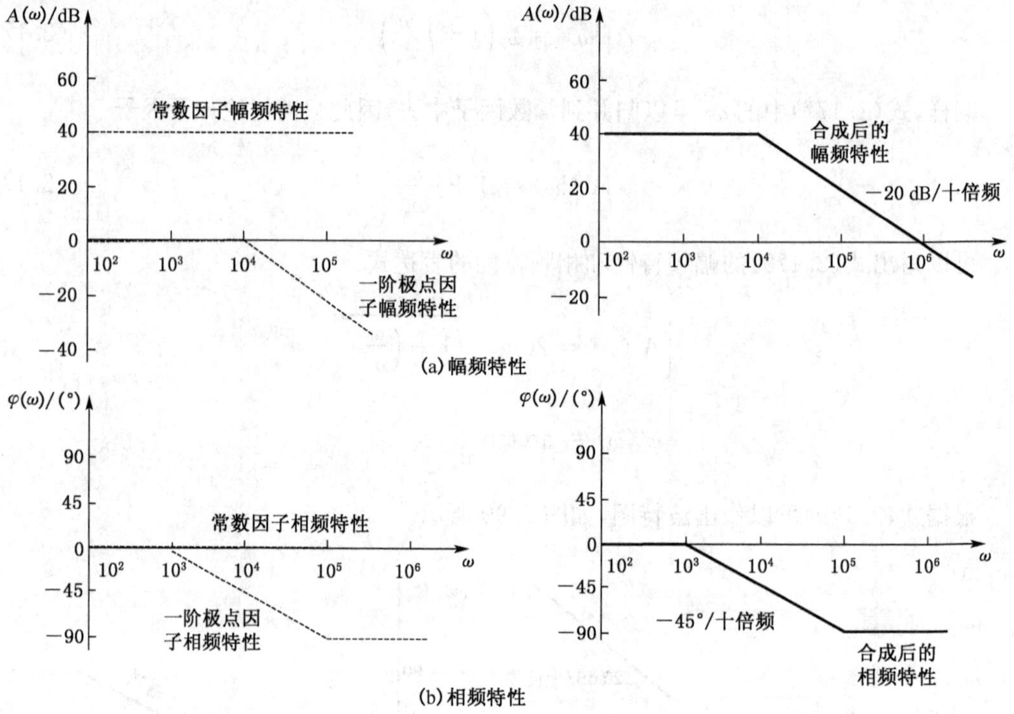

图 2.91　例 2.8 的波特图

【例 2.9】 求图 2.92 所示电路频率特性的表达式，并作出波特图。

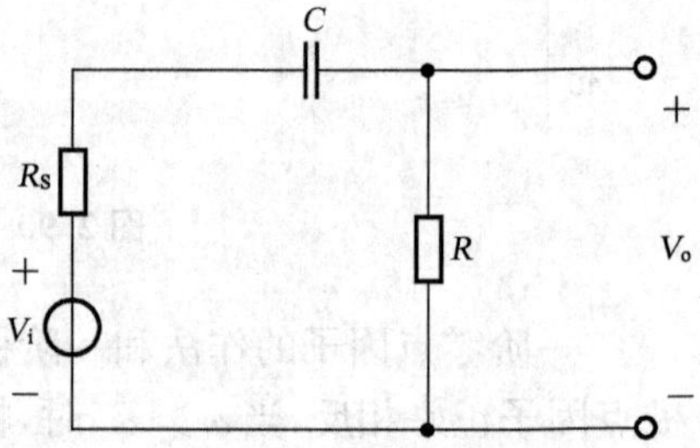

图 2.92　电阻电容串联电路

解：

$$A(s)=\frac{V_o}{V_i}=\frac{R}{R+R_S+\dfrac{1}{sC}}=$$

$$\frac{R}{R+R_S}\frac{1}{1+\dfrac{1}{s(R+R_S)C}}$$

图 2.92 电路的时间常数为：$\tau=(R+R_S)C$。将 τ 代入上式的 $A(s)$ 中，得

$$A(s)=\frac{R}{R+R_S}\frac{s\tau}{1+s\tau}=\frac{R}{R+R_S}\frac{\frac{s}{\frac{1}{\tau}}}{1+\frac{s}{\frac{1}{\tau}}}$$

频率响应表达式为：

$$A(j\omega)=\frac{R}{R+R_S}\frac{\frac{j\omega}{\omega_p}}{1+\frac{j\omega}{\omega_p}} \tag{2.180}$$

式中：

$$\omega_p=\frac{1}{\tau} \tag{2.181}$$

从式(2.180)和(2.181)可以得出重要结论：图 2.92 所示的电容和电阻的串联电路，电阻上的电压为输出电压时，它的频率响应特性由 3 个因子组成：常数因子、$j\omega/\omega_p$ 因子和极点因子。常数因子就是当电容短路时(该电路的中频等效电路)电路的传输函数。$j\omega/\omega_p$ 因子是斜率为 20 dB/十倍频通过 ω_p 的一条直线；极点因子的转折点角频率是 ω_p，且 $\omega_p=1/\tau$，τ 是电路的时间常数，$\tau=(R+R_S)C$。

可以作出图 2.92 电路的波特图，如图 2.93 所示。

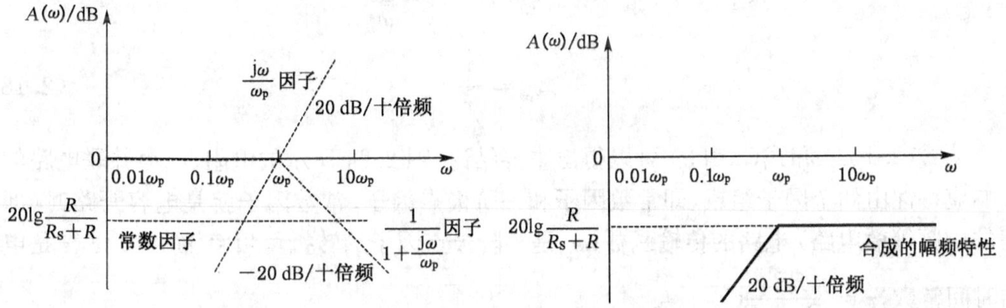

(a) 幅频特性

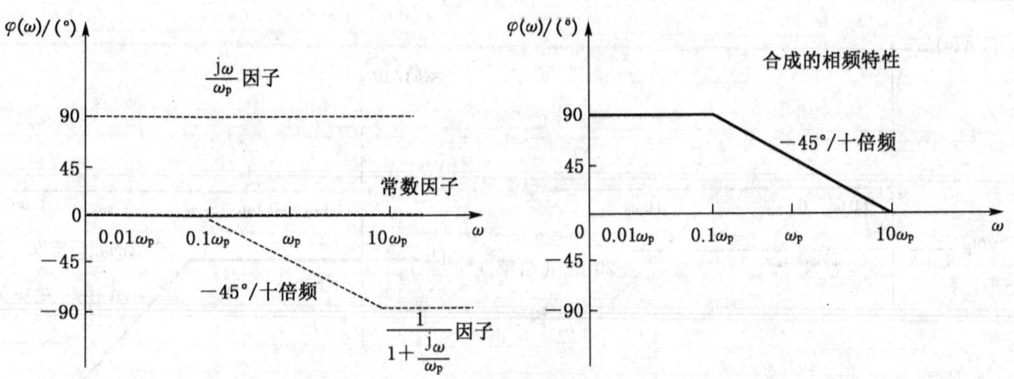

(b) 相频特性

图 2.93　图 2.92 电路的波特图

从波特图上可以看出：图 2.92 所示的电路（电阻、电容和信号源串联，且电阻上的电压为输出电压）是一个高通网络（high-pass network）。转折点角频率为 $1/\tau$，通带内幅频特性表达式与电容无关。

【例 2.10】 求图 2.94 所示电路频率特性的表达式，并作出波特图。

解：

$$A(s)=\frac{V_o}{V_i}=\frac{\dfrac{R}{1+RSC}}{R_S+\dfrac{R}{1+RSC}}=$$

$$\frac{R}{R+R_S}\frac{1}{1+SC\dfrac{RR_S}{R+R_S}}$$

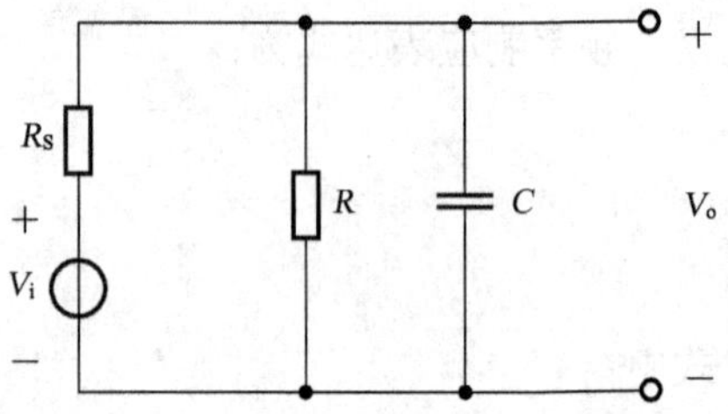

图 2.94　电阻、电容并联电路

图 2.94 中电路的时间常数为：$\tau=\dfrac{R_SR}{R_S+R}C$。将 τ 代入上式的 $A(s)$ 中，得

$$A(s)=\frac{R}{R+R_S}\frac{1}{1+s\tau}$$

电路的频率响应表达式为：

$$A(j\omega)=\frac{R}{R+R_S}\frac{1}{1+\dfrac{j\omega}{\omega_p}}\tag{2.182}$$

$$\omega_p=\frac{1}{\tau}\tag{2.183}$$

从式（2.182）和式（2.183）可以得出重要结论：图 2.94 所示的电阻、电容并联电路的频率响应特性由两个因子组成，即常数因子和一阶极点因子。常数因子就是电容开路时（即电路的中频等效电路）电路的传输函数；ω_p 是一阶极点因子的转折角频率，$\omega_p=1/\tau$，τ 是电路的时间常数，$\tau=\dfrac{RR_S}{R_S+R}C$。

由式（2.182）可以作出波特图，如图 2.95 所示。

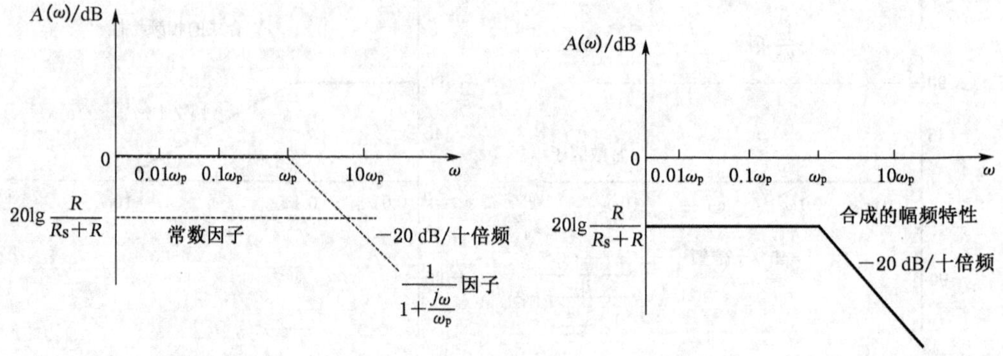

（a）幅频特性

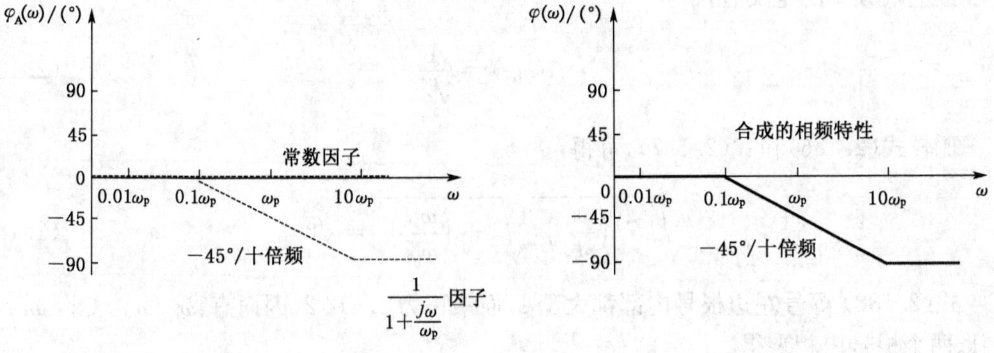

(b) 相频特性

图 2.95 例 2.10 的波特图

由图 2.95 可以看出:图 2.94 所示电路(电阻、电容、信号源并联电路)是一个低通网络(low-pass network)。转折点角频率为 $1/\tau$,通带内幅频特性表达式与电容无关。

2.7.3 界限频率的求法

放大器的通频带为 $\omega_{BW}=\omega_H-\omega_L$。一般,若 $\omega_H \gg \omega_L$,则 $\omega_{BW}\approx\omega_H$。因此,讨论界限频率的求法时,以上限频率为例,即讨论低通系统上限频率的求法。上限频率求出后,放大器的通频带就可以确定。

1) 根据定义计算上限频率

上限频率可以根据定义进行计算,即

$$A(\omega_H)=\frac{A_I}{\sqrt{2}} \tag{2.184}$$

式中:A_I——系统的中频增益。

比较简单的低通系统也可以从波特图中读出上限频率,例如一个一阶无零系统,在转折点角频率处正是系统的实际幅频特性比中频增益下降 3 dB 的地方。系统的上限角频率就是转折点角频率。

2) 多个相距较近的极点的情况

先考虑一个二阶无零系统,即系统有两个转折点角频率:ω_{p1} 和 ω_{p2},且 ω_{p1} 和 ω_{p2} 相距较近(一般,ω_{p1}、ω_{p2} 的值相差 4 倍以下就可以认为是相距较近的极点)。该二阶系统的频率响应特性的表达式为:

$$A(j\omega)=\frac{A_I}{\left(1+\dfrac{j\omega}{\omega_{p1}}\right)\left(1+\dfrac{j\omega}{\omega_{p2}}\right)} \tag{2.185}$$

幅频特性为:

$$A(\omega)=\frac{A_I}{\sqrt{1+\left(\dfrac{\omega}{\omega_{p1}}\right)^2}\sqrt{1+\left(\dfrac{\omega}{\omega_{p2}}\right)^2}} \tag{2.186}$$

按上限频率的定义有：

$$A(\omega_{\mathrm{H}})=\frac{A_{\mathrm{I}}}{\sqrt{2}} \tag{2.187}$$

比较式(2.186)和式(2.187)，可得：

$$\sqrt{1+\left(\frac{\omega_{\mathrm{H}}}{\omega_{\mathrm{p1}}}\right)^2}\sqrt{1+\left(\frac{\omega_{\mathrm{H}}}{\omega_{\mathrm{p2}}}\right)^2}=\sqrt{2} \tag{2.188}$$

式(2.188)等号左边根号内部都大于1，而乘积为1.414 2，因而有：$\omega_{\mathrm{H}}/\omega_{\mathrm{p1}}<1$，$\omega_{\mathrm{H}}/\omega_{\mathrm{p2}}<1$。两个根号内相乘得：

$$\sqrt{1+\left(\frac{\omega_{\mathrm{H}}}{\omega_{\mathrm{p1}}}\right)^2+\left(\frac{\omega_{\mathrm{H}}}{\omega_{\mathrm{p2}}}\right)^2+\left(\frac{\omega_{\mathrm{H}}}{\omega_{\mathrm{p1}}}\right)^2\left(\frac{\omega_{\mathrm{H}}}{\omega_{\mathrm{p2}}}\right)^2}=\sqrt{2} \tag{2.189}$$

忽略高阶小量$\left(\frac{\omega_{\mathrm{H}}}{\omega_{\mathrm{p1}}}\right)^2\left(\frac{\omega_{\mathrm{H}}}{\omega_{\mathrm{p2}}}\right)^2$，式(2.189)整理后为：

$$\omega_{\mathrm{H}}\approx\frac{1}{\sqrt{\frac{1}{\omega_{\mathrm{p1}}^2}+\frac{1}{\omega_{\mathrm{p2}}^2}}} \tag{2.190}$$

式(2.190)可以推广到有n个相距较近的极点的低通系统：

$$\omega_{\mathrm{H}}\approx\frac{1}{\sqrt{\frac{1}{\omega_{\mathrm{p1}}^2}+\frac{1}{\omega_{\mathrm{p2}}^2}+\cdots+\frac{1}{\omega_{\mathrm{pn}}^2}}} \tag{2.191}$$

由式(2.191)可以求出具有多个相距较近的极点的低通系统的上限频率。

3）主极点

有时利用主极点(dominant pole)的概念可以使问题简化。所谓主极点，是指对放大器上限频率有主要影响的极点。

由式(2.191)可知，如果系统有n个极点，并且其中有几个最低的极点比较靠近，则这几个极点称为系统的主极点，这个低通系统的上限频率由这几个主极点决定。

【例2.11】 某系统的频率响应特性表达式为：

$$A(\mathrm{j}\omega)=\frac{10^5}{\left(1+\mathrm{j}\frac{\omega}{10^4}\right)\left(1+\mathrm{j}\frac{\omega}{2\times10^4}\right)\left(1+\mathrm{j}\frac{\omega}{10^5}\right)}$$

求上限频率ω_{H}，并作出波特图。

解：由系统频率响应特性的表达式可知，系统有3个极点：$\omega_{\mathrm{p1}}=10^4$，$\omega_{\mathrm{p2}}=2\times10^4$，$\omega_{\mathrm{p3}}=10^5$。按主极点的定义，$\omega_{\mathrm{p1}}$和$\omega_{\mathrm{p2}}$为主极点，因此，可以由主极点近似地计算出系统的上限频率：

$$\omega_{\mathrm{H}}\approx\frac{1}{\sqrt{\frac{1}{\omega_{\mathrm{p1}}^2}+\frac{1}{\omega_{\mathrm{p2}}^2}}}=\frac{1}{\sqrt{\left(\frac{1}{10^4}\right)^2+\left(\frac{1}{2\times10^4}\right)^2}}\approx8.94\times10^3(\mathrm{rad/s})$$

波特图如图2.96所示。

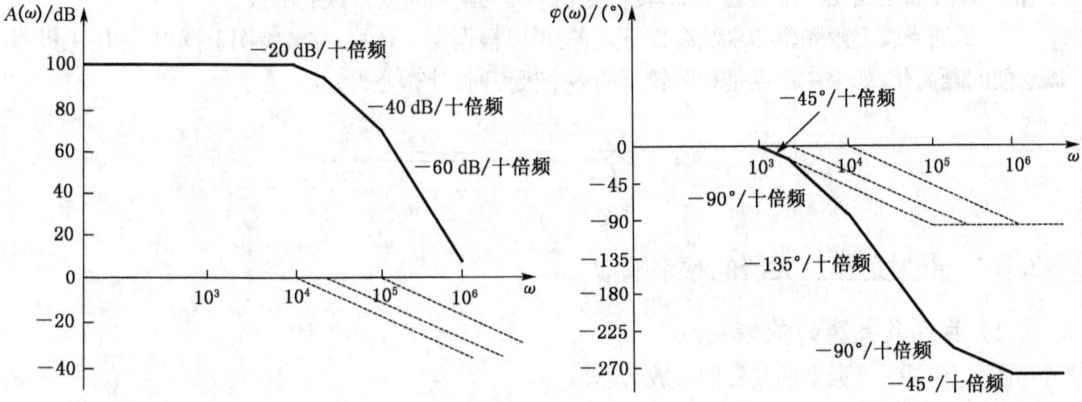

图 2.96　例 2.11 的波特图

4）重极点

在多级放大器中，如果将相同的放大器级联，则有可能使系统的极点频率 $\omega_{p1}=\omega_{p2}=\cdots=\omega_{pn}=\omega_p$，系统的频率响应表达式为：

$$A(j\omega)=\frac{A_I}{\left(1+\frac{j\omega}{\omega_p}\right)^n} \tag{2.192}$$

因此，当 $\omega=\omega_H$ 时，幅频特性表达式为：

$$\frac{A_I}{\left[\sqrt{1+\left(\frac{\omega_H}{\omega_p}\right)^2}\right]^n}=\frac{A_I}{\sqrt{2}} \tag{2.193}$$

整理后得：

$$\left[\sqrt{1+\left(\frac{\omega_H}{\omega_p}\right)^2}\right]^n=\sqrt{2} \tag{2.194}$$

可以求出上限频率为：

$$\omega_H=\omega_p\sqrt{2^{\frac{1}{n}}-1} \tag{2.195}$$

由式(2.195)可见，带宽相同的放大器级联，级数越多，则通频带越窄。比如3级同样带宽的阻容耦合放大器级联，级联后的通频率是其中1级的 $\sqrt{2^{\frac{1}{3}}-1}=0.51$ 倍。式(2.193)中的 $\sqrt{2^{\frac{1}{n}}-1}$ 称为带宽缩小因子。设计放大器时必须注意这一点。

下限频率求解的方法与上限频率求解方法相似，这里不再赘述。

【小结】

* 一个稳定系统的极点在 s 平面的左半平面。

* 将系统传递函数中 s 换成 $j\omega$，成为系统频率响应表达式。

* 幅频特性和相频特性可以由各因子特性求代数和作出。

* 电容、电阻、信号源串联，且电阻两端电压为输出电压时，电路是一个高通系统，电容、电

阻、信号源并联电路是一个低通系统，转折点频率均为电路时间常数的倒数。

＊ 低通系统上限频率的求法有如下几种：可以根据定义计算；在波特图上读出；利用主极点概念使问题简化；如果主极点是相距较近的多个极点时，计算公式为：

$$\omega_H = \frac{1}{\sqrt{\frac{1}{\omega_{p1}^2} + \frac{1}{\omega_{p2}^2} + \cdots + \frac{1}{\omega_{pn}^2}}}$$

2.7.4 共发射极放大器的频率响应

1) 共发放大器的低频响应

图 2.97 是一个典型的共发射极放大器。

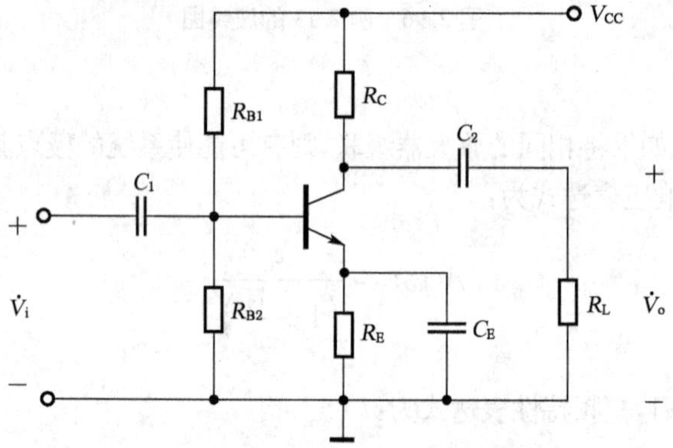

图 2.97 共发射极放大器

如前所述，影响放大器低频响应的电容主要是耦合电容 C_1、C_2 和旁路电容 C_E。因此，可以画出放大器低频区的小信号等效电路，如图 2.98 所示。

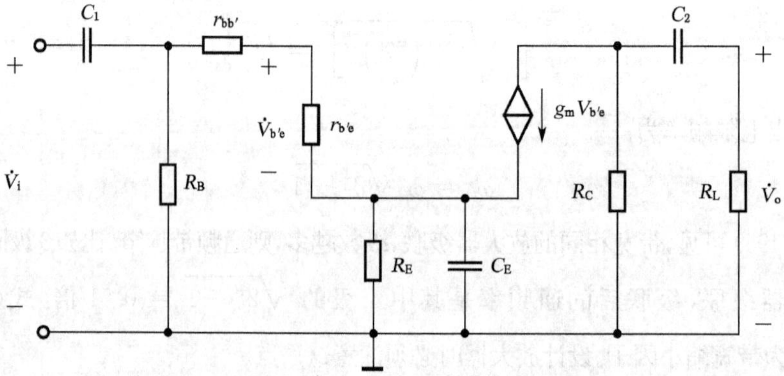

图 2.98 图 2.97 的低频区的小信号等效电路

图 2.98 中，$R_B = R_{B1} \mathbin{/\!/} R_{B2}$，一般，$R_B$ 与放大器的输入电阻相比，可以将其看作开路，这样可以使分析简化并且更突出分析结果的物理意义。

另外，C_E 的值足够大，使它的容抗足够小，R_E 和 C_E 的容抗相比，R_E 可以看作开路。因此，图 2.98 可以简化为图 2.99。

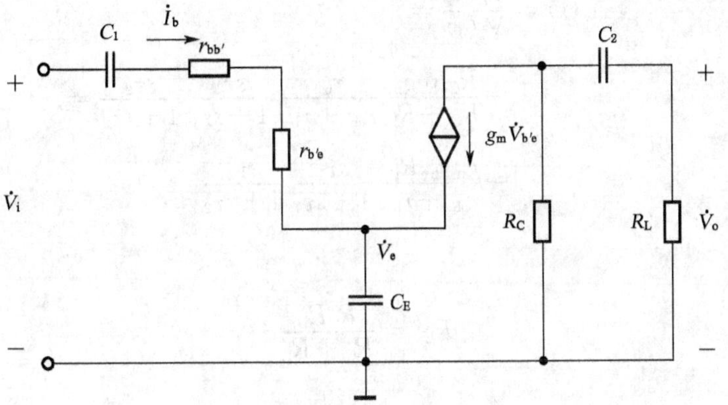

图 2.99　图 2.98 简化电路

图 2.99 中,C_E 上流过的电流是 $\dot{I}_e$。因此,C_E 上的电压为:

$$\dot{V}_e = \dot{I}_e \frac{1}{j\omega C_E} = (\beta+1)\dot{I}_b \frac{1}{j\omega C_E} = \dot{I}_b \frac{1}{j\omega \dfrac{C_E}{\beta+1}} \tag{2.196}$$

由式(2.196)可知,如果考虑 C_E 对输入回路的影响,则折算到输入回路中的电容应为$\dfrac{C_E}{\beta+1}$。因此,图 2.99 可以等效成图 2.100 的形式。

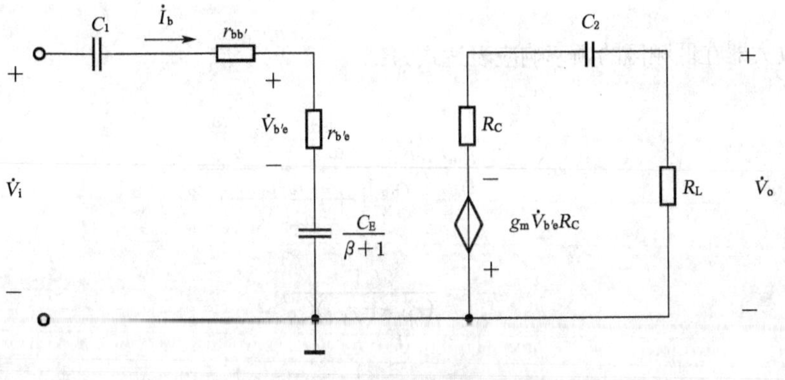

图 2.100　图 2.99 的简化电路

在图 2.100 中,将图 2.99 中的受控电流源改画成了受控电压源。若将输入回路中的两个电容合并成一个电容,使图 2.100 进一步简化为图 2.101。

图中:

$$C_1{}' = \frac{C_1 C_E}{(\beta+1)C_1 + C_E} \tag{2.197}$$

观察图 2.101 可知,电路的输入端和输出端都是电容、电阻串联电路,输入回路时间常数为 $\tau_1 = (r_{bb'} + r_{b'e})C_1{}'$,输出回路时间常数为 $\tau_2 = (R_C + R_L)C_2$,参考例 2.9 可以写出传递函数:

$$A_v(s)=\frac{V_o(s)}{V_i(s)}=$$

$$-\frac{R_C R_L g_m}{R_C+R_L}\frac{r_{b'e}}{r_{bb'}+r_{b'e}}\frac{s\tau_1}{1+s\tau_1}\frac{s\tau_2}{1+s\tau_2}=$$

$$-\frac{g_m r_{b'e} R_L{}'}{r_{bb'}+r_{b'e}}\frac{s\tau_1}{1+s\tau_1}\frac{s\tau_2}{1+s\tau_2} \quad (2.198)$$

式中：

$$R_L{}'=\frac{R_C R_L}{R_C+R_L} \quad (2.199)$$

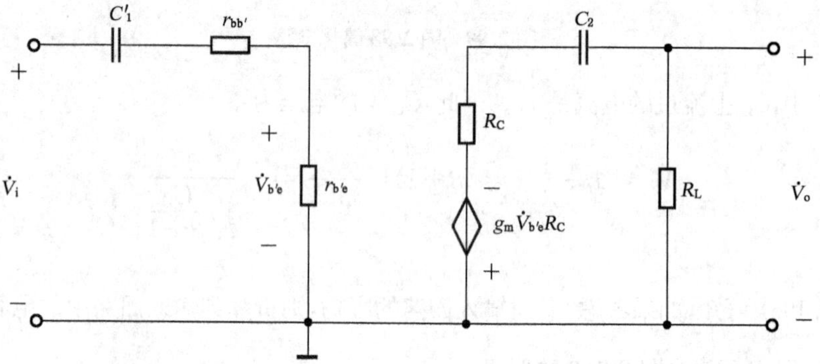

图 2.101　图 2.100 的简化电路

因此，放大器在低频区的频率响应表达式为：

$$A_v(j\omega)=-\frac{g_m r_{b'e} R_L{}'}{r_{bb'}+r_{b'e}}\frac{\frac{j\omega}{\omega_{p1}}}{1+j\frac{\omega}{\omega_{p1}}}\frac{\frac{j\omega}{\omega_{p2}}}{1+j\frac{\omega}{\omega_{p2}}} \quad (2.200)$$

$$\omega_{p1}=\frac{1}{(r_{bb'}+r_{b'e})C_1{}'} \quad (2.201)$$

$$\omega_{p2}=\frac{1}{(R_C+R_L)C_2} \quad (2.202)$$

【例 2.12】 若三极管的 $r_{bb'}=200\,\Omega$，$r_{b'e}=800\,\Omega$，$\beta=50$，$R_C=R_L=4\,k\Omega$，$C_1=C_2=10\,\mu F$，$C_E=100\,\mu F$。作出低频响应的波特图，并求出下限频率。

解：

$$C_1{}'=\frac{C_1 C_E}{(1+\beta)C_1+C_E}=\frac{10\times100}{(1+50)\times10+100}=1.64(\mu F)$$

$$\omega_{p1}=\frac{1}{(r_{bb'}+r_{b'e})C_1{}'}=\frac{1}{(0.2+0.8)\times10^3\times1.64\times10^{-6}}=609.76(\text{rad/s})$$

$$f_{p1}=\frac{\omega_{p1}}{2\pi}=97(\text{Hz})$$

$$\omega_{p2} = \frac{1}{(R_C + R_L)C_2} = \frac{1}{(4+4)\times 10^3 \times 10 \times 10^{-6}} = 12.5(\text{rad/s})$$

$$f_{p2} = \frac{\omega_{p2}}{2\pi} = 1.99(\text{Hz})$$

比较 f_{p1} 和 f_{p2} 可知，放大器的下限频率主要取决于 C_1'，C_1' 中主要是 C_E 的影响。

中频电压增益为：

$$A_v = -\frac{\beta R_L'}{r_{bb'} + r_{b'e}} = -100$$

可根据式(2.200)作出放大器低频区的波特图，如图 2.102 所示。

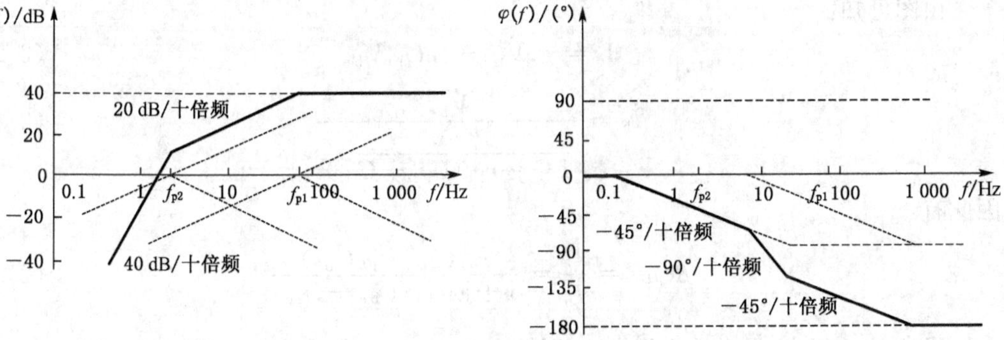

图 2.102　例 2.12 的波特图

由图 2.102 可以看出，下限频率为 $f_L = 97$ Hz，实际上，通过计算已经看出 f_{p1} 为主极点。

2) 共发放大器的高频响应

如前所述，考虑共发放大器的高频响应时，放大器的耦合电容和旁路电容都可以看成交流短路。高频等效电路要考虑三极管的结电容。

三极管在高频工作区，它的参数也与频率有关。因此，首先要介绍三极管的频率参数。

(1) 三极管的频率参数

考虑了结电容的三极管共发接法的小信号高频等效电路如图 2.103 所示。

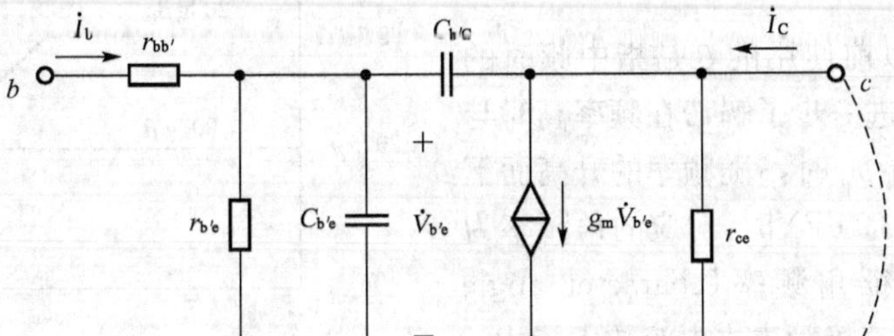

图 2.103　三极管高频小信号等效电路

三极管的 β 的定义是：输出端交流短路时，集电极电流与基极电流的比。图 2.103 中的虚线将三极管集电极与发射极短路。因此，图 2.103 等效成图 2.104 所示的电路。

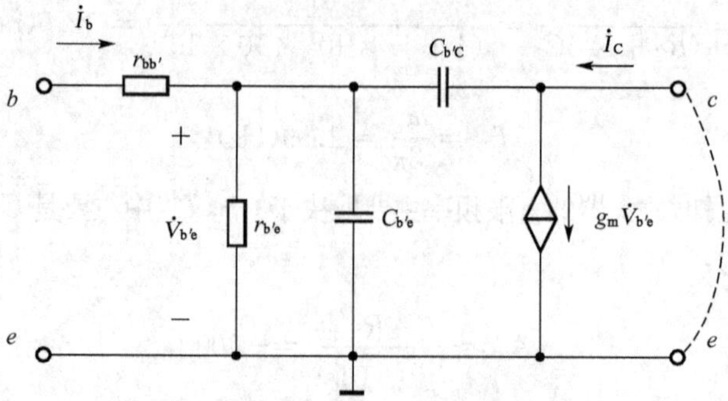

图 2.104　图 2.103 的简化电路

由图可知：

$$\dot{I}_c = g_m\dot{V}_{b'e} - j\omega C_{b'c}\dot{V}_{b'e} \tag{2.203}$$

$$\dot{I}_b = \frac{\dot{V}_{b'e}}{\dfrac{r_{b'e}}{1 + j\omega r_{b'e}(C_{b'e} + C_{b'c})}} \tag{2.204}$$

因此有：

$$\beta(j\omega) = \frac{\dot{I}_c}{\dot{I}_b} = \frac{r_{b'e}(g_m - j\omega C_{b'c})}{1 + j\omega r_{b'e}(C_{b'e} + C_{b'c})} \tag{2.205}$$

通常，$C_{b'c}$ 很小，最大约为几皮法，因此 $\omega C_{b'c} \ll g_m$，式(2.205) 可以近似写为：

$$\beta(j\omega) = \frac{g_m r_{b'e}}{1 + j\omega r_{b'e}(C_{b'e} + C_{b'c})} = \frac{g_m r_{b'e}}{1 + \dfrac{j\omega}{\omega_\beta}} \tag{2.206}$$

$$\omega_\beta = \frac{1}{r_{b'e}(C_{b'e} + C_{b'c})} \tag{2.207}$$

由式(2.207)可知，β 也是频率的函数，它的转折点角频率为 ω_β，称为 β 的截止角频率(cutoff angle frequency)。

由此可以作出 β 的幅频特性图，如图 2.105 所示。

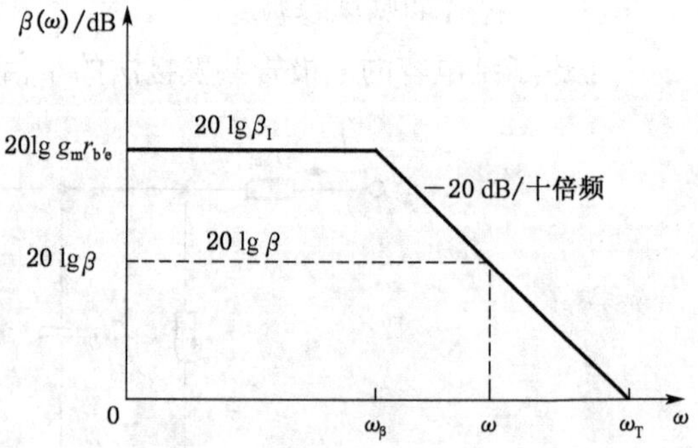

图 2.105　β 的幅频特性

由此可见，以前使用的 β 是指中频时的 β_I，现在对 β 有了进一步了解，β 在频率高时与频率有关，当 $\omega > \omega_\beta$ 时，β 随频率的升高而下降。当 β 下降到 1(0 dB) 时，对应的角频率为 ω_T，称 ω_T 为特征角频率(character angle frequency)。此时三极管失去电流放大能力。

在图 2.105 的斜线部分，β 是以 −20 dB/十倍频下降，若频率为 ω 时的电流传输系数为 β，则在斜线部分符合下式：

$$20\lg\beta - 20\lg\beta_I = -20\lg\frac{\omega}{\omega_\beta} \tag{2.208}$$

因此有：

$$\frac{\beta}{\beta_{I}}=\frac{\omega_{\beta}}{\omega} \tag{2.209}$$

即斜线部分各点都符合下式：

$$\beta\omega=\beta_{I}\omega_{\beta} \tag{2.210}$$

当$\beta=1$时，$\omega=\omega_{T}$，因此可以得出：

$$\omega_{T}=\beta_{I}\omega_{\beta} \tag{2.211}$$

由(2.211)可知，β的特征角频率比截止角频率高得多，使用三极管时，工作频率不能大于截止频率，否则放大器也会产生频率失真。

由式(2.211)可得：

$$\omega_{T}=\frac{g_{m}r_{b'e}}{r_{b'e}(C_{b'e}+C_{b'c})} \tag{2.212}$$

因为$C_{b'e}\gg C_{b'c}$，因此可以写成：

$$\omega_{T}\approx\frac{g_{m}}{C_{b'e}} \tag{2.213}$$

由α和β的关系，可推导出α的频率响应表达式：

$$\alpha(j\omega)=\frac{\beta(j\omega)}{1+\beta(j\omega)}=\frac{\dfrac{\beta_{I}}{1+\dfrac{j\omega}{\omega_{\beta}}}}{1+\dfrac{\beta_{I}}{1+\dfrac{j\omega}{\omega_{\beta}}}}=\frac{\beta_{I}}{1+\beta_{I}}\frac{1}{1+\dfrac{j\omega}{\omega_{\beta}(1+\beta)}} \tag{2.214}$$

式中：

$$\frac{\beta_{I}}{1+\beta_{I}}=\alpha_{I} \tag{2.215}$$

$$(1+\beta)\omega_{\beta}=\omega_{\alpha} \tag{2.216}$$

则式(2.214)可以写成：

$$\alpha(j\omega)=\frac{\alpha_{I}}{1+\dfrac{j\omega}{\omega_{\alpha}}} \tag{2.217}$$

式中：ω_{α}——α的截止角频率。

由式(2.216)可见，α的截止角频率比β的截止角频率高(β+1)倍，因此同一个三极管组成共基放大器时要比组成共发放大器时允许的工作频率高。

(2) 共发射极放大器的高频等效电路

图2.97所示的共发射极放大器，在高频区工作时的等效电路如图2.106所示。

图中，$R_{B}=R_{B1}\ /\!/\ R_{B2}$，数值很大，可以近似看成开路。$R_{L}'=R_{C}\ /\!/\ R_{L}$，因此可将图2.106画成图2.107。

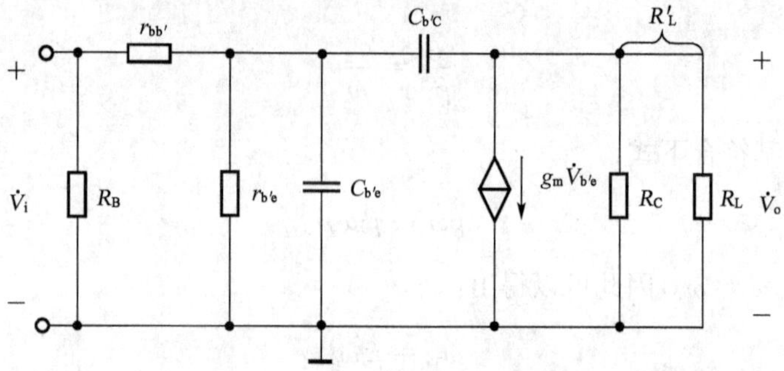

图 2.106　共发放大器高频区等效电路

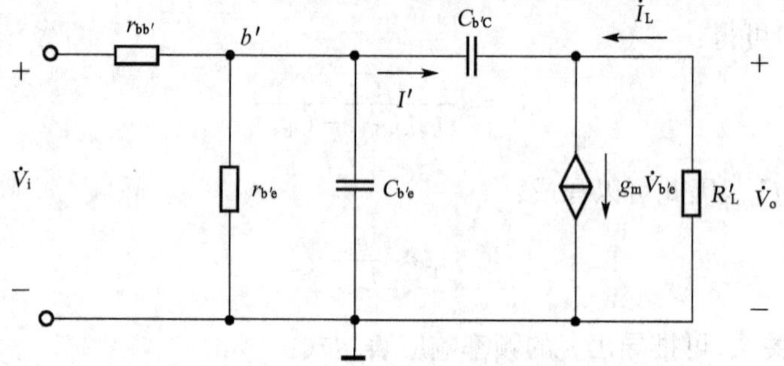

图 2.107　共发放大器高频区简化等效电路

图 2.107 中，电容 $C_{b'c}$ 连接输出端和 b' 点，使电路的分析复杂化，但是应用密勒定理(Miller's theorem)可以使问题简化。

如图 2.108(a)所示的网络中，阻抗 $Z(s)$ 接在网络的输出端与输入端之间，可以等效成如图 2.108(b)的网络。

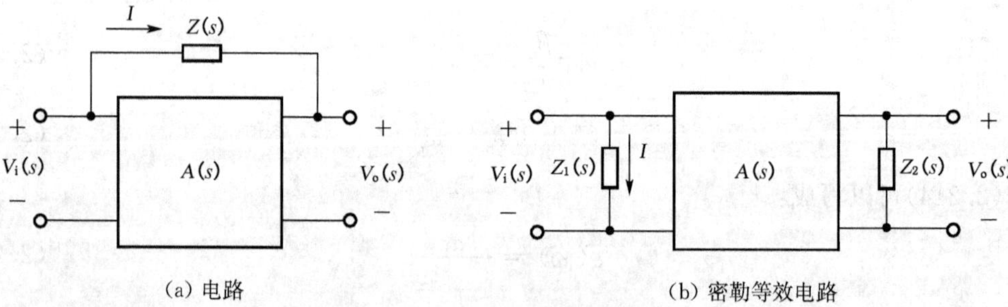

图 2.108　密勒定理示意图

对比图 2.108(a)中的 I 和图 2.108(b)中 I 应该相等，可以得出：

$$\frac{V_i(s)}{Z_1(s)} = \frac{V_i(s) - V_o(s)}{Z(s)} \tag{2.218}$$

因此有：

$$Z_1(s) = \frac{Z(s)}{1 - \dfrac{V_o(s)}{V_i(s)}} \tag{2.219}$$

即

$$Z_1(s)=\frac{Z(s)}{1-A(s)} \tag{2.220}$$

同理,也可以求出图 2.108 中的 $Z_2(s)$:

$$Z_2(s)=\frac{Z(s)}{1-\frac{1}{A(s)}} \tag{2.221}$$

一般,放大器的 $A(s)$较大,所以 $1/A(s)$与 1 比较可以忽略,因此,式(2.221)可写成:

$$Z_2(s)\approx Z(s) \tag{2.222}$$

应用密勒定理,可以将图 2.104 中跨接在输出端与 b'端的电容 $C_{b'c}$等效成两个电容,一个是接在 b'与 e 之间的电容 C_{M1},另一个是接在输出端的电容 C_{M2},如图 2.109 所示。

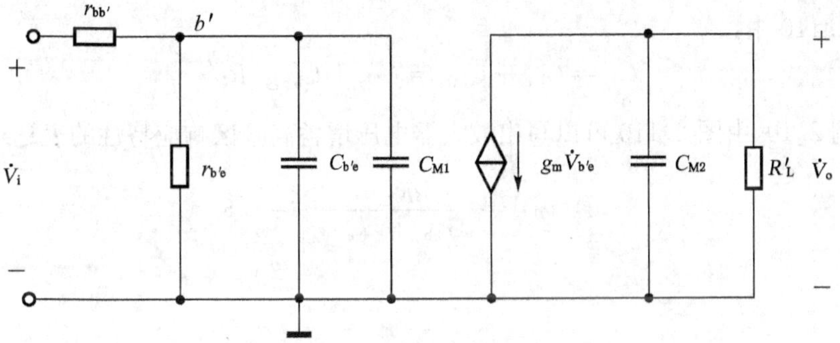

图 2.109 共发放大器高频区密勒近似等效电路

图中的 C_{M1}、C_{M2}可以由(2.217)式和(2.221)求出:

$$C_{M1}=C_{b'c}[1-A(s)] \tag{2.223}$$

$$C_{M2}=C_{b'c} \tag{2.224}$$

由图 2.106 可知,式(2.223)中的 $A(s)$应为:

$$A(s)=\frac{\dot{V}_o}{\dot{V}_{b'e}}=\frac{-(g_m\dot{V}_{b'e}-I')R_L{}'}{\dot{V}_{b'e}} \tag{2.225}$$

式中:I'——电容 $C_{b'c}$上的电流,一般,I'与 $g_m\dot{V}_{b'e}$比较可以忽略。

因此,式(2.225)可以写成:

$$A(s)\approx -g_mR_L{}' \tag{2.226}$$

将式(2.226)代入式(2.223),得

$$C_{M1}=C_{b'c}(1+g_mR_L{}')\approx C_{b'c}g_mR_L{}' \tag{2.227}$$

从图 2.109 可以看出,共发放大器高频区等效电路的频率响应特性应该有两个极点(请对照例 2.10),一个由输入回路的时间常数确定,另一个由输出回路的时间常数确定。输出

回路中$C_{M2}=C_{b'c}$，数值很小，因此，由输出回路时间常数生成的极点很高，距由输入回路时间常数确定的极点较远，可以对图 2.109 进一步用主极点的概念简化（忽略 C_{M2} 的影响），简化后的等效电路如图 2.110 所示。

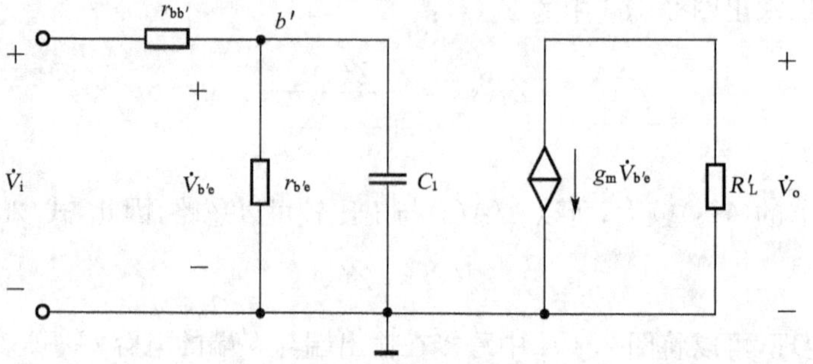

图 2.110　简化的共发放大器高频区小信号等效电路

在图 2.110 中：

$$C_1=C_{b'e}+C_{M1}=C_{b'e}+C_{b'c}g_mR_L{}' \qquad (2.228)$$

参考例 2.10，由图 2.110 可以写出放大器电压增益高频区响应特性的表达式：

$$A(j\omega)=-\frac{\beta R_L{}'}{r_{bb'}+r_{b'e}}\frac{1}{1+\dfrac{j\omega}{\omega_H}} \qquad (2.229)$$

式中：

$$\omega_H=\frac{1}{\tau} \qquad (2.230)$$

$$\tau=\frac{r_{bb'}r_{b'e}}{r_{bb'}+r_{b'e}}C_1 \qquad (2.231)$$

由式(2.231)可以看出，要使共发放大器的上限频率提高，选择三极管很重要，要选 β 的特征频率或截止频率高，以及 $C_{b'c}$、$C_{b'e}$和 $r_{bb'}$ 等尽量小的三极管。

因为 $C_{M1}=C_{b'c}g_mR_L{}'$，因此，减小 $R_L{}'$ 可以使 ω_H 升高，但是 $R_L{}'$ 的减小会影响放大器的电压增益。

放大器的高频区等效电路最终简化成一个一阶无零系统。一阶无零系统的增益带宽积(gain-bandwidth product)是一个定值，这可以从高频区频率响应的波特图中看出。

由图 2.111 可知，当 $\omega>\omega_H$ 时，带宽 f_{BW} 和增益 G 的积是一定的。用改变 $R_L{}'$ 的方法使带宽增加，则放大器的中频增益就下降。共发放大器的增益带宽积可以写成：

$$Gf_{BW}=|A_{vI}f_H|=\frac{\beta R_L{}'}{r_{bb'}+r_{b'e}}\frac{\omega_H}{2\pi} \qquad (2.232)$$

另外，放大器的输入电阻、输出电阻等也与频率有关，读者可以自行分析。

由以上分析可以看出，耦合电容和旁路电容影响放大器的低频响应，三极管的结电容影响放大器的高频响应，共发放大器发射极电阻上的旁路电容对下限频率的影响较大，共发放大器的高频响应受三极管集电结和发射结电容的影响。用密勒定理可以将三极管集电结电容等效为与放大器的输入端及输出端相连的两个电容，再利用主极点概念可以求出放大器的上限频率。

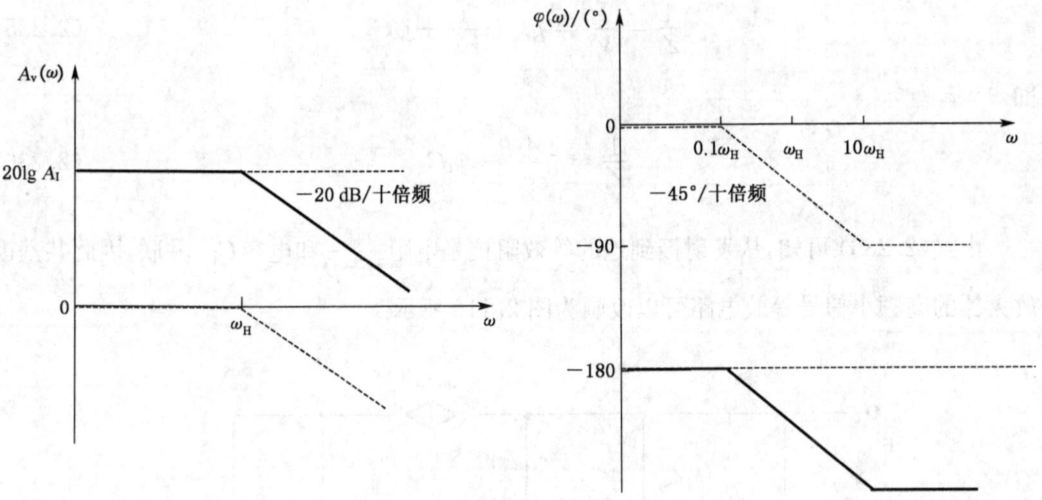

图 2.111 共发放大器的高频区波特图

*2.7.5 共基极放大器的高频响应

共基极放大器的高频小信号等效电路如图 2.112(b)所示。

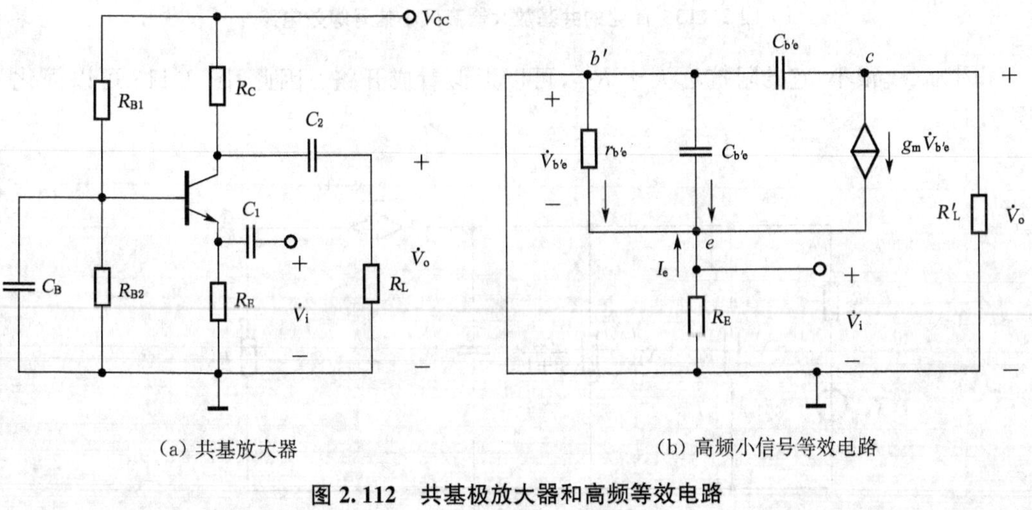

(a) 共基放大器　　(b) 高频小信号等效电路

图 2.112 共基极放大器和高频等效电路

为了简化分析，在图 2.112(b)中将三极管的 $r_{bb'}$ 忽略了，在三极管的发射极 e 处可以写出基尔霍夫电流定律(KCL)的方程：

$$I_e + g_m\dot{V}_{b'e} + \frac{\dot{V}_{b'e}}{r_{b'e}} + \frac{\dot{V}_{b'e}}{\frac{1}{j\omega C_{b'e}}} = 0 \tag{2.233}$$

由图 2.112 可知：

$$\dot{V}_{\mathrm{i}} = -\dot{V}_{\mathrm{b'e}} \tag{2.234}$$

因此，从发射极看进去的导纳为：

$$\frac{1}{Z_{\mathrm{i}}} = \frac{I_{\mathrm{e}}}{V_{\mathrm{i}}} = g_{\mathrm{m}} + \frac{1}{r_{\mathrm{b'e}}} + \mathrm{j}\omega C_{\mathrm{b'e}} \tag{2.235}$$

即

$$\frac{1}{Z_{\mathrm{i}}} = \frac{1+\beta}{r_{\mathrm{b'e}}} + \mathrm{j}\omega C_{\mathrm{b'e}} \tag{2.236}$$

由式(2.236)可知，从发射极到地的等效阻抗是电阻$\frac{r_{\mathrm{b'e}}}{1+\beta}$和电容$C_{\mathrm{b'e}}$并联，因此共基极放大器的高频小信号等效电路可以改画为图 2.113 所示。

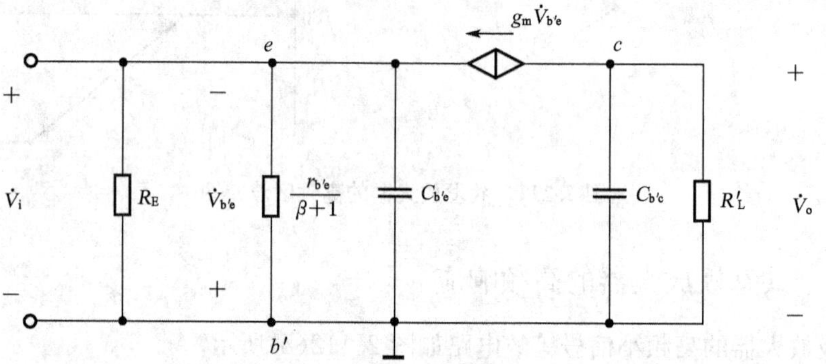

图 2.113　简化的共基放大器高频小信号等效电路

因为$C_{\mathrm{b'c}}$很小，它的阻抗远大于R_{L}'，可以近似看成开路。因此，图 2.113 可以简化为图 2.114。

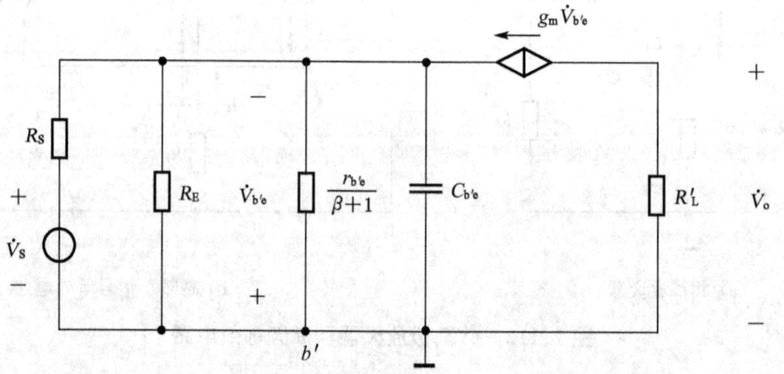

图 2.114　简化后的共基放大器高频小信号等效电路

由图 2.114 可以写出共基放大器输入端的电路时间常数和上限频率：

$$\tau = \left(R_{\mathrm{S}} \mathbin{/\!/} R_{\mathrm{E}} \mathbin{/\!/} \frac{r_{\mathrm{b'e}}}{1+\beta}\right) C_{\mathrm{b'e}} \tag{2.237}$$

$$\omega_H = \frac{1}{\tau} \tag{2.238}$$

$$f_H = \frac{\omega_H}{2\pi} = \frac{1}{2\pi\left(R_S \mathbin{/\!/} R_E \mathbin{/\!/} \frac{r_{b'e}}{1+\beta}\right)C_{b'e}} \tag{2.239}$$

【例 2.13】 已知一三极管的 $r_{bb'}$ 可以忽略，$r_{b'e} = 800\ \Omega$，$C_{b'e} = 10\ \text{pF}$，$C_{b'c} = 1\ \text{pF}$，$\beta_I = 100$。用此三极管组成共发放大器和共基放大器，放大器的 $R_L{}'$ 均为 2 kΩ。信号源内阻为 $R_S = 100\ \Omega$，共基放大器 $R_E = 1\ \text{k}\Omega$。分别求这两种放大器的上限频率。

解：若组成共发放大器，则

$$g_m = \frac{\beta}{r_{b'e}} = \frac{100}{0.8} = 125(\text{ms})$$

$$C_{M1} \approx C_{b'c} g_m R_L{}' = 1 \times 125 \times 2 = 250(\text{pF})$$

$$C_1 = C_{b'e} + C_{M1} = 10 + 250 = 260(\text{pF})$$

高频简化电路的时间常数和上限频率分别为：

$$\tau = \frac{r_{b'e} R_S}{r_{b'e} + R_S} C_1 = \frac{800 \times 100}{800 + 100} \times 260 \times 10^{-12} = 2.3 \times 10^{-8}(\text{s})$$

$$f_H = \frac{1}{2\pi\tau} = \frac{1}{2\pi \times 2.3 \times 10^{-8}} = 6.9 \times 10^6(\text{Hz})$$

组成共基极放大器的时间常数和上限频率分别为：

$$\tau = \left(R_S \mathbin{/\!/} R_E \mathbin{/\!/} \frac{r_{b'e}}{1+\beta}\right)C_{b'e} =$$

$$\left(100 \mathbin{/\!/} 2\,000 \mathbin{/\!/} \frac{800}{101}\right) \times 10 \times 10^{-12} =$$

$$7.31 \times 10^{-11}(\text{s})$$

$$f_H = \frac{1}{2\pi\tau} = \frac{1}{2\pi \times 7.31 \times 10^{-11}} = 2.18 \times 10^9(\text{Hz})$$

由上例可知，同一个三极管组成共基极放大器要比其组成共发射极放大器时的带频通宽得多。共发放大器上限频率低的原因主要是输出端与输入端之间的密勒电容效应所致。由于上例中是近似估算，电路中忽略了 $r_{bb'}$、$C_{b'c}$ 等，估算结果与实际情况还存在较大差距。

*2.7.6 共集电极放大器的高频响应

共集电极放大器及其高频小信号等效电路如图 2.115 所示。为了简化分析，小信号等效电路中忽略了三极管的 $r_{bb'}$，并且考虑 $R_B = R_{B1} \mathbin{/\!/} R_{B2}$ 较大，可以看成开路。

由于 $C_{b'c}$ 很小，接于 b' 与地之间，可以近似认为开路。因此，共集放大器高频小信号等效电路可以简化为图 2.116。

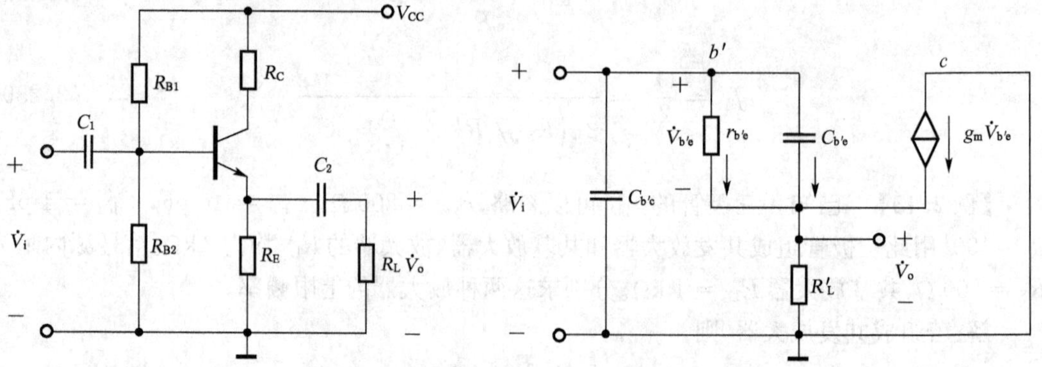

图 2.115　共集电极放大器及其高频小信号等效电路

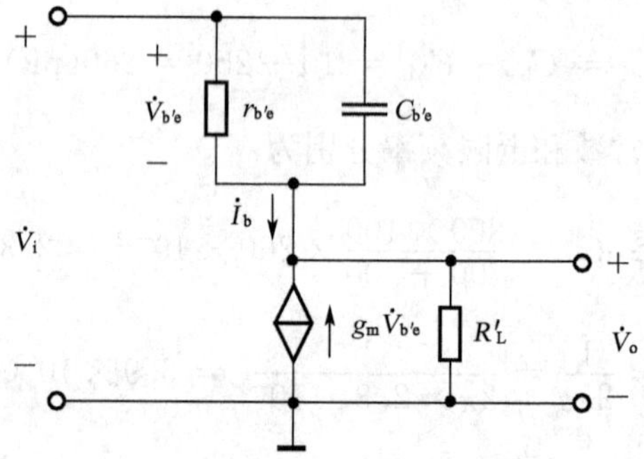

图 2.116　简化后的共集放大器高频小信号等效电路

由图 2.116 可以得到：

$$A(j\omega)=\frac{\dot{V}_o}{\dot{V}_i}=\frac{(\dot{I}_b+g_m\dot{V}_{b'e})R_L{}'}{\dot{I}_b\dfrac{r_{b'e}}{1+j\omega r_{b'e}C_{b'e}}+(\dot{I}_b+g_m\dot{V}_{b'e})R_L{}'}=$$

$$\frac{\left(1+\dfrac{g_m r_{b'e}}{1+j\omega r_{b'e}C_{b'e}}\right)R_L{}'}{\dfrac{r_{b'e}}{1+j\omega r_{b'e}C_{b'e}}+\left(1+\dfrac{g_m r_{b'e}}{1+j\omega r_{b'e}C_{b'e}}\right)R_L{}'}=$$

$$\frac{(1+\beta)R_L{}'}{r_{b'e}+(1+\beta)R_L{}'}\frac{1+\dfrac{j\omega r_{b'e}C_{b'e}}{1+\beta}}{1+\dfrac{j\omega r_{b'e}C_{b'e}R_L{}'}{r_{b'e}+(1+\beta)R_L{}'}} \tag{2.240}$$

由式(2.240)可以看出，放大器中频增益、零点频率和极点频率分别为：

$$A_{vI}=\frac{(1+\beta)R_L{}'}{r_{b'e}+(1+\beta)R_L{}'} \tag{2.241}$$

$$\omega_z=\frac{1+\beta}{r_{b'e}C_{b'e}} \tag{2.242}$$

$$\omega_p = \frac{r_{b'e} + (1+\beta)R_L{}'}{r_{b'e}C_{b'e}R_L{}'} \tag{2.243}$$

由式(2.242),零点频率可近似写成:

$$\omega_z \approx \frac{g_m}{C_{b'e}} \tag{2.244}$$

由式(2.243),极点频率可近似写成:

$$\omega_p \approx \frac{r_{b'e} + \beta R_L{}'}{r_{b'e}C_{b'e}R_L{}'} \approx \frac{1 + g_m R_L{}'}{C_{b'e}R_L{}'} \approx \frac{g_m}{C_{b'e}} \tag{2.245}$$

由式(2.244)和式(2.245)可见,共集放大器频率响应特性的零点和极点可以相互抵消,因此频带很宽,这种放大器的频带只受三极管频率响应参数的影响。

2.7.7 小 结

* 耦合电容和旁路电容影响放大器的低频响应特性,三极管的 PN 结电容影响放大器的高频响应特性。

* 三极管的电流放大系数也是频率的函数,三极管 β 的截止角频率、特征角频率、α 的截止角频率的表达式及关系式分别为:

$$\omega_\beta = \frac{1}{r_{b'e}(C_{b'e} + C_{b'c})},\ \omega_T = \frac{g_m}{C_{b'e}},\ \omega_\alpha = (1+\beta)\omega_\beta,\ \omega_\beta \ll \omega_T < \omega_\alpha$$

* 分析放大器频率响应时的简化方法是分频段分析,用对应的低频区的等效电路分析低频响应,用高频区的等效电路分析高频响应。

* 共发射极放大器的通频带比较窄,主要是因为 $C_{b'c}$ 的密勒效应;共基极放大器和共集电极放大器的通频带都比较宽。

* 共发射极放大器下限频率和上限频率分别为:

$$\omega_L = \frac{1}{(r_{bb'} + r_{b'e})C_1{}'},\ \omega_H = \frac{1}{\dfrac{r_{bb'}r_{b'e}}{r_{bb'} + r_{b'e}}C_1}$$

式中,$C_1{}' = \dfrac{C_1 C_E}{(1+\beta)C_1 + C_E}$。

习 题

2.1 有两个三极管,参数分别为:

(1) $I_{CEO} = 19\ \mu A$, $I_C = 0.59\ mA$, $I_E = 0.6\ mA$;

(2) $\beta = 150$, $I_{CEO} = 200\ \mu A$, $I_C = 1\ mA$。

试列出两只管子的下列参数:I_E、I_C、I_B、I_{CBO}、I_{CEO}、α、β,并比较两个三极管的性能。

2.2 两个三极管分别接在电路中,测得它们的引脚对地电压如图 2.117 所示,试判别三极管的 3 个引脚,说明是硅管还是锗管?是 NPN 型还是 PNP 型三极管?

图 2.117　习题 2.2 用图

2.3 放大器电路中，测得三极管的三个电极的电位分别是：(1) 1 V，0.3 V，3 V；(2) −3 V，−0.2 V，0 V；(3) 1 V，1.2 V，−2 V。

试确定它们是 NPN 管还是 PNP 管，并确定所对应的引脚及制造三极管的半导体材料。

2.4 测得接在电路中的三极管的 $I_B = 20\ \mu A$，$I_C = 2\ mA$，能否确定它的电流放大系数？什么情况下可以确定？什么情况下不可以确定？

2.5 已知某三极管的极限参数为 $I_{CM} = 25\ mA$，$V_{(BR)CEO} = 40\ V$，且该三极管的输出特性曲线如图 2.118 所示。试确定 P_{CM}、工作电压为 $V_{CE} = 10\ V$ 时的最大工作电流 I_C 及 $I_C = 10\ mA$ 时的最大 V_{CE}。

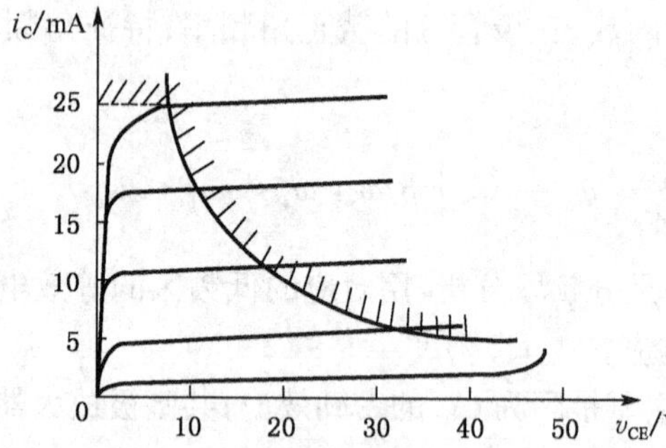

图 2.118　习题 2.5 用图

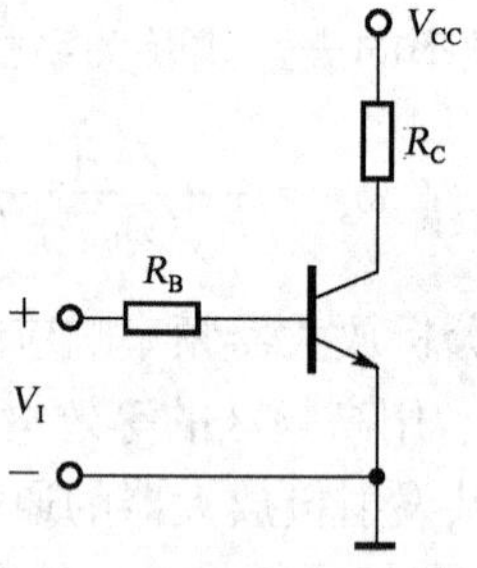

图 2.119　习题 2.6 用图

2.6 电路如图 2.119 所示，已知 $V_{CC} = 6\ V$，$V_{BE} = 0.6\ V$，$R_C = 3\ k\Omega$，$R_B = 10\ k\Omega$，$\beta = 25$，当 $V_I = 3\ V$、$1\ V$、$-1\ V$ 时，三极管处于何种工作区？

2.7 分析计算图 2.120 的各电路中三极管处于何种工作状态。已知各三极管的饱和压降均为 0.3 V，发射结电压 $V_{BE} = 0.7V$。

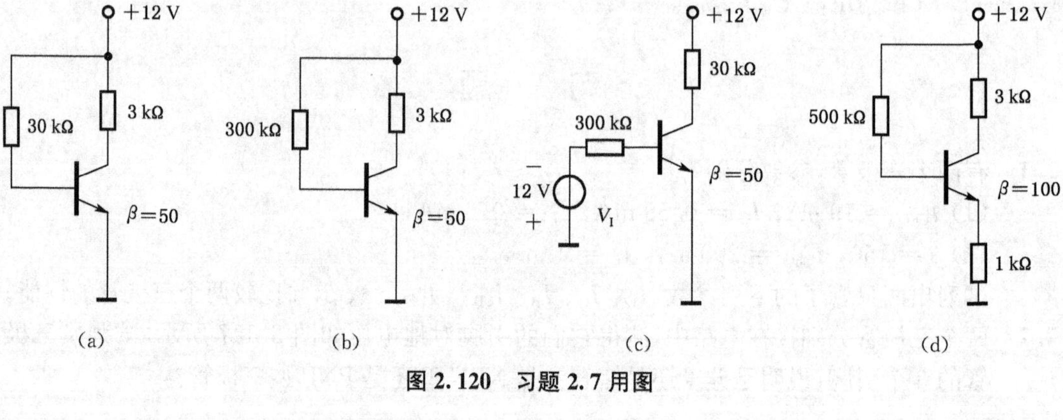

图 2.120　习题 2.7 用图

2.8 根据线性放大电路的组成原则,判断图 2.121 所示电路能否正常工作?

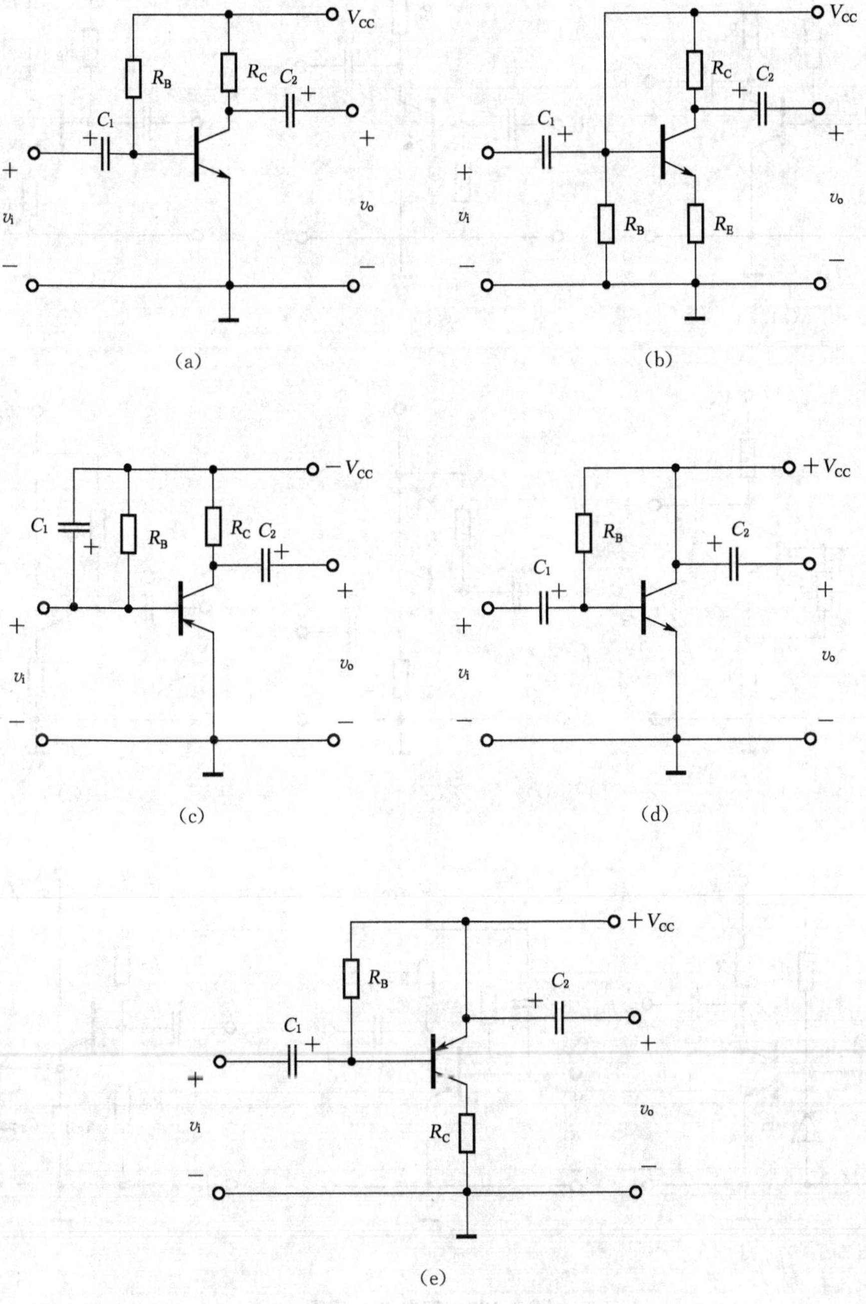

图 2.121 习题 2.8 用图

2.9 判断图 2.122 中各电路能否放大交流信号,如不能,说明原因,并修改使其能够放大交流信号。

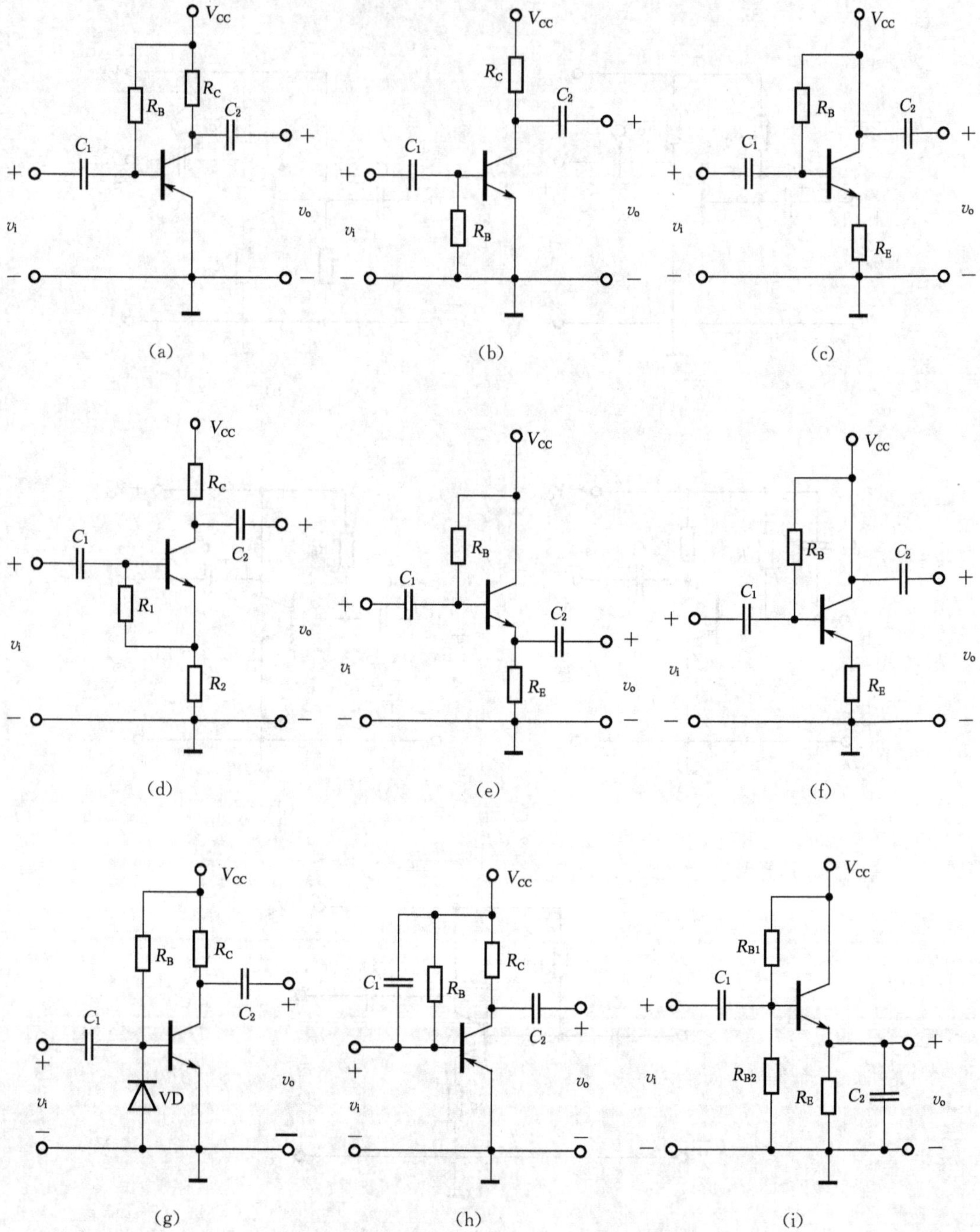

图 2.122　习题 2.9 用图

2.10　电路如图 2.123 所示，已知 $V_{BE}=0.6\ \text{V}$，$\beta=50$，$V_{CC}=9\ \text{V}$。

(1) 当 $I_{CQ}=1\ \text{mA}$ 时，求 V_{BB}；

(2) 当 $I_{CQ}=1\ \text{mA}$，$V_{CEQ}=5\ \text{V}$ 时，求 R_C；

(3) 若省掉电源 V_{BB}，改由 V_{CC} 供电，则 R_B 应调整为多大，其静态工作点保持不变。

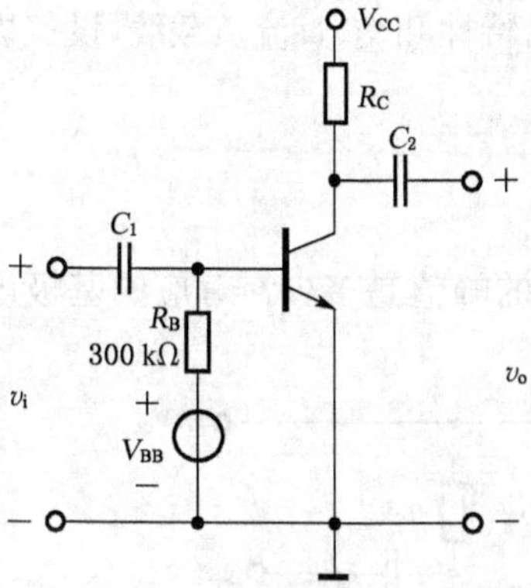

图 2.123　习题 2.10 用图

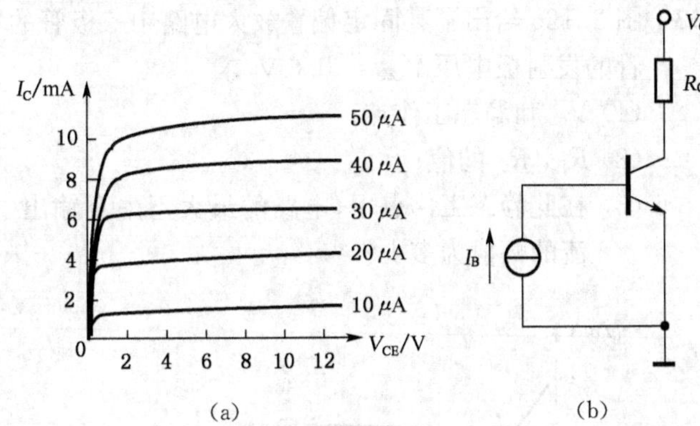

图 2.124　习题 2.11 用图

2.11　已知三极管的输出特性如图 2.124(a) 所示，此三极管组成电路如图 2.124(b) 所示，已知 $R_C = 2\ k\Omega$，$I_B = 20\ \mu A$，$V_{CC} = 12\ V$，用图解法求静态工作点 Q，并在图 2.124(a) 中画出。

2.12　在图 2.125(a) 所示的电路中，已知 $V_{CC} = 6\ V$，$R_B = 150\ k\Omega$，$R_C = R_L = 2\ k\Omega$，三极管的输入和输出特性曲线如图 2.125(b)、(c) 所示。

(1) 用图解法求静态工作点 I_{BQ}、I_{CQ}、V_{CEQ}；

(2) 作出交流负载线，求放大器最大不失真输出电压的峰值。

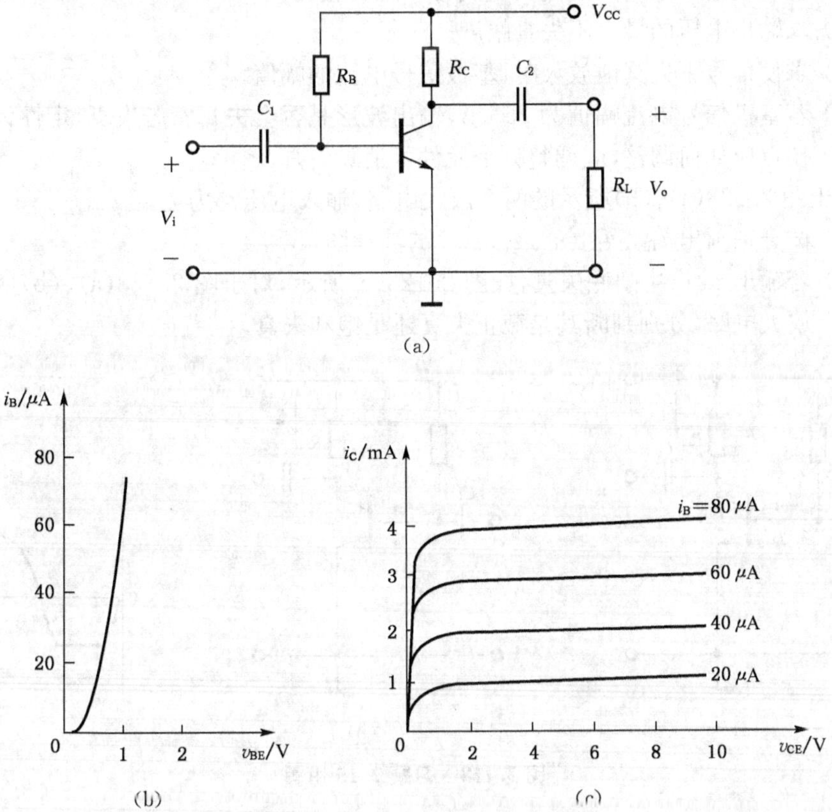

图 2.125　习题 2.12 用图

2.13 图 2.126 给出了某固定偏置放大电路中三极管的输出特性和交、直流负载线，设三极管的发射极电压 $V_{BE}=0.6\text{ V}$，求

(1) V_{CC}和静态工作点；

(2) R_B，R_C 的值；

(3) 在此静态工作点下，电路的最大不失真输出电压的峰值是多少？对应的基极电流的幅值为多少？

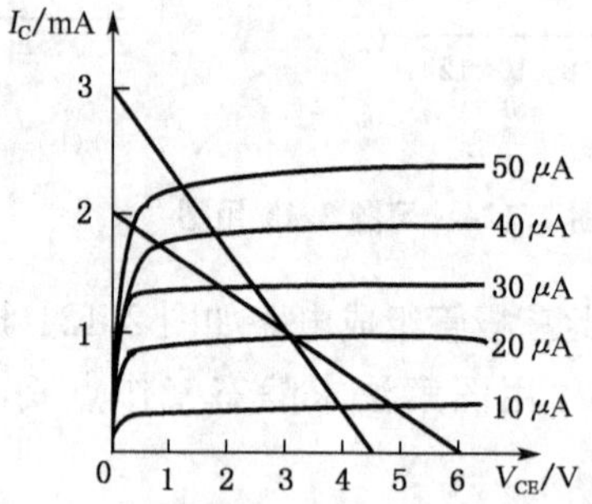

图 2.126　习题 2.13 用图

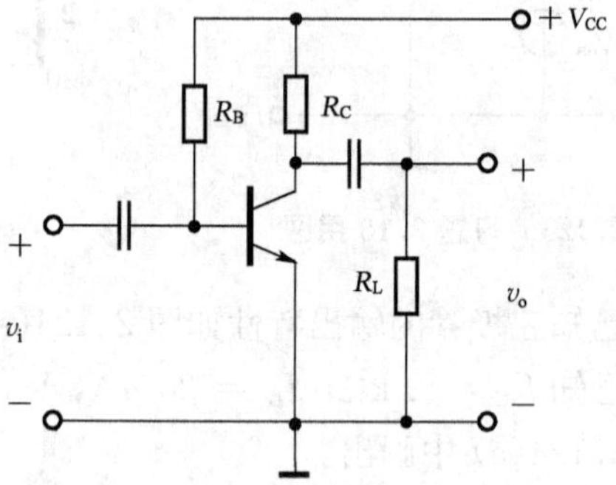

图 2.127　习题 2.14 用图

2.14 电路如图 2.127 所示，已知 $V_{BE}=0.7\text{ V}$，$V_{CES}=0.5\text{ V}$，$\beta=50$，$R_L=3\text{ k}\Omega$，$V_{CC}=6\text{ V}$，$R_B=260\text{ k}\Omega$，$R_C=3\text{ k}\Omega$。

(1) 试画出输出回路的直流负载线与交流负载线；

(2) 求输出电压的最大不失真幅度；

(3) 求使信号不失真地放大时，基极信号电流的幅值；

(4) 若基极信号电流幅值为 25 μA，输出波形是否会失真？若失真，定性讨论静态工作点应如何调整，应调整哪个元件可消除失真？

2.15 对于图 2.128(a)、(b)所示的两个放大电路，输入电压都为 v_i。

(1) 试分别画出 v_{BE}、i_B、i_C、v_{CE}、v_o 的波形图；

(2) 若输出 v_o 产生削底失真，如图 2.128(c)所示，对于图 2.128(a)、(b)所示的两个放大电路，分别判断其是截止失真还是饱和失真。

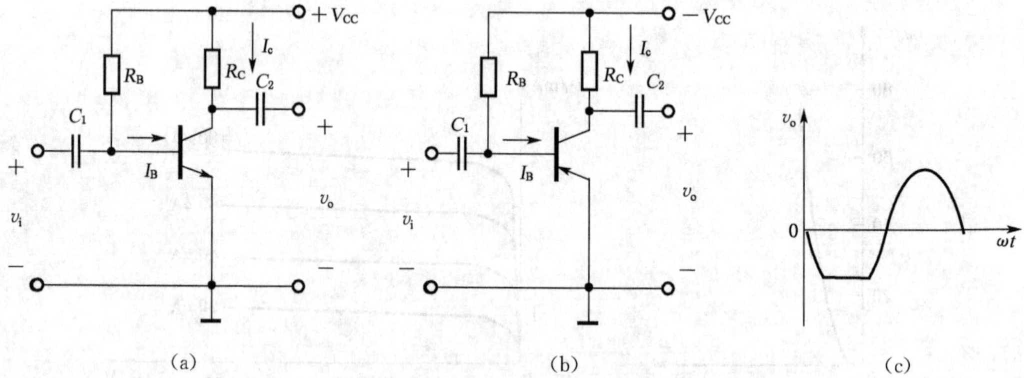

图 2.128　习题 2.15 用图

2.16 画出图 2.129 所示电路的交流通路和小信号等效电路。

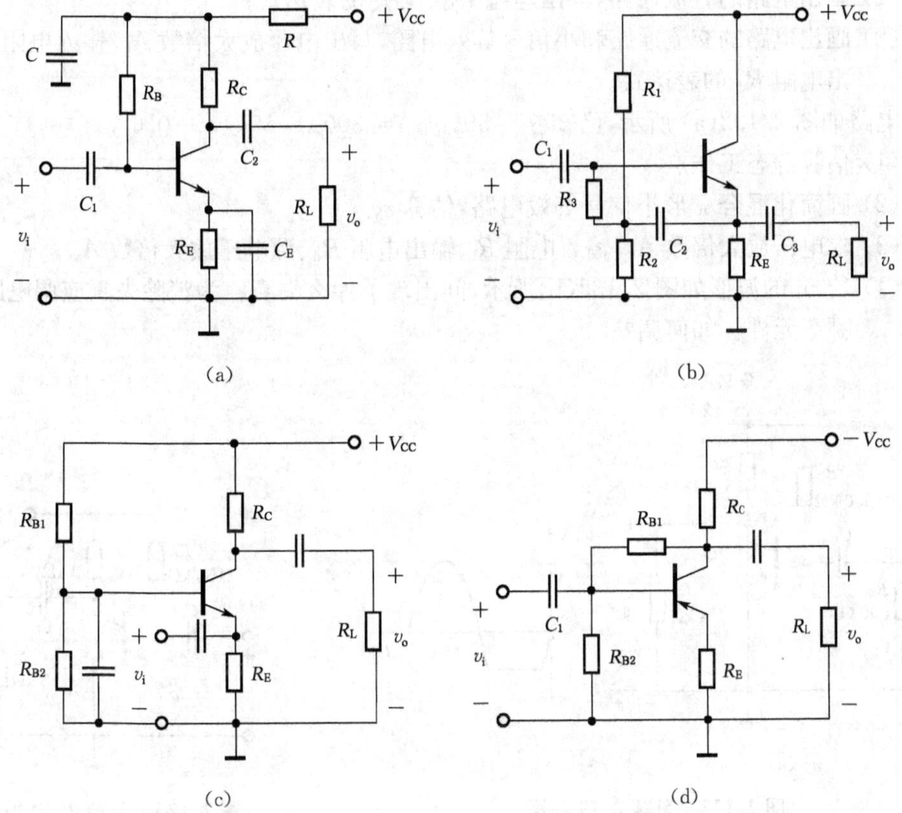

图 2.129　习题 2.16 用图

2.17　共射极放大电路如图 2.130 所示，已知 $R_B = 200\,\text{k}\Omega$，$R_C = 2\,\text{k}\Omega$，$R_L = 10\,\text{k}\Omega$，$R_S = 100\,\Omega$，$V_{CC} = -6\,\text{V}$。三极管为 PNP 锗管，$V_{BE} \approx -0.2\,\text{V}$，$\beta = 50$，$r_{bb'} = 200\,\Omega$。

(1) 画出电路的直流通路，计算电路的静态工作点；

(2) 画出电路的交流通路和小信号等效电路，求电压增益 A_v 及源电压增益 A_{vs}；

(3) 求输入电阻 R_i 及输出电阻 R_o。

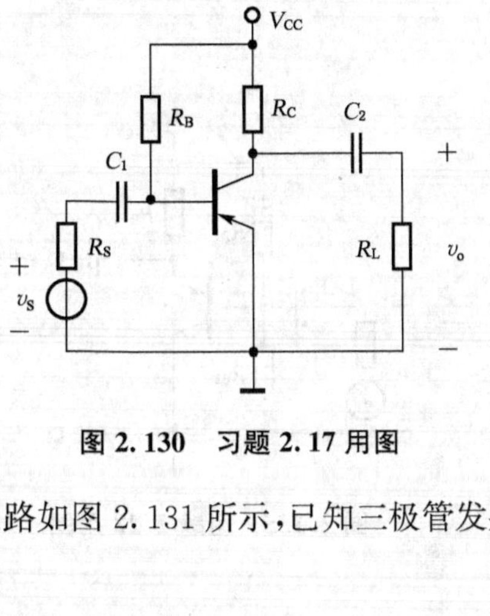

图 2.130　习题 2.17 用图

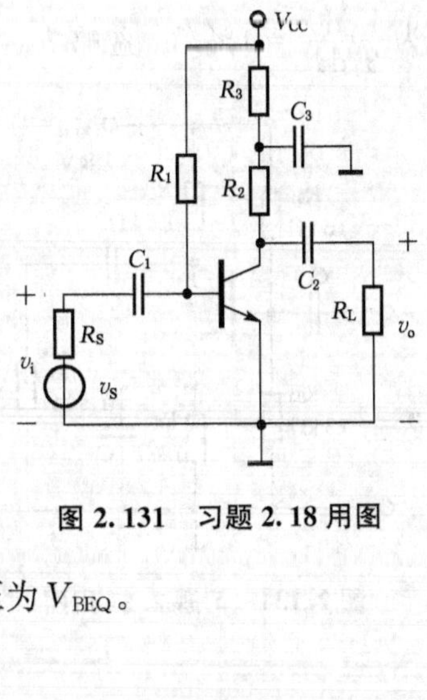

图 2.131　习题 2.18 用图

2.18　电路如图 2.131 所示，已知三极管发射结电压为 V_{BEQ}。

(1) 画出电路的直流通路，写出静态 I_{CQ}、V_{CEQ}的表达式；

(2) 画出电路的交流通路和小信号等效电路，写出电压放大倍数 A_v、输入电阻 R_i、输出电阻 R_o 的表达式。

2.19 电路如图 2.132(a) 所示，已知 $\beta = 50$，$r_{bb'} = 300\ \Omega$，$V_{BE} = -0.6\ \text{V}$。

(1) 估算静态工作点；

(2) 画简化混合 π 形小信号等效电路，估算 $r_{b'e}$；

(3) 求电压放大倍数 A_v、输入电阻 R_i、输出电阻 R_o、源电压放大倍数 A_{vs}；

(4) 若 v_o 的波形如图 2.132(b)所示，问出现了什么失真？为消除失真应调电路中的哪个元件？如何调？

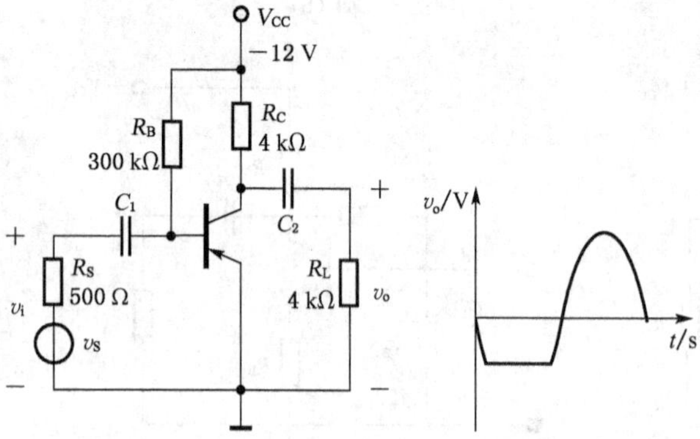

(a)　　(b)

图 2.132　习题 2.19 用图

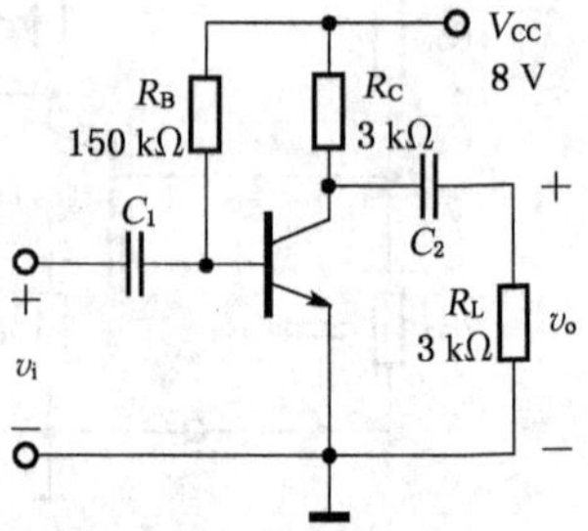

图 2.133　习题 2.20 用图

2.20 电路如图 2.133 所示，已知 20 ℃ 时，$V_{BE} = 0.6\ \text{V}$，$\beta = 50$，环境温度升高到 70 ℃ 时，分别计算两种温度情况下该电路的静态工作点（V_{BE} 的变化为 $-2.5\ \text{mV/℃}$，β 的变化为$\dfrac{1}{\beta}\dfrac{\mathrm{d}\beta}{\mathrm{d}T} = 1\%/℃$，忽略 I_{CBO} 的变化）。

2.21 电路如图 2.134 所示，已知 20 ℃ 时，$V_{BE} = 0.6\ \text{V}$，$\beta = 50$，环境温度升高到 70 ℃ 时，分别计算两种温度情况下该电路的静态工作点（V_{BE} 的变化为 $-2.5\ \text{mV/℃}$，β 的变化为$\dfrac{1}{\beta}\dfrac{\mathrm{d}\beta}{\mathrm{d}T} = 1\%/℃$，忽略 I_{CBO} 的变化）。

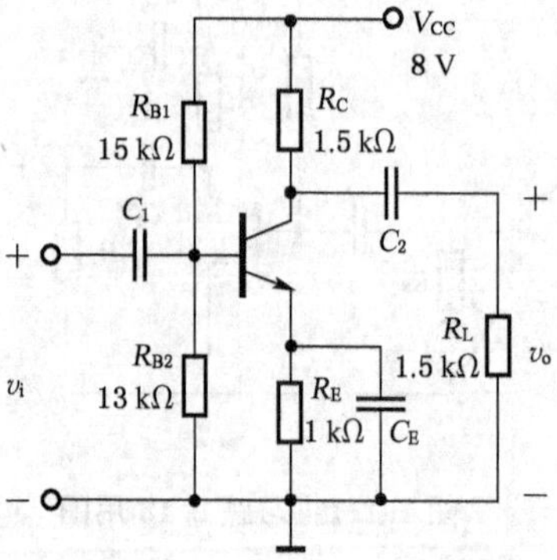

图 2.134　习题 2.21 用图

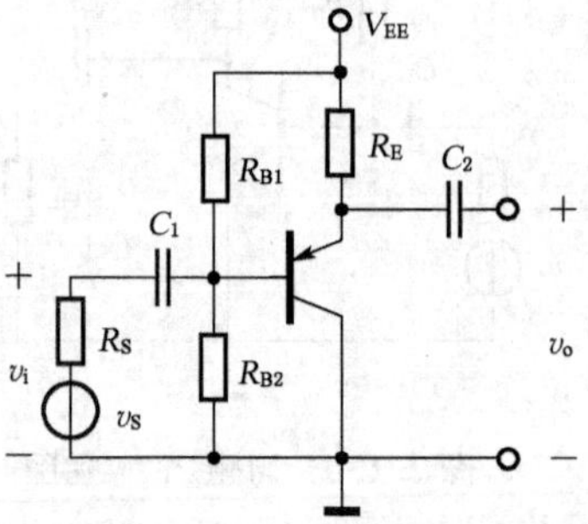

图 2.135　习题 2.22 用图

2.22 电路如图 2.135 所示，已知 $R_{B2}=30\ \text{k}\Omega$，$R_{B1}=100\ \text{k}\Omega$，$R_S=50\ \Omega$，$R_E=1\ \text{k}\Omega$，$V_{EE}=12\ \text{V}$，$\beta=50$，$h_{ie}=1\ \text{k}\Omega$，求电压增益 A_v、输入电阻 R_i、输出电阻 R_o、源电压增益 A_{vs}。

2.23 放大电路如图 2.136 所示，已知 $V_{BE}=0.7\ \text{V}$，$\beta=50$，试计算：

(1) 静态工作点；

(2) 电压增益 A_v、源电压增益 A_{vs}、输入电阻 R_i、输出电阻 R_o；

(3) 若温度升高，定性说明工作点的变化。

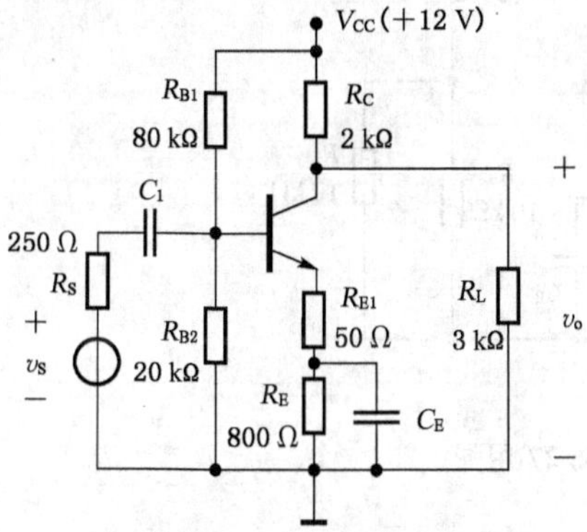

图 2.136　习题 2.23 用图

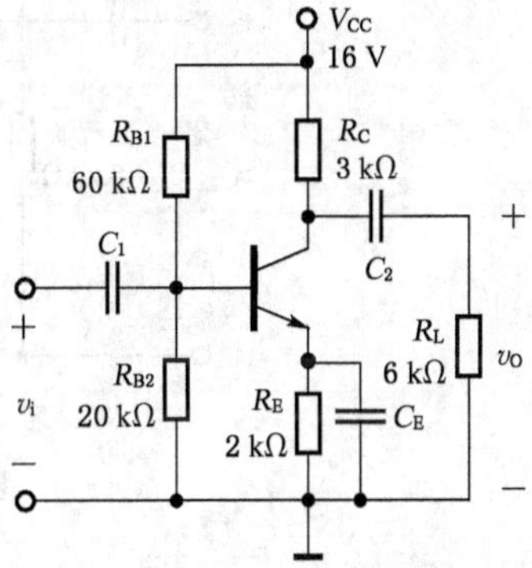

图 2.137　习题 2.24 用图

2.24 电路如图 2.137 所示，已知 $\beta=100$，$V_{BE}=0.7\ \text{V}$，求静态工作点。

2.25 共基电路如图 2.138 所示。

(1) 画出电路的直流通路，写出静态工作点的表达式；

(2) 画出电路的交流通路和小信号等效电路，写出电压增益 A_v、源电压增益 A_{vs}、输入电阻 R_i、输出电阻 R_o 的表达式。

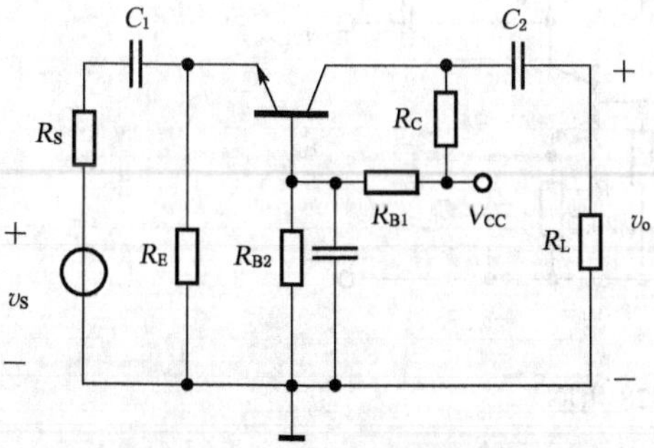

图 2.138　习题 2.25 用图

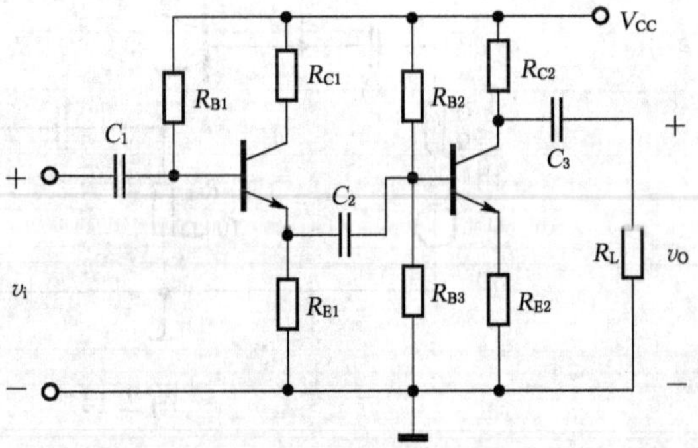

图 2.139　习题 2.26 用图

2.26 两级阻容耦合放大电路如图 2.139 所示，已知 $\beta_1=\beta_2$。画出电路的交流通路和小信号等效电路，写出放大电路总的电压放大倍数 A_v、输入电阻 R_i、输出电阻 R_o 的表达式。

2.27 两级放大电路如图 2.140 所示，已知 $\beta_1=\beta_2=40$，$h_{ie1}=1.37\ \text{k}\Omega$，$h_{ie2}=0.89\ \text{k}\Omega$。

(1) 画出电路的直流通路,求各级静态工作点。

(2) 画出电路的交流通路和小信号等效电路,求电压放大倍数 A_v、输入电阻 R_i、输出电阻 R_o(设 $V_{BE1}=V_{BE2}=0.6\ V$)。

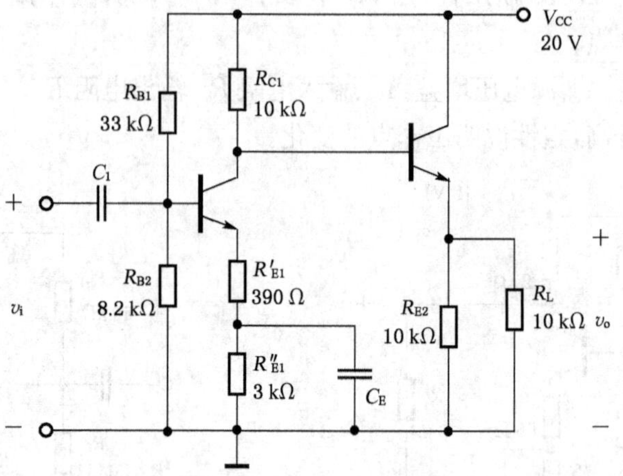

图 2.140　习题 2.27 用图

2.28 电路如图 2.141 所示,已知两三极管的参数相同,$\beta=50$, $h_{ie}=1\ k\Omega$, $V_{BE}=0.7\ V$。

(1) 画出电路的交流通路和小信号等效电路;

(2) 求电路的输入电阻 R_i、输出电阻 R_o;

(4) 求电路的源电压增益 A_{vs}。

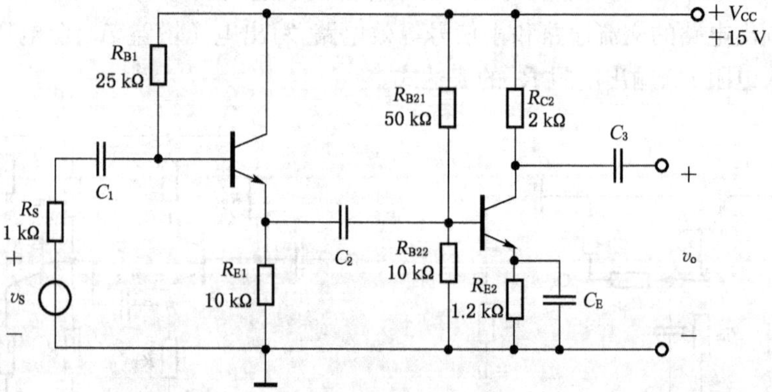

图 2.141　习题 2.28 用图

2.29 电路如图 2.142 所示,已知两三极管的参数相同,$V_{BE}=0.7\ V$, $\beta=100$, $r_{bb'}=100\ \Omega$。

(1) 画出电路的直流通路,计算两三极管的静态工作点;

(2) 电路为何组态? 画出电路的交流通路和小信号等效电路;

(3) 计算输入电阻 R_i、输出电阻 R_o、电压增益 A_v。

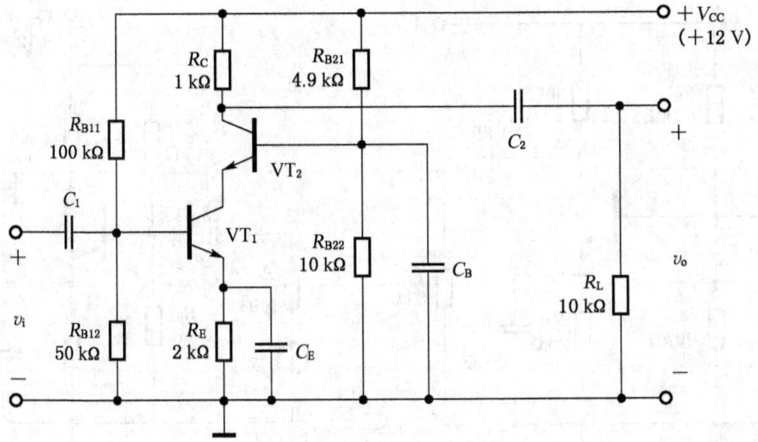

图 2.142 习题 2.29 用图

2.30 某系统的传递函数为：$A(s)=\dfrac{1\,000s(s+10)}{(s+1)(s+100)}$，试画出该系统的波特图。

2.31 单级阻容耦合共射放大电路的通频带为 50 Hz ～ 50 kHz，中频电压放大倍数为 40 dB，最大不失真交流电压范围为 −3 ～ +3 V。

(1) 若输入一个 $10\sin 4\pi\times 10^3 t(\text{mV})$ 的正弦信号，输出波形是否会产生频率失真和非线性失真？若不失真，输出电压的峰值是多大？v_o 与 v_i 间的相位差是多少？

(2) 若 $v_i = 40\sin 4\pi\times 25\times 10^3 t(\text{mV})$，回答(1) 中的问题；

(3) 若 $v_i = 10\sin 4\pi\times 50\times 10^3 t(\text{mV})$，输出波形是否会失真？

2.32 已知某放大电路的电压增益的频率特性表达式为：

$$A_v=\frac{100\text{j}\,\dfrac{f}{10}}{\left(1+\text{j}\,\dfrac{f}{10}\right)\left(1+\text{j}\,\dfrac{f}{10^5}\right)}$$

式中：f 的单位为 Hz，求上限频率、下限频率、中频电压增益、输入电压与输出电压在中频段的相位差。

2.33 已知一个高频三极管，在 $I_{EQ}=2\,\text{mA}$ 时测得：$\beta_0=80$，$h_{ie}=1.2\,\text{k}\Omega$，$f_\beta=1.25\,\text{MHz}$。试计算该三极管的混合 π 形参数：$f_T$、$C_{b'e}$、$r_{b'e}$、$r_{bb'}$ 及 g_m 的值。

2.34 分压式偏置的共射放大电路如图 2.143 所示，已知 $r_{bb'}=100\,\Omega$，$\beta_0=100$，$V_{BE}=0.7\,\text{V}$，$C_{b'c}=3\,\text{pF}$，$f_T=160\,\text{MHz}$。

(1) 求中频电压增益 A_{vI}；

(2) 求上限频率 f_H 及下限频率 f_L；

(3) 画出波特图。

2.35 共发射极放大电路放大高频信号时，负载阻值增大，会对带宽有何影响？若要增大带宽，应如何选择放大管？

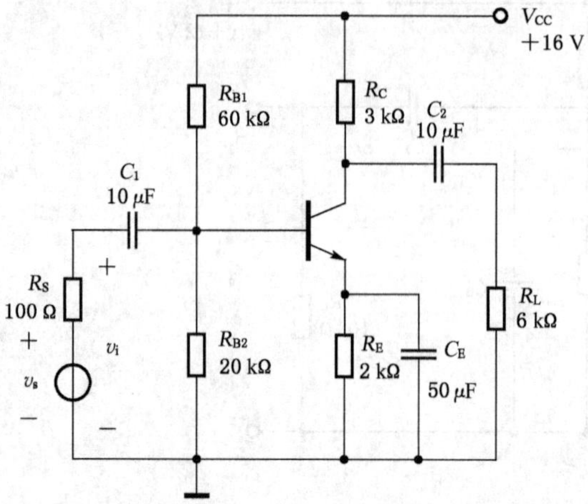

图 2.143　习题 2.34 用图

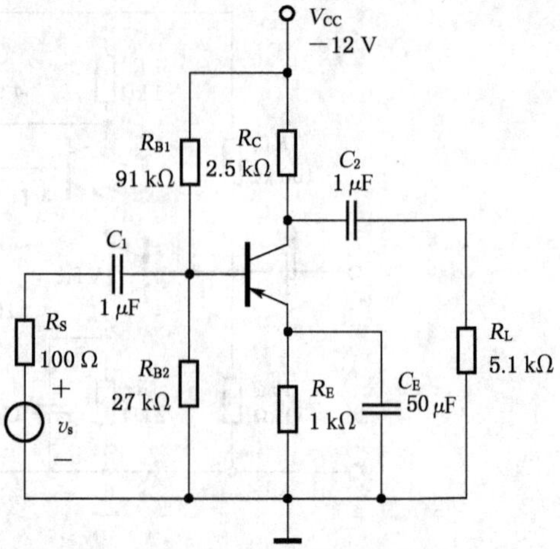

图 2.144　习题 2.36 用图

2.36　电路如图 2.144 所示，已知 $\beta = 40$，$C_{b'c} = 3$ pF，$C_{b'e} = 100$ pF，$r_{bb'} = 100\ \Omega$，$r_{b'e} = 1$ kΩ。

(1) 画出高频小信号等效电路，求上限频率 f_H；

(2) 求中频电压放大倍数；

(3) 如 R_L 提高 10 倍，问中频电压放大倍数、上限频率、下限频率各为多少？

2.37　电路如图 2.144 所示，已知 $\beta = 50$，$h_{ie} = 0.72$ kΩ。

(1) 估算电路的下限频率；

(2) 若 $|V_{im}| = 10$ mV，且 $f = f_L$ 时，$|V_{om}| =$？V_i 和 V_o 间的相位差是多少？

3 场效应管及其应用

3.1 引 言

第 2 章讨论了晶体管和由它组成的基本放大电路。发现无论晶体管组成什么类型的放大器，在晶体管的输入端总存在输入电流，在共基极放大器中晶体管的输入电流是 i_E，而共发放大器和共集电极放大器中晶体管的输入电流是 i_B，因此，使放大器的输入电阻 $R_i{}'$不会太大，导致放大器的输入电阻 R_i 也不会太大，这样的放大器，有些情况下不能满足使用要求，要使放大器的输入电阻大，只有使用场效应管(field effect transistor，缩写为 FET)放大器。场效应管的工作特点是，无论场效应管组成什么样的放大器，它的输入端都不需要有电流输入，即场效应管的输出端电流只由输入端的电场控制。由于场效应管放大器的输入端不需要提供输入电流，因此可以使放大器的输入电阻提高很多。

本章介绍场效应管的结构、工作原理和它的伏安特性，以及由场效应管组成的放大器的分析方法和场效应管放大器的各项指标。

场效应管按其结构可以分成两大类：一类是结型场效应管(junction field effect transistor，缩写为 JFET)；另一类是金属-氧化物-半导体场效应管(metal-oxide-semiconductor field effect transistor，缩写为 MOSFET)。

3.2 结型场效应管

3.2.1 概 述

结型场效应管又可以分成两类：一类是 N 沟道结型场效应管(N channel JFET)；另一类是 P 沟道结型场效应管(P channel JFET)。

图 3.1 是 N 沟道 JFET 的结构示意图和电路符号。

由图 3.1 可知，N 沟道结型场效应管由一块 N 型半导体的两边通过掺杂做成两个 P^+ 区构成，两个 P^+ 区连结起来后引出一个引线，称为栅极(gate)，用 G 表示。从 N 区的两端各引出一个极，一个为漏极(drain)，用 D 表示；另一个为源极(source)，用 S 表示。在 P^+ 区和 N 区的接触面附近存在 PN 结，即存在空间电荷区，因为 P^+ 区的掺杂浓度远大于 N 区的掺杂浓度，因此空间电荷区主要在 N 区内。在两个空间电荷区中间就是 N 型导电沟道。如果在漏极与源极之间加上电压，则有电流通过导电沟道，而这一电流的形成主要是因为 N 型导电沟道内的多子-电子运动的结果(在 N 型沟道中空穴是少子，它的运动形成的电流很小)。

同样，也可以由一块 P 型半导体通过掺杂再构成两个 N^+ 区，可以制成 P 沟道 JFET。

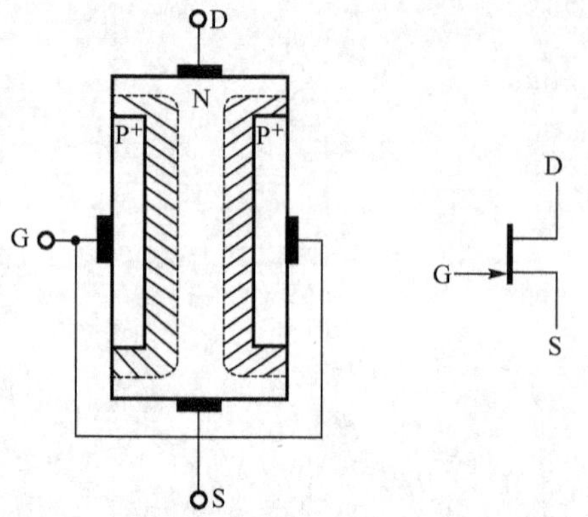

(a) 结构示意图　　(b) 电路符号

图 3.1　N 沟道 JFET 的结构示意图和电路符号

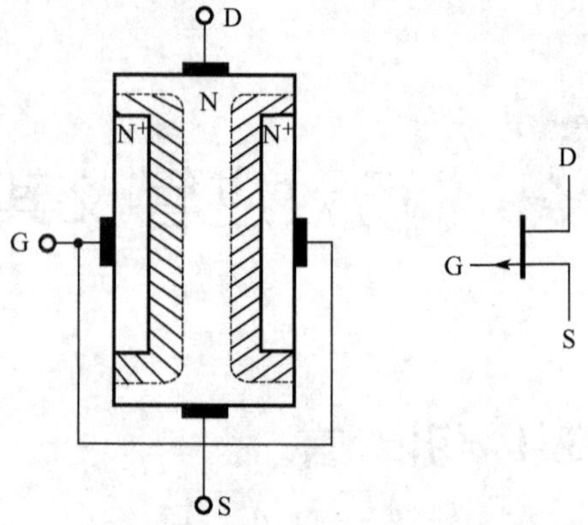

(a) 结构示意图　　(b) 电路符号

图 3.2　P 沟道 JFET 的结构示意图和电路符号

P 沟道 JFET 的结构示意图和电路符号如图 3.2 所示。

P 沟道 JFET 中有电流通过时，电流的形成主要是由于 P 沟道内的多子-空穴运动的结果。

3.2.2　结型场效应管的工作原理

JFET 工作时，要确保两个 PN 结都加反向偏压。因此，对 N 沟道 JFET，V_{GS}要为负值，V_{DS}要为正值；对 P 沟道 JFET，V_{GS}要为正值，V_{DS}要为负值。它们工作时，V_{DD}和 V_{GG}这两个电源的极性如图 3.3 所示。

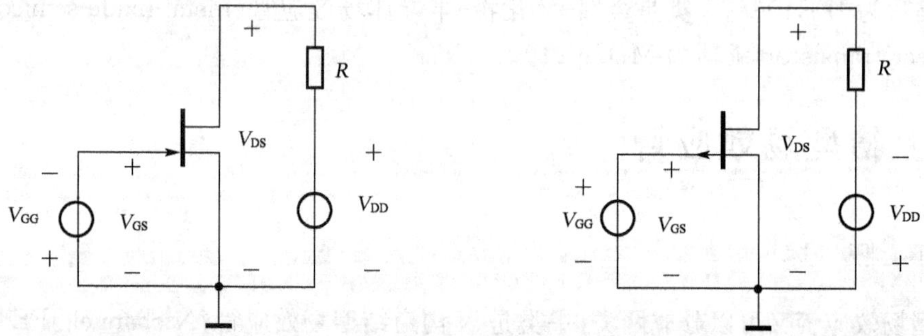

(a) N 沟道 JFET V_{GS}和 V_{DS}的极性　　(b) P 沟道 JFET V_{GS}和 V_{DS}的极性

图 3.3　JFET 偏置电压的极性

为了叙述 v_{GS}和 v_{DS}对沟道的影响，以 N 沟道 JFET 为例。

1）v_{GS}对沟道的影响

先假设 $v_{DS}=0$（即漏极与源极之间短路），叙述栅极-源极电压 v_{GS}变化时对沟道的影响。如图 3.4 所示。

因为 $v_{DS}=0$，即漏极与源极短路，因此，整个沟道上没有压降，即整个沟道的电位与源极相同。而栅极与源极之间的电压为 v_{GS}，为了使 JFET 的输入端没有电流，PN 结必须在反向偏置电压下工作，即 v_{GS}必须是负值。由于 JFET 沟道两边的 PN 结都加上了反向电压，使 JFET 的输入电阻可以高达 10 MΩ 以上。

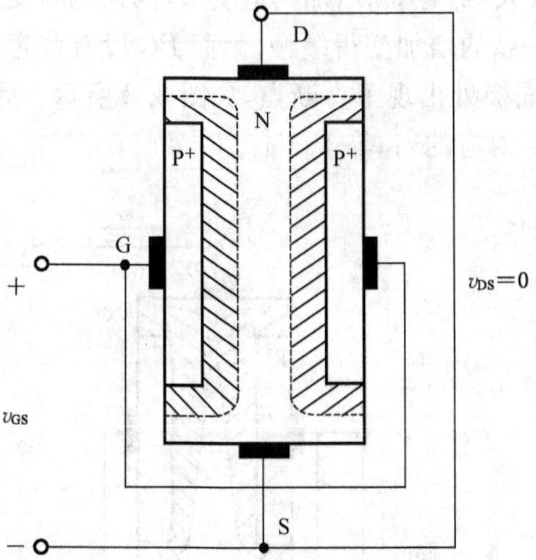

图 3.4 当 $v_{DS}=0$ 时 v_{GS} 对沟道的影响

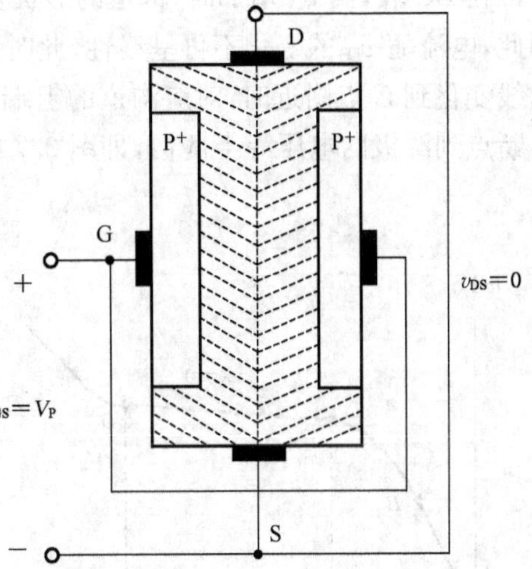

图 3.5 沟道被夹断的示意图

当 $|v_{GS}|$ 上升时，由于沟道两边的空间电荷区宽度增加，使导电沟道变窄，因此沟道电阻会变大，即 v_{GS} 改变时可以使沟道的宽度改变，也就改变了沟道电阻。当 $|v_{GS}|$ 上升到足够高时，沟道两边的空间电荷区会加宽，以致使空间电荷区连成一片，使沟道完全消失。这种现象称为沟道被夹断(pinch-off)，此时对应的 v_{GS} 称为夹断电压(pinch-off voltage)，用 V_P 表示。如图 3.5 所示。

当 $v_{GS}=V_P$ 时，沟道被夹断，此时再在漏极与源极之间加电压，也不会有电流存在。

从以上可以看出，改变 v_{GS} 的大小，可以改变沟道的宽度，即可以改变沟道电阻。如果在漏极与源极之间加上电压，则可以通过改变 v_{GS} 的大小来改变沟道中的电流大小。

2) v_{DS} 对沟道的影响

下面假设 $v_{GS}=0$ 来观察 v_{DS} 对沟道的影响。如图 3.6 所示。

当 $v_{GS}=0$ 时，即栅极与源极短路，漏极与源极之间的电压 v_{DS} 加在沟道的两端，漏极为正，源极为负，即 v_{DS} 为正值。因为源极电位最低，沟道有电阻，所以沿着沟道从源极到漏极，沟道上的电位逐渐升高，漏极的电位最高。由于 $v_{GS}=0$，即 P^+ 区和源极相连，所以沟道相对于 P^+ 区的电压也从源极到漏极逐渐升高，因此，空间电荷区的宽度从源极到漏极逐渐增宽，使沟道的形状如图 3.6 所示。

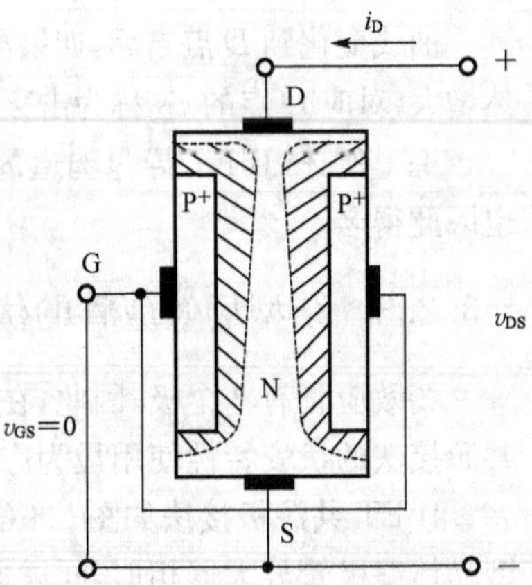

图 3.6 $v_{GS}=0$ 时 v_{DS} 对沟道的影响

如果 v_{DS} 从小到大慢慢增加，沟道电流 i_D 的变化曲线如图 3.7 所示。

在图 3.7 中，将曲线分成了 4 个部分：*AB* 段、*BC* 段、*CD* 段和 *DE* 段。

在 AB 段，v_{DS} 较小。当 v_{DS} 变化时，沟道的形状变化不大，即沟道电阻变化不大，因此，

当 v_{DS}增加时，电流 i_D 随着 v_{DS}增加而线性增加，即 AB 段近似为直线段。

在 BC 段，当 v_{DS}增加时，沟道的形状变化较大，随着 v_{DS}增加沟道变窄，沟道电阻变大，因此，电流随 v_{DS}的变化不再呈线性，此时 i_D 随 v_{DS}的增加变得缓慢，因而 BC 段有些弯曲。曲线变化到 C 点附近时，对应沟道的上端靠近漏极处出现了夹断点，如图 3.8 所示。此时夹断点到源极的电压等于$|V_P|$，即图 3.7 中 C 点对应的 v_{DS}等于$|V_P|$。

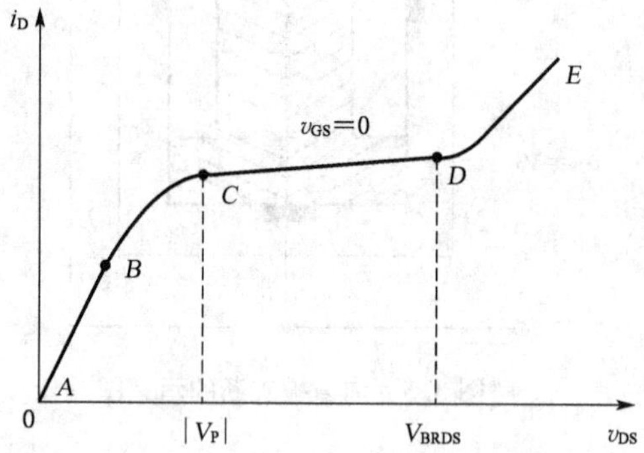

图 3.7　$v_{GS}=0$ 时的 $i_D \sim v_{DS}$ 特性

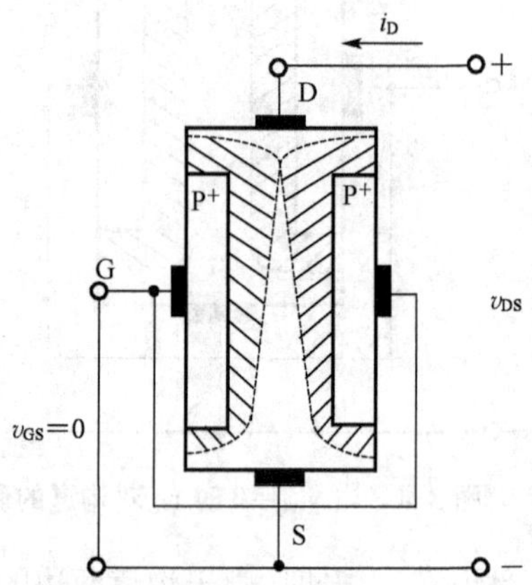

图 3.8　沟道接近漏极处出现夹断点

沟道出现夹断区后，v_{DS}降落在沟道上和夹断区上，N 沟道中的多子-电子在 v_{DS}的作用下，由源极向漏极方向移动。电子一旦进入夹断区，则被夹断区内的电场加速到了漏极，也就是说，沟道出现夹断点后，i_D 仍然存在，因此称这一夹断点为预夹断点。

沟道出现夹断点后，v_{DS}再增加时，因为空间电荷区的电阻大，所以 v_{DS}的增加部分大多降落在夹断点附近的空间电荷区上，使沟道的形状变化不大，沟道电阻也变化不大，因而沟道电流也变化不大，这样就形成了 CD 段曲线。CD 段曲线随着 v_{DS}的增大略微向上倾斜，原因是：当 v_{DS}增大时，预夹断区略有增加，导电沟道的长度略有减小，沟道电阻略有减小，因而 i_D 略有增加。

曲线变化到 D 点之后，如果再增加 v_{DS}，则会使夹断点附近的空间电荷区击穿，使电流突然增大，对应 D 点的 v_{DS}称为击穿电压，用 V_{BRDS}表示。因此，JFET 工作时，v_{DS}要小于 V_{BRDS}。

综上所述，JFET 导电沟道的导电能力受 v_{GS}和 v_{DS}的控制，即受电场的控制，场效应管也因此得名。

3.2.3　结型场效应管的伏安特性

场效应管有 3 个极，因此，在组成电路时也有 3 种接法：共源接法、共栅接法、共漏接法。共源接法的伏安特性使用最为广泛，因此只介绍场效应管的共源接法的伏安特性。

JFET 共源极接法如图 3.9(a)所示。实际上，JFET 组成小信号线性放大器时，与双极型晶体三极管放大器相似，同样也是交流量叠加在直流工作点上，因此，

漏极电流为：$i_D = I_{DQ} + i_d$；

栅极-源极电压为：$v_{GS} = v_{GSQ} + v_{gs}$；

漏极-源极电压为：$v_{DS} = v_{DSQ} + v_{ds}$。

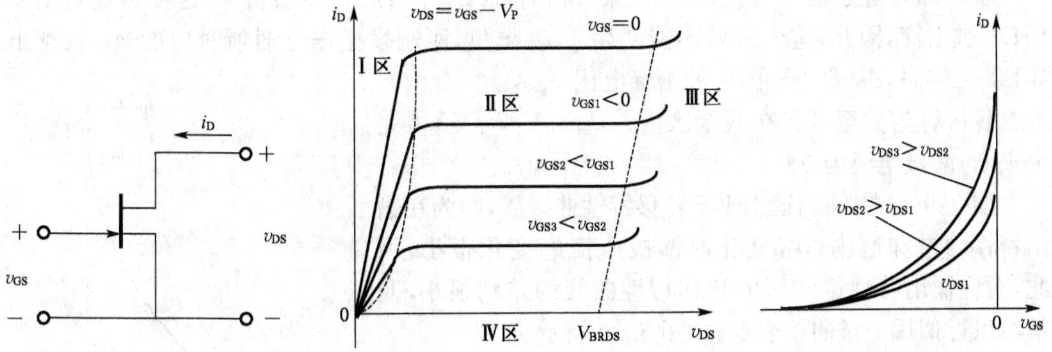

(a) N 沟道 JFET 共源接法　　　(b) 输出特性曲线族　　　(c) 转移特性曲线族

图 3.9　N 沟道 JFET 共源接法特性曲线

根据 JFET 的工作原理，JFET 的漏极电流受栅极-源极电压和漏极-源极电压的控制，因此可以写成：

$$i_D = f(v_{GS},\ v_{DS}) \tag{3.1}$$

讨论 i_D 与 v_{DS}的关系时，式(3.1)可以写成：

$$i_D = f(v_{DS})\ |_{v_{GS}=\text{常数}} \tag{3.2}$$

因此，i_D 与 v_{DS}的关系曲线(场效应管的输出特性)为一个曲线族。

讨论 i_D 和 v_{GS}的关系时，式(3.1)可以写成：

$$i_D = f(v_{GS})\ |_{v_{DS}=\text{常数}} \tag{3.3}$$

因为 v_{GS}是 JFET 共源接法的输入端的量，而 i_D 是输出端的量，因此称式(3.3)为转移特性的表达式。可见转移特性曲线也是一个曲线族。

图 3.9(b)示出了 N 沟道 JFET 的输出特性曲线族，可以将其分为 4 个区域：Ⅰ区、Ⅱ区、Ⅲ区和Ⅳ区。

Ⅰ区称为非饱和区(nonsaturation region)。在这一区域内对应的 v_{DS}较小，沟道形状在这个区域内变化不大，电流、电压特性与一个固定电阻的特性相似。当 v_{GS}为一定值时，曲线近似为直线，主要因为在这区内 v_{DS}较小，沟道还没有出现预夹断，因此这个区称为非饱和区，当 $v_{DS}\ll V_P$ 时(在特性曲线的坐标原点附近)也可以称为线性电阻区。当 v_{GS}变化时，非饱和区内曲线的斜率变化，即沟道电阻变化，因此该区也称为可变电阻区。

Ⅱ区称为饱和区(saturation region)。当沟道出现预夹断点后，沟道的形状随 v_{DS}变化不大，漏极电流几乎不随 v_{DS}变化，因此称此区为饱和区。饱和区内的输出特性曲线是一组水平线，当 v_{GS}不同时，对应的水平线不同。用 JFET 组成线性放大器时，应该使用 JFET 输出特性曲线中的饱和区。

当 $v_{GS}=0$ 时，沟道刚刚出现预夹断点时，对应的 $v_{DS}=-V_P$，v_{GS}越负时，对应曲线的预夹断点所对应的 v_{DS}就越小。非饱和区与饱和区的分界线的表达式为：

$$v_{DSsat} = v_{GS} - V_P \tag{3.4}$$

非饱和区与饱和区的分界线如图 3.9(b)中虚线所示。

Ⅲ区称为击穿区。当 v_{DS}增大到某一值时，JFET 内的 PN 结被击穿，这时 i_D 急速增加，JFET 被击穿，因此，这个区域不能使用。v_{GS}越负，刚刚发生击穿时所对应的 v_{DS}就越小。JFET 工作时，v_{DS}要小于图中的击穿电压 V_{BRDS}。

Ⅳ区称为截至区。在截至区内，$v_{GS}< V_P$，沟道被完全夹断，漏极电流为 0。

图 3.9(c)是 N 沟道 JFET 转移特性曲线族，因为在输出特性的饱和区内，v_{DS}变化时漏极电流的变化很小，因此，对应输出特性饱和区的转移特性曲线的差别很小，通常可以近似用一条曲线表示，如图 3.10 所示。

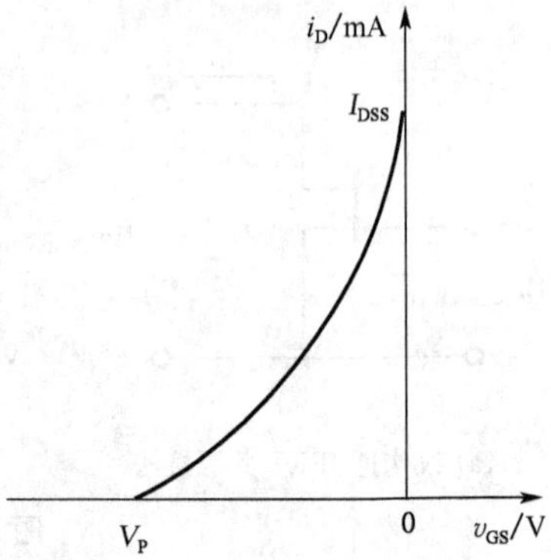

图 3.10　N 沟道 JFET 对应于输出特性饱和区的转移特性

可以证明，对应输出特性的饱和区的转移特性可以用下式表示：

$$i_D = I_{DSS}\left(1-\frac{v_{GS}}{V_P}\right)^2 \tag{3.5}$$

式中：I_{DSS}—— $v_{GS}=0$ 时的漏极饱和电流。

由式(3.5)可知，I_{DSS}和 V_P 是 JFET 的两个重要参数，它们与 JFET 的结构、沟道的尺寸及掺杂浓度等因素有关。

3.2.4　结型场效应管的主要参数

JFET 的主要参数如下。

1) 夹断电压 V_p

JFET 的导电沟道完全被夹断时，对应的栅极-源极的电压称为夹断电压。在转移特性曲线中对应于转移特性曲线与横轴的交点处的栅极-源极电压值。

2) 饱和漏电流 I_{DSS}

JFET 的栅极-源极电压为 0 时，对应的饱和区(一般取漏极-源极电压大于2 V)的漏极电流称为饱和漏电流。在转移特性曲线中对应转移特性曲线与纵轴的交点处的电流值。

3) 漏源击穿电压 V_{BRDS}

漏源击穿电压是对应 JFET 的漏极电流开始急剧增加时的漏极-源极电压，这是 JFET 的极限参数，使用 JFET 时还要注意留有余地。

4) 栅源击穿电压 V_{BRGS}

栅源击穿电压是对应 JFET 栅源之间的 PN 结发生击穿时的电压。

5) 跨导(或互导)g_m

跨导表明栅源电压对漏极电流的控制能力，可以用下式表示：

$$g_m = \left.\frac{\partial i_D}{\partial v_{GS}}\right|_{v_{DS}=C} \tag{3.6}$$

实际上，跨导就是 JFET 转移特性曲线上在工作点处的切线的斜率，它的单位一般为毫西[门子](mS)表示。将 i_D 的表达式代入式(3.6)，则有：

$$g_m = \frac{\mathrm{d}\left[I_{DSS}\left(1-\frac{v_{GS}}{V_p}\right)^2\right]}{\mathrm{d}v_{GS}} = -\frac{2I_{DSS}\left(1-\frac{v_{GS}}{V_p}\right)}{V_p} \tag{3.7}$$

6）输出电阻 r_{ds}

JFET 的输出电阻 r_{ds} 为：

$$r_{ds}=\left.\frac{\partial v_{DS}}{\partial i_D}\right|_{v_{GS}=C} \tag{3.8}$$

实际上，JFET 的输出电阻是它的输出特性曲线在工作点处的切线斜率的倒数。在饱和区内，JFET 的输出电阻比较大，一般为几十欧到几百千欧。

7）最大管耗 P_{DM}

JFET 的最大管耗也是 JFET 安全工作的极限参数。JFET 工作时应该使实际管耗小于最大管耗，即要使 $i_D v_{DS} < P_{DM}$。

3.2.5 小 结

* JFET 分两种：N 沟道 JFET 和 P 沟道 JFET，电路符号如图 3.11 所示。

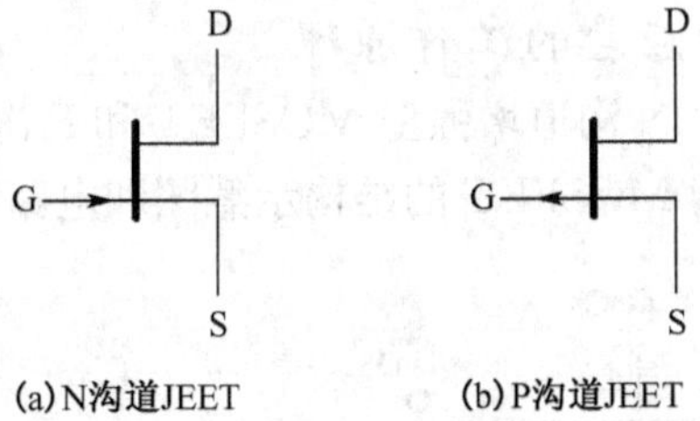

图 3.11 结型场效应管电路符号

* N 沟道 JFET 工作时，$v_{DS}>0$，$v_{GS}<0$；P 沟道 JEFT 工作时，$v_{DS}<0$，$v_{GS}>0$。

* JFET 的重要参数是：夹断电压 V_P、漏极饱和电流 I_{DSS}、漏源击穿电压 V_{BRDS}、栅源击穿电压 V_{BRGS}、跨导(或互导) g_m、输出电阻 r_{ds}、最大管耗 P_{DM}。

* 对应输出特性曲线饱和区的转移特性表达式为：

$$i_D = I_{DSS}\left(1-\frac{v_{GS}}{V_P}\right)^2$$

* 实际上，JFET 输出特性在饱和区内，i_D 随 v_{DS} 的增加略有增加，上式可以修改为：

$$i_D = I_{DSS}\left(1-\frac{v_{GS}}{V_P}\right)^2(1+\lambda v_{DS})$$

式中，$\lambda = 1/V_A$。V_A 称为厄尔利电压(Early voltage)，它的物理意义如图 3.12 所示。

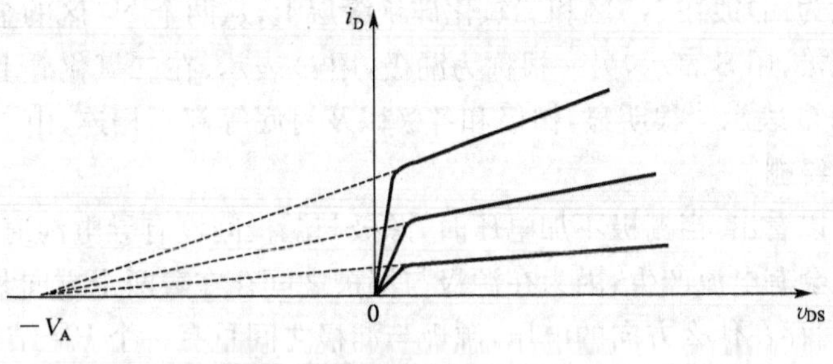

图 3.12 厄尔利电压的物理意义

3.3 绝缘栅型场效应管

JFET 工作时，PN 结加反向电压，这时输入端只能说是近似没有电流存在，实际上还存在着 PN 结的反向饱和电流，因此限制了 JFET 输入电阻的提高。一般，JFET 的输入电阻为 $10^7\Omega \sim 10^9\Omega$。如果需要更高输入电阻的 JFET，只能使用绝缘栅型场效应管，绝缘栅型场效应管也称金属-氧化物-半导体场效应管（MOSFET），简称 MOS。MOSFET 的输入电阻可以达到 $10^{15}\Omega$。

MOSFET 有两种类型，一种是增强型 MOSFET（enhancement-mode MOSFET），另一种是耗尽型 MOSFET（depletion-mode MOSFET）。下面分别介绍这两种类型的 MOSFET 的工作原理和伏安特性。

3.3.1 增强型 MOS 场效应管

1）增强型 MOS 场效应管的工作原理

增强型 MOSFET 又分为 N 沟道增强型 MOSFET 和 P 沟道增强型 MOSFET。

图 3.13 是 N 沟道增强型 MOSFET 的结构示意图和电路符号。

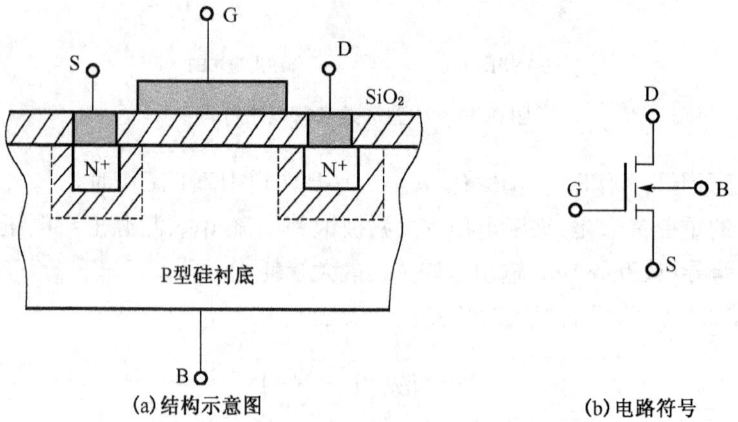

图 3.13　N 沟道增强型 MOSFET 的结构示意图和电路符号

N 沟道增强型 MOSFET 是在掺杂浓度较低的 P 型衬底（substrate）上用扩散的方法制成两个 N^+ 区，然后用光刻的方法，将 N^+ 顶部的二氧化硅（SiO_2）绝缘层去掉，用真空镀膜的方法将金属（一般为铝）镀在 N^+ 区和二氧化硅绝缘层上，从两个 N^+ 区的金属处分别引出两根线，一根称为源极，用 S 表示，另一根称为漏极，用 D 表示；在二氧化硅上面的金属上的引出线称为栅极，用 G 表示。很明显，栅极和各极以及衬底等都不相连，由二氧化硅绝缘层隔离，因此称其为绝缘栅。

从图 3.13 可以看出，当栅极不加电压时，源极与漏极间没有导电沟道，此时如果源极与漏极间加电压，不会有电流产生，因为在源极与漏极之间存在着两个方向相反的 PN 结。无论源极与漏极之间存在什么方向的电压，源极与漏极之间总有一个 PN 结处于反偏状态，因此，源极与漏极之间不会有电流。

N沟道增强型 MOSFET 工作时，栅极-源极之间加正向电压，即 $v_{GS}>0$，而且源极与衬底相连，即 $v_{BS}=0$，如图 3.14 所示。

图 3.14 中，栅极-源极电压是 v_{GS}，也就是说，栅极与衬底之间的电压为 $v_{GB}=v_{GS}$，栅极、衬底及它们之间的二氧化硅绝缘层组合起来很像一个平行板电容器，由于 v_{GS}的存在使栅极的金属层上带正电，这些正电荷吸引 P 型衬底中的电子，同时也排斥 P 型衬底中的空穴。因此，使衬底中的电子向栅极附近聚集，P 型衬底中空穴运动的方向与电子运动的方向相反。当栅极-源极电压 v_{GS}足够高时，在栅极附近的半导体区域中，电子的浓度会超过空穴的浓度，因此这一区域已经不再是 P 型区了，而是形成了一薄层 N 型区，称之为反型层(inversion layer)。这个反型层就形成了连接源极和漏极的导电沟道，如图 3.14 所示。很显然，栅极-源极电压 v_{GS}越高，反型层就越厚，导电沟道电阻就越小。这种 MOSFET 只有在 v_{GS}达到一定值时导电沟道才生成，因此称其为增强型 MOSFET。将开始形成导电沟道时所需要的 v_{GS}称为开启电压(threshold voltage)，用 V_T 表示。

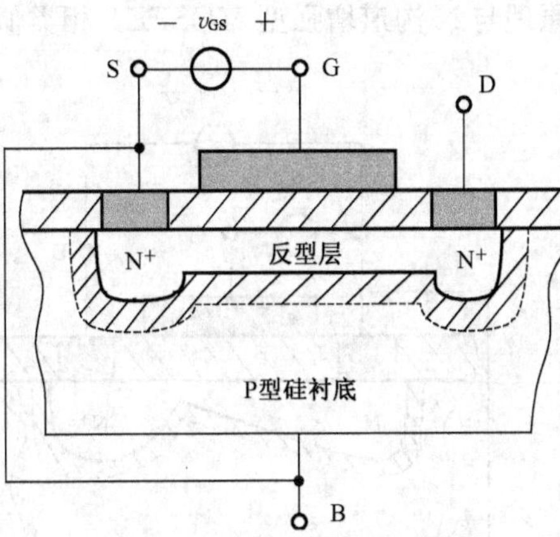

图 3.14　N 沟道的形成

当导电沟道形成之后，即当 $v_{GS}>V_T$ 时，漏极与源极之间加上电压，则 N 型沟道中的多子电子由源极向漏极流动，而产生了从漏极到源极的电流(少子形成的电流很小，可以忽略不计)。下面介绍沟道电流与漏极-源极电压的关系。

沟道形成以后，当 v_{GS}不变时，v_{DS}由小变大，则可以作出 i_D 随 v_{DS}的变化曲线，如图 3.15 所示。

由于加上了 v_{DS}后沟道中从源极到漏极的电位逐渐升高，即沟道上的各点与栅极间的电位差不同，从源极端到漏极端，沟道与栅极间的电位差逐渐减小，因此，沟道从源极到漏极逐渐变窄。沟道的形状如图 3.15(a)所示。

当 v_{DS}很小时，沟道的形状随 v_{DS}的变化不大。因此，沟道呈现出固定电阻的伏安特性，即电流与电压是线性关系，如图 3.15(c)的 AB 段。

随着 v_{DS}增大，沟道的形状变化较大，沟道接近漏极端的宽度明显减小，使沟道电阻随 v_{DS} 的增加而增加，因此，漏极电流随 v_{DS}增加要缓慢些，如图 3.15(c)中的 BC 段。

当 v_{DS}再增加，使漏极附近栅极与漏极间的电位差小于开启电压 V_T 时，漏极附近就出现了夹断点，也称之为预夹断，如图 3.15(b)所示。出现夹断点后，v_{DS}再增加，v_{DS}增加的部分几乎都降落在夹断处的空间电荷区上，在空间电荷区形成了从漏极指向源极方向的电场。N 沟道中的电子在这一电场的作用下，继续运动，穿过空间电荷区到达漏极。v_{DS}再增加，沟道的形状和尺寸变化不太大，因此，电流 i_D 的变化也不太大。这就是图 3.15(c)对应的 CD 段。v_{DS}不能无限制增加，若 v_{DS}太大，会引起夹断点附近的空间电荷区击穿，i_D 突然猛增使 MOSFET 击穿，对应图 3.15(c)中的 D 点。

同样，可以制成 P 沟道增强型 MOSFET。

P 沟道增强型 MOSFET 的结构示意图和电路符号如图 3.16 所示。

这里要注意：P 沟道增强型 MOSFET 工作时，v_{GS}的极性为负，v_{DS}也是负极性。其工作原理与 N 沟道增强型 MOSFET 相类似，这里不再赘述。

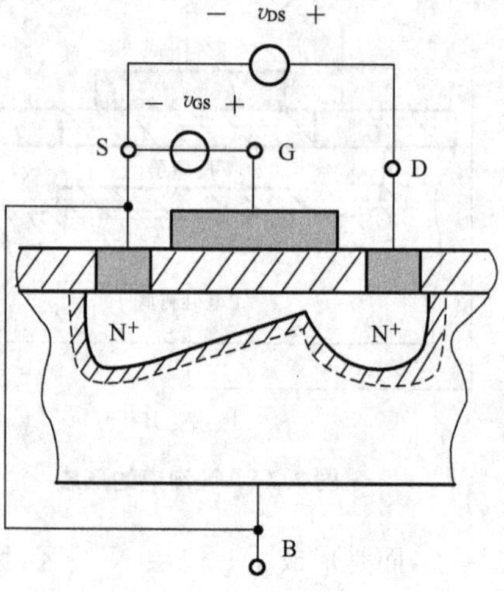

(a) v_{DS}较小时的沟道形状

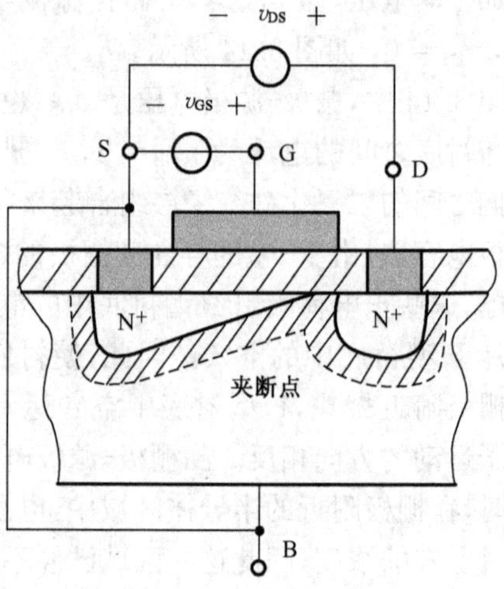

(b) 沟道出现了夹断点

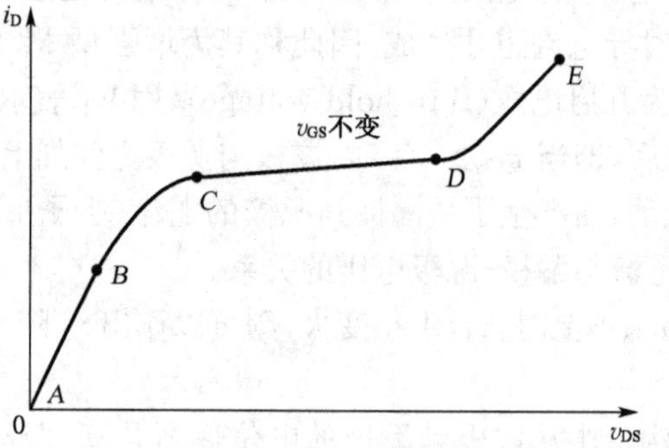

(c) v_{GS}不变时 v_{DS}对 i_D 的影响

图 3.15　v_{DS}对 i_D 的影响

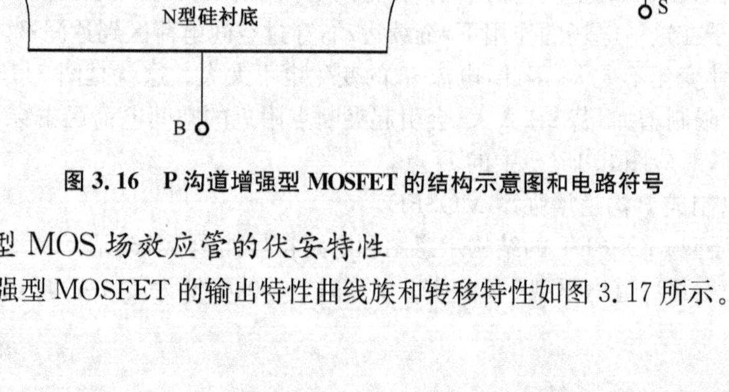

图 3.16　P 沟道增强型 MOSFET 的结构示意图和电路符号

2）增强型 MOS 场效应管的伏安特性

N 沟道增强型 MOSFET 的输出特性曲线族和转移特性如图 3.17 所示。

N 沟道增强型 MOSFET 的输出特性同样也分为 4 个区域：非饱和区、饱和区、截止区和击穿区。非饱和区与饱和区的分界线如图 3.15(a)中虚线所示。

显然，图 3.17(a)中虚线对应漏极附近出现夹断点时的临界点，即 i_D 饱和的临界点。此时：

$$v_{GS}-v_{DS}=V_T \tag{3.9}$$

可以得出 C 点对应的 v_{DS}值：

$$v_{DS}=v_{GS}-V_T \tag{3.10}$$

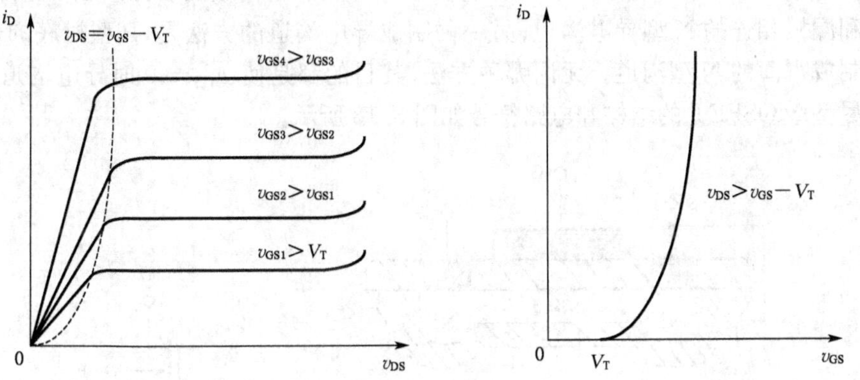

(a) 输出特性曲线族　　(b) 转移特性

图 3.17　N 沟道增强型 MOSFET 的特性曲线

图 3.17(b)是对应输出特性中饱和区部分的转移特性，i_D 与 v_{GS}在这个区域的关系也是平方律关系，即

$$i_D=K_n(v_{GS}-V_T)^2 \tag{3.11}$$

式中：

K_n——导通参数(conduction parameter)，对 N 沟道 MOSFET 可以表示为：

$$K_n=\frac{W\mu_n C_{ox}}{2L} \tag{3.12}$$

μ_n——反型层中的电子迁移率；

W——导电沟道的宽度；

L——导电沟道的长度；

C_{ox}——单位面积的栅极电容量，可表示为：

$$C_{ox}=\frac{\varepsilon_{ox}}{t_{ox}} \tag{3.13}$$

t_{ox}——氧化物(二氧化硅)厚度；

ε_{ox}——氧化物的介电常数(permittivity)。

一般，MOSFET 在制造过程中，二氧化硅的厚度差异不是太大，而二氧化硅的介电常数一定，因此，式(3.12)所示的导通参数表达式也可以重写为：

$$K_n=\frac{k_n'}{2}\frac{W}{L} \tag{3.14}$$

比较式(3.12)和式(3.14)可知，$k_n' = \mu_n C_{ox}$，可以认为是常数。因此，MOSFET 的主要设计参数是沟道的长宽比(width-to-length ratio)。

3.3.2　耗尽型 MOS 场效应管

耗尽型 MOSFET 与增强型 MOSFET 在制造工艺上不同。增强型 MOSFET 没有导电沟道存在，工作时栅极加上合适的电压才能出现导电沟道；耗尽型 MOSFET 栅极不加任何电压，导电沟道就已经存在了。以 N 沟道耗尽型 MOSFET 的制造为例，在二氧化硅绝缘层中掺有大量正离子，由于正离子的作用，能在 P 型衬底靠近栅极的表面形成反型层，即形成与源极和漏极相连的 N 型导电沟道；另一种制成导电沟道的方法是，P 型衬底的表面用掺杂方法制成很薄的 N 型沟道。无论哪种方法，其目的都是使 $v_{GS}=0$ 时导电沟道存在。N 沟道耗尽型 MOSFET 的结构和电路符号如图 3.18 所示。

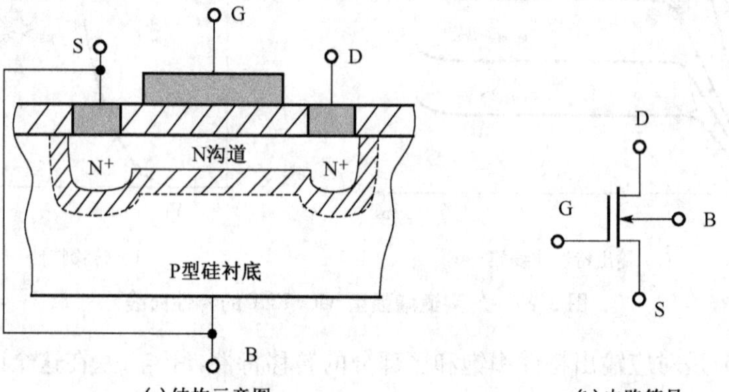

(a) 结构示意图　　　(b) 电路符号

图 3.18　N 沟道耗尽型 MOSFET 的结构和电路符号

由于耗尽型 MOSFET 在 $v_{GS}=0$ 时沟道就存在了，因此，v_{DS} 为正向电压时，就有电流 i_D 通过沟道。显然，如果 $v_{GS}>0$，导电沟道会变宽，沟道电阻减小，i_D 会增加。如果 $v_{GS}<0$，沟道会变窄，i_D 会减少。当 $v_{GS}=V_P$ 时，沟道也会被完全夹断。

N 沟道耗尽型 MOSFET 的输出特性和转移特性曲线如图 3.19 所示。

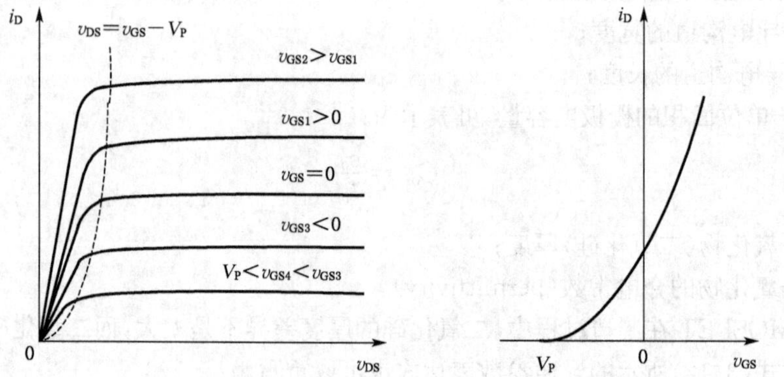

(a) 输出特性　　　(b) 转移特性

图 3.19　N 沟道耗尽型 MOSFET 的伏安特性

由图 3.19 可以看出，当 $v_{GS} > V_P$ 时，有沟道电流。

同理，P 沟道耗尽型 MOSFET 管的结构、电路符号和伏安特性如图 3.20 所示。

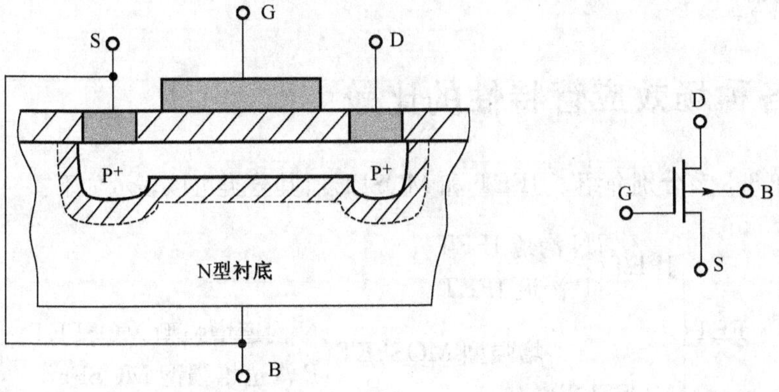

(a) P 沟道耗尽型 MOSFET 的结构和电路符号

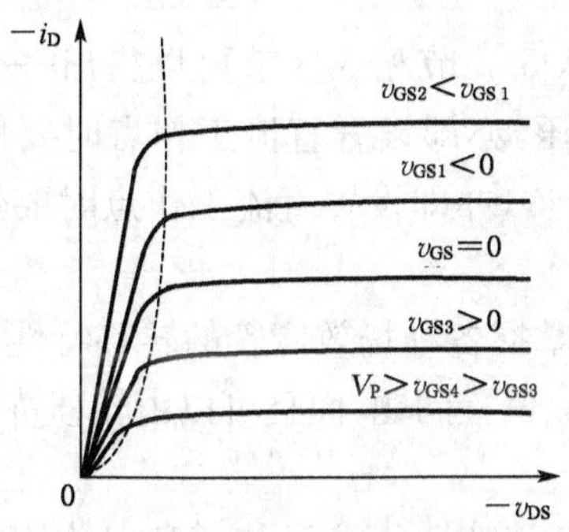

(b) 输出特性

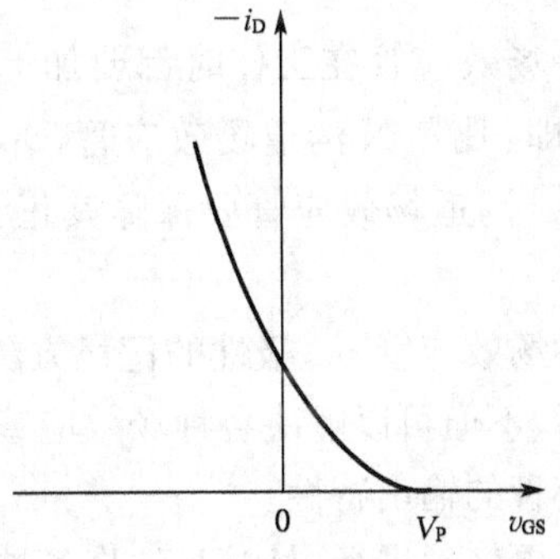

(c) 转移特性

图 3.20　P 沟道耗尽型 MOSFET

3.3.3　小　结

* MOSFET 分为两大类：增强型 MOSFET 和耗尽型 MOSFET，每一类又分为 N 沟道的和 P 沟道两类。

* 在增强型 MOSFET 中，当 $v_{GS} = 0$ 时导电沟道不存在；在耗尽型 MOSFET 中，当 $v_{GS} = 0$ 时导电沟道存在。

* N 沟道增强型 MOSFET 组成放大器时，$v_{GS} > 0$，$v_{DS} > 0$。

* N 沟道耗尽型 MOSFET 组成放大器时，v_{GS} 可正可负，且要求 $v_{GS} > V_P$，$v_{DS} > 0$。

* P 沟道增强型 MOSFET 组成放大器时，$v_{GS} < 0$，$v_{DS} < 0$。

* P 沟道耗尽型 MOSFET 组成放大器时，v_{GS} 可正可负，且要求 $v_{GS} < V_P$，$v_{DS} < 0$。

* 对应 N 沟道增强型 MOSFET 输出特性饱和区的转移特性的表达式为：

$$i_D = K_n (v_{GS} - V_T)^2$$

如果考虑到厄尔利电压，上式可以修正为：

$$i_D = K_n[(v_{GS} - V_T)^2(1 + \lambda v_{DS})]$$

∗ MOSFET 的参数与 JFET 的参数差不多，只是增强型 MOSFET 对应导通时的电压是开启电压 V_T。

3.4　各种场效应管特性的比较

3.2 节和 3.3 节分别介绍了 JFET 和 MOSFET，其分类可以表示如下：

- FET
  - JFET
    - N 沟道 JFET
    - P 沟道 JFET
  - MOSFET
    - 增强型 MOSFET
      - N 沟道增强型 MOSFET
      - P 沟道增强型 MOSFET
    - 耗尽型 MOSFET
      - N 沟道耗尽型 MOSFET
      - P 沟道耗尽型 MOSFET

各种场效应管在工作时都要加上 v_{DS} 和 v_{GS}，从 3.2 节和 3.3 节可以得出一个简单的规律，亦即：凡是 N 沟道场效应管，v_{DS} 要加正向电压，亦即设置直流工作点时要使 V_{DSQ} 为正；凡是 P 沟道场效应管要保障其正常工作，v_{DS} 为负，亦即设置直流工作点时要使 V_{DSQ} 为负。

各种场效应管 v_{GS} 极性的记忆方法的关键是要掌握各种场效应管的转移特性。掌握转移特性后，不但可以解决各种场效应管工作时的直流偏置问题，而且可以由转移特性作出对应场效应管的输出特性。

为了更好地进行对比记忆，将各种场效应管的转移特性分成 N 沟道和 P 沟道在同一个坐标中画出，如图 3.21 所示。

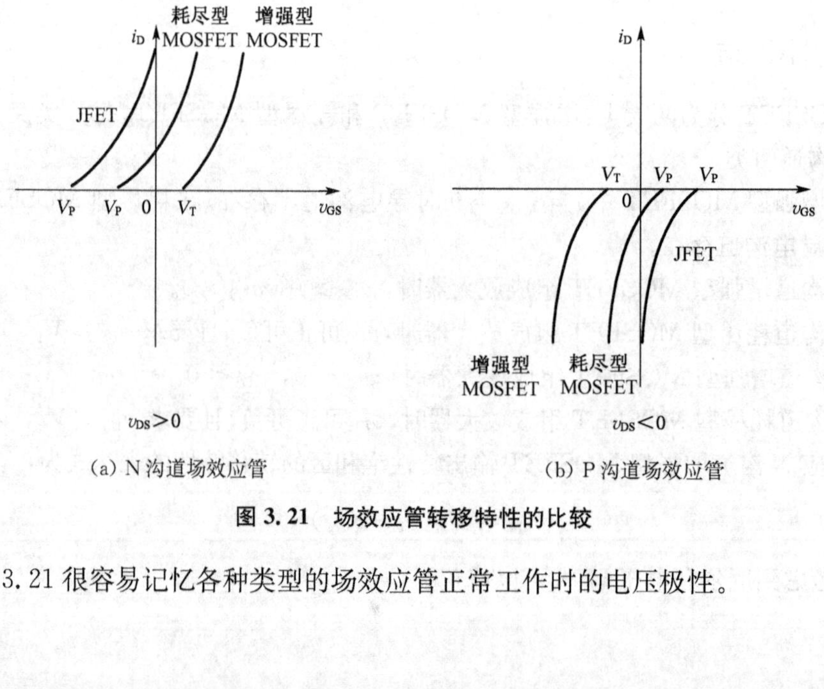

(a) N 沟道场效应管　　(b) P 沟道场效应管

图 3.21　场效应管转移特性的比较

用图 3.21 很容易记忆各种类型的场效应管正常工作时的电压极性。

3.5　场效应管放大器

场效应管组成的线性放大器按其交流信号的输入端和输出端的连接方式可以分成 3 种组态的放大器：共源放大器、共栅放大器和共漏放大器。不论组成什么样的线性放大器，场效应管都应工作于输出特性曲线的饱和区内（这个区相当于双极型晶体管输出特性的放大区）。因此，对场效应管放大器，首先应该考虑的就是放大器的偏置电路问题。

3.5.1　场效应管放大器的偏置电路

场效应管放大器中选择不同类型的场效应管，则偏置电路的类型也不同，这主要是不同类型的场效应管对应的 V_{DSQ} 和 V_{GSQ} 的极性不同而造成的。场效应管偏置电路的主要特点是确保 V_{GSQ} 电压适当，栅极没有电流。场效应管放大电路的偏置电路主要有两种形式：一种是自偏压电路，另一种是分压式偏置电路。下面分别介绍这两种偏置电路。

1）自偏压电路

图 3.22 所示为共源放大器的电路图和它的直流通路。

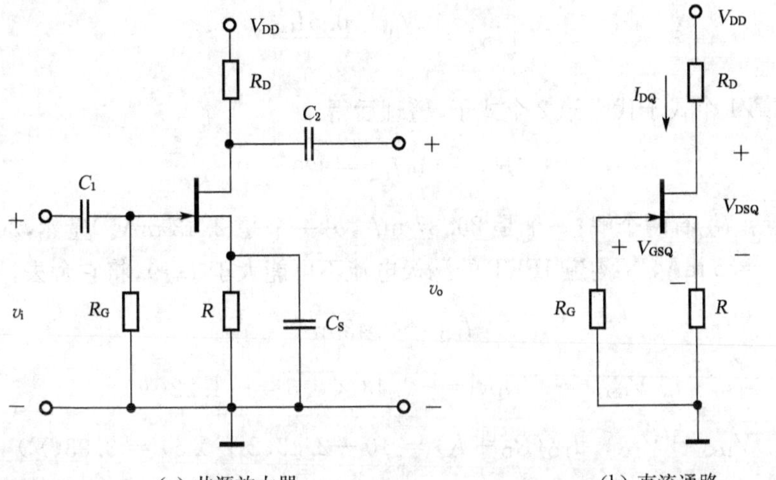

图 3.22　自偏压电路

由图 3.22(a)可以看出，交流信号由场效应管的栅极输入、漏极输出。因此，源极对交流输入、输出信号而言是公共的地电位，该电路为共源极放大器。

图 3.22 中场效应管为 N 沟道 JFET，因此，V_{DSQ} 应大于 0，V_{GSQ} 应小于 0。

画出电路的直流通路如图 3.22(b)所示。由直流通路可知：

$$V_{GSQ} = -I_{DQ}R \text{（因为栅极没有电流）} \tag{3.15}$$

$$V_{DSQ} = V_{DD} - I_{DQ}(R_D + R) \tag{3.16}$$

图 3.22 使用 N 沟道 JFET，其转移特性的表达式为：

$$I_{DQ} = I_{DSS}\left(1 - \frac{V_{GSQ}}{V_P}\right)^2 \tag{3.17}$$

由式(3.15)～式(3.17)可以求出静态工作点V_{GSQ}、I_{DQ}、V_{DSQ}。

这里需要强调的是：JFET 管一定要工作在饱和区，因为式(3.17)是对应于饱和区时 JFET 转移特性的表达式。

由式(3.15)可知，V_{GSQ}是由漏极电流在R上的压降而得到的，因此称这种电路为自偏压电路。这种自偏压电路只适用于场效应管制成后沟道就已经存在的场效应管，如 JFET 和耗尽型 MOSFET，增强型 MOSFET 不能使用自偏压电路。

【例 3.1】 图 3.22 中 JFET 的参数是：$I_{DSS}=5\ \text{mA}$，$V_P=-4\ \text{V}$，$R_D=2\ \text{k}\Omega$，$R=0.5\ \text{k}\Omega$，$V_{DD}=10\ \text{V}$。求静态工作点V_{GSQ}、V_{DSQ}，I_{DQ}。

解：由方程组：

$$\begin{cases} V_{GSQ}=-I_{DQ}R \\ I_{DQ}=I_{DSS}\left(1-\dfrac{V_{GSQ}}{V_P}\right)^2 \end{cases}$$

代入对应数值，得

$$\begin{cases} V_{GSQ}=-0.5I_{DQ} \\ I_{DQ}=5\left(1-\dfrac{0.5I_{DQ}}{4}\right)^2 \end{cases}$$

将上式中的第 1 个式子代入第 2 个式子，整理后得：

$$5I_{DQ}^2-144I_{DQ}+320=0$$

解方程后，I_{DQ}有两个解：一个是 26.37 mA，另一个是 2.43 mA。显然，26.37 mA不合理(因为$I_{DSS}=5\ \text{mA}$，N 沟道 JFET 的漏极电流不可能大于I_{DSS})，将它舍去。因此得：

$$I_{DQ}=2.43\ \text{mA}$$

$$V_{GSQ}=-I_{DQ}R=-2.43\times 0.5=-1.22(\text{V})$$

$$V_{DSQ}=V_{DD}-I_{DQ}(R_D+R)=10-2.43(2+0.5)=3.93(\text{V})$$

2) 分压式偏置电路

如前所述，对增强型 MOSFET 组成的放大器不能使用自偏压式电路，只能使用分压式偏置电路，如图 3.23 所示。图中由一个 N 沟道增强型 MOSFET 组成的共源放大器，图 3.23(b)是它的直流通路。

由图 3.23(b)可知：

$$V_{GSQ}=\frac{R_2}{R_1+R_2}V_{DD}-I_{DQ}R \tag{3.18}$$

$$V_{DSQ}=V_{DD}-I_{DQ}(R_D+R) \tag{3.19}$$

如果式(3.18)等号后第 1 项大于第 2 项，则V_{GSQ}就为正值。如果等号后第 1 项小于第 2 项，则V_{GSQ}就为负值。因此，这种偏置电路适合各种类型的场效应管组成的电路，只要合理地设计电路中的偏置元件的值，总能使放大器工作在合适的工作点上。

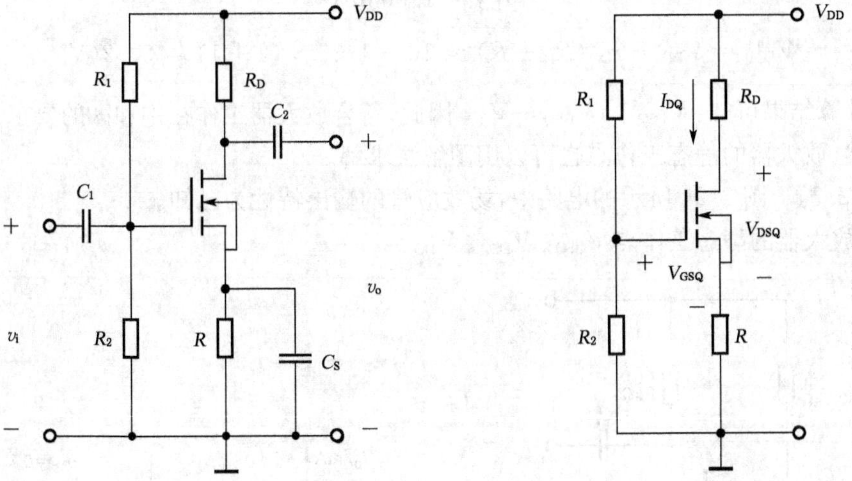

(a) 共源放大器　　　　(b) 直流通路

图 3.23　分压式偏置电路

利用式(3.18)、式(3.19)再加上场效应管的转移特性表达式，就可求出 V_{GSQ}、V_{DSQ}、I_{DQ}。

【例 3.2】 图 3.23 所示电路中 N 沟道增强型 MOSFET 的参数为：$V_T = 1\ \text{V}$，$K_n = 0.5\ \text{mA/V}^2$。电路中，$V_{DD} = 10\ \text{V}$，$R_1 = 60\ \text{k}\Omega$，$R_2 = 40\ \text{k}\Omega$，$R_D = 2\ \text{k}\Omega$，$R = 1\ \text{k}\Omega$。求 V_{GSQ}、V_{DSQ}，I_{DQ}。

解：

$$\begin{cases} V_{GSQ} = \dfrac{R_2}{R_1 + R_2} V_{DD} - I_{DQ} R \\ I_{DQ} = K_n (V_{GSQ} - V_T)^2 \end{cases}$$

代入数值得：

$$\begin{cases} V_{GSQ} = \dfrac{40}{60 + 40} \times 10 - I_{DQ} \\ I_{DQ} - 0.5(V_{GSQ} \quad 1)^2 \end{cases}$$

由上式中的第 1 个式子得：

$$I_{DQ} = 4 - V_{GSQ}$$

将 I_{DQ} 代入第 2 个式子，得

$$4 - V_{GSQ} = 0.5(V_{GSQ} - 1)^2$$

解得：

$$V_{GSQ} = \pm 2.65\ \text{V}$$

因为所用的场效应管是 N 沟道增强型 MOSFET，舍去负值得：

$$V_{GEQ} = 2.65\ \text{V}$$

由第 2 个式子得：

$$I_{DQ} = 1.36\ \text{mA}$$

$$V_{DSQ} = V_{DD} - I_{DQ}(R_D + R) = 10 - 1.36 \times (2+1) = 5.92(\text{V})$$

由计算结果可知：$V_{DSQ} > V_{GSQ} - V_T$，因此，符合放大器工作在饱和区的要求。

当然，放大器的静态工作点也可以用图解法求解。

【例 3.3】 图 3.24 所示的电路中，场效应管的输出特性为已知。

求：放大器的静态工作点 V_{GSQ}、V_{DSQ}、V_{DQ}。

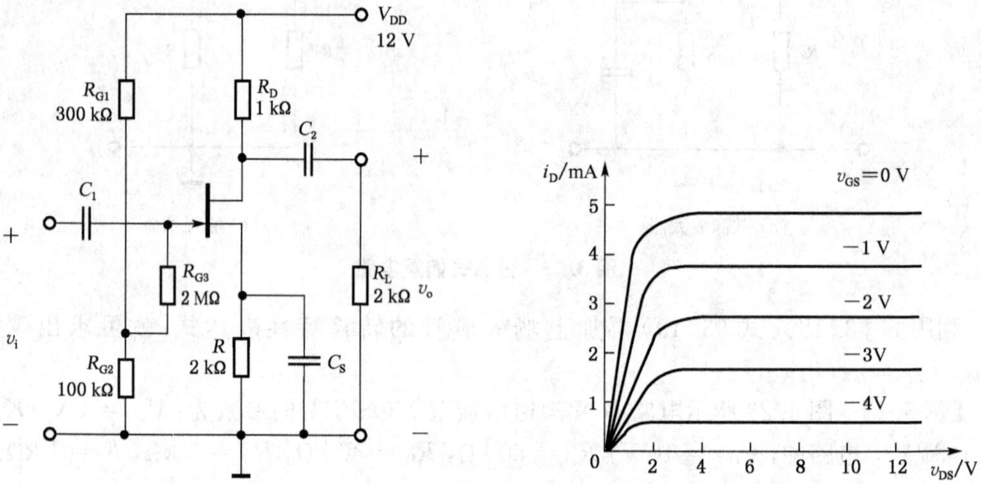

(a) 共源放大电路　　　　(b) 场效应管的输出特性

图 3.24　共源放大器及场效应管的输出特性

解： 画出图 3.24 所示电路的直流通路，如图 3.25 所示。

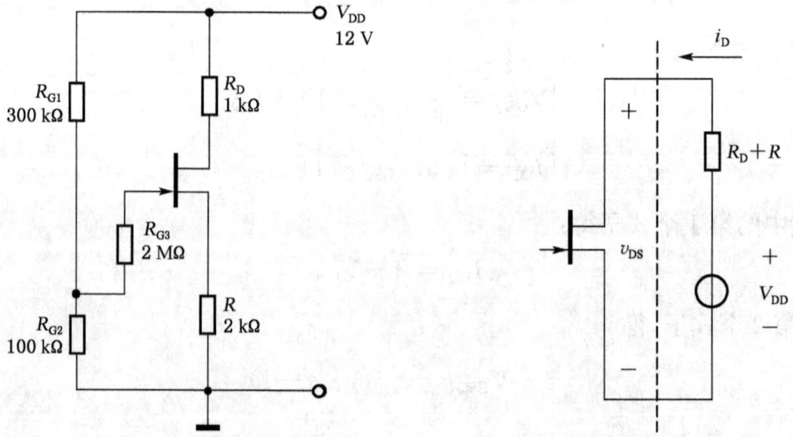

(a) 直流通路　　　　(b) 直流通路的输出端

图 3.25　图 3.24 放大器的直流通路

由图 3.25(b)可知，虚线左边是场效应管的输出端，因此 i_D 与 v_{DS}的关系由场效应管的输出特性曲线表示，而虚线右边是线性电路，其线性方程为：

$$i_D = -\frac{v_{DS}}{R_D + R} + \frac{V_{DD}}{R_D + R}$$

根据这个方程可以画出直流负载线，如图 3.26 所示。图 3.26 中，直流负载线在场效应管输出特性坐标上，与横轴相交于 $v_{DS} = V_{DD} = 12$ V 点，与纵轴相交于 $\frac{V_{DD}}{R_D + R} = 4$ mA 处。

由直流负载线与输出特性曲线的交点，可以在转移特性的坐标中作出转移特性曲线，称它为负载转移特性曲线，如图 3.25 所示。

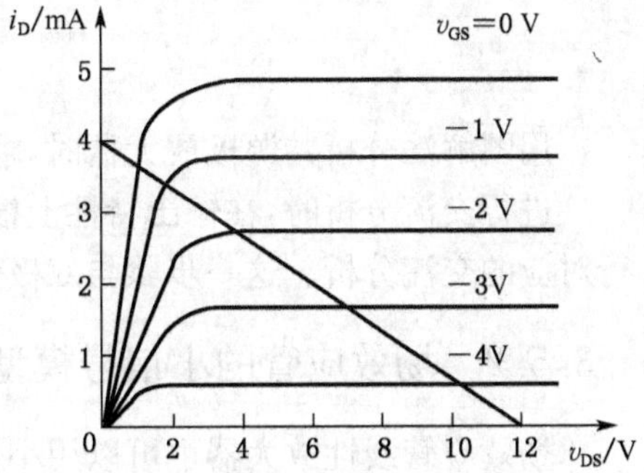

图 3.26 直流负载线

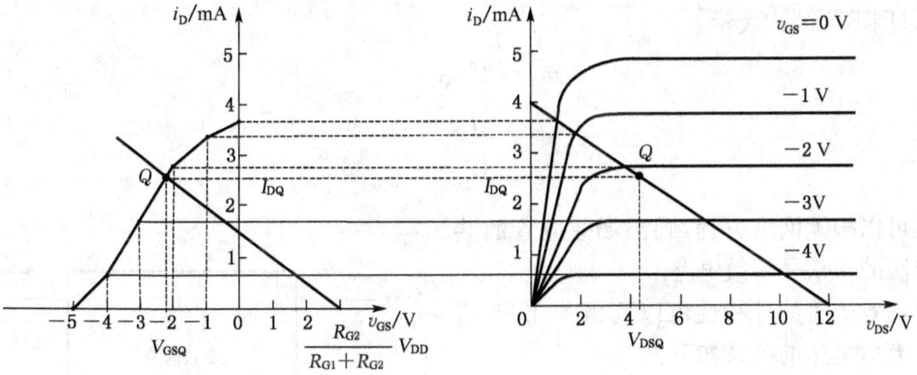

图 3.27 作负载转移特性曲线

另外，由图 3.25 可知：

$$v_{GS} = \frac{R_{G2}}{R_{G1} + R_{G2}} V_{DD} - i_D R$$

这是一个直线方程。

当 $i_D = 0$ 时（与横轴的交点），有

$$v_{GS} = \frac{R_{G2}}{R_{G1} + R_{G2}} V_{DD} = 3(\text{V})$$

当 $v_{GS} = 0$（与纵轴的交点），有

$$i_D = \frac{R_{G2} V_{DD}}{(R_{G1} + R_{G2})R} = 1.5(\text{mA})$$

如图 3.27 所示，在转移特性坐标中，连接 $v_{GS} = 3$ V 和 $i_D = 1.5$ mA 的坐标轴上的两点，并作延长线，与负载转移特性相交于 Q 点，Q 点就是静态工作点。

Q 点对应的 V_{GSQ} 和 I_{DQ} 可以从图中读出。对应 I_{DQ} 在输出特性坐标中也可以找到静态工作点，Q 点对应的 V_{DSQ} 可以在输出特性的坐标中读出。

由图 3.27 可读出：

$$V_{GSQ} \approx -2.2 \text{ V}$$

$$I_{DQ} \approx 2.7\,\text{mA}$$

$$V_{DSQ} \approx 4.3\,\text{V}$$

用图解法分析共源极放大器时，求出静态工作点后还要进行交流分析。

进行交流分析时，在输出特性上根据交流通路，过静态工作点作出交流负载线，然后进行对应的交流分析。这一步骤与双极型晶体管放大器的图解法相似，这里不再赘述。

3.5.2　场效应管的小信号模型

场效应管线性放大器也可以用小信号等效电路的方法来求解。因此，首先介绍场效应管的小信号模型。

场效应管放大器在小信号情况下工作时，交流信号的电压和电流也叠加在直流工作点上，可以用下列公式表示：

$$v_{GS} = V_{GSQ} + v_{gs} \tag{3.20}$$

$$i_D = I_{DQ} + i_d \tag{3.21}$$

$$v_{DS} = V_{DSQ} + v_{ds} \tag{3.22}$$

也可以根据网络方程，画出场效应管的共源极接法的小信号等效电路。

由场效应管的外特性可以列出图 3.28 所示的电流与电压的关系如下：

$$\begin{cases} i_G = 0 \\ i_D = f(v_{GS},\ v_{DS}) \end{cases} \tag{3.23}$$

图 3.28　场效应管工作电流和电压

对式(3.23)中的两个方程求微分，得到交流量的表达式：

$$\begin{cases} i_g = 0 \\ i_d = \left.\dfrac{\partial i_D}{\partial v_{GS}}\right|_Q v_{gs} + \left.\dfrac{\partial i_D}{\partial v_{DS}}\right|_Q v_{ds} \end{cases} \tag{3.24}$$

用交流有效值表示，式(3.24)可以写成：

$$\begin{cases} I_g = 0 \\ I_d = g_m V_{gs} + g_{ds} V_{ds} \end{cases} \tag{3.25}$$

比较式(3.24)和式(3.25)可以得出：

$$\begin{cases} g_m = \left.\dfrac{\partial i_D}{\partial v_{GS}}\right|_Q \\ g_{ds} = \left.\dfrac{\partial i_D}{\partial v_{DS}}\right|_Q \end{cases} \tag{3.26}$$

g_m 对应于场效应管的转移特性在 Q 点处 v_{GS} 对 i_D 的控制作用，称为跨导(transconductance)，g_m 就是场效应管转移特性在 Q 点处的切线的斜率。g_{ds} 反映场效应管输出特性在 Q 点处 v_{DS} 的变化对 i_D 的影响，称为场效应管的输出电导，g_{ds} 就是场效应管输出特性在 Q 点处的切线的斜率。

根据式(3.24)所示的网络方程可以作出场效应管低频小信号等效电路，如图 3.29 所示。

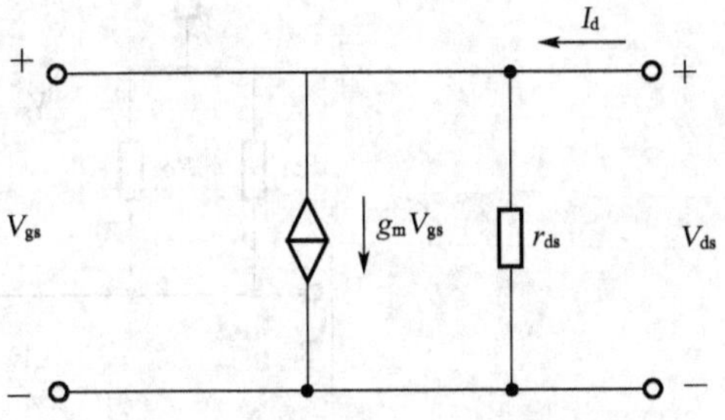

图 3.29　场效应管低频小信号模型

图 3.29 中的 r_{ds} 称为场效应管在 Q 点的输出电阻，即

$$r_{ds} = \frac{1}{g_{ds}} \tag{3.27}$$

式(3.25)中因为栅极电流为 0。因此，反映在图 3.27 中是栅极开路。式(3.25)中 I_d 为两项之和，因此，在图 3.27 中是两部分并联，一条支路上是输出电阻，另一条支路上是反映 V_{gs} 控制作用的受控电流源。

3.5.3　场效应管放大器的解析法

场效应管放大器的解析法分析步骤与双极型晶体管放大器的分析步骤相似。因为场效应管的交流参数 g_m、r_{ds} 等与工作点有关，所以第 1 步是静态分析，求静态工作点，第 2 步是分析放大器的动态特性(即交流特性)。分析放大器的动态特性时，应该先作出放大器的交流通路和小信号等效电路，然后分析放大器的增益、输入电阻、输出电阻等指标。

场效应管放大器也有 3 种组态：共源极放大器、共栅极放大器和共漏极放大器。

1）共源极放大器

图 3.30 所示为一个共源放大器。

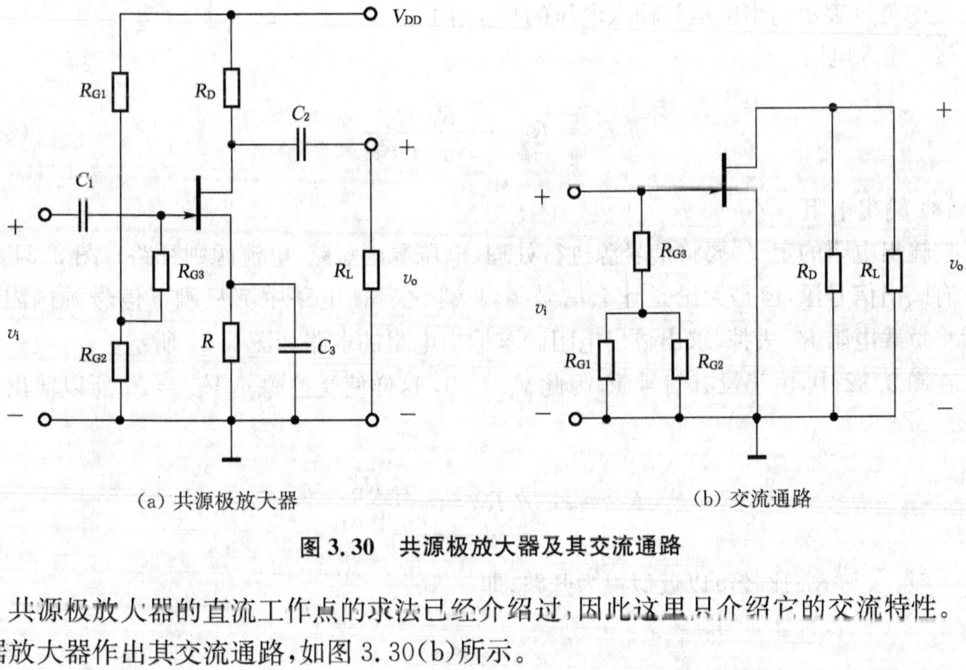

图 3.30　共源极放大器及其交流通路

共源极放大器的直流工作点的求法已经介绍过，因此这里只介绍它的交流特性。可以根据放大器作出其交流通路，如图 3.30(b)所示。

由交流通路作出小信号等效电路，如图 3.31 所示。

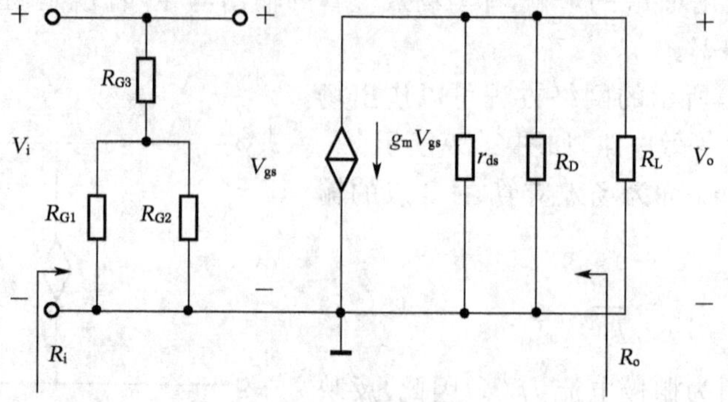

图 3.31　图 3.30 的小信号等效电路

(1) 电压增益

$$A_v = \frac{V_o}{V_i} = \frac{-g_m V_{gs}(r_{ds} \,/\!/\, R_D \,/\!/\, R_L)}{V_{gs}} = -g_m(r_{ds} \,/\!/\, R_D \,/\!/\, R_L) \tag{3.28}$$

可以写成：

$$A_v \approx -g_m R_L' \tag{3.29}$$

式中：

$$R_L' = (r_{ds} \,/\!/\, R_D \,/\!/\, R_L) \approx R_D \,/\!/\, R_L = \frac{R_D R_L}{R_D + R_L} \tag{3.30}$$

式中负号表示输出电压与输入电压的相位相反。

(2) 输入电阻

$$R_i = R_{G3} + \frac{R_{G1} R_{G2}}{R_{G1} + R_{G2}} \tag{3.31}$$

(3) 输出电阻

按输出电阻的定义，要将信号源进行处理(电压源则短路，电流源则开路)，图 3.31 中虽然没有画出信号源，但是无论是什么信号源，处理之后在电路中都只剩下信号源内阻 R_S。然后将负载电阻 R_L 去掉，求出输出电阻。求输出电阻的电路如图 3.32 所示。

在图 3.32 中，由于没有信号源，因此 $V_{gs}=0$，这样使受控源 $g_m V_{gs}=0$，所以输出电阻为：

$$R_o = r_{ds} \,/\!/\, R_D = \frac{r_{ds} R_D}{r_{ds} + R_D} \tag{3.32}$$

一般，r_{ds} 与 R_D 比较可以近似视为开路，即

$$R_o \approx R_D \tag{3.33}$$

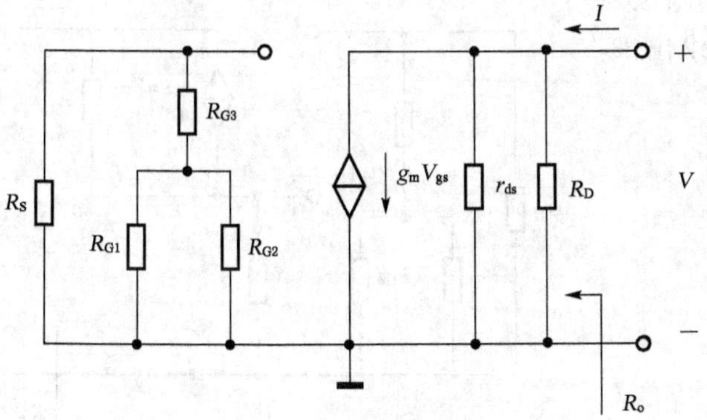

图 3.32　图 3.31 电路求输出电阻的等效电路

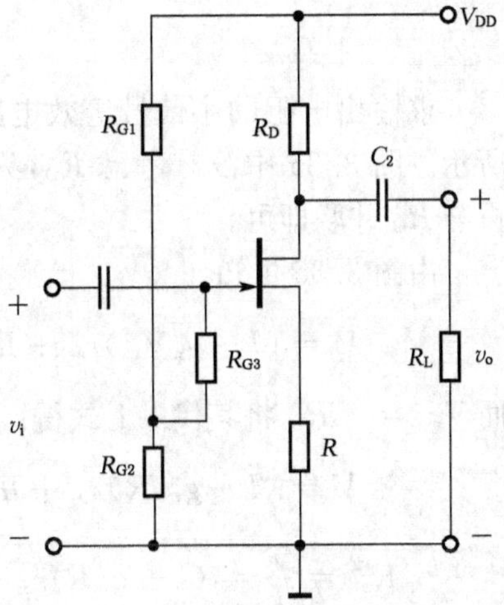

图 3.33　共源极放大器

【例 3.4】　如图 3.33 所示的共源极放大器，求其电压增益、输入电阻、输出电阻的表达式。

解：作出图 3.33 所示的放大器的交流通路和小信号等效电路，如图 3.34 所示。

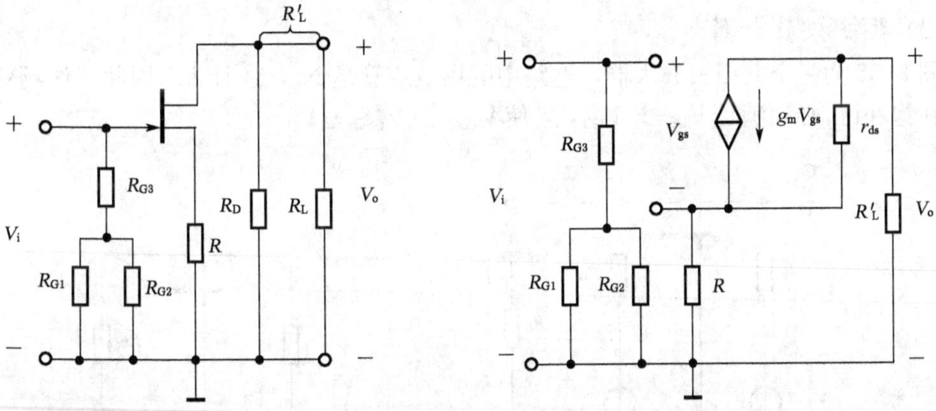

(a) 交流通路　　　　(b) 小信号等效电路

图 3.34　图 3.33 电路的交流通路和小信号等效电路

电压增益为：

$$A_v=\frac{V_o}{V_i}$$

r_{ds}较大，可看成开路，则

$$A_v=\frac{-g_mV_{gs}R_L'}{V_{gs}+g_mV_{gs}R}=-\frac{g_mR_L'}{1+g_mR}$$

由上式可见，源极电阻引起共源极放大器增益下降。

输入电阻为：

$$R_i = R_{G3} + \frac{R_{G1}R_{G2}}{R_{G1}+R_{G2}}$$

求输出电阻的小信号等效电路如图 3.35 所示。图 3.35 中没有考虑 R_D，只要求出 R_o' 再与 R_D 并联即可。

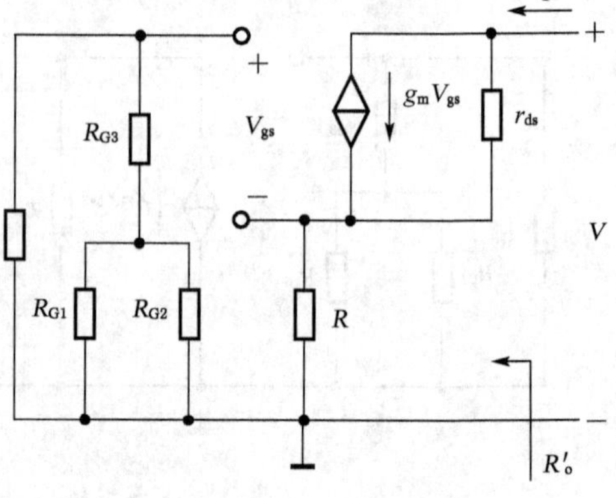

图 3.35　求图 3.34 电路输出电阻的等效电路

由图 3.35 可知：

$$V = (I - g_mV_{gs})r_{ds} + IR$$

而 $V_{gs} = -IR$，将其代入上式得：

$$V = (I + g_mIR)r_{ds} + IR$$

$$R_o' = \frac{V}{I} = (1 + g_mR)r_{ds} + R$$

一般，r_{ds} 远大于 R，因此有：

$$R_o' \approx (1 + g_mR)r_{ds}$$

因此，输出电阻为：

$$R_o = R_o' \,//\, R_D \approx R_D$$

2）共栅极放大器

图 3.36 为一个共栅极放大器。电路中的场效应管是 N 沟道 JFET，因此要使场效应管工作在饱和区，必须满足 $V_{DD} > V_{GG}$，且使 $V_{DSQ} > V_{GSQ} - V_P$。

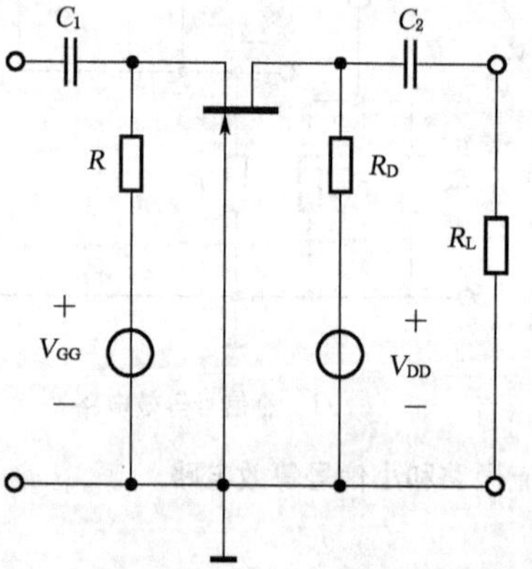

(a) 共栅极放大器原理

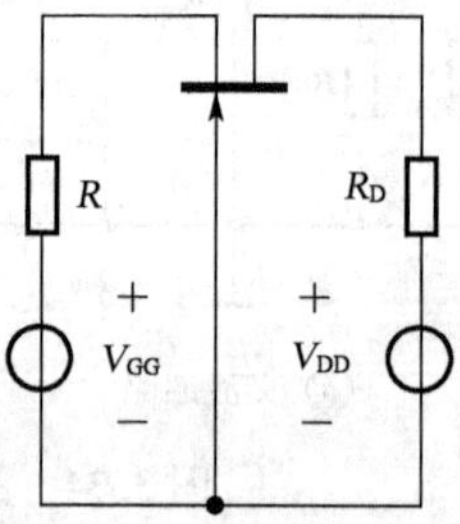

(b) 直流通路

图 3.36　共栅极放大器及其直流通路

由图 3.36(b)可以求出静态工作点：

$$V_{GSQ} = -V_{GG} \tag{3.34}$$

$$V_{DQ} = I_{DSS}\left(1 - \frac{V_{GSQ}}{V_P}\right)^2 \tag{3.35}$$

场效应管确定后，I_{DSS} 和 V_P 就是一定值，因此：

$$V_{DSQ}=V_{DD}-I_{DQ}R_D-V_{GG} \tag{3.36}$$

由图 3.36(a)可以作出放大器的交流通路和小信号等效电路,如图 3.37 所示。

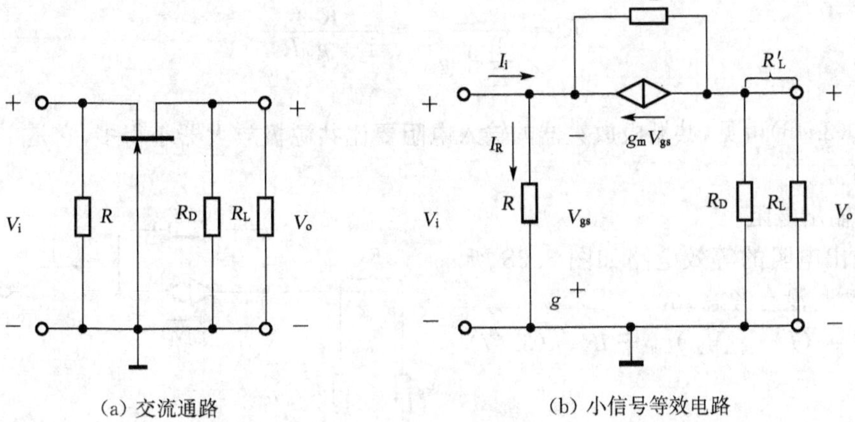

图 3.37　图 3.34 电路的交流通路和小信号等效电路

(1) 电压增益

$$A_v=\frac{V_o}{V_i} \tag{3.37}$$

r_{ds}近似看成开路,因此:

$$A_v\approx\frac{-g_mV_{gs}R_L{}'}{-V_{gs}} \tag{3.38}$$

即

$$A_v=g_mR_L{}' \tag{3.39}$$

式中:

$$R_L{}'=\frac{R_DR_L}{R_D+R_L} \tag{3.40}$$

由以上推导可见,共栅极放大器的电压放大能力与共源极放大器相同,只是输入、输出信号的相位是同相的。

(2) 输入电阻

若 r_{ds}近似看成开路,则由图 3.37(b)有:

$$I_i=I_R-g_mV_{gs} \tag{3.41}$$

$$I_R=\frac{V_i}{R} \tag{3.42}$$

$$V_{gs}=-V_i \tag{3.43}$$

将式(3.42)和式(3.43)代入式(3.41),得

$$I_i=\frac{V_i}{R}+g_mV_i \tag{3.44}$$

$$R_i = \frac{V_i}{I_i} \tag{3.45}$$

将式(3.44)代入式(3.45),得

$$R_i = \frac{1}{\frac{1}{R} + g_m} = \frac{R}{1 + g_m R} \tag{3.46}$$

由式(3.46)可见,共栅极放大器的输入电阻要比共源极放大器小得多,它是 $1/g_m$ 和 R 的并联值。

(3) 输出电阻

求输出电阻的等效电路如图 3.38 所示,图中暂时没有考虑 R_D。

$$V = (I - g_m V_{gs}) r_{ds} + I R_S' \tag{3.47}$$

式中:

$$R_S' = \frac{R_S R}{R_S + R} \tag{3.48}$$

$$V_{gs} = - I R_S' \tag{3.49}$$

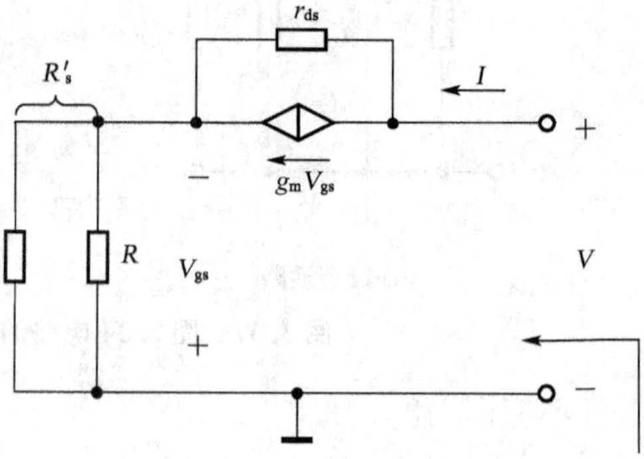

图 3.38　求 R_o' 的等效电路

将式(3.49)代入(3.47),得

$$V = (I + I R_S' g_m) r_{ds} + I R_S' \tag{3.50}$$

因此有:

$$R_o' = \frac{V}{I} = (1 + g_m R_S') r_{ds} + R_S' \tag{3.51}$$

$$R_o = R_o' \mathbin{/\!/} R_D \approx R_D \tag{3.52}$$

3) 共漏极放大器

图 3.37 为共漏极放大电路。它的直流工作点的求法与共源极放大器相似,这里不再赘述。它的交流通路如图 3.39(b)所示。

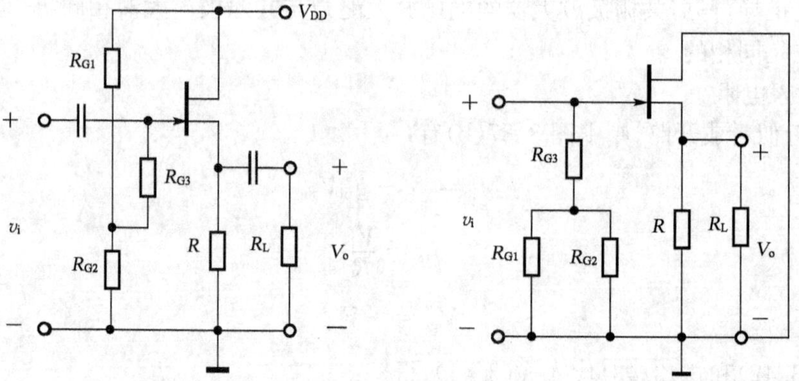

图 3.39　共漏极放大器及交流通路

由交流通路可以作出它的小信号等效电路，如图 3.40 所示。

(1) 电压增益

$$A_v = \frac{V_o}{V_i} = \frac{g_m V_{gs} R_L'}{V_{gs} + g_m V_{gs} R_L'} = \frac{g_m R_L'}{1 + g_m R_L'} \tag{3.53}$$

式中：

$$R_L' = \frac{RR_L}{R + R_L} \tag{3.54}$$

(2) 输入电阻

$$R_i = R_{G3} + \frac{R_{G1} R_{G2}}{R_{G3} + R_{G2}} \tag{3.55}$$

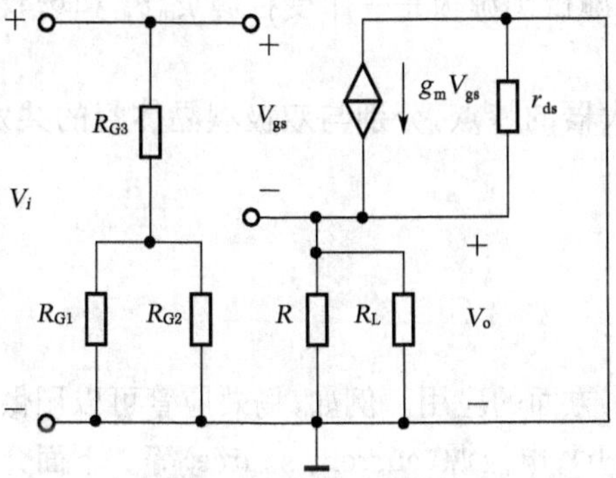

图 3.40　图 3.39 电路的小信号等效电路

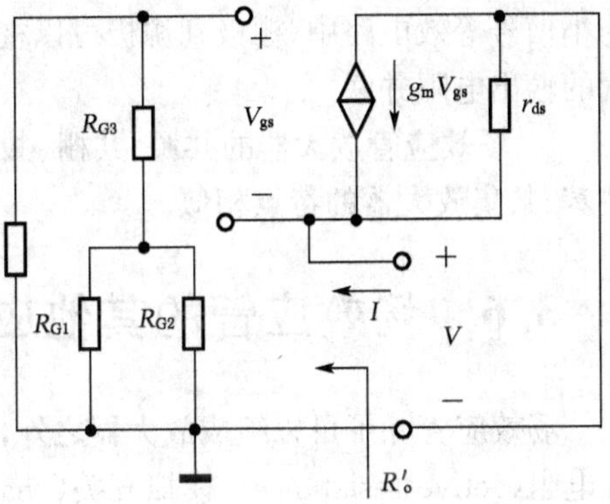

图 3.41　求输出电阻时的小信号等效电路

(3) 输出电阻

求输出电阻的小信号等效电路如图 3.41 所示。

在图 3.41 中暂时不考虑 R，求出 R_o'后再考虑 R 的影响。

$$V = (I + g_m V_{gs}) r_{ds} \tag{3.56}$$

将 $V_{gs} = -V$ 代入式(3.56)，得

$$V = (I - g_m V) r_{ds} \tag{3.57}$$

整理式(3.57)，得

$$R_o' = \frac{V}{I} = \frac{r_{ds}}{1 + g_m r_{ds}} \tag{3.58}$$

由式(3.58)可以看出，R_o'相当于 r_{ds}和 $1/g_m$ 并联。

因此，共漏极放大器的输出电阻为：

$$R_o = R_o' \,/\!/\, R \tag{3.59}$$

由此可见，共漏极放大器的输出电阻较小。

3.5.4　小　结

* 场效应管放大器的直流偏置电路有两种形式：自偏置电路和分压式偏置电路。分压

式偏置电路可以用于各种类型的场效应管，而自偏置电路对增强型 MOSFET 组成的放大器不能使用。

* 场效应管放大器的直流工作点的求法有两种：图解法和解析法。解析法除了利用电路的参数外，还要使用场效应管工作在饱和区时的转移特性表达式。

* 场效应管放大器的图解法与双极型晶体管相似，先求静态工作点，再考虑动态工作情况。静态工作点的求法是：第 1 步，在输出特性上作直流负载线；第 2 步，作出负载转移特性；第 3 步，根据 v_{GS} 的表达式在转移特性坐标中作直线，直线与转移特性的交点即为工作点；第 4 步，由转移特性坐标曲线中的 Q 点，对应到输出特性的坐标中找到 Q 点在输出特性中的位置。交流分析是在输出特性坐标中，过 Q 点作交流负载线，再根据 v_{GS} 的变化范围，确定输出电压的变化范围。

* 场效应管的栅极没有电流（JFET 的 PN 结反向饱和电流忽略不计），则在场效应管的小信号等效电路中，栅极到源极可以视为开路，漏极到源极是一个受控源 $g_m v_{gs}$ 和场效应管的输出电阻并联。

* 场效应管放大器的共源、共栅、共漏极放大器的特点，分别与双极型晶体管的共发、共基、共集放大器的特点相似。

*3.6　场效应管的其他应用

场效应管除了可以组成放大器之外，还有很多方面的应用。例如，场效应管可以用做有源电阻（active resistance）、模拟开关（analog switch）、电流源（current source）等。下面介绍这些方面的应用。

3.6.1　场效应管有源电阻

场效应管有源电阻如图 3.42 所示。图中是一个 N 沟道增强型 MOSFET，将漏极和栅极相连，漏极电位和栅极电位都高于源极电位，因此场效应管能够正常工作。由于工作时栅极电位不变，因此场效应管相当于一个电阻。

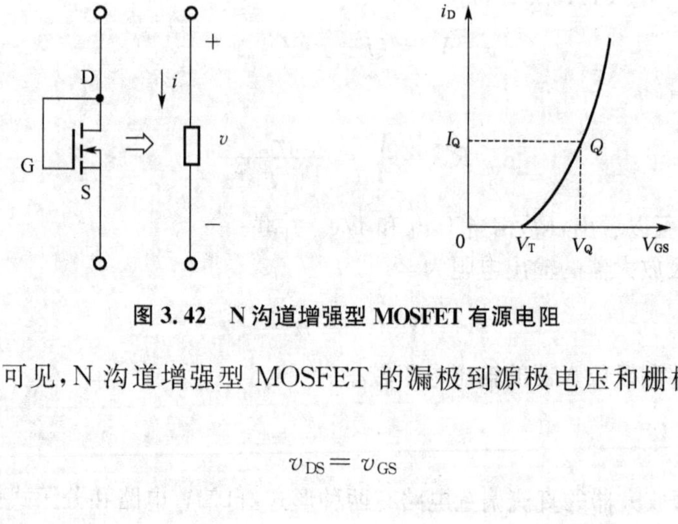

图 3.42　N 沟道增强型 MOSFET 有源电阻

由图 3.42 可见，N 沟道增强型 MOSFET 的漏极到源极电压和栅极到源极电压相等，即

$$v_{DS} = v_{GS} \tag{3.60}$$

在 3.2.3 节中已经知道，当 $v_{DS} > v_{GS} - V_{VT}$ 时，场效应管工作在饱和区。因此，图中场效应管的 v_{DS} 电压只要大于开启电压 V_{VT}，场效应管就开启；只要场效应管开启，就工作在饱和区。因此，场效应管沟道电阻的伏安特性可以用对应于饱和区的转移特性表示，如图 3.42 所示。也可以用下式表示：

$$i = K_n(v - V_{VT})^2 = \frac{\mu_n C_{ox} W}{2L}(v - V_{VT})^2 \tag{3.61}$$

上面介绍的是将场效应管的栅极和漏极短路形成的有源电阻。在实际使用中也可以将栅极和源极短路，如图 3.43 所示。

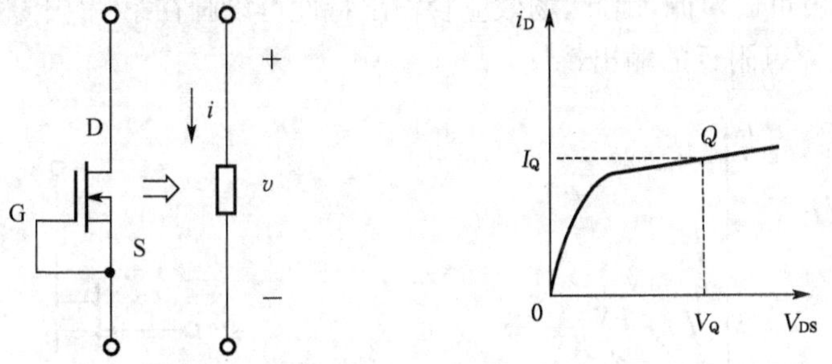

图 3.43 栅极-源极短路的 N 沟道耗尽型 MOSFET 有源电阻

场效应管的栅极和源极短路组成有源电阻时，场效应管必须是结型或耗尽型 MOSFET。图 3.43 是 N 沟道耗尽型 MOSFET。有源电阻的伏安特性对应于场效应管 $v_{GS} = 0$ 时的输出特性曲线。

由于场效应管有源电阻是非线性的，因此无论是直流电阻还是交流电阻，都与工作点有关，这一点在使用时应特别注意。

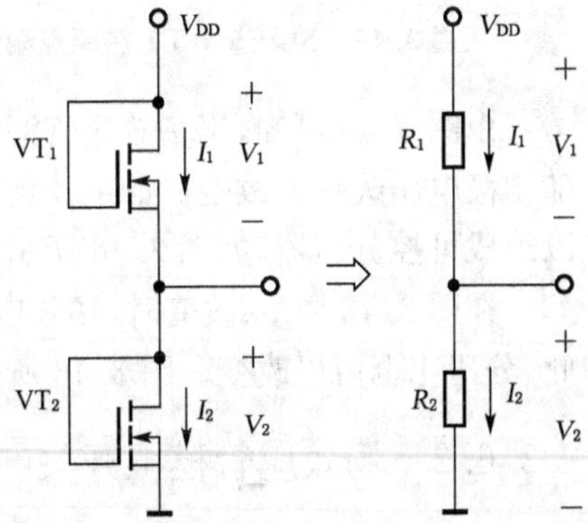

图 3.44 有源电阻分压器

【例 3.5】 有源电阻接成的分压器如图 3.44 所示。如果两个场效应管的 μ_n、C_{ox}、V_{VT} 都相同，且 $V_{DD} = 5\,V$，$V_{VT} = 1\,V$，要使 $V_2 = 2\,V$，求两个场效应管的长宽比之比。

解：因为两个场效应管都是 N 沟道增强型 MOSFET，电流由式(3.61)表示，且两个场效应管的电流相等，因此有：

$$\frac{\mu_n C_{ox} W_1}{2L_1}(V_1 - V_{VT})^2 = \frac{\mu_n C_{ox} W_2}{2L_2}(V_2 - V_{VT})^2$$

两个场效应管的 μ_n、C_{ox}、V_T 相同，因此上式可以化简为：

$$\frac{W_1}{L_1}(V_1 - V_{VT})^2 = \frac{W_2}{L_2}(V_2 - V_{VT})^2$$

V_2 为 2 V，则

$$V_1 = V_{DD} - V_2 = 5 - 2 = 3(V)$$

将 V_1、V_2、V_{VT}代入上式，得

$$\frac{\dfrac{W_2}{L_2}}{\dfrac{W_1}{L_1}}=\frac{(3-1)^2}{(2-1)^2}=4$$

由以上计算可以知道，要使 V_1 为 3 V、V_2 为 2 V，场效应管 T_2 的长宽比必须是场效应管 T_1 长宽比的 4 倍。

场效应管输出特性在原点附近可以近似看成直线，而且场效应管的漏极与源极对称。使用时漏极和源极可以对调，因此，场效应管输出特性可以画在第一象限和第三象限中。图 3.45 为 JFET 在原点附近的输出特性。

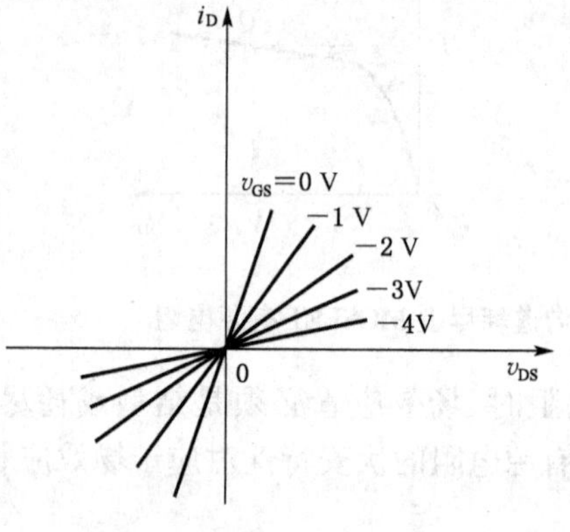

图 3.45　N 沟道 JFET 在原点附近的输出特性

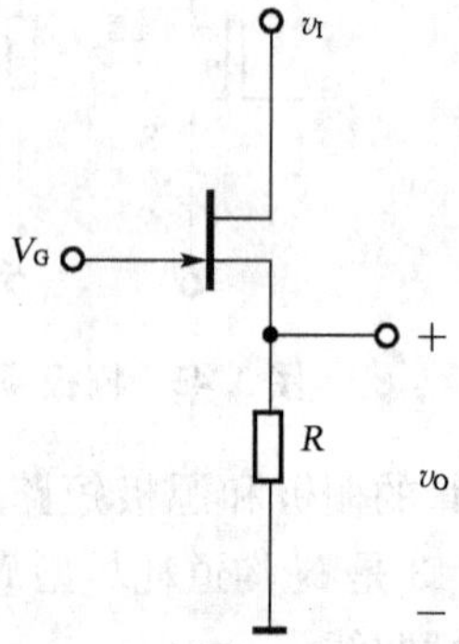

图 3.46　由 JFET 组成的可控分压器

由图 3.45 可知，当场效应管漏极-源极电压很小时，沟道电阻可以看成是线性的，而且随栅极电压改变而改变。如果让场效应管工作在输出特性的坐标原点附近，场效应管也可以组成可控分压器，如图 3.46 所示。

在图 3.46 中 v_G改变时，场效应管的栅极-源极电压改变，JFET 的沟道电阻就改变，因此，分压比也可以改变。图 3.46 所示的可控分压器在自动控制电路中应用很广。

3.6.2　场效应管模拟开关

由于场效应管的源极和漏极是对称的结构，因此很适合用做三端可控开关，如图 3.47 所示。

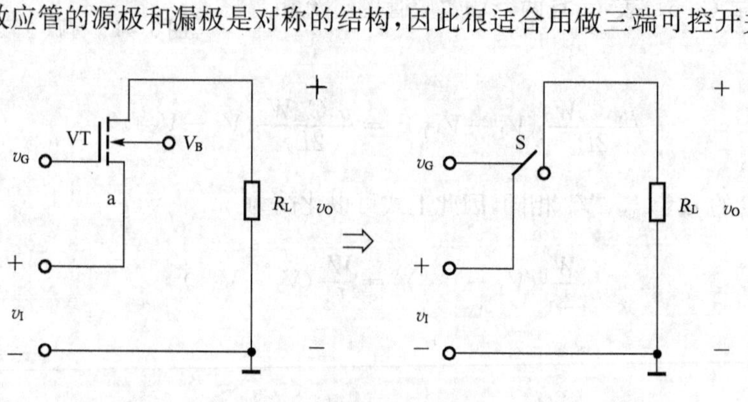

图 3.47　场效应管三端可控开关

图 3.47 中的场效应管是 N 沟道增强型 MOSFET，其衬底电压 V_B 应该是电路中的最低电位（比如最低电位是 −5 V）。场效应管导通与否受栅极电压的控制。场效应管导通时，若忽略沟道电阻，则输出电压等于输入电压；当场效应管截止时，输出电压为 0。如图 3.47 所示，场效应管等效为一个三端可控开关，栅极是控制端。

图 3.47 所示的可控开关工作时，输入电压可正可负。当输入电压为正值时，可以将场效应管标有 a 的极看成漏极，当输入电压为负值时，可以将场效应管标有 a 的极看成源极。可以将这两种情况等效成图 3.48 所示电路。

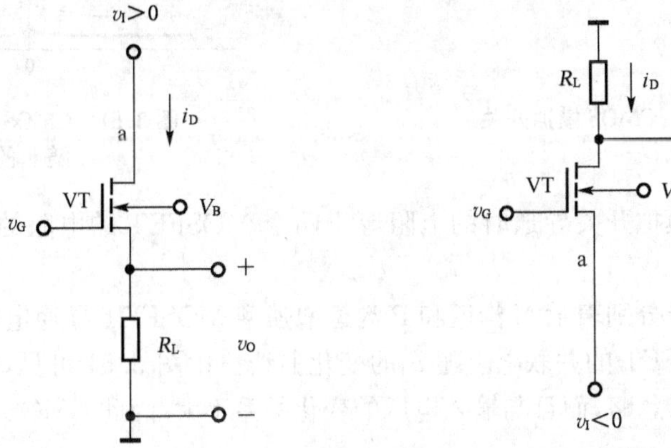

图 3.48　当 $v_I>0$ 时 a 端为漏极，当 $v_I<0$ 时 a 端为源极

需要注意的是：场效应管组成模拟开关时，一定要保障场效应管工作在非饱和区，因为非饱和区的沟道电阻小。场效应管在非饱和区的伏安特性的表达式为：

$$i_D=\frac{\mu_n C_{ox} W}{2L}[2(v_{GS}-V_{VT})v_{DS}-v_{DS}^2] \tag{3.62}$$

当 $v_{DS} \ll V_T$ 时（在场效应管输出特性曲线的原点附近），式(3.62)可以简化为：

$$i_D=\frac{\mu_n C_{ox} W}{L}(v_{GS}-V_{VT})v_{DS} \tag{3.63}$$

由式(3.63)可以求出沟道电阻 r_{DS}：

$$r_{DS}=\frac{L}{\mu_n C_{ox} W(v_{GS}-V_{VT})} \tag{3.64}$$

式(3.64)表明，$(v_{GS}-V_{VT})$ 越大，沟道电阻就越小。图 3.47 中，输入电压 v_I 越高，则 v_{GS} 越小，r_{DS} 就越大。因此，r_{DS} 与输入电压 v_I 的关系曲线如图 3.49 所示。

从图 3.49 可以看出，当输入电压较高时，沟道电阻较大，用做模拟开关不太理想。因此，模拟开关多数采用 N 沟道和 P 沟道两个 MOSFET 并联，如图 3.50 所示。图中两个 MOSFET 组成互补管，因此这种电路称为 CMOS(complementary MOS)开关电路。

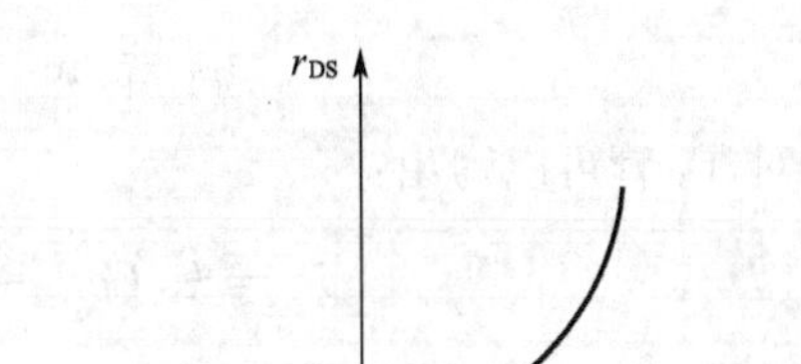

图 3.49　图 3.47 中的 N 沟道增强型 MOSFET 沟道电阻与输入电压的关系

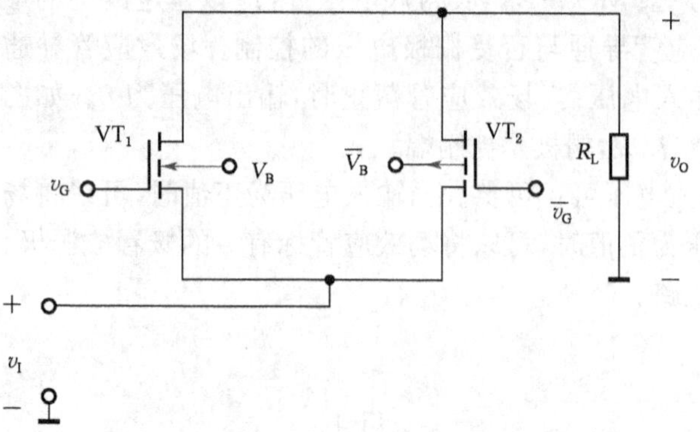

图 3.50 CMOS 模拟开关

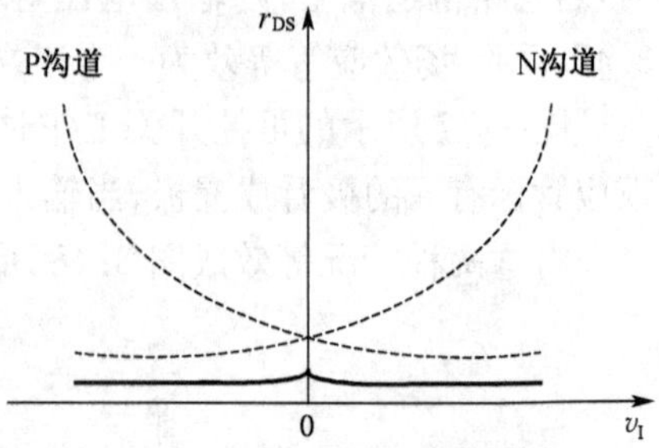

图 3.51 CMOS 开关导通电阻随 v_I 的变化曲线

使用互补管后，模拟开关导通时的电阻等于两个 MOSFET 的电阻的并联，如图 3.51 所示。

图 3.51 中的虚线分别表示 N 沟道和 P 沟道增强型 MOSFET 导通电阻随 v_I 的变化曲线，实线为两个 MOSFET 的并联电阻随 v_I 的变化曲线。由图 3.51 可见，CMOS 模拟开关的导通电阻很小，可以忽略，而且与输入电压的变化关系不大，因此 CMOS 模拟开关是一种比较理想的开关电路。

3.6.3 场效应管有源负载放大器

场效应管还可以组成有源负载放大器，如图 3.52 所示。

图 3.52 中两个场效应管都是 N 沟道增强型 MOSFET。VT_2 的栅极和漏极相连，起电阻的作用，因此称其为有源负载(active load)，这样的放大器称为有源负载放大器。图 3.52 中，输入电压 v_I 小于 VT_1 管的开启电压时，VT_1 管截止。如果 v_I 大于 VT_1 管的开启电压 V_{VT1}，而且 $v_{DS1} > v_{GS1} - V_{VT1}$，$VT_1$ 管就工作在饱和区。如果 $v_{DS2} = V_{DD} - v_O > V_{VT2}$，$VT_2$ 管就工作在饱和区。两个场效应管都工作在输出特性曲线的饱和区时，图 3.52 电路可以用做放大器。

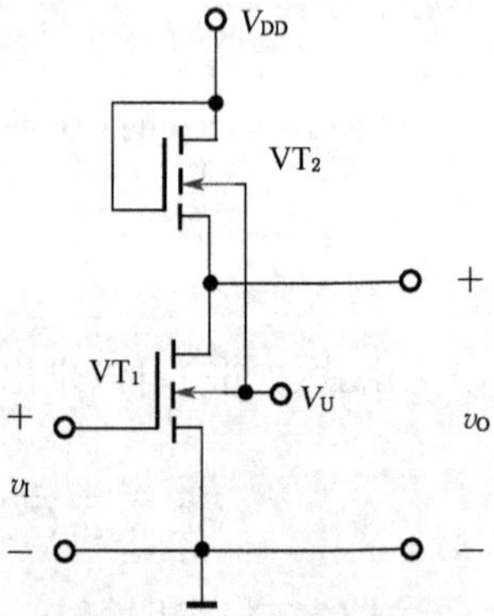

图 3.52 场效应管有源负载放大器

从图 3.52 可以看出：

$$i_{D1} = i_{D2} = i_D \tag{3.65}$$

对 T_2 管可以写出：

$$i_D = k_{n2}(v_{GS2} - V_{VT2})^2 \tag{3.66}$$

T_2 管栅极和漏极相连，因此有：

$$v_{GS2} = v_{DS2} = V_{DD} - v_O \tag{3.67}$$

将式(3.67)代入式(3.66)，得

$$i_D = K_{n2}(V_{DD} - v_O - V_{VT2})^2 \tag{3.68}$$

又因为：

$$v_O = v_{DS1} \tag{3.69}$$

对 VT_1 管可以写出：

$$i_D = K_{n1}(v_{GS1} - V_{VT1})^2 \tag{3.70}$$

如果知道 T_1 管的栅极-源极电压 v_{GS1}，再加上式(3.66)和(3.68)，可以求出放大器的静态工作点。利用图解法也可以求出静态工作点，如图 3.53 所示。

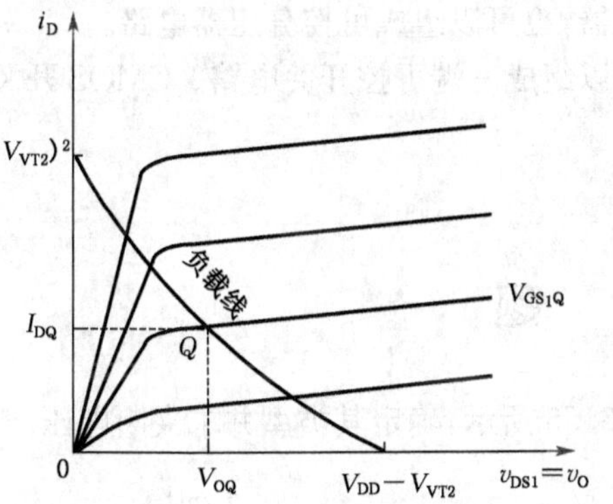

图 3.53　工作点的图解法

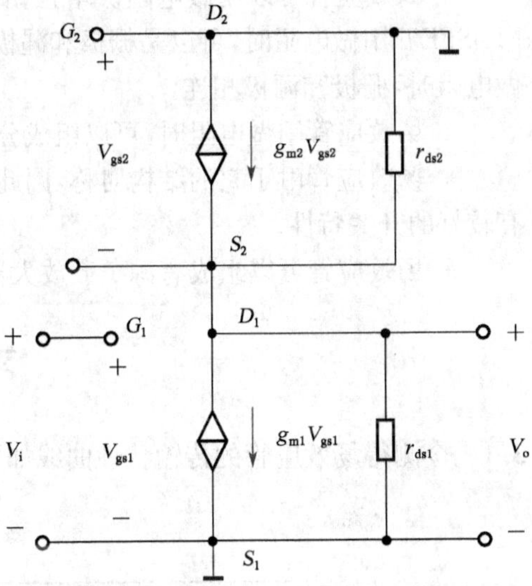

图 3.54　图 3.52 的小信号等效电路

图 3.53 中作出了 VT_1 管的输出特性曲线，VT_1 管工作在 $v_{GS1}=V_{GS1}$ 的曲线上。直流负载线由式(3.68)表示。当 $i_D=0$ 时，$v_O=V_{DD}-V_{VT2}$，即直流负载线与横轴的交点是 $V_{DD}-V_{VT2}$。当 $v_O=0$ 时，$i_D=K_{n2}(V_{DD}-V_{VT2})^2$，即直流负载线与纵轴的交点是 $K_{n2}(V_{DD}-V_{VT2})^2$。由式(3.68)可知，i_D 与 v_O的关系是平方关系，因此，直流负载线如图 3.53 所示是二次曲线。直流负载线与 $v_{GS1}=V_{GS1}$ 的输出特性曲线的交点就是静态工作点 Q。因此，可以从坐标上读出 I_{DQ}和 $V_{OQ}(=V_{DS1Q})$。

图 3.52 的小信号等效电路如图 3.54 所示。

由图 3.54 可以写出：

$$g_{m2}V_{gs2} + \frac{V_{gs2}}{r_{ds2}} - g_{m1}V_{gs1} - \frac{V_o}{r_{ds1}} = 0 \tag{3.71}$$

由图 3.54 可知：

$$V_{gs1} = V_i \tag{3.72}$$

$$V_{gs2} = -V_o \tag{3.73}$$

将式(3.72)和式(3.73)代入(3.71)，得

$$-g_{m2}V_o - \frac{V_o}{r_{ds2}} - g_{m1}V_i - \frac{V_o}{r_{ds1}} = 0 \tag{3.74}$$

因此,可以求出电压增益为:

$$A_v=\frac{V_o}{V_i}=-\frac{g_{m1}}{g_{m2}+\frac{1}{r_{ds1}}+\frac{1}{r_{ds2}}} \tag{3.75}$$

场效应管还可以组成电流源电路,将在第 6 章介绍。

3.6.4 小　结

* 场效应管可以用做电阻。增强型 MOSFET 用做电阻时,栅极和漏极相连;耗尽型 MOSFET 用做电阻时,可以是栅极和漏极相连,也可以是栅极和源极相连;结型场效应管用做电阻时,栅极和源极相连。

* 场效应管用做电阻时,可以组成分压器,也可以组成可控分压器电路。

* 场效应管由于它的结构对称,因此可以组成三端可控开关电路。CMOS 开关电路具有较好的开关特性。

* 场效应管可以组成有源负载放大器。

习　题

3.1 今测得场效应管的传输特性曲线如图 3.55 所示,确定其类型并求夹断电压。

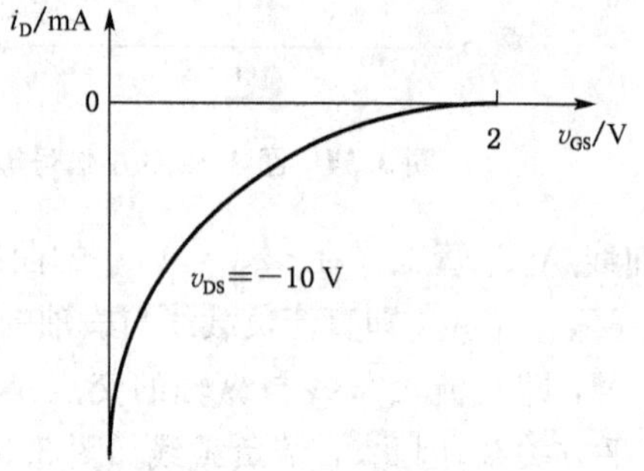

图 3.55　习题 3.1 用图

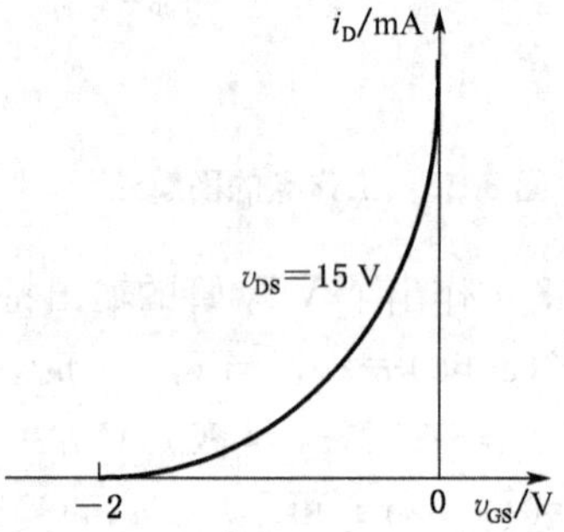

图 3.56　习题 3.2 用图

3.2 场效应管的传输特性曲线如图 3.56 所示,确定其类型并求夹断电压。

3.3 场效应管的输出特性曲线如图 3.57 所示,确定其类型并求夹断电压或开启电压。

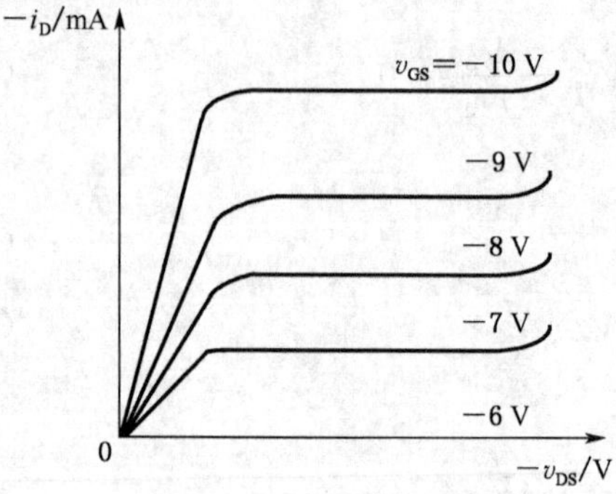

图 3.57　习题 3.3 用图

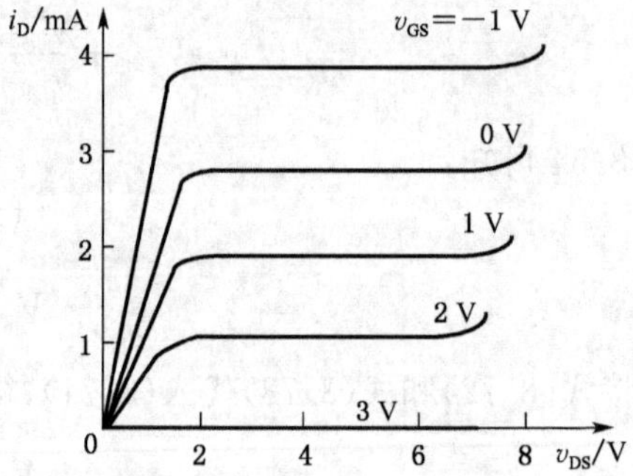

图 3.58　习题 3.4 用图

3.4　场效应管的输出特性曲线如图 3.58 所示，确定其类型并求夹断电压或开启电压。

3.5　场效应管的转移特性曲线如图 3.59 所示，确定该管类型，并写出转移特性方程。

3.6　试根据图 3.60 所示场效应管的转移特性判断场效应管的管型。

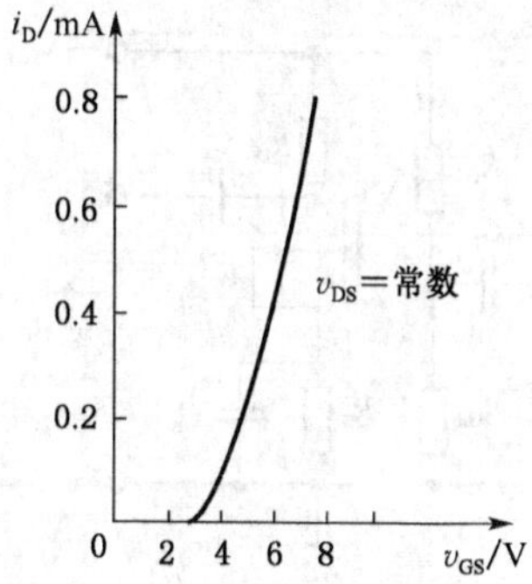

图 3.59　习题 3.5 用图

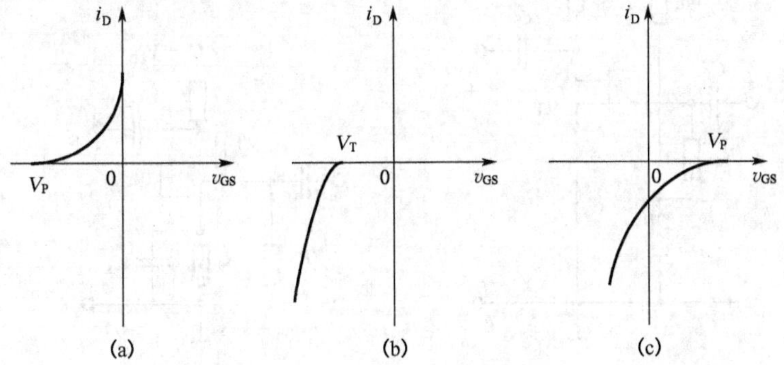

图 3.60　习题 3.6 用图

3.7　已知场效应管的输出特性曲线如图 3.61 所示，试判断场效应管的类型并确定夹断电压或开启电压的值。

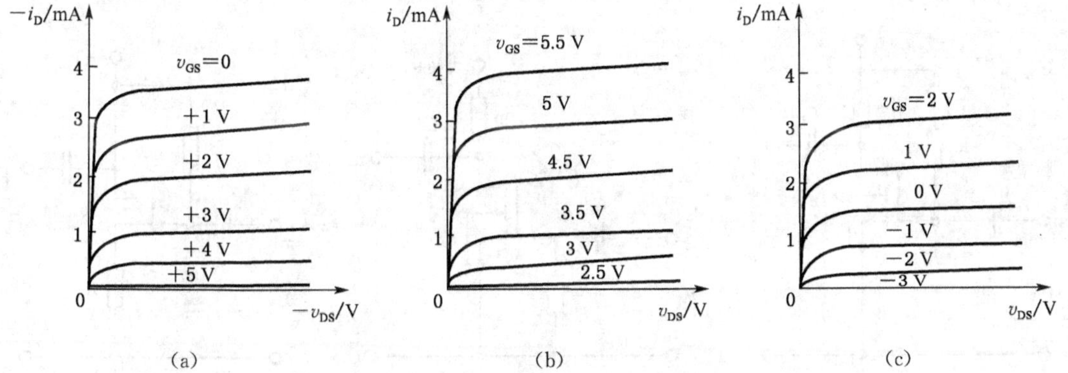

图 3.61　习题 3.7 用图

3.8　4 个场效应管的转移特性如图 3.62 所示，说明它们各是哪种类型的场效应管，并标出夹断电压 V_P 或开启电压 V_T 和漏极饱和电流 I_{DSS}。

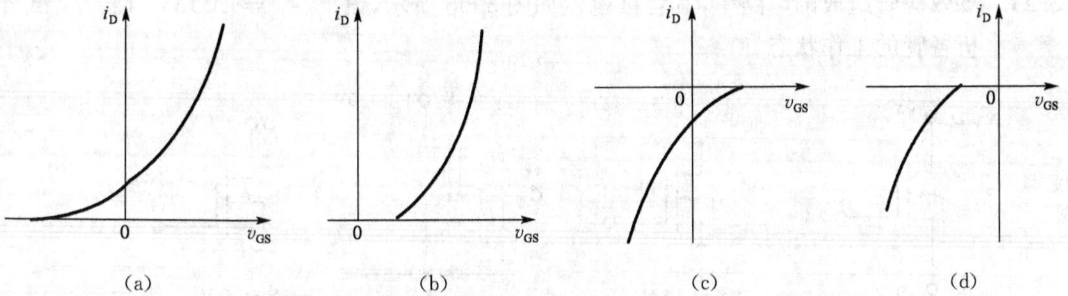

图 3.62　习题 3.8 用图

3.9　用场效应管组成的放大电路如图 3.63 所示，试判断各电路能否正常放大交流信号。

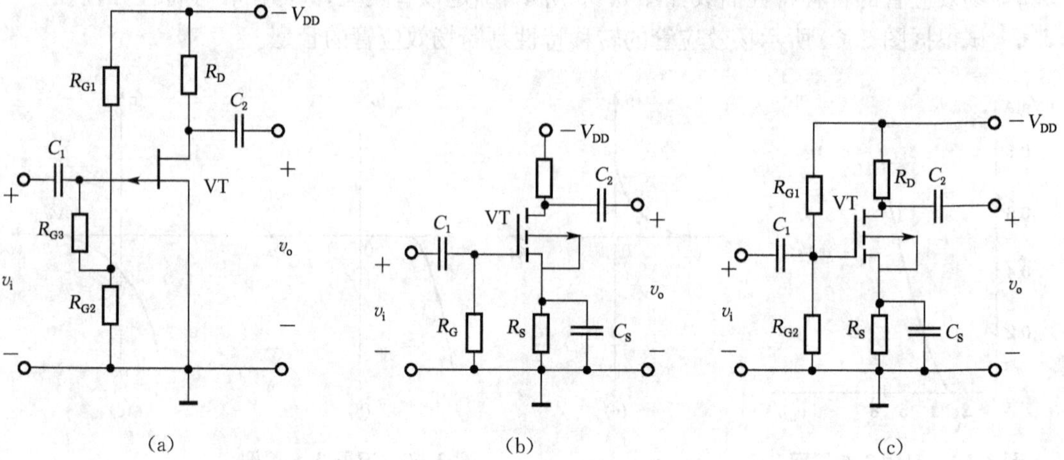

图 3.63　习题 3.9 用图

3.10　判断图 3.64 中各电路能否放大交流信号，如不能，说明原因，并修改使之能够放大交流信号。

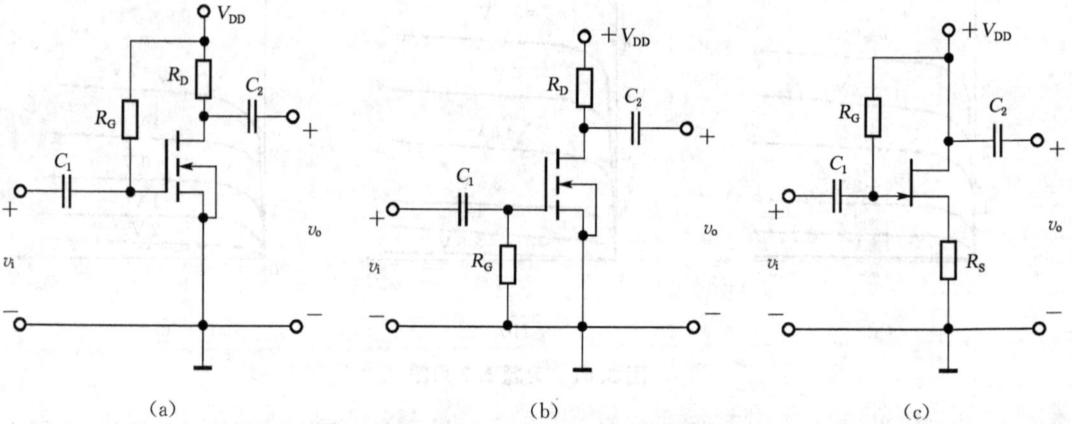

图 3.64　习题 3.10 用图

3.11　场效应管组成的电路中，其各极电位如图 3.65 所示，设 $|V_T| = |V_P| = 1.5$ V，试分析各管的工作状态。

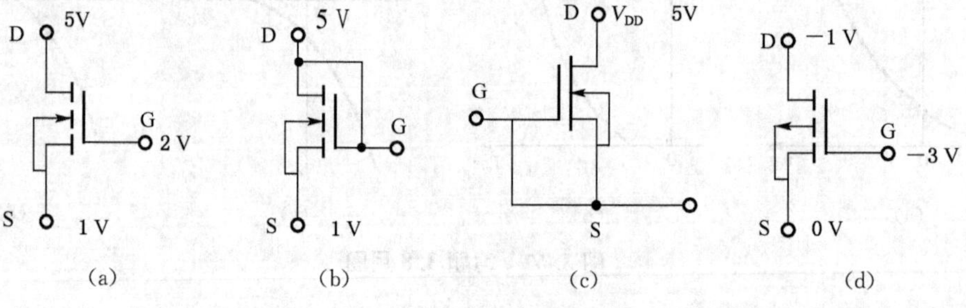

图 3.65　习题 3.11 用图

3.12　已知电路参数如图 3.66 所示，场效应管工作点上的互导 $g_m = 2\,\text{mS}$，双结晶体管的 $\beta = 100$，$h_{ie} = 1\,\text{k}\Omega$。

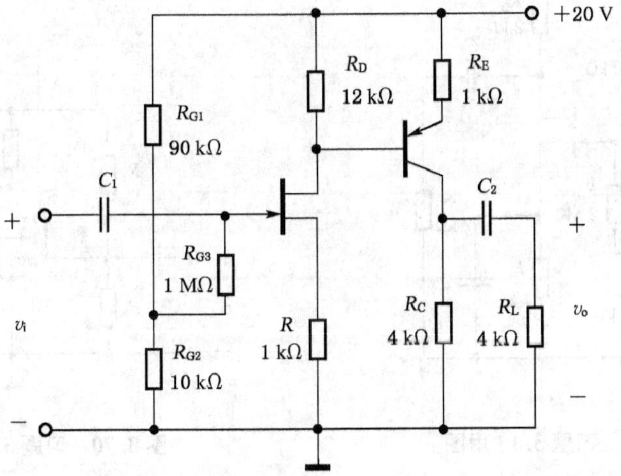

图 3.66　习题 3.12 用图

(1) 画出小信号等效电路；

(2) 设场效应管的 r_{ds} 很大，可视为开路，求电路的电压增益 A_v，放大器的输入电阻 R_i 以及输出电阻 R_o。

3.13　图 3.67 电路中 JFET 的参数为 $I_{DSS} = 4.26\,\text{mA}$，$V_P = -4\,\text{V}$，$R_D = 2.5\,\text{k}\Omega$，$R = 0.5\,\text{k}\Omega$，$V_{DD} = 12\,\text{V}$，求静态工作点。

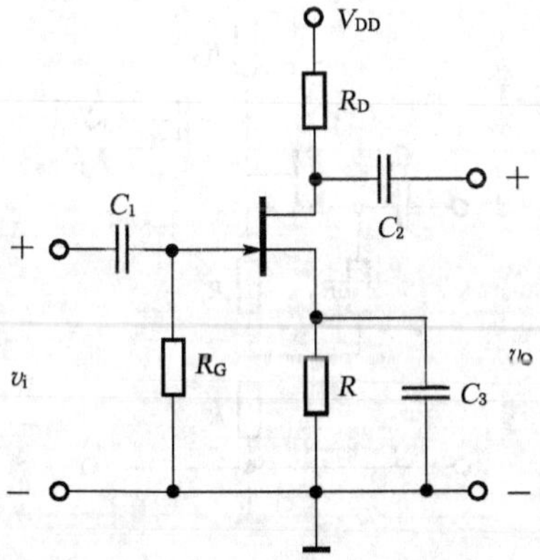

图 3.67　习题 3.13 用图

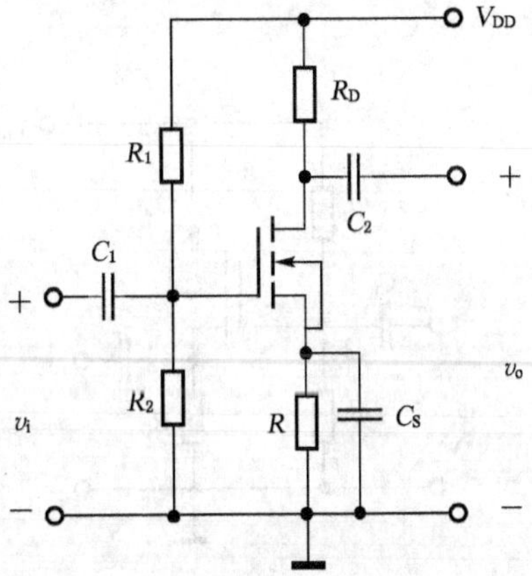

图 3.68　习题 3.14 用图

3.14　图 3.68 中 N 沟道增强型 MOSFET 的参数为 $V_{VT} = 1.1\,\text{V}$，$K_n = 0.5\,\text{mA/V}^2$，$R_D = 2.5\,\text{k}\Omega$，$V_{DD} = 12\,\text{V}$，$R_1 = 50\,\text{k}\Omega$，$R_2 = 35\,\text{k}\Omega$，$R = 1.5\,\text{k}\Omega$，求静态工作点。

3.15　电路如图 3.69 所示，场效应管的 $I_{DSS} = 4.8\,\text{mA}$，$V_P = -4.5\,\text{V}$，求放大电路的静态工作点。

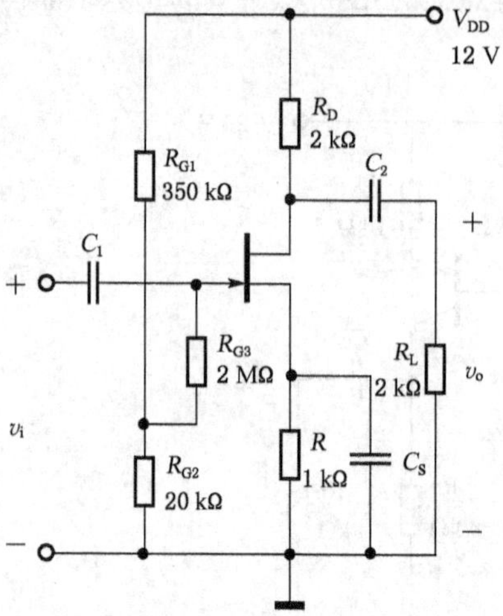

图 3.69　习题 3.15 用图

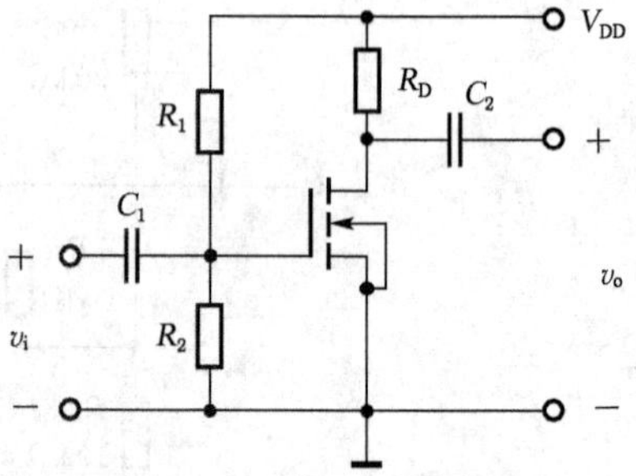

图 3.70　习题 3.16 用图

3.16　电路如图 3.70 所示，$R_1 = 30\ \text{k}\Omega$，$R_2 = 40\ \text{k}\Omega$，$R_D = 10\ \text{k}\Omega$，$V_{DD} = 5\ \text{V}$，$V_{VT} = 1\ \text{V}$，$K_n = 0.1\ \text{mA/V}^2$，求该电路的静态工作点。

3.17　电路如图 3.71 所示，$R_1 = 30\ \text{k}\Omega$，$R_2 = 20\ \text{k}\Omega$，$R_D = 10\ \text{k}\Omega$，$V_{DD} = 5\ \text{V}$，$V_{VT} = -1\ \text{V}$，$K_n = -0.1\ \text{mA/V}^2$。

(1) 求该电路的静态工作点；

(2) 说明此时场效应管工作在什么状态。

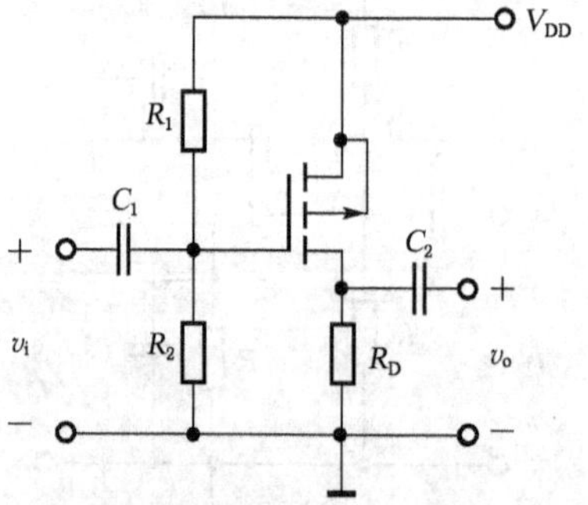

图 3.71　习题 3.17 用图

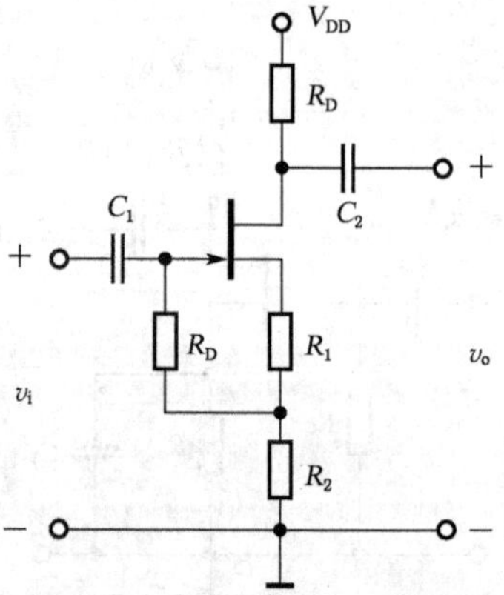

图 3.72　习题 3.18 用图

3.18　在图 3.72 所示电路中，已知场效应管的参数为 $I_{DSS} = 1\ \text{mA}$，$V_P = -1\ \text{V}$。电路参数为 $V_{DD} = 24\ \text{V}$，$R_G = 1\ \text{M}\Omega$，$R_D = 56\ \text{k}\Omega$，$R_2 = 4\ \text{k}\Omega$。若要求漏极到地的静态工作电压为 10 V，求 R_1 的值。

3.19　在图 3.73 所示电路中，已知增强型 MOSFET 在饱和区的转移特性方程为 $i_D = 0.2(v_{GS} - V_{VT})^2$，式中电流单位为 mA，电压单位为 V，$V_{VT} = 3\ \text{V}$。$V_{DD} = 30\ \text{V}$，$R_{G1} = R_{G2} = 1\ \text{M}\Omega$，$R_D = 10\ \text{k}\Omega$，求静态工作点。

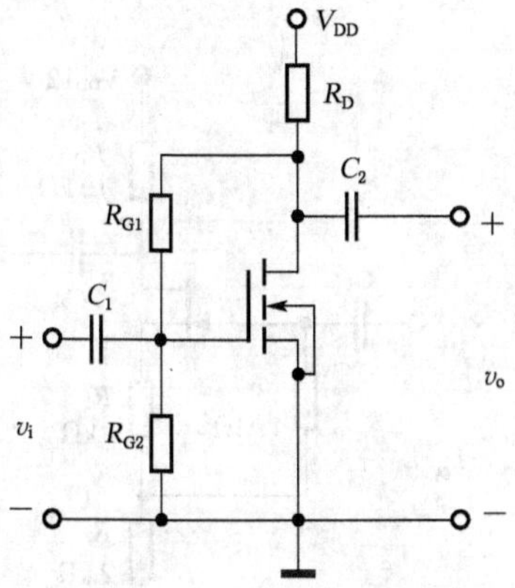

图 3.73　习题 3.19 用图

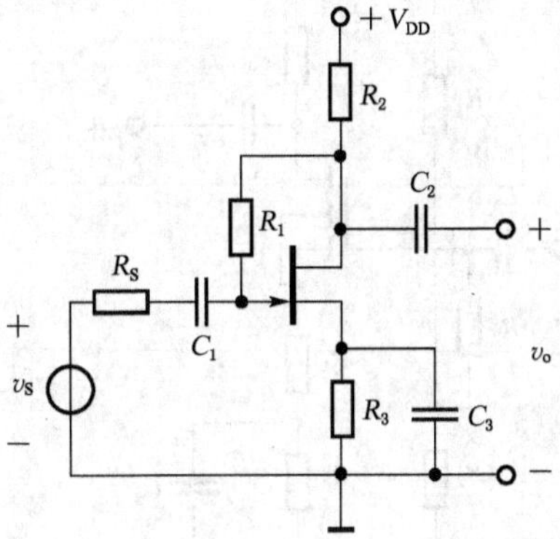

图 3.73　习题 3.20 用图

3.20　电路如图 3.74 所示，画出其微变等效电路。

3.21　电路及参数与习题 3.14 相同，已知 $g_m = 1$ mS。

(1) 求电压增益 A_v、输入电阻 R_i、输出电阻 R_o；

(2) 去掉 C_S，求电压增益 A_v、输入电阻 R_i、输出电阻 R_o。

3.22　场效应管组成的工作点稳定电路及输入输出特性曲线如图 3.75 所示。

(1) 试用图解法求出静态工作点；

(2) 画出小信号等效电路，用解析法求输入电阻 R_i、输出电阻 R_o、电压增益 A_v。

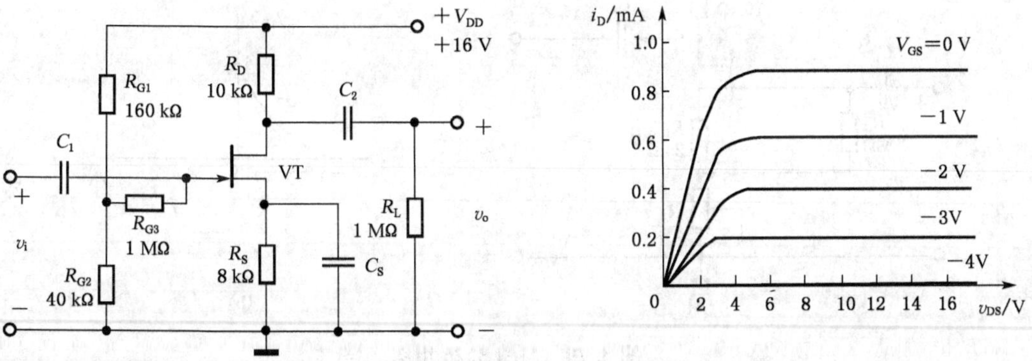

图 3.75　习题 3.22 用图

3.23　电路如图3.76所示，已知 $g_m = 5$ mA/V，$R_{G3} = 2$ MΩ，$V_{DD} = 12$ V，$R_{G1} = 50$ kΩ，$R_{G2} = 35$ kΩ，$R = 1.5$ kΩ，$R_L = 1.5$ kΩ，求电压增益 A_v、输入电阻 R_i、输出电阻 R_o。

3.24　电路如图 3.77 所示，已知场效应管在工作点上的跨导 $g_m = 0.6$ mS，$r_{ds} \gg R_4$，电路参数为 $R_1 = 300$ kΩ，$R_2 = 100$ kΩ，$R_3 = 1$ MΩ，$R_4 = 10$ kΩ，$R_5 = 2$ kΩ，$R_6 = 2$ kΩ。求电压增益 A_v、输入电阻 R_i、输出电阻 R_o。

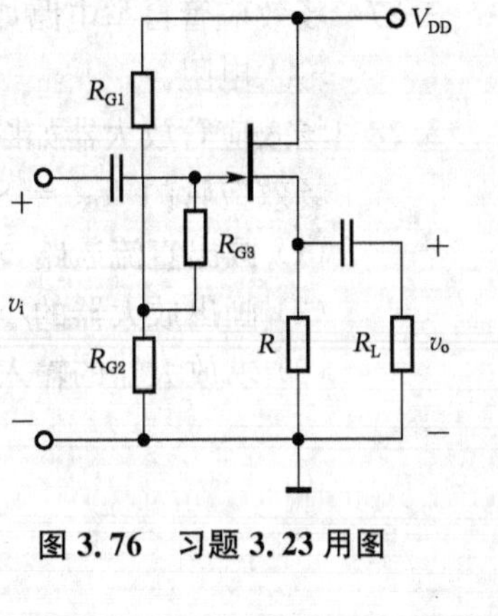

图 3.76　习题 3.23 用图

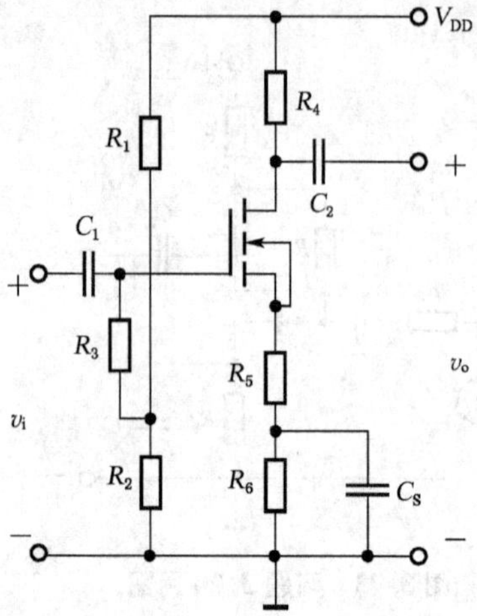

图 3.77 习题 3.24 用图

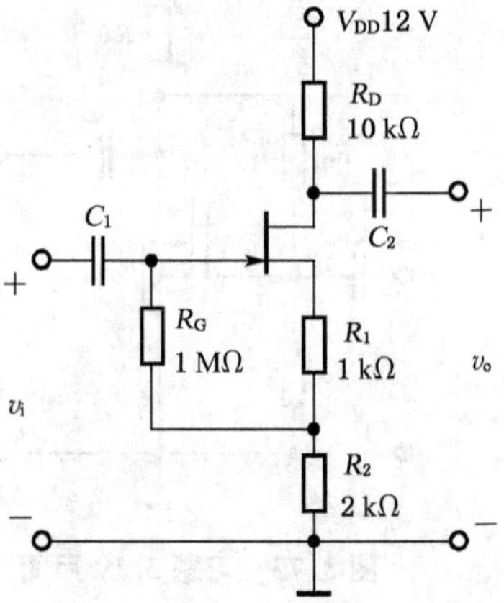

图 3.78 习题 3.25 用图

3.25 电路如图 3.78 所示，已知 $g_m = 1$ mS。求电压增益 A_v、输入电阻 R_i、输出电阻 R_o。

3.26 场效应管自给偏压放大电路及场效应管的转移特性曲线如图 3.79 所示。

(1) 求静态工作点 I_{DQ}、I_{GSQ}、V_{DSQ}，若此时 R_2 取最大值，求 R_2 的值。

(2) 求输入电阻 R_i、电压增益 A_v。

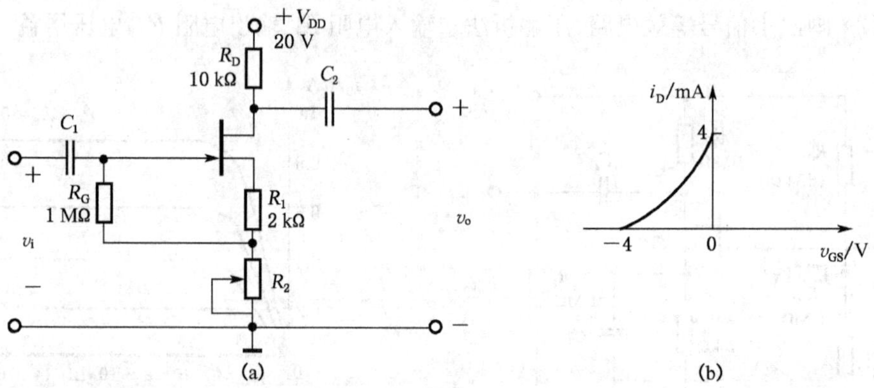

图 3.79 习题 3.26 用图

3.27 场效应管自举电路如图 3.80 所示，试计算自举电容 C 接入和不接入两种情况下的输入电阻。

3.28 场效应管放大器如图 3.81 所示。已知 $R_G = 1\ \text{k}\Omega$, $R_D = R_L = 5\ \text{k}\Omega$, $V_{DD} = 18$ V，场效应管的 $I_{DSS} = 8$ mA, $V_p = -4$ V, $r_{ds} = \infty$。

(1) 画出直流通路，求静态工作点 I_{DQ}、I_{DSQ}、I_{GSQ}；

(2) 画出放大器的小信号等效电路；

(3) 求放大器的输入电阻 R_i、输出电阻 R_o 及电压增益 A_v。

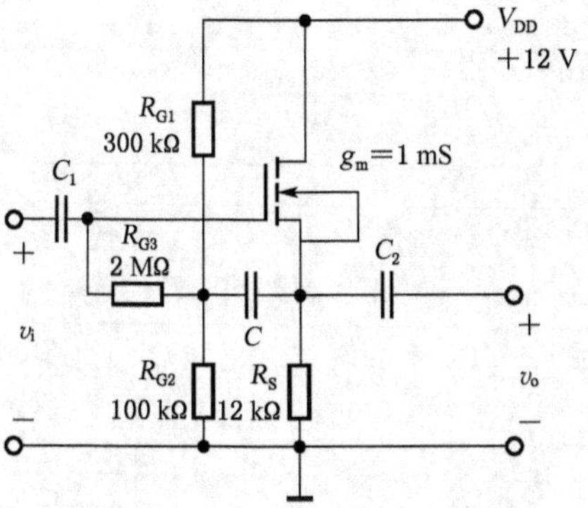

图 3.80　习题 3.27 用图

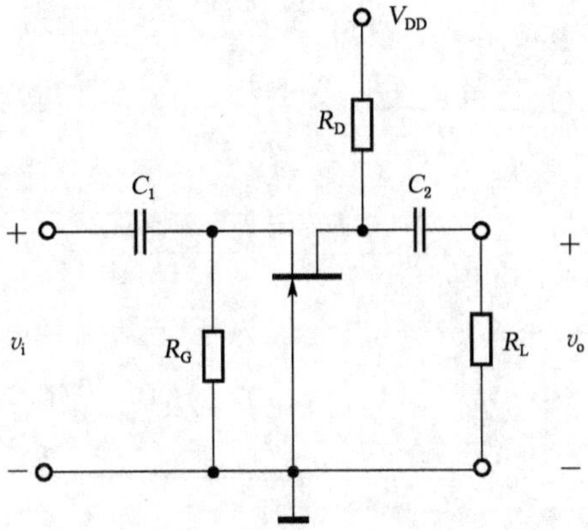

图 3.81　习题 3.28 用图

3.29　电路如图 3.82 所示，已知场效应管在饱和区的转移特性方程为 $i_D = -0.05(v_{GS} - V_{VT})^2$，式中电流单位为 mA，电压单位为 V，$V_{VT} = -4$ V。电路中 $V_{DD} = -4$ V，$R =$ 100 kΩ，10 kΩ，2.5 kΩ，求 R 两端的电压。

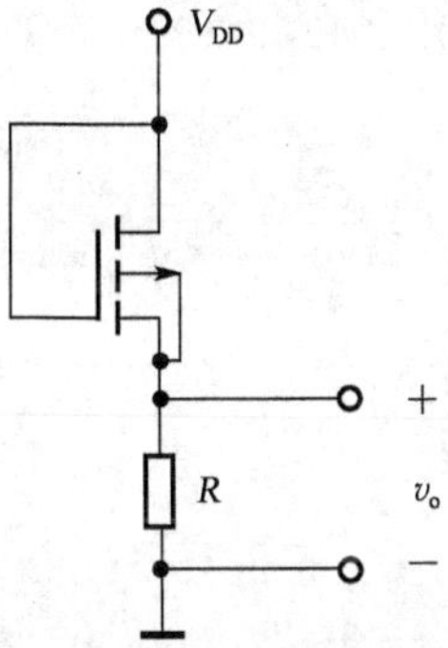

图 3.82　习题 3.29 用图

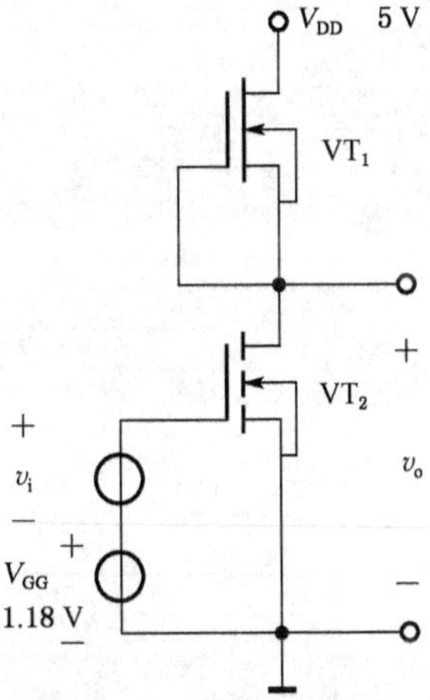

图 3.83　习题 3.30 用图

3.30　已知图 3.83 中场效应管 VT_1 为放大电路的有源负载，两个场效应管都偏置于饱和区，且参数都为：$g_m = 192.4\ \mu A/V$，$r_{ds} = 2.7$ MΩ。

(1) 画出电路的小信号等效电路；

(2) 求电路的电压增益 A_v、输入电阻 R_i 及输出电阻 R_o。

第二篇 基本功能电路

本篇主要叙述常用的功能电路。本篇共 5 章。第 4 章为负反馈电路和负反馈电路各项技术指标的分析方法,以及负反馈对电路性能的改善。第 5 章为正反馈的应用电路,主要包括各种振荡器电路和它们的特性。第 6 章为电流源电路和电流源电路的应用。第 7 章为差分放大器的组成、工作原理、各项技术指标的分析方法及差分电路的应用。第 8 章为功率放大器的工作原理、技术指标、分析方法和主要应用。本篇不仅可以使读者认识各种常用的功能电路的组成、工作原理、特性、分析方法和应用,也为设计复杂的电路和系统提供了必要的基础知识,并且为分析集成电路打下了良好的基础。

4 负反馈放大器

4.1 引　言

反馈(feedback)技术用于许多实际的电子系统和电子电路中,它是改善放大器性能的有效手段。

所谓反馈,就是将放大器的输出端的量(可能是电压,也可能是电流)的一部分或全部,通过一定的方式回送到放大器的输入端的过程。有反馈器件的放大器被称为反馈放大器。

反馈按其极性可以分为正反馈(positive feedback)和负反馈(negative feedback)两大类。从输出端引回到输入端的信号与输入信号的相位相同(即反馈信号加强了输入信号),则称其为正反馈;反之,从输出端引回到输入端的信号与输入信号的相位相反(即反馈信号削弱了输入信号),则称其为负反馈。

反馈按其信号在放大器输出端采样的方式可以分为电压反馈(voltage feedback)和电流反馈(current feedback)两大类。反馈信号的采样是放大器输出端的电压的一部分或全部,则称其为电压反馈;反之,反馈信号的采样是放大器输出端的电流的一部分或全部,则称其为电流反馈。

反馈按其信号在放大器的输入端的连接方式可以分为串联反馈(series feedback)和并联反馈(shunt feedback)两大类。反馈信号与信号源串联,则称其为串联反馈;反之,反馈信号与信号源并联,则称其为并联反馈。

一般情况下,对具体的反馈放大器来说,既要考虑反馈信号在输出端的采样方式,又要考虑输入端的连接方式和反馈极性。因此,仅负反馈就有 4 种类型:电压串联负反馈;电压并联负反馈;电流串联负反馈;电流并联负反馈。同样,正反馈也有 4 种类型。

本章主要介绍负反馈在放大器中的应用,以及负反馈对放大器性能的改善及其负反馈放大器的稳定性问题。

4.2 反馈放大器的基本概念

图 4.1 给出了理想化的反馈放大器的方框图。

图 4.1 中研究的信号可能是电压,也可能是电流,因此图中的信号用 x 表示。

从图 4.1 可以看出,反馈放大器由基本放大器(basic amplifier)和反馈网络(feedback network)组成。实际上,图 4.1 是对实际的反馈放大器的理想化近似。在实际反馈放大器的输入端,输入信号可以通过基本放大器和反馈网络传输到输出端。但是,图 4.1 中忽略了信号通过反馈网络从放大器的输入端向输出端的传输。因为反馈网络一般由无源元件组成,即反馈网络是衰减网络,而基本放大器对输入信号有放大作用,所以认为信号的正向传输只由基本放大器完成(即假设反馈网络与信号的正向传输无关)是合理的。

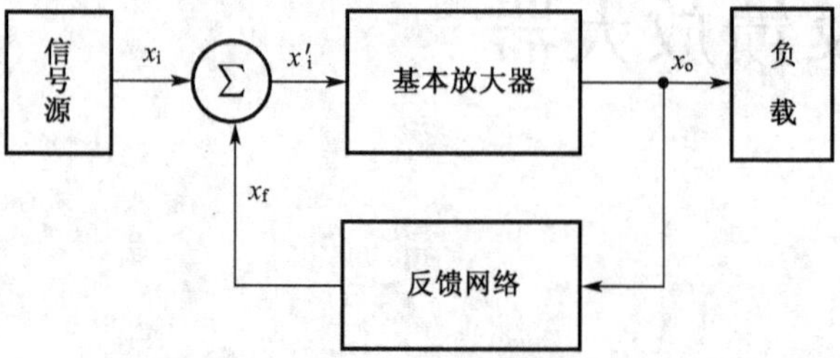

图 4.1　反馈放大器的理想化原理框图

图 4.1 的第 2 个近似是反馈信号只通过反馈网络由放大器的输出端传输到放大器的输入端,而基本放大器的反向传输效应很小,可以忽略。这一点在介绍晶体管 H 参数时已经提到过(晶体管的反向电压传输系数 h_{re} 很小),晶体管输出端对输入端的影响极小,即基本放大器的反馈效应很小,可以忽略。

综上所述,认为信号的正向传输只通过基本放大器,而反馈信号只通过反馈网络传输。忽略了基本放大器从输出端到输入端的反向传输,即认为基本放大器满足单向传输条件(只传输正向信号)。同样,反馈网络也满足单向传输条件,即反馈信号只由反馈网络传输,而不经过放大器传输。这种近似在工程计算上是合理的,并且可以使问题的分析简化。

图 4.1 中的输入端的符号Σ表示输入信号和反馈信号叠加,如果是正反馈,则

$$x_i' = x_i + x_f \tag{4.1}$$

如果是负反馈,则

$$x_i' = x_i - x_f \tag{4.2}$$

即反馈极性为正时,反馈信号与输入信号同相;反馈极性为负时,反馈信号与输入信号反相。

【小结】

* 反馈放大器的方框图是采用单向传输的近似条件画出的。

* 反馈放大器由基本放大器和反馈网络组成。

* 反馈信号起增强输入信号的作用时,反馈称为正反馈;反馈信号起削弱输入信号的作用时,反馈称为负反馈。

4.3　反馈放大器的理想闭环增益

由图 4.1 可知,基本放大器的增益为:

$$A = \frac{x_o}{x_i'} \tag{4.3}$$

A 也称为反馈放大器的开环增益(open-loop gain)。

反馈网络的反馈系数为：

$$k_f = \frac{x_f}{x_o} \tag{4.4}$$

k_f 称为反馈系数(feedback factor)，它等于反馈量和放大器的输出量的比。

反馈放大器的增益用 A_f 表示，它也称为反馈放大器的闭环增益(closed-loop gain)。按增益的定义，反馈放大器的增益为：

$$A_f = \frac{x_o}{x_i} \tag{4.5}$$

本章介绍负反馈。由式(4.2)得

$$x_i = x_i{}' + x_f \tag{4.6}$$

将式(4.6)和式(4.3)代入式(4.5)，得

$$A_f = \frac{Ax_i{}'}{x_i{}' + x_f} = \frac{A}{1 + \dfrac{x_f}{x_i{}'}} = \frac{A}{1 + \dfrac{x_f}{x_i{}'}\dfrac{x_o}{x_o}} \tag{4.7}$$

即

$$A_f = \frac{A}{1 + Ak_f} \tag{4.8}$$

从式(4.8)可以看出，负反馈放大器的闭环增益要比开环增益小。这是负反馈的缺点，但是以增益的减小为代价也会给放大器带来很多优点，这一点可以在以后的各节中看出。

另外，x_i、$x_i{}'$、x_f、x_o 可能是电压，也可能是电流，因此，开环增益可能是电压增益、电流增益、互阻增益或互导增益。同样，反馈系数可能是电压反馈系数、电流反馈系数、互阻反馈系数或互导反馈系数。A 和 k_f 具体是什么量纲，还要针对具体的反馈放大器进行分析。

令

$$T = Ak_f \tag{4.9}$$

T 也可以写成：

$$T = \frac{x_f}{x_i{}'} \tag{4.10}$$

T 称为环路增益(loop gain)，或称为回归比。

令

$$F = 1 + Ak_f = 1 + T \tag{4.11}$$

F 称为反馈深度。可见，反馈深度 F 越大，反馈放大器的闭环增益就越小。

当 $T \gg 1$ 时，式(4.8)可以近似写成：

$$A_f \approx \frac{1}{k_f} \tag{4.12}$$

由式(4.12)可以看出,当 $T \gg 1$ 时,反馈放大器的闭环增益与基本放大器无关,只与反馈网络的反馈系数有关,这种反馈称为深度负反馈。

在前几章的分析中知道,放大器的电压增益和其他特性都与组成放大器的晶体管(双结晶体管)或场效应管的特性参数有关,通常,这些晶体管的参数是随温度的变化而变化的,因此,放大器的增益等特性也会随温度而变化。也就是说,当温度变化时,放大器的特性是不稳定的。若采用反馈手段,且使反馈为深度负反馈,则闭环增益只与反馈网络的组成有关,而与基本放大器无关,当然也就与那些晶体管的参数无关,所以闭环增益的稳定性会大大提高。

【小结】

* 基本放大器的增益称为开环增益,$A = \dfrac{x_o}{x_i}$。
* 反馈系数等于反馈量与输出量之比,$k_f = \dfrac{x_f}{x_o}$。
* $T = Ak_f$ 称为环路增益,F 称为反馈深度,$F = 1 + Ak_f = 1 + T$。
* 反馈放大器的闭环增益为:$A_f = \dfrac{A}{1 + Ak_f}$。
* 深度负反馈的闭环增益为:$A_f = \dfrac{1}{k_f}$

4.4　反馈类型的判断

实际上,反馈技术在晶体管共发放大器的分压式偏置电路中已经使用,只是没有把反馈这一概念提出来。晶体管共发放大器的分压式偏置电路中的 R_E 就是反馈电阻,R_E 两端并联了一个电容,使 R_E 在交流工作状态下不起作用,因此,R_E 引入的是直流反馈,如果 R_E 两端的旁路电容不接,则 R_E 在直流和交流状态下都起反馈作用,由此可见,反馈又可以分为直流反馈和交流反馈两大类型。本章主要介绍交流反馈。

判断一个反馈放大器是哪种类型的反馈的基本步骤是:先判断反馈在放大器输出端的采样方式;然后判断反馈在放大器输入端的连接方式;最后判断反馈的极性,确定是正反馈还是负反馈。下面介绍反馈类型的判断方法。

4.4.1　输出端采样类型的判断

反馈在输出端的采样方式有两种:电压采样和电流采样。

若暂时不考虑输入端的连接方式,反馈放大器在输出端采样的框图如图 4.2 所示。

从图 4.2(a)可知,反馈网络对放大器的输出电压采样。如果将负载短路,就是把输出电压短路,则反馈网络就不能采样了。也就是说,对电压采样电路,如果将输出端短路就没有任何信号输入到反馈网络中了。

由图 4.2(b)可知,反馈网络的采样信号是负载上的电流。如果将负载短路,放大器的输出电流仍然存在,反馈网络的采样仍然能够进行,即反馈仍然存在。

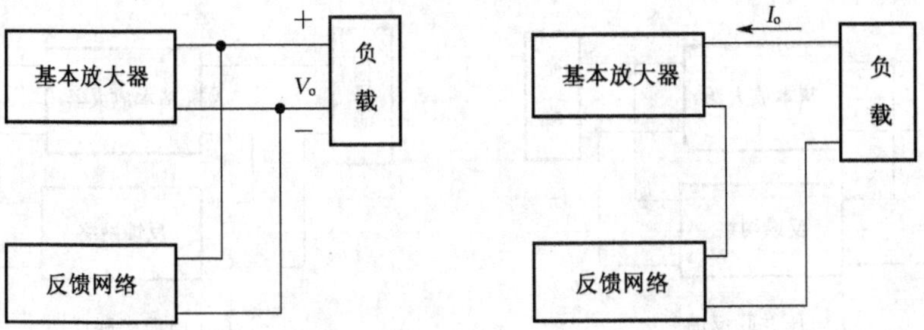

(a) 电压采样 (b) 电流采样

图 4.2 输出端采样方式

从上面的分析可以总结出反馈放大器输出端采样类型的判断法，即短路法：将放大器的负载或放大器的输出端短路。若短路后反馈网络不能采样，则采样方式为电压采样，对应的反馈类型为电压反馈；若短路后反馈网络仍然能够采样，反馈仍然存在，则采样方式为电流采样，对应的反馈类型为电流反馈。

4.4.2 输入端连接类型的判断

反馈网络在放大器的输入端的连接方式有两种：一种是信号源，基本放大器输入端和反馈网络串联，称为串联反馈；另一种是信号源，基本放大器输入端和反馈网络并联，即为并联反馈。

若暂时不考虑输出端的采样方式，则反馈放大器输入端连接方式如图 4.3 所示。

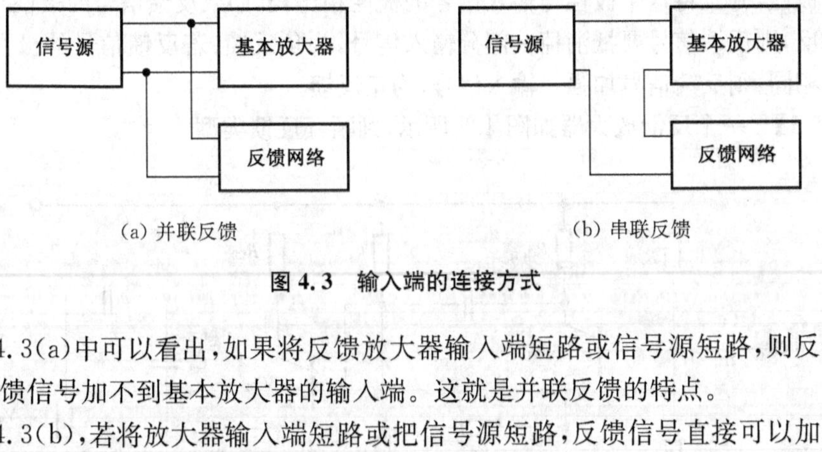

(a) 并联反馈 (b) 串联反馈

图 4.3 输入端的连接方式

从图 4.3(a)中可以看出，如果将反馈放大器输入端短路或信号源短路，则反馈网络也被短路，反馈信号加不到基本放大器的输入端。这就是并联反馈的特点。

对图 4.3(b)，若将放大器输入端短路或把信号源短路，反馈信号直接可以加到基本放大器的输入端。这就是串联反馈的特点。

因此，反馈放大器输入端的连接方式的判断也采用短路法：若将反馈放大器的输入端或信号源短路，如果反馈信号不能加到基本放大器的输入端，则输入端的连接方式就是并联，反馈类型为并联反馈；反之，若将反馈放大器的输入端或信号源短路，如果反馈信号仍然能够加到基本放大器的输入端，则输入端的连接方式是串联，反馈类型为串联反馈。

如果将反馈放大器的输出端的采样方式和输入端的连接方式综合起来考虑，则反馈放大器有 4 种类型，如图 4.4 所示。

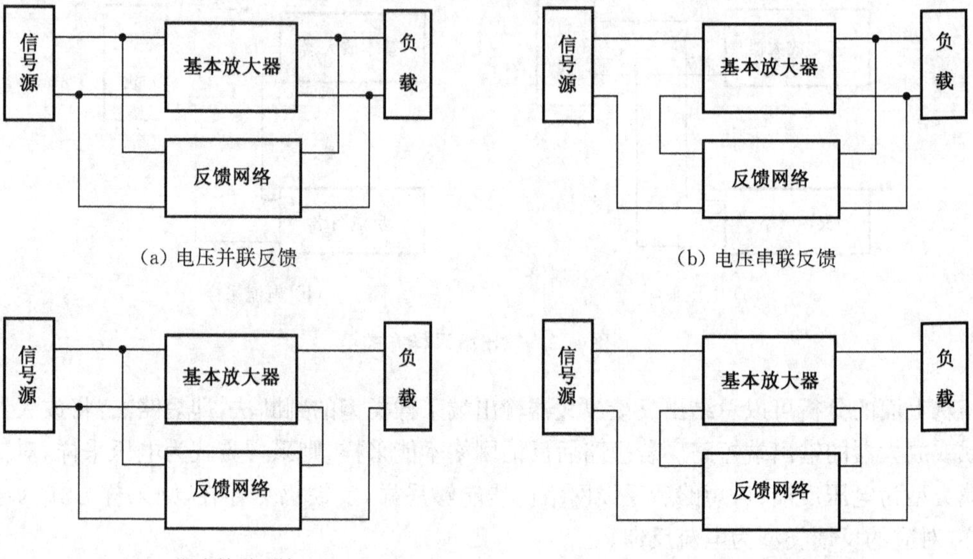

图 4.4　4 种反馈类型

4.4.3　反馈极性的判断

反馈极性的判断就是要判断反馈放大器是正反馈还是负反馈。判断的方法是采用瞬时极性法。首先假设放大器输入端的极性，然后通过电路中各关键节点的判断得出反馈网络输出端的极性，并且将这个极性与输入信号的极性相比较，如果反馈信号的极性与输入信号的极性相反，则反馈信号要抵消掉一部分输入信号，为负反馈；若反馈信号的极性与输入信号的极性相同，则反馈信号加强了输入信号，为正反馈。

【例 4.1】　一个反馈放大器如图 4.5 所示，判断其反馈类型。

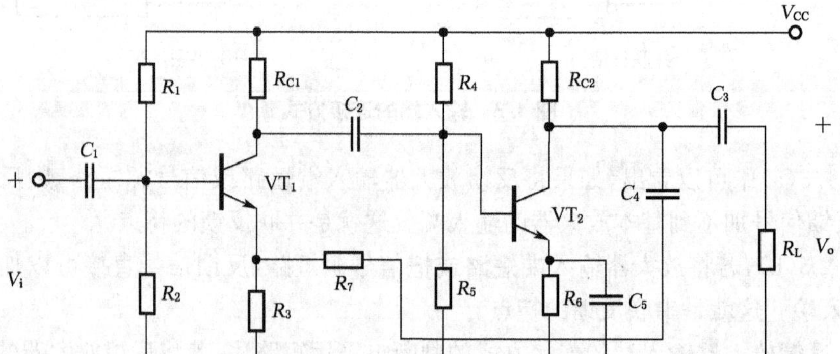

图 4.5　反馈放大器

解：因为是交流反馈，因此首先要画图 4.5 电路的交流通路，如图 4.6 所示。图 4.6 中，$R_{B1}=R_1 \mathbin{/\!/} R_2$，$R_{B2}=R_4 \mathbin{/\!/} R_5$，$R_L{}'=R_{C2} \mathbin{/\!/} R_L$。

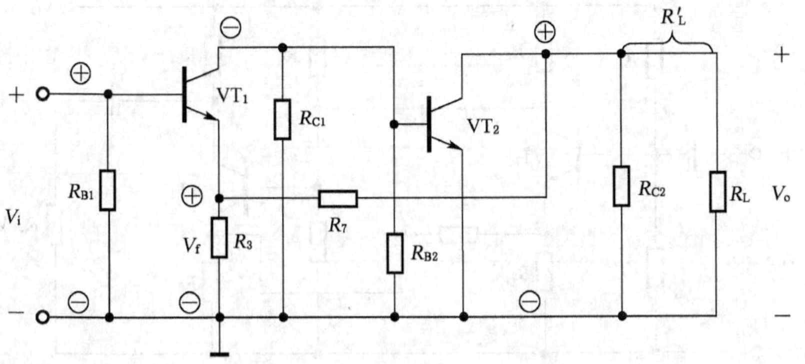

图 4.6 图 4.5 电路的交流通路

步骤如下：

(1) 确定电路中是否存在反馈，也就是找出反馈元件。

需要强调的是，要考虑的反馈是整体的反馈，是将多级放大器考虑成一个整体，考虑从最后一级的输出端到第 1 级的输入端的反馈，单级中的局部反馈不考虑。

不难看出，图 4.6 中 R_7 和 R_3 是整体放大器输出端和输入端相联系的元件，因此它们是反馈元件。

(2) 用短路法判断输出端的采样方式。

当 R_L' 短路后，R_7 的一端也就接地，这时 R_7 和 R_3 并联，使放大器的输入端与输出端无关，因此无法将放大器输出端的量送回到输入端。由此得出结论：反馈在输出端的采样方式是电压采样。

(3) 用短路法判断输入端的连接方式。

将输入端短路(即信号源短路)。输入端短路后，对反馈网络没有影响，即反馈仍然存在。因此得出结论：反馈在输入端的连接方式是串联。

(4) 用瞬时极性法判断反馈的极性。

设输入电压为上正下负，如图中⊕、⊖所示，因为放大器的每一级都是共发放大器，共发放大器的输出电压与输入电压的相位相反，则 VT_1 管的集电极的极性为⊖，VT_2 管的基极极性也为⊖，因此 VT_2 管的集电极极性为⊕，即输出端的瞬时极性为上正下负，R_7 和 R_3 串联在输出端与地之间，因此，R_3 上的电压是输出电压的分压，极性是上正下负，即反馈电压 V_f 为上正下负，如图 4.6 所示。这一极性的反馈电压与输入电压的极性相反，削弱了输入信号，因此是负反馈。

经以上分析得出结论：图 4.5 电路的反馈类型是电压串联负反馈。

【例 4.2】 一个反馈放大器如图 4.7 所示，判断其反馈类型。

解： 判断过程与例 4.2 相似。

图 4.7 的交流通路如图 4.8 所示。

图 4.8 中，$R_{B1} = R_1 // R_2$，$R_{B2} = R_4 // R_5$，$R_L' = R_{C2} // R_L$。

步骤如下：

(1) 确定电路中是否存在反馈，即找出反馈元件。反馈元件为：R_6，R_7，R_3。

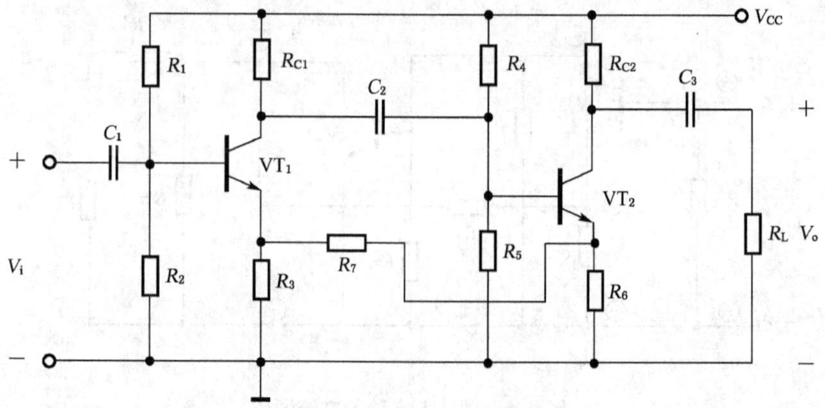

图 4.7　反馈放大器

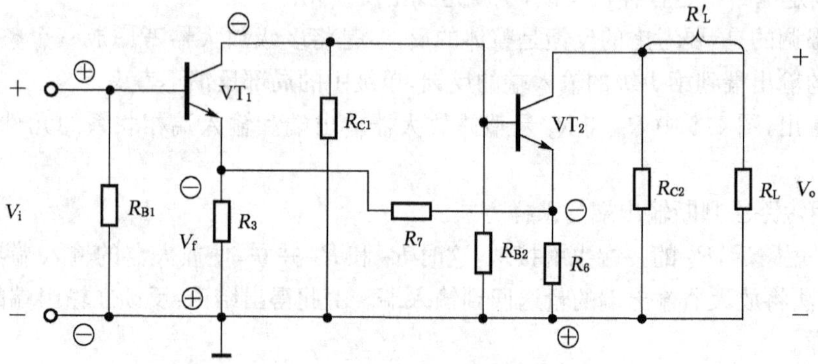

图 4.8　图 4.7 电路的交流通路

(2) 用短路法判断输出端的采样方式。

将 $R_L{}'$ 短路后不妨碍反馈的存在，即 R_6、R_7、R_3 的连接方式没有变化，因此采样方式是电流采样。

(3) 用短路法判断输入端的连接方式，将输入端短路(即信号源短路)。

信号源短路后，反馈网络不受影响，反馈仍然存在，因此，反馈在放大器输入端的连接方式为串联。

(4) 用瞬时极性法判断反馈极性。

设输入端极性为上正下负，如图 4.8 所示，VT_1 管集电极为负(共发射极放大器输出端，输入端瞬时极性相反)，VT_2 管的发射极极性为上负下正(VT_2 管发射极极性与基极相同)，而 R_7 和 R_3 串联后和 R_6 并联，则在 R_3 上的分压为上负下正，即 V_f 为上负下正，如图 4.8 所示。反馈信号与输入信号同相，即反馈信号加强了输入信号，所以是正反馈。

由此得出结论：图 4.7 电路的反馈类型是电流串联正反馈。

【例 4.3】　一个反馈放大器如图 4.9 所示，判断其反馈类型。

解： 图 4.9 的交流通路如图 4.10 所示。

图 4.10 中，$R_{B1} = R_1 // R_2$，$R_{B2} = R_4 // R_5$，$R_L{}' = R_{C2} // R_L$。

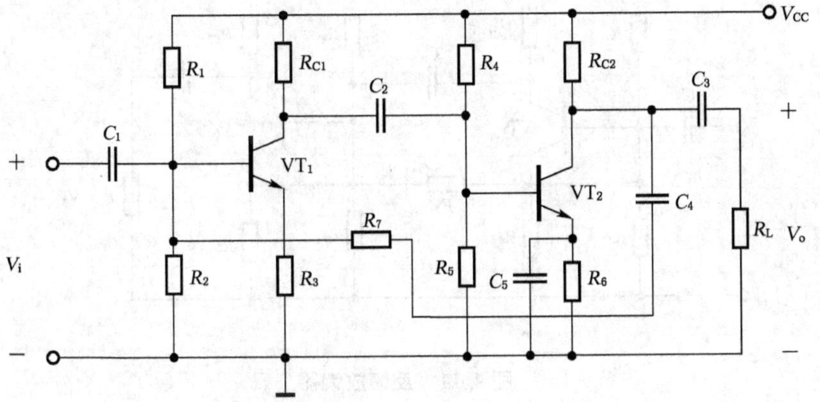

图 4.9 反馈放大器

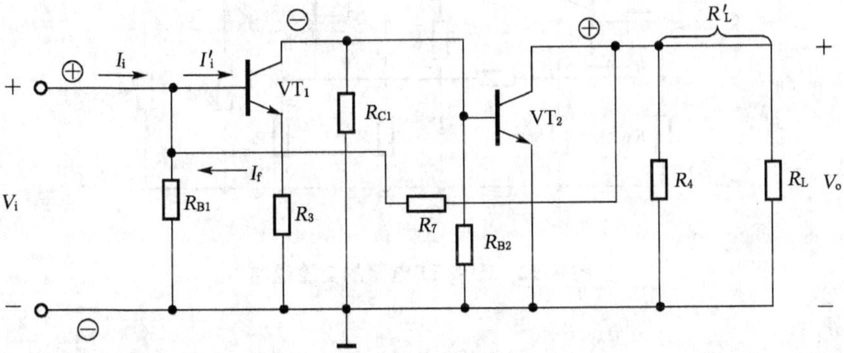

图 4.10 图 4.9 电路的交流通路

步骤如下：

(1) 确定电路中是否存在反馈，即找出反馈元件。反馈元件为：R_7。

(2) 用短路法判断输出端的采样方式。

将 R_L' 短路后，R_7 则接到输入端到地之间，与输出端无关，因此反馈不能存在。由此可知，输出端的采样方式为电压反馈。

(3) 用短路法判断输入端的连接方式。

将输入端短路后，R_7 接在输出端和地之间，与输入端无关，因此反馈不能存在。由此可知，反馈在输入端的连接方式为并联。

(4) 用瞬时极性法判断反馈极性。

设输入信号为上正下负，VT_1 集电极为负，VT_2 集电极为正，因此，R_7 上的反馈电流 I_f 的方向如图 4.10 所示。反馈电流加强了输入信号电流，因此为正反馈。

由此得出结论：图 4.9 所示电路为电压并联正反馈。

【例 4.4】 一个反馈放大器如图 4.11 所示，判断其反馈类型。

解. 图 4.11 的交流通路如图 4.12 所示。

图 4.12 中，$R_{B1} = R_1 /\!/ R_2$，$R_{B2} = R_4 /\!/ R_5$，$R_L' = R_{C2} /\!/ R_L$。

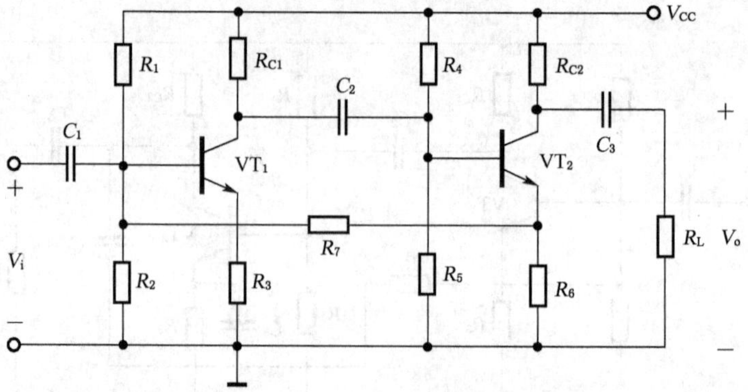

图 4.11　反馈放大器

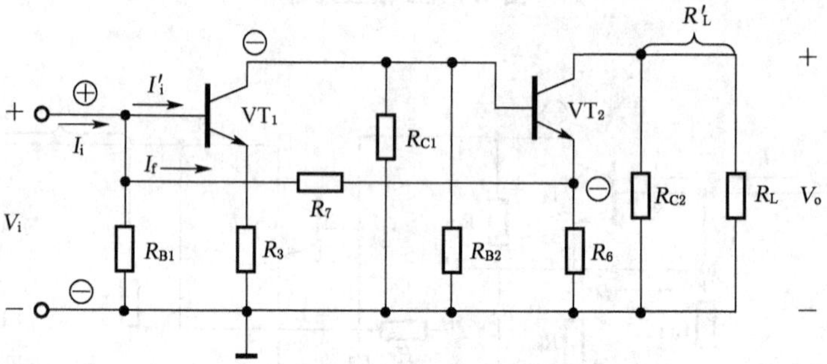

图 4.12　图 4.11 电路的交流通路

步骤如下：

(1) 确定电路中是否存在反馈，即找出反馈元件。反馈元件为：R_7。

(2) 用短路法判断输出端的采样方式。

将 $R_L{}'$ 短路后不妨碍反馈的存在，因此为电流反馈。

(3) 用短路法判断输入端的连接方式。

将输入端短路后，R_7 和 R_6 并联，与输入端无关，因此反馈不能存在。由此可知输入端的连接方式为并联。

(4) 用瞬时极性法判断反馈极性。

如图 4.12 所示，输入信号为上正下负时，VT_1 管集电极极性为负，VT_2 管发射极极性也为负，因此 R_7 上的反馈电流 I_f 方向如图 3.12 所示，反馈信号削弱了输入信号。因此为负反馈。

由此得出结论：图 4.11 所示电路的反馈类型为电流并联负反馈。

由以上各例的分析可以得出以下结论：

* 串联反馈在输入端反馈量以电压的形式出现。

* 并联反馈在输入端反馈量以电流的形式出现。

* 串联反馈因为反馈信号和信号源及基本放大器的输入端相串联，为了减少反馈信号在信号源内阻上的损耗，信号源的内阻越小越好，因此串联反馈信号源要用电压源。

* 并联反馈因为反馈信号和信号源及基本放大器的输入端相并联，为了减少反馈信号在信号源内阻上的损耗，信号源的内阻越大越好，因此并联反馈信号源要用电流源。

＊ 不同类型的反馈，其基本放大器的增益、反馈网络的反馈系数、反馈放大器的闭环增益不同。如图 4.13 所示。

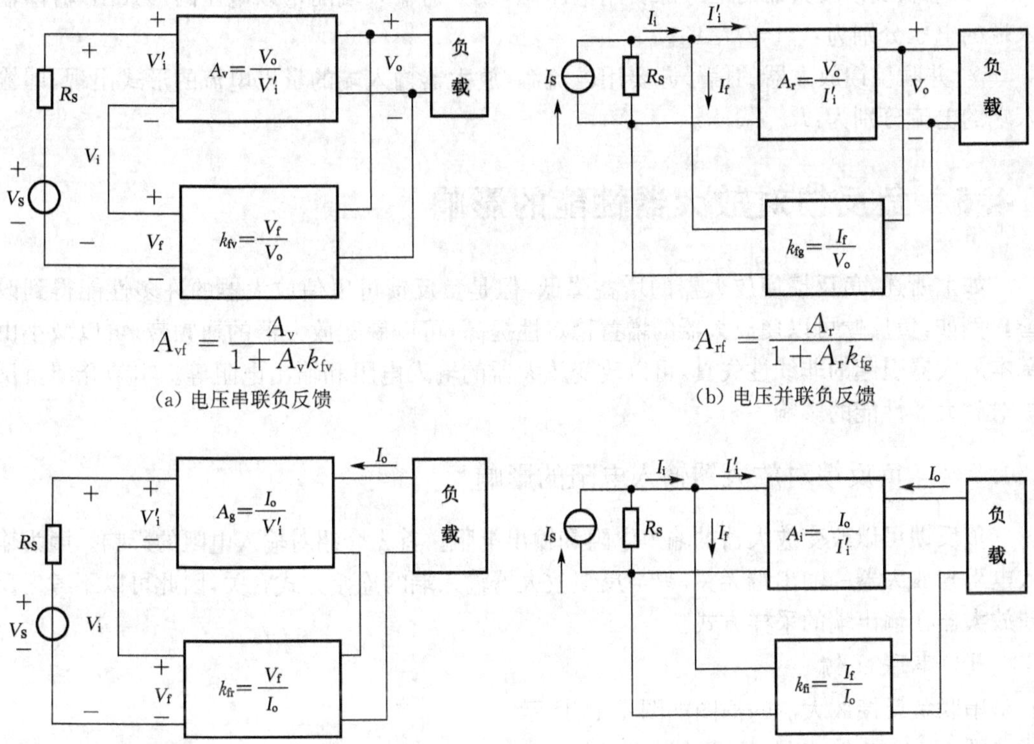

$$A_{vf}=\frac{A_v}{1+A_v k_{fv}}$$

(a) 电压串联负反馈

$$A_{rf}=\frac{A_r}{1+A_r k_{fg}}$$

(b) 电压并联负反馈

$$A_{gf}=\frac{A_g}{1+A_g k_{fr}}$$

(c) 电流串联负反馈

$$A_{if}=\frac{A_i}{1+A_i k_{fi}}$$

(d) 电流并联负反馈

图 4.13　4 种类型的负反馈及闭环增益表达式

4.4.4　小　结

＊ 反馈类型的判断步骤如下：

(1) 找出反馈元件；

(2) 用短路法判断采样类型；

(3) 用短路法判断输入端的连接方式；

(4) 用瞬时极性法判断反馈是正反馈还是负反馈。

＊ 反馈类型不同时，闭环增益的表达式不同：

电压串联负反馈放大器：$A_{vf}=\dfrac{A_v}{1+A_v k_{fv}}$；

电压并联负反馈放大器：$A_{rf}=\dfrac{A_r}{1+A_r k_{fg}}$；

电流串联负反馈放大器：$A_{gf}=\dfrac{A_g}{1+A_g k_{fr}}$；

电流并联负反馈放大器：$A_{if}=\dfrac{A_i}{1+A_i k_{fi}}$。

* 串联反馈放大器的信号源要用电压源，放大器输入端的量以电压的形式出现，即输入端的电压分别为：V_i、V_i'、V_f。

* 并联反馈放大器的信号源要用电流源，放大器输入端的量以电流的形式出现，即输入端的电流分别为：I_i、I_i'、I_f。

4.5　负反馈对放大器性能的影响

如上所述，负反馈使放大器的增益降低，但是负反馈可以使放大器的许多性能得到改善。例如，负反馈可以使放大器的增益稳定性提高，可以展宽放大器的通频带，可以减小由基本放大器引起的非线性失真，可以改变放大器的输入电阻和输出电阻等。本节介绍负反馈对放大器性能的影响。

4.5.1　负反馈对放大器输入电阻的影响

负反馈可以改变放大器的输入电阻和输出电阻。首先介绍对输入电阻的影响。因为输入电阻与放大器的输出端无关，只与反馈放大器输入端的连接方式有关，因此可以不考虑反馈放大器在输出端的采样方式。

1）串联反馈

串联负反馈放大器的框图如图 4.14 所示。

图 4.14 中，输出量 X_o 可能是电压也可能是电流。R_i 是基本放大器的输入电阻，即

$$R_i=\frac{V_i'}{I_i} \tag{4.13}$$

反馈放大器的输入电阻为：

$$R_{if}=\frac{V_i}{I_i}=\frac{V_i'V_i}{I_iV_i'}=R_i\frac{V_i}{V_i'} \tag{4.14}$$

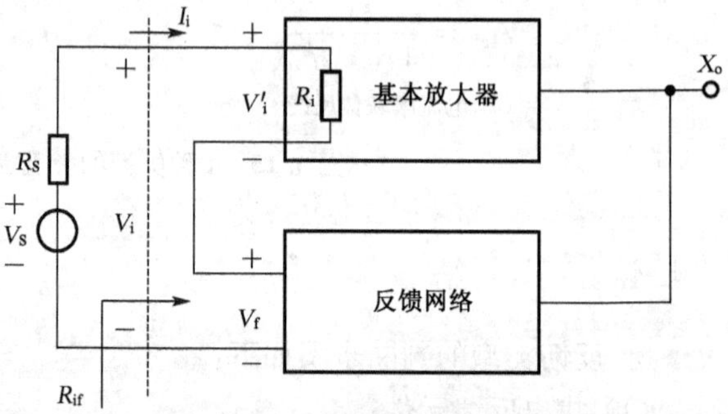

图 4.14　串联反馈的框图

式中：

$$\frac{V_i}{V_i'}=\frac{V_i'+V_f}{V_i'}=1+\frac{V_f}{V_i'}\frac{X_o}{X_o}=1+Ak_f \tag{4.15}$$

将(4.15)式代入式(4.14)式，得

$$R_{if}=R_i(1+Ak_f) \tag{4.16}$$

由此可见，串联反馈放大器的输入电阻是基本放大器输入电阻的 $(1+Ak_f)$ 倍。

2）并联反馈

并联反馈放大器的框图如图 4.15 所示。

图 4.15 中，基本放大器的输入电阻为：

$$R_i = \frac{V_i}{I_i'} \tag{4.17}$$

反馈放大器的输入电阻为：

$$R_{if} = \frac{V_i}{I_i} = \frac{V_i}{I_i' + I_f} = \frac{R_i}{1 + \frac{I_f}{I_i'}\frac{X_o}{X_o}} = \frac{R_i}{1 + Ak_f} \tag{4.18}$$

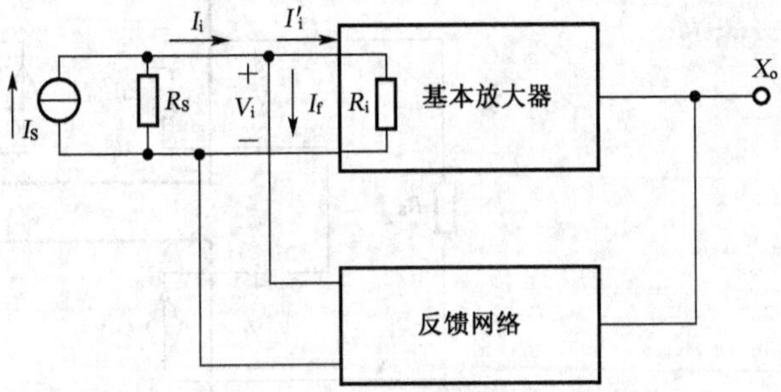

图 4.15 并联反馈的框图

由此可见，并联反馈放大器的输入电阻是基本放大器输入电阻的 $\frac{1}{1+Ak_f}$ 倍。

如上所述，如果设计放大器时需要放大器的输入电阻大，就要采用串联负反馈，如果需要放大器的输入电阻小，就要采用并联负反馈。

4.5.2 负反馈对放大器输出电阻的影响

1）电压负反馈电路

在电压负反馈放大器中，反馈网络对输出电压进行采样，为了使反馈网络对负载上的电压影响不大，一般将反馈网络的输入端的电阻设计得很大，理想情况下可以看成开路，因此可以作出电压串联负反馈放大器的理想化框图，如图 4.16 所示。

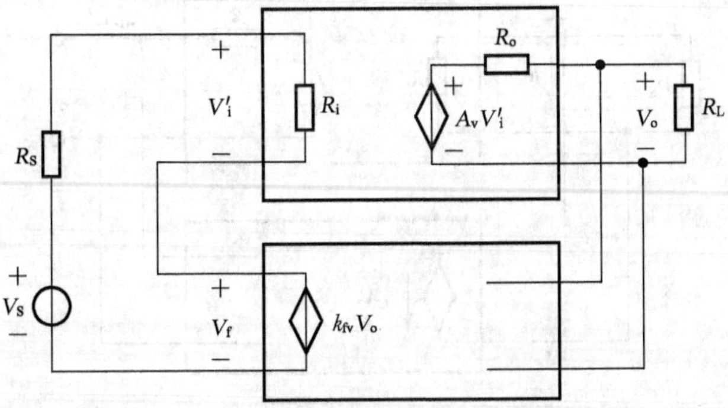

图 4.16 电压串联负反馈放大器理想化框图

图 4.16 中，反馈网络的输入端看成开路，基本放大器输出端以电压源的形式画出，R_o 为基本放大器的输出电阻。

求反馈放大器的输出电阻时要将信号源短路，并且将负载去掉，加上信号电压 V，如图 4.17 所示。

电压串联负反馈放大器采用的信号源是电压源，R_S 很小，可以忽略，因此可得：

$$V_i' \approx -V_f \tag{4.19}$$

$$I = \frac{V + A_v V_f}{R_o} \tag{4.20}$$

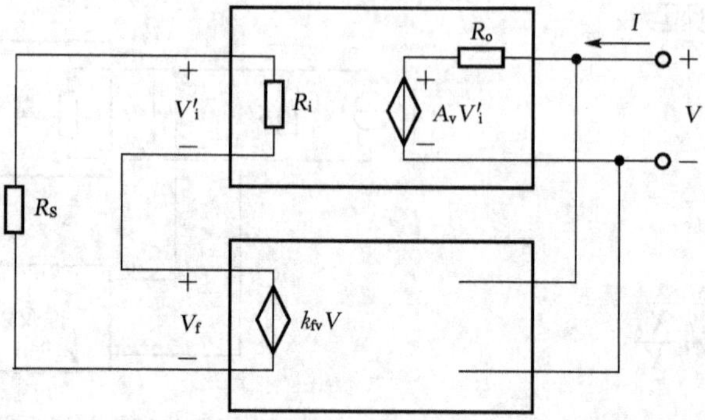

图 4.17　求电压串联负反馈放大器输出电阻的理想化框图

反馈放大器的输出电阻为：

$$R_{of} = \frac{V}{I} \tag{4.21}$$

将式(4.20)代入到式(4.21)，得

$$R_{of} = \frac{R_o}{1 + A_v k_{fv}} \tag{4.22}$$

由此可见，电压串联负反馈放大器的输出电阻是基本放大器输出电阻的 $\frac{1}{1+A_v k_{fv}}$ 倍。同样，求电压并联负反馈放大器输出电阻的理想化框图如图 4.18 所示。

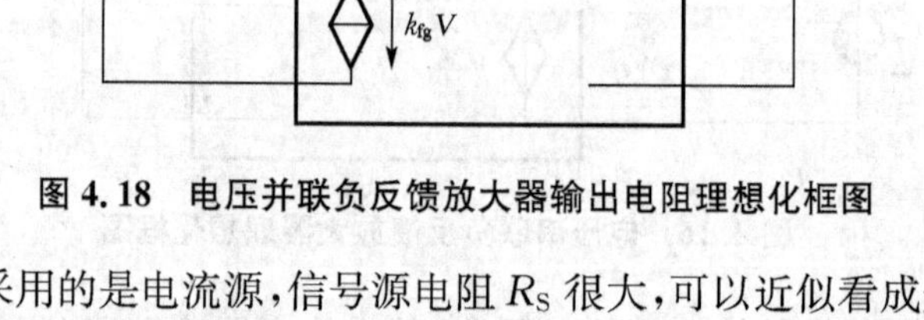

图 4.18　电压并联负反馈放大器输出电阻理想化框图

因为并联反馈采用的是电流源，信号源电阻 R_S 很大，可以近似看成开路。因此有：

$$I_i' = -I_f \tag{4.23}$$

由图 4.18 可得：

$$I = \frac{V + A_r I_f}{R_o} \tag{4.24}$$

反馈放大器的输出电阻为：

$$R_{of}=\frac{V}{I}\tag{4.25}$$

将式(4.24)代入式(4.25),得

$$R_{of}=\frac{R_o}{1+A_r k_{fg}}\tag{4.26}$$

由此可见,电压并联负反馈放大器输出电阻是基本放大器输出电阻的 $\frac{1}{1+A_r k_{fg}}$ 倍。

由式(4.22)和式(4.26)可以看出,电压反馈可以使放大器的输出电阻减小。将电压串联负反馈和电压并联负反馈的输出电阻综合起来,可以将电压负反馈放大器的输出电阻写成:

$$R_{of}=\frac{R_o}{1+Ak_f}\tag{4.27}$$

2) 电流负反馈电路

在电流采样的负反馈放大器中,反馈网络对输出电流采样,即反馈网络的输入端串接在放大器的输出端,为了减小反馈网络对放大器输出电流的影响,反馈网络的输入电阻应尽量小,理想情况下,可以将反馈网络的输入端看成短路,因此,电流串联负反馈放大器的理想化框图如图 4.19 所示。

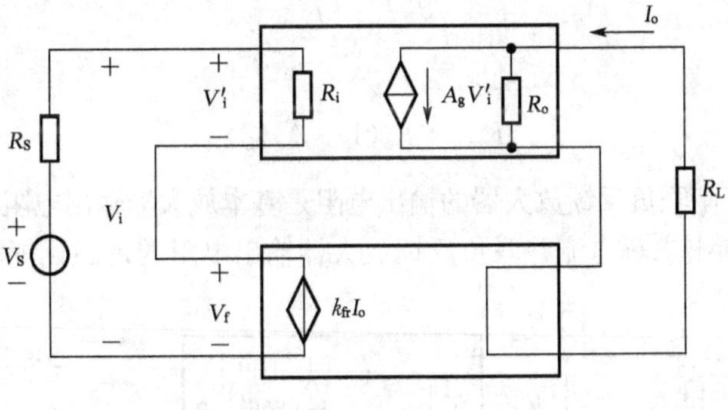

图 4.19　电流串联负反馈放大器的理想化框图

图 4.19 中,反馈网络的输入端看成短路,基本放大器的输出端以电流源的形式画出,R_o 为基本放大器的输出电阻。

同样,也可以画出求解输出电阻时的理想化框图,如图 4.20 所示。

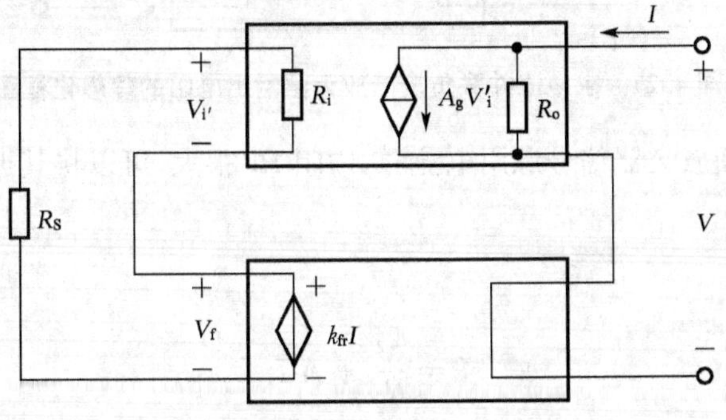

图 4.20　求电流串联负反馈放大器输出电阻的理想化框图

因为串联反馈放大器采用电压源，信号源内阻很小，如果将 R_S 近似为 0，则有：

$$V_i' = -V_f \tag{4.28}$$

由图 4.20 有：

$$I = \frac{V}{R_o} + A_g V'_i \tag{4.29}$$

将式(4.28)代入式(4.29)，得

$$I = \frac{V}{R_o} - A_g V_f \tag{4.30}$$

即

$$I = \frac{V}{R_o} - A_g k_{fr} I \tag{4.31}$$

整理后得：

$$I = \frac{V}{R_o(1 + A_g k_{fr})} \tag{4.32}$$

而反馈放大器的输出电阻为：

$$R_{of} = \frac{V}{I} \tag{4.33}$$

由式(4.32)得：

$$R_{of} = R_o(1 + A_g k_{fr}) \tag{4.34}$$

由此可见，电流串联负反馈放大器的输出电阻是基本放大器输出电阻的 $(1 + A_g k_{kr})$ 倍。

同样，也可以画出求解电流并联负反馈放大器输出电阻的理想化框图，如图 4.21 所示。

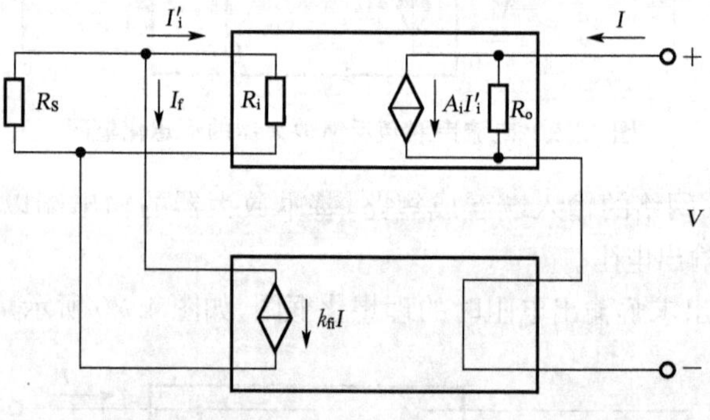

图 4.21　求电流并联负反馈放大器输出电阻的理想化框图

因为并联负反馈放大器信号源用电流源，内阻 R_S 很大，可以将其近似看成开路，则有：

$$I_i' \approx -I_f \tag{4.35}$$

由图 4.21 可知：

$$I = \frac{V}{R_o} + A_i I_i' \tag{4.36}$$

将式(4.35)代入到式(4.36),得

$$I=\frac{V}{R_{\mathrm{o}}}-A_{\mathrm{i}}I_{\mathrm{f}} \tag{4.37}$$

即

$$I=\frac{V}{R_{\mathrm{o}}}-A_{\mathrm{i}}k_{\mathrm{fi}}I \tag{4.38}$$

整理后得:

$$I=\frac{V}{R_{\mathrm{o}}(1+A_{\mathrm{i}}k_{\mathrm{fi}})} \tag{4.39}$$

因此,该反馈放大器的输出电阻为:

$$R_{\mathrm{of}}=\frac{V}{I}=R_{\mathrm{o}}(1+A_{\mathrm{i}}k_{\mathrm{fi}}) \tag{4.40}$$

由此可见,电流并联负反馈放大器输出电阻是基本放大器输出电阻的 $(1+A_{\mathrm{i}}k_{\mathrm{fi}})$ 倍。

由式(4.34)和式(4.40)可以看出,电流负反馈可以使放大器的输出电阻增大,将这两式综合起来可以写成:

$$R_{\mathrm{of}}=R_{\mathrm{o}}(1+Ak_{\mathrm{f}}) \tag{4.41}$$

如上所述,如果设计放大器时需要放大器的输出电阻大,就要采用电流负反馈;如果需要放大器的输出电阻小,就要采用电压负反馈。

4.5.3　负反馈对放大器增益稳定性的影响

如上所述,如果环路增益 $(T=Ak_{\mathrm{f}})$ 很大,则负反馈放大器的增益基本上与基本放大器无关,而只与反馈网络的组成有关,这样可以使反馈放大器的增益稳定性提高。下面定量分析负反馈对放大器增益稳定性的影响。

如果基本放大器的增益因为温度等外界因素变化了 ΔA,则负反馈放大器增益的变化为:

$$\Delta A_{\mathrm{f}}=\frac{A+\Delta A}{1+(A+\Delta A)k_{\mathrm{f}}}-\frac{A}{1+Ak_{\mathrm{f}}} \tag{4.42}$$

整理后得:

$$\Delta A_{\mathrm{f}}=\frac{\Delta A}{[1+(A+\Delta A)k_{\mathrm{f}}](1+Ak_{\mathrm{f}})} \tag{4.43}$$

若将式(4.43)等号后面分式的分子、分母都乘以 A,则有:

$$\Delta A_{\mathrm{f}}=\frac{A\Delta A}{A[1+(A+\Delta A)k_{\mathrm{f}}](1+Ak_{\mathrm{f}})}=\frac{A_{\mathrm{f}}\Delta A}{A[1+(A+\Delta A)k_{\mathrm{f}}]} \tag{4.44}$$

整理后得:

$$\frac{\Delta A_{\mathrm{f}}}{A_{\mathrm{f}}}=\frac{1}{1+(A+\Delta A)k_{\mathrm{f}}}\frac{\Delta A}{A} \tag{4.45}$$

式(4.45)说明负反馈放大器闭环增益的相对变化是基本放大器增益(开环增益)相对变化的 $\frac{1}{1+(A+\Delta A)k_f}$ 倍，说明负反馈使放大器增益的稳定性得到提高。

【例 4.5】 若一个负反馈放大器的开环增益 $A=10^5$，反馈系数 $k_f=0.02$，求闭环增益；当由于温度变化使开环增益增加时，若使开环增益的相对变化为 10%时，求闭环增益的相对变化。

解：负反馈放大器的闭环增益为：

$$A_f=\frac{A}{1+Ak_f}=\frac{10^5}{1+10^5\times 0.02}=50$$

当开环增益的相对变化为 10%时，闭环增益的相对变化为：

$$\frac{\Delta A}{A_f}=\frac{1}{1+(A+\Delta A)k_f}\frac{\Delta A}{A}=\frac{1}{1+(10^5+10^4)\times 0.02}\times 10\%=0.004\,5\%$$

从上例可以看出，负反馈放大器的增益稳定性有了很大提高，开环增益相对变化为 10%时，闭环增益相对变化仅为 0.004 5%。

4.5.4 负反馈对放大器通频带的影响

假定基本放大器是一个只有一个极点的低通系统，它的传递函数为：

$$A(s)=\frac{A_I}{1+\frac{s}{\omega_H}} \tag{4.46}$$

式中：A_I——基本放大器的中频增益；

ω_H——上限角频率。

若反馈系数与频率无关，则反馈放大器的闭环增益的表达式为：

$$A_f(s)=\frac{A(s)}{1+A(s)k_f}=\frac{\frac{A_I}{1+\frac{s}{\omega_H}}}{1+\frac{A_Ik_f}{1+\frac{s}{\omega_H}}}=\frac{\frac{A_I}{1+A_Ik_f}}{1+\frac{s}{\omega_H(1+A_Ik_f)}} \tag{4.47}$$

式(4.47)可写成：

$$A_f(s)=\frac{A_{fI}}{1+\frac{s}{\omega_{Hf}}} \tag{4.48}$$

式中：

$$\begin{cases}A_{fI}=\dfrac{A_I}{1+A_Ik_f}\\ \omega_{Hf}=\omega_H(1+A_Ik_f)\end{cases} \tag{4.49}$$

由式(4.49)可知，负反馈放大器的闭环增益为开环增益的 $1/(1+A_Ik_f)$，但是闭环增益的上限角频率是开环增益的上限角频率的 $(1+A_Ik_f)$ 倍，即放大器的增益带宽积是一定的：

$$A_{\mathrm{I}}\omega_{\mathrm{H}}=A_{\mathrm{If}}\omega_{\mathrm{Hf}} \tag{4.50}$$

开环增益和闭环增益的幅频特性如图 4.22 所示。

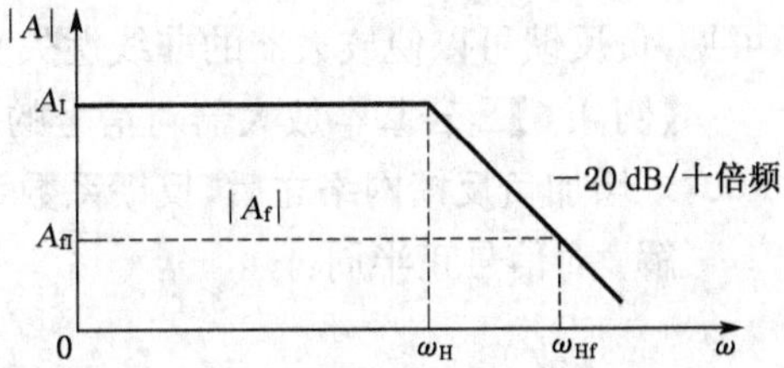

图 4.22　开环增益和闭环增益的幅频特性

由图 4.22 也可以看出，对单极点放大器来说，它的增益带宽积是一个常数，可以利用负反馈来展宽频带，但是频带的展宽是以增益的降低为代价的，因此，设计反馈放大器时要兼顾中频增益和带宽。

在多极点的系统中，基本放大器幅频特性要比单极点系统复杂些，但是负反馈可以扩展频带的趋势依然相同。

4.5.5　负反馈对放大器非线性失真的改善

所谓非线性失真，主要是由半导体器件（如晶体三极管、场效应管）的伏安特性的非线性引起的，存在非线性失真时，放大器输入一个正弦波信号，输出是非正弦信号。

若基本放大器存在非线性失真，且它的信号传输波形如图 4.23 所示。由图可见，基本放大器的输入信号是正弦波时，输出信号产生了非线性失真，使正半周放大的幅度大于负半周放大的幅度。

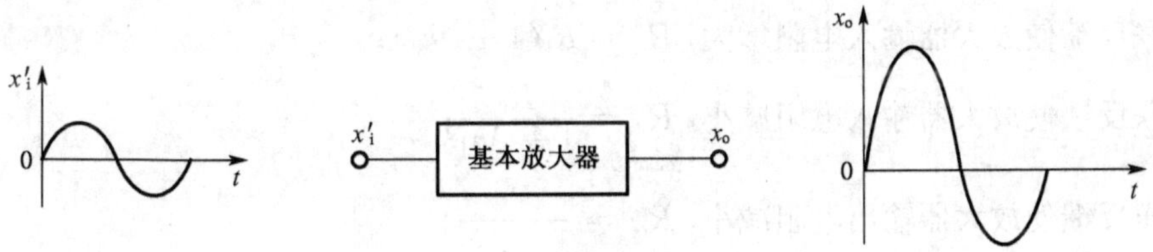

图 4.23　基本放大器的非线性失真

如果加上反馈网络，反馈量与输出量成正比，反馈量和输入量叠加之后的 x_i' 波形如图 4.24 所示。

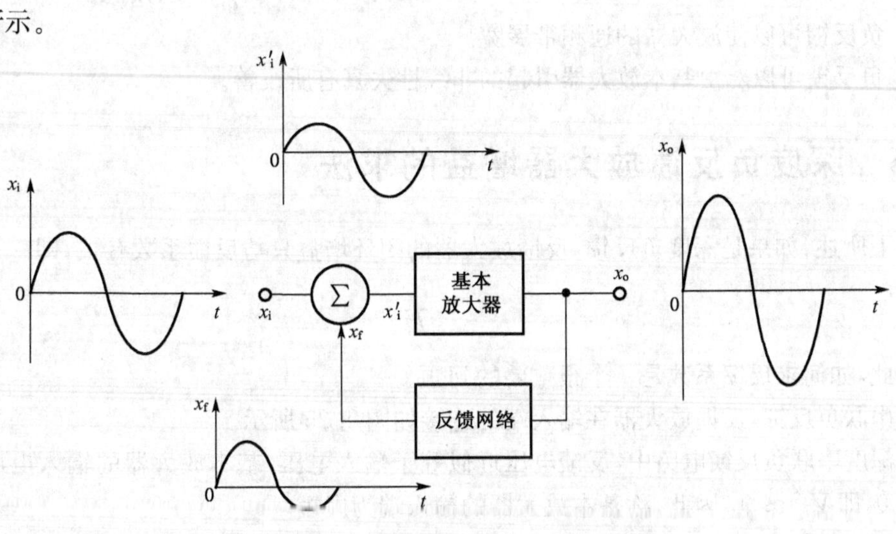

图 4.24　负反馈对非线性失真的改善

从图 4.24 可以看出，反馈信号的波形图是与图 4.23 中的基本放大器的输出波形图成比例的，X_i 和 X_f 相减后的 X_i' 的波形的失真正好能够矫正基本放大器的非线性失真。由此可见，负反馈可以使放大器的非线性失真有所改善。

【例 4.6】 若基本放大器对信号的正半周的增益为 1 000，而对信号的负半周的增益为 500，求增加负反馈网络之后，反馈系数为 0.1 时对信号的正负半周的增益各为多少？

解：对信号正半周：

$$A_f = \frac{A}{1+Ak_f} = \frac{1\,000}{1+1\,000\times 0.1} = 9.90$$

对信号负半周：

$$A_f = \frac{A}{1+Ak_f} = \frac{500}{1+500\times 0.1} = 9.80$$

从上例可见，基本放大器增益上、下半周差为 500，而加反馈之后的差只为 0.1，可见对非线性失真有较大改观。

负反馈对基本放大器非线性失真改善的实质是放大器的增益稳定性提高的结果。

4.5.6 小　结

* 负反馈可以改变放大器的输入电阻和输出电阻：

串联反馈使放大器输入电阻增大，$R_{if} = R_i(1+Ak_f)$；

并联反馈使放大器输入电阻减小，$R_{if} = \dfrac{R_i}{1+Ak_f}$；

电压反馈使放大器输出电阻减小，$R_{of} = \dfrac{R_{oi}}{1+Ak_f}$；

电流反馈使放大器输出电阻增大，$R_{of} = R_o(1+Ak_f)$。

* 负反馈可以使放大器的增益稳定性提高，$\dfrac{\Delta A_f}{A_f} = \dfrac{1}{1+(A+\Delta A)k_f}\dfrac{\Delta A}{A}$。
* 负反馈可以使放大器的通频带展宽。
* 负反馈可以对由基本放大器引起的非线性失真有所改善。

4.6 深度负反馈放大器增益的求法

如上所述，如果是深度负反馈，反馈放大器的闭环增益只与反馈系数有关，即

$$A_f = \frac{1}{k_f} \tag{4.51}$$

因此，如何求反馈系数是一个很重要的问题。

对串联负反馈，反馈放大器在输入端的连接如图 4.25 所示。

在深度串联负反馈电路中，反馈电压近似等于输入电压，基本放大器的输入电压很小，近似为 0，即 $V_i' \approx 0$，因此，称基本放大器的输入端为虚短。

对并联负反馈，反馈放大器在输入端的连接如图 4.26 所示。

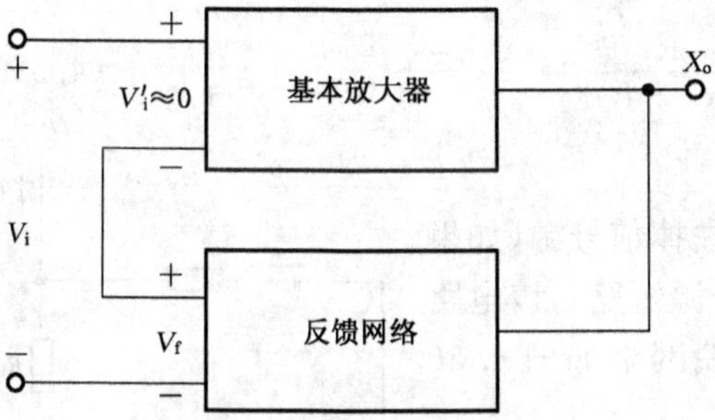

图 4.25　深度串联负反馈框图

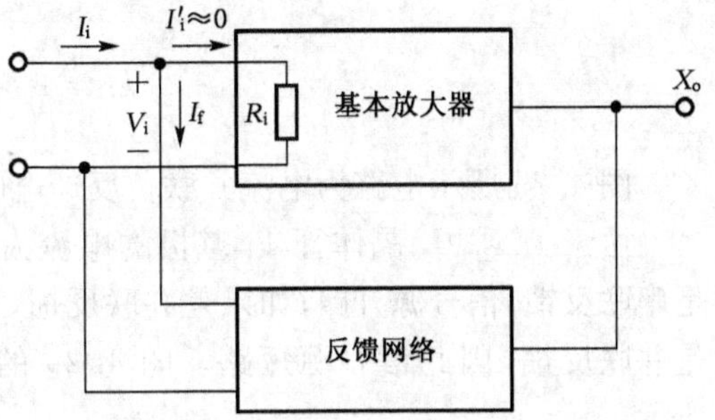

图 4.26　深度并联负反馈框图

在深度并联负反馈电路中，反馈电流近似等于输入电流，基本放大器的输入电流很小，近似为 0，即 $I_i' \approx 0$，因此，称基本放大器的输入端为虚断。

利用虚短和虚断的概念很容易求出反馈放大器的反馈系数。

图 4.27 所示电路是电压串联负反馈电路，由于 $V_i' \approx 0$，晶体管发射极的电流也为 0，因此，R_3 上的电压与 T_1 管无关，反馈电压为输出电压在 R_3 上的分压。

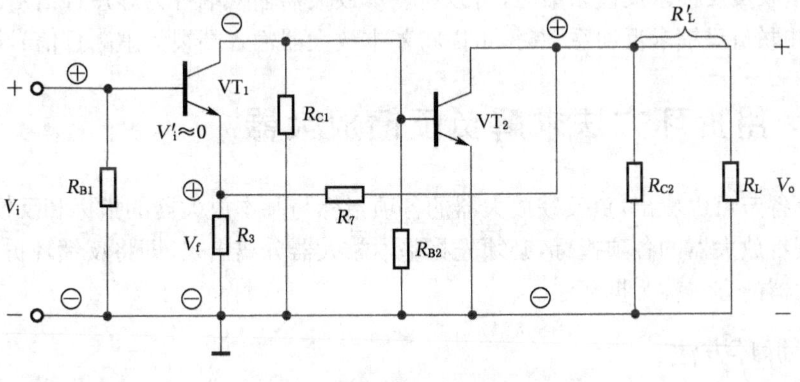

图 4.27　电压串联负反馈放大器

去掉信号源（如果是串联反馈，信号源开路；如果是并联反馈，信号源短路），该电路是串联反馈，因此信号源开路。图 4.27 的反馈网络如图 4.28 所示。

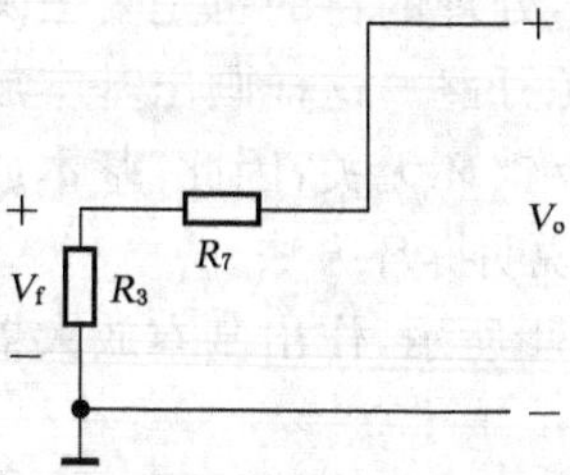

图 4.28　图 4.27 反馈放大器的反馈网络

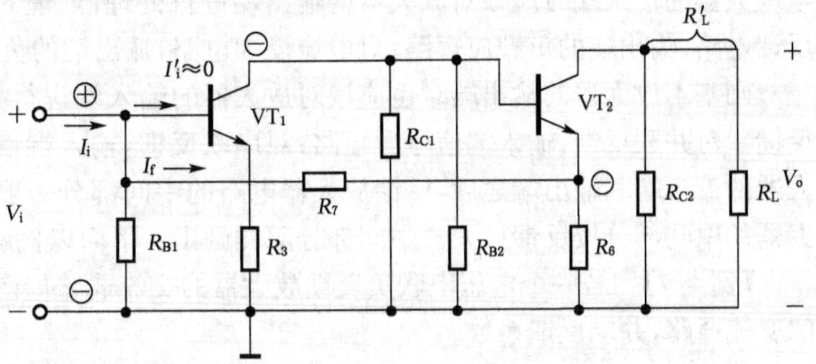

图 4.29　电流并联负反馈放大器

由图 4.28 可以求出反馈系数为：

$$k_f = \frac{V_f}{V_o} = \frac{R_3}{R_3 + R_7} \tag{4.52}$$

图 4.29 所示电路为电流并联负反馈电路。

由于 $I_i' \approx 0$，晶体管 T_1 基极的电流为 0，去掉信号源(如果是串联反馈，信号源开路；如果是并联反馈，信号源短路)，该电路是并联反馈，因此信号源短路。图 4.29 的反馈网络如图 4.30 所示。

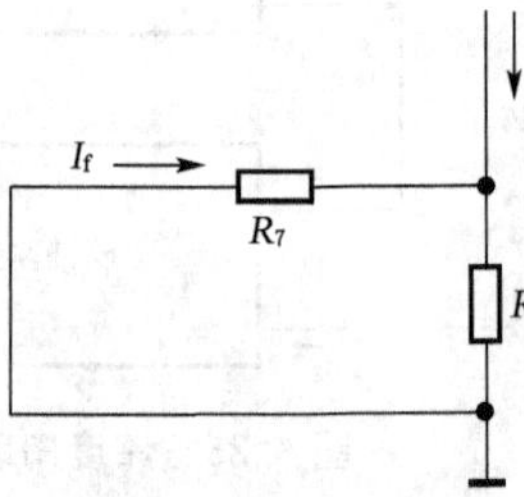

图 4.30　图 4.29 反馈放大器的反馈网络

由图 4.30 可以求出反馈系数为：

$$k_f = \frac{I_f}{I_o} = -\frac{R_6}{R_7 + R_6} \tag{4.53}$$

以上求反馈放大器的反馈系数的方法无论是深度负反馈还是普通的负反馈都适用。

【小结】

* 负反馈放大器的反馈系数为反馈量与输出量之比。
* 对串联负反馈求反馈系数时，可以将基本放大器输入端视为虚短且信号源开路。
* 对并联负反馈求反馈系数时，可以将基本放大器输入端视为虚断且信号源短路。

*4.7　用拆环方法求解负反馈放大器

从以上各节可以看出，负反馈放大器的各项指标与基本放大器的指标和反馈系数有关。若要求出基本放大器的各项指标，必须先将基本放大器分离出来，即将反馈环拆开。这种求解反馈放大器的方法称为拆环法。

4.7.1　拆环方法

拆环的目的是找出基本放大器的交流通路，并且求出反馈系数。拆环方法如下。

1) 画基本放大器

基本放大器是没有反馈效应的，画基本放大器交流通路图时要将反馈去掉。因此，画基本放大器的输入端时应该对放大器的输出端进行处理，处理的目的就是去除反馈。对电压反馈电路，输出端的负载应短路；对电流反馈电路，输出端的负载应开路。

画基本放大器的输出端时也应该对放大器的输入端进行处理，处理的目的也是要去除反馈。对并联反馈，输入端信号源短路；对串联反馈，输入端信号源开路。这样画出基本放大器的输入端和输出端之后，反馈放大器电路的中间部分一般与反馈环无关，因此，基本放大器的中间部分按反馈放大器中间部分原样画出。下面以例题来说明拆环方法。

【例 4.7】　若一个电压串联负反馈放大器的交流通路如图 4.31 所示，作出基本放大器的交流通路，并求反馈系数。

解：图 4.31 实际上就是图 4.6，已经判断出它是电压串联负反馈放大器，而且反馈电压在 R_3 上，极性如图 4.31 所示。

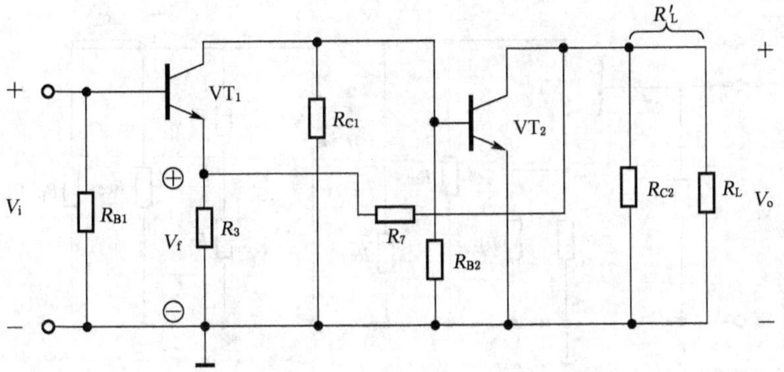

图 4.31 电压串联负反馈放大器

首先画出基本放大器的输入端。

画输入端时要对输出端进行处理，即将反馈去掉。因为该电路中存在电压反馈，因此要将负载 $R_L{}'$短路，短路后 R_7 接地。如图 4.32(a)所示。

画基本放大器的输出端时要对反馈放大器的输入端进行处理。因为是串联反馈，则信号源开路。由于信号源开路，VT_1 管的基极没有交流电流，即相当于基极开路，因此，发射极也没有电流，也相当于开路，则 R_3 可以和 R_7 串联画在输出端，如图 4.32(b)所示。

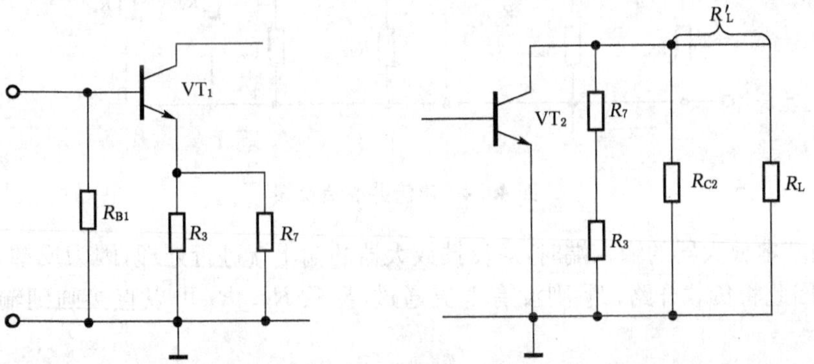

(a) 输入端　　(b) 输出端

图 4.32 基本放大器的输入端和输出端

将图 4.31 所示的反馈放大器的中间部分照原样加到图 4.32 中，就画出了除去反馈作用后的基本放大器，如图 4.33 所示。

2) 求反馈系数

反馈系数可以在图 4.31 中求解，也可以在图 4.33 所示的基本放大器的输出端求解。在图 4.33 的输出端求解比较方便。但是要注意反馈量的方向要保持与反馈放大器中的方向相同，如图 4.33 所示。

反馈系数是反馈量与输出量之比，因此可以得出：

$$k_{fv} = \frac{V_f}{V_o} = \frac{R_3}{R_3 + R_7} \tag{4.54}$$

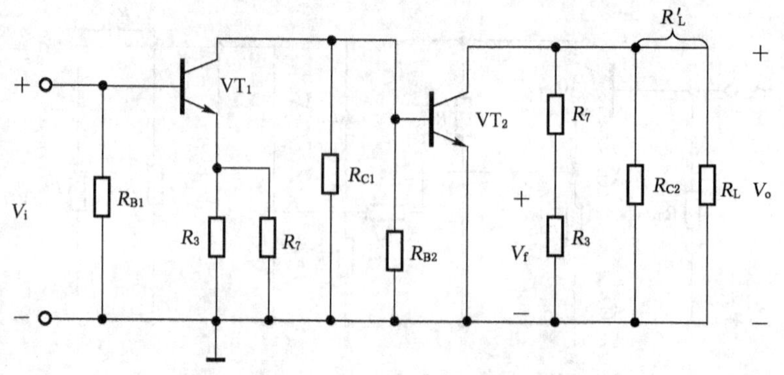

图 4.33　图 4.31 电路的基本放大器

基本放大器和反馈系数求出后，反馈放大器的各项指标就都可以利用有关公式求出。

【例 4.8】　如图 4.34 是一个电流并联负反馈放大器的交流通路，求基本放大器的交流通路和反馈系数。

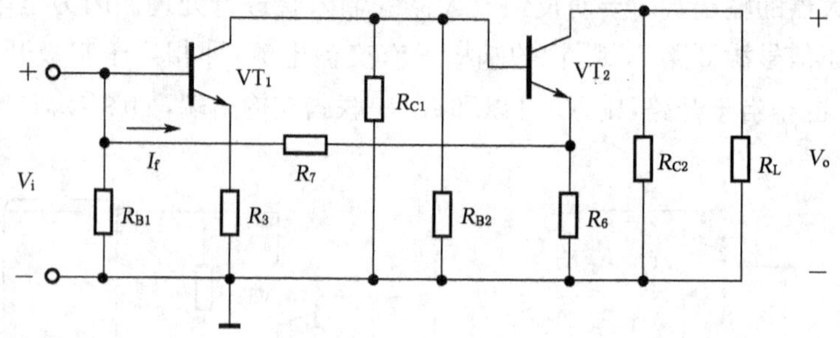

图 4.34　电流并联负反馈

解： 画基本放大器的输入端时，对反馈放大器的输出端进行处理，因为反馈在输出端是电流采样，因此将负载开路，T_2 则没有电流通过，导致 R_7、R_6 可以直接画到输入端，如图 4.35 所示。

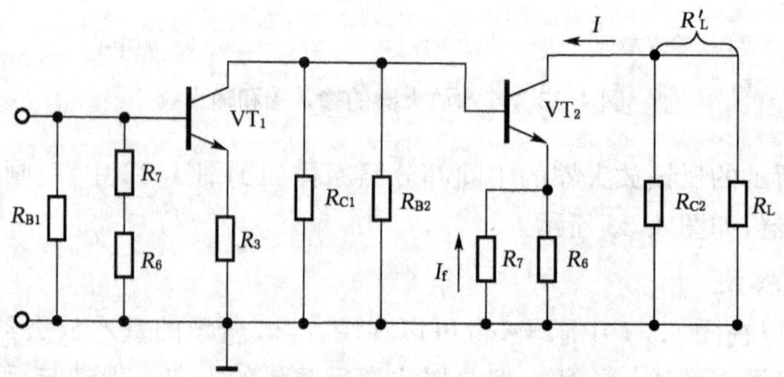

图 4.35　图 4.34 电路的基本放大器

画基本放大器的输出端时，因为反馈放大器是并联反馈，因此将反馈放大器的输入端短路，导致 R_7 一端接地，所以可以在基本放大器的输出端画成和 R_6 并联，如图 4.35 所示。

反馈系数为：

$$k_{fi} = \frac{I_f}{I}$$

由图 4.35 可得：

$$k_{fi} = -\frac{R_6}{R_6 + R_7}$$

【例 4.9】 一个反馈电路如图 4.36 所示，试用小信号等效电路法和反馈放大器的拆环法两种方法求解其电压增益。

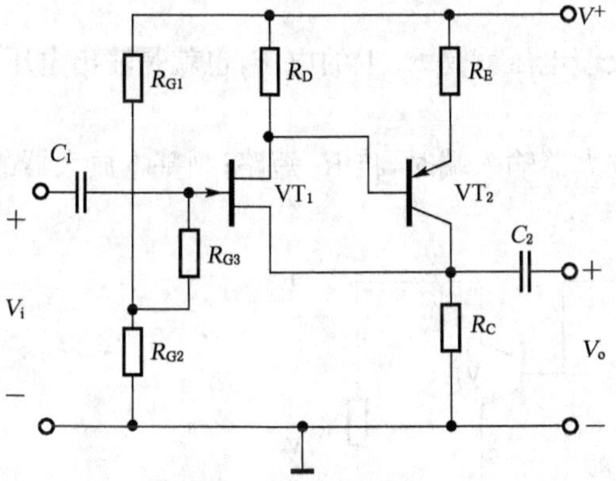

图 4.36　反馈放大器

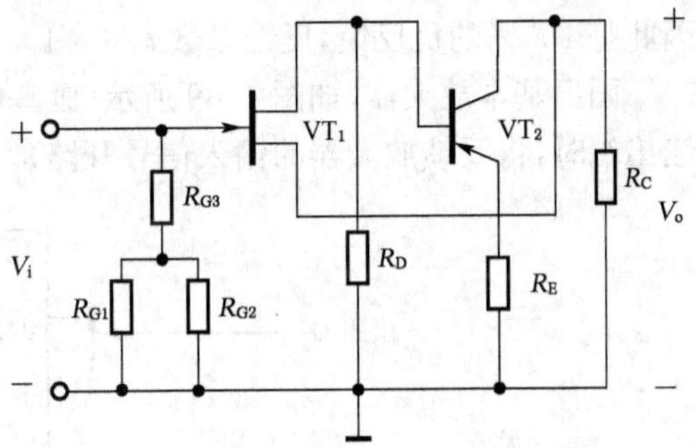

图 4.37　图 4.36 的交流通路

解：首先作出交流通路，如图 4.37 所示。

解法 1：用小信号等效电路法求解。

图 4.37 的小信号等效电路如图 4.38 所示。

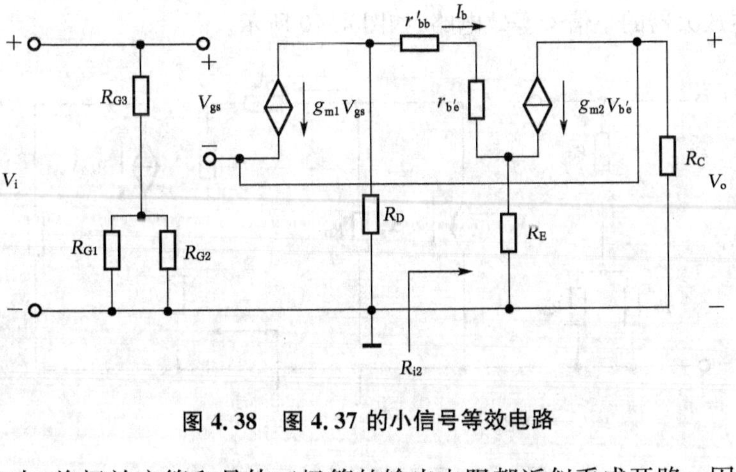

图 4.38　图 4.37 的小信号等效电路

在图 4.38 中，将场效应管和晶体三极管的输出电阻都近似看成开路。因此，

$$A_v = \frac{V_o}{V_i} = \frac{-g_{m2} r_{b'e} I_b R_c}{V_{gs} - g_{m2} r_{b'e} I_b R_c} \tag{4.55}$$

图 4.38 中第 2 级的输入电阻为：

$$R_{i2} = r_{bb'} + r_{b'e} + (g_{m2} r_{b'e} + 1) R_E \tag{4.56}$$

VT_2 管的基极电流为：

$$I_b = -g_{m1}V_{gs}\frac{R_D}{R_D+R_{i2}} \tag{4.57}$$

将式(4.57)代入式(4.55)，得

$$A_v = \frac{g_{m1}g_{m2}r_{b'e}R_c\dfrac{R_D}{R_D+R_{i2}}}{1+g_{m1}g_{m2}r_{b'e}R_c\dfrac{R_D}{R_D+R_{i2}}} \tag{4.58}$$

解法 2：用拆环法求解。

首先判断反馈的类型为电压串联负反馈，反馈电压就是 R_c 上的电压，也就是输出电压，因此是 100%的负反馈，反馈系数 $k_{fv}=1$。

画出基本放大器，如图 4.39 所示（画基本放大器输入端时，将 R_c 短路；画基本放大器的输出端时，将反馈放大器的输入信号开路）。

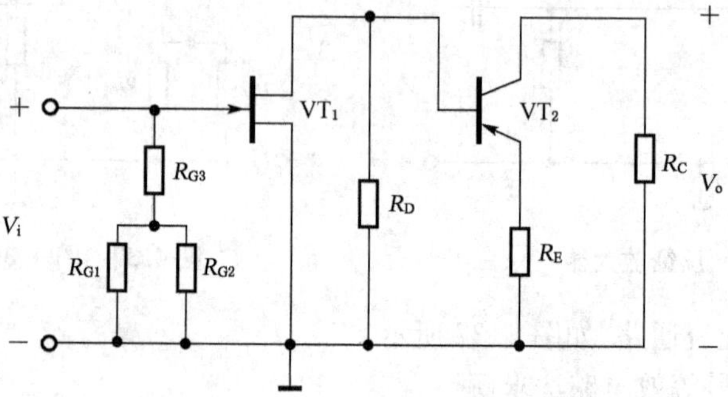

图 4.39　图 4.37 电路的基本放大器

画出基本放大器的小信号等效电路，如图 4.40 所示。

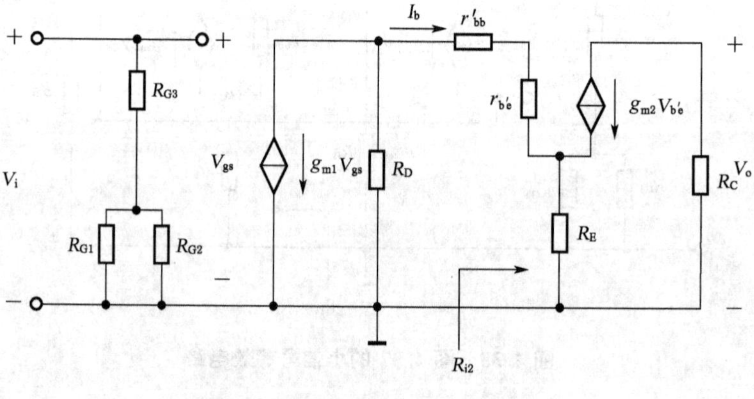

图 4.40　图 4.39 的小信号等效电路

基本放大器的增益（因为图 4.36 是电压串联负反馈，所以应求基本放大器的电压增益）为：

$$A_v = \frac{V_o}{V_i}$$

其中第 2 级的输入电阻为：

$$R_{i2} = r_{bb'} + r_{b'e} + (g_{m2} r_{b'e} + 1) R_E$$

由图 4.40 得电压增益为：

$$A_v = \frac{-g_{m2} r_{b'e} I_b R_c}{V_{gs}} \tag{4.59}$$

$$I_b = -g_{m1} V_{gs} \frac{R_D}{R_D + R_{i2}} \tag{4.60}$$

将式(4.60)代入式(4.59)，得

$$A_v = g_{m1} g_{m2} r_{b'e} R_c \frac{R_D}{R_D + R_{i2}} \tag{4.61}$$

反馈放大器的增益为：

$$A_{fv} = \frac{A_v}{1 + A_v k_{fv}} = \frac{g_{m1} g_{m2} r_{b'e} R_c \dfrac{R_D}{R_D + R_{i2}}}{1 + g_{m1} g_{m2} r_{b'e} R_c \dfrac{R_D}{R_D + R_{i2}}} \tag{4.62}$$

比较式(4.61)和式(4.62)可知，用两种方法（小信号等效电路法和反馈的拆环法）计算所得的结果完全相同，由此可以证明拆环法是有效的求解负反馈放大器指标的方法。

*4.7.2 负反馈放大器的电压增益

负反馈放大器外观增益的表达式为：

$$A_f = \frac{A}{1 + A k_f} \tag{4.63}$$

同样，也可以推导出负反馈放大器的源增益为：

$$A_{fs} = \frac{A_s}{1 + A_s k_f} \tag{4.64}$$

因此，求出基本放大器对应的增益或源增益，就可以求负反馈放大器对应的增益或源增益。但是，有时必须求负反馈放大器的电压增益或源电压增益，这只需要进行简单的变换就可以得到电压增益或源电压增益。如表 4.1 所示。

表 4.1 各种负反馈放大器的增益

负反馈放大器框图	对应的增益	外观电压增益	源电压增益
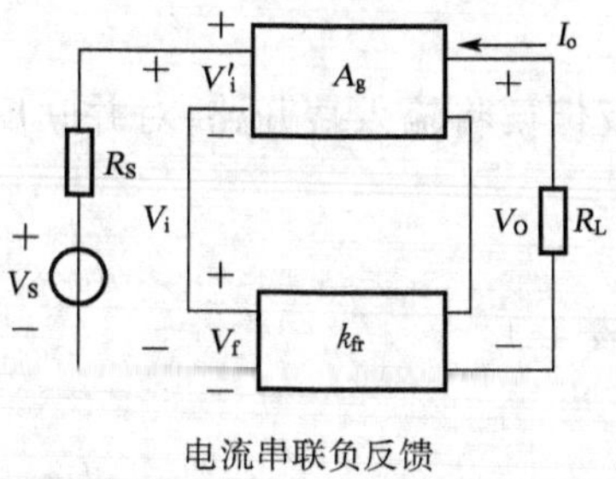 电流串联负反馈	$A_{gf} = \dfrac{A_g}{1 + A_g k_{fr}}$ $A_{gfs} = \dfrac{A_{gs}}{1 + A_{gs} k_{fr}}$	$A_{vf} = \dfrac{V_o}{V_i} = \dfrac{-I_o R_L}{V_i} = -A_{gf} R_L$	$A_{vfs} = \dfrac{V_o}{V_S} = \dfrac{-I_o R_L}{V_S} = -A_{gfs} R_L$

续表 4.1

负反馈放大器框图	对应的增益	外观电压增益	源电压增益
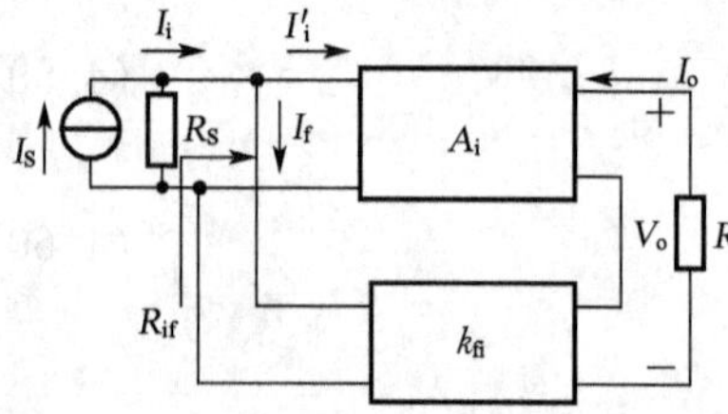 电流并联负反馈	$A_{if}=\dfrac{A_i}{1+A_ik_{fi}}$ $A_{ifs}=\dfrac{A_{is}}{1+A_{is}k_{fi}}$	$A_{vf}=\dfrac{V_o}{V_i}=\dfrac{-I_oR_L}{I_iR_{if}}=-A_{if}\dfrac{R_L}{R_{if}}$	$A_{vfs}=\dfrac{V_o}{V_S}=\dfrac{-I_oR_L}{R_SV_S}=-A_{ifs}\dfrac{R_L}{R_S}$
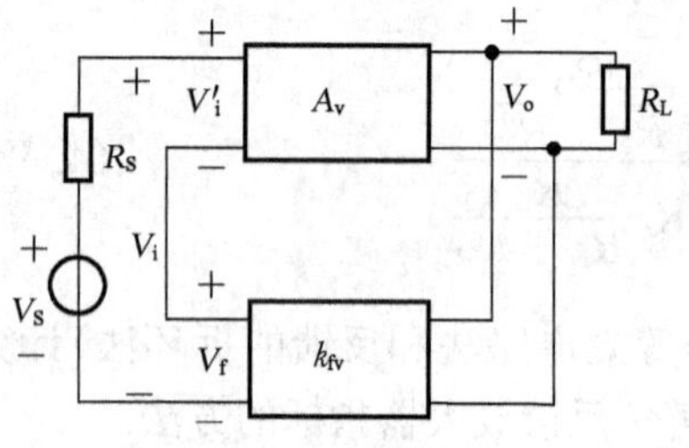 电压串联负反馈	$A_{vf}=\dfrac{A_v}{1+A_vk_{fv}}$ $A_{vfs}=\dfrac{A_{vs}}{1+A_{vs}k_{fv}}$	$A_{vf}=\dfrac{A_v}{1+A_vk_{fv}}$ 反馈放大器的基本表达式	$A_{vfs}=\dfrac{A_{vs}}{1+A_{vs}k_{fv}}$ 反馈放大器的基本表达式
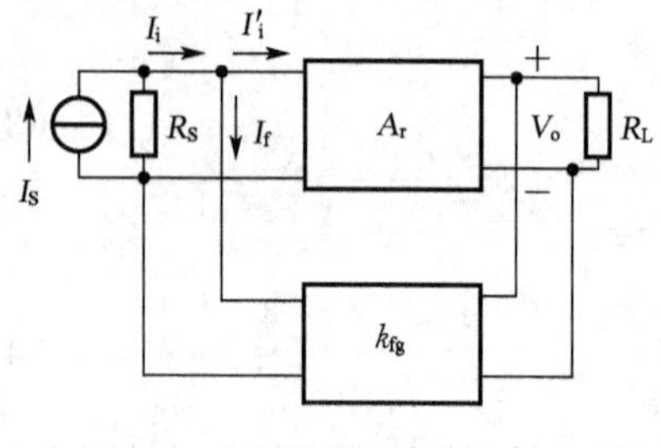 电压并联负反馈	$A_{rf}=\dfrac{A_r}{1+A_rk_{fg}}$ $A_{rfs}=\dfrac{A_{rs}}{1+A_{rs}k_{fg}}$	$A_{vf}=\dfrac{V_o}{V_i}=A_v$ 基本放大器的电压增益	$A_{vfs}=\dfrac{V_o}{V_S}=\dfrac{V_o}{I_SR_S}=\dfrac{A_{rfs}}{R_s}$

4.7.3　小　结

* 拆环法的关键是画基本放大器的交流通路。

画基本放大器的输入端时，对输出端进行处理：对电压反馈要将负载短路；对电流反馈要将负载开路。

画基本放大器输出端时，对输入端进行处理：对串联反馈要将输入端开路；对并联反馈要将输入端短路。

* 求反馈系数可根据定义：反馈量与输出量之比。

* 不同类型的反馈放大器的对应增益及电压增益见表 4.1。

4.8　负反馈放大器的稳定性

从以上负反馈对放大器性能的影响中可以看出，反馈深度越深，对放大器性能的影响就越强。但是，在负反馈放大器中，有时反馈深度又不能太深，反馈太深会引起负反馈放大器的自激(即产生某个频率下的振荡)。产生自激的原因是基本放大器在高频区有附加相移。在中频区，负反馈时，反馈信号与输入信号相位差 180°；但在高频区，加上基本放大器的附加相移之后，在某个频率处反馈信号与输入信号可能同相，造成正反馈，而产生在这一频率下的振荡，这种振荡称为放大器的自激。自激会使负反馈放大器工作不稳定。

本节介绍负反馈放大器稳定工作的条件及保障负反馈放大器稳定工作的方法。

4.8.1　负反馈放大器工作稳定的条件

一般，基本放大器的增益与频率有关，因此反馈放大器的增益也与频率有关，即反馈放大器的基本公式可以写成：

$$A_f(j\omega)=\frac{A(j\omega)}{1+T(j\omega)} \tag{4.65}$$

式中：

$$T(j\omega)=|T(j\omega)|\angle\varphi(j\omega) \tag{4.66}$$

由式(4.66)可以看出，负反馈放大器的稳定性与环路增益有关。当 $T(j\omega)=-1$ 时，$A_f(j\omega)$为无穷大，电路产生自激，即当环路增益的模值为 1，而相移为$\pm180°$时，负反馈放大器工作不稳定。因此，负反馈放大器工作稳定的条件是：

当 $|\varphi|=180°$ 时，

$$|T(j\omega)|<1 \tag{4.67}$$

或 $|T(j\omega)|=1$ 时，

$$|\varphi|<180° \tag{4.68}$$

可以用环路增益的波特图来判断系统是否稳定，如例 4.10 所示。

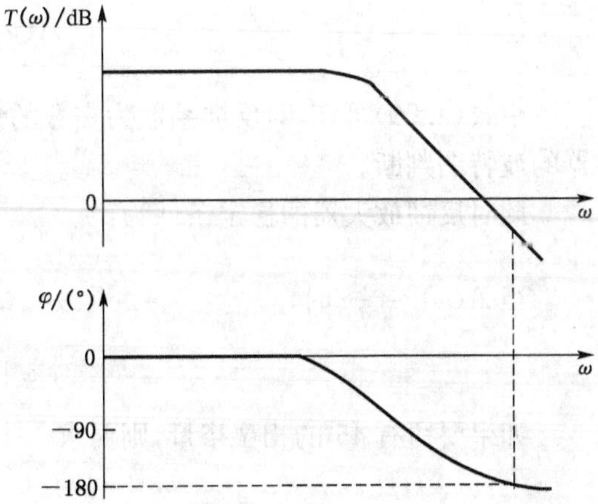

图 4.41　负反馈放大器的环路增益波特图

【例 4.10】　负反馈放大器的环路增益的波特图如图 4.41 所示，判断这一反馈放大器是否能稳定工作。

解：在图 4.41 中，判断负反馈放大器的稳定性可以根据式(4.67)或式(4.68)。若根据式(4.67)，当 $|\varphi|=180°$ 时，即图中 $\varphi=-180°$时，由环路增益的相频特性对应到幅频特性，求出此时的 $T(\omega)<0$ dB，即 $|T(j\omega)|<1$，因此，该负反馈放大器是稳定的。

4.8.2　增益裕量和相位裕量

保证负反馈放大器在温度等外界因素的变化时，放大器还能稳定工作，设计负反馈放大器时要留有余地，即留有增益裕量(gain margin)或相位裕量(phase margin)。图 4.42 说明了增益裕量和相位裕量的意义。

如前所述，当 $\varphi = -180°$ 时，对应环路增益 $T(\omega) = 1$，即 $T(\omega) = 0\,\text{dB}$ 是负反馈放大器稳定和不稳定的界限，若 $T(\omega) < 0\,\text{dB}$，负反馈放大器稳定。因此，实际稳定的负反馈放大器环路增益波特图中 $\varphi = -180°$ 时对应的 $T(\omega)$ 的值与 0 dB 之间的差称为增益裕量。因此，增益裕量说明反馈放大器的稳定程度。同样，反馈放大器的稳定程度也可以用这两点对应的相位差说明，即图 4.42 所示的相位裕量。设计负反馈放大器时，相位裕量一般取 45°～60°。

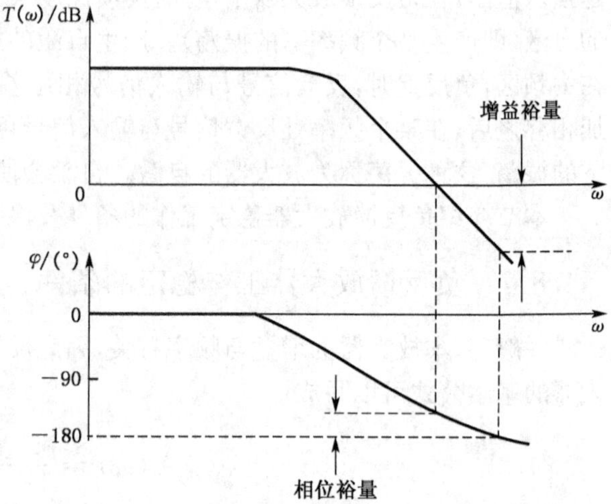

图 4.42　环路增益的波特图中的增益和相位裕量

一般，负反馈放大器的反馈网络在高频区可以等效成电阻组成的网络，也就是说，反馈系数与频率无关(k_f 为实数)。$T(j\omega) = 1$，可以写成：

$$A(j\omega)k_f = 1 \tag{4.69}$$

即

$$A(j\omega) = \frac{1}{k_f} \tag{4.70}$$

由式(4.70)可知，对反馈系数为实数的负反馈放大器判断其稳定性时，可以用基本放大器的波特图判断。

此时反馈放大器的稳定条件为：

当 $A(\omega) = \dfrac{1}{k_f}$ 时，

$$|\varphi| < 180° \tag{4.71}$$

如果要留有 45°的相位裕量，则要求：

$$\begin{cases} A(\omega) = \dfrac{1}{k_f} \\ |\varphi| < 135° \end{cases} \tag{4.72}$$

式(4.72)表明，当基本放大器的幅频特性 $A(\omega)$ 的值为 $20\lg\dfrac{1}{k_f}$(dB)、对应的相移的绝对值小于 135°时，反馈放大器处于稳定状态。

【例 4.11】 若一个负反馈放大器的基本放大器是一个 3 阶无零系统，3 个转折点（极点）角频率分别为 ω_{p1}、ω_{p2}、ω_{p3}，且 $\omega_{p2}=10\omega_{p1}$，$\omega_{p3}=10\omega_{p2}$，基本放大器的中频增益为 10^6，当留有 45°相位裕量时，求保证反馈放大器稳定时最大允许的反馈系数值。

解： 基本放大器增益表达式为：

$$A(j\omega)=\frac{10^6}{\left(1+\frac{j\omega}{\omega_{p1}}\right)\left(1+\frac{j\omega}{\omega_{p2}}\right)\left(1+\frac{j\omega}{\omega_{p3}}\right)}$$

画出基本放大器的波特图，如图 4.43 所示。

图 4.43 中对应相移为 $-135°$ 时，对应的 $A(\omega)=100$ dB，即

$$20\lg\frac{1}{k_f}=100$$

可以求出：

$$k_f=1\times10^{-5}$$

从图 4.43 可以看出，负反馈放大器的闭环增益大于 100 时，或反馈系数 $k_f<1\times10^{-5}$ 时，反馈放大器是稳定的；若反馈系数 $k_f>1\times10^{-5}$ 时，或负反馈放大器的闭环增益小于 100 时，反馈放大器是不稳定的。

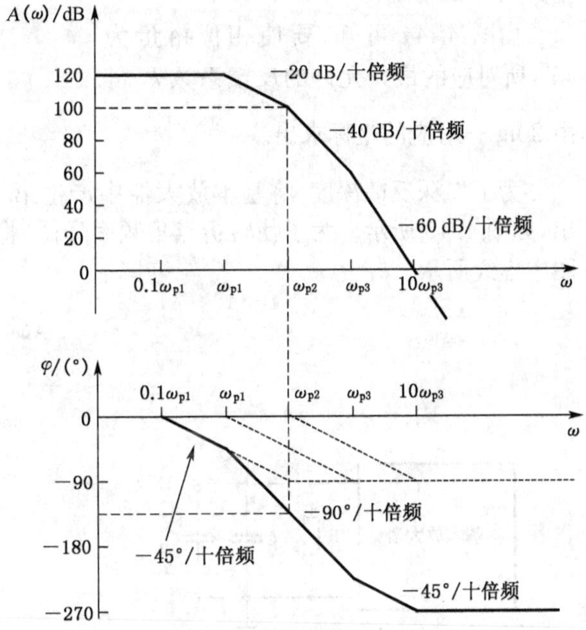

图 4.43　基本放大器波特图

从基本放大器的波特图中可以看出，每个极点引起的相移是 90°，因此，基本放大器有两个以上极点的负反馈放大器才可能自激。当 ω_{p1}、ω_{p2}、ω_{p3} 相差大于 10 倍以上时，对应 $-135°$ 相移处的角频率必定是 ω_{p2}。因此，今后遇到转折点频率或角频率相差 10 倍以上的情况，判断反馈放大器是否稳定时，基本放大器的波特图可以不画相频特性，而直接在基本放大器的幅频特性上对应 $\omega=\omega_{p2}$ 处求出对应的 $20\lg\frac{1}{k_f}$，然后求出 k_f。但是，转折点频率或角频率相差小于 10 倍时，还要求出基本放大器的相频特性，然后再进行具体分析。

另外，从图 4.43 可以看出，若 k_f 取得大，使 $20\lg\frac{1}{k_f}$ 小于 100 dB 时，反馈放大器就不稳定了。由此可见，负反馈放大器的反馈深度是受限制的，反馈深度太大，会引起放大器自激。这点应特别注意。

*4.8.3　相位补偿技术

如前所述，在负反馈放大器中，反馈深度受到稳定性的限制。要改善放大器的性能，往往需要加深负反馈。这是一对矛盾。要解决这个矛盾，就要利用相位补偿（phase compensation)技术。相位补偿就是在基本放大器或反馈网络中增加一些元件来改变基本放大器的频率响应特性,使在一定要求的反馈深度下负反馈放大器能稳定工作。因此,这种补偿也称为频率补偿(frequency compensation)。

1) 单电容补偿

若基本放大器有 3 个转折点角频率,即 ω_{p1}、ω_{p2}、ω_{p3},为了分析方便,假设它们相差 10 倍以上,基本放大器的幅频特性如图 4.44 所示。

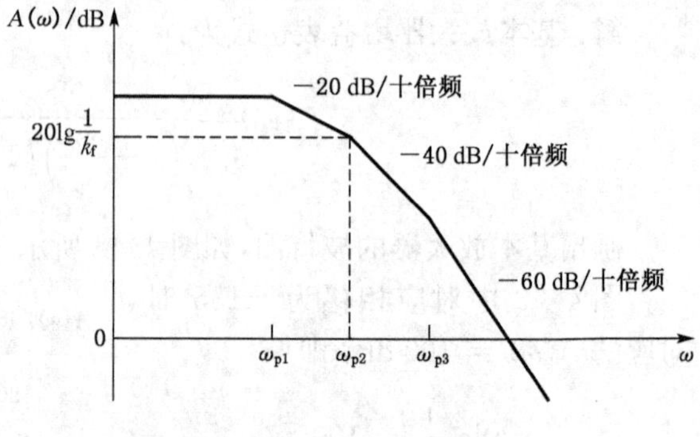

图 4.44　基本放大器的幅频特性

由图 4.44 可知,要使相位裕量为 45°,所对应的最大允许的反馈系数 k_f 可由 $20\lg\frac{1}{k_f}$对应的坐标求出。

为了加深反馈深度,将基本放大器中产生第 1 个转折点角频率 ω_{p1} 的 RC 网络单独画出,如图 4.45 所示。为了使转折点角频率降低,将图中的电容 C 两端并联补偿电容 C_φ,如图中虚线所示。

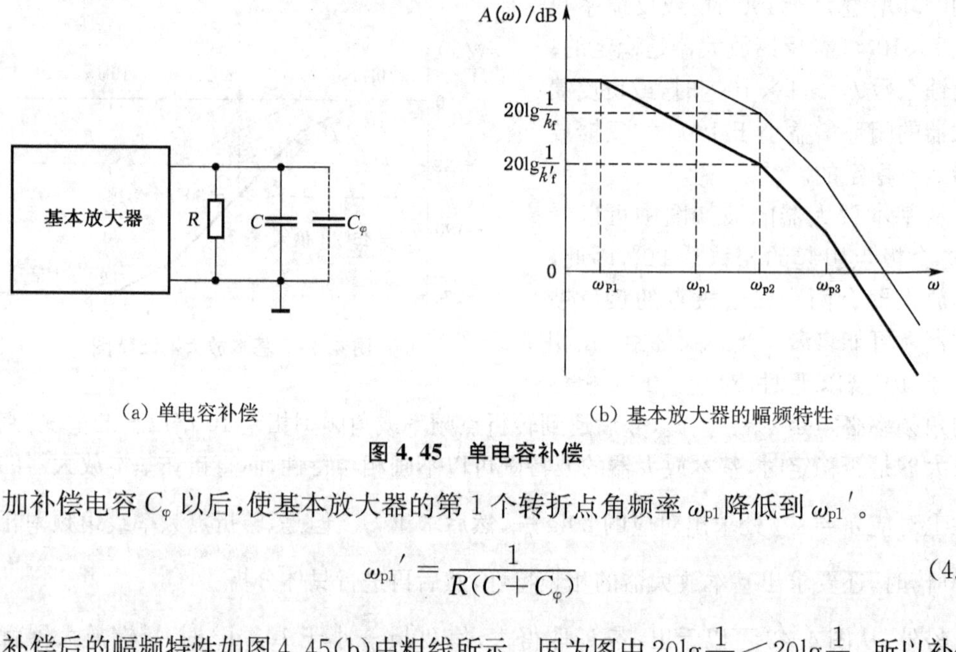

(a) 单电容补偿　　(b) 基本放大器的幅频特性

图 4.45　单电容补偿

加补偿电容 C_φ 以后,使基本放大器的第 1 个转折点角频率 ω_{p1} 降低到 $\omega_{p1}{}'$。

$$\omega_{p1}{}' = \frac{1}{R(C+C_\varphi)} \tag{4.73}$$

补偿后的幅频特性如图 4.45(b)中粗线所示。因为图中 $20\lg\frac{1}{k_f{}'} < 20\lg\frac{1}{k_f}$,所以补偿后保障反馈放大器稳定工作允许的反馈系数增大。

这种补偿的缺点是使闭环带宽变窄。因为补偿后基本放大器的主极点角频率为$\omega_{p1}{}'$,闭环增益的表达式为:

$$A_f(j\omega) = \frac{\dfrac{A_I}{1+A_I k_f}}{1+\dfrac{j\omega}{\omega_{p1}{}'(1+A_I k_f)}} \tag{4.74}$$

补偿后的闭环上限频率为 $\omega_{p1}'(1+A_1k_f)$，从图 4.45 中可见，补偿后的闭环上限频率减小了。

如果补偿后可以使反馈系数达到 1，则称为全补偿，如图 4.46 就是全补偿的情况，图中补偿后使第 1 个极点角频率为 ω_{PF}。

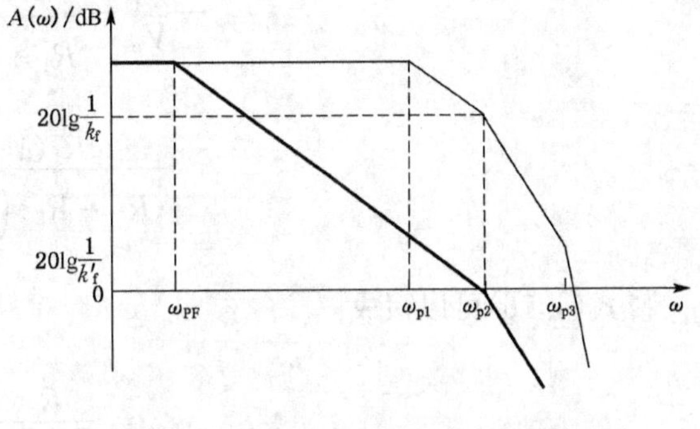

图 4.46 全补偿时基本放大器的幅频特性

*2) 密勒电容补偿

如果基本放大器的第 1 个转折点角频率是由一个共发射极放大器产生的，则可以采用密勒电容补偿法，即在这级放大器的输入端和输出端接一个电容 C_F，如图 4.47(a)所示。

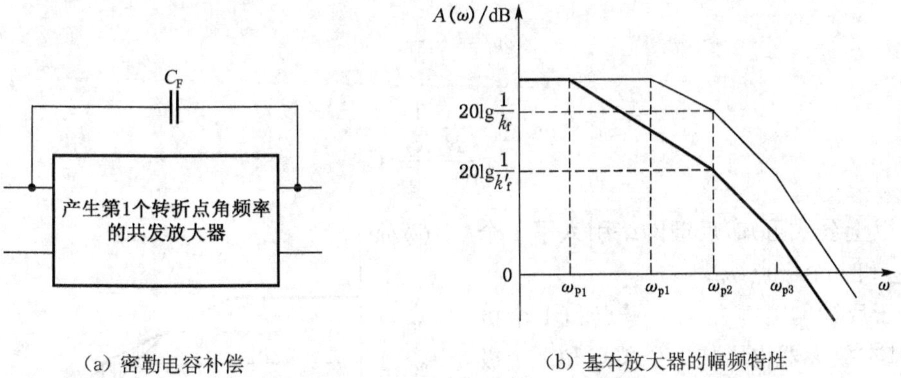

(a) 密勒电容补偿　　(b) 基本放大器的幅频特性

图 4.47 密勒电容补偿

由第 2 章放大器频率响应分析可知，C_F 的密勒电容效应是使共发放大器的输入端的电容增加，所增加的部分为：

$$C_M = C_F(1+g_mR_L') \tag{4.75}$$

这样使 ω_{p1} 降低，ω_{p2} 也有变化，如果 C_F 较小，ω_{p2} 变化不太大，认为基本不变，则补偿后的基本放大器的幅频特性如图 4.47(b)中粗线所示。

以上两种补偿方法都使基本放大器的主极点角频率或频率降低，因此都称为滞后补偿技术。

*3) 超前补偿技术

超前补偿技术不是在基本放大器中补偿，而是将补偿电容加在反馈网络中，如图 4.48 所示。图中是一个电压串联负反馈放大器的补偿电路。

图 4.48 中，补偿电容 C_F 和反馈电阻 R_2 并联，因此，反馈系数不再是实数而是复数。

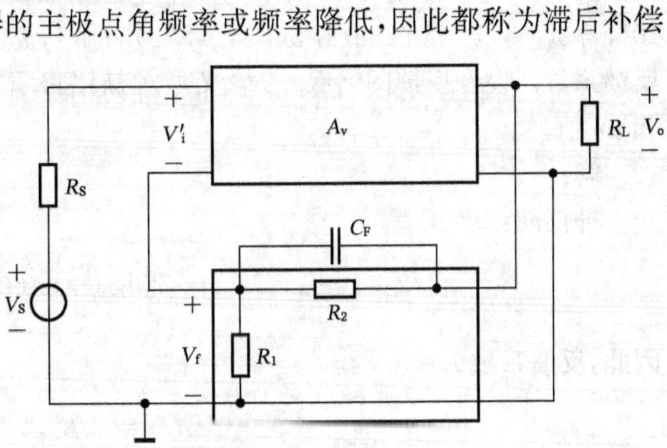

图 4.48 超前补偿

$$k_{fv}=\frac{V_f}{V_o}=\frac{R_1}{R_1+\dfrac{R_2}{1+j\omega R_2C_F}}=$$

$$\frac{R_1(1+j\omega R_2C_F)}{(R_1+R_2)\left(1+\dfrac{j\omega R_1R_2C_F}{R_1+R_2}\right)} \tag{4.76}$$

式(4.76)可以写成：

$$k_{fv}=\frac{R_1}{R+R_2}\frac{1+\dfrac{j\omega}{\omega_z}}{1+\dfrac{j\omega}{\omega_\rho}} \tag{4.77}$$

式中：

$$\omega_z=\frac{1}{R_2C_F} \tag{4.78}$$

$$\omega_\rho=\frac{1}{\dfrac{R_1R_2}{R_1+R_2}C_F} \tag{4.79}$$

由以上公式可知，反馈网络引入了1个零点 ω_Z 和1个极点 ω_ρ。

由于反馈网络存在1个零点和1个极点，使基本放大器也增加1个零点和1个极点，若将新增零点设计成 $\omega_z=\omega_{\rho2}$，且新增极点 ω_ρ 远大于基本放大器的其他极点，则基本放大器补偿前后的幅频特性分别如图4.49中细线和粗线所示。

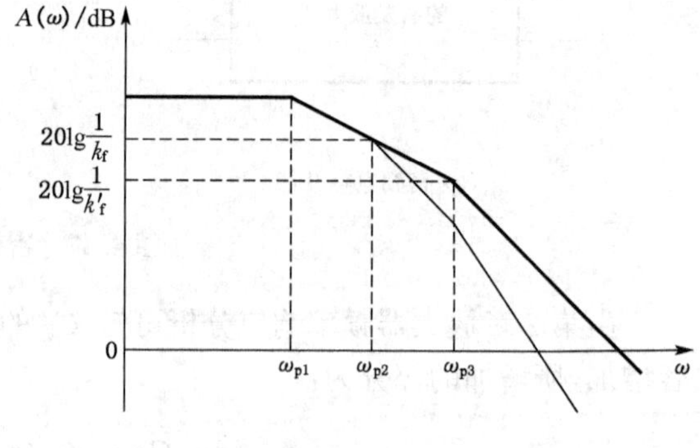

图4.49　超前补偿前后的幅频特性

由图4.49可见，这种补偿使补偿以前的第3个转折点角频率成为补偿后的第2个转折点角频率，因此，可以使负反馈放大器的闭环带宽展宽。

【例4.12】　如图4.48所示的一个电压串联负反馈放大器，基本放大器的电压增益为 10^4，若 $\omega_{p1}=1\times10^6\,\text{rad/s}$，$\omega_{p2}=1\times10^7\,\text{rad/s}$，$\omega_{p3}=1\times10^8\,\text{rad/s}$，求此电路最大允许的反馈系数。设计反馈网络 R_1、R_2、C_F，求新增极点角频率，补偿后的最大允许的反馈系数和 C_F 值。

解：

补偿前：

$$20\lg\frac{1}{k_f}=60$$

因此，反馈系数为：

$$k_f=1\times10^{-3}$$

即

$$\frac{R_1}{R_1+R_2}=1\times10^{-3}$$

令 $R_1=0.1\ \mathrm{k\Omega}$，则 $R_2=99.9\ \mathrm{k\Omega}$。令

$$\frac{1}{R_2C_F}=\omega_{p2}$$

即

$$\frac{1}{99.9\times10^3C_F}=1\times10^7$$

$$C_F=1\times10^{-12}\mathrm{F}$$

新增极点角频率为：

$$\omega_p=\frac{1}{\frac{R_1R_2}{R_1+R_2}C_F}\approx\frac{1}{0.1\times10^3\times10^{-12}}=$$

$$1\times10^{10}(\mathrm{rad/s})\quad（远大于\ \omega_{p3}）$$

补偿后：

$$20\lg\frac{1}{k_f'}=40(\mathrm{dB})$$

$$k_f'=0.01$$

从图 4.49 可见，超前补偿使放大器的闭环带宽展宽，闭环上限频率最高可达 ω_{p3}。

4.8.4　小　结

* 负反馈放大器稳定工作的条件是：

$|\varphi|=180°$ 时，$|T(j\omega)|<1$。

* 一般，设计负反馈放大器时要留有大于 45°的相位裕量。

* 相位补偿的方法有两种，一种是滞后补偿，另一种是超前补偿。超前补偿也称为零极点抵消法。滞后补偿是使基本放大器主极点角频率降低，使基本放大器幅频特性中的斜率为 −20 dB/十倍频的直线拉长。

习　题

4.1　已知放大电路的开环增益为 10^5、闭环增益为 20，求反馈系数 k_f 和反馈深度 F。

4.2　已知放大电路的开环增益为 10^4、反馈系数 k_f 为 0.01，求闭环增益和反馈深度 F。

4.3　已知放大电路的正半周的增益为 800、负半周的增益为 1 000，现加入反馈系数为 0.5 的反馈网络后，该电路对正负半周的增益各为多少？由此能得出什么结论？

4.4　试判断图 4.50 电路的反馈类型。

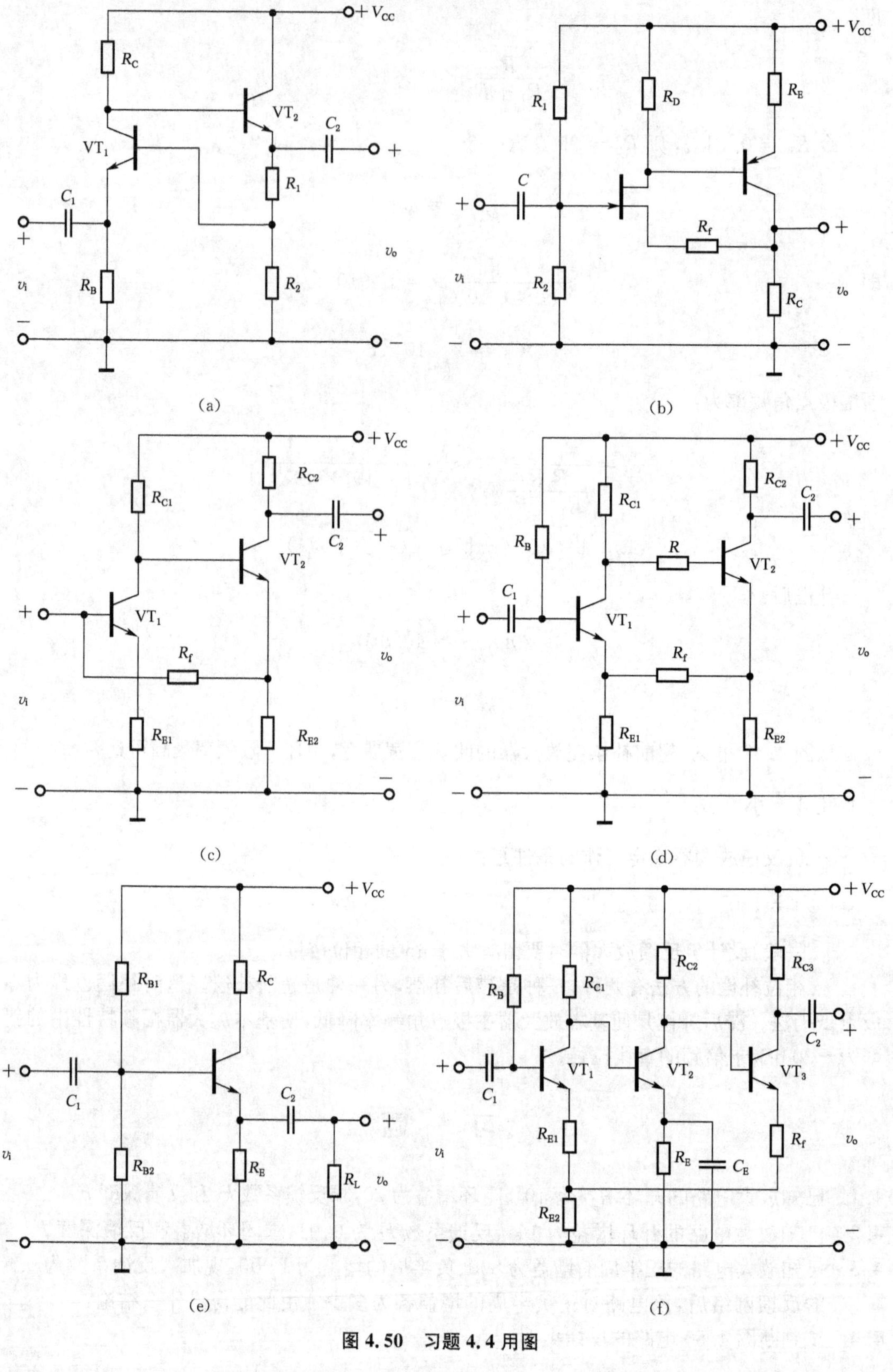

+VCC
RC
VT1
VT2
C2
C1
R1
R2
RB
+
−
vi
vo
(a)
+VCC
R1
RD
RE
C
Rf
R2
RC
+
−
vi
vo
(b)
+VCC
RC1
RC2
C2
VT1
VT2
Rf
RE1
RE2
+
−
vi
vo
(c)
+VCC
RB
RC1
RC2
C2
C1
R
VT1
VT2
Rf
RE1
RE2
+
−
vi
vo
(d)
+VCC
RB1
RC
C1
C2
RB2
RE
RL
+
−
vi
vo
(e)
+VCC
RB
RC1
RC2
RC3
C1
C2
VT1
VT2
VT3
RE1
RE2
RE
CE
Rf
+
−
vi
vo
(f)

图 4.50　习题 4.4 用图

4.5　由于负反馈可以改善放大电路的性能，试问：

(1) 若需稳定输出电压，应采取什么反馈？

(2) 若需增大输入电阻，应采取什么反馈？

(3) 若是串联反馈，应采用何种信号源？并联反馈应采用何种信号源？

4.6　已知一电压串联负反馈放大电路，它的开环增益 $A_v=5000$，闭环增益 $A_{vf}=20$，温度变化使 A_v 变化了 ±5%，求 A_{vf} 的相对变化量。

4.7　已知放大电路的开环增益 $A=10^6$，闭环增益 $A_f=100$，开环增益 A 下降 20%，问对应的闭环增益 A_f 下降了多少？

4.8　已知放大电路的开环增益 $A=5\times10^5$，闭环增益 $A_f=100$，若由于 A 下降引起 A_f 的下降不超过 ±0.001%，问对应开环增益的最大变化为多少？

4.9　判断图 4.51 各电路中反馈的类型和极性，说明各负反馈对放大器性能的影响。

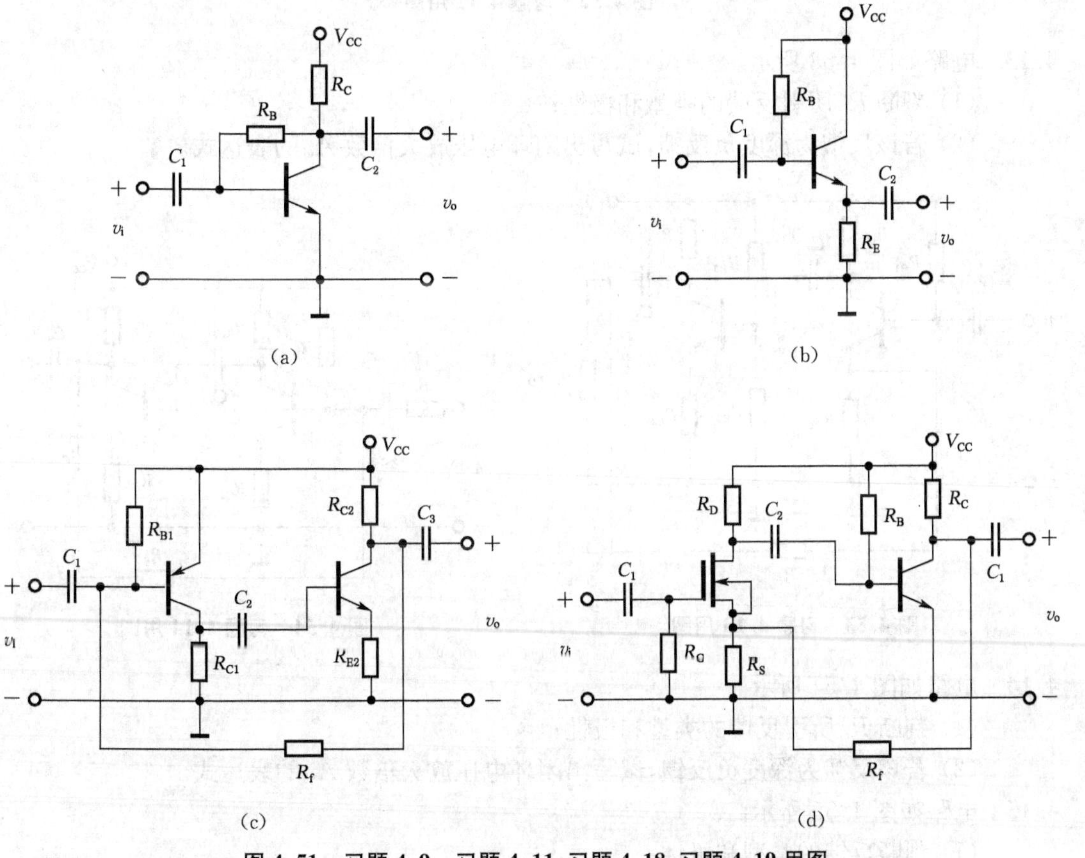

图 4.51　习题 4.9～习题 4.11、习题 4.18、习题 4.19 用图

4.10　画出图 4.51(a)的交流通路，并求反馈系数表达式。

4.11　画出图 4.51(d)的交流通路，并求反馈系数表达式。

4.12　电路如图 4.52 所示。

(1) 判断 R_f 所引反馈的类型和极性，

(2) 若反馈为深度负反馈，估算闭环电压放大倍数 A_{vf}。

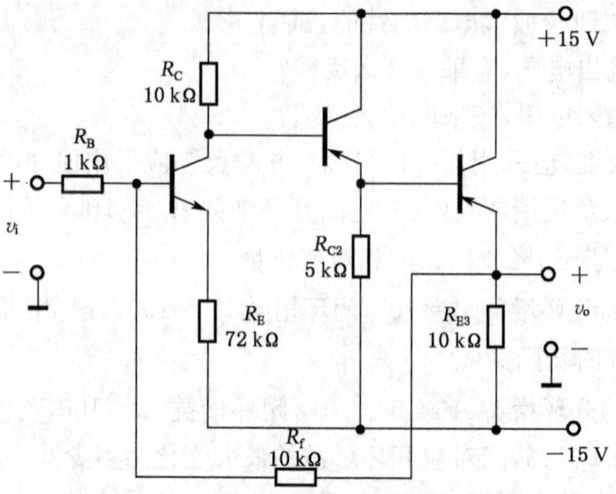

图 4.52　习题 4.12 用图

4.13　电路如图 4.53 所示。

(1) 判断 R_f 所引反馈的类型和极性；

(2) 若该反馈为深度负反馈，试写出闭环电压放大倍数 A_{vf} 的表达式。

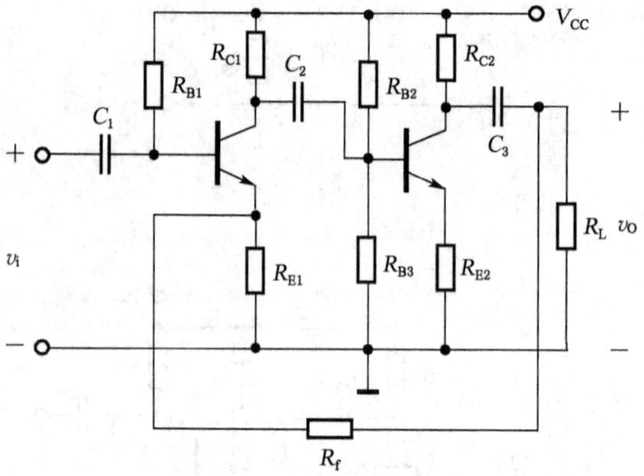

图 4.53　习题 4.13 用图

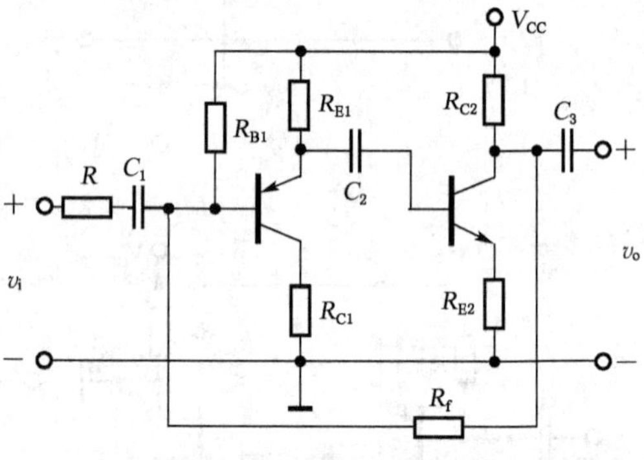

图 4.54　习题 4.14 用图

4.14　电路如图 4.54 所示。

(1) 判断 R_f 所引反馈的类型和极性；

(2) 若该反馈为深度负反馈，试写出闭环电压放大倍数 A_{vf} 的表达式。

4.15　电路如图 4.55 所示。

(1) 判断反馈的类型和极性；

(2) 若该反馈为深度负反馈，试写出闭环电压放大倍数 A_{vf} 的表达式。

4.16　电路如图 4.56 所示。

(1) 判断 R_f 所引反馈的类型和极性；

(2) 若该反馈为深度负反馈，试写出闭环电压放大倍数 A_{vf} 的表达式。

4.17　在深度负反馈条件下，计算图 4.57(a)电路的电压增益 A_{vf} 及图 4.57(b)电路的源电压增益 A_{vfs}。

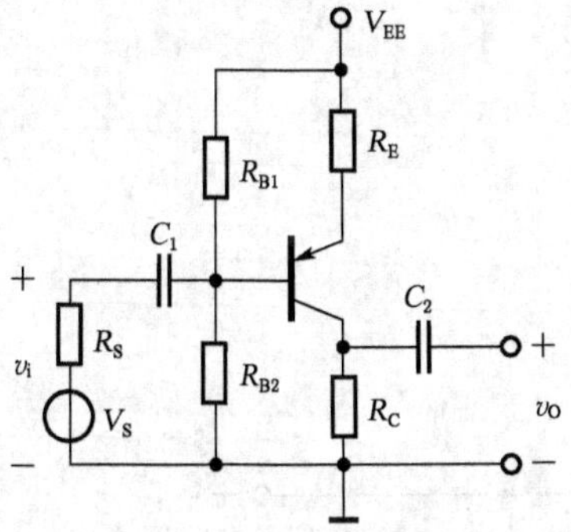

图 4.55　习题 4.15 用图

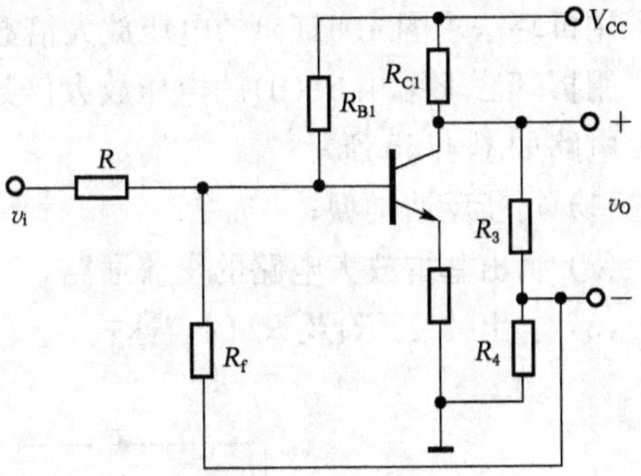

图 4.56　习题 4.16 用图

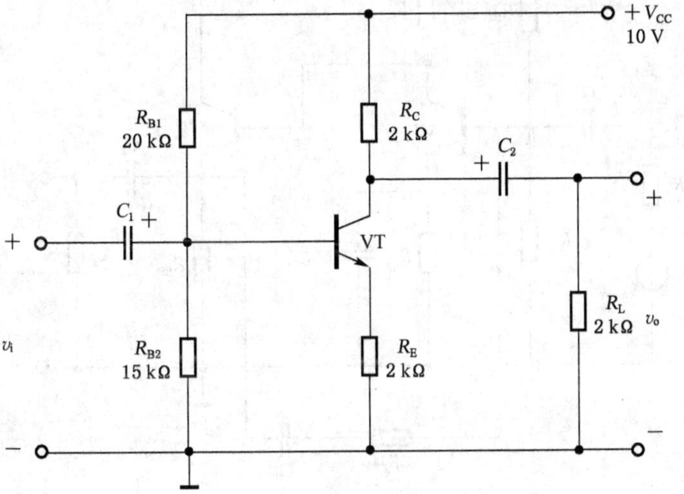

(a)

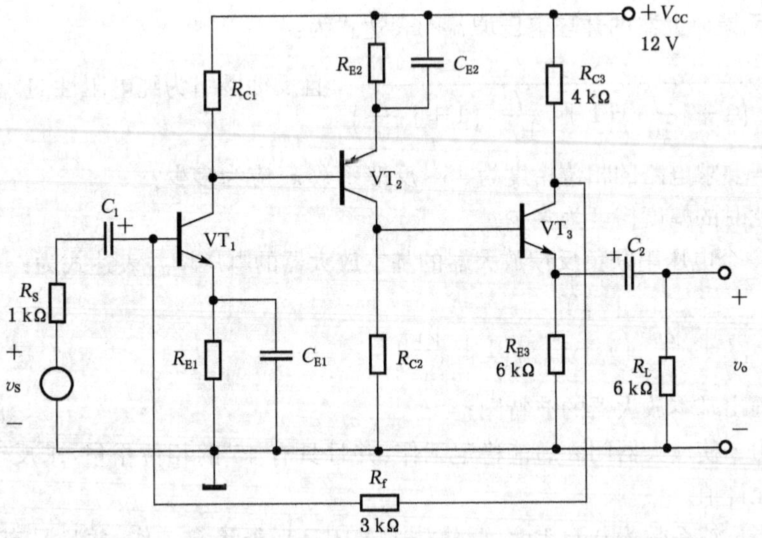

(b)

图 4.57　习题 4.17 用图

4.18 用拆环法求图 4.51(a)的电压放大倍数表达式。

4.19 用拆环法求图 4.51(d)的电压放大倍数表达式。

4.20 电路如图 4.58 所示。

(1) 判断反馈类型；

(2) 画出基本放大电路的交流通路；

(3) 求出 A_{vfs}、R_{if}及 R_{of}的表达式。

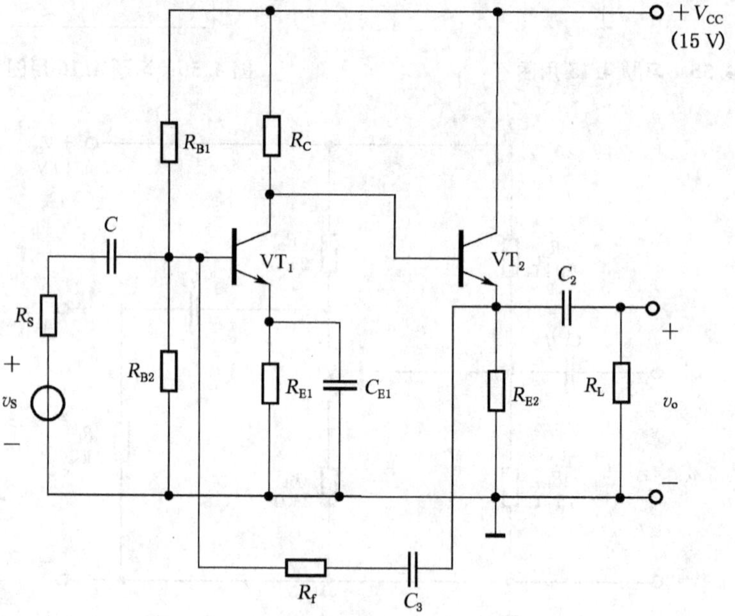

图 4.58　习题 4.20 用图

4.21 设某反馈放大器的开环电压增益的表达式为：

$$A_v=\frac{10^6}{\left(1+j\frac{f}{10^7}\right)\left(1+j\frac{f}{10^8}\right)\left(1+j\frac{f}{10^9}\right)}$$，且反馈网络为纯电阻性的。

(1) 若要求电路的相位裕度为 45°，反馈系数 k_{fv}应为多少？

(2) 此时的幅度裕度为多少？

4.22 已知一个电压串联负反馈放大器的基本放大器的电压增益表达式为：

$$A_v=\frac{10^6}{\left(1+\frac{j\omega}{10^4}\right)\left(1+\frac{j\omega}{10^5}\right)\left(1+\frac{j\omega}{10^6}\right)}$$

(1) 画出基本放大器的波特图；

(2) 为了使放大器闭环后能稳定工作，并且具有 45°的相位裕量，求反馈系数的最大允许值；

(3) 当反馈系数为 0.001 时，要使放大器闭环后能稳定工作，并且具有 45°的相位裕量，采用单电容补偿，求补偿电容的容量(产生第 1 个转折点角频率的等效电阻值为 150 kΩ)。

4.23 反馈放大器如图 4.59 所示。判断反馈类型,将反馈拆环,画出基本放大器电路,求反馈系数。

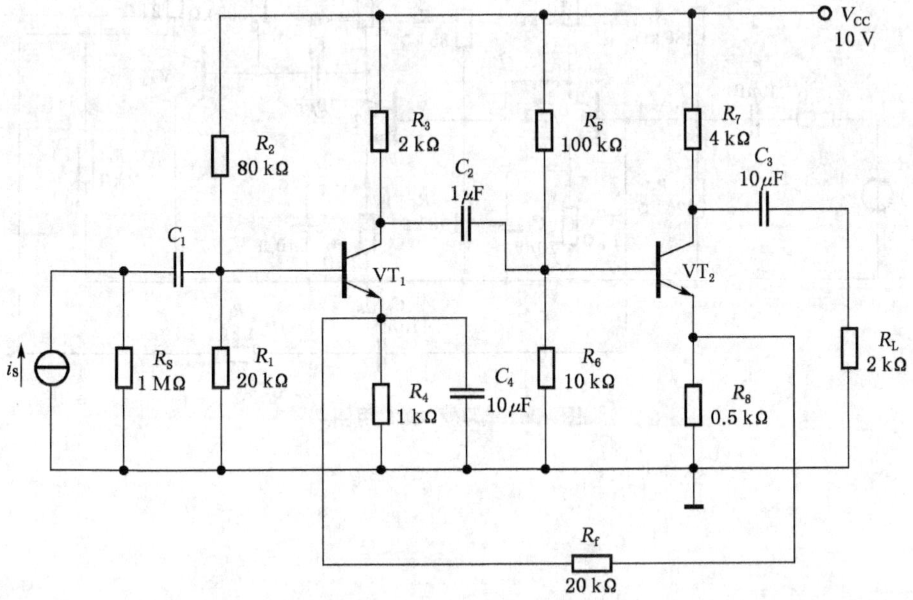

图 4.59 习题 4.23 用图

4.24 反馈放大电路如图 4.60 所示。判断反馈类型,将反馈拆环,画出基本放大器电路,求反馈系数。

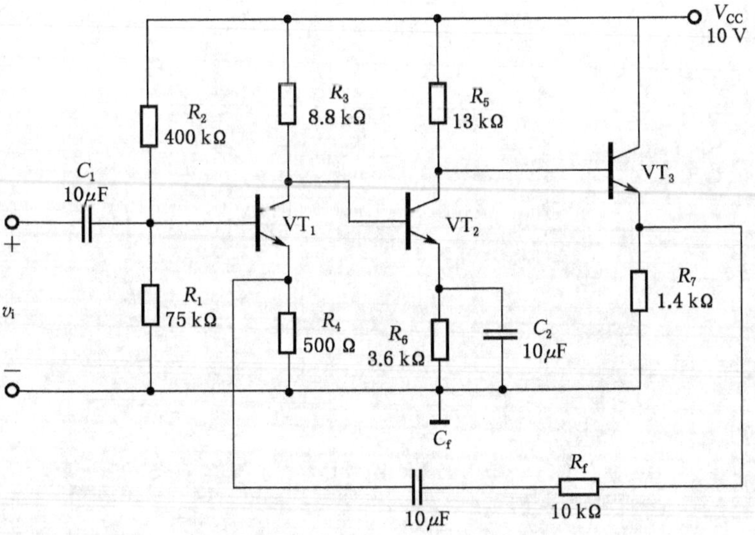

图 4.60 习题 4.24 用图

4.25 反馈放大电路如图 4.61 所示。判断反馈类型,将反馈拆环,画出基本放大器电路,求反馈系数。

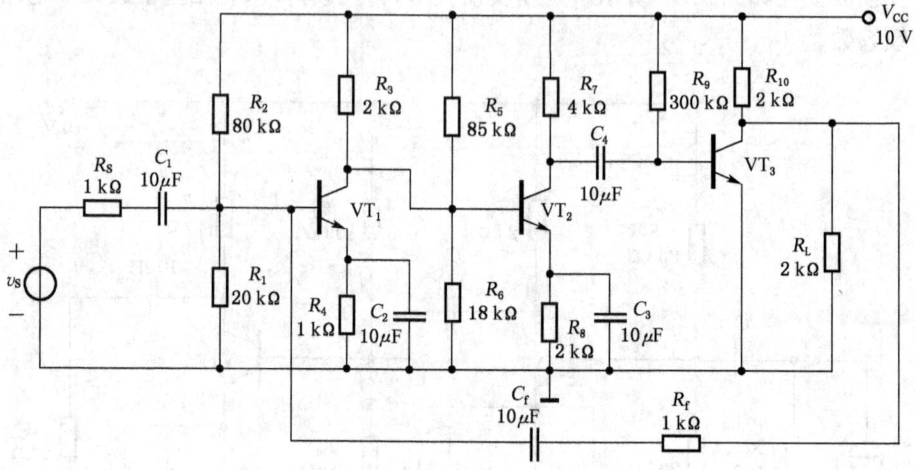

图 4.61　习题 4.25 用图

5 振荡电路

5.1 引　言

电子技术中需要各种信号源，正弦波振荡电路就是其中的一种。正弦波振荡电路是用来产生一定频率的交流信号。低频信号发生器、工业上常用的大功率高频信号振荡器如高频加热炉、无线电和广播电视信号的发送和接收、超声波探测及自动测量、自动控制、通信和热处理等领域，都应用到正弦波振荡电路。在不同的场合，正弦波的频率和功率会有很大差别，它的频率范围可以从 1 Hz 以下到几百兆赫以上，输出功率可以从几毫瓦到几十千瓦，输出的交流电能是从电源的直流电能转换来的。

常用的正弦波振荡电路有 RC 振荡电路和 LC 振荡电路两种，前者输出频率较低、功率较小，后者输出频率较高、功率较大。

5.2 振荡器的工作原理

一个放大电路通常在输入端接上信号源的情况下才会有信号输出。如果在输入端不外接输入信号的情况下，在输出端仍然有一定频率和幅度的信号输出，这种现象就是放大电路的自激振荡。自激振荡在放大电路中并不是一件好事，它将使放大电路不能正常工作，因此，必须采取消振电路来破坏产生自激振荡的条件，设法消除这种振荡。但是，在另一些情况下，有意识地利用自激振荡现象，使放大电路变成振荡器，来产生各种低频和高频的正弦波信号。那么，不管是放大电路还是振荡电路，它们的输出信号总是由输入信号引起的。但是，振荡电路既然不外接输入信号，怎么会产生输出信号呢？我们先来分析产生正弦波振荡的条件。

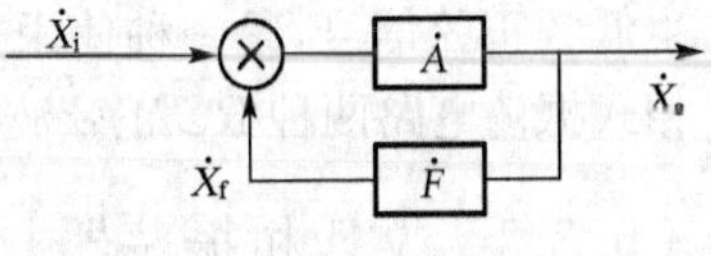

图 5.1　反馈放大电路产生自激振荡条件

在图 5.1 中，$\dot{A}$ 是基本放大电路的开环放大倍数，$\dot{F}$ 是反馈网络的反馈系数。如果电路接成正反馈形式，那么在输入端当 $X_f=X_i$，去掉 X_i，仍有信号输出，反馈信号 X_f 代替了放大电路的输入信号 X_i，$X_f=FX_o=FAX_i=X_i$。因此，在正反馈条件下，产生正弦振荡的条件是：

$$\dot{A}\dot{F}=1 \tag{5.1}$$

式(5.1)可以用幅度平衡条件和相位平衡条件来表示：

幅度平衡条件：

$$|\dot{A}\dot{F}|=1 \tag{5.2}$$

相位平衡条件：

$$\arg(\dot{A}\dot{F}) = \varphi_A + \varphi_F = \pm 2n\pi \quad (n = 0, 1, 2, \cdots) \tag{5.3}$$

负反馈放大电路产生自激振荡的条件是 $\dot{A}\dot{F}=-1$，即放大电路中反馈信号与输入信号的符号相反，如果在低频或高频区的某一频率下，满足条件 $\dot{A}\dot{F}=-1$，那么附加相移为$(2n+1)\pi$（式中，$n=0, 1, 2, \cdots$），此时反馈信号 X_f 的符号与中频时相反，负反馈变成正反馈，于是产生自激振荡，这是我们所不希望的。但是，当我们的目的是要使放大电路产生自激振荡时，就要有目的地将反馈电路接成正反馈，使反馈信号与输入信号同相。

当幅度平衡条件$|\dot{A}\dot{F}|=1$时，此时电路已经达到稳幅振荡。那么，电路开始如何能够自行起振呢？一般说来，正弦振荡电路应该具有放大电路和反馈网络，此外，还应包括选频网络和稳幅环节，选频是为了获得单一频率的正弦波振荡，稳幅是为了达到稳幅振荡。

振荡电路无外接信号源，那么它的初始信号如何而来呢？其实，电路中出现微小的扰动，如接通电源时产生的电流冲击，或是电子元件内部产生的噪声电压等，都可以成为振荡电路的初始信号，该信号含有一系列频率不同的正弦分量，但其中只有某一频率 $f=f_0$ 的信号满足相位平衡条件，于是电路只可能振荡在这一特定频率上。这就是振荡电路的选频特性。

为了使振荡器可靠起振，通常把振荡器设计成对微弱初始信号具有$|\dot{A}\dot{F}|>1$，这样并不会使振荡器的输出越来越大，因为振荡器中的放大器的放大倍数不是一个常数，由于反馈元件或晶体管的非线性，电压的放大倍数$|\dot{A}_v|$将随着振荡幅度的增大而自动减小，最后达到$|\dot{A}_v\dot{F}|=1$。从$|\dot{A}\dot{F}|>1$到$|\dot{A}\dot{F}|=1$的过程是自激振荡的建立过程。

正弦波振荡电路按组成选频网络的元件类型的不同可分为 *RC* 振荡电路和 *LC* 振荡电路。

5.3　RC 正弦波振荡电路

RC 正弦波振荡电路是由放大电路和电阻、电容构成的反馈网络组成。主要有文氏桥振荡器、移相式振荡电路和双 T 型选频网络振荡电路等。其中，文氏桥振荡器主要用以产生低频正弦信号，是一种使用非常广泛的 RC 振荡电路。本节主要介绍文氏桥振荡器和移相式振荡电路两种 RC 正弦波振荡电路。

5.3.1　文氏桥振荡器

文氏桥振荡器是 RC 正弦波振荡电路中的典型电路，主要采用 RC 串并联网络作为选频和反馈网络。由于串并联网络中的 R_1、C_1 和 R_2、C_2 以及负反馈支路中的 R_f、R' 正好组成一个电桥中的 4 个臂，因此这种电路被称为文氏桥振荡器。

文氏桥振荡器原理图如图 5.2 所示。

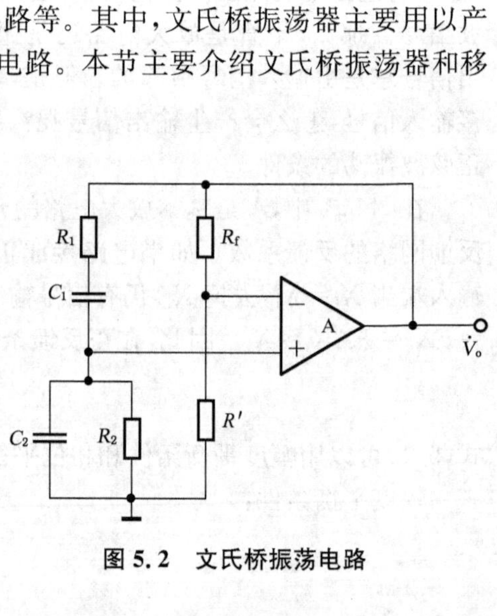

图 5.2　文氏桥振荡电路

1）文氏桥振荡器的选频特性

首先介绍 RC 串并联网络的频率特性。

图 5.3(a)所示为 RC 串并联电路。如图可知，假设输入端输入一个幅度恒定的正弦波电压 $\dot{V}$，当其频率变化时，R_2C_2 并联支路电路两端的电压 $\dot{V}_f$ 随之发生变化。

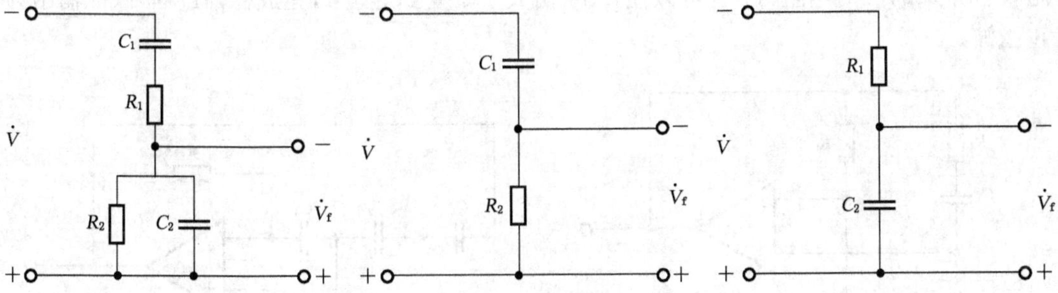

(a) *RC* 串并联电路　　(b) 低频等效电路　　(c) 高频等效电路

图 5.3　RC 串并联电路

当信号的频率很低时，图 5.3(a)的低频等效电路如图 5.3(b)所示，此时 R_1 和 C_2 阻抗很小，可忽略不计。

当信号的频率很高时，图 5.3(a)的高频等效电路如图 5.3(c)所示，此时 R_2 和 C_1 阻抗很小，可忽略不计。

由此可见，一定有一个频率 ω_0 存在，当 $\omega = \omega_0$ 时，有可能得到 $|\dot{V}_f|$ 的值较大，且 $\varphi_F = 0$。

下面对 RC 串并联网络进行定量分析。

2) RC 串并联桥式振荡电路振荡频率与起振条件

图 5.2 采用同相端输入方式的集成运算放大器作为放大环节的 RC 串并联式振荡电路。在输入信号的中频范围内 φ_A 近似等于 0，由以上分析可知，当 $f = f_0$ 时，串并联网络的 $\varphi_F = 0$，振荡电路的相位平衡条件是 $\varphi_A + \varphi_F = \pm 2n\pi$，因此，电路在 f_0 时，$\varphi_A + \varphi_F = 0$，而对于其他任何频率，都不满足振荡的相位平衡条件，所以电路的振荡频率为：

$$f_0 = \frac{1}{2\pi RC} \tag{5.4}$$

为了满足振荡的幅度平衡条件，必须使 $|\dot{A}\dot{F}| > 1$，当 $f = f_0$ 时，$|\dot{F}| = 1/3$，因此，只要满足：

$$|\dot{A}| = A_f = 1 + \frac{R_f}{R'} > 3 \tag{5.5}$$

就可以使电路可靠起振，即

$$R_f > 2R' \tag{5.6}$$

但是，如果 $|\dot{A}|$ 过大，就会使输出波形变坏。如何能做到既可靠起振、又保障输出波形为较好的正弦波呢？通常可以利用二极管或稳压管的非线性特性、热敏电阻或场效应管等可变电阻特性元件的非线性特性来自动地稳定振荡电路的幅度。

在图 5.4 中，利用具有负温度系数的热敏电阻 R_t 代替图 5.3 中的反馈电阻 R_f。刚起振时，由于 R_t 远大于 R_f，从而使电路可靠起振，当振荡幅度增大时，流过热敏电阻 R_t 的电

流增加，温度升高，阻值减小，使负反馈加强，放大倍数减小，结果抑制了输出幅度的增长，从而达到了自动稳幅的目的。根据相同原理，如果在图 5.4 中采用具有正温度系数的热敏电阻代替原来的反馈电阻 R'，也可以使 $|\dot{A}\dot{F}|$ 由大于 1 变到等于 1，完成稳幅过程，保证输出为正弦波。

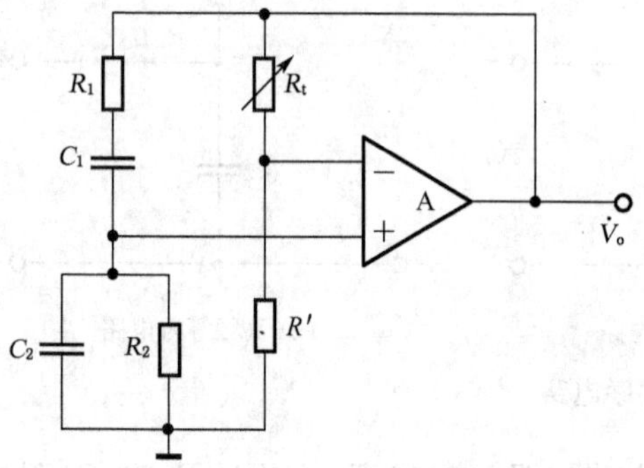

图 5.4　采用热敏电阻稳幅的 RC 串并联电路

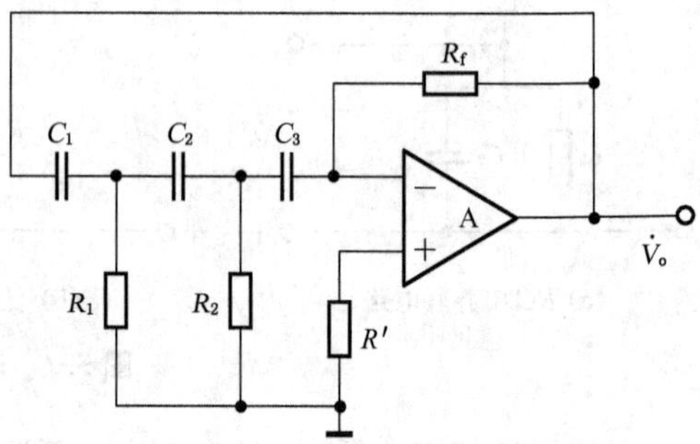

图 5.5　移相式振荡电路

5.3.2　移相式振荡电路

移相式振荡电路由一个反相输入比例电路和 3 节 RC 移相电路组成，RC 移相电路分为 RC 超前移相电路和 RC 滞后移相电路，如图 5.5 所示。

以 RC 超前移相电路为例来分析移相式振荡电路的工作原理。图 5.5 中，移相式振荡电路中集成运算放大器采用反相输入方式，因此，放大电路的相移 $\varphi_A = 180°$。如反馈网络再移相 180°，此电路即可满足产生正弦波振荡的相位平衡条件。

1 级 RC 电路移相在 0°～90°，不能满足要求；2 级 RC 移相最大相移可达 180°，但在接近 180°时，超前移相 RC 网络频率很低，并且输出电压接近于 0，也不能满足振荡幅值条件；所以实际应用中至少要用 3 级 RC 移相电路。通常选 $C_1 = C_2 = C_3 = C$，$R_1 = R_2 = R$。根据振荡的相位平衡条件和幅度平衡条件，可求得电路的振荡频率为：

$$f_0 = \frac{1}{2\sqrt{3}\pi RC} \tag{5.7}$$

起振的条件为：

$$R_f > 12R \tag{5.8}$$

RC 移相式振荡电路具有结构简单、经济方便等优点。缺点是选频作用较差，频率调节不方便，输出幅度不够稳定，输出波形较差。一般用于振荡频率固定且稳定性要求不高的场合，其频率范围为几赫到几十千赫。

RC 正弦波振荡电路的振荡频率取决于 R 与 C 的乘积，当要求振荡频率较高时，必须减小 RC 的数值。而在电路中 RC 网络是放大电路的负载，减小 R 会加重放大电路的负载，减小 C 会使振荡频率受寄生电容的影响而不稳定。此外，振荡频率还受到普通集成运算放大器带宽较窄的限制。因此，RC 正弦波振荡电路的振荡频率比较低，一般不超过 1 MHz。如需要产生更高频率的正弦波信号，可采用 LC 正弦波振荡电路。

5.4 LC 振荡电路

LC 正弦波振荡器是以 LC 谐振电路作为选频网络的振荡电路，这种电路常用来产生几十兆赫以上较高频率的正弦波信号。常见的 LC 正弦波振荡电路有变压器反馈式、电感三点式、电容三点式和石英晶体振荡器等。由于电感和电容等分立元件构成的选频网络一般采用 *LC* 并联回路，因此先回顾一下有关 LC 并联电路的主要特性。

5.4.1 LC 并联谐振回路特性

LC 并联谐振电路中，*R* 表示回路的等效总损耗电阻。当输入信号频率变化时，并联电路阻抗 *Z* 的大小和性质也随之变化。当频率很低时，容抗很大，可以认为电容支路开路；但感抗也很小，总的阻抗由电感支路决定。当频率很高时，感抗很大，电感支路相当于开路；但容抗很小，总的阻抗由电容支路决定，因此，在低频时并联阻抗为感性，并随频率的降低，阻抗值也越来越小；在高频时并联阻抗为容性，并随频率的升高，阻抗值也越来越小。在输入频率中存在某一个频率 $f = f_0$，使电路在该频率下并联阻抗为纯阻性，且等效阻抗接近达到最大值。频率 f_0 即为 LC 电路的并联谐振频率。

LC 并联谐振回路的等效导纳为：

$$Y = \mathrm{j}\omega C + \frac{1}{R + \mathrm{j}\omega L} = \frac{R}{R^2 + (\omega L)^2} + \mathrm{j}\left[\omega C - \frac{\omega L}{R^2 + (\omega L^2)}\right] \tag{5.9}$$

当回路导纳的虚部为 0 时，电流 *I* 与电压 *V* 同相，电路发生并联谐振。设并联谐振的角频率为 ω_0，代入式(5.9)中的虚部得：

$$\omega_0 C - \frac{\omega_0 L}{R^2 + (\omega_0 L)^2} = 0 \tag{5.10}$$

得

$$\omega_0 = \frac{1}{\sqrt{\left(\frac{R}{\omega_0}\right)^2 + 1}} \frac{1}{\sqrt{LC}} \tag{5.11}$$

由式(5.11)可知，ω_0 不仅与 *L*、*C* 有关，还与 *R* 有关。通常令：

$$Q = \frac{\omega_0 L}{R} = \frac{1}{R\omega_0 C} \tag{5.12}$$

Q 称为谐振回路的品质因数，是 LC 电路的一项重要指标，表示谐振回路中的感抗 $\omega_0 L$（或容抗 $1/(\omega_0 C)$）与回路中的损耗电阻 *R* 之比，其物理意义是很明显的，反映了谐振电路在工作过程中所储存的能量与消耗的能量之比。显然，损耗电阻 *R* 越小，*Q* 值越大。*Q* 的典型值约为几十到几百。

当 $Q \gg 1$ 时，由式(5.12)可知：

$$\omega_0 \approx \frac{1}{\sqrt{LC}} \tag{5.13}$$

或

$$f_0 \approx \frac{1}{2\pi\sqrt{LC}} \tag{5.14}$$

对于谐振频率 f_0，LC 并联电路的阻抗为：

$$Z_0 = \frac{1}{Y_0} = \frac{R^2 + (\omega_0 L)^2}{R} = \frac{(\omega_0 L)^2}{R}\left(1 + \frac{1}{Q^2}\right) \approx \frac{1}{RC} \tag{5.15}$$

谐振时，LC 并联电路的阻抗呈纯阻性，回路等效电阻 R 越小或 Q 值越大，谐振时的阻抗值也越大。

LC 并联回路阻抗的一般表达式为：

$$Z = \frac{-\mathrm{j}\frac{1}{\omega C}(R + \mathrm{j}\omega L)}{-\mathrm{j}\frac{1}{\omega C} + R + \mathrm{j}\omega L} \approx \frac{\left(-\mathrm{j}\frac{1}{\omega C}\right)\mathrm{j}\omega L}{R + \mathrm{j}\left(\omega L - \frac{1}{\omega L}\right)} = \frac{\frac{L}{RC}}{1 + \mathrm{j}\frac{\omega L}{R}\left(1 - \frac{1}{\omega^2 LC}\right)} \tag{5.16}$$

当 $\omega \approx \omega_0$ 在谐振频率附近时，式(5.16)可近似表示为：

$$Z \approx \frac{Z_0}{1 + \mathrm{j}Q\left(1 - \frac{\omega_0^2}{\omega^2}\right)} \tag{5.17}$$

由式(5.17)可以得到在不同 Q 值时，LC 并联谐振电路的频率特性图，如图 5.6 所示。

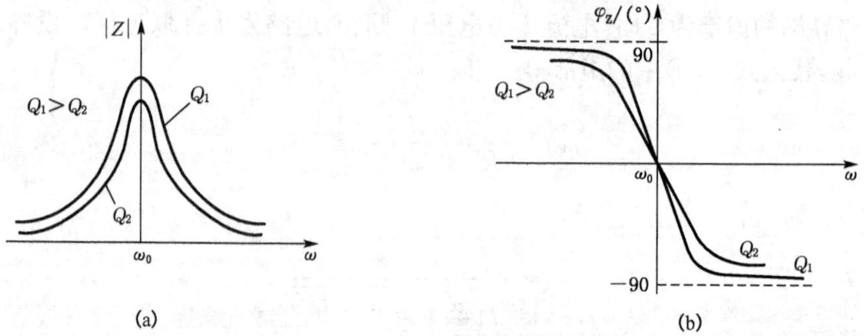

图 5.6　LC 并联谐振电路的频率特性

如图 5.6 可知，谐振时，$|Z|$ 值最大，$\varphi = 0$，Q 值越大，$|Z|$ 曲线越尖，而 φ 曲线在 ω_0 附近越陡，说明电路的选频特性越好。

下面分析在并联谐振时，LC 回路电流与输入电流之间的关系。

LC 并联回路谐振时的输入电流为：

$$|\dot{I}| = \frac{R}{R^2 + (\omega_0 L)^2}|\dot{V}| \tag{5.18}$$

谐振时，电容中电流的幅值为：

$$|\dot{I}_C| = \omega_0 C|\dot{V}| = \frac{\omega_0 L}{R^2 + (\omega_0 L)^2}|\dot{V}| \tag{5.19}$$

则有：

$$|\dot{I}_C| = Q|\dot{I}| \tag{5.20}$$

当 $Q \gg 1$ 时：

$$|\dot{I}_C| = |\dot{I}_L| \gg |\dot{I}| \tag{5.21}$$

由此可见，谐振时，LC 并联电路的回路电流比输入电流大得多，因此对于 LC 并联谐振电路外界的影响可以忽略不计。这个结论对分析 LC 振荡电路是很有帮助的。

5.4.2 变压器反馈式振荡电路

变压器反馈式 LC 振荡电路通常是由放大电路、LC 选频电路和变压器反馈电路组成。由于 LC 正弦波振荡电路通常用来产生频率较高的正弦波，因此，振荡电路的放大环节一般都采用特征频率较高的分立器件——三极管来实现，而不采用上限频率往往不能满足实际需求的运算放大器组件。

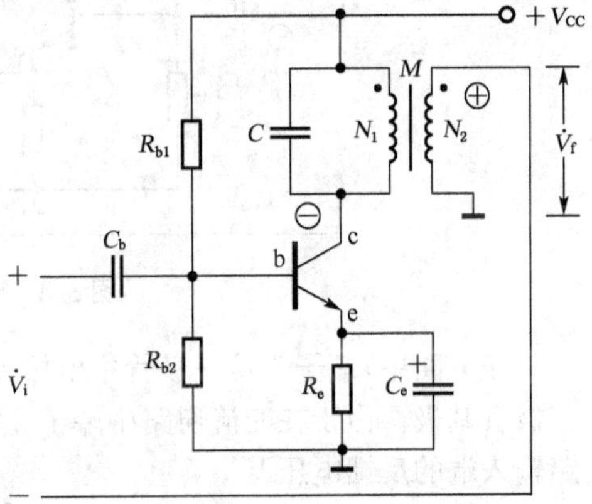

图 5.7 变压器反馈式 LC 正弦波振荡器

如图 5.7 所示，变压器反馈式振荡电路基本电路与单管放大器电路相同，所不同的就在于集电极负载，变压器反馈式振荡电路所接的不是一个简单的 R_C 电阻，而是由 L 和 C 组成的并联谐振电路，主要是完成振荡电路的选频功能。对于变压器反馈式振荡电路，反馈电路通过变压器耦合来实现。下面首先分析电路是否满足产生振荡的相位平衡条件。假设在放大电路的输入端加信号 $\dot{V}_i$，由于刚接通电源时，电路中各处的电压电流都发生一个突变，这相当于在放大电路的输入端加了许多不同频率的正弦信号，对于这些不同频率的信号，其中必有一个频率为 f_0 的信号即为 LC 回路的谐振频率，此时放大管的集电极呈现纯阻性，而电容 C_e 和 C_b 通常足够大，可视为短路，这样三极管的集电极输出电压 $\dot{V}_c$ 与基极输入电压 $\dot{V}_i$ 产生 180°相移，即 $\varphi_A = 180°$，由于变压器同名端如图所示，将使 N_2 端电压 $\dot{V}_f$ 产生 180° 的相移，即 $\varphi_F = 180°$。因此 $\varphi_A + \varphi_F = 360°$，从而电路满足相位平衡条件。

从分析相位平衡条件过程可知，只有在谐振频率 f_0 时，电路才满足振荡条件，所以振荡频率就是 LC 回路的谐振频率，即

$$f_0 \approx \frac{1}{2\pi\sqrt{LC}} \tag{5.22}$$

一般对于变压器反馈式振荡电路来说，只要变压器初次级绕组圈数 N_1、N_2 选择恰当，互感系数 M 和三极管的电流放大系数 β 设计合适，就可以满足起振条件。在 $|\dot{A}\dot{F}|>1$ 情况下，输出电压的幅值将不断增大，当增大到一定程度时，三极管就进入非线性区工作，它的电流放大系数 β 将逐渐减小，电压放大倍数 $|\dot{A}|$ 也随之降低，最后达到 $|\dot{A}\dot{F}|=1$，振荡幅度自动稳定。LC 振荡电路一般都工作在三极管的非线性区，集电极电流 i_c 的波形虽然有可能严重失真，但由于 LC 并联谐振电路具有良好的选频性，因此输出电压的波形失真一般

不大。

5.4.3　电感三点式振荡电路

由于LC正弦波振荡电路的谐振回路中有3个引出端，在交流通路中分别接至三极管的e、b、c这3个极上，满足相位平衡条件和振幅平衡条件，这样组成的振荡电路称为三点式振荡电路。如果谐振回路在电感一侧连接了3个引出端子，则通常称为电感三点式振荡电路，也称为哈特来电路。如图5.8所示。

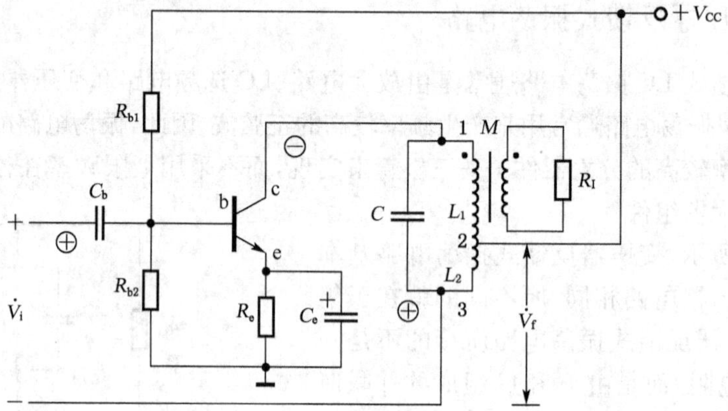

图5.8　电感三点式振荡器电路

该电路中，端子1接三极管集电极，端子2接至电源$+V_{CC}$，端子3通过耦合电容C_b接三极管基极。由于在交流通路中端子2相当于接地端，因此电感L_2上的电压就是接回到电路输入端的反馈电压V_f。

如果在电路的输入端加输入信号$\dot{V}_i$，且在频率$f=f_0$时，LC并联回路产生谐振，因此，在集电极一端得到的是纯阻性阻抗，故集电极上的电压$\dot{V}_c$与$\dot{V}_i$反相，即$\varphi_A=180°$，而L_2上的反馈电压$\dot{V}_f$与$\dot{V}_c$也反相，即$\varphi_F=180°$，由于$\varphi_A+\varphi_F=360°$，所以电路满足相位平衡条件。

该电路的振荡频率基本上等于谐振频率，即

$$f_0 \approx \frac{1}{2\pi\sqrt{LC}} \tag{5.23}$$

$$L = L_1 + L_2 + M \tag{5.24}$$

式中：L——回路的总电感；

　　M——L_1与L_2之间的互感。

由式(5.23)可知，电容器能在较宽的范围内调节振荡频率，可以应用在需要经常改变频率的场合(例如收音机、信号发生器)。

电感三点式正弦波振荡电路由于电感L_1和L_2是同一个线圈耦合紧密，所以更容易起振，得到广泛的应用。但由于反馈电压取自电感L_2，而电感对高次谐波的阻抗较大，不能将高次谐波短路掉，因而，电感三点式振荡电路的输出波形较差，且频率稳定度不高，因此也常应用于要求不高的设备中。

5.4.4 电容三点式振荡电路

为了减小高次谐波对电感三点式振荡电路的影响，使电路输出良好的正弦波，可以将图5.8中的电感 L_1 和 L_2 换成对高次谐波呈现低阻抗的电容 C_1 和 C_2，并将原电路的电容 C 改为电感 L。该电路称为电容三点式振荡电路，也称考毕兹电路，如图5.9所示。

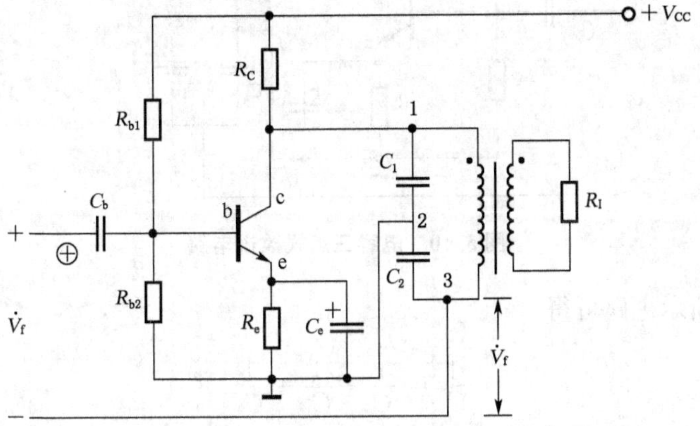

图5.9 电容三点式振荡电路

用LC并联电路接成的振荡电路，其反馈是从电容 C_2 下端即端子1通过耦合电容 C_b 接三极管的基极，端子2接地，因此，反馈电压 $\dot{V}_f$ 就是 C_2 两端的电压。电容三点式振荡电路不是通过电容和电感的简单互换得到的，为了保证集电极直流通路，必须在电路中加集电极负载电阻 R_c，如果不加此负载，将会造成无集电极直流通路，从而使振荡电路不能产生振荡。

如前所述，如果在电路的输入端加输入电压 $\dot{V}_i$，在输入频率 $f=f_0$ 时，LC并联回路产生谐振，此时 $\dot{V}_f$ 与 $\dot{V}_i$ 同相，满足相位平衡条件。电路的振荡频率基本等于LC回路的谐振频率，即

$$f_0 \approx \frac{1}{2\pi\sqrt{LC'}} \tag{5.25}$$

式中：C'——谐振回路的等效电容，

$$C' = \frac{C_1C_2}{C_1+C_2} \tag{5.26}$$

由于电容三点式正弦波振荡电路的反馈电压取自电容 C_2，它对高次谐波阻抗小，对高次谐波有滤除作用，因而反馈电压中谐波分量小，输出波形较好。但当要求振荡频率比较高时，电容 C_1、C_2 的容量比较小，而在电路中，电容 C_1 并联在三极管c、e之间，而电容 C_2 并联在三极管b、e之间，如果电容 C_1、C_2 的容量小到可与三极管的极间电容相比拟的程度时，三极管的极间电容是不容忽视的，而三极管的极间电容是随温度等因素的变化而变化的，会对振荡频率产生显著影响，造成振荡频率不稳定。为了克服这一缺点，可以在电感 L 支路中串接一个电容 C，使振荡频率取决于 L 和 C，而 C_1 和 C_2 只起分压作用，电路如图5.10所示。

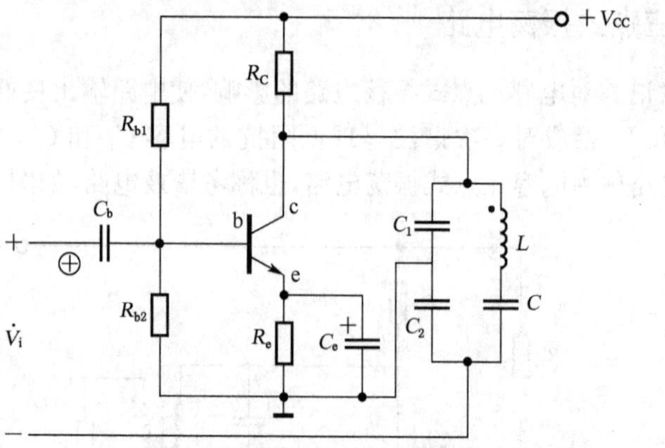

图 5.10　电容三点式改进电路

由图 5.10 所示电路可得：

$$\frac{1}{C'}=\frac{1}{C}+\frac{1}{C_1}+\frac{1}{C_2} \tag{5.27}$$

在选取电容参数时，可使 C_1、C_2 容值较大，以掩盖极间电容变化的影响，使串联在 L 支路中的 C 值较小，即 $C \ll C_1$，$C \ll C_2$，则

$$C' \approx C \tag{5.28}$$

故

$$f_0 \approx \frac{1}{2\pi\sqrt{LC}} \tag{5.29}$$

由于振荡频率 f_0 基本上都由 LC 确定，与 C_1、C_2 和三极管的极间电容的关系很小，因此，振荡电路的频率稳定度比较高，可达到 10^{-4} 和 10^{-5} 左右。

5.4.5　石英晶体振荡器

在工程实践中，往往对正弦波振荡电路振荡频率的稳定性要求较高，如通信系统中的射频振荡器、数字系统中的时钟发生器等，可以引用频率稳定度这个质量指标来衡量振荡器的性能。频率稳定度一般用频率的相对变化量 $\Delta f/f_0$ 来表示，f_0 为振荡频率，f 为频率偏移。频率稳定度有时也附加时间条件，如 1 小时或 1 日的频率相对变化量。

影响 LC 正弦波振荡电路振荡频率 f_0 的主要因素是 LC 谐振回路中的 L、C 和 R。LC 谐振回路的选频特性与回路的品质因素 Q 有关，因而 Q 值的大小对频率稳定也有较大影响，Q 值越大，频率稳定度则越高。由品质因素 Q 的定义可知，要想提高 Q 值，应尽量减小回路的损耗电阻 R 并加大 L/C 值。但 L/C 值的加大是有一定限度的，因为 L 数值如选得太大，它的体积将会增大，线圈的损耗和分布电容也必然增大；C 如选得太小，当并联的分布电容及杂散电容变化时，将显著影响频率的稳定性。因此，必须适当选取 L/C 值。一般，LC 并联谐振回路的 Q 值最高可达数百。实践证明，在 LC 正弦波振荡电路中，即使采用了各种稳频措施，频率稳定度也很难突破 10^{-5} 数量级。在要求高频率稳定度的场合，往往采

用高 Q 值的石英晶体谐振器代替 LC 谐振回路。

石英晶体具有比较高的 L/C 值，用石英晶体组成的振荡电路，其频率稳定度可高达 $10^{-10}\sim10^{-11}$ 数量级。因此，在要求频率稳定度高的电子设备中大都采用石英晶体振荡电路。

下面首先介绍石英晶体的结构和基本特性，然后分析具体的石英晶体振荡电路。

1）石英晶体的结构及特性

石英晶体(crystal)是一种各向异性的结晶体，化学成分是二氧化硅(SiO_2)。从一块晶体上一定的方位角切下的薄片称为晶体，然后在晶体的两个对应表面上涂敷银层并装上一对金属板，就构成石英晶体产品，一般用金属外壳密封，也有用玻璃壳封装的。

石英晶片具有压电效应，若在石英晶片的两个相对的面上加一个电压，晶片便会产生机械变形。相反，在晶片上加机械压力(或拉力)，则晶片会在相应的方向产生电压，这种现象称为压电效应。当在晶片的两个面上加交变电压时，晶片便因反复的机械变形而产生振动，而这种机械振动又会反过来产生交变电压。在一般情况下，晶片的机械振动及其所产生的交变电压都非常小，但在外加电压的频率为某个特定数值时，机械振动和它所产生的交变电压都会显著增大，这种现象称为压电谐振。上述情况与谐振电路的谐振现象十分相似，因此，石英晶片可用来做成石英谐振器。上述特定频率称为石英晶片的固有频率或谐振频率。

石英谐振器在电路图中的符号如图 5.11(a)所示，中间是石英晶片，两边是两块金属夹板及相应引出线。它的压电现象可以用图 5.11(b)所示等效电路来模拟。等效电路中的 C_0 为切片与金属板构成的静态电容，L 和 C 分别模拟晶体的质量(代表惯性)和弹性，用电阻 R 等效晶片振动时因摩擦而造成的损耗。石英晶体具有很高的质量与弹性的比值(等效于 L/C)，因而它的品质因数 Q 值可达 $10^4\sim10^6$。加上晶片本身的谐振频率基本上只与晶片的切割方式、几何形状、尺寸有关，而且可以做得很精确，因此，利用石英谐振器组成的正弦波振荡电路的振荡频率可获得很高的频率稳定度。

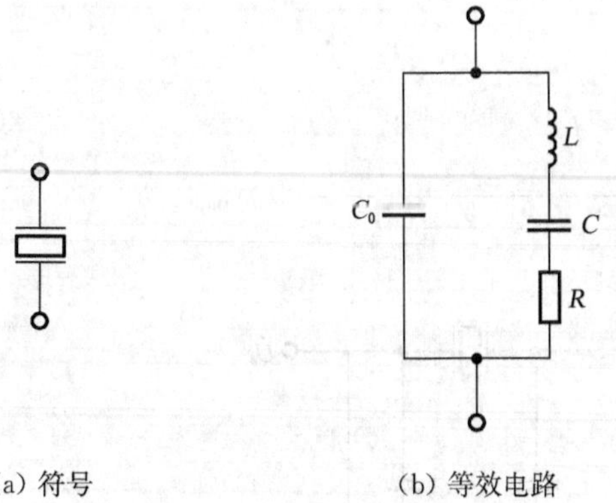

(a) 符号　(b) 等效电路

图 5.11　石英晶体符号和等效电路

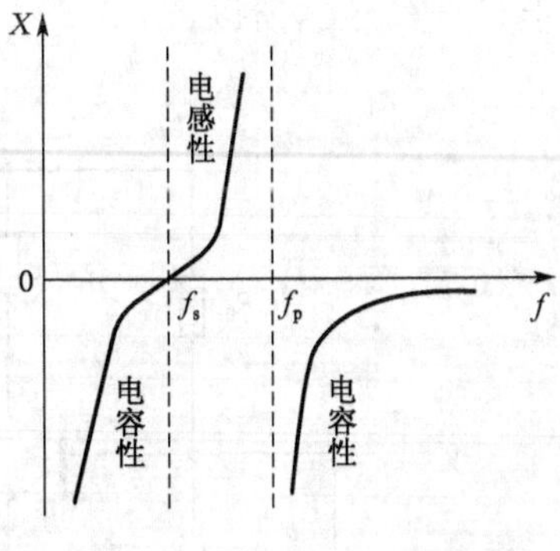

图 5.12　石英弦振器的电抗-频率特性

石英谐振器中的摩擦损耗一般很小，因此 R 也很小。从图 5.11(b)上下两个引出端子看进去，石英谐振器就相当于一个电抗 X。显然，X 是与频率有关，如图 5.12 所示，当频率比较低时，石英谐振器呈现容抗，频率为 f_s 时，$X=0$；频率在 f_s 与 f_p 之间，X 为感抗；频率为 f_p 时，X 为无穷大；频率高于 f_p 时，X 又为容抗。称 f_s 为石英谐振器的串联谐振频率，

称 f_p 为石英谐振器的并联谐振频率。f_s 和 f_p 大小比较接近，所以石英谐振器只在一个很窄的频率范围内呈现感抗。

由图 5.11(b)可得到该电路的两个谐振频率，当 L、C、R 支路串联谐振时，等效电路的阻抗最小(等于 R)，串联谐振频率为：

$$f_s = \frac{1}{2\pi\sqrt{LC}} \tag{5.30}$$

当等效电路并联谐振时，并联谐振频率为：

$$f_p = \frac{1}{2\pi\sqrt{L\dfrac{CC_0}{C+C_0}}} = f_s\sqrt{1+\frac{C}{C_0}} \tag{5.31}$$

由于 $C \ll C_0$，因此 f_s 和 f_p 频率非常接近。

2)　石英晶体振荡电路

石英晶体振荡器的电路形式主要有两类：一类是把振荡频率选择在 f_s 与 f_p 之间，使石英晶体的阻抗呈电感性，它与两个外接电容器构成电容三点式正弦波振荡器，这种电路称为并联型石英晶体振荡器；另一类是把振荡频率选择在 f_s 处，此时石英晶体呈纯电阻性，且其阻抗最小，相移为 0，把石英晶体设置在反馈网络中，构成串联型石英晶体振荡器。

并联型石英晶体振荡电路如图 5.13 所示，用石英晶体的等效电感 L 来代替 LC 回路的电感，振荡频率为：

$$f_0 \approx \frac{1}{2\pi\sqrt{L\dfrac{C(C_0+C')}{C+C_0+C'}}} \tag{5.32}$$

式中：

$$C' = \frac{C_1C_2}{C_1+C_2} \tag{5.33}$$

由于 $C_0+C' \gg C$，所以，

$$f_0 \approx f_s \tag{5.34}$$

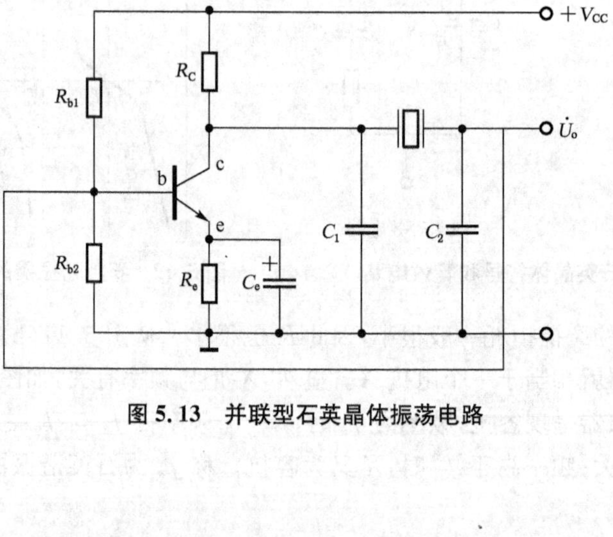

图 5.13　并联型石英晶体振荡电路

串联型石英晶体振荡电路如图 5.14 所示。晶体接在 VT_1、VT_2 的正反馈电路中,可以判断出,放大电路的相移 $\varphi_A = 0$;当 $f = f_s$ 时,石英晶体呈纯电阻性,相移为 0,即 $\varphi_F = 0°$,则 $\varphi_A + \varphi_F = 0°$,满足相位平衡条件。至于振幅平衡条件,可通过调节电阻 R 的大小满足要求。若 R 值过大,则因反馈量过小而不能振荡。若 R 值过小,则因反馈量过大而使输出波形产生失真。由于石英晶体频率稳定性好,而且仅有两根引线,安装简单,调试方便,因此石英晶体在正弦波振荡电路和方波发生电路中获得广泛的应用。

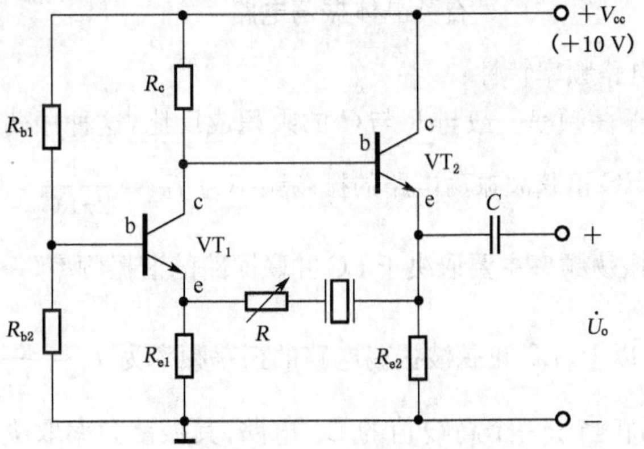

图 5.14 串联型石英晶体振荡电路

5.5 小 结

* 本章从产生正弦波振荡的条件出发,讨论了正弦波振荡电路的组成部分及一般分析方法,并介绍了几种典型的 RC 振荡电路和 LC 振荡电路。

* 一般说来,正弦波振荡电路主要由放大电路、反馈网络、选频网络和稳幅环节 4 部分组成。

* 当电路接成正反馈时,产生正弦波振荡电路的条件是:

$$\dot{A}\dot{F} = 1$$

也可以用幅度平衡条件和相位平衡条件来表示:

幅度平衡条件:

$$|\dot{A}\dot{F}| = 1$$

相位平衡条件:

$$\arg(\dot{A}\dot{F}) = \varphi_A + \varphi_F = \pm 2n\pi \quad (n = 0, 1, 2, \cdots)$$

* 在判断电路能否产生正弦波振荡时,可首先判断电路是否满足相位平衡条件。通常可假设将反馈信号至放大电路的输入端断开,并在放大电路的输入端加上不同频率的输入电压 $\dot{V}_i$,经放大电路和反馈网络后得到反馈电压 $\dot{V}_f$,若在某一频率下,$\dot{V}_f$ 与 $\dot{V}_i$ 之间的相位移为 $\varphi = \pm 2n\pi \quad (n = 0, 1, 2, \cdots)$,则电路满足相位平衡条件。在满足相位平衡条件的 f_0 下,若 $|\dot{A}\dot{F}| > 1$,即同时满足幅度平衡条件,则电路能够产生正弦波振荡。

* 正弦波振荡电路的选频网络可由电阻和电容组成,或由电感和电容组成。按照选频

网络的不同，正弦波振荡电路分类如下：

- 正弦波振荡电路
  - RC 振荡电路
    - RC 文氏桥振荡器
    - RC 移相式振荡电路
  - LC 振荡电路
    - 变压器反馈式 LC 振荡电路
    - 电容三点式 LC 振荡电路
    - 电感三点式 LC 振荡电路
  - 石英晶体振荡电路

* 正弦波振荡电路频率特性：

RC 振荡电路的振荡频率一般与 R 与 C 的乘积成反比，这种振荡电路可产生几赫至几百千赫的低频信号。RC 正弦波振荡电路的振荡频率为 $f_0=\dfrac{1}{2\pi RC}$。

LC 振荡电路的振荡频率主要取决于 LC 并联回路的谐振频率，一般与 $\dfrac{1}{\sqrt{LC}}$ 成正比，通常 f_0 可达 100 MHz 以上。LC 正弦波振荡电路的振荡频率为 $f_0=\dfrac{1}{2\pi\sqrt{LC}}$。

石英晶体振荡器相当于一个高 Q 值的 LC 电路，其振荡频率取决于石英晶体的固有频率，频率稳定度可达 $10^{-6}\sim10^{-8}$ 数量级，甚至可达 $10^{-10}\sim10^{-11}$ 数量级。

习　　题

5.1 判断下列说法是否正确，用"√"或"×"表示判断结果。

(1) 只要具有正反馈，电路就一定能产生振荡。(　　)

(2) 凡满足振荡条件的反馈放大电路就一定能产生正弦波振荡。(　　)

(3) 在 RC 文氏桥式正弦波振荡电路中，若 RC 串并联选频网络中的电阻均为 R，电容均为 C，则其振荡频率 $f_0=1/(RC)$。(　　)

(4) 电路只要满足 $|\dot{A}\dot{F}|=1$，就一定会产生正弦波振荡。(　　)

(5) 负反馈放大电路不可能产生自激振荡。(　　)

(6) 在反馈电路中，只要安排有 LC 谐振电路，就一定能产生正弦波振荡。(　　)

5.2 现有电路如下：

A. RC 文氏桥正弦波振荡电路　　B. LC 正弦波振荡电路

C. 石英晶体正弦波振荡电路

选择合适答案填入空内，只需填入 A、B 或 C。

(1) 制作频率为 20 Hz～20 kHz 的音频信号发生电路，应选用________。

(2) 制作频率为 2 MHz～20 MHz 的接收机的本机振荡器，应选用________。

(3) 制作频率非常稳定的测试用信号源，应选用________。

5.3 选择填空

(1) 反馈放大器产生自激振荡时，其________为 0。

A. $|\dot{A}|$　　B. $|\dot{F}|$

C. $|\dot{A}\dot{F}|$　　D. $|1+\dot{A}\dot{F}|$

(2) 为使正弦波振荡电路起振，必须使________。

A. $|\dot{A}|>1$　　B. $|\dot{A}\dot{F}|>1$

C. $|1+\dot{A}\dot{F}|<1$　　D. $|\dot{A}\dot{F}|<1$

(3) 如果希望正弦波的频率稳定性好，应该选用________振荡电路。

A. RC　　B. LC 变压器反馈式

C. 石英晶体　　D. LC 三点式

5.4 判断图 5.15 所示各电路是否可能产生正弦波振荡，简述理由。设图 5.15(b)中 C_4 容量远大于其他 3 个电容的容量。

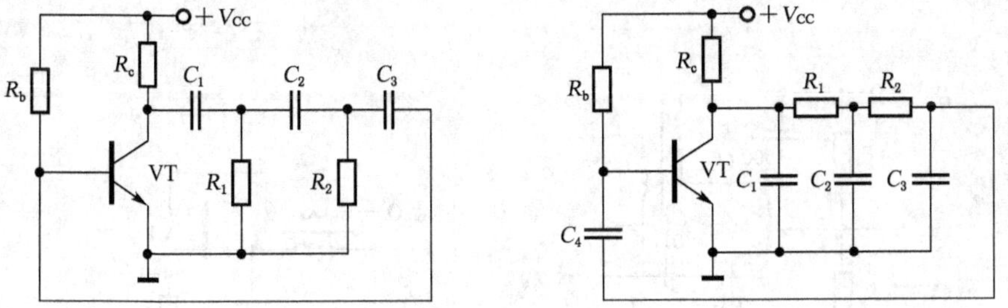

(a)　　(b)

图 5.15　习题 5.4 用图

5.5 电路如图 5.16 所示，试问：

(1) 若去掉两个电路中的 R_2 和 C_3，则两个电路是否可能产生正弦波振荡？为什么？

(2) 若在两个电路中再加一级 RC 电路，则两个电路是否可能产生正弦波振荡？为什么？

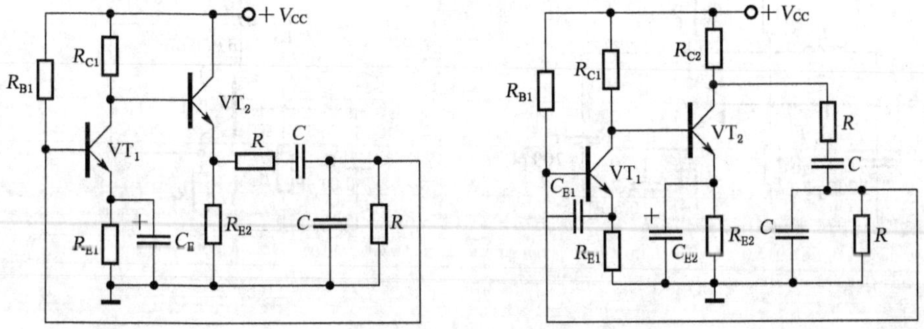

(a)　　(b)

图 5.16　习题 5.5 和习题 5.6 用图

5.6 用相位平衡条件判断图 5.16 的两个电路是否有可能产生正弦波振荡，并简述理由，假设耦合电容和射极旁路电容很大，可视为交流断路。

5.7 电路如图 5.17 所示，试求解：

(1) R_w 的下限值；

(2) 振荡频率的调节范围。

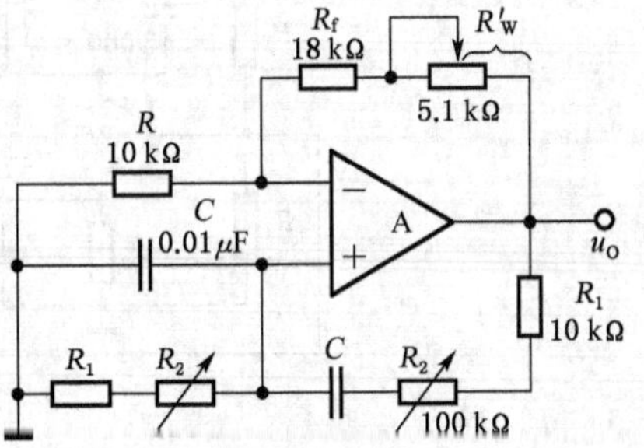

图 5.17　习题 5.7 用图

5.8　分别标出图 5.18 所示各电路中变压器的同名端，使之满足正弦波振荡的相位条件。

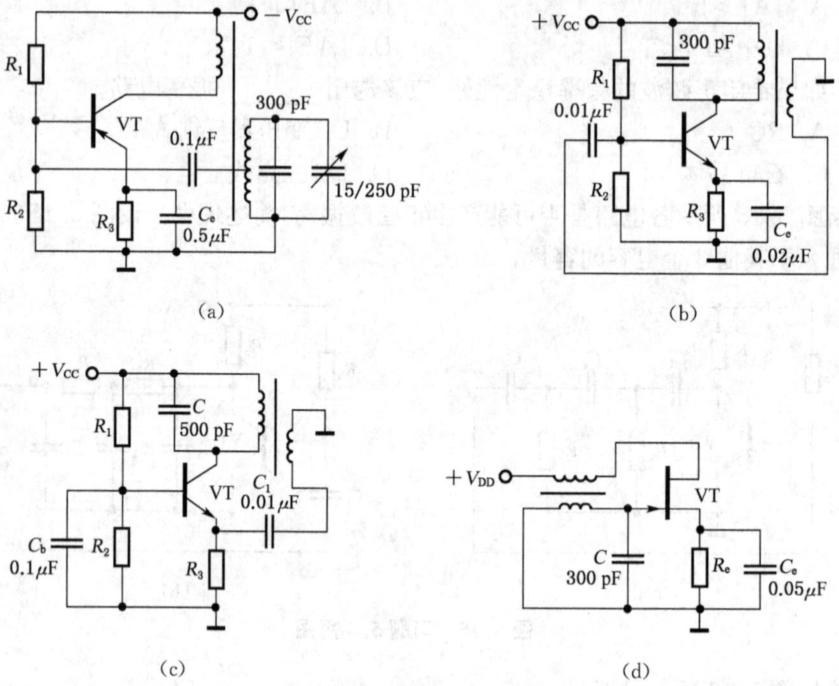

图 5.18　习题 5.8 用图

5.9　分别判断图 5.19 所示各电路是否满足正弦波振荡的相位条件。

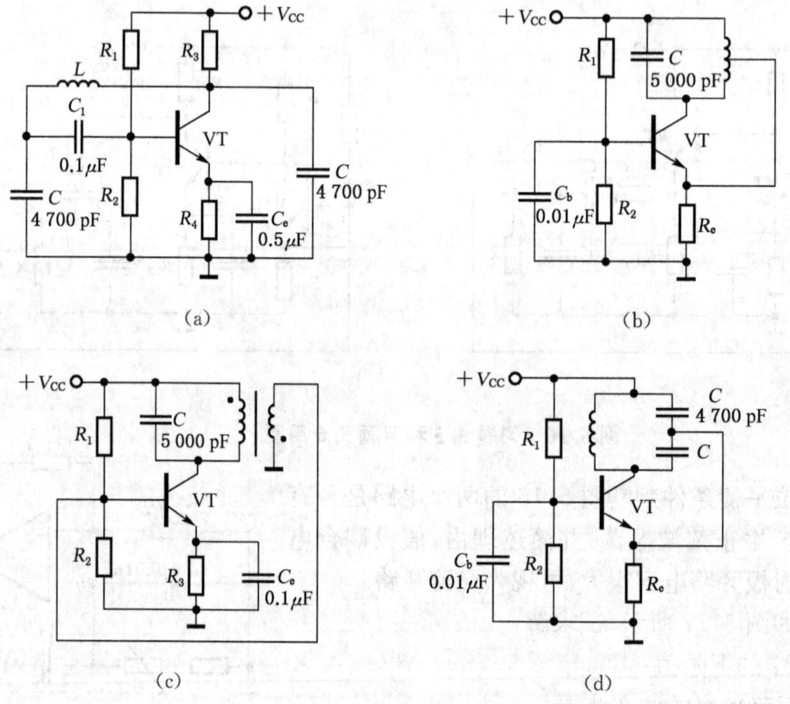

图 5.19　习题 5.9 和习题 5.10 用图

5.10　改正图 5.19(b)、(c)所示两电路中的错误,使之有可能产生正弦波振荡。

5.11　正弦波振荡电路如图 5.20 所示,已知 $R_1=2\ \text{k}\Omega$,$R_2=4.5\ \text{k}\Omega$,R_w 在 0～5 kΩ 范围内可调,设运算放大器 A 是理想的,振幅稳定后二极管的动态电阻近似为 $r_d=500\ \Omega$。

(1) 求 R_w 的阻值;

(2) 计算电路的振荡频率 f_0。

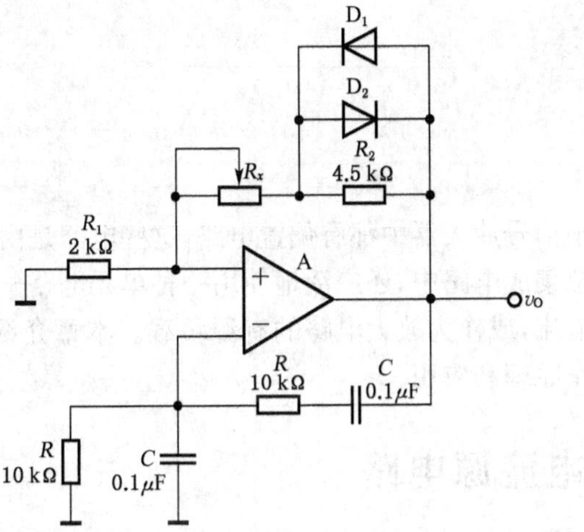

图 5.20　习题 5.11 用图

5.12　如图 5.21 所示电路或者一个正弦波振荡电路,试问:

(1) 为保证电路正常的工作,节点 K、J、L、M 应该如何连接?

(2) R_2 应该选多大才能振荡?

(3) 振荡频率是多少?

(4) R_2 使用热敏电阻时,应该具有何种温度系数?

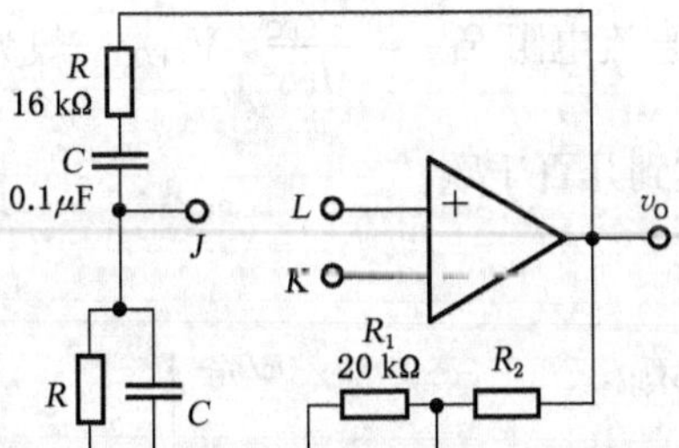

图 5.21　习题 5.12 用图

6 电流源电路

6.1 引 言

前面几章介绍的小信号放大器中都有偏置电路，这些电路是由电阻和直流电源组成的。在电子电路特别是模拟集成电路中，还广泛地使用一种单元电路——电流源电路，它为放大电路提供稳定的偏置电流，或作为放大电路的有源负载。本章介绍由三极管和场效应管组成的恒流源电路的工作原理和应用。

6.2 三极管电流源电路

本节介绍单管电流源电路、基本镜像电流源电路、改进型电流源电路、微电流源电路、比例电流源电路和多个三极管的镜像电流源电路。

6.2.1 单管电流源电路

图 6.1 所示为单管电流源电路。三极管射极偏置电路由 $-V_{EE}$、R_{b1}、R_{b2}、R_e 组成，当 $-V_{EE}$、R_{b1}、R_{b2}、R_e 确定之后，基极电位 V_B 固定（I_B 一定），可以推知，I_C 基本恒定。从图 6.2 所示的三极管输出特性曲线可以看出，三极管工作在放大区时，I_C 具有近似恒流的特性。当 I_B 一定时，三极管的直流电阻 $R_{CE}=\dfrac{V_{CEQ}}{I_{CQ}}$，$V_{CEQ}$ 一般为几伏，所以 R_{CE} 不大。交流电阻为 $r_{ce}=\dfrac{\Delta v_{CE}}{\Delta i_C}$，为几十千欧到几百千欧。

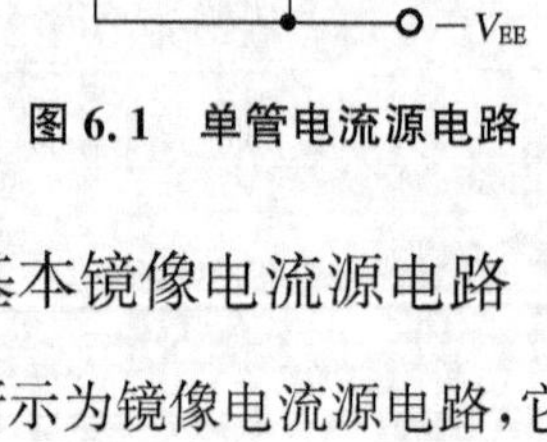

图 6.1 单管电流源电路

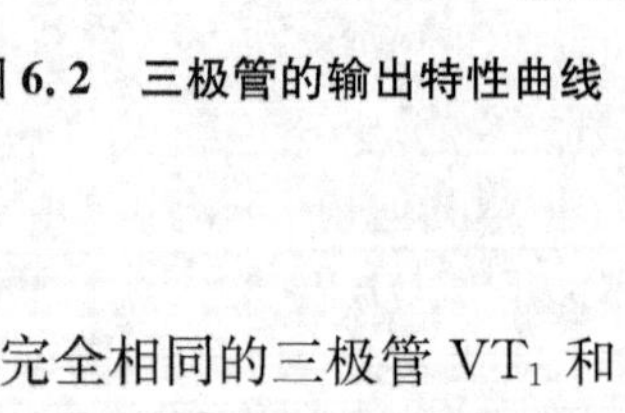

图 6.2 三极管的输出特性曲线

6.2.2 基本镜像电流源电路

图 6.3 所示为镜像电流源电路，它由两只特性完全相同的三极管 VT_1 和 VT_2 构成。

图 6.3 中，I_R 为参考电流，又称基准电流，其大小由(V^+-V^-)和偏置电阻 R 决定，其表达式为：

$$I_R=\frac{V^+-V^--V_{BE}}{R} \tag{6.1}$$

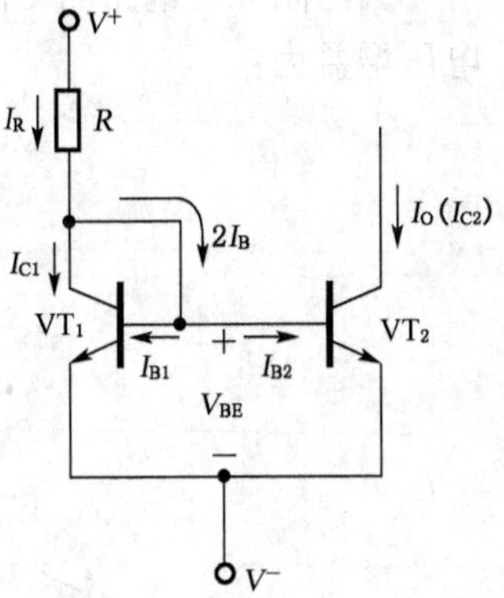

图 6.3 基本镜像电流源

由于 VT_1 和 VT_2 具有相同的基-射极间电压 V_{BE}，所以两管的发射极电流相等，即

$$I_{E1}=I_{E2}=I_{EBS}\left(e^{\frac{V_{BE}}{V_T}}-1\right) \tag{6.2}$$

同时，

$$I_{B1}=I_{B2}=I_B \tag{6.3}$$

$$I_{C1}=I_{C2}=I_O \tag{6.4}$$

由图 6.3 可知：

$$I_R=I_{C1}+I_{B1}+I_{B2} \tag{6.5}$$

整理后得：

$$I_O=\frac{I_R}{1+\frac{2}{\beta}} \tag{6.6}$$

当 $\beta\gg 2$ 时，输出电流为：

$$I_O\approx I_R \tag{6.7}$$

只要 I_R 稳定，输出电流 I_O 也是稳定的。由于 I_R 和 I_O 基本相等，二者成为“镜像”关系，所以称为镜像电流源。

【例 6.1】 电路如图 6.4 所示，已知 VT_2、VT_3 管的 $V_{BE}=0.7$ V，$R=8$ kΩ，$V^+=4.5$ V，$V^-=-4.5$V，VT_1 的 $r_{bb'}=300$ Ω，$\beta=80$，$R_C=3$ kΩ。求该电路的电压增益。

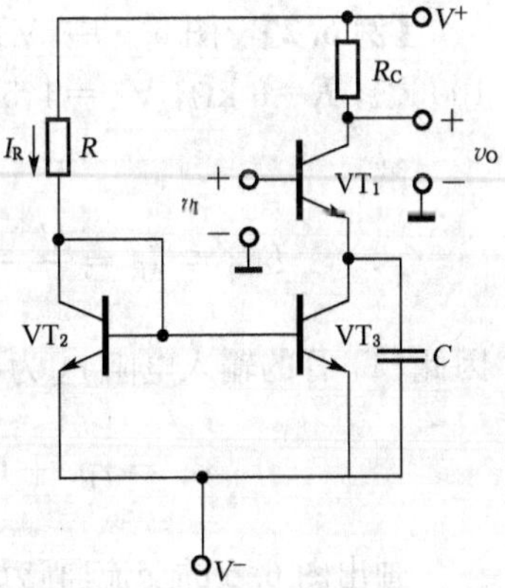

图 6.4 电流源偏置电路

解：VT_2、VT_3 管组成镜像电流源电路，给 VT_1 管提供直流电流。其镜像电流为：

$$I_{C3}=I_R=\frac{V^+-V^--V_{BE}}{R}=\frac{4.5+4.5-0.7}{8}=1.04(\text{mA})$$

则 T_1 管的发射极电流为：

$$I_{E1Q}=1.04\ \text{mA}$$

T_1 管的 r_{be} 为：

$$r_{be}=r_{bb'}+(1+\beta)\frac{26}{I_{E1Q}}=2.32\ (\text{k}\Omega)$$

画出图 6.4 电路的交流通路如图 6.5 所示。VT_1 管组成的是简单共发射极电路，因此电压增益为：

$$A_v = -\frac{\beta R_C}{r_{be}} = -\frac{80 \times 3}{2.32} = -104$$

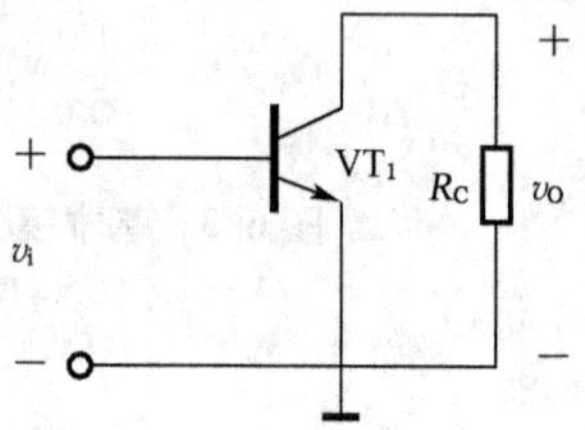

图 6.5　图 6.4 电路的交流通路

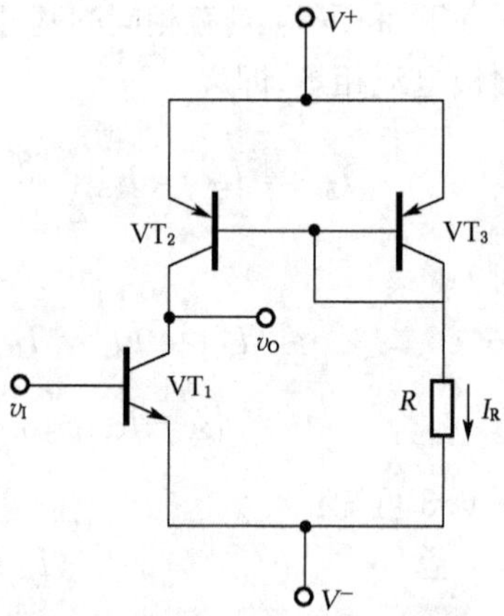

图 6.6　有源负载共射极放大电路

在共射放大电路中，为了提高电压增益，行之有效的方法是增大集电极电阻 R_C。然而，为了维持三极管的静态电流不变，在增大 R_C 的同时，必须提高电源电压。当电源电压增大到一定程度时，电路的设计就变得不合理了。那么，能否找到一种元件代替 R_C，其动态电阻大，使得电压增益大，但静态电阻较小，不至于影响静态工作点呢？自然，可以考虑电流源电路。在模拟集成电路中，常用电流源电路取代 R_C。由于三极管是有源元件，而上述电路中又以它们作为负载，故称为有源负载。

图 6.6 所示电路为有源负载共射放大电路。VT_1 为放大管，VT_2 和 VT_3 组成镜像电流源，其中 VT_2 还是 VT_1 的有源负载。

【例 6.2】 图 6.6 中，VT_1、VT_2、VT_3 特性参数相同，$|V_{BE}| = 0.7$ V，$r_{bb'} = 300\ \Omega$，$r_{ce} = 100$ kΩ，$R = 8$ kΩ，$V^+ = 4.5$ V，$V^- = -4.5$ V，$\beta = 80$，求电压增益。

解：

$$I_{C1Q} = I_R = \frac{V^+ - V^- - |V_{BE}|}{R} = \frac{4.5 + 4.5 - 0.7}{8} = 1.04\ (\text{mA})$$

因此，T_1 管的输入电阻 r_{be} 为：

$$r_{be} = r_{bb'} + (1+\beta)\frac{26}{I_{E1Q}} = 200 + 81 \times \frac{26}{1.04} = 2.32\ (\text{k}\Omega)$$

画出图 6.6 的交流通路如图 6.7(a)所示。可以看出 VT_1 管的负载就是 VT_2 管的输出电阻 r_{ce2}。

由图 6.7(b)得出：

$$A_v = \frac{\beta r_{ce2} \mathbin{/\!/} r_{ce1}}{r_{be}} = -\frac{80 \times 50}{2.32} = -1\,724.14$$

比较例 6.1 和例 6.2 可知，VT_1 管的参数和静态工作点都相同，只是将例 6.1 的负载电

阻 R_C 换成了例 6.2 中的电流源，因此放大器的增益增大了很多。

基本镜像电流源的优点是结构简单、电路对称易集成，并且具有一定的温度补偿作用。但是也存在以下一些缺点：

(1) I_R 受电源变化的影响大，故要求电源十分稳定；

(2) 适用于较大工作电流(mA 数量级)的场合；

(3) 交流等效电阻 R_o 不够大，恒流特性不理想；

(4) I_O 和 I_R 的精度取决于 β，当 β 较小时，I_O 和 I_R 的差别不能忽略。

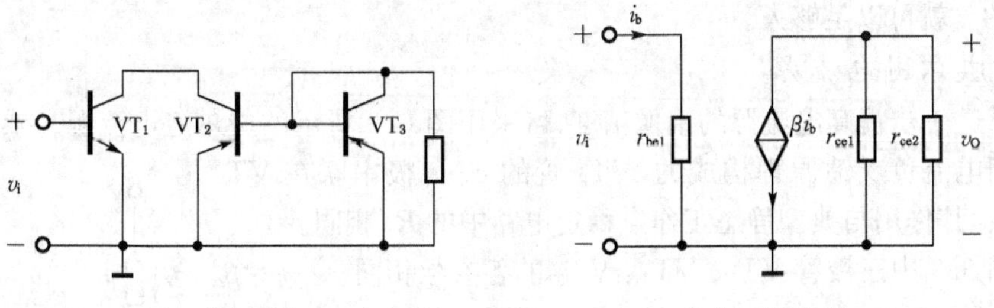

(a) 交流通路　　(b) 等效电路

图 6.7　图 6.6 的交流通路

6.2.3　改进型镜像电流源电路

1) 带缓冲级的镜像电流源电路

基本镜像电流源电路中，当 β 很大时，$I_O \approx I_R$，若采用横向 PNP 管，β 小于 5，将造成 I_O 和 I_R 的误差。图 6.8 为带有缓冲级的镜像电流源电路，它针对基本镜像电流源的上述缺点进行改进，两者不同之处在于它增加了三极管 VT_3，其目的是减少三极管 VT_1、VT_2 的 I_B 对 I_R 的分流作用，提高镜像精度，减少 β 值不够大带来的影响。

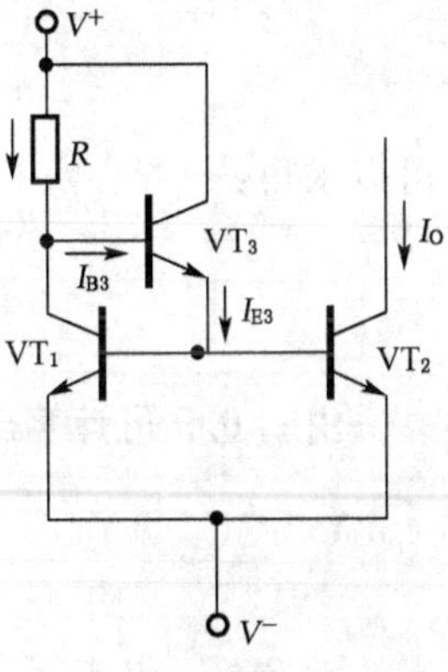

图 6.8　带有缓冲级的电流源电路

设图 6.8 中三极管 VT_1、VT_2、VT_3 的各参数相同，可以看出：

$$I_{E3} = I_{B1} + I_{B2} = 2I_B \tag{6.8}$$

$$I_{B3} = \frac{I_{E3}}{1+\beta_3} = \frac{2I_{B2}}{1+\beta_3} = \frac{2I_{C2}}{(1+\beta_3)\beta_2} \tag{6.9}$$

$$I_R = I_{C1} + I_{B3} \tag{6.10}$$

$$I_O = I_{C1} = I_{C2} \tag{6.11}$$

将式(6.9)和式(6.11)代入式(6.10)，得

$$I_R = I_O + \frac{2I_O}{(1+\beta_3)\beta_2} \tag{6.12}$$

整理后可得：

$$I_O = \frac{2I_R}{1+\dfrac{2}{(1+\beta_3)\beta_2}} \approx I_R \tag{6.13}$$

由图 6.8 可计算出参考电流 I_R：

$$I_R = \frac{V^+ - V^- - V_{BE3} - V_{BE1}}{R} \tag{6.14}$$

若 $\beta=5$，由式(6.6)有 $I_O \approx 0.71 I_R$，由式(6.13)有 $I_O \approx 0.93 I_R$，可见，带缓冲级的镜像电流源大大提高了镜像精度。

在实际应用带缓冲级的镜像电流源电路中，为了避免 VT_3 管因为发射极电流过小而引起 β 值下降，一般在 VT_3 管的发射极接入适当阻值的电阻 R_E。只要 R_E 阻值选得合适，VT_3 管的 β 就可以足够大。

2）威尔逊电流源

为了进一步提高电流源的镜像精度，可采用图 6.9 所示的威尔逊电流源。威尔逊电流源是利用电流负反馈原理构成的，VT_2 管的 c－e 极串联在 VT_2 的发射极，其作用与典型静态工作点稳定电路中的 R_e 相同。

设图 6.9 中三极管 VT_1、VT_2、VT_3 的各参数相同，令 $\beta_1=\beta_2=\beta_3=\beta$，可以看出：

$$I_R = I_{C1} + I_{B3} = I_{C1} + \frac{I_{C3}}{\beta} \tag{6.15}$$

$$I_{C1} = I_{C2} \tag{6.16}$$

$$I_{C3} = I_O = \frac{\beta I_{E3}}{1+\beta} \tag{6.17}$$

$$I_{E3} = I_{C2} + \frac{I_{C1}}{\beta} + \frac{I_{C2}}{\beta} \tag{6.18}$$

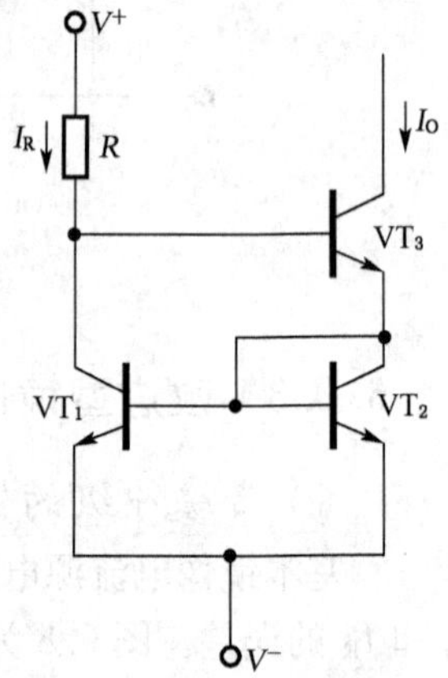

图 6.9　威尔逊电流源电路

可以求得：

$$I_O = \left(1 - \frac{2}{\beta^2 + 2\beta + 2}\right) I_R \approx I_R \tag{6.19}$$

由图 6.9 可计算出参考电流 I_R：

$$I_R = \frac{V^+ - V^- - V_{BE3} - V_{BE1}}{R} \tag{6.20}$$

若 $\beta=5$，由式(6.19)有 $I_O \approx 0.95\ I_R$，因此进一步提高了镜像精度。

6.2.4　微电流源电路

前面几种电流源电路中，输出电流与参考电流近似相等，但是要获得微安级输出电流，偏置电阻 R 取值要大，而集成电路中制作大电阻比较困难。图 6.10 给出的电流源电路可以满足小输出电流的要求，称其为微电流源电路。

由图 6.10 可知，实际上是在图 6.3 电路中 VT_2 管的发射极串联一个电阻 R_E，则有：

$$V_{BE1} = V_{BE2} + V_{RE} = V_{BE1} + I_{E2} R_E \tag{6.21}$$

因此：

$$I_O \approx I_{E2} = \frac{V_{BE1} - V_{BE2}}{R_E} = \frac{\Delta V_{BE}}{R_E} \tag{6.22}$$

由于 ΔV_{BE} 的数值小，用阻值不大的 R_E 即可得到微小的工作电流。

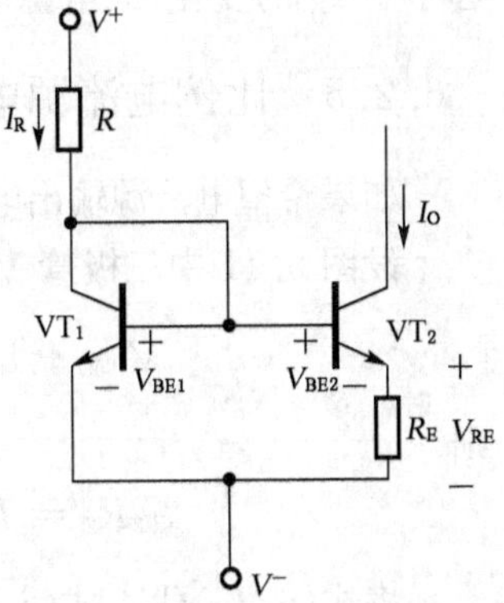

图 6.10 微电流源电路

设图 6.10 中 VT_1，VT_2 管的各参数相同，根据三极管电压与电流的基本关系式（式(6.2)），I_O 和 I_R 的关系可以简单推导如下：

$$I_R \approx I_{E1} \approx I_{EBS} e^{\frac{V_{BE1}}{V_T}} \tag{6.23}$$

$$I_O = I_{C2} \approx I_{E2} \approx I_{EBS} e^{\frac{V_{BE2}}{V_T}} \tag{6.24}$$

则

$$\begin{cases} V_{BE1} = V_{VT} \ln \dfrac{I_R}{I_{EBS}} \\ V_{BE2} = V_{VT} \ln \dfrac{I_O}{I_{EBS}} \end{cases} \tag{6.25}$$

由图 6.10 有：

$$V_{BE1} = V_{BE2} + V_{RE} \approx V_{BE2} + I_O R_E \tag{6.26}$$

将式(6.22)代入式(6.24)，整理后可得：

$$I_O = \frac{V_{VT}}{R_E} \ln \frac{I_R}{I_O} \tag{6.27}$$

若 $I_R/I_O = 10$，则 $I_O R_E = V_{VT} \ln 10 \approx 60$ (mV)，即电流每增加 10 倍，$I_O R_E$ 总是增加 60 mV。因此，得到电流每增加 10 倍，R_E 上的电压增加 60 mV 的简单数学关系式，使计算十分方便。

【例 6.3】 设计如图 6.10 所示的微电流源，$V^+ = 3$ V，$V^- = -3$ V，$R = 19$ kΩ，$V_{BE1} = 0.7$ V，要使 $I_O = 10\ \mu$A。

解：

$$I_R = \frac{V^+ - V^- - V_{BE1}}{R} = \frac{6 - 0.7}{19 \times 10^3} = 0.3 \text{ (mA)}$$

由 $I_O = \dfrac{V_{VT}}{R_E} \ln \dfrac{I_R}{I_O}$，得

$$R_E = \frac{V_{VT}}{I_O} \ln \frac{I_R}{I_O} = \frac{26 \times 10^{-3}}{10 \times 10^{-6}} \ln \frac{300}{10} = 8.8 \text{ (k}\Omega\text{)}$$

与镜像电流源相比，微电流源有如下优点：

(1) 用小电阻实现了微电流源；

(2) 由于引入了电阻 R_E，因此，微电流源的输出电阻比 VT_2 管的输出电阻 r_{ce} 大得多，使输出电流 I_O 更加稳定；

(3) 当电源电压发生变化时，参考电流 I_R 和 ΔV_{BE} 也将变化，由于 R_E 的值一般为数千欧，使 $V_{BE2} \ll V_{BE1}$，以致 VT_2 管的 V_{BE2} 值很小而工作在输入特性的弯曲部分，则 I_O 的变化

远小于 I_R 的变化,故电源电压波动对 I_O 的影响不大。

6.2.5　比例电流源电路

如果希望电流源输出电流 I_O 与参考电流 I_R 成比例关系,可采用如图 6.11 所示的电路。

设图 6.11 中三极管 VT_1、VT_2 的各参数相同,可知:

$$V_{BE1} + I_{E1}R_1 = V_{BE2} + I_{E2}R_2 \tag{6.28}$$

则

$$I_{E2}R_2 = I_{E1}R_1 + (V_{BE1} - V_{BE2}) \tag{6.29}$$

将式(6.25)代入式(6.29),可得:

$$I_{E2}R_2 = I_{E1}R_1 + V_{VT}\ln\frac{I_R}{I_O} \tag{6.30}$$

在常温下,当两管的发射极电流相差 10 倍以内时,$V_{VT}\ln\frac{I_R}{I_O}$ 很小,可以忽略,由 $I_R \approx I_{E1}$ 和 $I_O \approx I_{E2}$,得

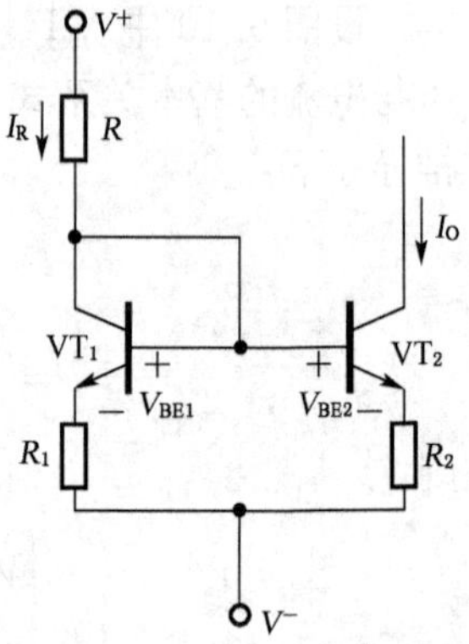

图 6.11　比例电流源电路

$$I_O = \frac{R_1}{R_2}I_R \tag{6.31}$$

即只要合理选择两个三极管射极电阻的比例,可得合适的 I_O 和 I_R。因此,该电流源称为比例电流源。

6.2.6　多个三极管的电流源电路

用一个参考电流去控制多个输出电流,就构成了多路电流源,如图 6.12 所示,图中 T_R 与 T_1、T_3 分别组成基本镜像电流源,T_R 与 T_2 组成微电流源。多路电流源通常用于集成电路中用做偏置电路,同时给多个放大器提供偏置电流。

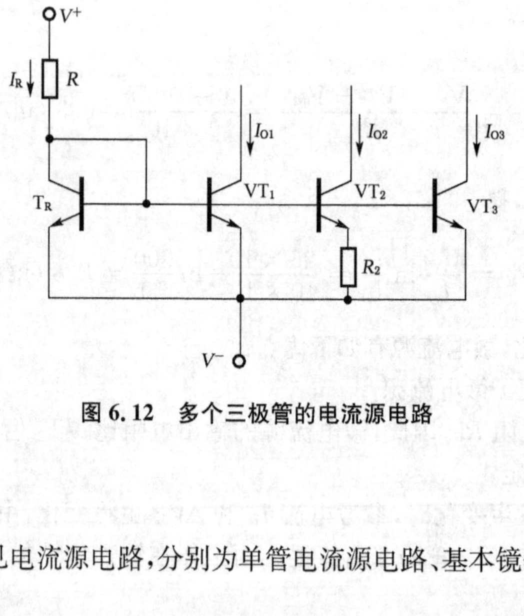

图 6.12　多个三极管的电流源电路

6.2.7　小　结

* 介绍了几种常见电流源电路,分别为单管电流源电路、基本镜像电流源电路、改进型

镜像电路、微电流源电路、比例电流源电路和多个三极管的电流源电路。

* 电流源电路可以给放大器提供偏置电流，也可以做放大器的有源负载。
* 各种电流源电路的输出电流 I_O 与参考电流 I_R 的关系如表 6.1 所示。

表 6.1 各种电流源电路的输出电流与参考电流 I_R 的关系

类型	输出电流 I_O 与参考电流 I_R 的关系	特点
单管电流源电路	$I_O \approx \dfrac{\frac{R_{b2}}{R_{b1}+R_{b2}}V_{CC}}{R_e}$	I_O 几乎与三极管的参数无关，而只与 R_{b1}、R_{b2}、R_e、V_{CC} 有关
基本镜像电流源	$I_O = \dfrac{I_R}{1+\frac{2}{\beta}} \approx I_R$	当 $\beta \gg 2$ 时，$I_O = I_R$，否则有误差
带缓冲级的镜像电流源	$I_O = \dfrac{2I_R}{1+\frac{2}{(1+\beta_3)\beta_2}} \approx I_R$	由于 VT_3 管的隔离作用，β 较小时，$I_O = I_R$
威尔逊电流源	$I_O = \left(1-\dfrac{2}{\beta^2+2\beta+2}\right)I_R \approx I_R$	精度高，$I_O = I_R$，由于负反馈作用，I_O 更加稳定
微电流源	$I_O = \dfrac{V_T}{R_E}\ln\dfrac{I_R}{I_O}$	$I_O \ll I_R$
比例电流源	$I_O = \dfrac{R_1}{R_2}I_R$	$\dfrac{I_O}{I_R}$ 与两射极电阻比成反比

6.3 场效应管电流源电路

场效应管电流源电路和晶体管电流源电路在电路形式上相似，偏置方式也基本相同。在场效应管的电流源电路中，场效应管要工作在饱和区。

6.3.1 场效应管基本镜像电流源

一种由增强型 N 沟道 MOSFET 构成的镜像电流源如图 6.13(a)所示。

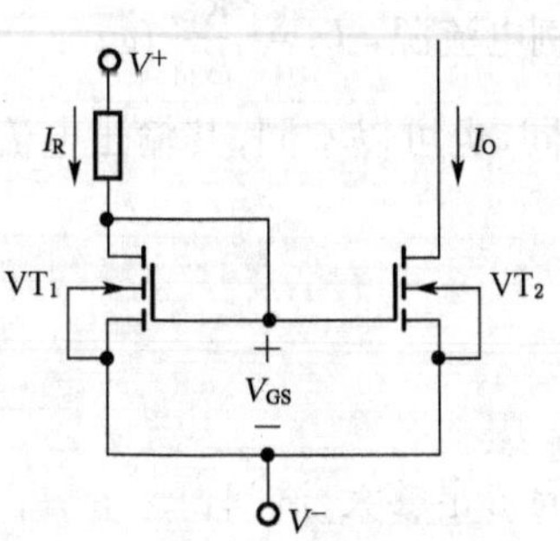

(a) 电路原理

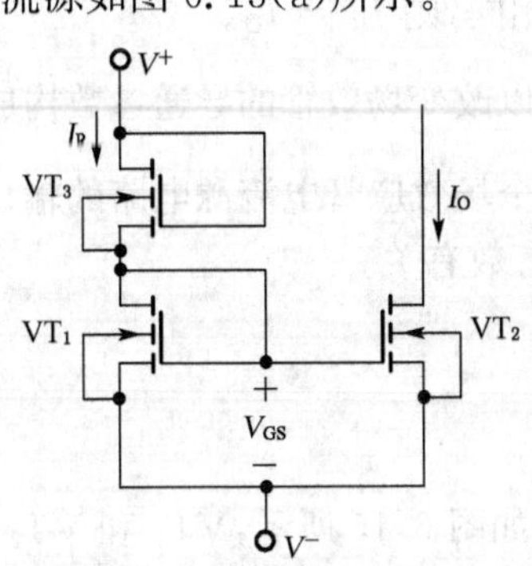

(b) 由有源负载构成的基本镜像电流源

图 6.13 基本镜像电流源

由于场效应管栅极没有电流，只要 VT_1 管与 VT_2 管完全匹配，均工作在恒流(饱和)区内，开启电压 $V_{VT1}=V_{VT2}$，导通参数 $K_{n1}=K_{n2}$，则

$$I_R = I_{D1} = K_{n1}(V_{GS} - V_{VT1})^2 \tag{6.32}$$

$$I_O = I_{D2} = K_{n2}(V_{GS} - V_{VT2})^2 \tag{6.33}$$

所以：

$$I_R = I_O \tag{6.34}$$

在场效应管电流源电路中，通常用有源器件代替电阻，所以实际应用的 N 沟道场效应管镜像电流源如图 6.13(b)所示，图中场效应管 VT_3 的漏源极短接，相当于一个线性电阻。

6.3.2　场效应管比例电流源

当图 6.13 中的场效应管 VT_1、VT_2 的导通参数不同时，可以构成比例电流源。由式(6.32)和式(6.33)可知：

$$\frac{I_O}{I_R} = \frac{K_{n2}}{K_{n1}} \tag{6.35}$$

式(6.35)说明 VT_1、VT_2 管的导通参数不同时，可以使输出电流和参考电流成比例。

6.3.3　多个场效应管电流源

多个场效应管电流源电路如图 6.14 所示。

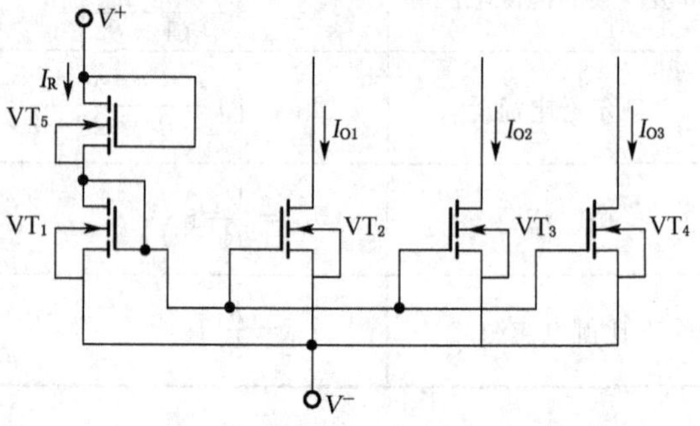

图 6.14　多个场效应管电流源电路

图 6.14 中，I_{O1}、I_{O2}、I_{O3}可以是相同的，也可以是不同的，只要改变对应场效应管的导通参数，就可以得到不同数值的电流源。

6.3.4　小　结

* 场效应管电流源与三极管电流源相似，但它独特的地方是栅极没有电流，因此只要两管结构相同，则 $I_R = I_O$。

* 可以改变场效应管的导通参数构成场效应管比例电流源，$I_O = \frac{K_{n2}}{K_{n1}} I_R$。

* 多个场效应管电流源电路的输出电流可以相同，也可以不同，其输出电流与场效应管的导通参数有关。

习　题

6.1　电路如图 6.15 所示，VT_1 和 VT_2 的特性相同，且 β 足够大，试问：

(1) VT_1、VT_2 和 R 组成什么电路？在电路中起什么作用？

(2) 写出 I_R 和 I_{c2}的表达式。

6.2　电路如同图 6.15 所示，若 3 个三极管特性均相同，$V_{BE} = 0.7$ V，$r_{ce} = 100$ kΩ，$V^+ = 5$ V，$V^- = -5$ V，$R = 10$ kΩ，$R_{e3} = 1$ kΩ，$\beta = 80$，求 A_v。

6.3　某电流源电路如图 6.16 所示，若三极管的特性参数均相同，求输出电流的表达式。

6.4 某电流源电路如图 6.16 所示，若要求提供 10 μA 的输出电流，使用 $V_{CC}=6$ V 的电源，$R=10$ kΩ，如何设计这个电流源？

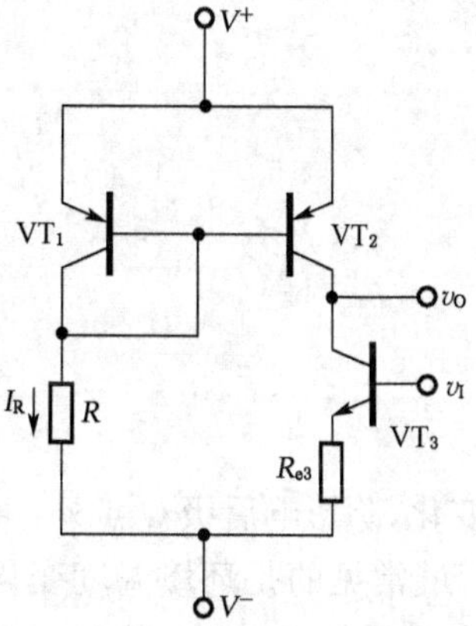

图 6.15　习题 6.1 和习题 6.2 用图

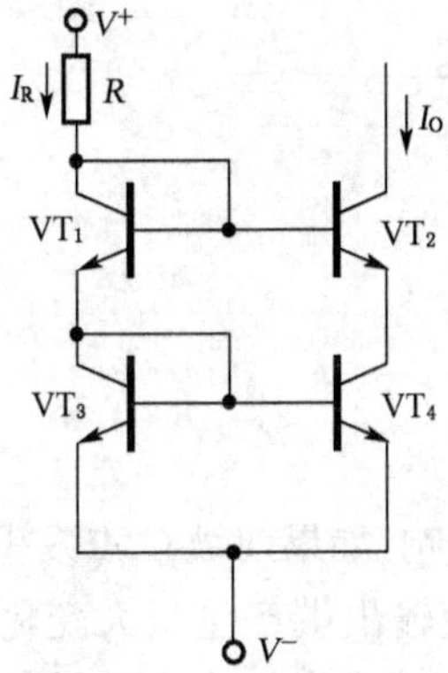

图 6.16　习题 6.3 和习题 6.4 用图

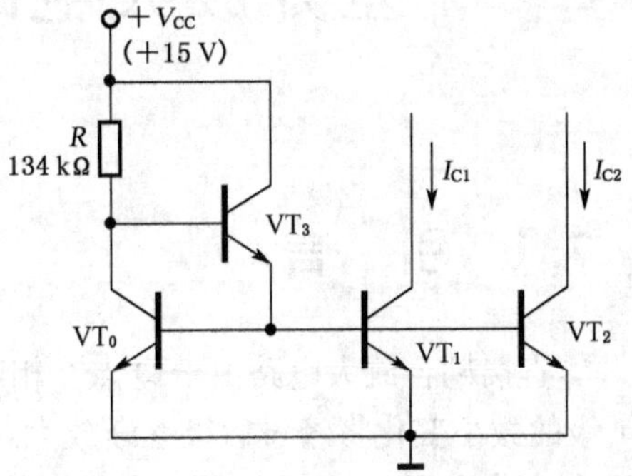

图 6.17　习题 6.5 用图

6.5 多路电流源电路如图 6.17 所示，已知所有三极管的特性均相同，V_{BE} 均为 0.7 V。求 I_{C1}、I_{C2}。

6.6 图 6.18 为用三极管比例电流源作为有源负载的射极跟随器电路，它可以使输入电阻提高，使电压增益更接近于 1，若 $V_{BEQ3}=0.7$ V，求电路中 I_{CQ2}。

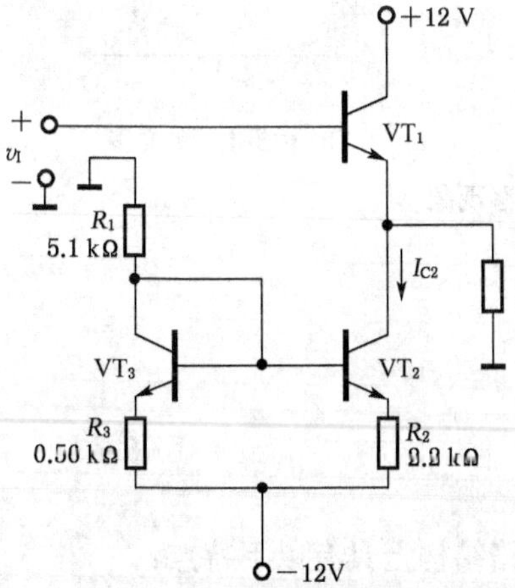

图 6.18　习题 6.6 用图

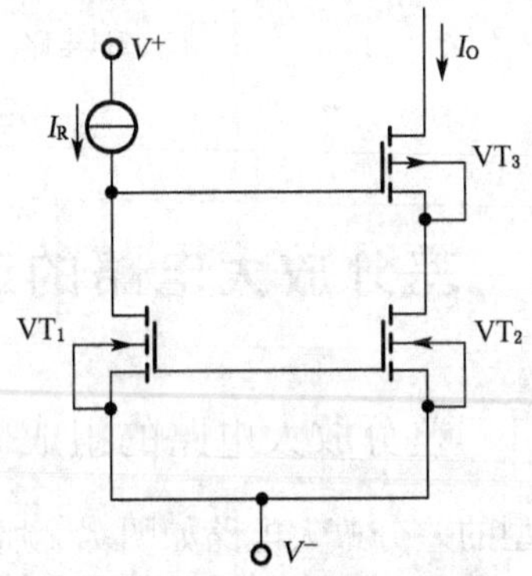

图 6.19　习题 6.7 用图

6.7 图 6.19 所示电流源电路中，参考电流 $I_R=0.2$ mA，各场效应管的开启电压均相同，$V_{VT}=1$ V。

(1) 若 $K_{n1}=K_{n2}=K_{n3}=0.15\ \text{mA/V}^2$，求输出电流 I_O 和各场效应管的 V_{GS}。

(2) 若 $K_{n1}=2K_{n2}=K_{n3}=0.15\ \text{mA/V}^2$，求输出电流 I_O 和各场效应管的 V_{GS}。

7 差分放大电路

7.1 引　言

直接耦合放大电路由于 Q 点互相影响，如果前级 Q 点发生变化，除影响后级 Q 点外，第1级的微小变化将经过后级逐渐放大，使输出端产生很大变化。最常见的是环境温度变化引起工作点漂移（称为温漂），它是影响直接耦合放大电路性能的主要因素之一。将输入短路（输入电压为0）而输出电压不为0且出现缓慢变化的现象称为零点漂移（如图7.1所示）。为了有效地抑制直接耦合放大电路中的零点漂移，第1级采用差分放大电路结构是多级直接耦合放大器的主要电路形式。

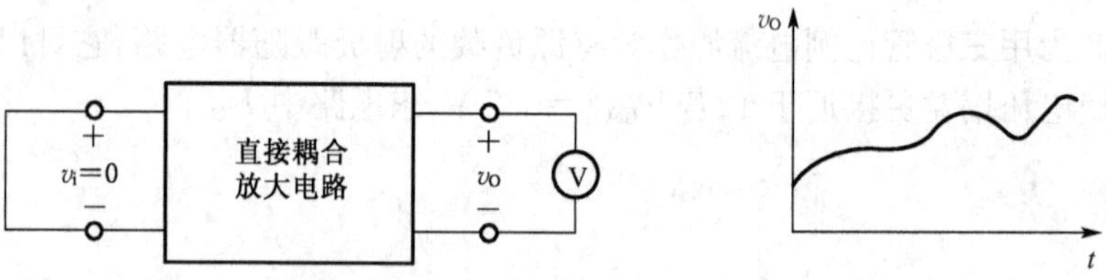

(a) 测试电路　　(b) 输出电压的漂移

图 7.1　零点漂移现象

7.2 差分放大电路的工作原理

7.2.1 差分放大电路的组成

典型的差分放大电路如图7.2所示。它在电路结构上具有以下特点：

（1）电路对称。电路由两个完全对称的共射极电路组成（对称指电路结构和元器件参数完全相同），发射极接有公共电阻 R_{EE}。

（2）电路有两个输入端、两个输出端。两个输入端分别输入 v_{i1} 和 v_{i2}，两个输出端分别输出 v_{o1} 和 v_{o2}。因此，差分放大电路输入端、输出端有如下4种形式的接法：双端输入双端输出；双端输入单端输出；单端输入双端输出；单端输入单端输出。

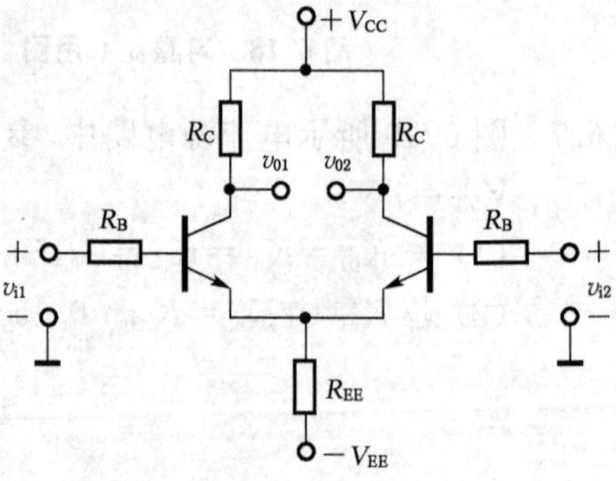

图 7.2　典型的差分放大电路

（3）双电源供电。电路采用 V_{CC}、$-V_{EE}$ 双电源供电，$-V_{EE}$的作用是抵消R_{EE}对V_{CC}的分压，并为基极提供直流偏置，保证放大电路有合适的静态工作点和足够大的动态范围。

7.2.2 差分放大电路的静态分析

分析差分放大电路时应该分成静态分析和动态分析两个步骤。本节介绍静态分析方法。

静态分析的任务是在输入信号为 0 的情况下求解放大电路的直流工作点。因此，在静态分析时，输入端的接法不影响静态分析结果，所以可以把差分放大电路的 4 种接法归类为双端输出和单端输出两种情况。

首先分析双端输出的情况。令 $v_{i1}=v_{i2}=0$，可以画出差分放大电路的直流通路，如图 7.3 所示。

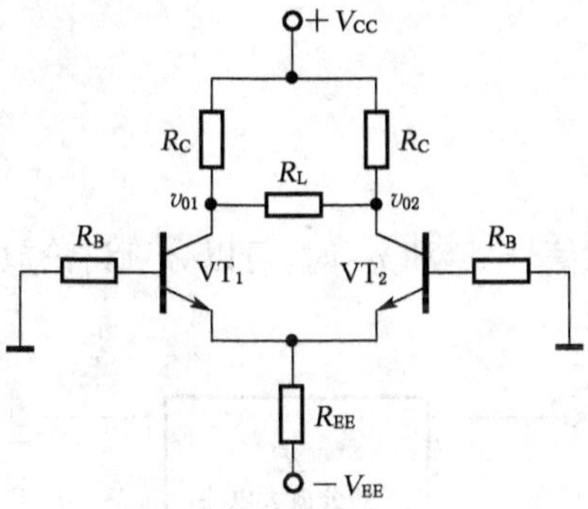

图 7.3 双端输出差分放大电路的直流通路

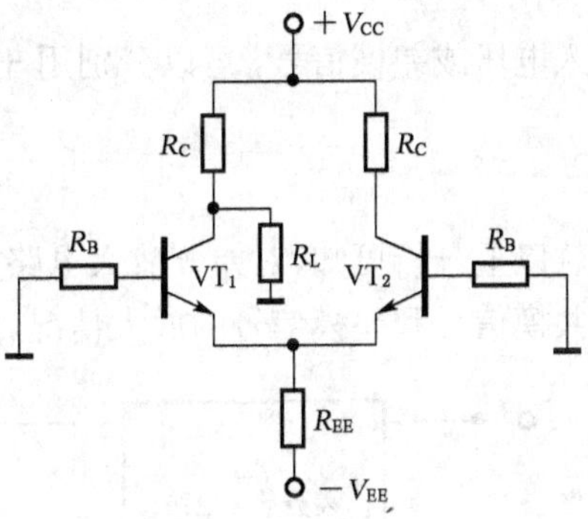

图 7.4 单端输出差分放大电路的直流通路

根据电路结构的对称性，VT_1 和 VT_2 管的集电极电位和发射极电位分别相等，故 R_L 支路无电流流过。

$$I_{BQ1}=I_{BQ2}=\frac{V_{EE}-V_{BEQ}}{R_B+(1+\beta)2R_{EE}} \tag{7.1}$$

$$I_{CQ1}=I_{CQ2}=\beta I_{BQ1} \tag{7.2}$$

$$V_{CEQ1}=V_{CEQ2}=V_{CC}+V_{EE}-I_{CQ}(R_C+2R_{EE}) \tag{7.3}$$

其次分析单端输出的情况。画出其直流通路如图 7.4 所示。从图中可以看出，T_1 和 VT_2 管的输入部分与图 7.3 相同，基极电流和集电极电流的求法同式(7.1)和式(7.2)。由于 VT_1 管的集电极接负载 R_L，则

$$V_{CQ1}=V_{CC}-\left(I_{CQ1}+\frac{V_{CQ1}}{R_L}\right)R_C \tag{7.4}$$

$$V_{CEQ1}=V_{CQ1}+V_{EE}-2(1+\beta)I_{BQ1}R_{EE} \tag{7.5}$$

VT_2 的 V_{CEQ2}求法同式(7.3)。

7.2.3 差分放大电路的动态分析

1）共模输入和差模输入

在差分放大器的两个输入端加上两个没有任何关系的任意信号 v_{i1}、v_{i2}。可以将这两

个输入信号重新写成如下形式：

$$v_{i1}=\frac{v_{i1}+v_{i2}}{2}+\frac{v_{i1}-v_{i2}}{2} \tag{7.6}$$

$$v_{i2}=\frac{v_{i1}+v_{i2}}{2}-\frac{v_{i1}-v_{i2}}{2} \tag{7.7}$$

式(7.6)和式(7.7)等号后面第1项是大小相等、极性相同的电压，称这种电压为共模输入电压或共模信号，用 v_{ic} 表示。

$$v_{ic}=\frac{v_{i1}+v_{i2}}{2} \tag{7.8}$$

式(7.6)和式(7.7)等号后面第2项是两个大小相等、极性相反的电压，称这种电压为差模输入电压或差模信号，可以分别用 $\pm\frac{1}{2}v_{id}$ 表示。

$$v_{id}=v_{i1}-v_{i2} \tag{7.9}$$

从以上分析可知，对差分放大电路加上两个任意信号 v_{i1} 和 v_{i2} 时，可以分别讨论放大电路对共模信号和差模信号的放大情况，如图7.5所示。

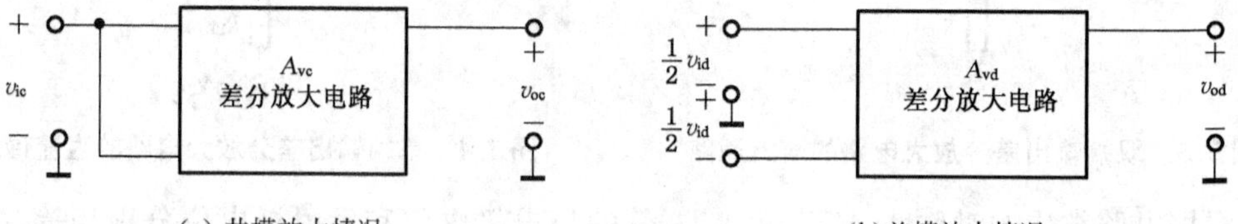

图7.5 差分放大电路的分析

因此，输出电压为：

$$v_o=v_{oc}+v_{od}=A_{vc}v_{ic}+A_{vd}v_{id} \tag{7.10}$$

由7.2.1节可知，对于差分放大电路的输入端来说，有双端输入和单端输入两种情况。实际上，单端输入可以看成是双端输入的一个特例（$v_{i1}=0$ 或 $v_{i2}=0$）。例如，若 $v_{i2}=0$，可以将输入信号分解为一对共模信号和一对差模信号，即

$$\begin{cases} v_{i1}=\dfrac{v_{i1}}{2}+\dfrac{v_{i1}}{2} \\ v_{i2}=\dfrac{v_{i1}}{2}-\dfrac{v_{i1}}{2} \end{cases} \tag{7.11}$$

因此，在对差分放大电路进行动态分析时，可以把差分放大电路的4种接法归类为双端输出和单端输出两种情况。

2）差模分析

(1) 双端输出

双端输出差分放大电路加差模信号的电路如图7.6所示。

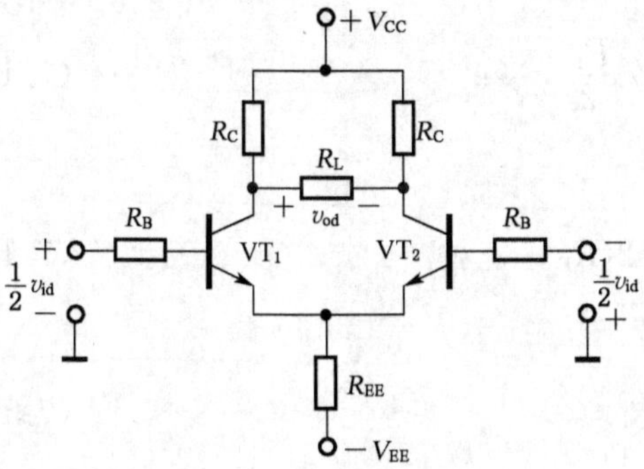

图 7.6　双端输出电路差模分析

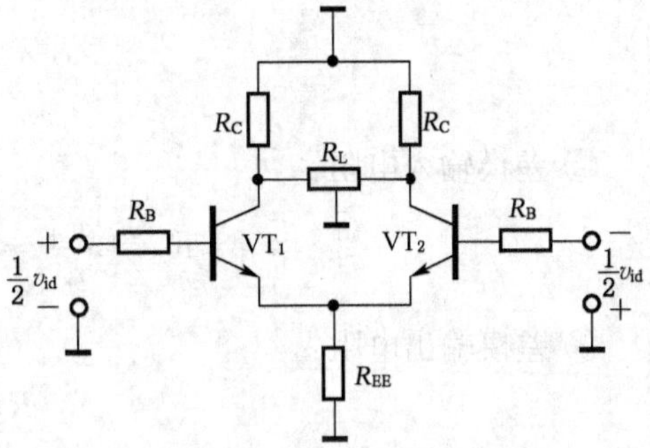

图 7.7　图 7.6 电路的差模交流通路

首先画出图 7.6 电路的差模交流通路。在差模信号的作用下，两个三极管的集电极电流的变化是相反的，若一个三极管的 i_C 增加，另一个三极管的 i_C 一定减小。导致 T_1 管和 T_2 管的集电极电压 v_{C1} 和 v_{C2} 也有相反的变化，使它们一个下降，另一个一定上升，因此在 R_L 上得到差模输出电压。

在 R_{EE} 上的电流为 $i_{C1}+i_{C2}$，而 i_{C1} 和 i_{C2} 的变化相反，因此，电阻 R_{EE} 上的差模交流电流为 0，导致 R_{EE} 上的差模交流电压也等于 0。使 R_{EE} 对差模交流信号相当于短路，因此，差模交流通路如图 7.7 所示。

在图 7.7 中，差模信号使 R_L 上的交流电位一边升高一边降低，R_L 的中点必定是交流地电位。

将差模交流通路换一种画法，如图 7.8 所示。

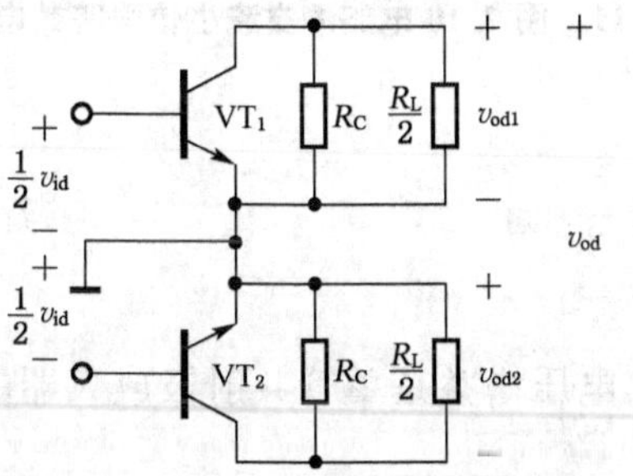

图 7.8　图 7.7 电路的另一种画法

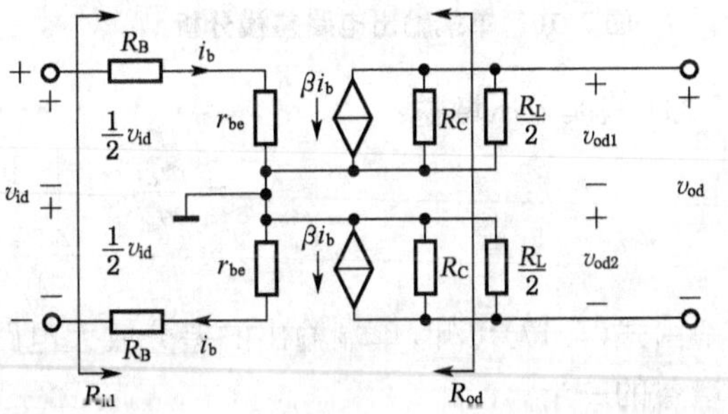

图 7.9　图 7.8 电路的小信号等效电路

画出图 7.8 电路的小信号等效电路，如图 7.9 所示。

① 差模电压增益：

$$A_{vd}=\frac{v_{od}}{v_{id}}=\frac{2v_{od1}}{2\times\frac{1}{2}v_{id}}=\frac{v_{od1}}{\frac{1}{2}v_{id}}=A_{vd1} \tag{7.12}$$

由式(7.12)可知，双端输出差分放大电路的差模电压增益与单管共射极放大器的电压增益相同。

$$A_{vd}=A_{vd1}=-\frac{\beta R_L{}'}{R_B+r_{be}} \tag{7.13}$$

式中：

$$R_L' = R_C \,/\!/\, \frac{R_L}{2} \tag{7.14}$$

② 差模输入电阻：

$$R_{id} = \frac{v_{id}}{i_{id}} = \frac{v_{id}}{i_b} = 2(R_B + r_{be}) \tag{7.15}$$

③ 差模输出电阻：

$$R_{od} = 2R_C \tag{7.16}$$

(2) 单端输出

单端输出(以 VT_1 管集电极输出为例)差分放大电路加差模信号的电路如图 7.10 所示。与双端输出差模分析步骤相似，画出其交流小信号等效电路，如图 7.11 所示。

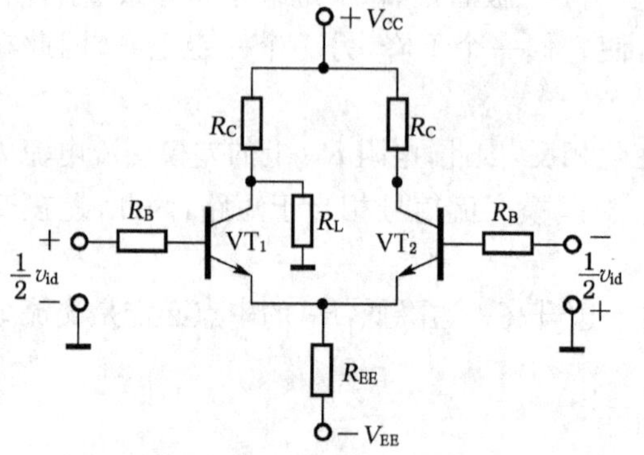

图 7.10　单端输出电路差模分析

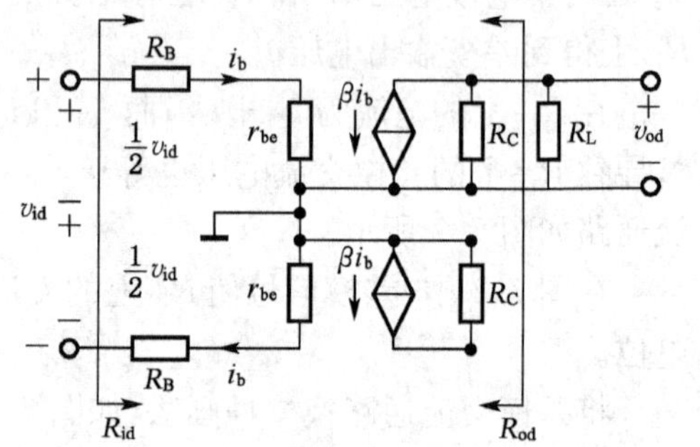

图 7.11　图 7.10 电路的交流小信号等效电路

① 差模电压增益：

$$A_{vd} = \frac{v_{od}}{v_{id}} = \frac{v_{od}}{2\times\frac{1}{2}v_{id}} = \frac{1}{2}A_{vd1} \tag{7.17}$$

由式(7.17)可知，单端输出的差分放大电路的差模电压增益是单管共射极放大器的电压增益的一半。

$$A_{vd} = \frac{1}{2}A_{vd1} = -\frac{\beta R_L'}{2(R_B + r_{be})} \tag{7.18}$$

式中：

$$R_L' = R_C \,/\!/\, R_L \tag{7.19}$$

② 差模输入电阻：

$$R_{id} = \frac{v_{id}}{i_{id}} = \frac{v_{id}}{i_b} = 2(R_B + r_{be}) \tag{7.20}$$

③ 差模输出电阻：

$$R_{od} = R_C \tag{7.21}$$

3）共模分析

(1) 双端输出

双端输出差分放大电路加共模信号的电路如图 7.12 所示。由于 VT_1 管和 VT_2 管的输入信号是共模信号，此时两管的电流变化完全相同，因此，R_{EE}的电流变化是每个三极管的 2 倍。可以画出图 7.12 的交流通路，如图 7.13 所示。

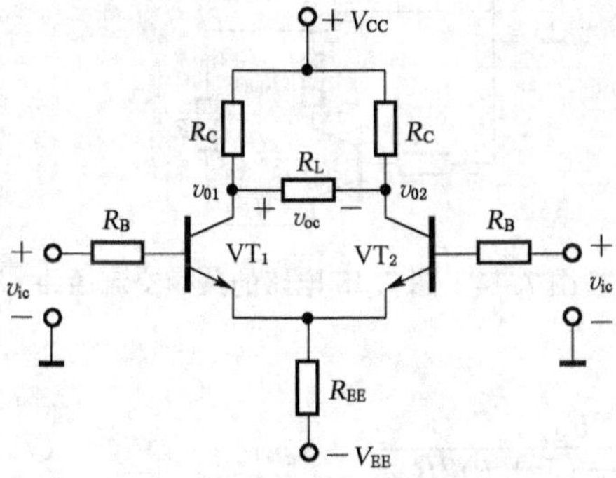

图 7.12　双端输出电路共模分析

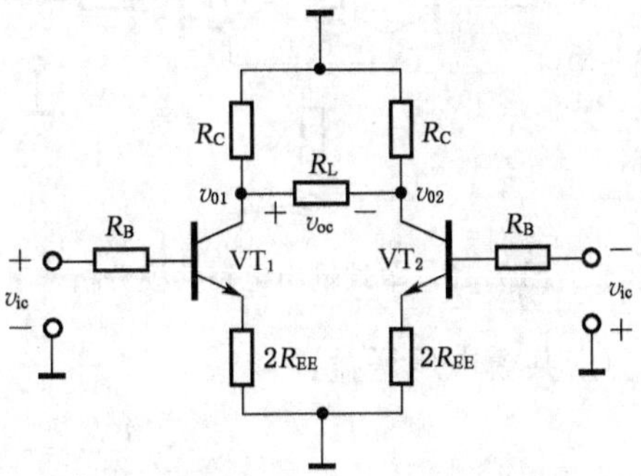

图 7.13　图 7.12 电路的共模交流通路

在图 7.13 中，将 R_{EE}对每一个三极管的交流共模信号的影响分别表示在 T_1 管和 T_2 管的发射极上，因此，等效后的发射极电阻为 $2R_{EE}$。

由图 7.13 可以看出，VT_1、VT_2 管分别组成了两个完全对称的共发射极电路，也可以将其改成图 7.14 的画法。

① 共模电压增益

由图 7.14 可知，由共模信号引起的 VT_1 管和 VT_2 管的集电极输出电压完全相同，因此，输出电压为：

$$v_{oc} = v_{o1} - v_{o2} = 0 \tag{7.22}$$

$$A_{vc} = \frac{v_{oc}}{v_{ic}} = 0 \tag{7.23}$$

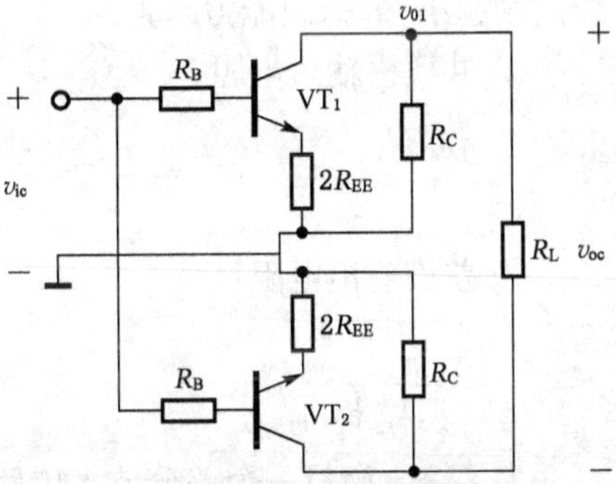

图 7.14　图 7.13 的另一种画法

式(7.23)说明，双端输出的差分放人电路对共模信号根本不放大。当温度发生变化时，差分放大电路中两个三极管的集电极电流同时增大或同时减小，相当于在两个三极管的输入端加上幅值和极性都相同的信号即共模信号。因此，双端输出放大电路对温漂有极强的抑制作用。

② 共模输入电阻：

$$R_{ic} = \frac{v_{ic}}{i_{ic}} = \frac{v_{ic}}{i_b} = \frac{1}{2}[R_B + r_{be} + (1+\beta)2R_{EE}] \tag{7.24}$$

③ 差模输出电阻：

$$R_{oc} = 2R_C \tag{7.25}$$

(2) 单端输出

单端输出(以 T_1 管集电极输出为例)差分放大电路加共模信号的电路如图 7.15 所示。

与双端输出共模分析步骤相似，画出其交流通路，如图 7.16 所示。

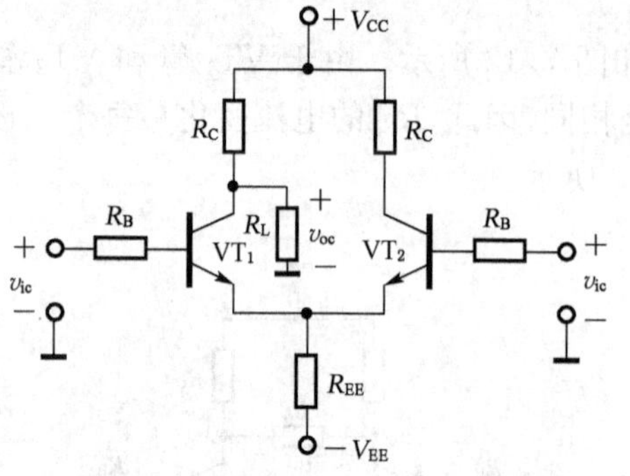

图 7.15　单端输出电路共模分析

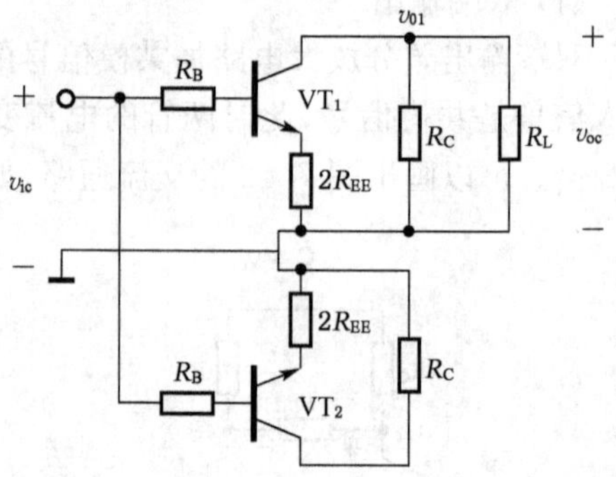

图 7.16　图 7.15 电路的共模交流通路

① 共模电压增益：

$$A_{vc}=\frac{v_{oc}}{v_{ic}}=-\frac{\beta R_L{}'}{R_B+r_{be}+(1+\beta)2R_{EE}} \tag{7.26}$$

式中：

$$R_L{}'=R_C\ /\!/\ R_L \tag{7.27}$$

由式(7.26)可知，单端输出电路对共模信号的抑制能力不如双端输出电路强。但是，单端输出电路对共模信号的放大作用很小，并且式(7.26)表明，R_{EE}越大，对共模信号的放大作用则越小，即抑制能力越强。

② 共模模输入电阻：

$$R_{ic}=\frac{v_{ic}}{i_{ic}}=\frac{v_{ic}}{i_b}=\frac{1}{2}[R_B+r_{be}+(1+\beta)2R_{EE}] \tag{7.28}$$

③ 差模输出电阻：

$$R_{oc}=R_C \tag{7.29}$$

4）共模抑制比

为了综合衡量一个差分放大电路对差模信号的放大能力和对共模信号的抑制能力，通常用一个综合性能指标——共模抑制比 K_{CMRR} 来表征：

$$K_{CMRR}=\left|\frac{A_{vd}}{A_{vc}}\right| \tag{7.30}$$

双端输出电路的 $A_{vc}=0$，因此，双端输出的差分放大电路的 K_{CMRR} 为无穷大。

对应于图 7.2 所示类型的差分放大电路，单端输出时的 K_{CMRR} 为：

$$K_{CMRR}=\left|\frac{-\dfrac{\beta R_L{}'}{2(R_B+r_{be})}}{-\dfrac{\beta R_L{}'}{R_B+r_{be}+(1+\beta)2R_{EE}}}\right|=\frac{R_B+r_{be}+(1+\beta)2R_{EE}}{2(R_B+r_{be})} \tag{7.31}$$

由式(7.31)可知，R_{EE}越大，则单端输出时的 K_{CMRR} 越大，差分放大电阻的共模抑制能力越强。但是，单纯加大 R_{EE} 会带来两个问题：其一是静态电流 I_{CQ} 将减小，引起 A_{vd} 下降，差分电路输出动态范围减小；其二是在保证 I_{CQ} 不变的前提下，增大 R_{EE} 将使负电源 V_{EE} 过高。另一方面，在集成电路制造工艺中，大电阻制造十分困难。因此，通常用电流源电路来代替 R_{EE}，如图 7.17 所示，这样电路称为电流源式差分放大电路。

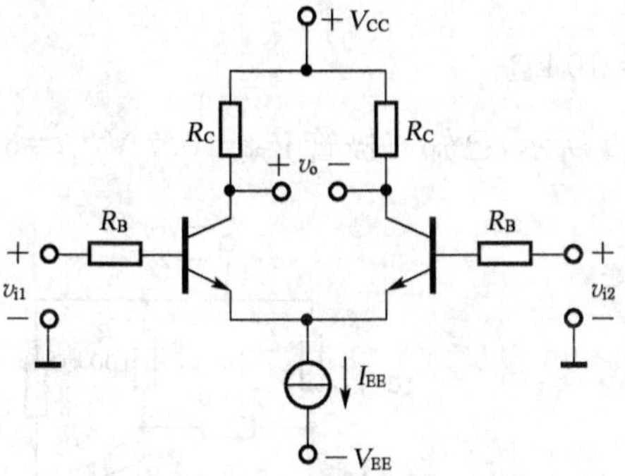

图 7.17 电流源式差分放大电路

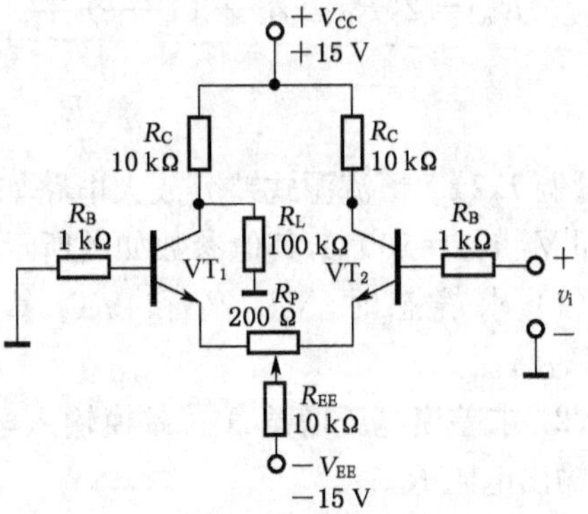

图 7.18 例 7.1 用图

【例 7.1】 某差分放大电路如图 7.18 所示，R_P 处于中间位置，三极管的 $\beta = 100$，$V_{BE} = 0.6\ \text{V}$，$r_{bb'} = 100\ \Omega$，其他参数如图所示。

(1) 求两管的静态工作点。

(2) 求差模电压增益 A_{vd}、差模输入电阻 R_{id}、差模输出电阻 R_{od}。

解：从图 7.18 可以看出，此电路为单端输入单端输出电路。

(1)

$$I_{BQ1} = I_{BQ2} \frac{V_{EE} - V_{BEQ}}{R_B + (1+\beta)\left(2R_{EE} + \dfrac{R_P}{2}\right)} = \frac{15 - 0.6}{1 + (1+100)\left(20 + \dfrac{0.2}{2}\right)} = 7.09\ (\mu\text{A})$$

$$I_{CQ1} = I_{CQ2} = \beta I_{BQ1} = 100 \times 7.09 \approx 0.71\ (\text{mA})$$

$$V_{CEQ2} = V_{CC} + V_{EE} - I_{CQ}\left(R_C + 2R_{EE} + \frac{R_P}{2}\right) =$$
$$30 - 0.71 \times (10 + 20 + 0.1) = 8.63\ (\text{V})$$

由于 $V_{CQ1} = V_{CC} - \left(I_{CQ1} + \dfrac{V_{CQ1}}{R_L}\right)R_C$，所以，

$$V_{CQ1} = \frac{\dfrac{V_{CC}}{R_C} - I_{CQ1}}{\dfrac{1}{R_C} + \dfrac{1}{R_L}} = \frac{\dfrac{15}{10} - 0.71}{\dfrac{1}{10} + \dfrac{1}{100}} = 7.18\ (\text{V})$$

$$V_{CEQ1} = V_{CQ1} + V_{EE} - 2I_{CQ}R_{EE} = 7.18 + 15 - 2 \times 0.71 \times 10 = 7.98\ (\text{V})$$

(2) 由于

$$r_{be} = r_{bb'} + (1+\beta)\frac{26}{I_{EQ}} = 100 + 101 \times \frac{26}{0.71} \approx 3.8\ (\text{k}\Omega)$$

因此：

$$A_{vd}=\frac{\beta R_L'}{2\left[R_B+r_{be}+(1+\beta)\dfrac{R_P}{2}\right]}=\frac{100\times(10\ /\!/\ 100)}{2[1+3.8+101\times0.1]}=-30.5$$

$$R_{id}=2\left[R_B+r_{be}+(1+\beta)\frac{R_P}{2}\right]=2[1+3.8+101\times0.1]=29.8\ (\text{k}\Omega)$$

$$R_{od}=R_C=10\ \text{k}\Omega$$

【例 7.2】 恒流源式差分放大电路如图 7.19 所示，已知三极管 $V_{BE}=0.7\ \text{V}$，$\beta=50$，$V_Z=+6\ \text{V}$，$r_{bb'}=100\ \Omega$，其他参数如图所示。

(1) 求静态时，VT_1 管和 VT_2 管的 I_{BQ}、I_{CQ}、V_{CEQ}；

(2) 求差模电压增益 A_{vd}、差模输入电阻 R_{id}、差模输出电阻 R_{od}。

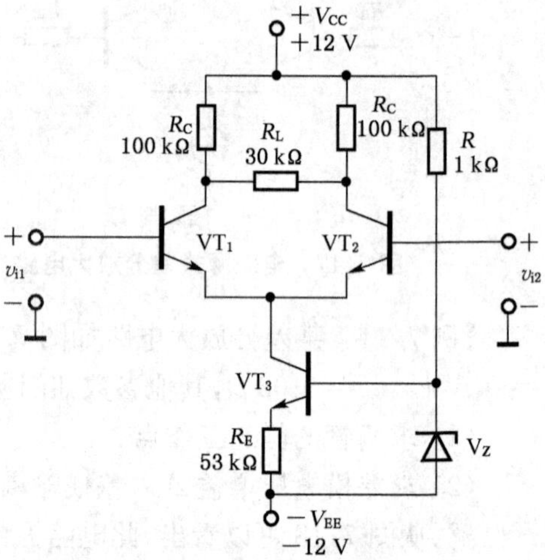

图 7.19　例 7.2 用图

解：从图 7.19 可以看出，该电路为恒流源式双端输入双端输出电路。

(1) 静态时，V_3 的基极电位为：

$$V_{B3}=-V_{EE}+V_Z=-12+6=-6\ (\text{V})$$

V_3 的发射极电流为：

$$I_{EQ3}=\frac{V_{B3}-V_{BE3}-(-V_{EE})}{R_E}=\frac{-6-0.7+12}{53}=0.1\ (\text{mA})$$

$$I_{CQ1}=I_{CQ2}\approx\frac{1}{2}I_{EQ3}=0.05\ (\text{mA})$$

$$I_{BQ1}=I_{BQ2}=\frac{I_{CQ}}{\beta}=\frac{0.05}{50}=1(\mu\text{A})$$

由于 VT_1 管和 VT_2 管的基极电位为 0，$V_{BE}=0.7\ \text{V}$，于是，$V_{EQ1}=V_{EQ2}=V_{C3}=-0.7\ \text{V}$，因此：

$$V_{CEQ1}=V_{CEQ2}=V_{CC}-I_{CQ}R_C-V_{EQ}=12-0.05\times100-(-0.7)=7.7\ (\text{V})$$

(2) 由于

$$r_{be}=r_{bb'}+(1+\beta)\frac{26(\text{mV})}{I_{EQ}(\text{mA})}=100+51\times\frac{26}{0.05}\approx26.5\ (\text{k}\Omega)$$

因此：

$$A_{vd}=-\frac{\beta\left(R_C\ /\!/\ \dfrac{R_L}{2}\right)}{R_B+r_{be}}=\frac{100\times(100\ /\!/\ 15)}{5+26.5}=-41.4$$

$$R_{id}=2(R_B+r_{be})=2(5+26.5)=63\ (\text{k}\Omega)$$

$$R_{od}=2R_C=200\ \text{k}\Omega$$

5）小结

＊ 差分放大电路有 4 种形式：双端输入双端输出、单端输入双端输出、双端输入单端输出、单端输入单端输出。

＊ 差分放大电路加任意信号时，都可以分解成一对差模信号输入信号和一对共模输入信号。因此，分析差分放大电路特性时，只要掌握其差模特性和共模特性即可。

＊ 单端输入是双端输入的一个特例，因此，分析差分放大电路时不必顾及输入端的连接方式，只要分析输出端的两种情况（双端输出和单端输出）即可，其电压增益、输入电阻、输出电阻、共模抑制比的分析结果如表 7.1 所示。

表 7.1　分析结果

差分放大电路差模和共模分析		双端输出	单端输出
差模分析	差模电压增益	$A_{vd}=-\dfrac{\beta R_L{}'}{R_B+r_{be}}$	$A_{vd}=\mp\dfrac{\beta R_L{}'}{2(R_B+r_{be})}$
	差模输入电阻	$R_{id}=2(R_B+r_{be})$	$R_{id}=2(R_B+r_{be})$
	差模输出电阻	$R_{od}=2R_C$	$R_{od}=2R_C$
共模分析	共模电压增益	$A_{vc}=0$	$A_{vc}=-\dfrac{\beta R_L{}'}{R_B+r_{be}+(1+\beta)2R_{EE}}$
	共模输入电阻	$R_{ic}=\dfrac{1}{2}[R_B+r_{be}+(1+\beta)2R_{EE}]$	$R_{ic}=\dfrac{1}{2}[R_B+r_{be}+(1+\beta)2R_{EE}]$
	共模输出电阻	$R_{oc}=2R_C$	$R_{oc}=R_C$
共模抑制比		∞	$K_{CMRR}=\left\|\dfrac{\mp\dfrac{\beta R_L{}'}{2(R_B+r_{be})}}{-\dfrac{\beta R_L{}'}{R_B+r_{be}+(1+\beta)2R_{EE}}}\right\|$

7.2.4　差分放大电路的传输特性

前面用小信号等效电路法分析了差分放大电路小信号工作时的特性。当信号幅度较大时，差分放大电路的放大作用有什么变化呢？这就需要知道输出信号随输入信号的变化规律，描述这种规律的曲线成为传输特性。下面通过三极管的发射极电流 i_E 与 b-e 结结电压 v_{BE} 的关系分析差分放大电路的传输特性。如图 7.20 所示的差分放大电路中，T_1 管和 T_2 管的集电极电流分别为：

$$i_{C1}\approx i_{E1}=I_{EBS}e^{v_{BE1}/V_T}\tag{7.32}$$

$$i_{C2}\approx i_{E2}=I_{EBS}e^{v_{BE2}/V_T}\tag{7.33}$$

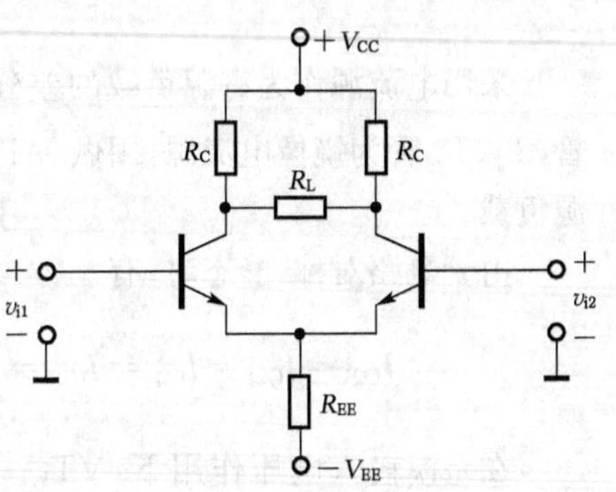

图 7.20　差分放大电路

由图 7.20 可知：

$$I_{EE}=i_{E1}+i_{E2}=I_{EBS}(e^{v_{BE1}/V_T}+e^{v_{BE1}/V_T})\tag{7.34}$$

由式(7.32)、式(7.33)和式(7.34)可得：

$$\frac{i_{C1}}{I_{EE}}=\frac{1}{1+e^{(v_{BE2}-v_{BE1})/V_T}} \tag{7.35}$$

$$\frac{i_{C2}}{I_{EE}}=\frac{1}{1+e^{(v_{BE1}-v_{BE2})/V_T}} \tag{7.36}$$

由图 7.20 可知：

$$v_{id}=v_{BE1}-v_{BE2} \tag{7.37}$$

将式(7.37)分别代入式(7.35)和式(7.36)，得

$$\frac{i_{C1}}{I_{EE}}=\frac{1}{1+e^{-v_{id}/V_T}} \tag{7.38}$$

$$\frac{i_{C2}}{I_{EE}}=\frac{1}{1+e^{v_{id}/V_T}} \tag{7.39}$$

由式(7.38)和式(7.39)可以画出差分放大电路的差模传输特性，如图 7.20 所示。

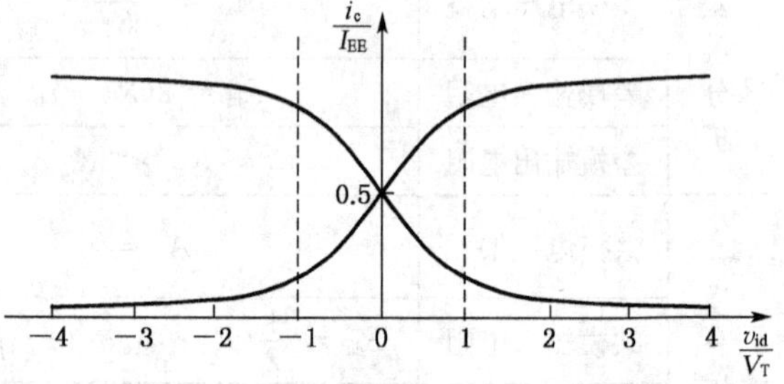

图 7.21　差分放大电路的差模传输特性

当 $v_{id}=0$ 时，即静态情况下，两管静态电流各为 $0.5I_{EE}$，$v_o=0$，反映了差分放大电路的本质。

当有差模信号 v_{id} 输入时，一个三极管的电流增加，另一个三极管的电流必定减小，而且它们的变化量相等。

当 v_{id} 足够小时$\left(\left|\frac{v_{id}}{V_T}\right|<1\right)$，差模传输特性可以近似看成直线，属于小信号工作范围，线性放大的公式都能使用。

当 $|v_{id}|>4V_T$ 时，差分放大电路中的两个三极管的电流几乎不随输入电压变化，一个三极管导通，另一个三极管截止，此时电路工作在非线性区。

7.3　小信号有源负载差分放大电路

采用电流源作为有源负载的差分放大电路如图 7.22 所示。图中，T_1、T_2 管为差分对管，T_3、T_4 管为镜像电流源，用做 VT_1、VT_2 管的有源负载。

由于电路对称，静态时，有

$$I_{CQ1}=I_{CQ2}=I_{CQ3}=I_{CQ4}=\frac{I_{EE}}{2} \tag{7.40}$$

在差模输入电压作用下，VT_1、VT_2 管集电极交流电流数值相等，极性相反，即

$$i_{c1}=-i_{c2} \tag{7.41}$$

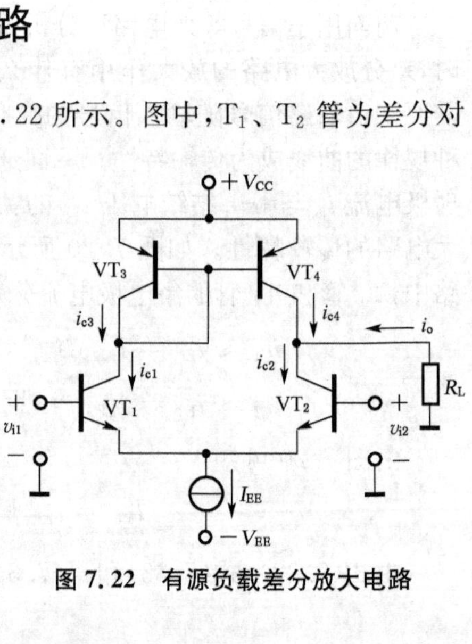

图 7.22　有源负载差分放大电路

由图 7.22 可知：

$$i_{c3} \approx i_{c1} \tag{7.42}$$

$$i_{c4} = i_{c3} \tag{7.43}$$

因此，输出电流为：

$$i_o = i_{c2} - i_{c4} = i_{c2} - i_{c3} \approx i_{c2} - i_{c1} = i_{c2} - (-i_{c2}) = 2i_{c2} \tag{7.44}$$

式(7.44)表明，有源负载差分放大电路负载上的电流变化近似等于双端输出时的差模输出电流。

在共模输入电压作用下，VT_1、VT_2 管集电极交流电流数值相等，极性相同，即

$$i_{c1} = i_{c2} \tag{7.45}$$

同样，由式(7.42)和式(7.43)可得：

$$i_o = i_{c2} - i_{c4} = i_{c2} - i_{c3} \approx i_{c2} - i_{c1} = i_{c2} - i_{c2} = 0 \tag{7.46}$$

式(7.46)表明，有源负载差分放大电路负载上的电流变化与双端输出时的共模输出电流为 0 是一致的。

综上所述，有源小信号差分放大电路在电路结构上虽然为单端输出，但是却具有双端输出电路的特性。

下面将进一步分析有源负载差分放大电路的差模特性。

画出图 7.22 所示电路的交流通路，如图 7.23 所示，图中 T_3 管接成二极管，它的交流电阻为 $\frac{r_{be3}}{1+\beta}$，再画出图 7.23 的小信号等效电路，如图 7.24 所示。

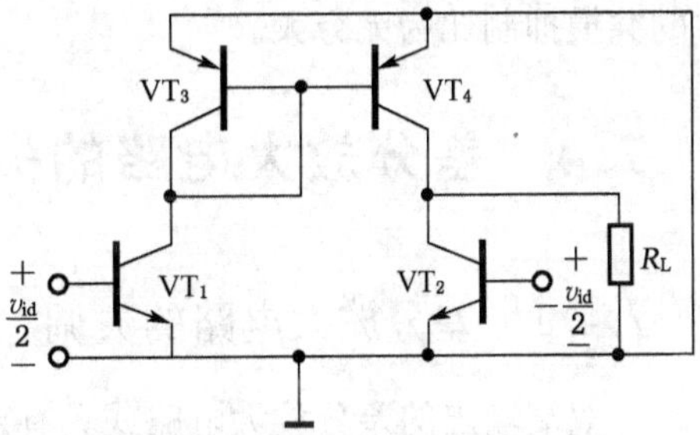

图 7.23　图 7.22 电路的交流通路

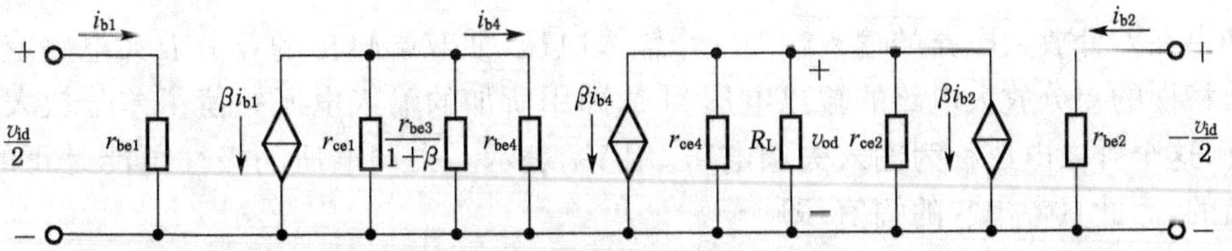

图 7.24　图 7.23 电路的小信号等效电路

若 VT_1、VT_2、VT_3、VT_4 管的参数完全相同，并且由于各管静态电流相等，因此，$r_{be1} = r_{be2} = r_{be3} = r_{be4}$。

由图 7.24 可以得出：

$$v_{od} = -(\beta i_{b4} + \beta i_{b2}) R_L' \tag{7.47}$$

$$i_{b4} = -\frac{\left(r_{ce1} \mathbin{/\!/} \frac{r_{be3}}{1+\beta} \mathbin{/\!/} r_{ce4}\right)\beta i_{b1}}{r_{be4}} \approx -\frac{\frac{r_{be3}}{1+\beta}}{r_{be4}}\beta i_{b1} \approx -i_{b1} \tag{7.48}$$

式中，$R_L' = r_{ce2} \mathbin{/\!/} r_{ce4} \mathbin{/\!/} R_L$。

将式(7.48)代入式(7.47),可得:

$$v_{od}=-(-\beta i_{b1}+\beta i_{b2})R_L'=-\left(-\beta\frac{\frac{v_{id}}{2}}{r_{be1}}+\beta\frac{-\frac{v_{id}}{2}}{r_{be2}}\right)R_L'=\frac{\beta R_L'}{r_{be}}v_{id} \tag{7.49}$$

因此,差模电压增益为:

$$A_{vd}=\frac{v_{od}}{v_{id}}=\frac{\frac{\beta R_L'}{r_{be}}v_{id}}{v_{id}}=\frac{\beta R_L'}{r_{be}} \tag{7.50}$$

差模输入电阻为:

$$R_{id}=2r_{be} \tag{7.51}$$

差模输出电阻为:

$$R_{od}=r_{ce2}\ /\!/\ r_{ce4} \tag{7.52}$$

图 7.22 所示电路加共模电压时,负载上的共模电压为 0,即共模电压增益为 0,该电路的共模抑制比为无穷大。

7.4 差分放大电路的失调及其温漂

7.4.1 差分放大电路的失调

双端输出的差分放大电路或具有双端输出特性的差分放大电路在理想情况下,当输入电压为 0 时,其双端输出电压也为 0,称为零输入零输出。但是在实际的差分放大电路中,由于电路不完全对称,因而输入信号为 0 时,对应的输出电压却不为 0,这种现象称为差分放大电路的失调。这时的输出电压称为输出失调电压。

1) 输入失调电压

如果在差分放大电路的输入端加一个输入电压,使双端输出的差分放大电路或具有双端输出特性的差分放大电路的输出电压为 0,即用所加的输入电压补偿了差分放大电路的不平衡,这个补偿电压称为输入失调电压,用 V_{IO} 表示。失调电压的极性可能是正的,也可能是负的,因此只考虑它的幅值,即

$$V_{IO}=\left|\frac{V_O}{A_{vd}}\right| \tag{7.53}$$

式中:V_O——输出失调电压;

A_{vd}——差分放大电路的差模电压增益。

由式(7.53)可知,输入失调电压是同时反映差分放大电路的失调和放大能力的参数,是将输出端的失调电压折合到输入端来研究的,这样可以更全面地反映放大电路的性能。例如有两个差分放大电路,它们的输出端失调电压相同,但是差模电压增益不同,显然对应差模电压增益大的差分放大电路性能好些,它的输入失调电压小些。

2) 输入失调电流

对三极管组成的差分放大电路,输出端的失调还可以用输入端的电流来进行补偿,补偿

后使双端输出的差分放大电路或具有双端输出特性的差分放大电路的输出端电压为0，定义这个补偿电流为输入失调电流，即

$$I_{IO}=|I_{B1}-I_{B2}| \tag{7.54}$$

式中：I_{B1}和I_{B2}——分别为差分对管的基极电流。

7.4.2　差分放大电路的调零

为了解决差分放大电路的失调，通常是利用调零电路给予补偿，通过这种补偿，使之达到零输入零输出的要求。几种常见的调零电路如图7.25和图7.26所示。

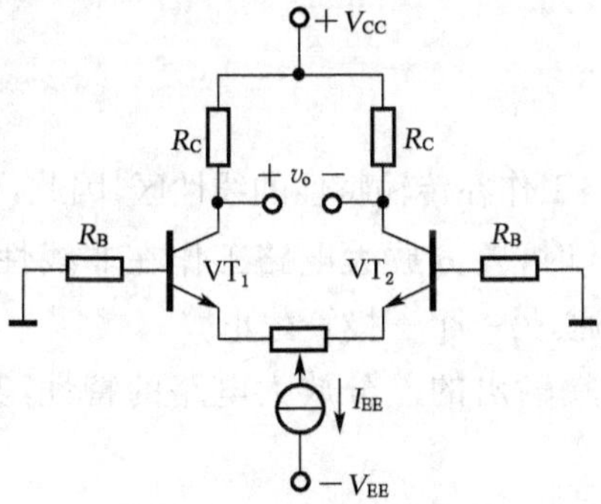

图 7.25　发射极调零电路

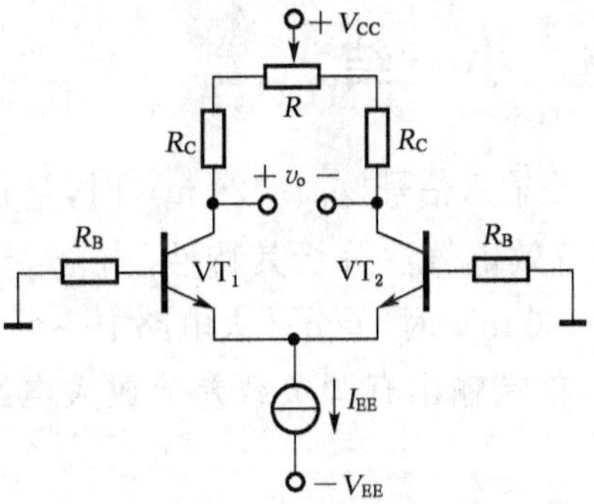

图 7.26　集电极调零电路

图7.25为发射极调零电路，当差分放大电路输入信号为0，而输出电压不为0时，可以调节R_E的中点位置，使输出电压为0。

图7.26为集电极调零电路，可以通过调节接入到集电极的电阻R的中点位置，达到零输入零输出。

7.4.3　差分放大电路的温漂

当环境温度变化时，三极管的参数会改变，因此静态工作点也会改变。一个双端输出的差分放大电路或具有双端输出特性的差分放大电路利用调零电路将输出端调零之后，如果环境温度变化了，三极管的参数变化还会使差分放大电路的输出端不是零输出，这种由于温度变化而使零点漂移的现象称为温度漂移，简称温漂。

实际上，差分放大器的温漂主要是由于输入失调电压和输入失调电流的温漂引起的。

1）输入失调电压的温漂

输入失调电压温漂是在规定的温度范围内，输入失调电压随温度变化的变化率，也称为输入失调电压温度系数，用T_{CV}表示：

$$T_{CV}=\frac{dV_{IO}}{dT} \tag{7.55}$$

一般说来，输入失调电压越大，它的温漂也就越大，而且失调电压的温漂是无法用调零电路实现补偿的。在要求比较高的场合，为了减小温漂，将差分放大电路中的两个差分对管放在恒温槽中，使其环境温度保持一定。

2）输入失调电流的温漂

三极管的输入电流是温度的函数，因此，差分放大电路的输入失调电流也是温度的函数，当温度变化时，差分放大电路的输入失调电流的变化称为输入失调电流的温漂或输入失调电流温度系数，用 T_{CI} 表示：

$$T_{CI}=\frac{dI_{IO}}{dT} \tag{7.56}$$

在实际应用中，如果注重输入失调电流这一指标，可以使用场效应管组成的差分放大电路。

7.5 小 结

* 当输入信号 $|v_{id}|<26$ mV 时，差分放大电路工作在传输特性的线性区，因此，可以用小信号等效电路法分析其特性；当 $|v_{id}|>26$ mV 时，差分放大电路工作在非线性区；当 $|v_{id}|>100$ mV 时，差分放大电路中一个三极管导通，另一个三极管截止。

* 单端输出有源负载差分放大电路具有双端输出的差分放大电路的特性，其差模如下：

$$A_{vd}=\frac{\beta R_L'}{r_{be}}$$

$$R_{id}=2r_{be}$$

$$R_{od}=r_{ce2}\,/\!/\,r_{ce4}$$

式中，$R_L'=r_{ce2}\,/\!/\,r_{ce4}\,/\!/\,R_L$。

* 差分放大电路的失调可以用输入失调电压 V_{IO} 和输入失调电流 I_{IO} 表示。

* 双端输出电路或具有双端输出特性的差分放大电路工作时，首先要进行差分放大电路的调零。

习 题

7.1 某双端输入差分放大电路：

(1) 若 $v_{i1}=1\,500$ mV，$v_{i2}=500$ mV，求差模输入电压 v_{id} 及共模输入电压 v_{ic}；

(2) 若 $A_{vd}=100$，求差模输出电压 v_{od}；

(3) 当输出电压 $v_o=1\,000v_{i1}-999v_{i2}$，求 A_{vd}、A_{vc} 和 K_{CMMR}。

7.2 差分放大电路如图 7.27 所示，VT_1、VT_2 管特性相同，$V_{BE}=0.7$ V，$r_{bb'}=300\ \Omega$，$\beta=50$，试求：

(1) 静态工作点的值；

(2) 差模电压增益 A_{vd}、共模电压增益 A_{vc} 及共模抑制比 K_{CMMR}；

(3) 差模输入电阻 R_{id}、共模输入电阻 R_{ic}、输出电阻 R_o。

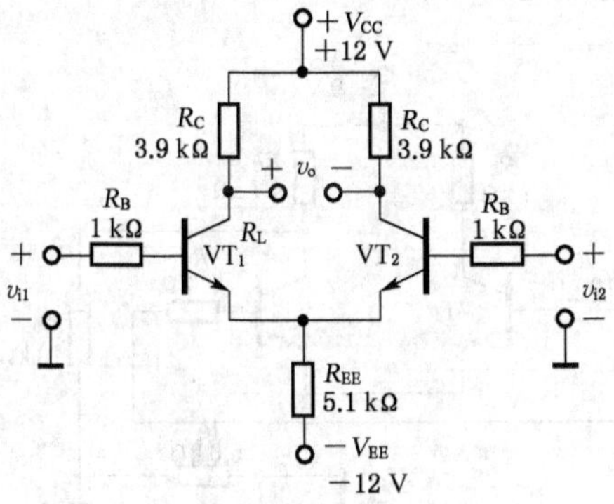

图 7.27　习题 7.2 用图

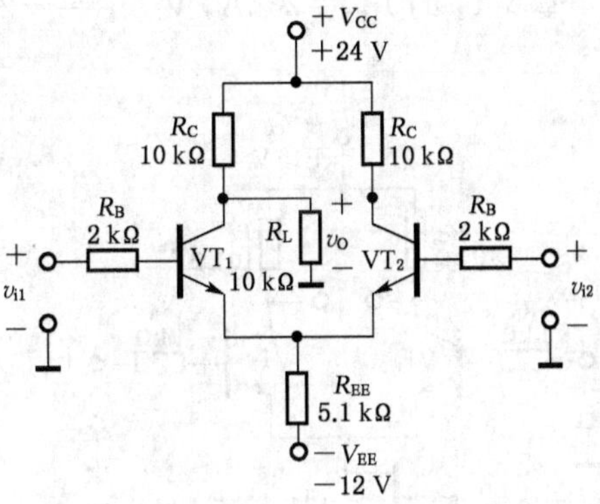

图 7.28　习题 7.3 用图

7.3　差分放大电路如图 7.28 所示，VT_1、VT_2 管特性相同，$V_{BE}=0.7\ V$，$r_{bb'}=160\ \Omega$，$\beta=60$，试求：

(1) 静态工作点的值；

(2) 差模电压增益 A_{vd}、共模电压增益 A_{vc}、共模抑制比 K_{CMMR}；

(3) 若 $v_{i1}=500\sin\omega t$ (mV)，$v_{i2}=508\sin\omega t$ (mV)，求 v_o 瞬时值的表达式。

7.4　差分放大电路如图 7.29 所示，已知 VT_1、VT_2 管为特性相同的硅管，$V_{BE}=0.7\ V$，$r_{bb'}=300\ \Omega$，$\beta=50$，调零电位器滑动端在中点，试求：

(1) 静态工作点的值；

(2) A_{vd}；

(3) 说明当 v_i 为正极性时 v_o的实际极性。

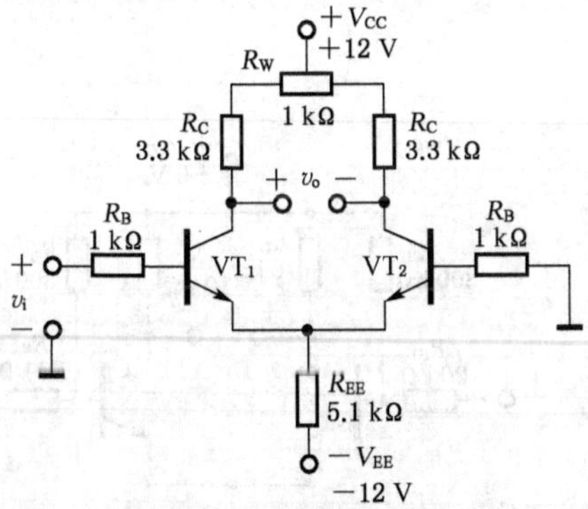

图 7.29　习题 7.4 用图

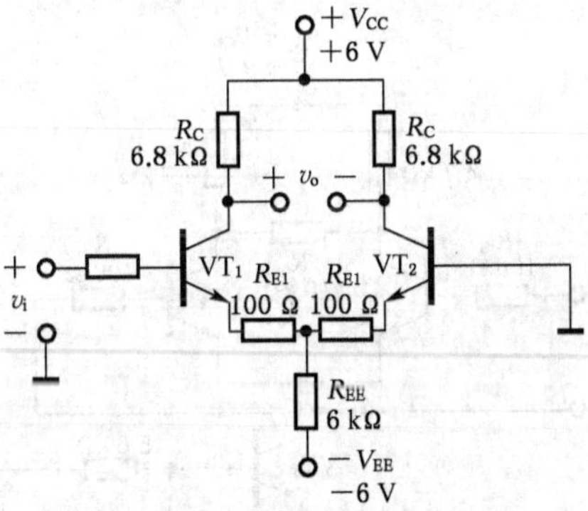

图 7.30　习题 7.5 用图

7.5　差分放大电路如图 7.30 所示，已知 VT_1、VT_2 管为特性相同的硅管，$V_{BE}=0.7\ V$，$r_{bb'}=300\ \Omega$，$\beta=50$。试求：

(1) 静态工作点的值；

(2) 差模电压增益 A_{vd}、共模电压增益 A_{vc}、共模抑制比 K_{CMMR}；

(3) 从 VT_1 管的集电极输出时的差模电压增益 A_{vd}、共模电压增益 A_{vc}、共模抑制比 K_{CMMR}。

7.6　差分放大电路如图 7.31 所示，已知三极管的 $\beta=80$，$V_{BE}=0.7\ V$，$r_{bb'}=300\ \Omega$，场效应

管 VT_3 的 $I_{DSS}=2$ mA，$V_{GS(off)}=-2$ V，试求静态工作点和 A_{vd}。

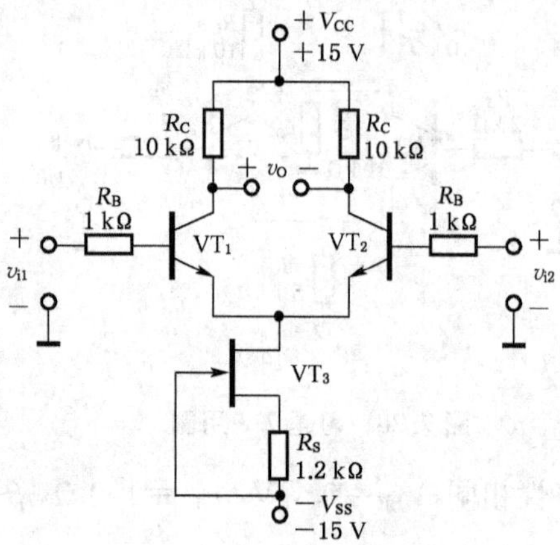

图 7.31　习题 7.6 用图

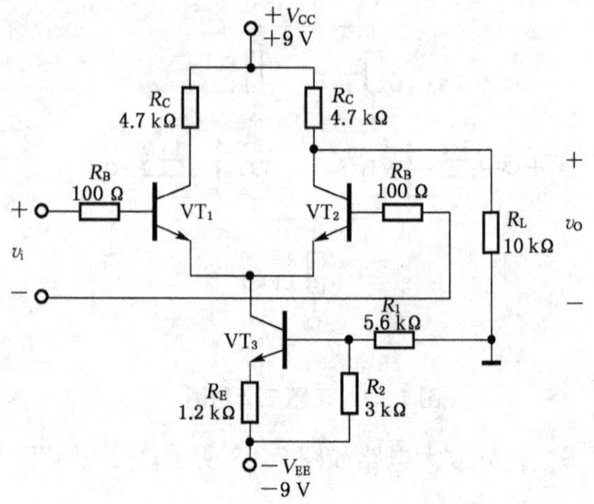

图 7.32　习题 7.7 用图

7.7　差分放大电路如图 7.32 所示，$V_{BE}=0.7$ V，$r_{bb'}=3$ kΩ，$\beta=50$。试求：

(1) I_{CQ1}、V_{CQ1}、I_{CQ2}、V_{CQ2} 的值；

(2) 差模电压增益 A_{vd}、共模电压增益 A_{vc} 及共模抑制比 K_{CMMR}。

7.8　差分放大电路如图 7.33 所示，3 个三极管的参数均相同，$V_{BE}=0.7$ V，$r_{be}=3$ kΩ，$\beta=50$，试求：

(1) I_{CQ1}、V_{CQ1}、I_{CQ2}、V_{CQ2} 的值；

(2) 差模电压增益 A_{vd}、共模电压增益 A_{vc} 及共模抑制比 K_{CMMR}。

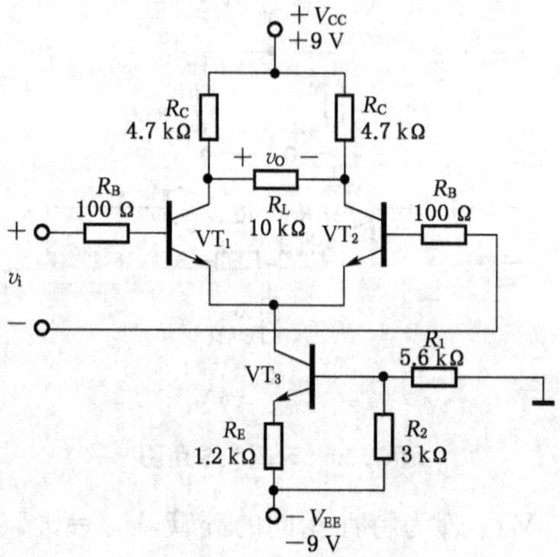

图 7.33　习题 7.8 用图

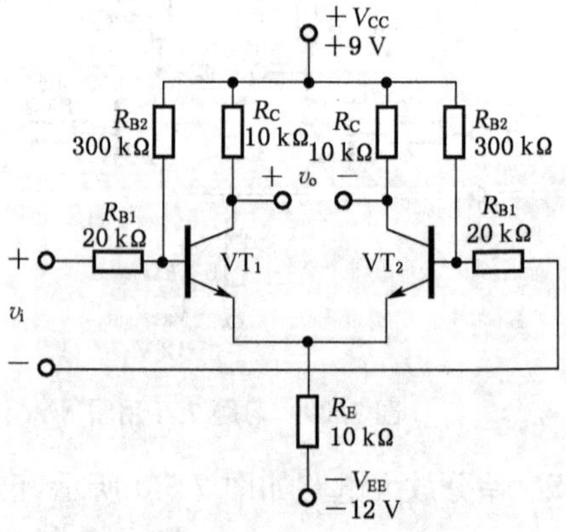

图 7.34　习题 7.9 用图

7.9　差分放大电路如图 7.34 所示，$V_{BE}=0.7$ V，$r_{bb'}=300$ Ω，$\beta=50$，试求：

(1) 静态工作点的值；

(2) A_{vd}。

7.10　差分放大电路如图 7.35 所示，$V_{BE}=0.6$ V，$r_{bb'}=200$ Ω，$\beta=50$，试求：

(1) 静态工作点的值；

(2) A_{vd}、A_{vc}、K_{CMMR}。

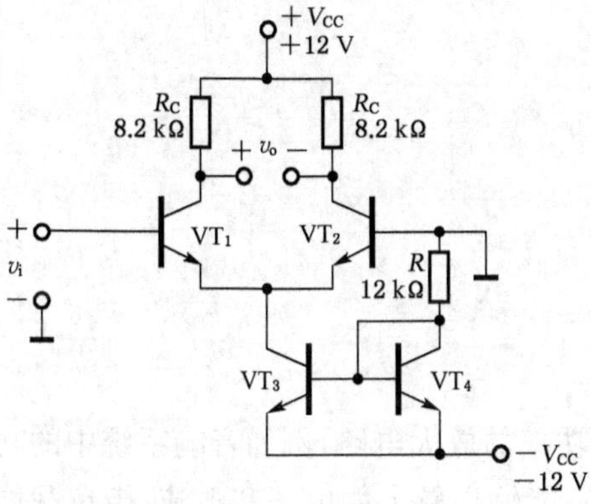

图 7.35 习题 7.10 用图

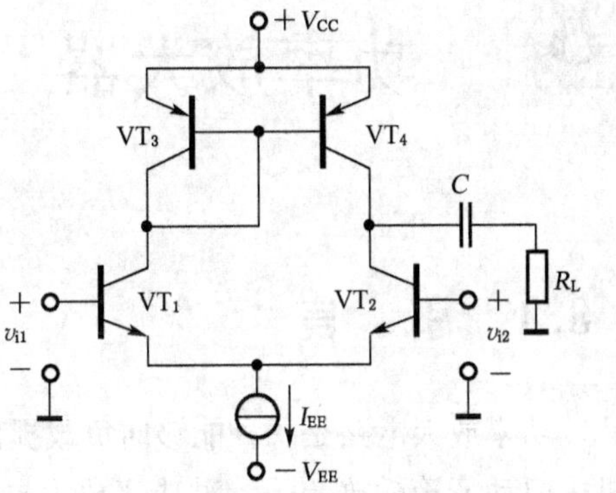

图 7.36 习题 7.11 用图

7.11 差分放大电路如图 7.36 所示，$|V_{EE}|=0.7\ V$，$r_{bb'}=100\ \Omega$，$r_{ce}=300\ k\Omega$，$\beta=80$，$V_{CC}=V_{EE}=12\ V$，$I_{EE}=2\ mA$，$R_L=200\ k\Omega$，试求：

(1) VT_1 管的静态工作点及其他各管的集电极静态电流；

(2) A_{vd}、R_{id}、R_o。

7.12 两种带调零电位器的差分放大电路如图 7.37(a)、(b)所示，设 VT_1、VT_2 管的特性相同，$r_{be}=1\ k\Omega$，$\beta=60$，调零电位器 $R_W=2\ k\Omega$，滑动端在中点位置。试比较这两种差分放大电路的 A_{vd}、R_{id}、R_o。

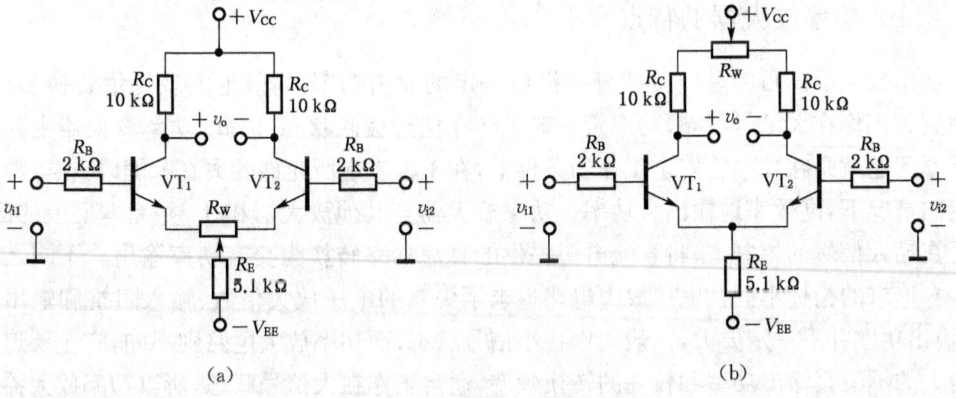

图 7.37 习题 7.12 用图

8 功率放大器

8.1 引 言

功率放大电路是一种能够向负载提供足够大功率的放大电路,例如音响系统中的功放机去驱动音箱播放音乐。对功率放大器的要求是:能输出较大的电压和电流,带负载能力强,能量转换效率高。因此,功率放大电路通常工作在大信号状态,功率放大管一般工作在接近极限状态。

本章首先介绍功率放大电路的特点和分类,在此基础上,主要分析甲类、乙类和甲乙类互补对称功率放大器的工作原理和技术指标计算,并分析其改进电路,同时简单介绍功率管的选取和功率器件,最后介绍集成功率放大器。

8.2 功率放大器的特点和分类

8.2.1 功率放大器的特点

功率放大器的目的是向负载直接提供一定的输出功率,高效地实现能量转换和控制。考虑到其工作在大信号状态,功率管一般工作在接近极限状态,因此,功率放大器主要解决的基本问题就是在功率管安全工作的条件下,在工程实现所允许的失真范围内,在电源电压确定的情况下,高效率地输出大功率。功率放大器与其他放大器相比,并无本质上的区别,都是在输入信号的控制下,将直流电源提供的直流功率转换为交流功率输出。不同之处在于各自追求的指标不同。电压放大电路追求不失真的电压放大倍数、输入阻抗和输出阻抗等,输出功率并不一定要大,一般工作在小信号状态;而功率放大电路则不同,它主要追求尽可能大的不失真输出功率和较高的转换效率,通常工作在大信号状态,所以功率放大器具有在一般放大电路中没有出现过的一些特殊问题:

(1) 要求输出功率尽可能大。为了获得大的输出功率,要求功率管输出足够大的电压和电流,因此,功率管通常工作在接近于极限状态,功率管的安全在使用时必须考虑。

(2) 效率要高。放大器实质上是一个能量转换器,是将电源供给的直流能量转换成交流信号的能量输送给负载,因此,提高效率就是要提高能量转换效率。为定量反映放大电路能量转换效率的高低,引入参数 η,它的定义为:

$$\eta=\frac{P_{\mathrm{o}}}{P_{\mathrm{D}}}=\frac{P_{\mathrm{D}}-P_{\mathrm{C}}}{P_{\mathrm{D}}}\times 100\% \tag{8.1}$$

式中：P_o——信号输出功率；

P_D——直流电源向电路提供的功率；

P_C——消耗在功率管上的功率，称为管耗。

由式(8.1)可知，在直流电源提供相同直流功率的条件下，管耗越小，则输出信号功率越大，电路的效率 η 就越高。

(3) 非线性失真要小。功率放大器工作在大信号状态下，所以不可避免地会产生非线性失真，而且同一功率放大管输出功率越大，相应的动态电压、电流也就越大，器件特性的非线性所引起的非线性失真也越大。这样，输出功率和非线性失真成为一对矛盾。为了减小非线性失真，除采用负反馈技术外，还要限制输出功率。但在实际应用中，不同场合对非线性失真的要求也不同，例如，在测量系统和电声设备中，对非线性失真的要求较高，而在工业控制系统等场合中，则以输出功率为主要目的，对非线性失真的要求就降为次要问题。

(4) 应注意功率放大管的安全问题。在功率放大电路中，要求输出功率尽可能大，则功率管承受的电压高，流过的电流大，功率管损坏的可能性也就越大，所以功率管的损坏和保护问题不能忽视。另外，功率管的集电结上还消耗相当大的功率，使结温和管壳温度升高。为了充分利用允许的管耗而使功率管输出足够大的功率，放大器件的散热也就成为一个很重要问题。在实际应用中，采取的措施是对功率管加装一定面积的散热片和电流保护环节。因此，功率管安全工作受其极限参数的限制，即 $P_{Cmax} \leqslant P_{CM}$，$V_{CEmax} \leqslant V_{(BR)CEO}$，$I_{Cmax} \leqslant I_{CM}$。

由于功率放大电路工作在大信号状态下，功率管的工作电压和工作电流的工作范围较大，因此，不能用微变等效电路法分析，而是采用近似估算以及图解法分析。

8.2.2 功率放大器的工作状态分类

根据功率放大电路中三极管在输入正弦信号的一个周期内的导通情况，可将功率放大电路分为如下 3 种工作状态：

1) 甲类放大(A 类)

在输入正弦信号的一个周期内，三极管都导通，都有电流流过三极管，这种工作方式称为甲类放大，或称为 A 类放大，如图 8.1 所示。其特点是工作点 Q 基本处于放大区中负载线的中间位置，功率管的导通角 $\theta = 2\pi$，输出波形好，静态电流 I_{CQ}大，它是造成管耗的主要因素，静态功耗大，效率低。可以证明，其效率最高也只有约 50%，通常用于小信号电压放大器，或输出功率小、效率要求不高的功率放大电路。

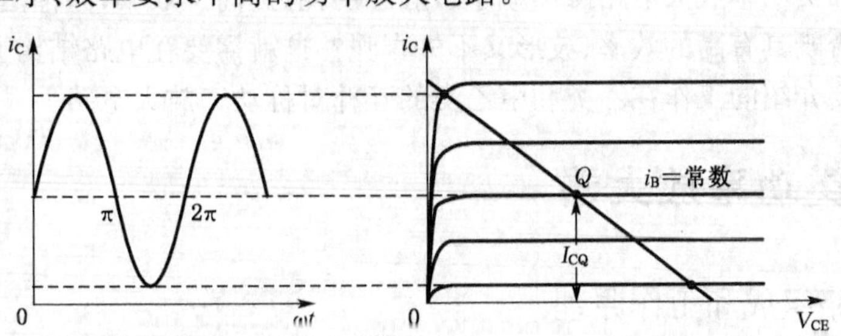

图 8.1 甲类放大

2）乙类放大(B类)

在输入正弦信号的一个周期内，三极管只有半个周期导通，称为乙类放大，或称为B类放大，如图8.2所示。其特点是工作点Q设置在截止区，功率管的导通角$\theta=\pi$，输出波形失真大，只有半个波形，静态电流为0，即$I_{CQ}=0$，所以无静态功耗，效率高。

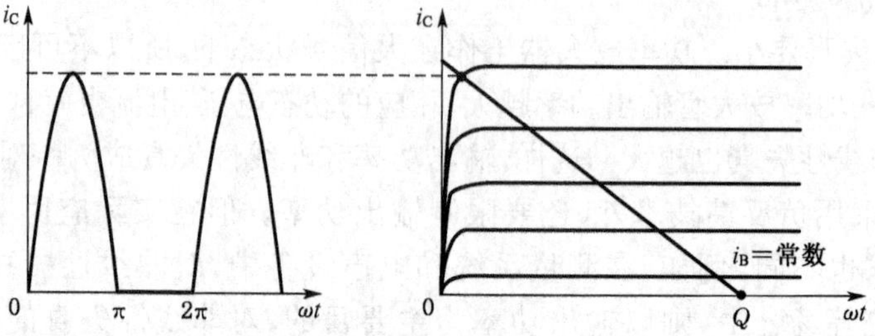

图8.2 乙类放大

3）甲乙类放大(AB类)

在输入正弦信号的一个周期内，有半个周期以上三极管是导通的，称为甲乙类放大，或称为AB类放大，如图8.3所示。其特点是工作点Q比乙类稍高，功率管的导通角θ满足：$\pi<\theta<2\pi$，输出波形有失真，静态电流I_{CQ}较小，静态功耗小，效率较高。

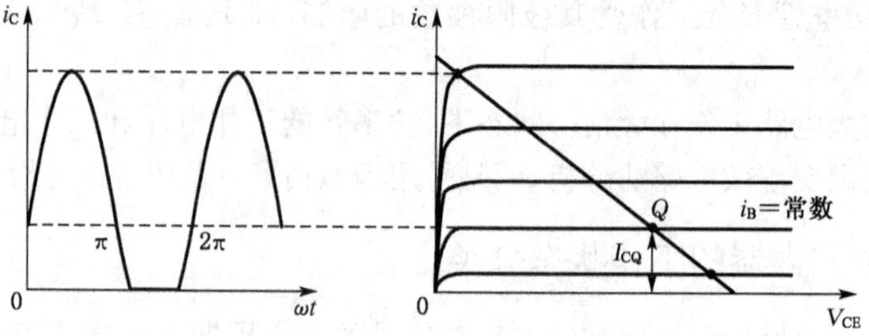

图8.3 甲乙类放大

从上述3种工作状态的分析比较可知，静态电流是造成管耗的主要因素，提高效率的主要途径是减小静态电流，从而减少管耗。因此，如果把静态工作点Q向下移动，使信号等于0时电源输出的功率也等于0(或很小)，信号增大时电源供给的功率也随之增大，这种电源供给功率及管耗都随着输出功率的大小而变，也就改变了甲类放大时效率低的状况。所以，实际应用时，低频功率放大主要采用乙类或甲乙类功率放大电路。

乙类和甲乙类功率放大电路虽然减小了静态功耗，提高了效率，但都出现了严重的波形失真，因此，能否既具有高的效率、波形又不失真呢？这就需要在电路结构上采取一定措施，这就是后面将要介绍的工作在乙类和甲乙类的互补对称功率放大电路。

8.3 甲类功率放大器

8.3.1 电路组成和工作原理

甲类功率放大器的功放管工作于甲类状态。甲类状态是指在信号通过的整个周期内，功率管都处于放大工作状态。下面以变压器耦合甲类单管功率放大器为例，来分析其工作情况。

1）电路及各元件的作用

变压器耦合甲类单管功率放大器如图 8.4(a)所示。电路中：C_1 是输入电容；R_{B1}、R_{B2} 是偏置电阻，决定功率管的静态工作电流：R_E 是反馈电阻，能改善放大器的性能，因为功率放大器静态工作电流通常都很大，所以 R_E 取值很小；T_r 是输出变压器，输出信号通过变压器耦合到外负载 R_L；R_L'是集电极负载电阻，将负载电阻 R_L 通过变压器匝数比折算而来；负载电阻是低阻抗的扬声器，用变压器可以起阻抗变换作用，使负载得到较大的功率。该电路不管有没有输入信号，功率管始终处于导通状态，静态电流比较大，因此集电极损耗较大，效率不高，约为 35%。这种电路一般用在功率不太大的场合。

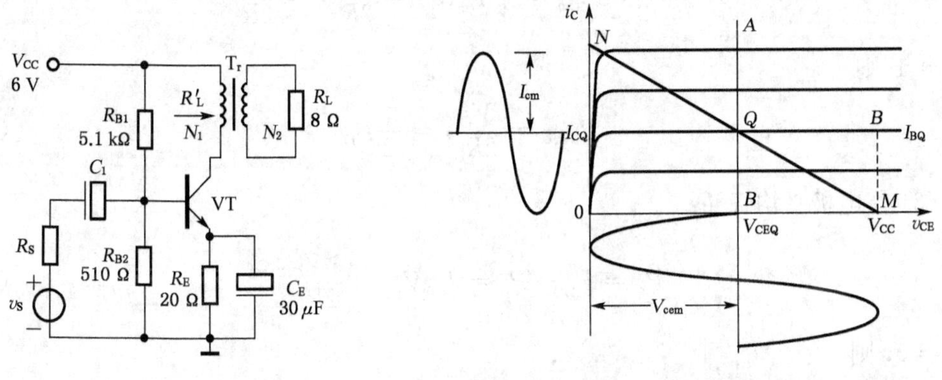

(a) 变压器耦合甲类单管功率放大器　　(b) 图解分析

图 8.4　变压器耦合甲类单管功率放大器及波形

2）工作分析

设在理想变压器(不考虑变压器损耗，线圈直流电阻趋于 0)的情况下，交流等效负载为 $R_L' = n^2 R_L$，采用图解分析，如图 8.4(b)所示。电路工作分析如下：

(1) 由直流通路得到直流方程为 $v_{CE} = V_{CC}$，画出直流负载线 AB，确定静态工作点 Q (I_{BQ}、I_{CQ}、$V_{CEQ}=V_{CC}$)。

(2) 由交流通路写出交流负载线方程 $v_{ce} = -i_c R_L'$，确定交流负载线 MN。

(3) 画出波形输出电流 i_C 和电压 v_{CE} 波形。

(4) 写出 i_C、v_{CE} 表达式：

$$i_C = I_{CQ} + I_{cm} \sin \omega t \tag{8.2}$$

$$v_{CE} = V_{CEQ} - V_m \sin \omega t \tag{8.3}$$

式中：I_{cm}——输出信号的电流幅值，$I_{cm} = I_{CQ}$；

V_{cm}——输出信号的电压幅值，$V_{cm} = V_{om}$，

$$V_{cm} = I_{cm} R_L' \tag{8.4}$$

为表示输出电压幅值 V_{cm} 在输入激励不足时减小的程度，引入参数 ξ，定义为：

$$\xi = \frac{V_{om}}{V_{CC}} \tag{8.5}$$

式中：ξ——电源电压利用系数。

8.3.2 性能指标计算

1）性能指标

（1）电源供给功率：

$$P_D = \frac{1}{2\pi}\int_0^{2\pi} i_C V_{CC} d\omega t = I_{CQ}V_{CC}(\text{恒值}) \tag{8.6}$$

（2）集电极输出功率：

$$P_o = \frac{1}{2}V_{om}I_{cm} = \frac{1}{2}I_{cm}^2 R_L{'} = \frac{V_{om}^2}{2R_L{'}} = \frac{\xi^2 V_{CC}^2}{2R_L{'}} \tag{8.7}$$

若 $\xi = 1$，则

$$P_{o\max} = \frac{V_{CC}^2}{2R_L{'}} = \frac{1}{2}P_D \tag{8.8}$$

（3）集电极平均管耗：

$$P_c = P_D - P_o = I_{CQ}V_{CC} - \frac{\xi^2 V_{CC}^2}{2R_L{'}} \tag{8.9}$$

若 $\xi = 0$，则

$$P_o = 0 \to P_{c\max} = P_D \tag{8.10}$$

（4）集电极效率：

$$\eta_c = \frac{P_o}{P_D} \tag{8.11}$$

若 $\xi = 1$，则

$$\eta_{c\max} = \frac{1}{2} = 50\%(\text{理想}) \tag{8.12}$$

2）选管原则

在功率放大电路中，为了输出较大的信号功率，功率管承受的电压要高，通过的电流要大，功率管损坏的可能性也就比较大，所以功率管的参数选择不容忽视。选择时一般应考虑双结晶体管的 3 个极限参数，即集电极最大允许功率损耗 P_{CM}、集电极最大允许电流 I_{CM} 和集电极-发射极间的反向击穿电压 $V_{(BR)CEO}$。

如 8.4(b)所示，加在功率管集电极上的最大电压 $v_{CE\max} = V_{CC} + V_{cm} \approx 2V_{CC}$，通过集电极的最大电流 $i_{C\max} = I_{CQ} + I_{cm} \approx 2I_{CQ}$，当 $P_o = 0$ 时，P_D 全部消耗在功率管中，则集电极上的最大管耗 $P_{C\max} = P_D$，为保证功率管安全工作，则功率管极限参数应按下述原则选择：

$$P_{CM} > P_{C\max} = P_D \tag{8.13}$$

$$V_{(BR)CEO} > v_{CE\max} = 2V_{CC} \tag{8.14}$$

$$I_{CM} > i_{C\max} = 2I_{CQ} \tag{8.15}$$

需要注意,在实际选择功率管时,其极限参数还要留有一定的安全余量。

8.3.3 甲类单管功率放大器存在的问题及解决途径

甲类单管功率放大器存在的问题是功率小、损耗大、效率低。其原因是:工作点 Q 设置太高,静态电流 I_{CQ}大,它是造成管耗的主要因素。

解决方法是工作在乙类状态。将工作点下移,即 $Q\downarrow \rightarrow \theta\downarrow = 90°$,使电路工作在乙类状态,则静态电流为 0,即 $I_{CQ}=0$,所以无静态功耗,效率高。但由于输出波形产生严重失真,因此,为保证输出电路波形不失真,在电路结构上采用上下对称的推挽电路形式。

8.4 乙类双电源互补对称功率放大器

8.4.1 工作原理

乙类双电源互补对称功率放大器由一对 NPN、PNP 特性相同的互补三极管组成,采用正、负双电源供电,如图 8.5(a)所示。这种电路也称为无输出电容器(Output Capacitor-less,缩写为 OCL)功率放大器,即 OCL 互补对称功率放大电路(简称 OCL 电路)。该电路的特点是在没有输入信号时,每个功率管都处于截止状态,静态电流几乎是 0,只有在有信号输入时功率管才导通。

OCL 电路工作分析如下:

(1) 当输入信号 $v_i=0$ 时,VT_1、VT_2 均截止,$i_o=0$,$v_o=0$。

(2) 当输入信号 v_i 为正半周时,T_1 导通,T_2 截止,电路形式如图 8.5(b)所示,为一射极输出器;$i_o=i_{E1}=i_{C1}=i_L$,为正半周波形,$v_{O1}=i_{C1}R_L$。

(3) 当输入信号 v_i 为负半周时,VT_1 截止,VT_2 导通,电路形式如图 8.5(c)所示,仍为一射极输出器;$i_o=i_{E2}=i_{C2}=i_L$,为负半周波形,$v_{O2}=i_{C2}R_L$。

两个三极管在信号的正、负半周轮流导通,两个功率管交替出现的电流在负载 R_L 上合成一个完整的正弦波形,如图 8.5(a)中 v_O 所示。这种两管交替工作的电路称为推挽电路。采用这种两管交替工作的推挽电路,能很好地解决效率与失真的矛盾。这种乙类推挽放大器的输出功率较大,失真较小,效率较高,一般可达 60%。

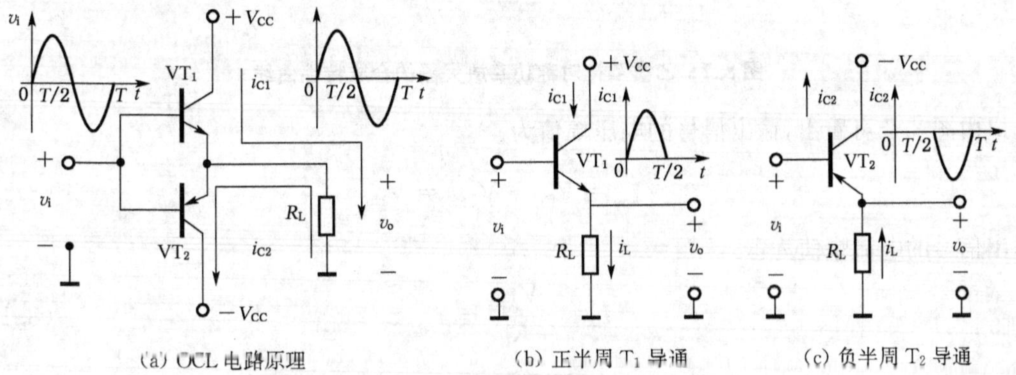

图 8.5 乙类双电源互补对称功率放大器

8.4.2 图解分析

设功率管的 $I_{CEO}=0$，则静态电流 $I_{C1}=I_{C2}=0$，当输入信号 $v_i>0$ 时，VT_1 导通，VT_2 截止，VT_1 管的工作情况如图 8.6(a)所示；而当输入信号 $v_i<0$ 时，VT_1 截止，VT_2 导通，VT_2 管的工作情况如图 8.6(b)所示。

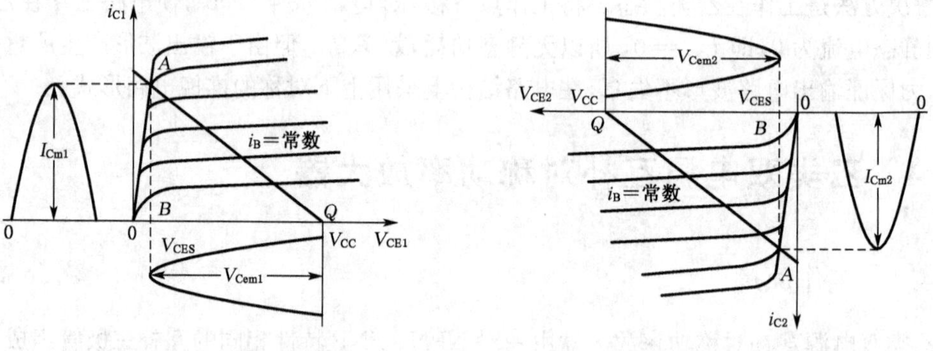

(a) 正半周时 T_1 管的工作情况　　(b) 负半周时 T_2 管的工作情况

图 8.6　乙类互补对称功率放大器的图解分析

为了便于分析两管的工作情况，将 VT_2 管的特性曲线倒置在 VT_1 管的右下方，并令二者在 Q 点即 $v_{CE}=V_{CC}$ 处重合，则一个周期内，两个功率管的合成输出特性曲线如图 8.7 所示，两管的交流负载线经过 Q 点并形成一条直线，其斜率为 $-1/R_L$。

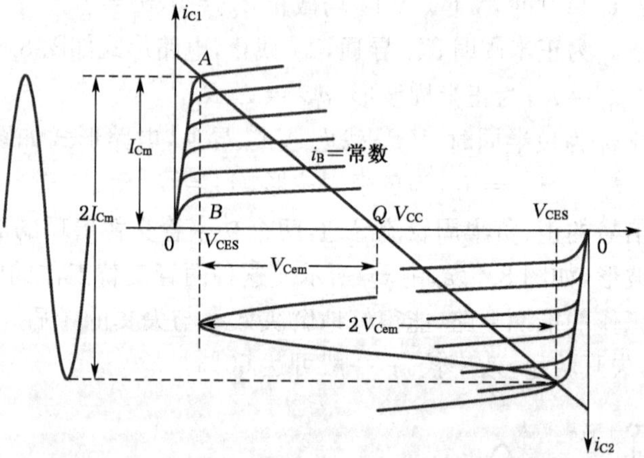

图 8.7　乙类互补对称功率放大器的合成特性曲线

由图 8.7 可看出，输出信号的电压幅值为：

$$V_{cem}=V_{CC}-V_{CES}=V_{om} \tag{8.16}$$

输出信号的电流幅值为：

$$I_{cm}=\frac{V_{cem}}{R_L}=I_{om} \tag{8.17}$$

一般情况下，V_{om} 总是小于电源电压 V_{CC}，故引入电源电压利用系数 ξ：

$$\xi = \frac{V_{om}}{V_{CC}} \tag{8.18}$$

8.4.3 性能指标计算

1）性能指标

(1) 电源供给功率 P_D

$$P_D = 2 \times \frac{1}{2\pi}\int_0^{\pi} V_{CC} I_{cm} \sin \omega t \, d\omega t = \frac{V_{CC}}{\pi}\int_0^{\pi} I_{cm} \sin \omega t \, d\omega t =$$

$$\frac{2}{\pi} V_{CC} I_{cm} = \frac{2}{\pi} \frac{V_{CC} V_{om}}{R_L} = \frac{2}{\pi} \frac{\xi V_{CC}^2}{R_L} \tag{8.19}$$

当 $\xi=1$，即 $V_{om} = V_{CC}$（忽略功率管饱和压降 V_{CES}）时，最大电源功率为：

$$P_{D\max} = \frac{2}{\pi} \frac{V_{CC}(V_{CC} - V_{CES})^2}{R_L} \approx \frac{2}{\pi} \frac{V_{CC}^2}{R_L} \tag{8.20}$$

(2) 输出功率 P_o

$$P_o = V_o I_o = \frac{V_{om}}{\sqrt{2}} \frac{V_{om}}{\sqrt{2} R_L} = \frac{1}{2} \frac{V_{om}^2}{R_L} = \frac{1}{2} \frac{\xi^2 V_{CC}^2}{R_L} \tag{8.21}$$

当 $\xi=1$ 时，电路的最大输出功率为：

$$P_{om} = \frac{1}{2} \frac{V_{CC}^2}{R_L} \tag{8.22}$$

(3) 集电极管耗 P_T

$$P_T = P_D - P_o = \frac{2}{\pi} \frac{V_{CC} V_{om}}{R_L} - \frac{1}{2} \frac{V_{om}^2}{R_L} = \frac{V_{CC}^2}{R_L}\left(\frac{2}{\pi}\xi - \frac{1}{2}\xi^2\right) \tag{8.23}$$

式中：P_T——两管的总管耗。

因此，单管管耗 P_C 为：

$$P_C = \frac{1}{2} P_T = \frac{V_{CC} V_{om}}{\pi R_L} - \frac{1}{4} \frac{V_{om}^2}{R_L} = \frac{\xi V_{CC}^2}{\pi R_L} - \frac{\xi^2 V_{CC}^2}{4 R_L} \tag{8.24}$$

(4) 集电极效率 η

$$\eta = \frac{P_o}{P_D} = \frac{\frac{1}{2} \frac{V_{om}^2}{R_L}}{\frac{2}{\pi} \frac{V_{CC} V_{om}}{R_L}} = \frac{\pi}{4} \frac{V_{om}}{V_{CC}} = \frac{\pi}{4} \xi \tag{8.25}$$

当 $\xi=1$ 时，最大集电极效率为：

$$\eta_{c\max} = \frac{P_o}{P_D} = \frac{\pi}{4} \approx 78.5\%\text{（理想）} \tag{8.26}$$

注：上述结果是在理想条件下得到的，实际效率比这个数值要低些。

(5) 最大管耗和最大输出功率的关系

工作在乙类的互补对称功放电路，在静态时，功率管几乎不取电流，管耗接近于0，因此，当输入信号较小时，输出功率较小，管耗也小，这是容易理解的，但能否认为，当输入信号越大，输出功率也越大，管耗也就越大呢？答案是否定的。那么，最大管耗发生在什么情况下呢？

由式(8.23)可知，因为 P_T 为 V_{om} 的二次函数，对 V_{om} 求导得：

$$\frac{dP_T}{dV_{om}}=\frac{1}{R_L}\left(\frac{V_{CC}}{\pi}-\frac{V_{om}}{2}\right) \tag{8.27}$$

令 $dP_T/dV_{om}=0$，则有：

$$\frac{V_{CC}}{\pi}-\frac{V_{om}}{2}=0 \tag{8.28}$$

即可得：

$$V_{om}=\frac{2}{\pi}V_{CC} \tag{8.29}$$

也就是说，当 $V_{om}=\frac{2}{\pi}V_{CC}$ 时，管耗最大，此时单管最大管耗为：

$$P_{C1m}=P_{C2m}=\frac{1}{\pi}\frac{V_{CC}-\frac{2}{\pi}V_{CC}}{R_L}-\frac{1}{4}\frac{\left(\frac{2}{\pi}V_{CC}\right)^2}{R_L}=$$

$$\frac{1}{R_L}\left[\frac{2}{\pi^2}V_{CC}^2-\frac{V_{CC}^2}{\pi^2}\right]=\frac{1}{\pi^2}\frac{V_{CC}^2}{R_L}\approx 0.2P_{om} \tag{8.30}$$

即最大管耗发生在 $V_{om}=\frac{2}{\pi}V_{CC}$ 时，此时单管最大管耗为0.2倍 P_{om}。

2) 选管原则

由于每个功率管的 $v_{CE\max}\approx 2V_{CC}$（该管截止而另一管临界饱和时），$i_{C\max}=I_{cm}\approx V_{CC}/R_L$，且 $P_{C1m}=P_{C2m}=0.2P_{om}$，则功率管应按下述原则选择：

$$P_{CM}>P_{C1m}=P_{C2m}=0.2P_{om} \tag{8.31}$$

$$V_{(BR)CEO}>2V_{CC} \tag{8.32}$$

$$I_{CM}>\frac{V_{CC}}{R_L} \tag{8.33}$$

【例 8.1】 如图8.8所示，已知：$V_{CC}=24\text{ V}$，$R_L=8\ \Omega$，忽略 V_{CES}，求 P_{om} 以及此时的 P_D、P_{C1}、η，并选择功率管。

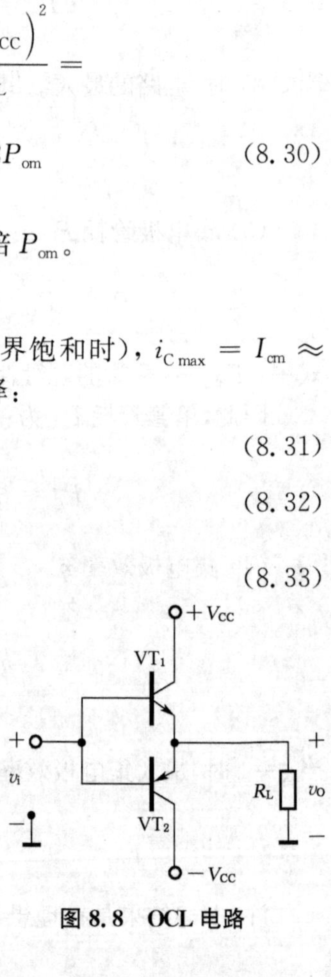

图 8.8　OCL 电路

解：由题意，忽略 V_{CES}，则输出电压幅值 $V_{om}=V_{CC}-V_{CES}\approx V_{CC}$，输出最大功率为：

$$P_{om}=\frac{V_{CC}^2}{2R_L}=\frac{24^2}{2\times 8}=36(\text{W})$$

电源供给功率为：

$$P_D = \frac{2}{\pi}\frac{V_{CC}^2}{R_L} = \frac{2}{\pi} \times \frac{24^2}{8} = 45.84(W)$$

单管管耗为：

$$P_{C1} = \frac{1}{2}(P_D - P_{om}) = \frac{1}{2} \times (45.9 - 36) = 4.9(W)$$

集电极效率为：

$$\eta = \frac{P_{om}}{P_D} = \frac{36}{45.9} = 78.5\%$$

因为 $P_{C1m} = 0.2 \times 36 = 7.2(W)$，$V_{(BR)CEO} > 2V_{CC} = 48\text{ V}$，$I_{CM} > \frac{24}{8} = 3(A)$，在考虑留有一定安全余量的前提下，可选功率管的极限参数分别为：

$$P_{CM} = 10\text{ W} \sim 15\text{ W} > P_{C1m} = 0.2P_{om} = 7.2\text{ W}$$

$$V_{(BR)CEO} = 60\text{ V} \sim 100\text{ V} > 2V_{CC} = 48\text{ V}$$

$$I_{CM} = 5\text{ A} > \frac{V_{CC}}{R_L} = 3\text{ A}$$

需要注意：管耗最大时功率放大器的效率并不是 78.5%，那电路的效率是多少？请读者自行分析。

8.4.4　乙类互补功率放大电路存在的问题

由于三极管存在门槛电压 V_{th}（硅管约为 0.4 V，锗管约为 0.2 V），因此，当输入信号 v_i 绝对值小于门槛电压时，功率管并不导通，在两管交接工作这一段时间（$t_1 \sim t_2$）出现一段死区，这时 R_L 上无电流通过（即无信号输出），波形出现失真，这种现象称为交越失真。如图 8.9 所示。

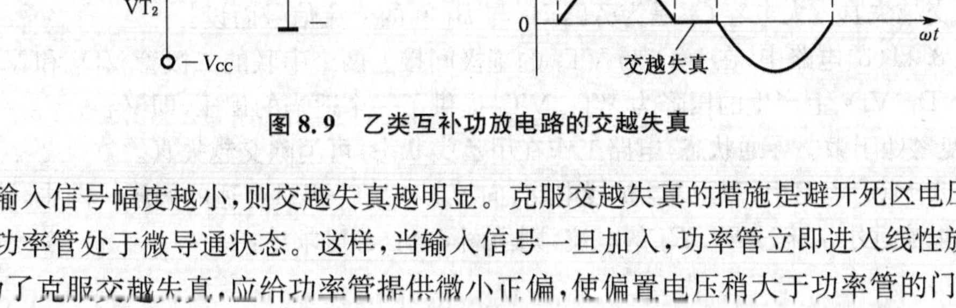

图 8.9　乙类互补功放电路的交越失真

若输入信号幅度越小，则交越失真越明显。克服交越失真的措施是避开死区电压区，使每一个功率管处于微导通状态。这样，当输入信号一旦加入，功率管立即进入线性放大区。因此，为了克服交越失真，应给功率管提供微小正偏，使偏置电压稍大于功率管的门槛电压 V_{th}，这样功率管便工作在甲乙类状态。

8.5 甲乙类双电源功率放大器

8.5.1 一般甲乙类双电源功率放大器

1）电路构成及工作分析

工作在甲乙类的互补对称功率放大电路如图 8.10(a)所示。电路中增加 R_1、VD_1、VD_2、R_2 支路，在静态时，VT_1、VT_2 两管发射结电压分别为二极管 VD_1、VD_2 的正向导通压降，致使两管均处于微弱导通状态——甲乙类工作状态。VT_1、VT_2 两管静态时的集电极电流 I_{CQ1} 和 I_{CQ2} 不为 0(但很小)，由于电路对称，两管静态电流相等，流过负载的电流为 0。当信号加入时，由于两管处于微弱导通状态，两管轮流交替导通，交替得比较平滑，达到了消除交越失真的目的。输出波形如图 8.10(b)所示。

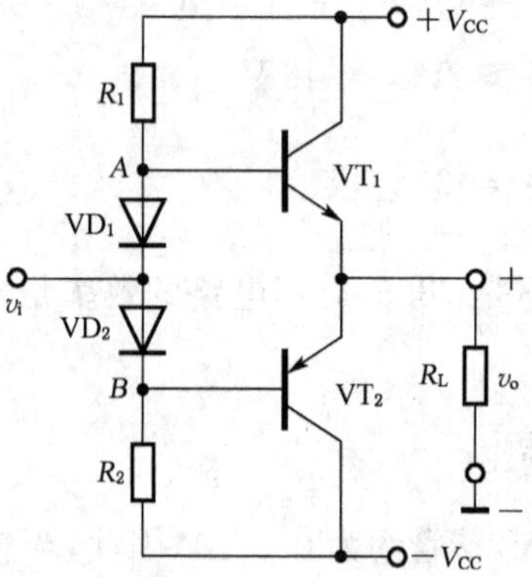

(a) 甲乙类互补功率放大电路

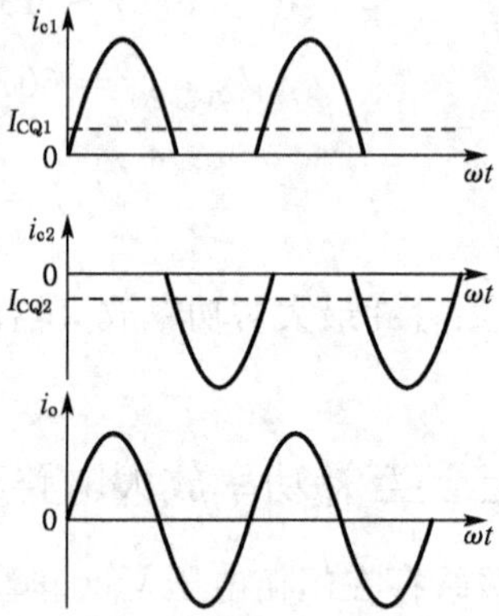

(b) 甲乙类互补功率放大电路输出波形

图 8.10 甲乙类互补功率放大电路

2）实用电路举例

图 8.11 所示为一些常用的消除交越失真的甲乙类双电源互补对称功率放大器实际应用电路。图中，VT_2 和 VT_3 组成互补对称功率输出级。VT_1 组成前置放大推动级，给功率放大级提供足够大的输入信号。

图 8.11(a)电路中，VT_2 与 VT_3 的两个基极间并接上一个小电阻 R_1 和一个大电容 C_1，小电阻上的直流压降即为 $V_{BE2}+V_{EB3}$，为 VT_2、VT_3 提供了一个适当的偏压，只要偏置合适，可消除交越失真。大电容 C_1 是为旁路 B_2 与 B_3 间的交流信号而设。

图 8.11(b)电路中，在 VT_2 与 VT_3 的基极间接上两个串联的二极管 VD_1 和 VD_2，静态时，在 VD_1、VD_2 上产生的压降为 VT_2、VT_3 提供了一个适当的偏压，即 $V_{D1}+V_{D2}=V_{BE2}+V_{EB3}$，使之处于微弱导通状态，电路工作在甲乙类状态，可消除交越失真。

图 8.11(c)电路中，利用 V_{BE} 扩展电路，向 VT_2、VT_3 提供合适的偏压。图中，流入 VT_4 的基极电流远小于流过 R_1、R_2 的电流，则由图 8.11(c)可求出：

$$V_{CE4}=\frac{V_{BE4}(R_1+R_2)}{R_2} \tag{8.34}$$

由于 V_{BE4} 基本为一固定值(硅管约为 0.6 V～0.7 V)，只要适当调节 R_1、R_2 的比值，就可改变 VT_2、VT_3 的偏压 V_{CE4} 值，V_{CE4} 就是 VT_2、VT_3 的偏置电压。

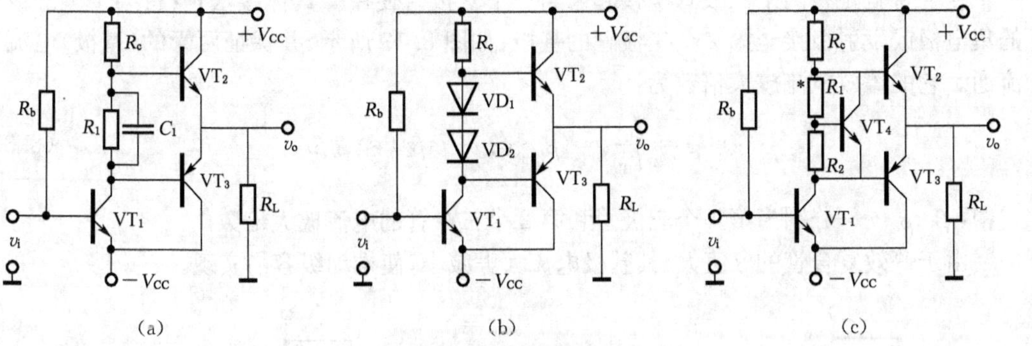

图 8.11　甲乙类双电源互补功率放大器实用电路

【例 8.2】　电路如图 8.12 所示，设功率管临界饱和管压降为 2 V，试计算这个电路的最大不失真输出功率，此时的效率是多少？每一个功率管的最大管耗是多少？

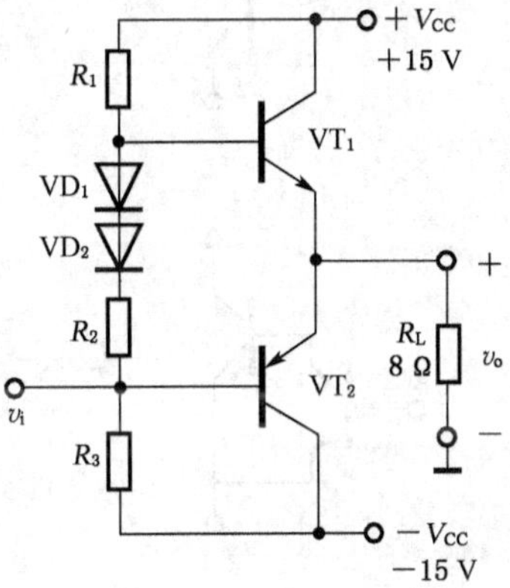

图 8.12　互补功率放大器

解：由题意可知，$V_{CES}=2$ V，输出信号电压幅值

$$V_{om}=V_{CC}-V_{CES}=15-2=13(\text{V})$$

则最大不失真输出功率为：

$$P_o=\frac{1}{2}\frac{V_{om}^2}{R_L}=\frac{1}{2}\times\frac{13^2}{8}\approx 10.6(\text{W})$$

此时的电源功率为：

$$P_D=\frac{2}{\pi}\frac{V_{CC}V_{om}}{R_L}=\frac{2}{\pi}\times\frac{15\times 13}{8}=15.5(\text{W})$$

故效率为：

$$\eta=\frac{P_o}{P_D}=\frac{10.6}{15.5}\approx 68.4\%$$

每一个功率管的最大管耗为：

$$P_{C1m}=\frac{1}{\pi^2}\frac{V_{CC}^2}{R_L}=\frac{1}{\pi^2}\times\frac{15^2}{8}=2.85(\text{W})$$

3）结论

(1) 静态时，功率管有一定微小正偏，两管均处于微弱导通状态，存在较小的静态电流 I_{CQ}、I_{BQ}，每管导通时间大于半个周期，功率管工作在甲乙类状态，消除了交越失真。

(2) 工作原理与乙类互补对称功率放大电路相同，因此，性能指标计算公式也与乙类互补对称功率放大电路完全相同。

8.5.2　复合管互补对称功率放大器

一般大功率管的电流放大系数 β 比较小，而输出电流又要求比较大，这就要求有大的推动电流。但是,要求前级提供大的推动电流比较困难。因此,提高功率管的 β 值,一般采用复合管来解决此问题。

复合管就是将两个三极管串接起来当一个三极管使用。具体接法是:将第 1 个三极管的集电极或发射极接至第 2 个三极管的基极,如图 8.13 所示,并保证两管的(基极)电流能流通。它的等效电流放大倍数为:

$$\beta=\frac{I_{C2}}{I_{B1}}=(\beta_1+\beta_2+\beta_1\beta_2)\approx\beta_1\beta_2 \tag{8.35}$$

式中:β_1、β_2——分别为第 1 个三极管和第 2 个三极管的电流放大倍数。

由于等效复合管的 β 值大,其基极电流大大减小,使推动级容易实现。

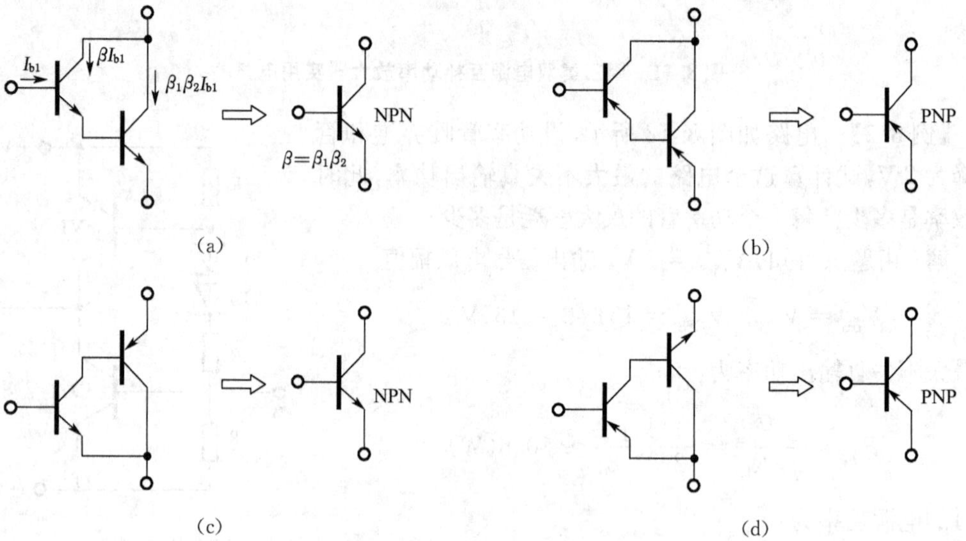

图 8.13　复合管的几种接法

由图 8.13 可见:复合管的管型与第 1 个三极管的类型相同;复合管的电流放大系数约为两管电流放大系数的乘积。

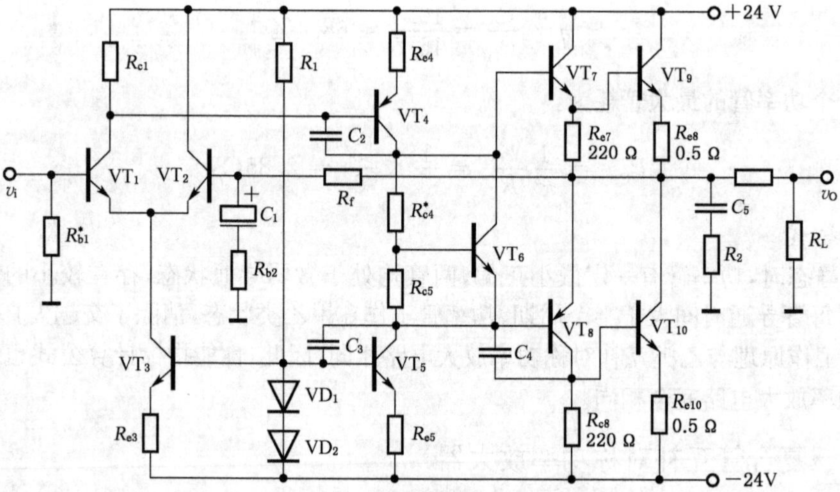

图 8.14　OCL 准互补对称功率放大电路

使用复合管的另一个好处是，由于大功率 PNP 型和 NPN 型互补三极管很难做到对称，通过复合管可以把第 1 个三极管选为互补的，第 2 个三极管选为同类型的，通过复合管的接法实现互补，这样的电路称为准互补对称功率放大电路，如图 8.14 所示。

8.6　甲乙类单电源功率放大器

目前广泛应用的无输出变压器(Output Transformer-less，缩写为 OTL)甲乙类推挽放大器，简称 OTL 电路，如图 8.15 所示，这是一种性能很好的功率放大器。图 8.15 中采用了一对参数对称的 NPN 型和 PNP 型功率管互补连接，构成互补对称功率放大级。VD_1 和 VD_2 给互补对称管 VT_2、VT_3 提供微小的直流偏置，以消除交越失真，使电路工作于甲乙类放大状态。VT_1 组成推动级，工作于甲类放大状态，其作用是为功率放大级提供足够大的信号电压。该电路的关键元件是电容器 C_2，该电容器上的电压相当于 VT_3 的供电电压。

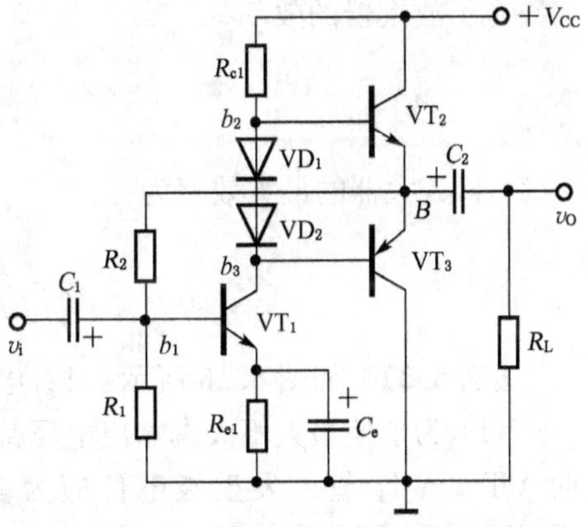

图 8.15　单电源互补对称电路(OTL 电路)

8.6.1　工作原理

如图 8.15 所示，在功率放大级中，由于两管的导电极性相反，当推动级输送正弦交流信号时，在一个周期内，VT_2 管和 VT_3 管交替导通，在负载 R_L 上得到完整的正弦信号。为了保证输出级上、下对称，应调整 B 点静态电位为 $V_{CC}/2$，由于 R_L 的数值一般较小，在 C_2 较大的情况下，C_2 两端的电压在信号的整个周期内几乎不变，为$V_{CC}/2$。这样，T_2、T_3 管组成的放大电路相当于两个轮流工作的分别由$\pm V_{CC}/2$ 电源供电的 OCL 电路，因此，其工作原理与乙类 OCL 电路相同，性能指标计算公式也相同，但公式中的 V_{CC}要用 $V_{CC}/2$ 代替。

8.6.2　性能指标计算

(1) 放大器的输出功率

$$P_o = \frac{1}{2}\frac{V_{om}^2}{R_L} = \frac{1}{2}\frac{\xi^2\left(\frac{V_{CC}}{2}\right)^2}{R_L} = \frac{\xi^2 V_{CC}^2}{8R_L} \tag{8.36}$$

当 $\xi=1$，放大器的最大输出功率为：

$$P_{om} = \frac{1}{2}\frac{\left(\frac{V_{CC}}{2}\right)^2}{R_L} = \frac{V_{CC}^2}{8R_L} \tag{8.37}$$

(2) 电源提供的功率

$$P_D = \frac{2}{\pi}\frac{\left(\frac{V_{CC}}{2}\right)V_{om}}{R_L} = \frac{\xi V_{CC}^2}{2\pi R_L} \tag{8.38}$$

当 $\xi=1$，电源提供的最大功率为：

$$P_{Dmax}=\frac{2}{\pi}\frac{\left(\frac{V_{CC}}{2}\right)^2}{R_L}=\frac{V_{CC}^2}{2\pi R_L} \tag{8.39}$$

(3) 放大器的管耗

$$P_T=P_D-P_o=\frac{\xi V_{CC}^2}{2\pi R_L}-\frac{\xi^2 V_{CC}^2}{8R_L} \tag{8.40}$$

(4) 放大器的效率

$$\eta=\frac{P_o}{P_D}=\frac{\pi}{4}\xi \tag{8.41}$$

当 $\xi=1$，放大器的最大效率为：

$$\eta=\frac{P_o}{P_D}=\frac{\pi}{4}\approx 78.5\% \tag{8.42}$$

【例 8.3】 如图 8.16 所示 OTL 电路。

(1) 为了使最大不失真输出电压幅值最大，静态时 VT_1、VT_2 管的发射极电位应为多少？若不合适，则一般应调节哪个元件参数？

(2) 若 VT_1、VT_2 管的饱和管压降 $|V_{CES}|=2$ V，输入电压足够大，则电路的最大输出功率 P_{om} 和效率 η 各为多少？

(3) VT_1、VT_2 管的 I_{CM}、$V_{(BR)CEO}$ 和 P_{CM} 应如何选择？

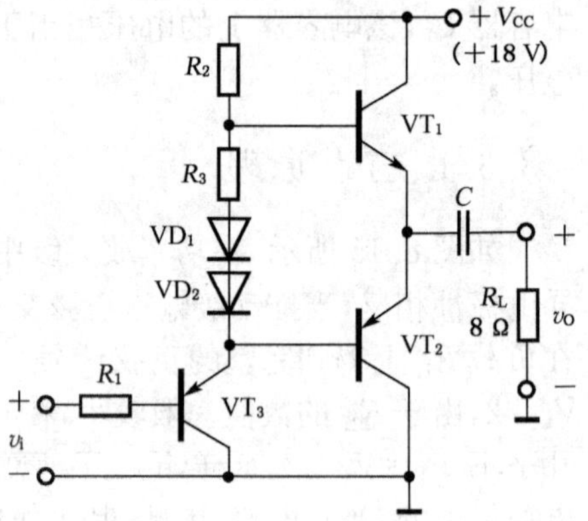

图 8.16　OTL 电路

解：

(1) VT_1、VT_2 管的射极电位 $V_E=V_{CC}/2=9$ V；若不合适，则应调节 R_2。

(2) 最大输出功率和效率分别为：

$$P_{om}=\frac{\left(\frac{1}{2}V_{CC}-|V_{CES}|\right)^2}{2R_L}\approx 3.06\ \text{W}$$

$$\eta=\frac{\pi}{4}\frac{\frac{1}{2}V_{CC}-|V_{CES}|}{\frac{1}{2}V_{CC}}\approx 61.1\%$$

(3) VT_1、VT_2 管的 I_{CM}、$V_{(BR)CEO}$ 和 P_{CM} 的选择原则分别为：

$$I_{CM}>\frac{\frac{V_{CC}}{2}}{R_L}=1.125\ \text{W}$$

$$U_{(BR)CEO}>V_{CC}=18\ \text{V}$$

$$P_{CM} > \frac{\left(\frac{V_{CC}}{2}\right)^2}{\pi^2 R_L} \approx 1.026\ \mathrm{W}$$

8.6.3 单电源互补对称功率放大电路存在的问题

存在的问题是输出电压幅值达不到 $V_{om} = V_{CC}/2$。对图 8.15 所示电路，分析如下。

(1) 理想情况

当 v_i 为负半周最大值时，i_{C1} 最小，v_{B2} 接近于 $+V_{CC}$，此时希望 T_2 在接近饱和状态工作，即 $V_{CE2} = V_{CES}$，故 B 点电位为 $v_B = +V_{CC} - V_{CES} \approx V_{CC}$。

当 v_i 为正半周最大值时，VT_2 截止，VT_3 接近饱和导电，$v_B = V_{CES} \approx 0$。因此，负载 R_L 两端得到的交流输出电压幅值为 $V_{om} = V_{CC}/2$。

(2) 实际情况

当 v_i 为负半周时，VT_2 导电，因而 i_{B1} 增加，由于 R_{c1} 上的压降和 v_{BE2} 的存在，当 B 点电位向 $+V_{CC}$ 接近时，VT_2 的基流将受限制而不能增加很多，因而也就限制了 VT_2 输向负载的电流，使 R_L 两端得不到足够的电压变化量，致使 V_{om} 明显小于 $V_{CC}/2$。

8.6.4 自举电路

解决上述矛盾的方法是：将图 8.15 中 D 点电位升高，使 $V_D > +V_{CC}$。例如将 D 点与 $+V_{CC}$ 的连线切断，V_D 由另一电源供给，则问题即可以得到解决。通常的办法是在电路中引入 R_3、C_3 等元件组成的所谓自举电路，如图 8.17 所示。

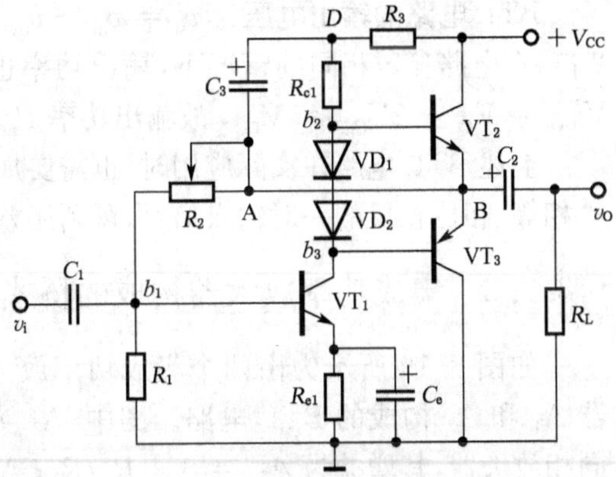

图 8.17 有自举电路的单电源互补对称功率放大器

在图 8.17 中，当 $v_i = 0$ 时，$v_D = V_D = V_{CC} - I_{c1}R_3$，而 $v_B = V_B = V_{CC}/2$，因此，电容 C_3 两端电压被充电到 $V_{C3} = V_{CC}/2 - I_{c1}R_3$。

当时间常数 R_3C_3 足够大时，v_{C3}（电容 C_3 两端电压）将基本为常数（$v_{C3} \approx V_{C3}$），不随 v_i 而改变。这样，当 v_i 为负时，VT_2 导电，v_B 将由 $V_{CC}/2$ 向更正方向变化，考虑到 $v_D = v_{C3} + v_B = V_{C3} + v_B$，显然，随着 B 点电位升高，D 点电位 v_D 也自动升高。因而，即使输出电压幅度升得很高，也有足够的电流 i_{B2} 使 VT_2 充分导电。这种工作方式称为自举，其含义是电路本身把 v_D 提高了。

8.7 桥式功率放大器

8.7.1 电路组成

OTL 电路和 OCL 电路的电源电压利用率不高，它们的电源电压分别是 V_{CC} 和 $2V_{CC}$（两组电源电压之和），而在负载上获得的最大电压幅度却只有 $V_{CC}/2$ 和 V_{CC}，这就使得在电源电压不能很高的场合，电路的输出功率受到限制。这是由于在正弦信号的每半个周期中，电路只有一个三极管和一半的电源在工作。为此，可采用如图 8.18 所示的桥式功率放大器（这里以单电源供电为例），又称为平衡式无输出变压器（Balanced Transformer-less，缩写为 BTL）功率放大器，简称 BTL 电路。

由图 8.18 可知，BTL 电路是由两组对称的互补电路构成，它们的输入信号 v_i 和 $-v_i$ 大小相等、相位相反，而负载是悬浮地接在两个互补电路的输出端之间（无接地端）。

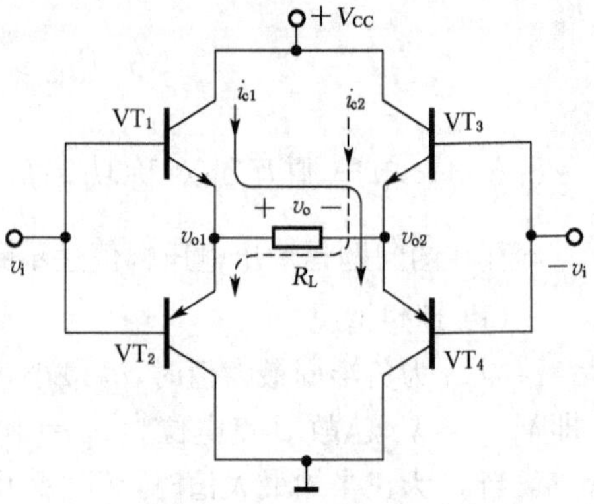

图 8.18　BTL 电路

8.7.2　工作原理

静态时，由于 4 个三极管的参数对称，$V_{o1}=V_{o2}=V_{CC}/2$，则 $v_o=0$。

当输入信号 v_i 为正半周（$-v_i$ 为负半周）时，VT_1、VT_4 导通，VT_2、VT_3 截止，由于 $v_{o1}\approx v_i$，$v_{o2}\approx -v_i$，则 $v_{o1}=-v_{o2}$，有电流 i_{c1} 自左至右流过 R_L，R_L 上获得正半周信号。

当输入信号 v_i 为负半周时，VT_1、VT_4 截止，VT_2、VT_3 导通，此时仍有 $v_{o1}=-v_{o2}$，有电流 i_{c2} 自右至左流过 R_L，R_L 上获得负半周信号。于是，负载 R_L 上就得到完整的输出信号。

BTL 电路的输出电压为 $v_o=v_{o1}-v_{o2}=2v_{o1}$，它等于 OTL（或 OCL）电路输出电压的 2 倍，在电路参数相同的情况下，输出功率也增大 4 倍。由于图 8.18 中 v_o 的最大幅值为 $V_{omm}=V_{CC}-2V_{CES}\approx V_{CC}$，故输出功率 P_{om} 也增大为 OTL 电路的 4 倍。

上述 BTL 电路在实际应用时，也需要加偏置电路，以克服交越失真。该电路所需的大小相等、相位相反的一对输入信号，可利用差动放大电路或单管 c、e 分割式倒相电路获得。

8.7.3　集成功率放大器构成的桥式功率放大电路

如图 8.19 所示为由两个集成功率放大器 A_1 和 A_2 构成的 BTL 电路。图中，A_1 为同相放大器，其增益为 $A_{V1}=1+R_2/R_1$；A_2 为反相放大器，其增益为 $A_{V2}=-R_4/R_3$。只要各电阻阻值选择适当，就能满足 $A_V=A_{V1}-A_{V2}$，则此时 $v_{o1}=-v_{o2}$，于是该电路就是 BTL 电路。

应当指出，目前已有很多集成 BTL 功率放大器产品，已把两个功率运算放大器集成在芯片上，如 LM 4860、TDA 1556 等。

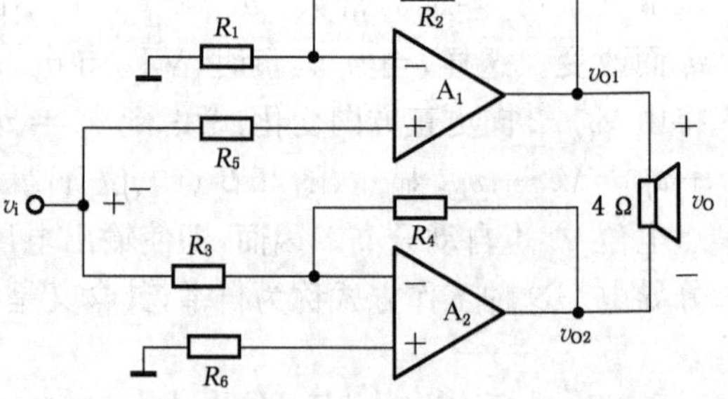

图 8.19　集成功率放大器构成的 BTL 电路

*8.8　集成功率放大电路

集成功率放大器的品种和型号繁多，它们的电路结构多半与运算放大器基本相同或相似。例如，LM 384 及 LM 386 等集成功率放大器都是由输入级、中间级和输出级组成。输入级是复合管差动放大电路，有同向和反向两个输入端，其单端输出信号传送到中间共发射极放大级，以提高电压放大倍数，输出级是 OTL 电路，故为单电源供电。中间级和输出级的电路与复合管组成的互补对称放大电路大致相同。下面主要介绍 LM 386 和 TDA 2006 两种集成功率放大器及其应用电路。

8.8.1 LM 386 集成功率放大器

1）LM 386 引脚和性能参数

LM 386 的内部电路和引脚排列如图 8.20 所示。它是 8 脚双列直插式封装（DIP），消耗的静态电流约为 4 mA。该集成功率放大器同时还提供电压增益放大，其电压增益通过外部连接（引脚 1 和引脚 8 之间）的变化可在 20～200 范围内调节。供电电源电压范围为 4 V～15 V，在 8 Ω 负载下，最大输出功率为 325 mW，内部设有过载保护电路。输入阻抗为 50 kΩ，频带宽度为 300 kHz。

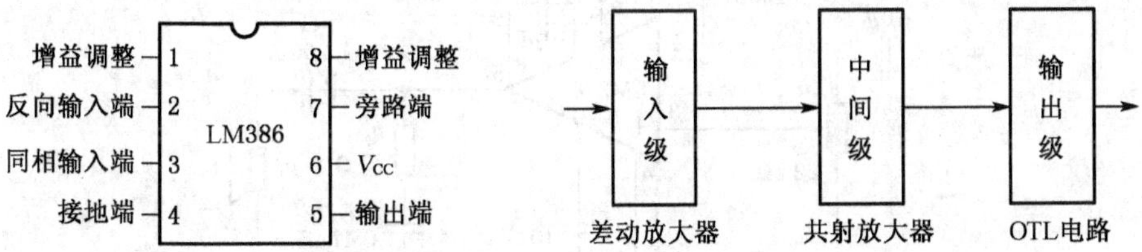

（a） 引脚排列　　（b） 内部构成电路

图 8.20 LM 386 构成的功率放大电路

2）LM 386 的典型应用电路

（1）应用电路 1

LM 386 的典型应用电路如图 8.21 所示。图中：R_1C_4 组成电源滤波电路；R_2C_3 是相位补偿电路，以消除自激振荡，并改善高频时的负载特性；C_2 是为防止电路产生自激振荡而接入的；C_1 是输入交流耦合电容，输入信号通过 R_w 接到 LM 386 的同相端；C_5 是输出交流耦合电容，将功率放大器的输出交流送到负载 R_L 上。引脚 1 和引脚 8 断开，没有连接。

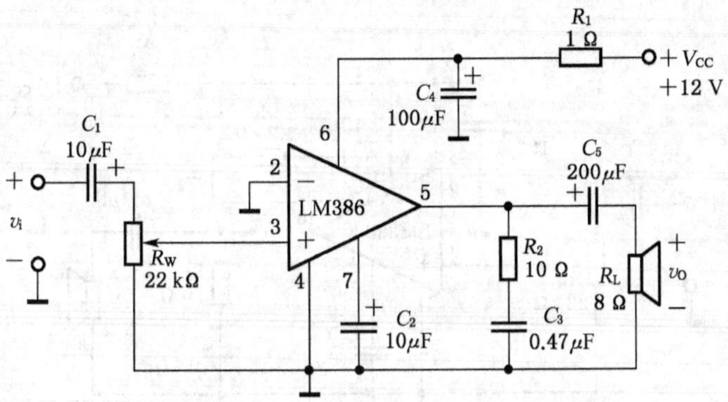

图 8.21 LM 386 构成 $A_V=20$ 的功率放大器

此时电路内部负反馈最强，电压增益最小为：

$$A_V = 2\frac{R_6}{R_5 + R_4} = 2 \times \frac{15 \times 10^3}{0.15 \times 10^3 + 1.35 \times 10^3} = 20$$

式中：R_4、R_5、R_6——集成功率放大器内部电路的电阻，主要用于调整放大器的增益。

(2) 应用电路 2

图 8.22 所示电路为得到最大输出增益的功率放大器电路。在该电路中，LM 386 的引脚 1 与引脚 8 之间接入一个电解电容 C_6，引脚 1 与引脚 8 交流短路，负反馈最弱。则该电路的电压增益最大为：

$$A_V = 2\frac{R_6}{R_4} = 2 \times \frac{15 \times 10^3}{0.15 \times 10^3} = 200$$

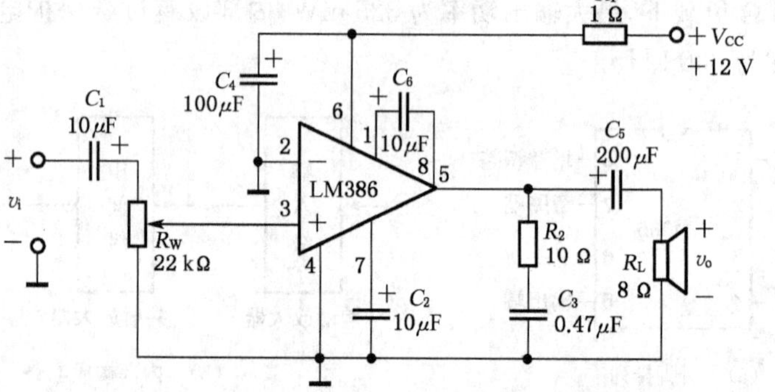

图 8.22 LM 386 构成 $A_V = 200$ 的功率放大器

(3) 应用电路 3

若要得到任意增益的功率放大器，可采用图 8.23 所示电路。在该电路中，LM 386 的引脚 1 与引脚 8 之间串接电解电容 C_6 和电阻 R_3，在给定参数 $R_3 = 1.2\ \text{k}\Omega$ 下，该功率放大器的电压增益为：

$$A_V = 2\frac{R_6}{R_4 + R_5 \mathbin{/\!/} R_2} = 2 \times \frac{15 \times 10^3}{0.15 \times 10^3 + 1.35 \times 10^3 \mathbin{/\!/} 1.2 \times 10^3} = 50$$

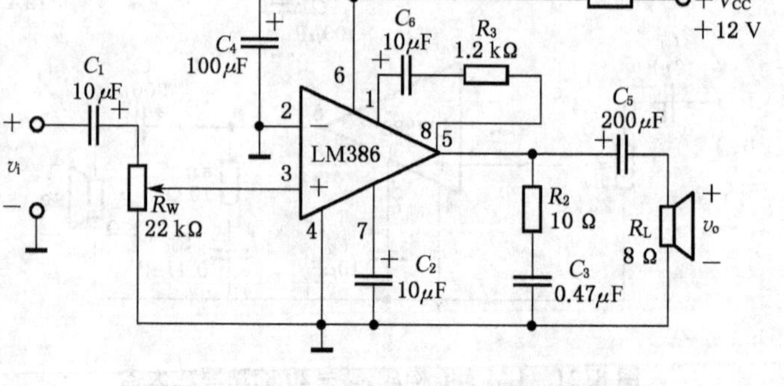

图 8.23 LM 386 构成 $A_V = 50$ 的功率放大器

8.8.2 TDA 2006 集成功率放大器

1) TDA 2006 引脚和性能参数

TDA 2006 集成功率放大器是一种内部具有短路保护和过热保护功能的大功率音频功率放大器集成电路。它的电路结构紧凑，引脚仅有 5 个，补偿电容全部在内部，外围元件少，使用方便。不仅在录音机、组合音响等家电设备中采用，而且在自动控制装置中也广泛使用。

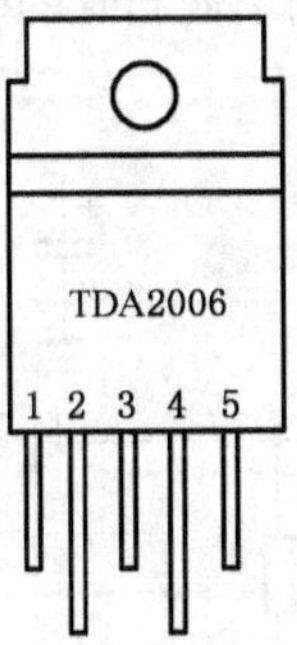

图 8.24 TDA 2006 外形和引脚排列

TDA 2006 采用 5 脚单边 DIP 结构，图 8.24 是其外形和引脚排列图。引脚 1 是信号输入端子；引脚 2 是负反馈输入端子；引脚 3 是整个集成电路的接地端子，用做双电源使用时，即是负电源($-V_{CC}$)端子；引脚 4 是输出端子；引脚 5 是整个集成电路的正电源($+V_{CC}$)端子。

TDA 2006 的性能参数见表 8.1。

表 8.1 TDA 2006 的性能参数

参数名称	符号	单位	测试条件	规范		
				最小	典型	最大
电源电压	V_{CC}	V		±6		±15
静态电流	I_{CC}	mA	$V_{CC}=\pm 15$ V		40	80
输出功率	P_0	W	$R_L = 4\,\Omega$, $f = 1$ kHz, THD = 10%		12	
			$R_L = 8\,\Omega$, $f = 1$ kHz, THD = 10%	6	8	
总谐波失真率	THD	%	$P_0 = 8$ W, $R_L = 4\,\Omega$, $f = 1$ kHz		0.2	
频率响应	BW	Hz	$P_0 = 8$ W, $R_L = 4\,\Omega$	40 ~ 140 000		
输入阻抗	R_i	MΩ	$f = 1$ kHz	0.5	5	
电压增益(开环)	A_V	dB	$f = 1$ kHz		75	
电压增益(闭环)	A_V	dB	$f = 1$ kHz	29.5	30	30.5
输入噪声电压	e_N	μV	BW = 22 Hz ~ 22 kHz, $R_L = 4\,\Omega$		3	

2) TDA 2006 的典型应用电路

(1) 采用双电源供电的应用电路

图 8.25 是 TDA 2006 集成电路构成的双电源供电的音频功率放大器，该电路应用于具有正、负双电源供电的音响设备。音频信号经输入耦合电容 C_1 送到 TDA 2006 的同相输入端(引脚 1)，功率放大后的音频信号由 TDA 2006 的引脚 4 输出。由于采用了正、负对称的双电源供电，故输出端子(引脚 4)的电位等于 0，因此，电路中省掉了大容量的输出电容器。电阻 R_1、R_2 和电容 C_2 构成负反馈网络，其闭环电压增益为：

$$A_{Vf} \approx 1 + \frac{R_1}{R_2} = 1 + \frac{22}{0.68} \approx 33.4$$

电阻 R_4 和电容 C_5 组成校正网络，用来改善音响效果。二极管 D_1 和 D_2 是TDA 2006 内大功率输出管的外接保护二极管。

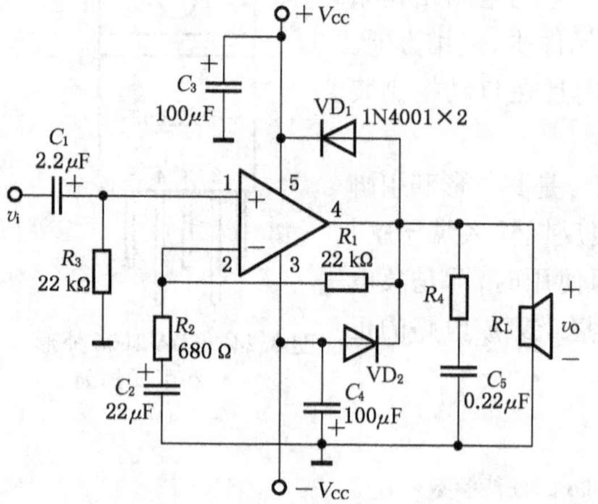

图 8.25　TDA 2006 双电源供电应用电路

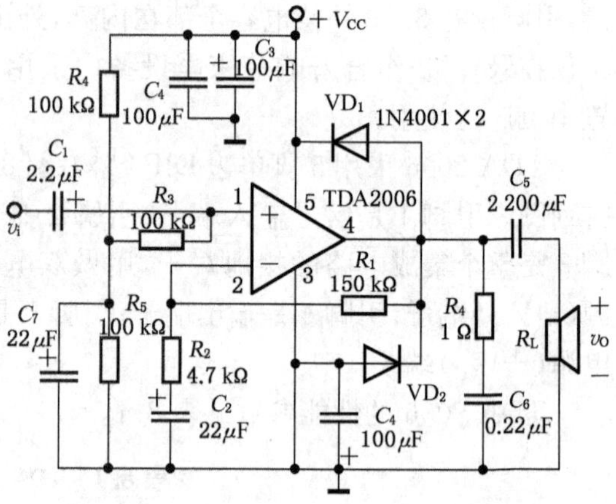

图 8.26　TDA 2006 单电源供电应用电路

(2) 采用单电源供电的应用电路

图 8.26 所示电路是 TDA 2006 工作在单电源下的典型应用电路。音频信号经输入耦合电容 C_1 输入 TDA 2006 的输入端，功率放大后的音频信号经输出电容 C_5 送到负载 R_L（扬声器）。电阻 R_1、R_2 和电容 C_2 构成负反馈网络，其电路的闭环电压放大倍数为：

$$A_{Vf} \approx 1 + \frac{R_1}{R_2} = 1 + \frac{150}{4.7} = 32.9$$

电阻 R_6 和电容 C_6 同样是用以改善音响效果的校正网络。电阻 R_4、R_5、R_3 和电容 C_7 用来为 TDA 2006 设置合适的静态工作点，使引脚 1 在静态时获得的电位近似为 $V_{CC}/2$。该电路主要应用在中小型收、录音机等音响设备中。

(3) TDA 2006 构成桥式功率放大器

在大型收、录音机等音响设备中，为了得到更大的输出功率，往往采用一对功率放大器组成的桥式功率放大器（即 BTL 电路）。图 8.27 就是由两块 TDA 2006 组成的桥式功率放大器，该放大器的最大输出功率可达 24 W。

音频信号经输入耦合电容 C_1 加到 IC1（第 1 块 TDA 2006）的同相输入端（引脚 1），功率放大后的音频信号由 IC1 的引脚 4 直接送到负载 R_L（扬声器）的一端，同时，该输出音频信号又经电阻 R_5、R_6 分压，由耦合电容 C_3 送到 IC2（第 2 块 TDA 2006）的反相端（引脚 2），经 IC2 放大后，反相音频输出信号连接到负载 R_L（扬声器）的另一端。由于 IC1、IC2 具有相同的闭环电压放大倍数，而电阻 R_5、R_6 的分压衰减比又恰好等于 IC2 的闭环电压放大倍数的倒数，所以 IC1 的输出与 IC2 的输出加到负载 R_L（扬声器）两端的音频信号大小相等、相位相反，从而实现了桥式功率放大器的功能，在负载两端得到 2 倍的 TDA 2006 输出功率大小。

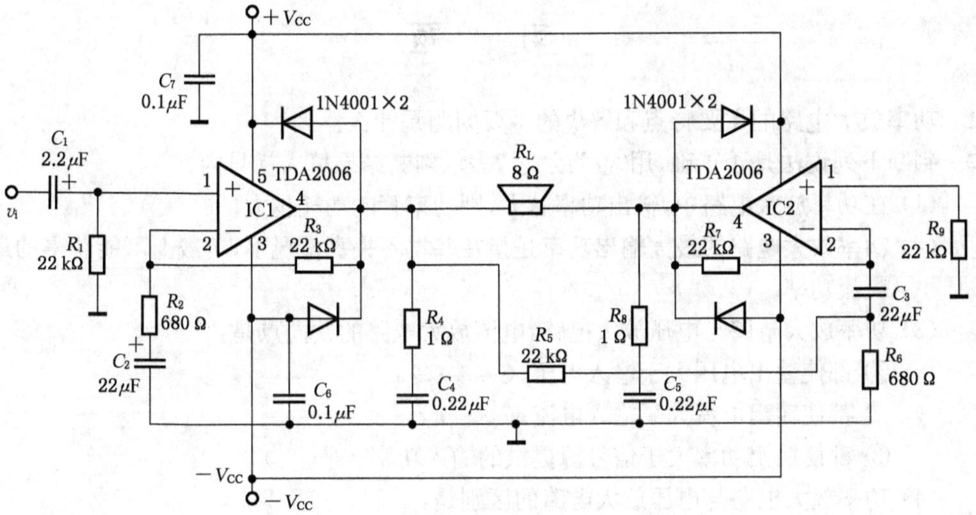

图 8.27　TDA 2006 组成的 BTL 功率放大器

8.9　小　结

* 功率放大电路是一种能够向负载提供足够大功率的放大电路，工作在大信号状态。功率放大器的主要任务是在功率管安全工作的条件下，在非线性失真允许的范围内，高效率地输出大的功率。通常采用图解法进行分析。

* 功率放大器根据功率管在输入正弦信号的一个周期内的导通情况，可分为甲类、乙类、甲乙类 3 种工作状态。甲类工作时，导通角 $\theta=2\pi$，效率低，管耗较大，波形失真小；乙类工作时，导通角 $\theta=\pi$，静态偏置电流 $I_{BQ}=0$，波形失真大，静态功耗为 0，效率最高；甲乙类工作时，导通角 $\pi<\theta<2\pi$，I_{BQ} 较小，波形有失真，效率较高，接近乙类功率放大器的效率。

* 工作在乙类的互补对称功率放大电路（OCL 电路）主要优点是效率高，理想情况下，最高效率可达 78.5%。为保证功率管安全工作，功率管的极限参数必须满足：

$$P_{CM}>0.2P_{om}$$

$$|V_{(BR)ceo}|>2V_{CC}$$

$$I_{CM}>\frac{V_{CC}}{R_L}$$

其不足之处是存在交越失真，特别当输入信号越小时，失真更为严重。给电路加上适当微小偏置，电路工作在甲乙类状态，就能消除交越失真，其性能指标计算公式与工作在乙类的互补对称功率放大电路（OCL 电路）完全一样。但采用单电源供电的 OTL 电路，则要用 $V_{CC}/2$ 代替原公式中 V_{CC}。

* 集成功率放大器具有许多突出的优点，目前已得到广泛应用。主要介绍了 LM 386 和 TDA 2006 两种集成功率放大器及其应用电路。

习　题

8.1 功率放大电路的主要特点和解决的主要问题是什么？

8.2 判断下列说法是否正确，用"√"或"×"表示判断结果填入括号内。

(1) 在功率放大电路中，输出功率越大，则功率管的功耗越大。(　　)

(2) 功率放大电路的最大输出功率是指在基本不失真情况下，负载上可能获得的最大交流功率。(　　)

(3) 功率放大电路与电压放大电路、电流放大电路的共同点是：

① 都使输出电压大于输入电压；(　　)

② 都使输出电流大于输入电流；(　　)

③ 都使输出功率大于信号源提供的输入功率。(　　)

(4) 功率放大电路与电压放大电路的区别是：

① 前者比后者电源电压高；(　　)

② 前者比后者电压放大倍数数值大；(　　)

③ 前者比后者效率高；(　　)

④ 在电源电压相同的情况下，前者比后者的最大不失真输出电压大。(　　)

8.3 哪种组态的放大电路作为功率放大电路较合适？为什么？

8.4 提高功率放大电路效率的思路是什么？

8.5 乙类工作方式存在的突出矛盾是什么？

8.6 乙类互补对称功率放大器的效率在理想情况下可达到多少？

8.7 互补对称功率放大器是如何解决效率与失真这对矛盾的？

8.8 在图 8.28 所示电路中，已知 $V_{CC}=16$ V，$R_L=4\ \Omega$，VT_1、VT_2 管的饱和压降 $|V_{CES}|=2$ V，输入电压足够大。试问：

(1) 最大输出功率 P_{om} 和效率 η 各为多少？

(2) 功率管的最大功耗 P_{Tmax} 为多少？

(3) 为了使输出功率达到 P_{om}，输入电压的有效值约为多少？

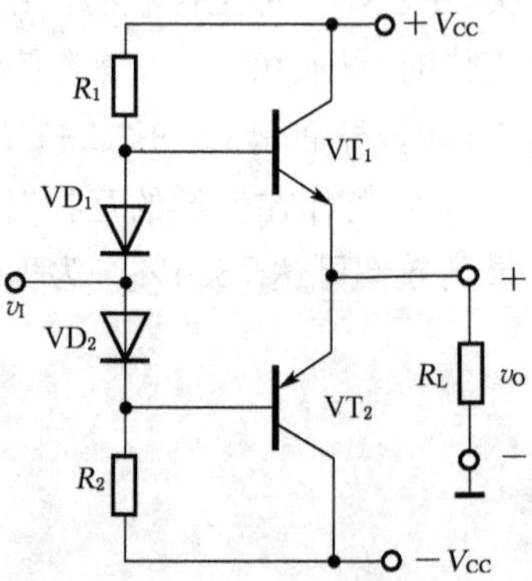

图 8.28　习题 8.8、习题 8.9 用图

8.9 电路如图 8.28 所示，在出现下列故障时分别产生什么现象。

(1) R_1 开路；　　(2) VD_1 开路；

(3) R_2 开路；　　(4) VT_1 集电极开路；

(5) R_1 短路；　　(6) VD_1 短路。

8.10 什么是交越失真？其产生的原因是什么？如何克服？

8.11 在图 8.29 所示电路中，已知二极管的导通电压 $V_D=0.7$ V，三极管导通时的 $|V_{BE}|=0.7$ V，VT_2、VT_4 管发射极静态电位 $V_{EQ}=0$ V。试问：

(1) VT_1、VT_3 和 VT_5 管基极的静态电位各为多少？

(2) 设 $R_2=10$ kΩ，$R_3=100$ Ω，若 VT_1、VT_3 管基极的静态电流可忽略不计，则

VT$_5$ 管集电极静态电流为多少？静态时 v_1＝？

(3) 若静态时 $i_{B1}>i_{B3}$，则调节哪个参数可使 $i_{B1}=i_{B2}$？如何调节？

(4) 电路中二极管的个数可以是 1、2、3、4 吗？哪个最合适？为什么？

8.12 电路如图 8.29 所示。在出现下列故障时分别产生什么现象。

(1) R_2 开路；　　(2) VD$_1$ 开路；

(3) R_2 短路；　　(4) VT$_1$ 集电极开路；

(5) R_3 短路。

8.13 在图 8.29 所示电路中，已知 VT$_2$、VT$_4$ 管的饱和压降 $|V_{CES}|=2$ V，静态时电源电流可忽略不计。试求：

(1) 负载上可能获得的最大输出功率 P_{om} 和效率 η 各为多少？

(2) VT$_2$、VT$_4$ 管的最大集电极电流、最大管压降和集电极最大功耗各为多少？

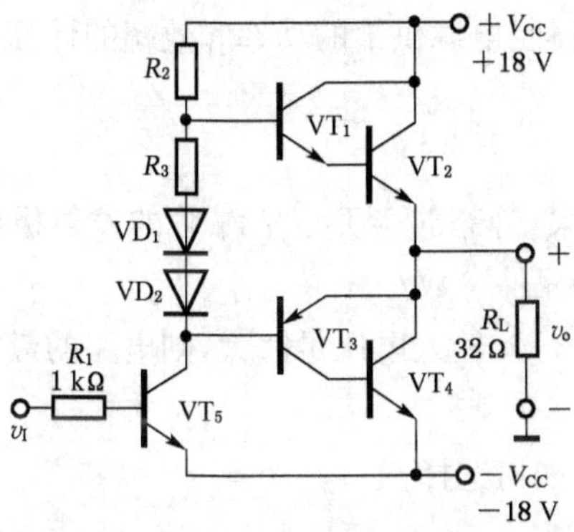

图 8.29　习题 8.11～习题 8.13 用图

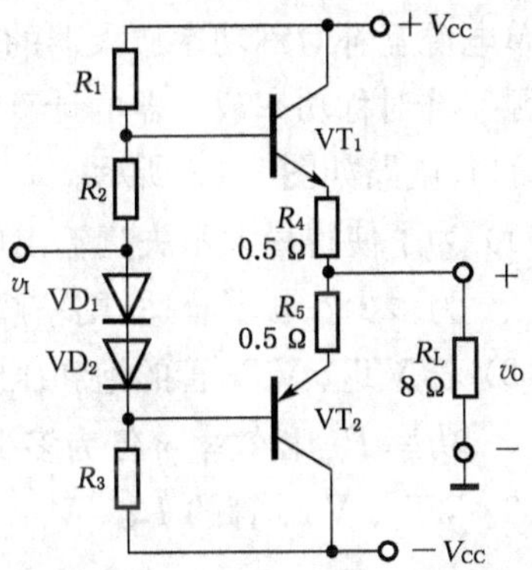

图 8.30　习题 8.14、习题 8.15 用图

8.14 在图 8.30 所示电路中，已知 $V_{CC}=15$ V，VT$_1$、VT$_2$ 管的饱和压降 $|V_{CES}|=2$ V，输入电压足够大。求解：

(1) 最大不失真输出电压的有效值；

(2) 负载电阻 R_L 上电流的最大值；

(3) 最大输出功率 P_{om} 和效率 η。

8.15 在图 8.30 所示电路中，R_4 和 R_5 可起短路保护作用。试问：当输出因故障而短路时，三极管的最大集电极电流和功耗各为多少？

8.16 在图 8.31 所示电路中，已知 $V_{CC}=15$ V，VT$_1$、VT$_2$ 管的饱和压降 $|V_{CES}|=1$ V，集成运算放大器的最大输出电压幅值为 ±13 V，二极管的导通电压为 0.7 V。

(1) 若输入电压幅值足够大，则电路的最大输出功率为多少？

(2) 为了提高输入电阻、稳定输出电压，且减小非线性失真，应引入哪种组态的交流负反馈？画出图来。

(3) 若 $V_i=0.1$ V 时，$V_o=5$ V，则反馈网络中电阻的取值约为多少？

8.17 单电源互补对称功率放大器是如何工作的？

8.18 单电源互补对称功率放大器中的自举电路是用来解决什么问题的？其原理是什么？

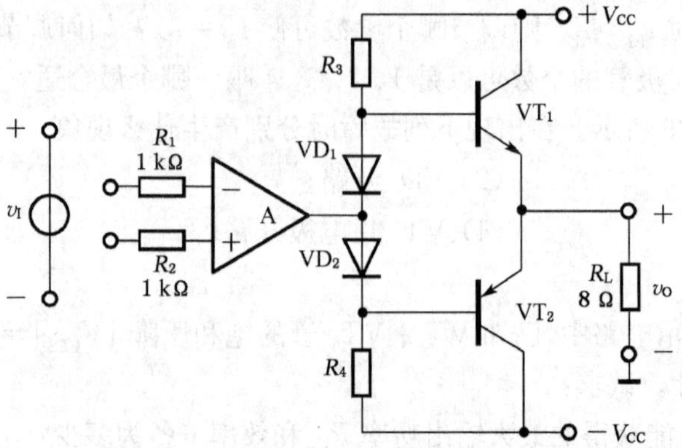

图 8.31　习题 8.16 用图

8.19　单电源互补对称功率放大器的输出功率、管耗、电源供给的功率和效率的计算与双电源互补对称功率放大器的计算有何不同？

8.20　OTL 电路如图 8.32 所示。

(1) 为了使得最大不失真输出电压幅值最大，静态时 VT_2、VT_4 管的发射极电位应为多少？若不合适，则一般应调节哪个元件参数？

(2) 若 VT_2、VT_4 管的饱和压降 $|V_{CES}|=3$ V，输入电压足够大，则电路的最大输出功率 P_{om} 和效率 η 各为多少？

(3) VT_2、VT_4 管的 I_{CM}、$V_{(BR)CEO}$ 和 P_{CM} 应如何选择？

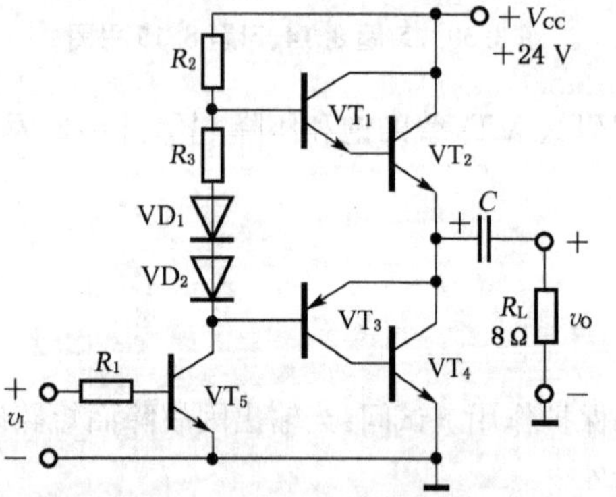

图 8.32　习题 8.20 用图

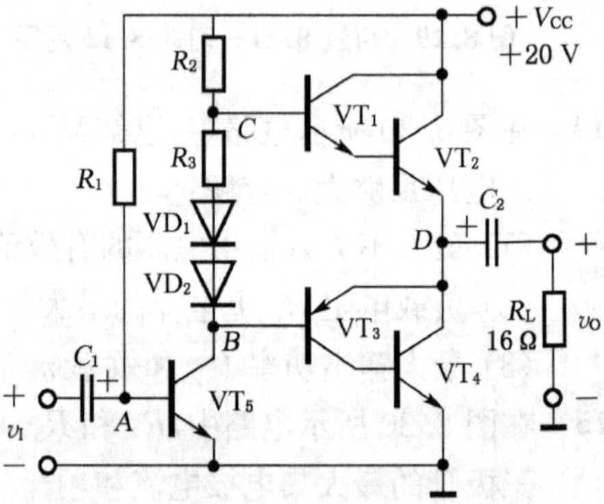

图 8.33　习题 8.21 用图

8.21　图 8.33 所示电路中 VT_1、VT_2 管的饱和压降 $|V_{CES}|=2$ V，导通时的 $|V_{BE}|=0.7$ V，输入电压足够大。

(1) A、B、C、D 点的静态电位各为多少？

(2) 为了保证 VT_2、VT_4 管工作在放大状态，管压降 $|V_{CE}|\geqslant 3$ V，电路的最大输出功率 P_{om} 和效率 η 各为多少？

8.22　图 8.34 所示为两个带自举的功率放大电路。试分别说明输入信号正半周和负半周时功率放大管输出回路电流的通路，并指出哪些元件起自举作用。

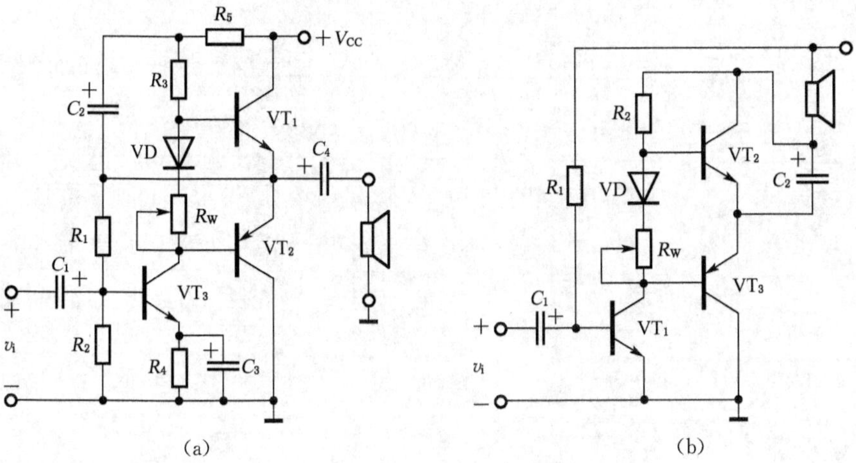

图 8.34　习题 8.22 用图

8.23 TDA 1556 为 2 通道 BTL 电路，图 8.35 所示为 TDA 1556 中一个通道组成的实用电路。已知 $V_{CC}=15$ V，放大器的最大输出电压幅值为 13 V。

(1) 为了使负载上得到的最大不失真输出电压幅值最大，基准电压 V_{ref} 应为多少？静态时 v_{O1} 和 v_{O2} 各为多少？

(2) 若 V_i 足够大，则电路的最大输出功率 P_{om} 和效率 η 各为多少？

(3) 若电路的电压放大倍数为 20，则为了使负载获得最大输出功率，输入电压的有效值约为多少？

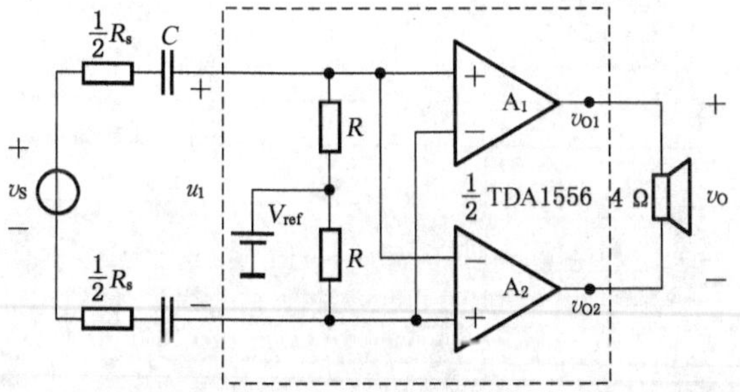

图 8.35　习题 8.23 用图

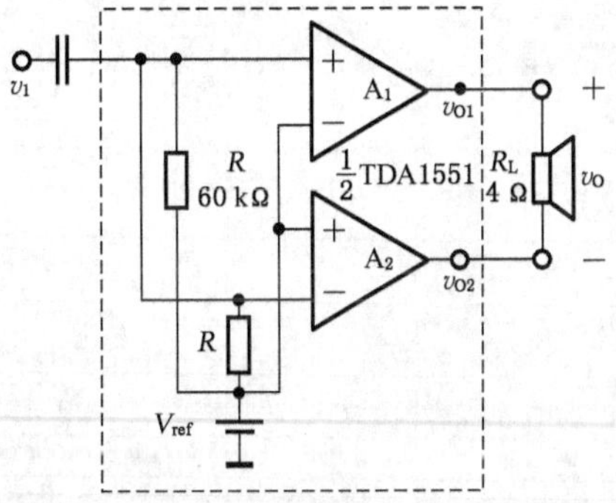

图 8.36　习题 8.24 用图

8.24 TDA 1556 为 2 通道 BTL 电路，图 8.36 所示为 TDA 1556 中一个通道组成的实用电路。已知 $V_{CC}=15$ V，放大器的最大输出电压幅值为 13 V。

(1) 为了使负载上得到的最大不失真输出电压幅值最大，基准电压 V_{ref} 应为多少？静态时 v_{O1} 和 v_{O2} 各为多少？

(2) 若 V_i 足够大，则电路的最大输出功率 P_{om} 和效率 η 各为多少？

第三篇 模拟集成电路

集成电路(integrated circuit)是把各种电子器件如二极管、三极管、电阻、电容等同时制作在一块硅片上并将它们连接成具有一定功能的电路。能够处理模拟信号的集成电路称为模拟集成电路(analog integrated circuit)。

模拟集成电路的种类很多,如集成运算放大器、集成宽带放大器、集成功率放大器、模拟乘法器、集成稳压器、各种电子设备中的专用集成电路。

在集成电路中很容易制成参数及特性相同的电子器件,尤其是晶体管。因此,差分放大器和各种镜像电流源在众多集成电路中得到广泛的应用。因为在集成电路中不能制作阻值很大的电阻(因为阻值大的电阻占硅片的面积大),因此,集成电路中放大器的偏置电路不用电阻构成,而是使用电流源偏置。集成电路中也尽量避免制作电容,尤其是较大的电容(因为电容器占硅片的面积也较大),因此,集成电路中各级之间的耦合多用直接耦合,其他用途的电容也只是制作几十微法的电容,尽量避免使用大电容。为了增加集成电路中放大器的增益,集成电路中的放大器多用有源负载和复合晶体管。

本篇主要以通用集成运算放大器为例,介绍集成电路的组成和工作原理,以此为基础,让读者学会复杂电路的分析方法。第 9 章除了介绍集成电路的构造和工作原理外,主要介绍运算放大器的应用,包括在各种运算电路、有源滤波器、比较器、波形发生器等方面的应用。第 10 章介绍集成稳压电源及其应用。

9 集成运算放大器

本章介绍集成运算放大器(简称运算放大器)的基本组成、直流和交流参数以及由其组成的各种运算电路,运算放大器在滤波电路中的应用,由运算放大器组成的比较器,并分析运算放大器在波形产生电路中的应用。

9.1 集成运算放大器的组成

运算放大器是一个直接耦合的高增益多级放大电路。它是模拟集成电路中最重要的品种,广泛应用于各种电子电路中。它能够放大直流至一定频率范围的交流电压。早期的运算放大器主要用来完成加、减、微分、积分、对数和指数等数学运算,其名称即由此而来。运算放大器发展至今,其应用范围已远远超出数学运算范围,能够实现线性和非线性等多种功能。同时,运算放大器也是其他模拟集成电路的重要组成部分,使它成为实用性很强的基本单元电路。

运算放大器一般由 3 级组成:输入级是差分放大电路,中间级是高增益放大电路,输出级是互补推挽电路。此外还有一些辅助环节,例如偏置电流源、电位偏移电路等。运算放大器的方框图如图 9.1 所示。

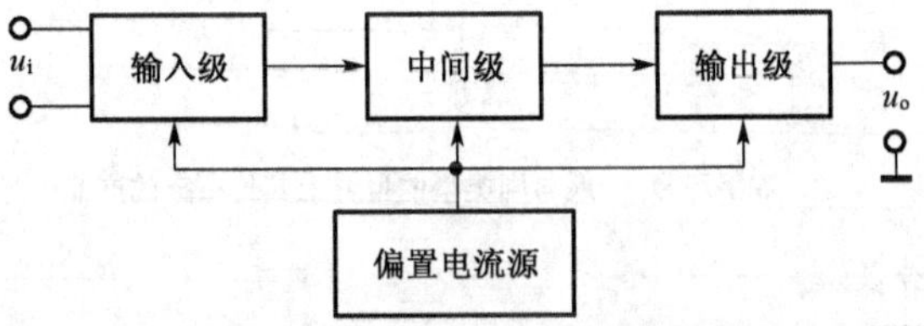

图 9.1 运算放大器方框图

运算放大器的输入级一般使用高性能的差分放大电路,它对共模信号有很强的抑制作用,因此可以抑制温漂。中间放大级提供很高的电压增益,以保证运算放大器应用电路的运算精度,中间级的电路形式大多为差分电路和带有有源负载的高增益放大器。互补输出级由 PNP 和 NPN 两种极性的三极管或复合管组成,以获得正、负两个极性的输出电压或电流。为了稳定各级的静态工作点,运算放大器采用偏置电流源为各放大级提供静态工作电流。电位偏移电路是使各放大级的静态工作点的电位配合合理,并且使输入端对地电压为 0 时输出端对地电压也为 0,即实现零输入零输出。

运算放大器从问世至今,发展很快。随着集成电路新工艺、新技术的发展,运算放大器的新产品层出不穷,例如单电源型、低失调电压型、高精度型、高速型、宽带型、高输入阻抗型和低噪声型等,以及可程控增益运算放大器、休眠运算放大器等多种类型。本章主要介绍运算放大器的基本单元电路、参数及型号。

9.2　集成运算放大器的符号和型号

9.2.1　集成运算放大器的符号

按照国家标准,集成运算放大器的符号如图 9.2 所示。集成运算放大器的符号中有 3 个引线端:2 个输入端和 1 个输出端。一个输入端称为同相输入端,该端输入信号与输出端输出信号的极性相同,用符号“+”或“IN+”表示;另一个输入端称为反相输入端,该端输入信号与输出端输出信号变化的极性相异,用符号“-”或“IN-”表示。输出端一般画在输入端的另一侧,在符号边框内标有“+”号。实际的运算放大器还必须有正、负电源端,还可能有补偿端和调零端。在简化电路中,电源端、调零端等都不画出。图 9.2(b)为国内外常用的集成运算放大器符号。

(a) 国家标准规定的符号　　(b) 国内外常用符号

图 9.2　集成运算放大器的符号

9.2.2　集成运算放大器的型号

国家标准规定的型号为:

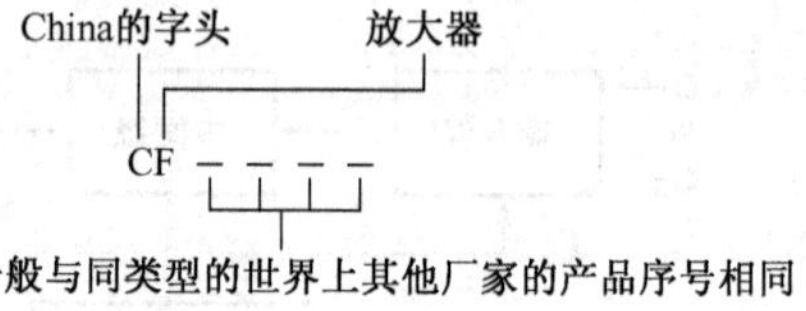

运算放大器的型号:CF　－－－－

功率放大器的型号:CD　－－－－

9.3　集成运算放大器分类

为满足实际使用中对运算放大器性能的特殊要求,除性能指标比较适中的通用型运算放大器外,出现了适应不同需要的专用型运算放大器。

运算放大器根据其技术指标可以分为通用、高速、宽带、高精度、高输入电阻、低功耗和大功率等几种。下面分别进行简要介绍。

9.3.1　通用型运算放大器

通用型运算放大器的技术指标比较适中,价格低廉,能满足一般场合的需要。通用型运算放大器也经过了几代的演变,性能已大有提高。以典型的通用型运算放大器 CF 741(μA 741)

为例，输入失调电压为 1 mV～2 mV、输入失调电流为 20 nA、差模输入电阻为 2 MΩ，开环增益为 100 dB、共模抑制比为 90 dB、输出电阻为 75 Ω、共模输入电压范围为±13 V、转换速率为 0.5 V/μs。

9.3.2 高速型和宽带型运算放大器

高速型和宽带型运算放大器一般用于宽频带放大器、快速 A/D 转换器和 D/A 转换器、有源滤波器、高速采样-保持电路、锁相环、精密比较器和视频放大器中。这种运算放大器的单位增益带宽和压摆率指标均较高，转换速率 $S_R > 30\ \text{V}/\mu\text{s}$，单位增益带宽 $f_{\text{BW, G}} > 10\ \text{MHz}$。用于小信号放大时，比较注重 $f_{\text{BW, G}}$；用于高速大信号放大时，同时还应注重 S_R。

例如：CF2520/2525 型，$S_R = 120\ \text{V}/\mu\text{s}$，$f_{\text{BW, G}} = 20\ \text{MHz}$；AD9620 型，$S_R = 2\,200\ \text{V}/\mu\text{s}$，$f_{\text{BW, G}} = 600\ \text{MHz}$；AD9618 型，$S_R = 1\,800\ \text{V}/\mu\text{s}$，$f_{\text{BW, G}} = 8\ \text{GHz}$。

9.3.3 高精度、低漂移型运算放大器

高精度、低漂移型运算放大器一般用于毫伏量级或更微弱信号的精密检测、精密计算、精密传感器信号变送器、高精度稳压电源及自动控制仪表中。

例如：OP177 型，$V_{\text{IO}} = 4\ \mu\text{V}$，$I_{\text{IO}} = 0.3\ \text{nA}$，$\dfrac{\Delta V_{\text{IO}}}{\Delta T} = 0.03\ \mu\text{V/℃}$，$\dfrac{\Delta I_{\text{IO}}}{\Delta T} = 1.5\ \text{pA/℃}$；CF714 型，$V_{\text{IO}} = 30\ \mu\text{V} \sim 60\ \mu\text{V}$，$I_{\text{IO}} = 0.4\ \text{nA} \sim 0.8\ \text{nA}$，$\dfrac{\Delta V_{\text{IO}}}{\Delta T} = 0.3\ \mu\text{V/℃} \sim 0.5\ \mu\text{V/℃}$，$\dfrac{\Delta I_{\text{IO}}}{\Delta T} = 8\ \text{pA/℃} \sim 12\ \text{pA/℃}$。

9.3.4 高输入阻抗型运算放大器

目前，高输入阻抗型运算放大器广泛用于生物医学电信号测量的精密放大电路、有源滤波器、取样-保持放大器、对数和反对数放大器和 A/D 转换器、D/A 转换器等。

这类运算放大器的差模输入电阻 $r_{\text{id}} > (10^9 \sim 10^{12})\ \Omega$，输入偏置电流 I_{IB} 为几皮安～几十皮安，故又称为低输入偏置电流型运算放大器。

例如：AD549 型，$I_{\text{IB}} < 0.040\ \text{pA}$，$r_{\text{id}} > 10^{13}\ \Omega$；CF155/255/355 型，$I_{\text{IB}} = 30\ \text{pA}$，$r_{\text{id}} > 10^{12}\ \Omega$。

9.3.5 低功耗型运算放大器

低功耗型运算放大器一般用于对能源有严格限制的遥测、遥感、生物医学和空间技术研究的设备中，工作于较低电压下，工作电流微弱。

在电源电压±15 V 条件下测试，低功耗型运算放大器最大功耗不大于 6 mW。工作在低电源电压（±3 V 以下）条件下，具有较低的静态功耗（小于 1 mW）和保持良好的电气性能（如 $A_{\text{ud}} = 80\ \text{dB} \sim 100\ \text{dB}$）。

例如：OP22 型，在正常工作时，静态功耗可低至 36 μW；OP290 型，在+0.8 V 电源电压下工作，功耗为 24 μW；CF7612 型，在±15 V 电源电压下工作，功耗为 50 μW。

9.3.6 功率型运算放大器

功率型运算放大器的输出功率可达 1 W 以上,输出电流可达几安以上。

例如: LM12 型, $I_o = 10$ A; TP1465 型, $I_o = 0.75$ A。

9.4 集成运算放大器的主要参数

运算放大器的技术指标很多,其中一部分指标与差分放大器和功率放大器相同,另一部分指标是根据运算放大器本身的特点而设立的。通用型运算放大器的各种参数均比较适中,特种运算放大器的某些技术指标很高。

9.4.1 直流参数

1) 输入失调电压 V_{IO}

一个理想的运算放大器,当输入电压为 0 时,输出电压也应为 0(不加调零装置)。但实际上,运算放大器的差分输入级很难做到完全对称,通常在输入电压为 0 时,存在一定的输出电压。输入失调电压是指为了使输出电压为 0 而在输入端所加的补偿电压,也等于输入电压为 0 时,将输出电压除以电压放大倍数,折算到输入端的数值,即

$$V_{IO} = \pm \frac{V_O \big|_{V_I = 0}}{A_V} \tag{9.1}$$

V_{IO}的大小反映了运算放大器的对称程度和电位配合情况。V_{IO}越小越好,通用型运算放大器的 V_{IO}一般为 2 mV～20 mV,超低失调和低漂移运算放大器的 V_{IO}一般为 1 μV～20 μV。

2) 输入失调电流 I_{IO}

运算放大器差分输入级的差分对管基极的静态电流之差称为输入失调电流 I_{IO},即

$$I_{IO} = |I_{B1} - I_{B2}| \tag{9.2}$$

由于信号源内阻的存在,I_{IO}的变化会引起输入电压的变化,使运算放大器输出电压不为 0。I_{IO}越小,输入级差分对管的对称程度越好,一般为 1 nA～0.1 μA。

3) 输入偏置电流 I_{IB}

运算放大器两个输入端静态偏置电流的平均值定义为输入偏置电流,即

$$I_{IB} = \frac{1}{2}(I_{B1} + I_{B2}) \tag{9.3}$$

从使用角度来看,偏置电流越小,由于信号源内阻变化引起的输出电压变化也越小,故输入偏置电流是重要的技术指标。I_{IB}一般为 1 nA～0.1 μA。

4) 输入失调电压温漂 $\Delta V_{IO}/\Delta T$

输入失调电压温漂是指在规定工作温度范围内,输入失调电压随温度的变化量与温度变化量的比值。它是衡量电路温漂的重要指标,无法用外接调零装置的办法来补偿。输入

失调电压温漂越小越好。一般运算放大器的输入失调电压温漂在±(1～20)μV/℃之间。

5）输入失调电流温漂 $\Delta I_{IO}/\Delta T$

在规定工作温度范围内，输入失调电流随温度的变化量与温度变化量之比称为输入失调电流温漂。输入失调电流温漂是放大电路电流漂移的量度，也无法用外接调零装置来补偿。高质量运算放大器的 $\Delta I_{IO}/\Delta T$ 只有几 pA/℃。

6）最大差模输入电压 V_{idmax}

最大差模输入电压是指运算放大器两输入端能承受的最大差模输入电压。超过此电压，运算放大器输入级对管将进入非线性区，而使运算放大器的性能显著恶化，甚至造成损坏。利用平面工艺制成的 NPN 管约为±5 V，而横向双结晶体管可达±30 V 以上。

7）最大共模输入电压 V_{icmax}

最大共模输入电压是指在保证运算放大器正常工作条件下，运算放大器所能承受的最大共模输入电压。共模电压超过此值时，输入差分对管的工作点进入非线性区，运算放大器失去共模抑制能力，共模抑制比显著下降。

最大共模输入电压 V_{icmax} 定义为标称电源电压下将运算放大器接成电压跟随器时使输出电压产生 1%跟随误差的共模输入电压值，或定义为 K_{CMR} 下降 6 dB 时所加的共模输入电压值。

9.4.2　交流参数

1）开环差模电压放大倍数 A_{vd}

开环差模电压放大倍数 A_{vd} 是指运算放大器工作在线性区、接入规定的负载、无反馈情况下的输出电压的变化量与运算放大器输入端口处的差模输入电压的变化量之比，在 60 dB～120 dB之间。不同类型的运算放大器，A_{vd} 相差较大。

2）差模输入电阻 r_{id}

差模输入电阻是指输入差模信号时运算放大器的输入电阻。r_{id} 越大，对信号源的影响越小，r_{id} 一般都在几百千欧以上。

3）共模抑制比 K_{CMRR}

运算放大器共模抑制比的定义与差分放大电路中的定义相同，是差模电压放大倍数与共模电压放大倍数之比，常用 dB 数表示。不同类型的运算放大器，K_{CMRR} 也不相同，有的在 60 dB～70 dB 之间，有的高达 180 dB。K_{CMRR} 越大，对共模干扰抑制能力越强。

4）开环带宽 f_{BW}

开环带宽又称－3 dB 带宽，是指运算放大器的差模电压放大倍数 A_{vd} 在高频段下降 3 dB 所对应的频率 f_H（f_H 称为上限截止频率，由于运算放大器的下限截止频率为 0，所以 $f_{BW}=f_H$）。

5）单位增益带宽 $f_{BW,G}$

单位增益带宽是指信号频率增加而使 A_{vd} 下降到 1 时所对应的频率 f_T，即 A_{vd} 为0 dB时的信号频率 f_T。通用型运算放大器 LM741 的 $f_T=1.4$ MHz，是比较低的。

6）转换速率（压摆率）S_R

转换速率是指放大电路在闭环状态下输入大信号（例如阶跃信号）时放大电路输出电压

的最大变化速率，如图 9.3 所示。它反映了运算放大器对于快速变化的输入信号的响应能力。转换速率 S_R 的表达式为：

$$S_R = \left|\frac{dv_o}{dt}\right|_{max} \tag{9.4}$$

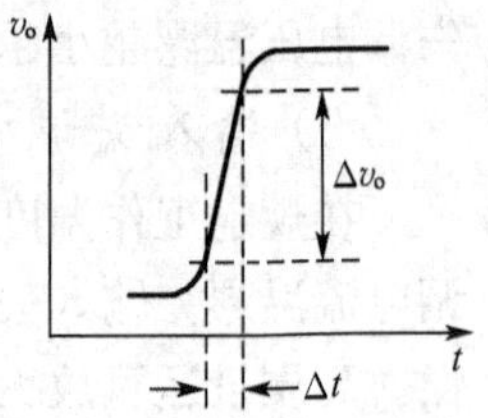

图 9.3 转换速率示意图

转换速率 S_R 是在大信号和高频信号工作时的一项重要指标，目前一般通用型运算放大器的转换速率为 1 V/μs～10 V/μs。

9.5 集成运算放大器组成的各种运算电路

运算放大器的应用从最初的信号运算发展到现在，几乎应用于电子技术的各个领域。因此，熟练掌握运算放大器电路的分析和综合方法，是在实际工作中灵活应用运算放大器的重要基础。

9.5.1 理想运算放大器

在分析和综合运算放大器应用电路时，大多数情况下，可以将运算放大器看成一个理想运算放大器。理想运算放大器顾名思义是将运算放大器的各项技术指标理想化。由于实际运算放大器的技术指标比较接近理想运算放大器，因此由理想化带来的误差非常小，在一般工程计算中可以忽略。

1）理想运算放大器技术指标

(1) 开环差模电压放大倍数 $A_{vd} = \infty$（开环的含义将在 9.6 节介绍）；

(2) 输入电阻 $R_{id} = \infty$，输出电阻 $R_o = 0$；

(3) 输入偏置电流 $I_{B1} = I_{B2} = 0$；

(4) 失调电压 V_{OS}、失调电流 I_{OS}、失调电压温漂 $\frac{dV_{OS}}{dT}$、失调电流温漂 $\frac{dI_{OS}}{dT}$，均为 0；

(5) 共模抑制比 CMRR $= \infty$；

(6) -3 dB 带宽 $= \infty$；

(7) 无内部干扰和噪声。

实际运算放大器的参数达到如下水平即可以按理想运算放大器对待：电压放大倍数达到 $10^4 \sim 10^5$；输入电阻达到 10^5 Ω；输出电阻小于几百欧；外电路中的电流远大于偏置电流；失调电压、失调电流及其温漂很小，造成电路的漂移在允许范围内，电路的稳定性符合要求即可；输入最小信号时有一定的信噪比，共模抑制比大于等于60 dB；带宽符合电路带宽要求即可。

在本节及以后各节中，如果没有特别注明，所有电路图中的运算放大器均作为理想运算放大器处理。

2）虚短和虚断

理想运算放大器工作在线性区时可以得出两条重要的结论：虚短和虚断。

(1) 虚短

因为理想运算放大器的电压放大倍数很大，而运算放大器工作在线性区，是一个线性放大电路，输出电压不超出线性范围(即有限值)，所以，运算放大器同相输入端与反相输入端的电位十分接近相等。在运算放大器供电电压为±15 V时，输出的最大值一般为10 V～13 V。所以运算放大器两输入端的电压差在1 mV以下，近似两输入端短路。这一特性称为虚短，显然这不是真正的短路，只是分析电路时在允许误差范围之内的合理近似。

(2) 虚断

由于运算放大器的输入电阻一般都在几百千欧以上，流入运算放大器同相输入端和反相输入端中的电流十分微小，比外电路中的电流小几个数量级，流入运算放大器的电流往往可以忽略，这相当运算放大器的输入端开路，这一特性称为虚断。显然，运算放大器的输入端不能真正开路。

运用虚短、虚断这两个概念，在分析运算放大器线性应用电路时，可以简化应用电路的分析过程。运算放大器构成的运算电路均要求输入与输出之间满足一定的函数关系，因此均可应用这两条结论。如果运算放大器不在线性区工作，也就没有虚短、虚断的特性。如果测量运算放大器两输入端的电位，有几毫伏之多，往往该运算放大器不在线性区工作，或者已经损坏。

9.5.2 反相放大器和同相放大器

比例运算电路用来实现输出信号与输入信号之间的比例运算关系，是各种运算电路的基础。比例运算电路包括：反相比例运算电路、同相比例运算电路、差动比例运算电路。

1) 反相比例运算

理想运算放大器组成的反相比例运算电路如图9.4所示。

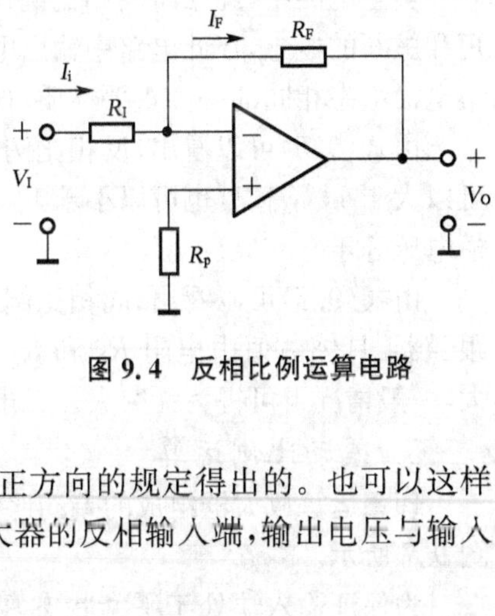

图 9.4 反相比例运算电路

根据虚断概念，$I_i = I_F$；根据虚短概念，$V_+ \approx V_- \approx 0$。所以，电压增益为：

$$A_v = \frac{V_o}{V_i} = -\frac{I_F R_F}{I_I R_I} = -\frac{R_F}{R_I} \qquad (9.5)$$

电压增益表达式有一个负号，这是根据电路中电压正方向的规定得出的。也可以这样看这个负号：因为输入电压是通过电阻 R_1 加在运算放大器的反相输入端，输出电压与输入电压反相。

反相比例运算电路的输入电阻为：

$$R_i = R_1 \qquad (9.6)$$

平衡电阻 R_p 是为了保证运算放大器的两个差动输入端处于平衡的工作状态，避免输入偏流产生附加的差动输入电压。因此，应该使反相输入端和同相输入端对地的电阻相等，保证 $R_p = R_1 // R_F$。

$V_+ \approx V_- \approx 0$，称为虚地现象。虚地是反相输入端的电位近似等于地电位，且对于理想运算放大器也没有电流流入反相输入端。此现象是反相运算电路的一个重要特点。由于虚地现象的存在，加在运算放大器两输入端的共模电压为0。虚地并不是真正的地(地一般是零电位)，用导线真的去短路，电路将不能工作。

2）同相比例运算

理想运算放大器组成的同相比例运算电路如图 9.5 所示。

根据虚断，因输入回路没有电流，所以，$V_I = V_+$。根据虚短，$V_I = V_+ \approx V_-$。故电压增益为：

$$A_v = \frac{V_o}{V_i} = \frac{-(R_1 + R_F)I_1}{-R_1 I_1} = \frac{R_1 + R_F}{R_1} = 1 + \frac{R_F}{R_1} \tag{9.7}$$

同相比例运算电路在运算放大器的两输入端加上了共模电压，不存在虚地现象；此外，输入电阻中包含了运算放大器的输入电阻，在一般情况下可以看成无穷大。

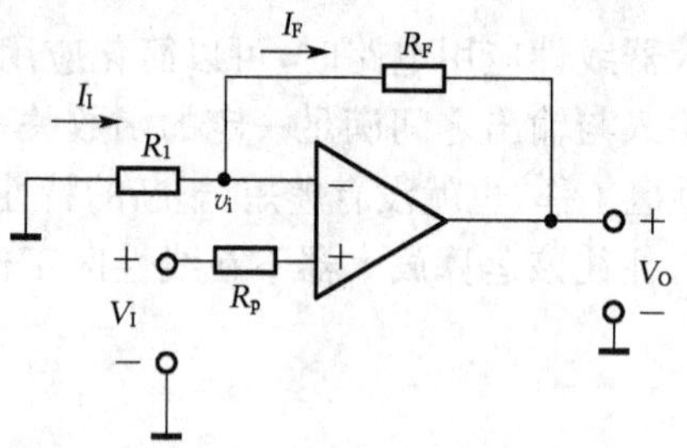

图 9.5 同相比例运算电路

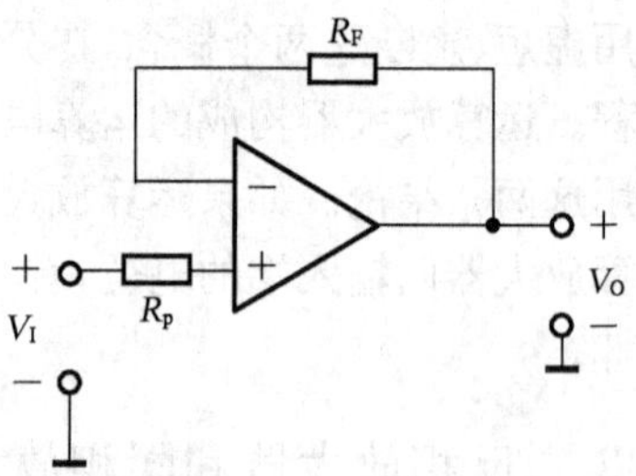

图 9.6 同相跟随器

实际电路中，经常将同相比例运算电路接成如图 9.6 所示的电压跟随器形式。根据虚短和虚断的概念，在此电路中输出电压等于输入电压，电压增益等于 1。该电路还具有与共集电极组态相同的一些重要性质，如输入输出同相、输入电阻很大、输出电阻很小等。

由式(9.5)可以看出，反相比例运算电路的电压增益由电阻 R_1 和 R_F 的比例关系确定，可以大于 1，等于 1，也可以小于 1。反相比例运算电路的输入电阻等于 R_1。有虚地存在，共模电压等于 0。

由式(9.7)可以看出，同相比例运算电路的电压增益可以大于 1、等于 1，等于 1 相当于跟随器，具体数值由电阻 R_1 和 R_F 的比例关系确定。同相比例运算电路的输入电阻非常大，一般情况下可视为无穷大。无虚地存在，有共模电压输入。

3）差动比例运算

理想运算放大器组成的差动比例运算放大电路如图 9.7 所示。

为保证输入端处于平衡状态，两个输入端对地的电阻相等，同时，为降低共模电压放大倍数，通常使 $R_1 /\!/ R_F = R_2 /\!/ R_3$。

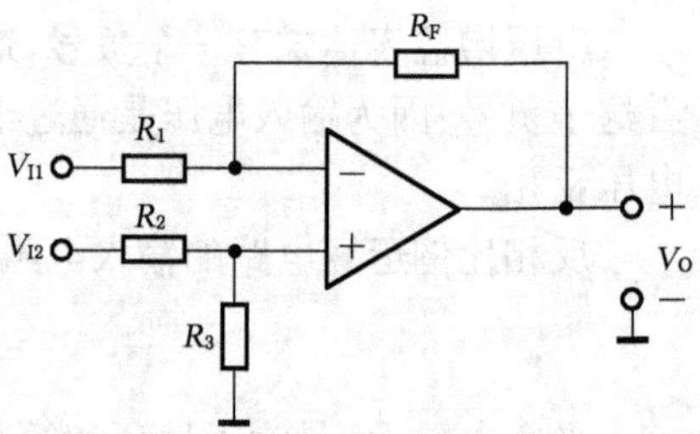

图 9.7 差动比例运算电路

利用叠加定理可以求出 V_O 的表达式。

当 $V_{I2} = 0$ 时，图 9.7 所示电路变为一个反相放大器，因此有：

$$V_{OI} = -\frac{R_F}{R_1} V_{I1} \tag{9.8}$$

当 $V_{I1} = 0$ 时，图 9.7 所示电路变为一个同相放大器。同相放大器的输入信号是 V_{I2} 在 R_3 上的分压值，因此有：

$$V_{O2}=\left(1+\frac{R_F}{R_1}\right)\frac{R_3}{R_2+R_3}V_{I2} \tag{9.9}$$

式(9.8)和式(9.9)相加，得到 V_O：

$$V_O=-\frac{R_F}{R_1}V_{I1}+\left(1+\frac{R_F}{R_1}\right)\frac{R_3}{R_2+R_3}V_{I2} \tag{9.10}$$

令 $R_1=R_2$，$R_3=R_F$，则式(9.10)简化为：

$$V_O=\frac{R_F}{R_1}(V_{I2}-V_{I1}) \tag{9.11}$$

如果取 $R_F=R_1=R_2=R_3$，则式(9.11)简化为：

$$V_O=V_{I2}-V_{I1} \tag{9.12}$$

电路的输出电压与两个输入电压的差值成正比，电压增益的数值与反相比例运算电路相同。差动比例运算放大电路的同相输入端和反相输入端有共模电压存在，没有虚地现象。

由此可以看出，有虚地存在时，在反相输入端和同相输入端无共模电压；无虚地存在时，在反相输入端和同相输入端有共模电压。

9.5.3　基本运算电路

本节主要介绍运算放大器组成的各种基本运算电路。

1）求和运算电路

输出量是多个输入量按照一定比例相加的结果，称为求和运算，或者称为比例求和。用运算放大器实现求和运算(加法运算)，可以采用：反相输入求和电路、同相输入求和电路、双端输入求和电路。

(1) 反相输入求和电路

在反相比例运算电路的基础上，增加一个输入支路，就构成反相输入求和电路，如图 9.8 所示。

此时两个输入信号电压产生的电流都流向 R_F，所以输出是两输入信号的比例之和：

$$v_O=-\left(\frac{R_F}{R_1}v_{I1}+\frac{R_F}{R_2}v_{I2}\right) \tag{9.13}$$

当 $R_1=R_2=R_F$ 时，输出等于两输入反相之和：

$$v_O=-(v_{I1}+v_{I2}) \tag{9.14}$$

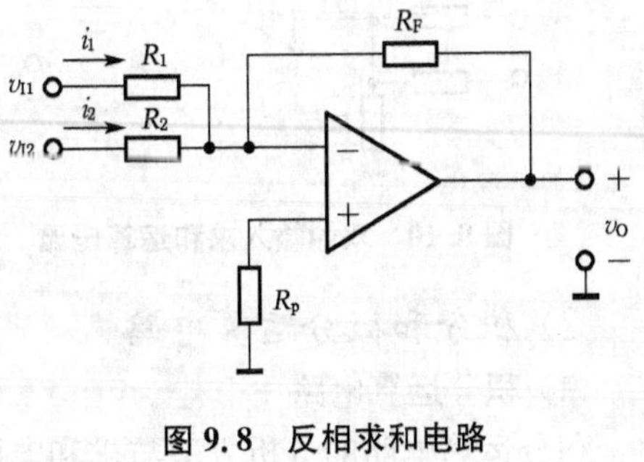

图 9.8　反相求和电路

需要注意，前面对输入电压和输出电压使用的符号是 V_I 和 V_O，根据习惯，这是直流量，因为运算放大器是高增益的直接耦合放大器，可以放大直流信号。但图 9.8 所示反相求和运算电路对于交流信号，只要在运算放大器的通带范围之内，上述几种比例运算电路也完全可以正常工作，现在使用的符号 v_I 和 v_O，表示是交流量和直流量都可以存在。对于交直流混合的情况，可以分开处理，分别得到交流的输出和直流的输出，最后将交流和直流的输出叠加。

(2) 同相输入求和电路

在同相比例运算电路的基础上，增加一个输入支路，就构成了同相输入求和电路，如图 9.9 所示。

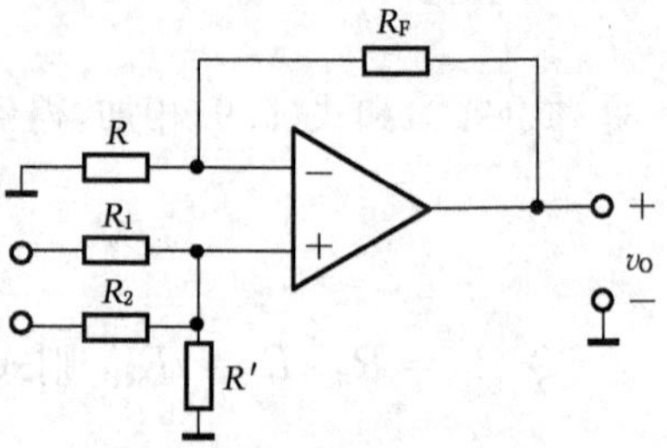

图 9.9　同相求和电路

因运算放大器具有虚断的特性，所以，

$$v_- = \frac{R}{R_F + R} v_o \tag{9.15}$$

对运算放大器同相输入端的电位可用叠加原理求得：

$$v_+ = \frac{(R_2 /\!/ R')v_{I1}}{R_1 + (R_2 /\!/ R')} + \frac{(R_1 /\!/ R')v_{I2}}{R_2 + (R_1 /\!/ R')} \tag{9.16}$$

而 $v_+ = v_-$，由此可得出：

$$v_o = \left[\frac{(R_2 /\!/ R')v_{I1}}{R_1 + (R_2 /\!/ R')} + \frac{(R_1 /\!/ R')v_{I2}}{R_2 + (R_1 /\!/ R')}\right]\frac{R_F + R}{R} \tag{9.17}$$

当 $R_1 = R_2 = R_F$，$R = R_1 /\!/ R'$ 时，

$$v_o = v_{I1} + v_{I2} \tag{9.18}$$

(3) 双端输入求和电路

双端输入也称差分输入。双端输入求和运算电路如图 9.10 所示。其输出电压表达式的推导方法与同相输入运算电路相似。不再赘述。

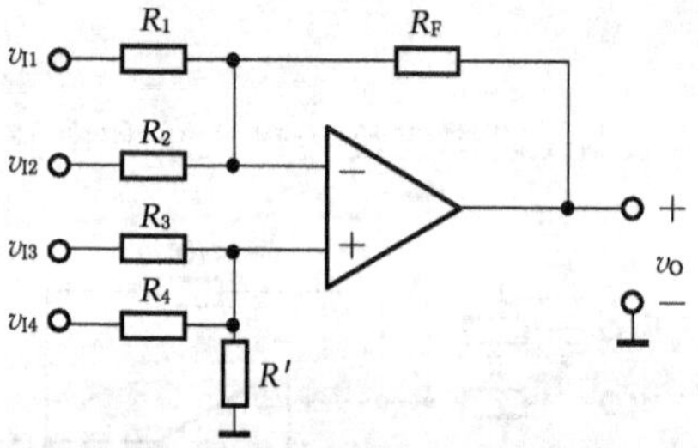

图 9.10　双端输入求和运算电路

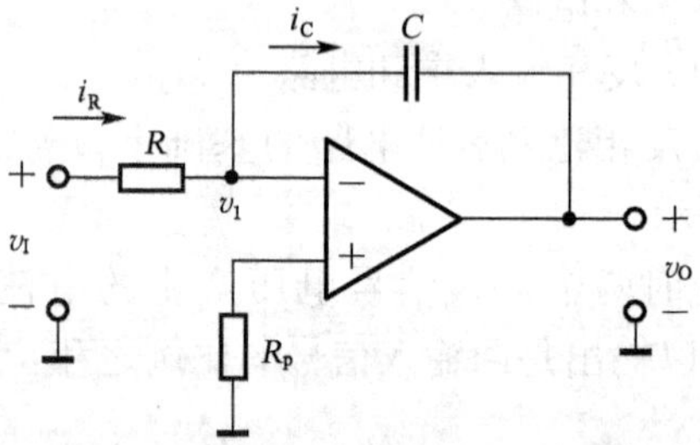

图 9.11　积分运算电路

2) 积分和微分运算电路

(1) 积分运算电路

积分运算电路的分析方法与求和电路差不多。反相积分运算电路如图 9.11 所示。

图中，运算放大器的同相端接地，因此反相端也是地电位。而且，电阻 R 上的电流与电容 C 上的电流相等，即

$$i_C = i_R = \frac{v_I}{R} \tag{9.19}$$

图中的电容以电流 i_C 充电，若电容上的初始电压为 0，则输出电压为：

$$v_O = -v_C = -\frac{1}{C}\int i_C \mathrm{d}t \tag{9.20}$$

将式(9.19)代入式(9.20)，得

$$v_O = -v_C = -\frac{1}{C}\int \frac{v_I}{R}\mathrm{d}t \tag{9.21}$$

整理后得：

$$v_O = -\frac{1}{CR}\int v_I \mathrm{d}t \tag{9.22}$$

由此可见，输出电压为输入电压对时间的积分，负号表明输出电压与输入电压的相位相反。

当输入信号是阶跃直流电压 V_I 时，电容将以近似恒流的方式进行充电，输出电压与时间成线性关系。

【例 9.1】 在图 9.11 所示积分器的输入端加入图 9.12 中给定输入波形，画出在此输入波形作用下积分器的输出波形，电容器上的初始电压为 0。积分器的参数为 $R = 10\ \mathrm{k\Omega}$、$C = 0.1\ \mathrm{F}$。

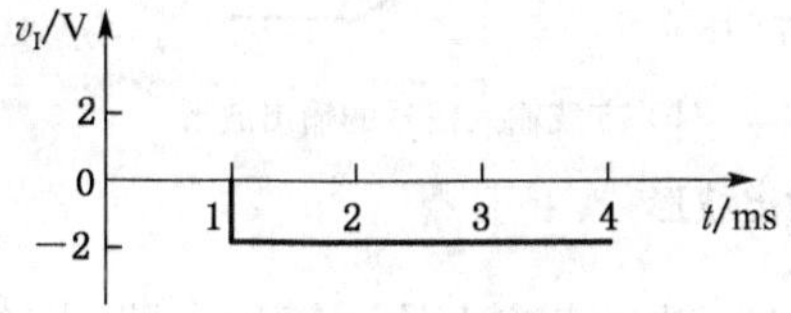

(a) 阶跃输入信号

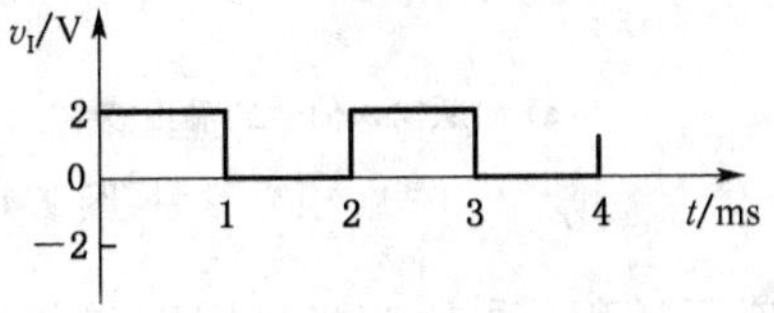

(b) 方波输入信号

图 9.12 积分器的输入

解： 由式(9.22)可以求出图 9.12(a)所示输入波形在 3 ms 处的输出电压值：

$$v_O = -\frac{1}{CR}\int v_I \mathrm{d}t =$$

$$-\frac{1}{10\times10^3\times0.1\times10^{-6}}\int -2\mathrm{d}t =$$

$$\frac{2\times3\times10^{-3}}{10\times10^3\times0.1\times10^{-6}} =$$

$$6(\mathrm{V})$$

输出波形如图 9.13(a)所示。

对图 9.12(b)所示的输入波形，可以求出 1 ms 处的输出电压：

$$v_O = -\frac{1}{CR}\int v_I \mathrm{d}t =$$

$$-\frac{1}{10\times10^3\times0.1\times10^{-6}}\int -2\mathrm{d}t =$$

$$-\frac{2\times10^{-3}}{10\times10^3\times0.1\times10^{-6}} =$$

$$-2(\mathrm{V})$$

从 1 ms 到 2 ms 之间的输入电压是 0 V，因此，从 1 ms 到 2 ms 处的输出电压值保持不变。

从 2 ms 到 3 ms 之间的输入电压是 2 V，且 2 ms 处的输出电压值为−2 V，因此可以求出 3 ms 处的输出电压值：

$$v_O = -2 - \frac{1}{CR}\int v_I \mathrm{d}t =$$

$$-2 - \frac{1}{10\times10^3\times0.1\times10^{-6}}\times2\times1\times10^{-3} =$$

$$-4(\mathrm{V})$$

由以上计算可以画出输出电压的波形如图 9.13(b)所示。

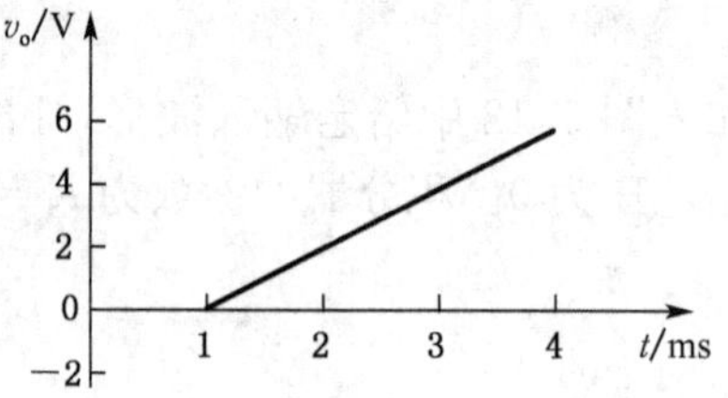

(a) 阶跃输入信号的输出波形

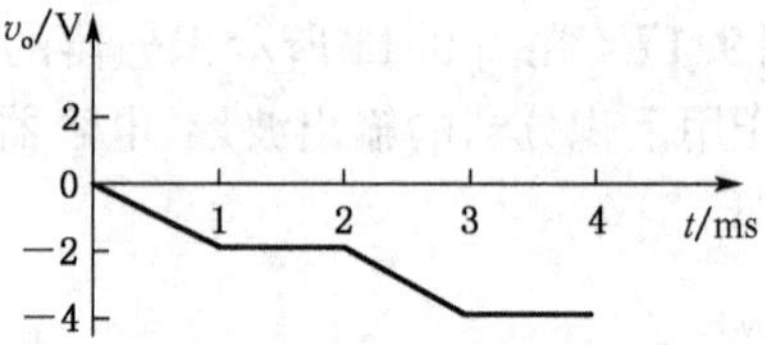

(b) 方波输入信号的输出波形

图 9.13　积分器的输出波形

实际的积分电路应当采用失调电压、偏置电流和失调电流较小的运算放大器，并在同相输入端接入可调平衡电阻；选用泄漏电流小的电容，如薄膜电容、聚苯乙烯电容，可以减少积分电容的漏电流产生的积分误差。

(2) 微分运算电路

微分运算电路如图 9.14 所示。

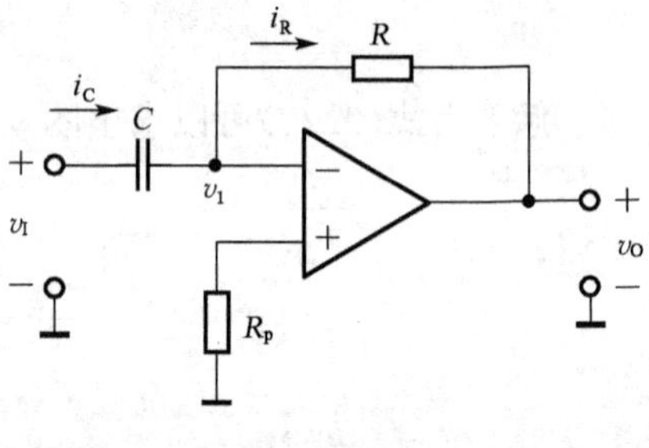

图 9.14　微分电路

微分运算电路是将积分电路中的电容与电阻交换了位置。图中运算放大器的同相端接地，因此反相端也是地电位，而且电阻 R 上的电流与电容 C 上的电流相等。若电容上的初始电压为 0，则有：

$$i_C = i_R = C\frac{\mathrm{d}v_I}{\mathrm{d}t} \tag{9.23}$$

$$v_o = -RC\frac{\mathrm{d}v_I}{\mathrm{d}t} \tag{9.24}$$

由式(9.24)可知，输出电压是输入电压的微分。这种微分电路当输入信号频率高时，电容的容抗减小，放大倍数增大，因而对输入信号中的高频干扰非常敏感。

以上各种比例运算电路、求和运算电路、微分和积分运算电路都有一个特点，就是在输出端与反相输入端之间连接有元件(电阻、电容等)，这是保证运算放大器工作在线性区的重要条件。

9.6 集成运算放大器在有源滤波电路中的应用

9.6.1 概 述

在实际电子系统中，输入信号往往因受干扰等原因而含有一些不必要的成分，应设法将它衰减到足够小的程度。在另一些场合，所需要的信号与其他信号混在一起，如果这两个信号在频率成分上有较大的差别，就可以用滤波方法将所需要的信号滤出。为了解决上述问题，可采用滤波电路。

滤波器包括由电抗性元件 L、C 构成的无源滤波器、由运算放大器组成的有源滤波器以及晶体滤波器等。有源滤波器主要介绍有源低通滤波电路、有源高通滤波电路的构成和主要性能。

滤波器是一种能使有用频率信号通过而同时抑制无用频率信号的电子电路，工程上常用做信号处理、数据传送和抑制干扰等。

例如有一个较低频率的信号，其中包含一些较高频率成分的干扰，通过滤波器后，滤除了信号中无用的频率成分。这种滤波方式主要通过滤波器对有用信号产生放大，对无用信号不产生放大，从而实现对不同频率成分的信号的响应不同。这种方式的滤波称为模拟滤波。滤波过程如图 9.15 所示。

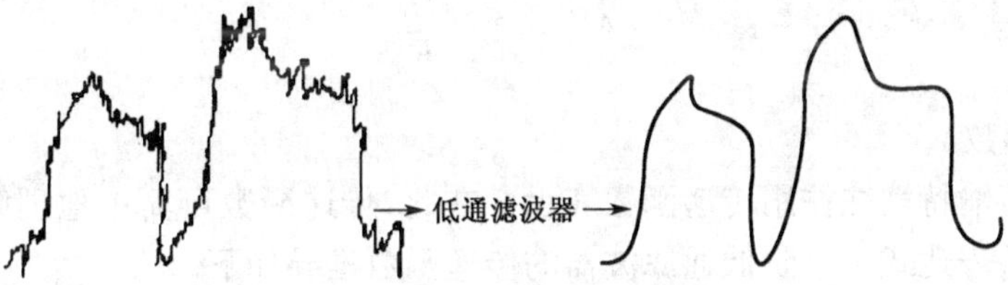

图 9.15 模拟滤波示意图

另一种方法是将待滤波的信号通过傅立叶变换，得到对应的频域信号，将有用信号的频谱保留，无用信号的频谱滤除。将滤波后的频谱信号通过傅立叶反变换得到时域信号，就完成了对信号的滤波。这种方法称为数字滤波，如图 9.16 所示。

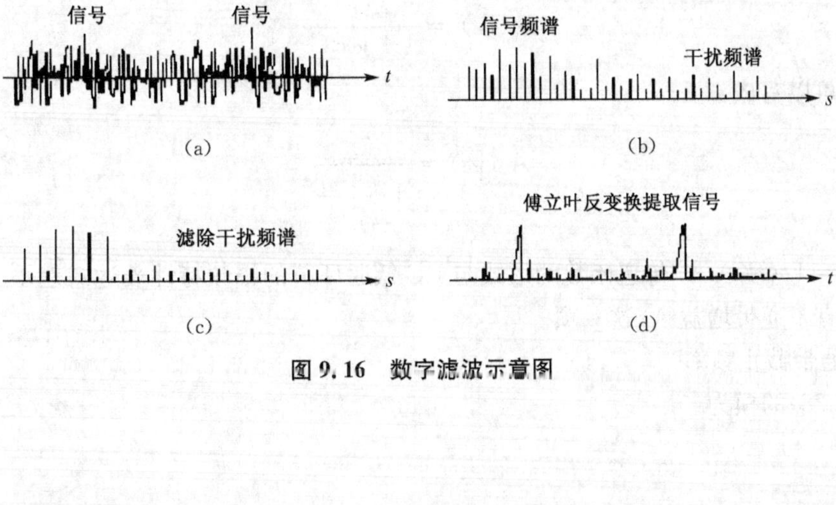

图 9.16 数字滤波示意图

9.6.2　一阶有源滤波电路

1）一阶低通有源滤波器

一阶低通滤波器电路如图 9.17 所示，其幅频特性如图 9.18 所示。图 9.17 与一阶 RC 电路的幅频特性曲线相比在形状上没有什么不同，只是在 Y 方向有所提升，以反映运算放大器的增益。一阶有源滤波器的特点是电路简单，阻带衰减太慢，选择性较差。

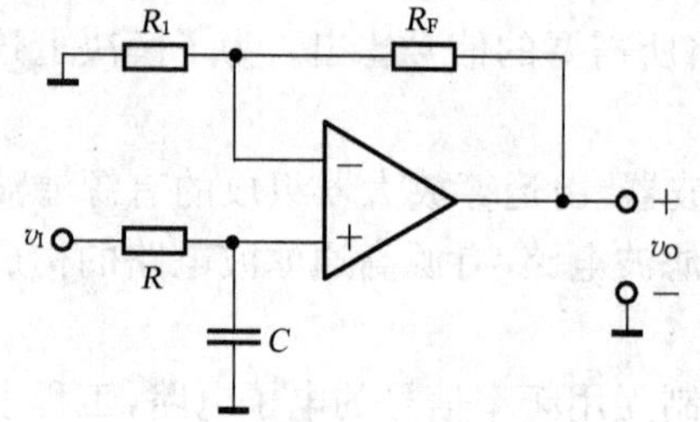

图 9.17　一阶低通滤波器

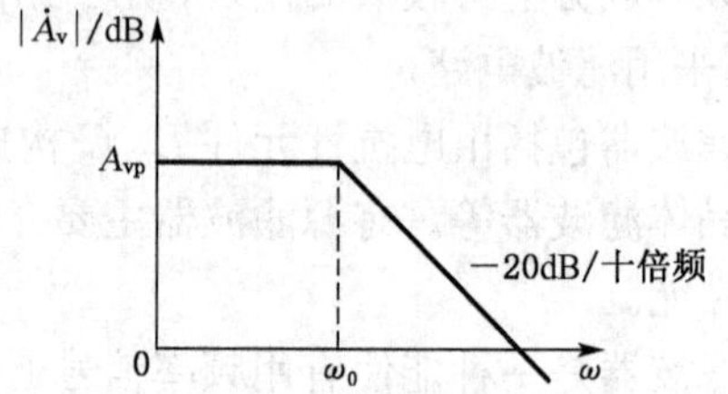

图 9.18　一阶低通滤波器的幅频特性曲线

有源滤波器的主要技术指标包括通带增益、传递函数、通带截止频率。

(1) 通带增益

通带增益当 $f = 0$ 时，电容器可视为开路。所以通带增益为：

$$A_{vp} = 1 + \frac{R_F}{R_1} \tag{9.25}$$

(2) 传递函数

滤波器的传输特性往往用传递函数表示。在此，传递函数可简单地理解为用拉普拉斯算子表示的增益表达式。一阶低通滤波器的传递函数推导如下。

运算放大器同相输入端信号与输入电压的关系是：

$$v_+ = v_C = \frac{1}{1 + j\omega CR} v_I \tag{9.26}$$

因此，频率响应特性表达式为：

$$v_v(j\omega) = \frac{A_{vp}}{1 + j\omega RC} \tag{9.27}$$

式(9.27)可以写成：

$$A_v(j\omega) = \frac{A_{vp}}{1 + j\dfrac{\omega}{\omega_0}} \tag{9.28}$$

式中，$\omega_0 = 1/(RC)$。该传递函数的形式与 RC 低通环节的幅频特性表达式差不多，只是分子的位置有了通带增益 A_v 这一项。

(3) 通带截止频率

式(9.28)的模为：

$$A_v = \frac{A_{vp}}{\sqrt{1+\left(\frac{\omega}{\omega_0}\right)^2}} \tag{9.29}$$

相角为：

$$\varphi(\omega) = -\arctan\frac{\omega}{\omega_0} \tag{9.30}$$

画出式(9.29)对应的幅频特性曲线，如图 9.19 所示。图中 Y 坐标是相对值。通带截止频率的定义与放大电路的上限截止频率相同，当在通频带的高端，电压增益下降到通带增益的 0.707 倍时，f_0 或 -3 dB 对应的频率，如图 9.19 所示。通带与阻带之间称为过渡带，过渡带越窄，说明滤波器的选择性越好。

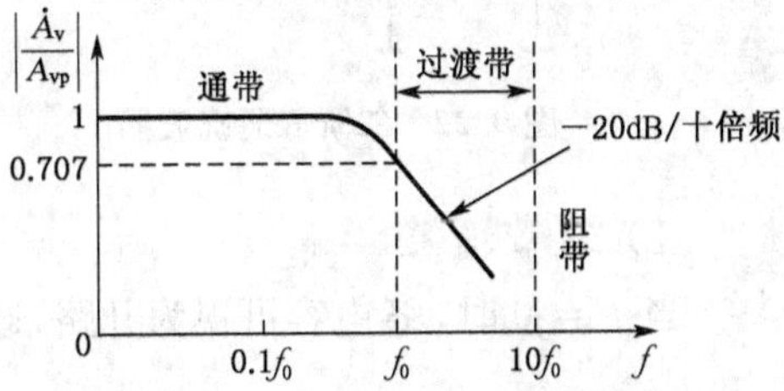

图 9.19　低通滤波器的幅频特性曲线

由式(9.29)可以看出，当 $\omega=\omega_0$ 时，$|A_v| = A_{vp}/\sqrt{2}$，因此，通带上限角频率是 ω_0。

在波特图中常用十倍频来说明频率特性曲线的变化速率。过上限截止频率后，幅频特性曲线开始以 -20 dB/十倍频的速率下降。图 9.18 中的 X 坐标是对数坐标，当频率达到 $f=10f_0$ 时，计算出的放大倍数是通带增益 A_v 的十分之一，10 倍的电压增益相当 20 dB。因为增益是下降的，所以写成 -20 dB/十倍频。

2）一阶高通有源滤波器

一阶高通有源滤波器电路如图 9.20 所示。

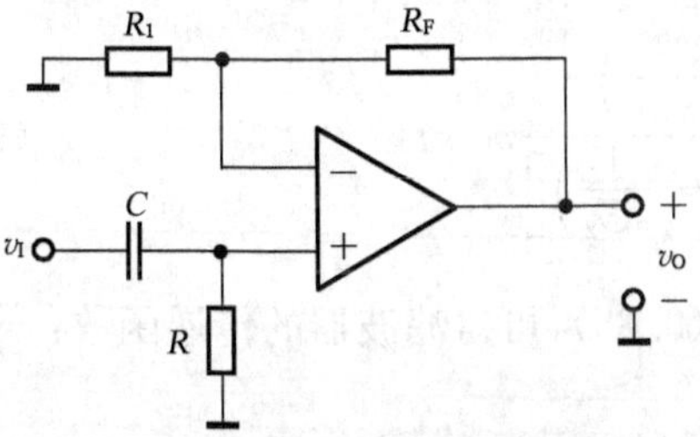

图 9.20　一阶高通滤波器

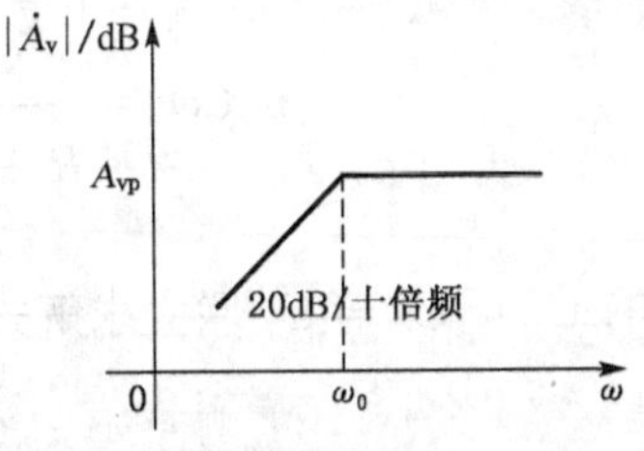

图 9.21　一阶高通滤波器的幅频特性曲线

分析方法同前，得

$$A_v = \frac{v_O}{v_I} = \frac{A_{vp}}{1+\frac{1}{\mathrm{j}\omega RC}} = \frac{A_{vp}}{1-\mathrm{j}\frac{\omega_0}{\omega}} \tag{9.31}$$

式中，$\omega_0 = 1/(RC)$。

一阶高通有源滤波器的幅度频率特性曲线如图 9.21 所示。高通滤波器有下限截止频率，根据定义，当 $\omega=\omega_0$ 时，$|A_v| = A_{vp}/\sqrt{2}$，因此，下限截止频率是 ω_0。

9.6.3　二阶有源滤波电路

为了使输出电压在高频段以更快的速率下降，以改善滤波效果，再加一节 RC 低通滤波环节，称为二阶有源滤波电路。它比一阶低通滤波器的滤波效果更好。二阶低通滤波器电路如图 9.22 所示，幅频特性曲线如图 9.23 所示。

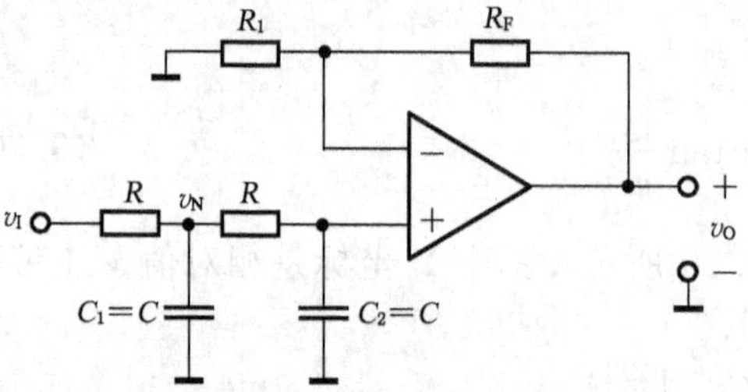

图 9.22　二阶低通滤波器

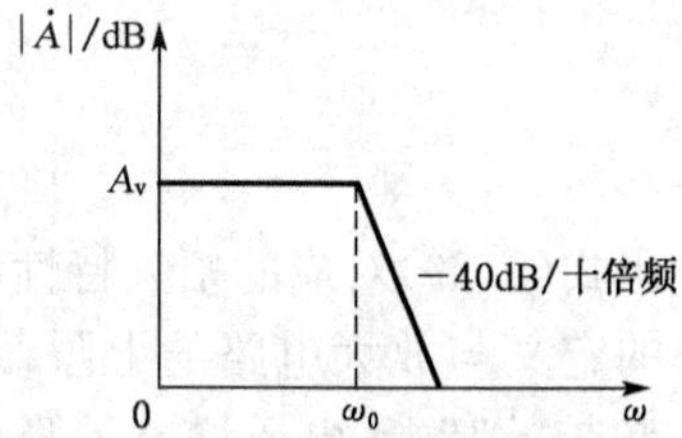

图 9.23　二阶低通滤波器的幅频特性曲线

1）通带增益

当 $f=0$ 时，各电容可视为开路，通带内的增益为：

$$A_{vp}=1+\frac{R_F}{R_1} \tag{9.32}$$

2）传递函数

由图 9.22 可以写出：

$$v_O(s)=A_v v_{(+)}(s) \tag{9.33}$$

$$v_+(s)=v_N(s)\frac{1}{1+sC_2R} \tag{9.34}$$

$$v_N(s)=\frac{\frac{1}{sC_1}\,/\!/\left(R+\frac{1}{sC_2}\right)}{R+\left[\frac{1}{sC_1}\,/\!/\left(R+\frac{1}{sC_2}\right)\right]}v_I(s) \tag{9.35}$$

通常有 $C_1=C_2=C$，联立求解式(9.33)～式(9.35)，可得滤波器的传递函数：

$$A_v(s)=\frac{v_O(s)}{v_I(s)}=\frac{A_{vp}}{1+3sCR+(sCR)^2} \tag{9.36}$$

3）通带截止频率

将 s 换成 $j\omega$，令 $\omega_0=2\pi f_0=1/(RC)$，可得：

$$A_v=\frac{A_{vp}}{1-\left(\frac{f}{f_0}\right)^2+j3\frac{f}{f_0}} \tag{9.37}$$

当 $f=f_0$ 时，式(9.37)分母的模为：

$$\left|1-\left(\frac{f_p}{f_0}\right)^2+j3\frac{f_p}{f_0}\right|=\sqrt{2} \tag{9.38}$$

解得截止频率为：

$$f_p = \sqrt{\frac{\sqrt{53}-7}{2}} f_0 = 0.37 f_0 = \frac{0.37}{2\pi RC} \tag{9.39}$$

与理想的二阶波特图相比，在超过 f_0 以后，幅频特性以 -40 dB/十倍频的速率下降，比一阶滤波电路下降快。但在通带截止频率 $f_p \rightarrow f_0$ 之间，幅频特性下降得还不够快。

9.6.4 其他二阶有源滤波电路

1）压控电压源二阶低通滤波电路

二阶压控型低通有源滤波器如图 9.24 所示。电容 C_1 原来是接地的，现在改接到输出端。显然，C_1 的改接不影响通带增益。二阶压控型低通滤波器的幅频特性如图 9.25 所示。

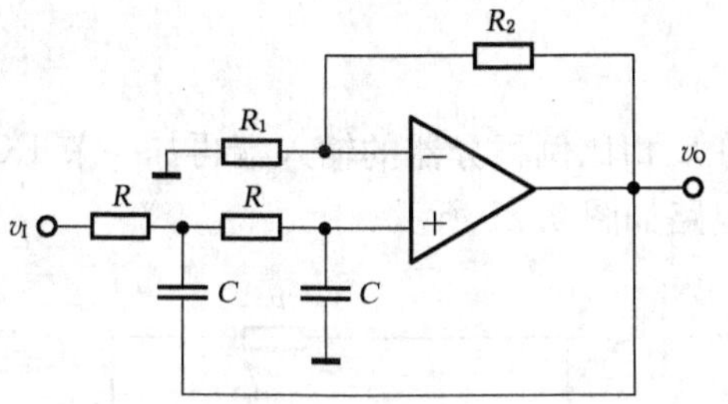

图 9.24 二阶压控型低通滤波器

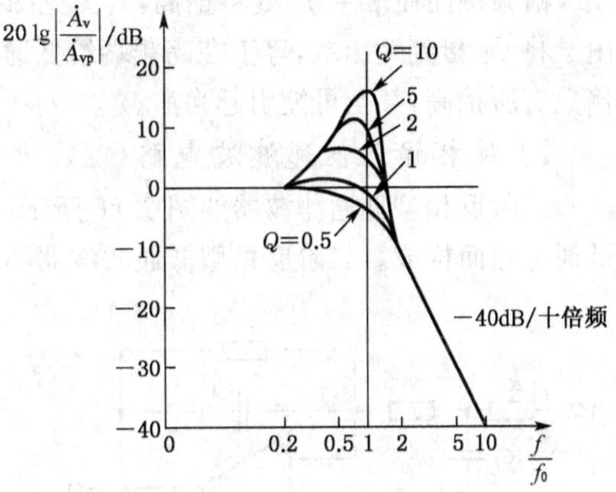

图 9.25 二阶压控型低通滤波器的幅频特性

(1) 传递函数

$$v_O(s) = A_{vp} v_{(+)}(s) \tag{9.40}$$

$$v_{(+)}(s) = v_N(s) \frac{1}{1+sCR} \tag{9.41}$$

对于节点 N，可以列出下列方程：

$$\frac{v_I(s) - v_N(s)}{R} - [v_N(s) - v_O(s)]sC - \frac{v_N(s) - v_{(+)}(s)}{R} = 0 \tag{9.42}$$

联立求解式(9.40)～式(9.42)，得低通滤波器的传递函数：

$$A_v(s) = \frac{v_O(s)}{v_I(s)} = \frac{A_{vp}}{1+(3-A_{vp})sCR+(sCR)^2} \tag{9.43}$$

式(9.43)表明，该滤波器的通带增益应小于 3，才能保障电路稳定工作。

(2) 频率响应

由传递函数可以写出频率响应的表达式：

$$\dot{A}_v = \frac{A_{vp}}{1-\left(\frac{f}{f_0}\right)^2 + j(3-A_{vp})\frac{f}{f_0}} \tag{9.44}$$

当 $f = f_0$ 时，式(9.44)可以化简为：

$$\dot{A}_v = \frac{A_{vp}}{j(3 - A_{vp})} \tag{9.45}$$

定义有源滤波器的品质因数 Q 值为 $f = f_0$ 时的电压放大倍数的模与通带增益之比。

$$Q = \frac{1}{3 - A_{vp}} \tag{9.46}$$

$$|\dot{A}_v|_{(f=f_0)} = QA_{vp} \tag{9.47}$$

式(9.46)和式(9.47)表明，当 $2 < A_{vp} < 3$ 时，$Q > 1$，在 $f = f_0$ 处的电压增益将大于 A_{vp}，幅频特性在 $f = f_0$ 处将抬高，具体见图 9.25。当 $A_{vp} \geqslant 3$ 时，$Q = \infty$，有源滤波器自激。由于将 C_1 接到输出端，等于在高频端给低通滤波器加了一点正反馈，所以在高频端的放大倍数有所抬高，甚至可能引起自激。

2) 反相输入低通滤波电路

二阶反相型低通滤波器如图 9.26 所示，它是在反相比例积分器的输入端再加一节 RC 低通电路而构成。二阶反相型低通滤波器的改进电路如图 9.27 所示。

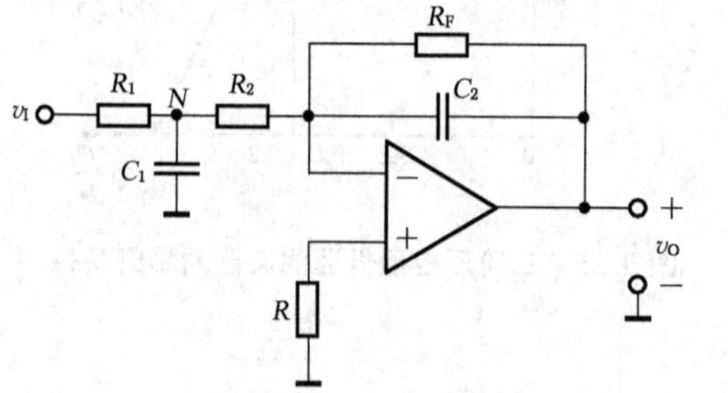

图 9.26　二阶反相型低通滤波器

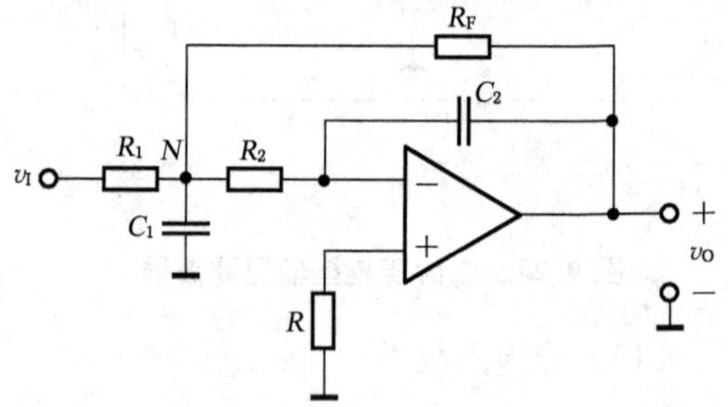

图 9.27　二阶多路反馈反相型低通滤波器

$$v_O(s) = \frac{-1}{sC_2R_2} v_N(s) \tag{9.48}$$

对于节点 N，可以列出下列方程：

$$\frac{v_I(s) - v_N(s)}{R_1} - v_N(s)sC_1 - \frac{v_N(s)}{R_2} - \frac{v_N(s) - v_O(s)}{R_f} = 0 \tag{9.49}$$

传递函数为：

$$A_v(s) = \frac{-\dfrac{R_f}{R_1}}{1 + sC_2R_2R_f\left(\dfrac{1}{R_1} + \dfrac{1}{R_2} + \dfrac{1}{R_f}\right) + s^2C_1C_2R_2R_f} \tag{9.50}$$

频率响应为：

$$\dot{A}_v = \frac{A_{vp}}{1 - \left(\dfrac{f}{f_0}\right)^2 + j\dfrac{1}{Q}\left(\dfrac{f}{f_0}\right)} \tag{9.51}$$

以上各式中：

$$A_{vp}=-\frac{R_f}{R_1} \tag{9.52}$$

$$f_0=\frac{1}{2\pi\sqrt{C_1C_1R_2R_f}} \tag{9.53}$$

$$Q=(R_1 /\!/ R_2 /\!/ R_f)\sqrt{\frac{C_1}{R_2R_f}} \tag{9.54}$$

9.6.5 开关电容有源滤波电路

开关电容滤波器由场效应管、电容、开关和运算放大器组成，其整体结构简单、制造简易、价廉，性能较好，大有取代一般滤波器的趋势。

开关电容滤波器电路的两节点间接有带高速开关的电容，其效果相当于该两节点间连接一个电阻。图 9.28(a)所示是有源 RC 积分器。在图 9.28(b)中，用一个接地电容 C_1 和用做开关的源、漏极可互换的增强型场效应管 T_1、T_2 来代替输入电阻 R_1（注意此处 T_1、T_2 用的是简化符号）。图中，T_1、T_2 用一个不重叠的两相时钟脉冲来驱动[见图 9.28(c)]。假定时钟频率 $f_c(=1/T_c)$ 远高于信号频率，那么，在 ϕ_1 为高电平时，T_1 导通而 T_2 截止[见图 9.28(d)]。此时，C_1 与输入信号 v_I 相连，即有：

$$qC_1=C_1v_I \tag{9.55}$$

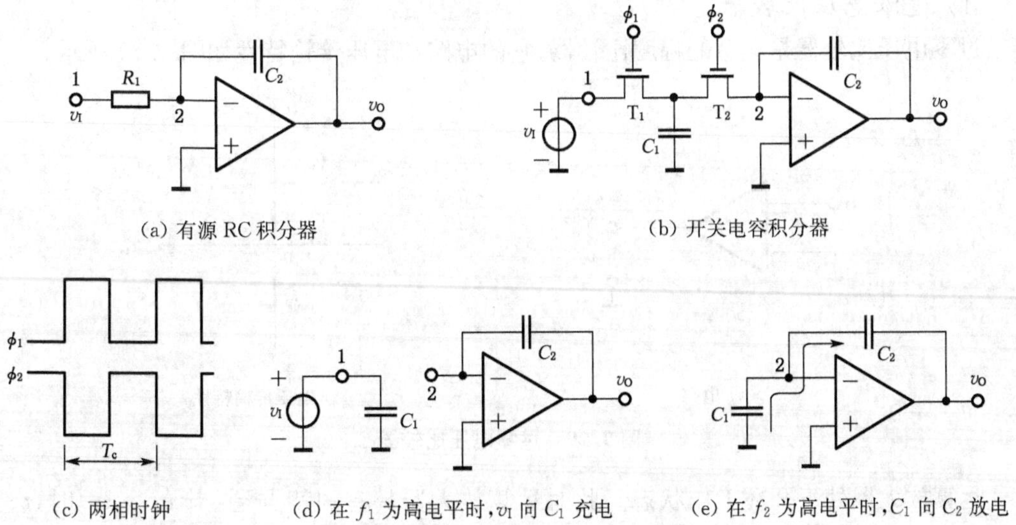

(a) 有源 RC 积分器　　(b) 开关电容积分器

(c) 两相时钟　　(d) 在 f_1 为高电平时，v_I 向 C_1 充电　　(e) 在 f_2 为高电平时，C_1 向 C_2 放电

图 9.28 开关电容电路

而在 ϕ_2 为高电平时，T_1 截止，T_2 导通。于是，C_1 转接到运算放大器的输入端，如图 9.28(e)所示。此时，C_1 放电，将 C_1 原来所充电荷 qC_1 传输到 C_2 上。

由此可见，在每一时钟周期 T_c 内，从信号源中摄取的电荷 $qC_1=C_1v_I$ 供给了积分电容 C_2。因此，在节点 1、2 之间流过的平均电流为：

$$i_{\omega} = \frac{C_1 v_I}{T_c} \tag{9.56}$$

如果 T_c 足够短，可以近似认为这个过程是连续的，因而由式(9.56)可以在两节点间定义一个等效电路 P_{eq}，即

$$R_{eq} = \frac{T_c}{C_1} \tag{9.57}$$

这样就可以得到一个等效的积分时间常数。

显然，影响滤波器频率响应的时间常数取决于时钟周期 T_c 和电容比值 C_2/C_1，而与电容的绝对值无关。在场效应管制造工艺中，电容比值的精度可以控制在 0.1%以内。这样，只要选用合适的时钟频率(如 $f_c = 100\,\text{kHz}$)和不太大的电容比值(如 10)，对于低频率应用来说，就可获得合适的时间常数(如 10^{-4}s)。

9.7 比较器

集成比较器是由集成运算放大器组成的一种模拟电压比较电路，是将一个模拟电压信号与一个基准电压进行比较的电路。常用的幅度比较器有过零比较器、任意电压比较器、具有滞回特性的比较器等。前两种是比较电压固定的阈值比较器，后一种是滞回比较器，具有两个阈值。

9.7.1 单门限电压比较器

1) 过零电压比较器

过零电压比较器是典型的幅度比较器，它的电路和电压传输特性如图 9.29 所示。

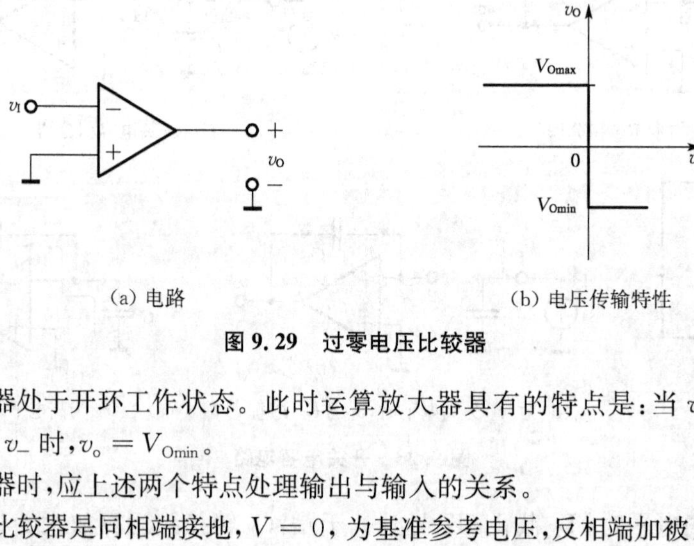

图 9.29　过零电压比较器

运算放大器处于开环工作状态。此时运算放大器具有的特点是：当 $v_+ > v_-$ 时，$v_o = V_{Omax}$；当 $v_+ < v_-$ 时，$v_o = V_{Omin}$。

分析比较器时，应上述两个特点处理输出与输入的关系。

过零电压比较器是同相端接地，$V = 0$，为基准参考电压，反相端加被比较信号 v_S。其工作原理是：当 $v_- < 0$ 时，$v_o = V_{Omax}$；当 $v_- > 0$ 时，$v_o = V_{Omin}$。

当输入信号是正弦波的正半周时，运算放大器的输出电压为负的最大值；当输入信号为负半周时，运算放大器的输出电压为正的最大值。因此，过零比较器将正弦波变成方波。输

出与输入波形如图 9.30 所示。

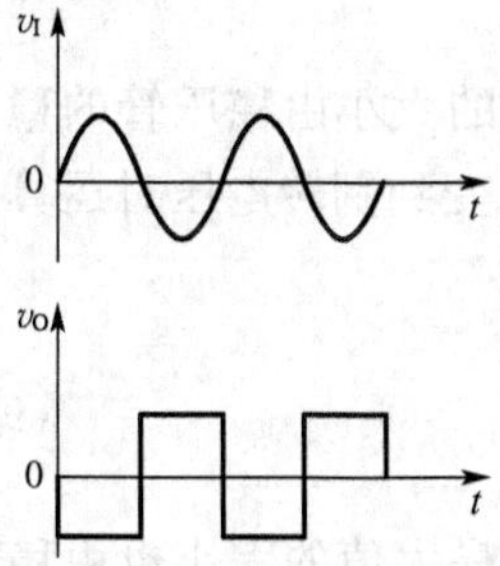

图 9.30　输出与输入波形

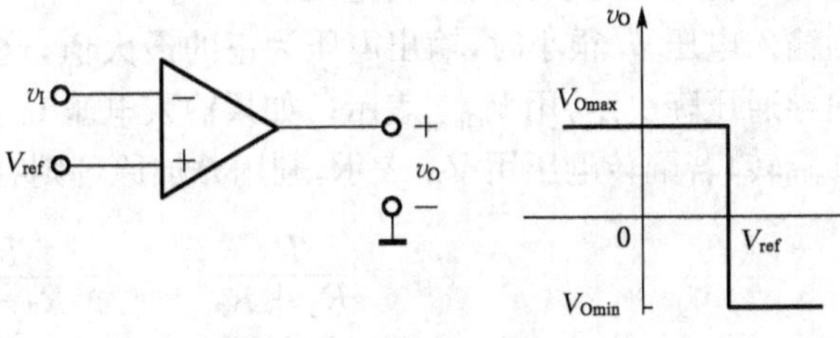

(a) 电路　　(b) 电压传输特性

图 9.31　任意电压比较器

2) 任意电压比较器

将过零比较器的输入端从接地改接到一个固定电压值 V_{ref} 上，就得到电压比较器，电路如图 9.31(a)所示。

电压比较器的同相端接参考电压 V_{ref}，被比较的电压加在反相输入端。调节 V_{ref} 可方便地改变阈值。分析得到：当 $v_i > V_{ref}$ 时，$v_o = V_{Omin}$；当 $v_i < V_{ref}$ 时，$v_o = V_{Omax}$。

其传输特性如图 9.31(b)所示。

电压比较器的基本特点是：工作在开环或正反馈状态；因开环增益很大，比较器的输出只有高电平和低电平两个稳定状态；因是大幅度工作，输出和输入不成线性关系。

9.7.2　迟滞比较器

1) 滞回电压比较器

从输出引一个电阻分压支路到同相输入端，组成如图 9.32(a)所示电路。

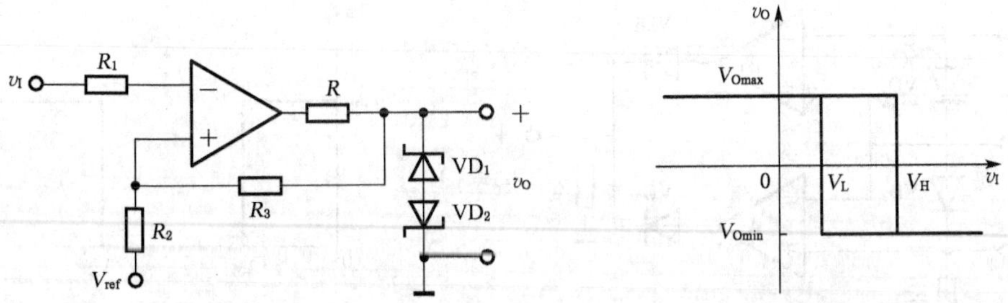

(a) 电路　　(b) 传输特性

图 9.32　滞回电压比较器

参考电压 V_{ref} 通过电阻加在运算放大器的同相输入端，输入信号电压加在运算放大器的反相输入端，输出端由电阻 R_3 向同相输入端引入正反馈，可以使运算放大器翻转速度加快。使运算放大器的翻转速度加快的另一个措施是在输出端连接两个稳压管 VD_1、VD_2，当运算放大器的输出是正向电压时，稳压管 VD_1 起作用，此时 VD_2 正向导通，因此，输出电压为 VD_1 管的稳压值加上 VD_2 管的导通电压；当运算放大器的输出是负电压时，稳压管 VD_2 起作用，此时 VD_1 正向导通，因此，输出电压为 VD_2 管的稳压值加上 VD_1 管的导通电压。一般，VD_1 和 VD_2 是完全匹配的稳压管，或使用双稳压管器件。R 是稳压管的限流电阻,同时也可用做运算放大器的限流电阻。

下面分析迟滞比较器的翻转电压。

当输入电压 v_I 很小时,输出电压为正的最大值,这个最大值的大小由稳压管的稳压值和正向导通压降决定,用 V_{Omax} 表示。如果输入电压 v_I 从小变大,变到翻转电压时运算放大器就会翻转,若翻转电压用 V_H 表示,利用叠加原理则有:

$$V_H = \frac{R_2}{R_2 + R_3} V_{Omax} + \frac{R_3}{R_2 + R_3} V_{ref} \tag{9.58}$$

运算放大器翻转后,输出电压为负的最大值,同样,这个负的最大值的大小也由稳压管的稳压值和正向导通压降决定,用 V_{Omin} 表示。当输入电压 v_I 很大时,输出电压为负的最大值 V_{Omin},如果输入电压 v_I 从大变小,变到翻转压时运算放大器就会翻转,若此时的翻转电压用 V_L 表示,利用叠加原理则有:

$$V_L = \frac{R_2}{R_2 + R_3} V_{Omin} + \frac{R_3}{R_2 + R_3} V_{ref} \tag{9.59}$$

比较式(9.58)和式(9.59)可以看出,两式等号后第 2 项相同,等号后第 1 项 V_{Omax} 是正值,而 V_{Omin} 是负值,因此 $V_L < V_H$。由此可以得出迟滞比较器总的传输特性如图 9.31(b)所示。

9.7.3 窗口比较器

窗口比较器的电路如图 9.33 所示。

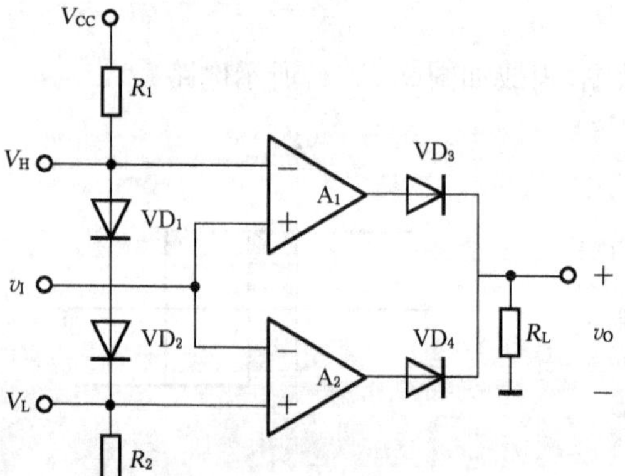

图 9.33 窗口比较器

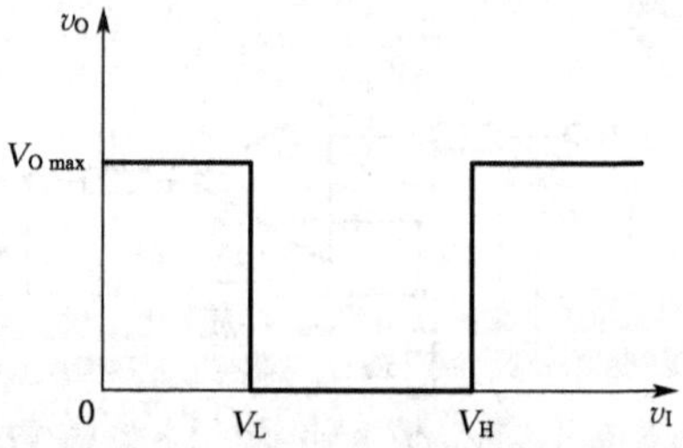

图 9.34 窗口比较器的传输特性

电路由两个比较器和一些二极管、电阻构成。设 $R_1 = R_2$,则有:

$$V_L = \frac{(V_{CC} - 2V_D)R_2}{R_1 + R_2} = \frac{1}{6}(V_{CC} - 2V_D) \tag{9.60}$$

$$V_H = V_L + 2V_D \tag{9.61}$$

窗口比较器的电压传输特性如图 9.34 所示。

当 $v_I > V_H$ 时,v_{o1} 为高电平,VD_3 导通;v_{o2} 为低电平,VD_4 截止,$v_o = v_{o1}$,输出为 V_{Omax}。

当 $v_I < V_L$ 时，v_{o2} 为高电平，VD_4 导通；v_{o1} 为低电平，VD_3 截止，$v_o = v_{o2}$，输出为 V_{Omax}。

当 $V_H > v_I > V_L$ 时，v_{o1} 为低电平，v_{o2} 为低电平，VD_3、VD_4 截止，$v_o = 0$。

该比较器有两个阈值，传输特性曲线呈窗口状，故称为窗口比较器。

9.8　集成运算放大器在波形产生电路中的应用

9.8.1　方波发生器

1）工作原理

方波发生电路如图 9.35 所示，其波形图如图 9.36 所示。

图中：运算放大器和正反馈电路 R_2、R_3 构成滞回比较器；R_1 和 C 构成定时电路，以决定电路的振荡频率；R_4 和双向稳压管将电路的输出电压限制在 $+V_Z$ 和 $-V_Z$ 之间。

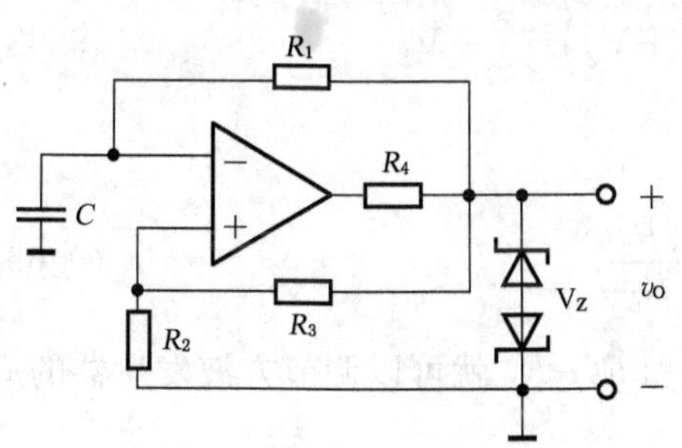

图 9.35　方波发生器

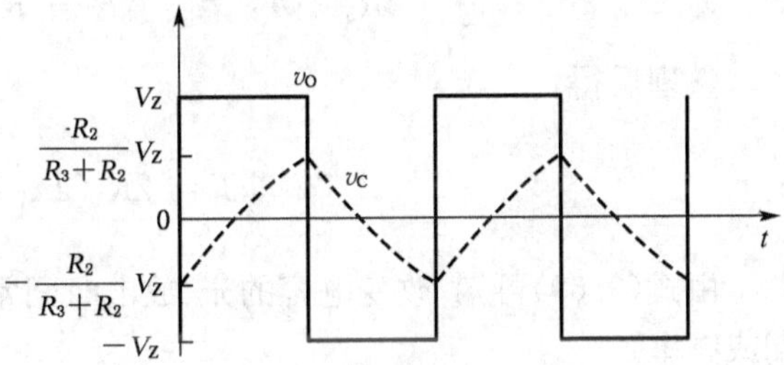

图 9.36　方波发生器波形

当运算放大器输出端电压为正值（$v_O = +V_Z$）时，运算放大器的同相输入端的电压为：

$$v_+ = \frac{R_2}{R_3 + R_2} V_Z \tag{9.62}$$

此时输出电压通过 R_1 向电容充电，当电容上的电压等于运算放大器的同相输入端的电压 v_+ 时，运算放大器翻转，此时运算放大器的输出电压变为负值（$v_O = -V_Z$）。运算放大器的同相输入端的电压为：

$$v_+ = -\frac{R_2}{R_3 + R_2} V_Z \tag{9.63}$$

这时电容通过 R_1 放电，当电容上的电压等于运算放大器的同相端电压时，运算放大器又翻转，输出电压又变成了正值，这时又给电容充电。如此不断循环，运算放大器输出端的电压就是一个方波。方波发生器的输出波形和电容的充放电波形如图 9.36 所示。

2）振荡周期

方波的幅值等于稳压管的稳压值和正向导通值之和。电容的充、放电波形如图中虚线所示，它的峰值与电阻 R_2、R_3 及输出电压的峰值有关。充放电时间常数为：

$$\tau = R_1 C \tag{9.64}$$

显然，波形稳定后，电容的充电时间和放电时间相同。充电时间和放电时间之和就是方

波的周期 T。当电容放电时电容电压的表达式为：

$$v_C = [v_C(0) - v_C(\infty)]e^{-\frac{t}{\tau}} + v_C(\infty) \tag{9.65}$$

式中：$v_C(0)$为电容电压的初始值，

$$v_C(0) = \frac{R_2}{R_3 + R_2} V_Z \tag{9.66}$$

$v_C(\infty)$为放电时间为无穷大时电容的电压值，

$$v_C(\infty) = -V_Z \tag{9.67}$$

将式(9.66)和式(9.67)代入式(9.65)，再考虑到 $t = T/2$ 时电容上的电压为 $-\frac{R_2}{R_3 + R_2}V_Z$，有

$$-\frac{R_2}{R_3 + R_2}V_Z = \left(\frac{R_2}{R_3 + R_2}V_Z + V_Z\right)e^{-\frac{T}{2\tau}} - V_Z \tag{9.68}$$

整理后得：

$$T = 2R_1 C\ln\left(1 + \frac{2R_2}{R_3}\right) \tag{9.69}$$

由式(9.69)可知，改变电容的充、放电时间常数和 R_2、R_3 就可以调节方波发生器的周期或频率。

3）占空比可调的方波发生器

为了改变输出方波的占空比，必须改变电容 C 的充、放电时间常数。占空比可调的矩形波电路如图 9.37 所示，与图 9.36 相比增加了一个电位器。

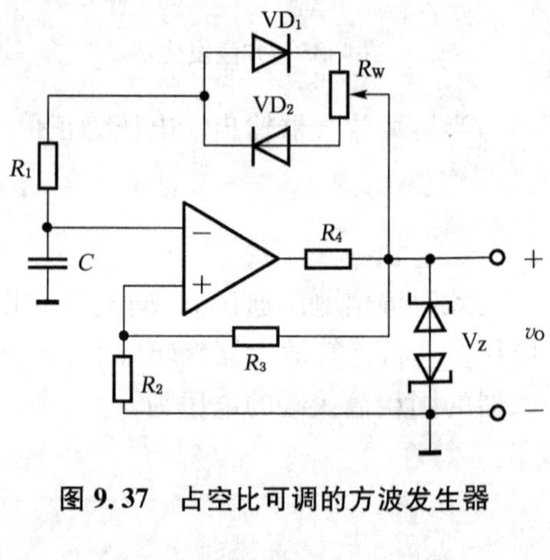

图 9.37 占空比可调的方波发生器

C 充电时，充电电流经电位器的上半部、二极管 VD_1、R_1；C 放电时，放电电流经 R_1、二极管 VD_1、电位器的下半部。调节 R_W 可以调节充、放电电流，占空比为：

$$\frac{T_1}{T} = \frac{\tau_1}{\tau_1 + \tau_2} \tag{9.70}$$

式中：$\tau_1 = (R_{W1} + R_{d1} + R_1)C$；$R_{W1}$为电位器中点到上端的电阻；$R_{d1}$为二极管 VD_1 的导通电阻；$\tau_2 = (R_W - R_W + R_{d2} + R_1)C$；$R_{d2}$为二极管 VD_2 的导通电阻。改变 R_W 的中点位置，占空比就可改变。

9.8.2 三角波发生器

三角波发生器的电路如图 9.38 所示。它由矩形波发生器加上一个积分器并适当改变接线而构成。滞回比较器 A_1 和积分器 A_2 闭环组合后，积分器的输出反馈给滞回比较器，作为滞回比较器的 V_{ref}。

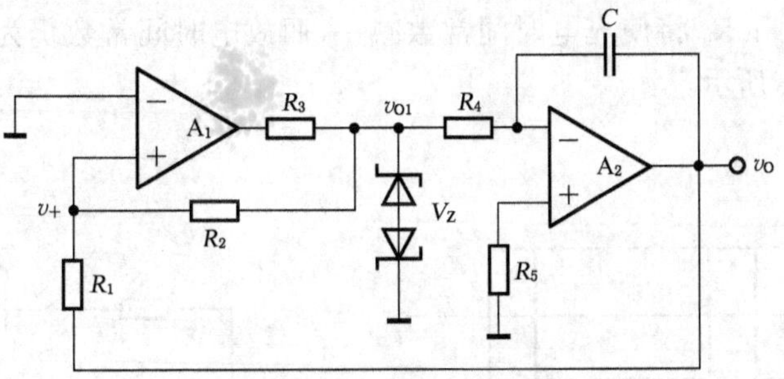

图 9.38　三角波发生器

当 $v_{O1}=+V_Z$ 时，积分器的电容 C 充电，同时 v_O 按线性逐渐下降，拉动运算放大器 A_1 的 v_+ 跟着下降，当使 A_1 的 v_+ 略低于 0 V 时，v_{O1} 从 V_Z 跳变为 $-V_Z$。

此后，电容 C 开始放电，v_O 按线性上升，拉动运算放大器 A_1 的 v_+ 跟着上升，当使 A_1 的 v_+ 略大于 0 V 时，v_{O1} 从 $-V_Z$ 跳变为 V_Z。如此周而复始，产生振荡，v_O 的上升、下降时间相等，斜率绝对值也相等，因此，v_O 为三角波。

输出正向峰值为：

$$V_{Omax}=\frac{R_1}{R_2}V_Z \tag{9.71}$$

输出负向峰值为：

$$V_{Omin}=-\frac{R_1}{R_2}V_Z \tag{9.72}$$

振荡周期为：

$$T=\frac{4R_1R_4C}{R_2} \tag{9.73}$$

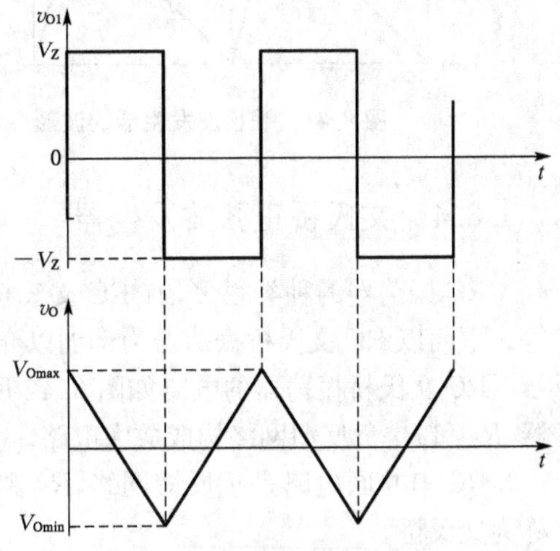

图 9.39　三角波发生器波形

波形图如图 9.39 所示。

9.8.3　锯齿波发生器

锯齿波发生器的电路如图 9.40 所示。

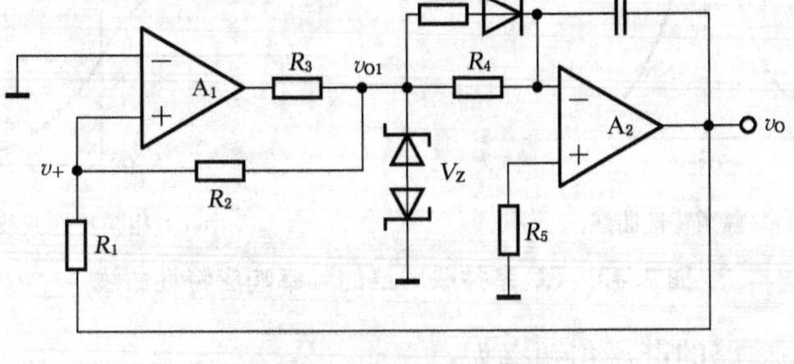

图 9.40　锯齿波发生器

为了获得锯齿波，应改变积分器的充、放电时间常数，即充电电流和放电电流不等。图

9.40 中二极管 VD 和 R_6 将使充电时间常数减小，而放电时间常数仍为 R_4C。锯齿波电路的波形图如图 9.41 所示。

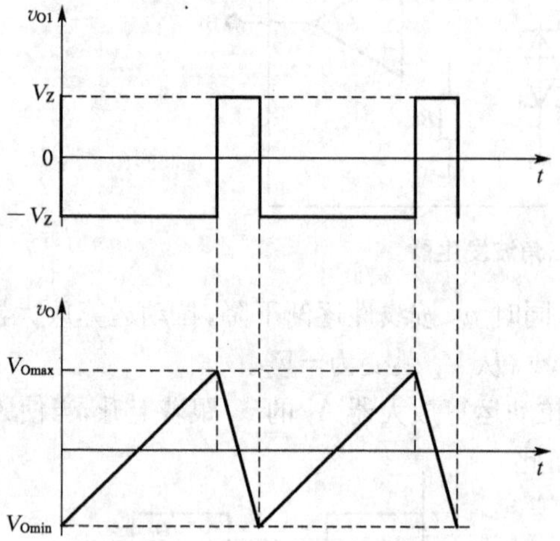

图 9.41 锯齿波发生器的波形

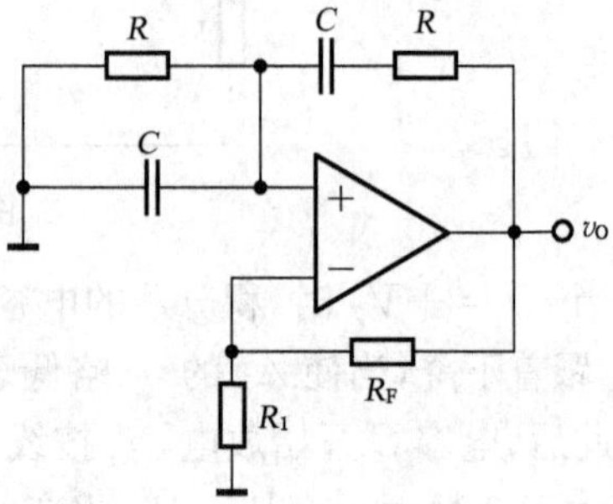

图 9.42 *RC* 文氏桥振荡器

9.8.4 文氏桥正弦波发生器

RC 振荡器的种类很多，有 RC 文氏桥振荡器、双 T 型 RC 振荡器和移相型 RC 振荡器等。下面以 RC 文氏桥振荡器为例加以介绍。

RC 文氏桥振荡器的电路如图 9.42 所示。RC 串并联网络是正反馈网络，由运算放大器、R_3 和 R_4 负反馈网络构成放大电路。

RC 串并联电路是正反馈网络，R_F 和 R_1 支路是负反馈网络，它们正好构成一个桥路，称为文氏桥。

1) RC 串并联选频网络的选频特性

RC 文氏桥振荡电路正反馈网络传递函数的幅频特性曲线和相频特性曲线如图 9.43 所示。

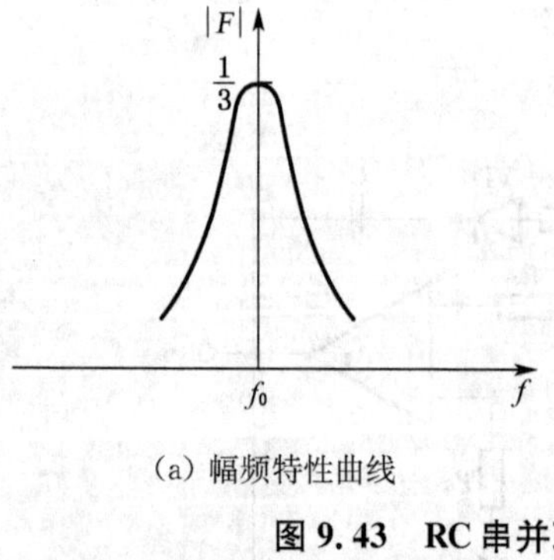

(a) 幅频特性曲线

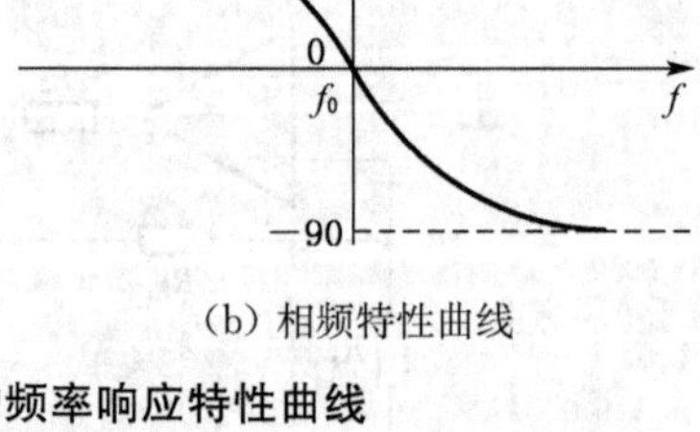

(b) 相频特性曲线

图 9.43 RC 串并联网络的频率响应特性曲线

RC 文氏桥振荡电路的谐振角频率为：

$$\omega_0 = \frac{1}{RC} \tag{9.74}$$

RC 文氏桥振荡电路可以通过双连电位器或双连电容器来调节振荡电路的频率，即保证 R 和 C 始终同步跟踪变化，于是改变 RC 文氏桥振荡电路的频率时，不会影响反馈系数和相角，在调节频率的过程中，不会停振，也不会使输出幅度改变。

根据振荡条件，在谐振时，放大电路的电压增益应为 3。由图 9.42 可知，RC 串并联网络的反馈信号加在运算放大器的同相输入端，运算放大器的电压增益由 R_3 和 R_4 确定，是电压串联负反馈，于是有：

$$A = 1 + \frac{R_F}{R_1} = 3 \tag{9.75}$$

2）振荡的建立和幅度的稳定

所谓振荡的建立，就是要使电路自激，从而产生持续的振荡输出。由于电路中存在噪声，噪声的频谱分布很广，其中也包括 f_0 及其附近一些频率成分。由于噪声的随机性，有时正有时负，有时大一些有时小一些。为了保证这种微弱的信号经过放大，通过正反馈的选频网络，使输出幅度越来越大，振荡电路在起振时应有比振荡稳定时更大一些的电压增益，即要求 $A > 3$，$|AF| > 1$ 称为起振条件。加入串联电压负反馈，其放大倍数若始终大于 3，振荡电路的输出会不断加大，最后受电路中非线性元件的限制，使振荡幅度不再增加，但振荡电路的输出会产生失真。因此，应该在起振时使 $A>3$，而当起振以后，应使 $A = 3$。解决这个问题必须要自动地改变运算放大器的增益，起振时，增益大于 3，起振后增益稳定在 3。决定运算放大器增益的是 R_F 和 R_1，例如可以通过热敏电阻来调节增益。若图 9.42 中的 R_F 是具有正温度系数的热敏电阻，起振前其阻值较小，使 $A > 3$。当起振后，流过 R_F 的电流加大，R_F 的温度升高，阻值加大，负反馈增强以控制输出幅度，达到振荡稳定状态时，$A = 3$，满足振荡稳定条件。若热敏电阻是负温度系数，应放置在 R_1 的位置。

9.8.5　阶梯波发生器

阶梯波发生器电路如图 9.44 所示。

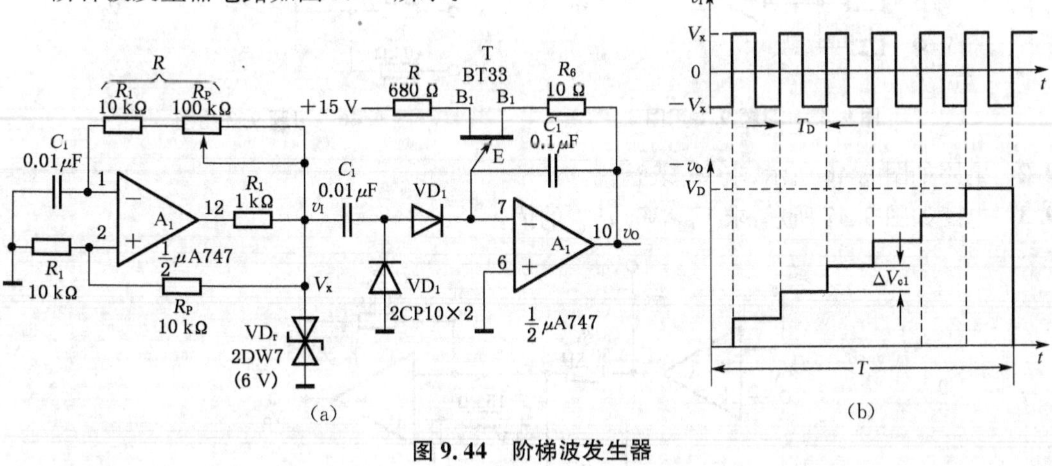

图 9.44　阶梯波发生器

该电路实际上是将方波序列转变为阶梯波的电路。由于 VD_1、VD_2 的单向导电性，保证了电荷单方向传递到反馈电容 C_3 上。当方波发生器输出的方波电压 v_{O1} 为　V_Z 时，VD_1 导通（导通电压为 V_D），VD_2 截止。C_2 通过 VD_1 放电直到 $v_{C2} = -(V_Z - V_D)$；当 v_{O1} 为 $+V_Z$

时，VD_2 导通，VD_1 截止，则 C_2 上的电压将被充到 $v_{C2}=+(V_Z-V_D)$。因此，在一个周期中，C_2 上的电荷变化量为 $\Delta Q=2C_2(V_Z-V_D)$。这也是一个周期中传递给 C_3 上的电荷量。这样，在一个周期中，两端的电压增量为：

$$\Delta V_{C3}=\frac{\Delta Q}{C_3}=\frac{2C_2}{C_3}(V_Z-V_D) \tag{9.76}$$

由于二极管保证了电荷只能单向传输，所以每一个阶梯的电压幅度均为 Δv_{C3}，保持时间与方波的周期相等。这样，每当方波经过一个周期，输出波形就变化一个阶梯 Δv_{C3}。设经过 n 个周期后，v_{C3} 达到单结晶体管 BT33 的峰点电压 V_p（即 $n\Delta v_{C3}=V_p$）时，单结晶体管 e-b_1 之间导通，V_{C3} 经 e-b_1 向 10 Ω 电阻放电，使 v_{C3} 复位为 0，又开始下一个循环。在忽略复位时间时，阶梯波电压的周期可近似为：

$$T_Z=nT\approx\frac{C_3V_P}{2C_2(V_Z-V_D)}T \tag{9.77}$$

式中：T——方波周期。

由此可知，在 V_p 和 V_Z 确定后，阶梯波的级数 n 将由 C_2 和 C_3 决定。为了得到一定的级数，一般取 $C=(5\sim10)C_2$。

习　题

9.1　电路如图 9.45 所示，$R_1=R_2=R_3=R_F$ 时，求 V_O 的表达式。

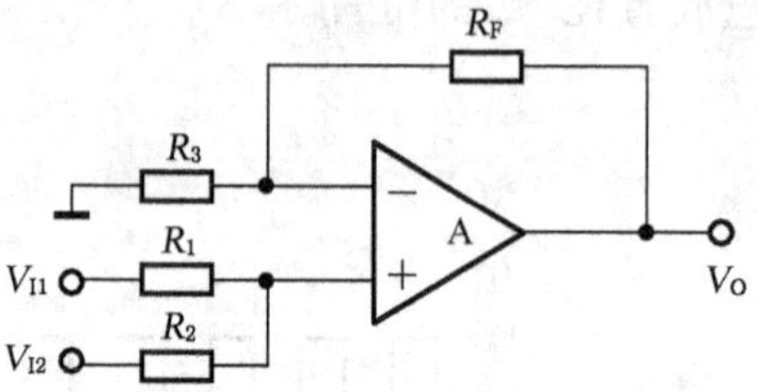

图 9.45　习题 9.1 用图

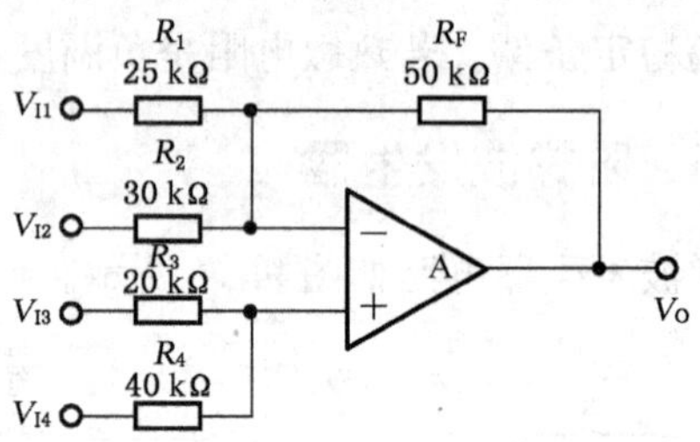

图 9.46　习题 9.2 用图

9.2　电路如图 9.46 所示，求 V_O 表达式。

9.3　电路如图 9.47 所示，求 V_{O1}，V_{O3}，V_O 的值。

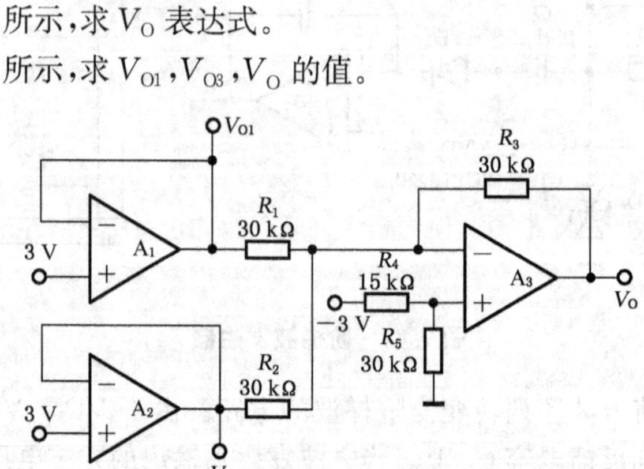

图 9.47　习题 9.3 用图

9.4　理想运算放大器组成如图 9.48 所示电路，求输出电压 v_O 的表达式。

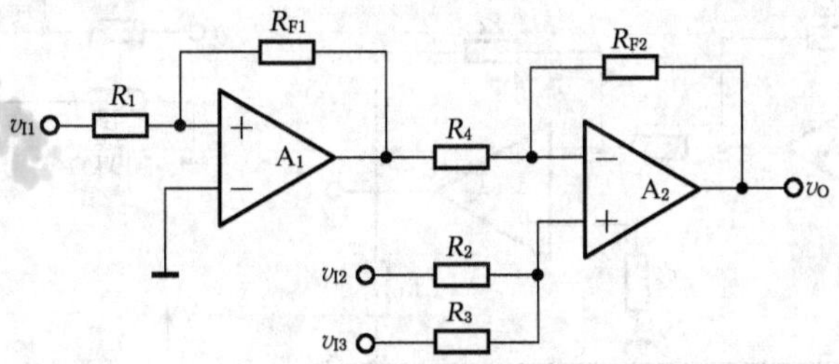

图 9.48　习题 9.4 用图

9.5　理想运算放大器组成的加减运算电路如图 9.49 所示，求输出电压表达式。

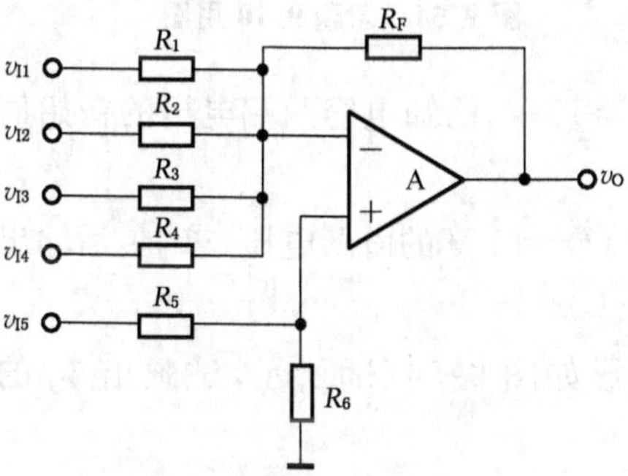

图 9.49　习题 9.5 用图

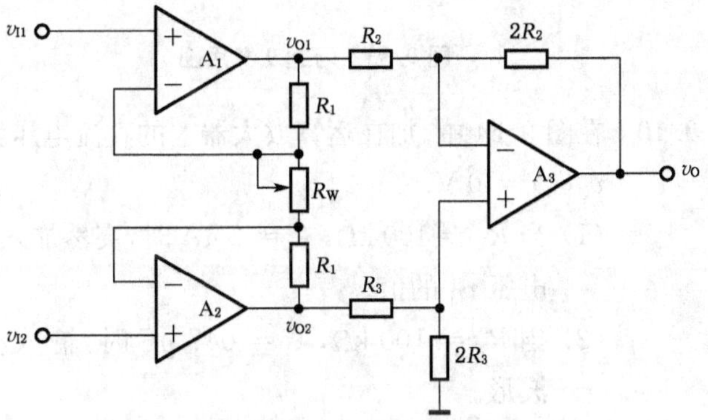

图 9.50　习题 9.6 用图

9.6　可调增益的线性放大器电路如图 9.50 所示，求 v_O 的表达式。

9.7　习题 9.6 中的 v_{I1} 和 v_{I2} 接到电桥的输出端构成测量放大器电路，如图 9.51 所示，求 v_O 的表达式。

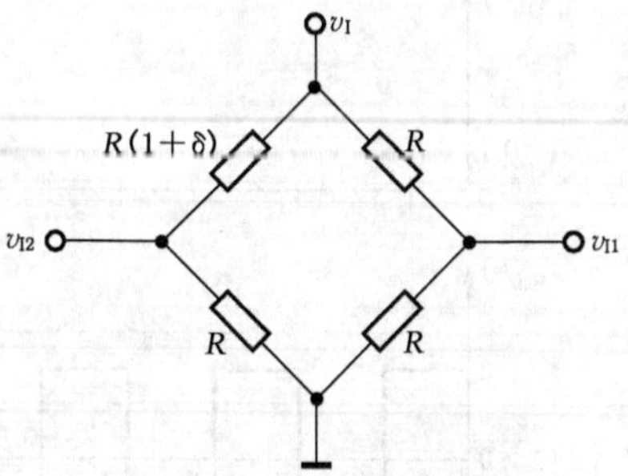

图 9.51　习题 9.7 用图

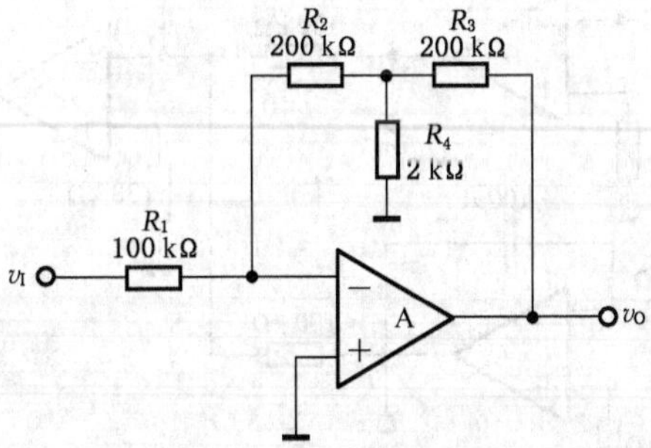

图 9.52　习题 9.8 用图

9.8　图 9.52 为反相放大电路(增益较高)，设运算放大器为理想器件，求该电路的电压增益 $A_{vf}=\dfrac{v_O}{v_I}$。

9.9　图 9.53 电路中级间反馈为深度负反馈，判断级间反馈的类型，并求 v_O 的表达式。

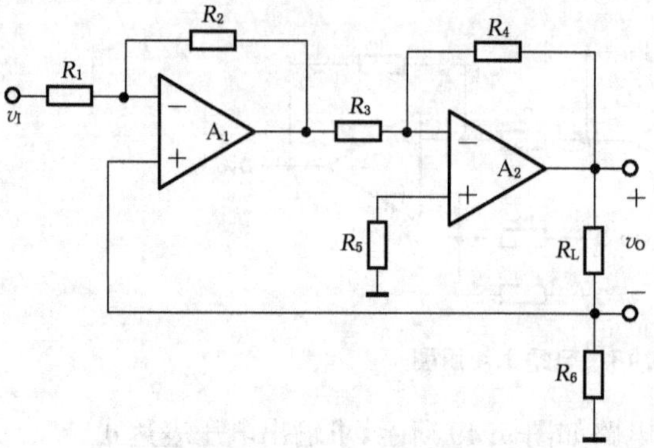

图 9.53 习题 9.9 用图

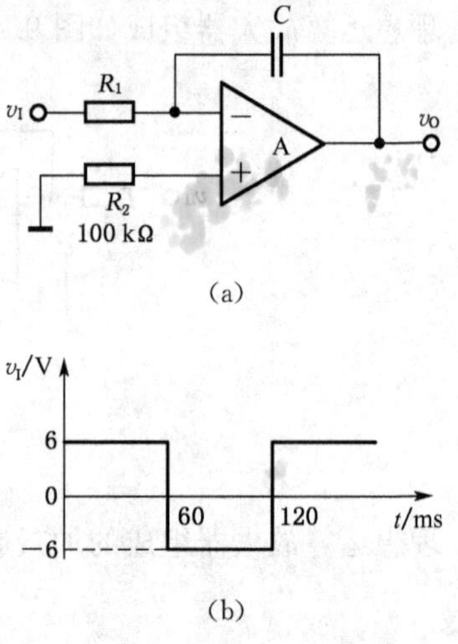

图 9.54 习题 9.10 用图

9.10 在图 9.54 中，加在运算放大器上的直流电压为±15 V，已知电容两端电压的初始值 $v_C(0)=0$ V。

(1) 当 $R_1=100\ \text{k}\Omega$，$C=2\ \mu\text{A}$ 时，突然加入 $v_i(t)=1$ V 的阶跃电压，求 1 s 后输出电压 v_O 的值。

(2) 当 $R_1=100\ \text{k}\Omega$，$C=047\ \mu\text{F}$ 时，输入波形如图 9.54(b)所示，试画出 v_O 的波形。

9.11 在图 9.55(a)中，电容上的初始电压为 0 V。

(1) 求 v_{O1}，v_{O2}，v_O 的表达式。

(2) 当输入电压 v_{I1}，v_{I2} 的波形如图 9.55(b)所示时，画出 v_O 的波形。

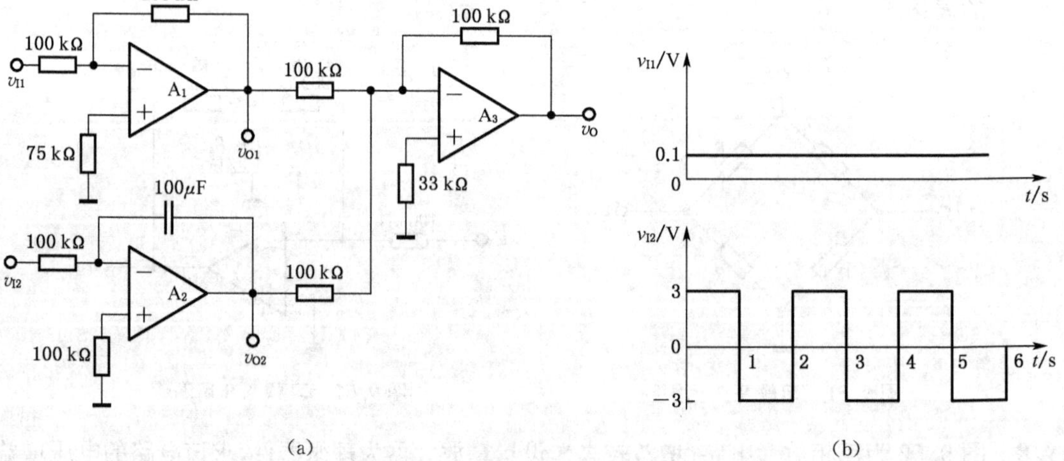

图 9.55 习题 9.11 用图

9.12 理想运算放大器构成的积分运算电路如图 9.56(a)所示，已知 $v_C(0)=0$，v_I 的波形如图 9.56(b)所示，画出输出电压 v_O 的波形。

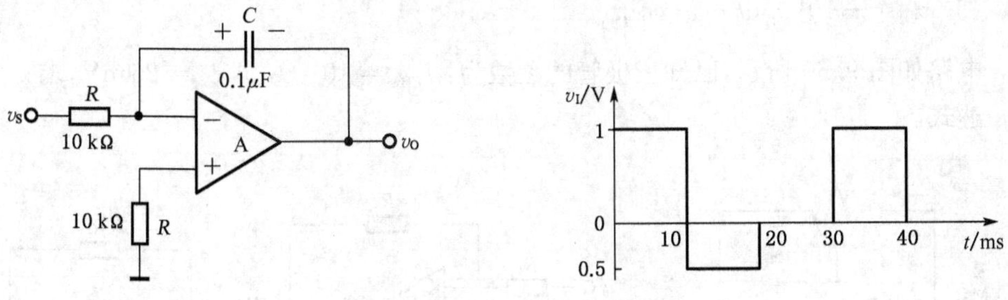

(a)　　　　(b)

图 9.56　习题 9.12 用图

9.13　电路如图 9.57 所示，其中 A_1、A_2 为理想运算放大器，且 $v_C(0)=0$，求 v_O 的表达式。

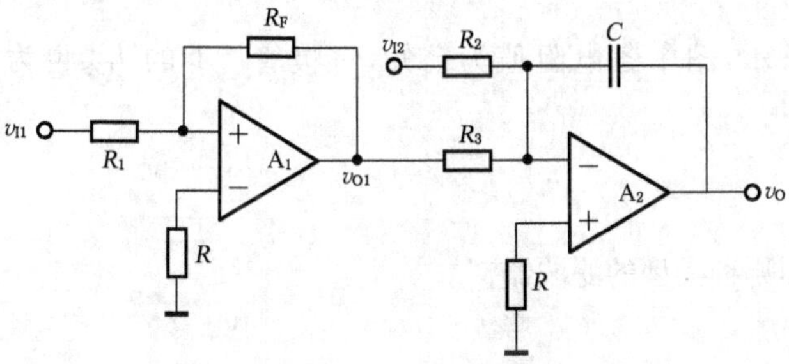

图 9.57　习题 9.13 用图

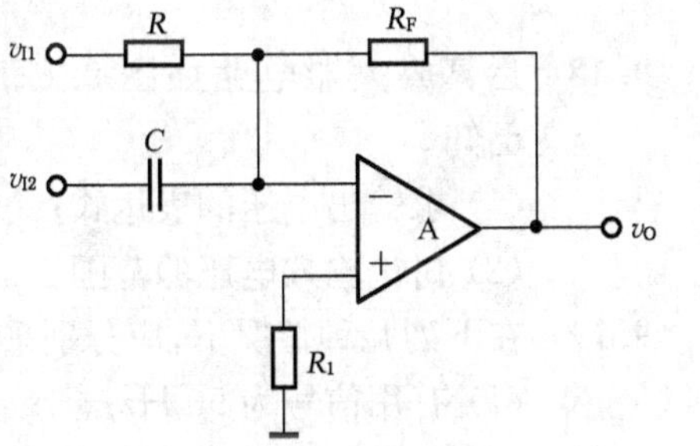

图 9.58　习题 9.14 用图

9.14　理想运算放大器组成如图 9.58 所示的电路，求 v_O 的表达式（$v_C(0)=0$ V）。

9.15　在图 9.59 中，电源电压为 ±12 V，$v_{I1}=1$ V，$v_{I2}=-1$ V，求接入电压后，v_O 由0 V上升到 8 V 时所需的时间，并画出 v_O 的波形。

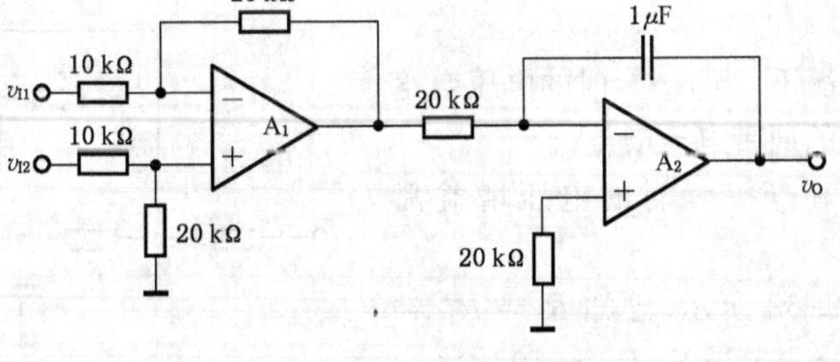

图 9.59　习题 9.15 用图

9.16　用一个运算放大器设计下列各运算电路，已知 $R_F=50$ kΩ，$C_F=1$ μF。

(1) $v_O=-3v_I$；

(2) $v_O=-\left(v_{I1}+\dfrac{1}{2}v_{I2}\right)$；

(3) $v_O=v_{I1}+v_{I2}-v_{I3}$；

(4) $v_O=-10\int v_I \mathrm{d}t$；

(5) $v_O = -10\int v_{I1}\,dt - 5\int v_{I2}\,dt$。

9.17 电路如图 9.60 所示，已知三极管的参数为：$I_{EBS} = 10^{-10}\,A$，$V_{VT} = 26\,mV$，求 v_O 的表达式。

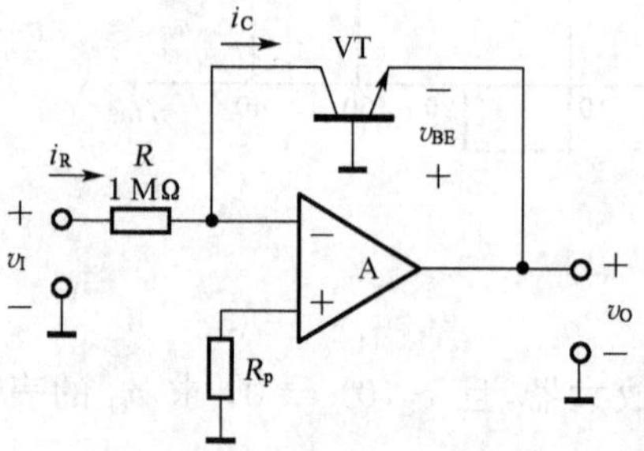

图 9.60　习题 9.17 用图

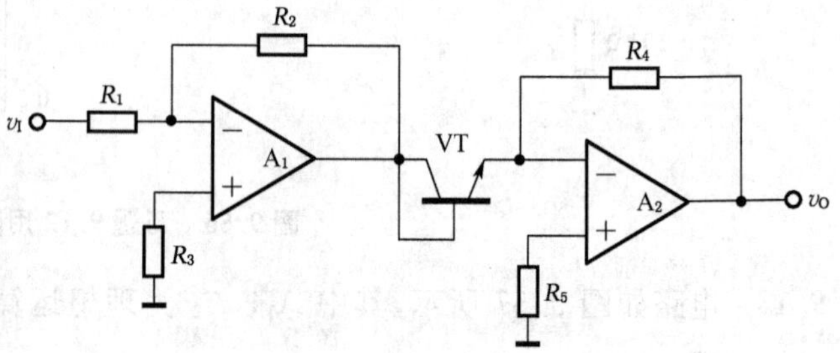

图 9.61　习题 9.18 用图

9.18 运算放大器电路如图 9.61 所示，图中各电阻值为已知，三极管 VT 的 I_{EBS} 也为已知。

(1) 求输出电压的表达式；

(2) 讨论输入电压的范围。

9.19 在下列几种情况下，应分别采用哪种类型的滤波器？

(1) 有用信号为 50 Hz；

(2) 有用信号低于 200 Hz；

(3) 希望抑制 50 Hz 交流电源干扰；

(4) 希望抑制 500 Hz 以下信号。

9.20 在下列几种情况下，各属于哪种类型的滤波电路？并定性画出其幅频特性。

(1) 理想情况下，当 $f = 0$ 和 $f = \infty$ 时的电压增益相等，且不为 0；

(2) 直流电压增益就是它的通带电压增益；

(3) 理想情况下，当 $f \to \infty$ 时的电压增益就是它的通带电压增益；

(4) $f = 0$ 和 $f = \infty$ 时的电压增益都为 0。

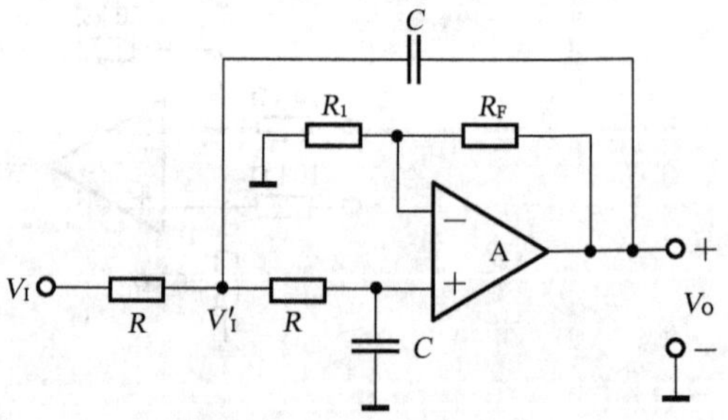

图 9.62　习题 9.21 用图

9.21 电路如图 9.62 所示，已知 $R = R_1 = 10\,k\Omega$，$C_1 = 0.02\,\mu F$，$R_F = 10\,k\Omega$。

(1) 说明该电路为何种滤波器；

(2) 求 v_O 的截止频率；

(3) 求 Q 值。

9.22 二阶高通滤波器电路如图 9.63 所示，已知 $R = R_1 = 10\,k\Omega$，$R_F = 10\,k\Omega$。

(1) 若要使截止频率为 1 kHz，电容 C 应取多大？

(2) 求 Q 值。

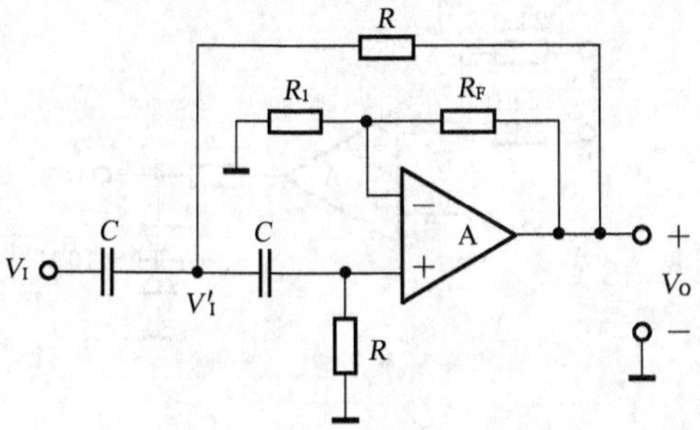

图 9.63　习题 9.22 用图

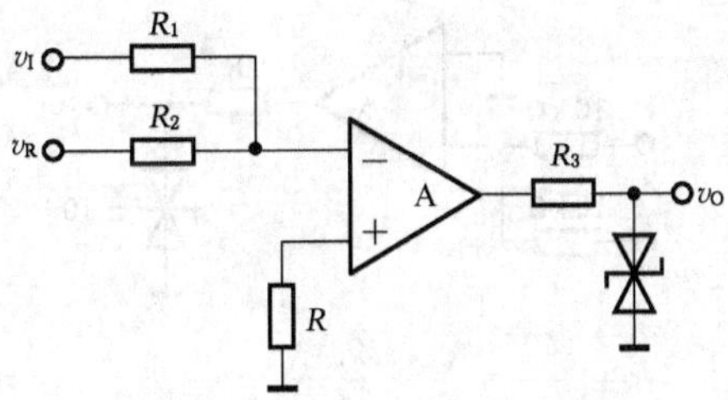

图 9.64　习题 9.23 用图

9.23　理想运算放大器组成如图 9.64 所示电路，已知 $R_1 = 8\ \text{k}\Omega$，$R_2 = 12\ \text{k}\Omega$，$v_R = 3\ \text{V}$，$V_Z = 6\ \text{V}$，试画出 $v_O = f(v_I)$ 的特性曲线。

9.24　理想运算放大器组成如图 9.65 所示的电压比较器电路，试画出传输特性曲线 $v_O = f(v_I)$。

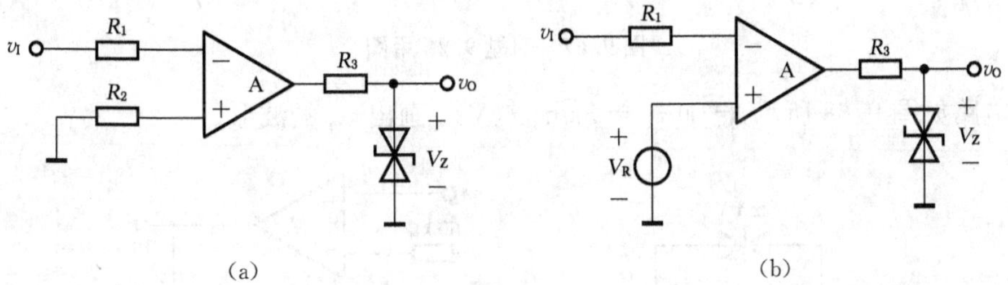

图 9.65　习题 9.24 用图

9.25　电路如图 9.66，已知 $v_I = 5\sin\omega t$ (V)，运算放大器的最大输出电压为 ±12 V，画出 v_O 的波形。

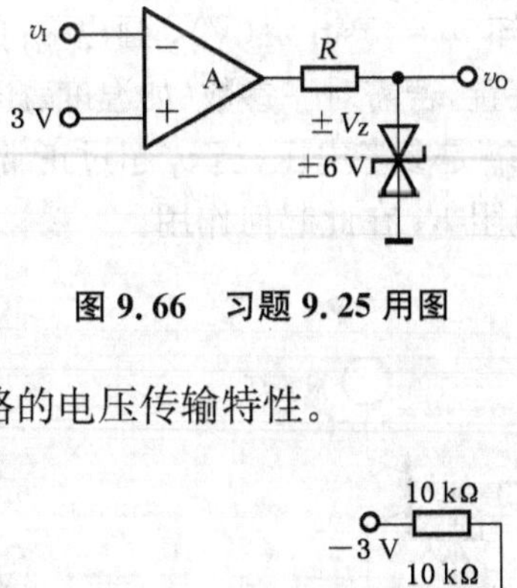

图 9.66　习题 9.25 用图

9.26　画出图 9.67 所示各电路的电压传输特性。

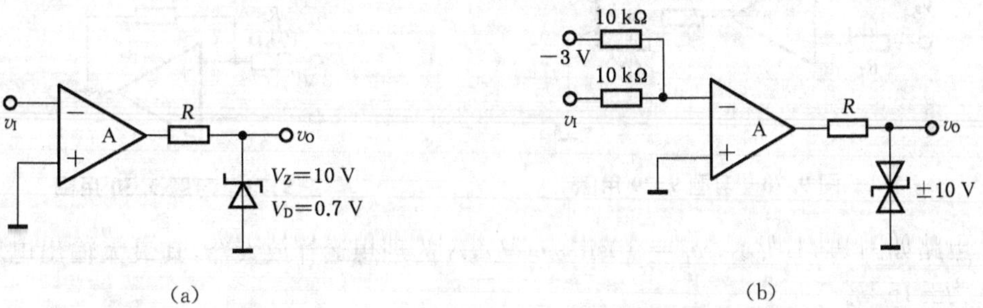

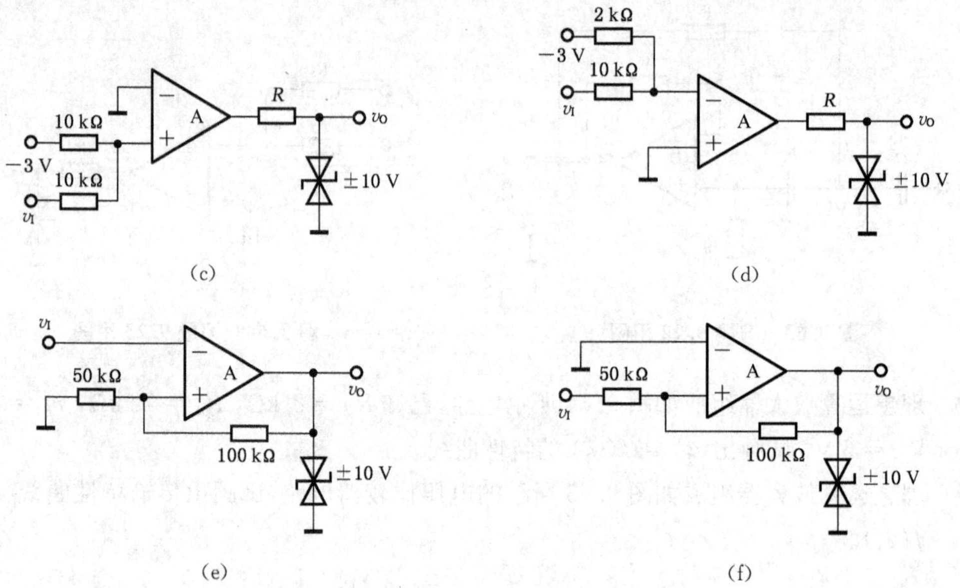

图 9.67　习题 9.26 用图

9.27　电路如图 9.68 所示，已知 $v_i = 5\sin\omega t$(V)，画出 v_O 的波形。

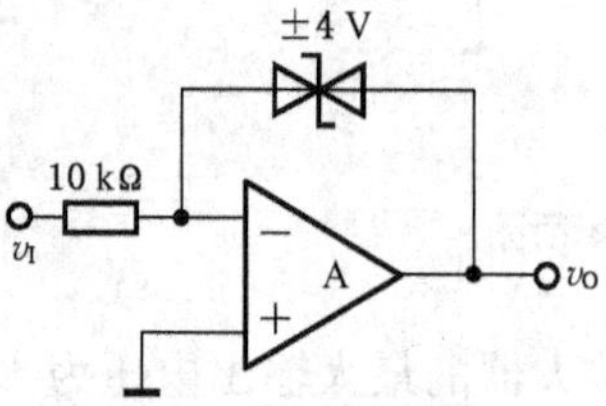

图 9.68　习题 9.27 用图

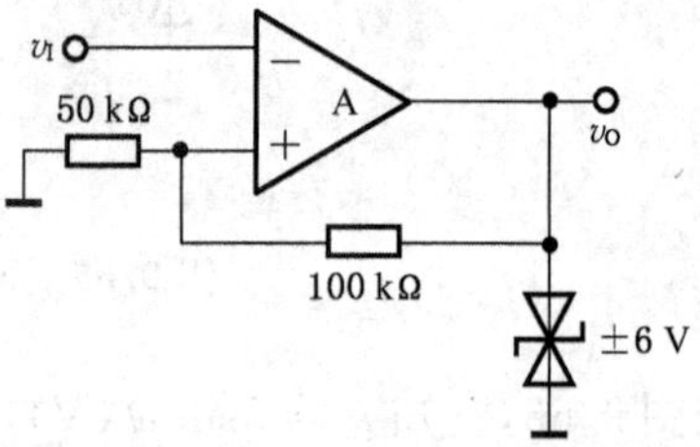

图 9.69　习题 9.28 用图

9.28　电路如图 9.69 所示，已知 $v_i = 5\sin\omega t$(V)，画出 v_O 的波形。

9.29　图 9.70 为一监控报警装置，若需对一参数(如温度、压力等非电量)进行监控，可由传感器取得监控信号 v_I，V_R 是参考电压，当 v_I 超过正常值时，报警灯亮，试说明其工作原理，并说明二极管和电阻 R_3 在此起何作用。

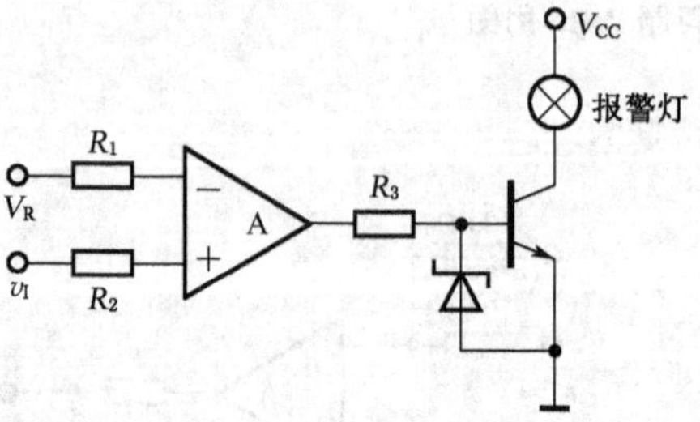

图 9.70　习题 9.29 用图

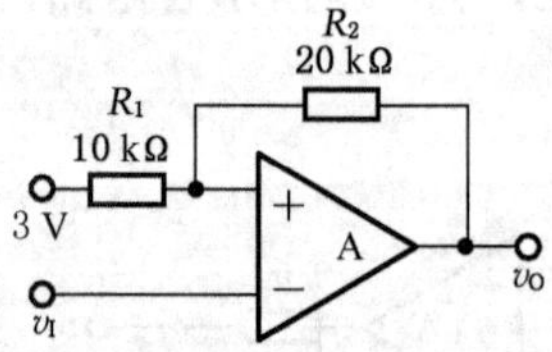

图 9.71　习题 9.30 用图

9.30　电路如图 9.71 所示，$v_I = 10\sin\omega t$(V)，A 为理想运算放大器，其最大输出电压幅度为± 15 V。

(1) 画出电压传输特性；

(2) 画出 v_O 的波形。

9.31 电路如图 9.72 所示，已知 $v_{I1}=1\text{ V}$，$v_{I2}=2\sin\omega t(\text{V})$，画出 v_O 的波形。

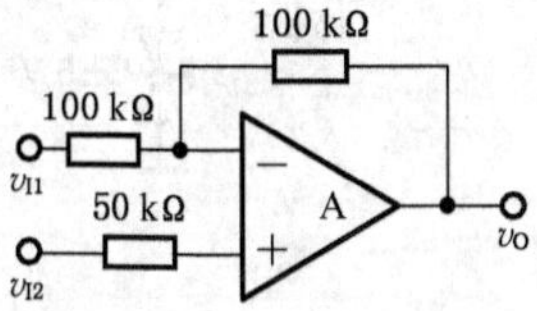

图 9.72　习题 9.31 用图

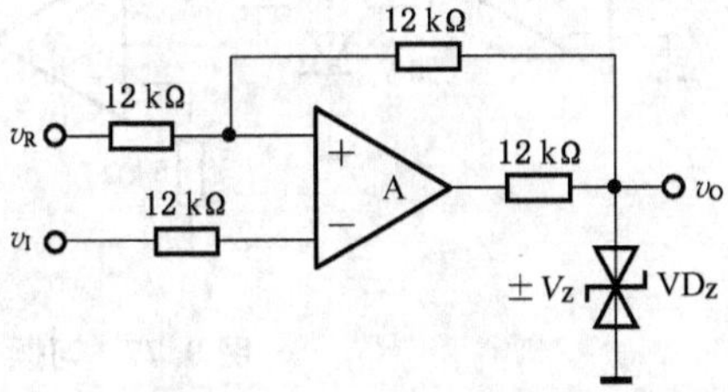

图 9.73　习题 9.32 用图

9.32 电路如图 9.73 所示，A 为理想运算放大器，$v_R=2\text{ V}$，$V_Z=7\text{ V}$，

(1) 画出传输特性曲线 $v_O=f(v_I)$；

(2) 若将图中 v_I 与 v_R 互换，再画出 $v_O=f'(v_I)$。

9.33 图 9.74 电路为理想运算放大器构成的滞回比较器，已知 $v_I=V_m\sin\omega t$，且 $V_m>\frac{R_1}{R_1+R_2}V_Z$，定性画出输出波形及比较器的传输特性曲线。

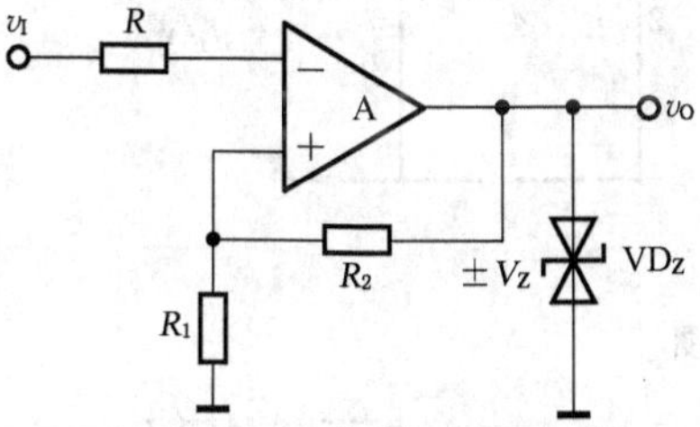

图 9.74　习题 9.33 用图

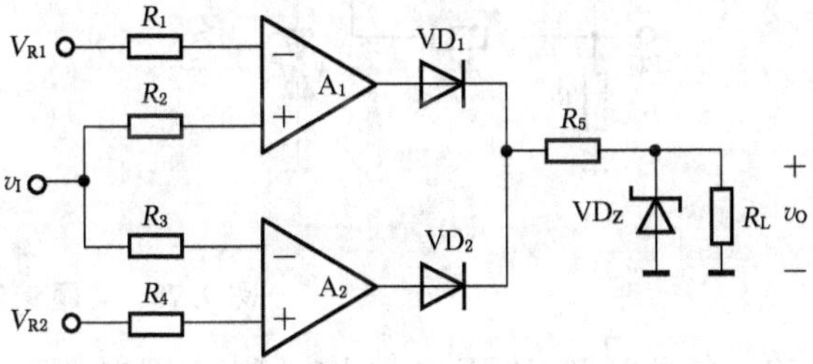

图 9.75　习题 9.34 用图

9.34 比较器电路如图 9.75 所示，比较电压 $V_{R1}=2\text{ V}$，$V_{R2}=-2\text{ V}$，$R_1=R_2=R_3=R_4=10\text{ k}\Omega$，$VD_1$、$VD_2$ 为理想二极管，$R_L=2\text{ k}\Omega$，稳压管的稳定电压为 6 V，画出比较器的传输特性曲线。

9.35 比较器电路如图 9.76 所示，比较电压 $V_{R1}=2\text{ V}$，$V_{R2}=-2\text{ V}$，$R_1=R_2=R_3=R_4=10\text{ k}\Omega$，$VD_1$、$VD_2$ 为理想二极管，$R_5=R_6$，$R_L=2\text{ k}\Omega$，两个稳压管的稳定电压均为 6 V，它们的正向导通电压均为 0.7 V。画出比较器的传输特性曲线。

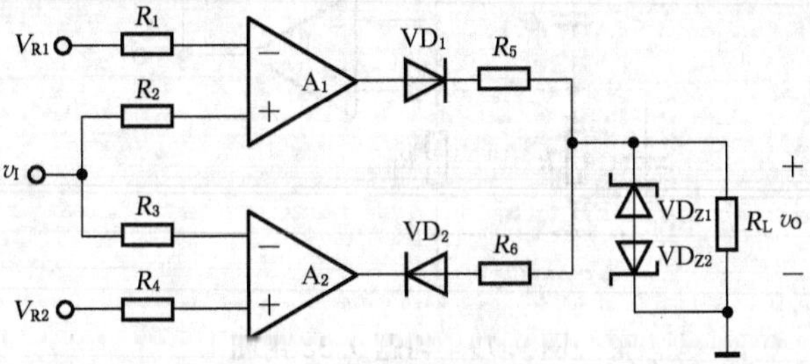

图 9.76　习题 9.35 用图

9.36 已知 $v_i = 2\sin \pi t$(V)，分别画出图 9.77 中 v_{O1}，v_{O2}，v_{O3}的波形。

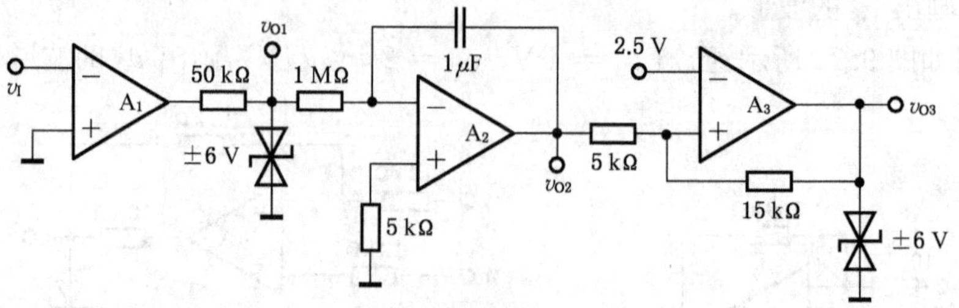

图 9.77　习题 9.36 用图

9.37 图 9.78(a)所示电路是矩形波产生电路，已知滞回比较器的传输特性曲线如图 9.78(b) 所示。

(1) 画出 $v_O(t)$及 $v_O(t)$的波形(定性)；

(2) 求矩形波的周期。

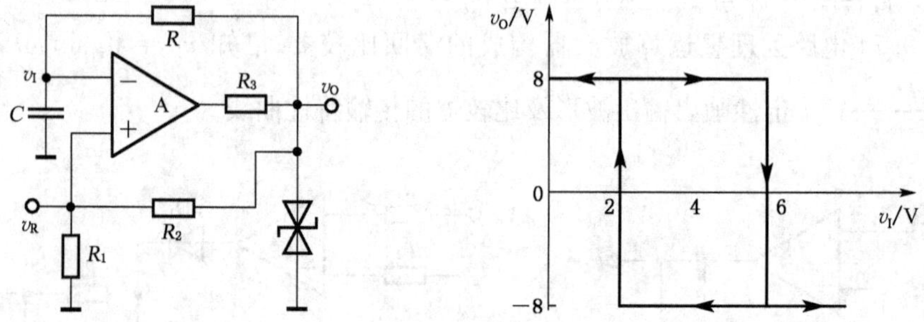

(a)　　　　(b)

图 9.78　习题 9.37 用图

9.38 在图 9.79 中，$R_1 = 1\ \text{k}\Omega$，R_F 由固定电阻 $R_{F1} = 1\ \text{k}\Omega$ 和 10 kΩ 可调电阻 R_{F2} 串联而成，分析：

(1) 当 R_{F2} 调为 0 时，用示波器观察输出电压 v_O 的波形，会出现什么现象？说明产生这种现象的原因；

(2) 当 R_{F2} 调为 10 kΩ 时，电路又会出现什么现象？说明产生这种现象的原因。

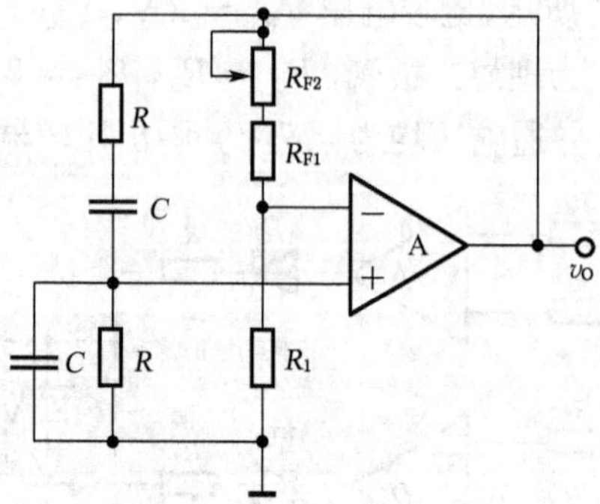

图 9.79　习题 9.38 用图

9.39　判断图 9.80 所示各电路是否有可能产生振荡。

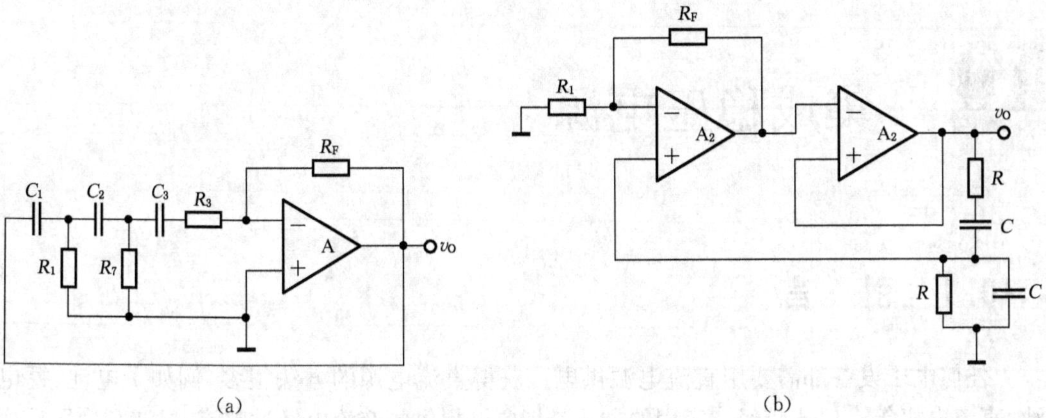

图 9.80　习题 9.39 用图

9.40　RC 正弦波产生电路的组成如图 9.81 所示，$R_1 = 10\ \text{k}\Omega$，$R = 10\ \text{k}\Omega$，$C = 1\ 000\ \text{pF}$，判断 R_f 的阻值范围，并求振荡频率。

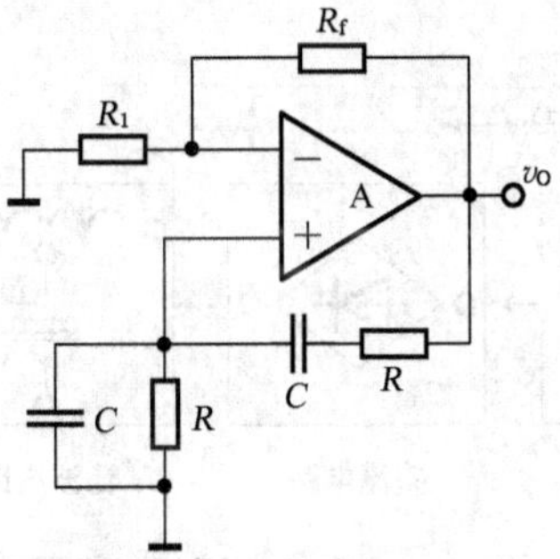

图 9.81　习题 9.40 用图

10 集成稳压电源

10.1 引　言

任何电子设备都需要用直流电源供电。获得直流电源的方法很多,例如干电池、蓄电池、直流电机等。但比较经济实用的方法是把电网提供的交流电经过整流、滤波和稳压后变成直流电。对直流电源的主要要求是:输出电压稳定;直流输出电压平滑,脉动成分少;交流电变成直流电时的转换效率高。

一般小功率直流电源的组成如图 10.1 所示。它由电源变压器、整流电路、滤波电路和稳压电路 4 部分组成。

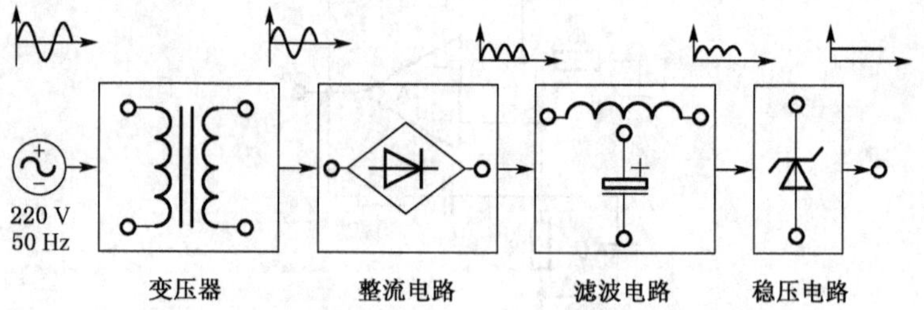

图 10.1　直流电源组成框图

电源变压器的作用是把 220 V 电网电压变换成所需要的交流电压;整流电路的作用是利用二极管的单向导电性,将正负交替的正弦交流电压变换成单方向的脉动电压;滤波器的作用是将脉动电压中的交流成分滤掉,使输出电压成为比较平滑的直流电压;稳压电路的作用是使输出的直流电压在电网电压波动、负载和温度变化时,保持输出直流电压稳定。现在稳压电路大多采用集成稳压电源,因其具有体积小、重量轻、使用方便和工作可靠等优点,所以得到广泛应用。集成稳压电源的种类很多,主要可以分为两大类:稳压电源中调整元件工作在线性放大状态的称为线性稳压电源,调整元件工作在开关状态的称为开关稳压电源。

本章首先讨论小功率整流、滤波电路和串联反馈式稳压电路,然后介绍三端集成稳压电源及其应用,最后介绍开关稳压电源的工作原理。

10.2 单相整流滤波电路

小功率直流电源通常采用单相交流供电。因此,本节只讨论单相整流电路。常用的单相整流电路有单相半波整流电路、单相全波整流电路和桥式整流电路。本节主要讨论单相半波整流电路和单相桥式整流电路。由于整流电路输出的是脉动直流电,其中含有大量的交流成分(称为纹波电压),所以为了获得平滑的直流电压,应在整流电路后面加接滤波电路,以滤去交流成分。常用的滤波电路有电容滤波电路和电感滤波电路。

10.2.1 单相整流电路

1) 单相半波整流电路

半波整流电路由电源变压器 T_r,整流二极管 VD 和负载电阻 R_L 组成。其电路如图 10.2(a)所示。

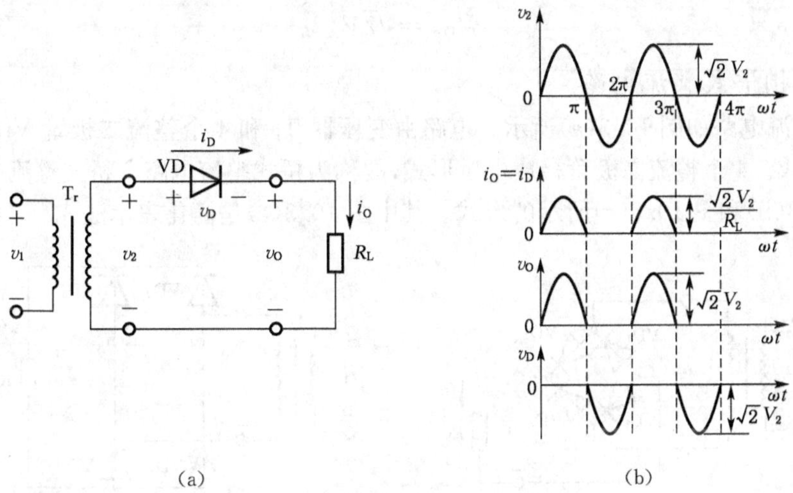

图 10.2 单向半波整流电路及其波形

(1) 工作原理

电源变压器 T_r 的原边接交流电压 v_1,在副边就会产生感应电压 v_2。当 v_2 为正半周时,如图 10.2(b)中 v_2 所示,整流二极管 VD 上加的是正向电压,二极管导通,其电流流过负载 R_L,在 R_L 上得到正半周电压 v_O。当 v_2 为负半周时,整流二极管 VD 上加的是反向电压,二极管截止,负载 R_L 无电流流过。当输入电压进入下一个周期时,整流电路重复上述过程。电路中电压、电流的方向如图 10.2(b)所示。

由图 10.2(b)可见,在负载两端得到的电压的极性是单方向的,这种大小波动、方向不变的电压(或电流)称为脉动直流。这种电路只在交流电压的半个周期内才有电流流过负载,所以称为单向半波整流电路。

(2) 电路特点

单向半波整流电路的优点是电路简单、元件少。但存在明显的缺点:输出波形脉动大,直流成分比较低;变压器有半个周期不导电,利用率低;变压器电流中含有直流成分,容易饱和。因此,单向半波整流电路只用在输出电流较小、允许脉动大、要求不高的场合。

(3) 整流二极管与负载的电流和电压

设 VD 为理想二极管,并忽略变压器的内阻,则二极管导通时的电流 $i_D=i_o=v_2/R_L$。在正半周,$v_O=v_2$, $v_D=0$;在负半周,二极管截止,$i_D=i_O=0$,而 $v_O=0$, $v_D=v_2$,输出电压为一个工频周期内,只是正半周导电,在负载上得到的是半个正弦波。负载上输出的平均电压为：

$$V_{O(AV)}=\frac{1}{\pi}\int_{0}^{\pi}\sqrt{2}V_2\sin\omega t\,\mathrm{d}\omega t=\frac{\sqrt{2}}{\pi}V_2=0.45V_2 \tag{10.1}$$

流过负载和二极管的平均电流为：

$$I_{D(AV)}=I_{O(AV)}=\frac{\sqrt{2}V_2}{\pi R_L}=\frac{0.45V_2}{R_L} \tag{10.2}$$

二极管两端承受的最大反向电压为：

$$V_{Dm}=\sqrt{2}V_2 \tag{10.3}$$

2）单相桥式整流电路

桥式整流电路如图 10.3(a)所示。电路由变压器 T_r 和 4 个整流二极管 $VD_1\sim VD_4$ 及负载 R_L 组成。4 个整流二极管接成电桥形式，故称为桥式整流电路。桥式整流电路也可画成如图 10.3(b)和图 10.3(c)所示的形式。其中图 10.3(c)是简化表示法。

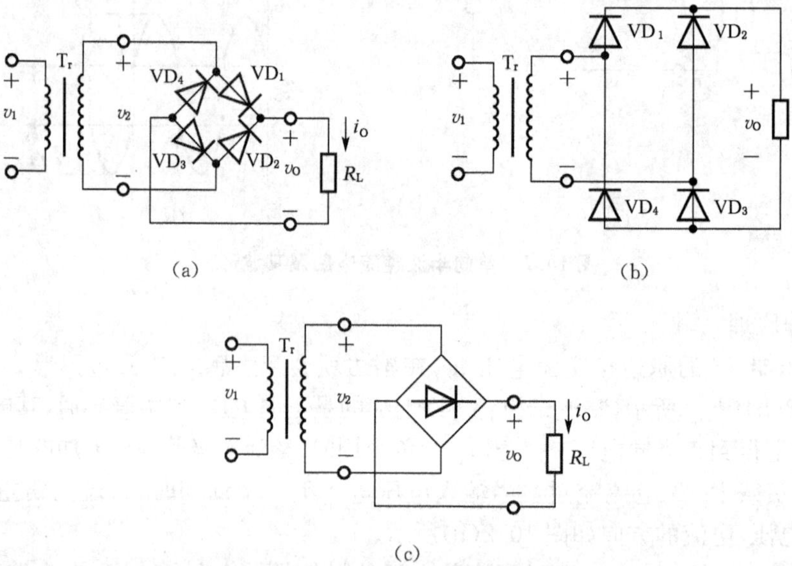

图 10.3　桥式整流电路

(1) 工作原理

由图 10.3 可见，v_2 正半周时，二极管 VD_1、VD_3 承受正向电压而导通，而二极管 VD_2、VD_4 承受反向电压而截止；v_2 负半周时，二极管 VD_1、VD_3 承受反向电压而截止，二极管 VD_2、VD_4 承受正向电压而导通。在交流电压的正、负半周均有电流流过负载 R_L，且流过负载的电流方向一致。桥式整流电路的波形如图 10.4 所示。

(2) 电路特点

桥式整流电路无需采用具有中心抽头的变压器，就能实现全波整流。电路需要用 4 个整流二极管，单个整流二极管承受的反向电压不高，所以应用最广泛。目前，已将 4 个整流二极管制作在一起封装成为一个器件，称为整流桥，其外形如图 10.5 所示。其中，a、b 接交流输入电压，c、d 为直流输出端，c 为正极性端，d 为负极性端。

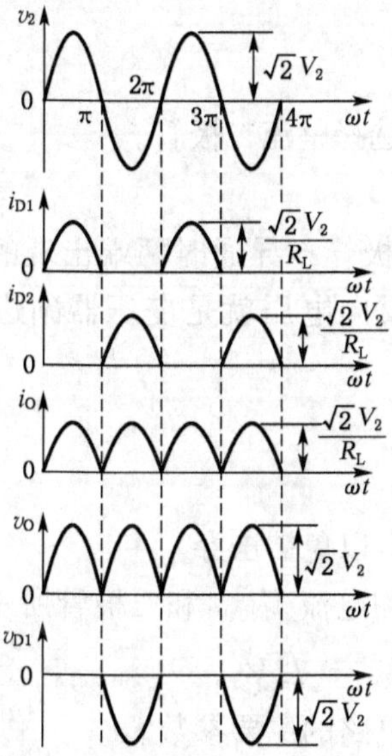

图 10.4 桥式整流电路波形

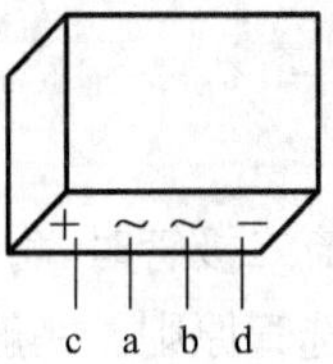

图 10.5 整流桥外形

3）单相整流电路的主要参数

描述整流电路性能的主要参数有 4 个：整流电路输出电压的平均值 $V_{O(AV)}$，输出电压的脉动系数 S，整流二极管正向平均电流 $I_{D(AV)}$，整流二极管承受的最高反向峰值电压 V_{RM}。为便于叙述，输出电压的平均值 $V_{O(AV)}$ 用 V_O 表示，整流二极管正向平均电流 $I_{D(AV)}$ 用 I_D 表示，输出直流电流 $I_{O(AV)}$ 用 I_O 表示。

下面介绍目前使用比较广泛的单向桥式整流电路的主要参数。

(1) 输出直流电压 $V_{O(AV)}$

输出直流电压 $V_{O(AV)}$ 是整流电路的输出电压瞬时值 v_O 在一个周期内的平均值，即

$$V_{O(AV)} = \frac{1}{\pi}\int_0^{\pi} \sqrt{2}V_2 \sin \omega t \mathrm{d}\omega t = \frac{2\sqrt{2}}{\pi}V_2 = 0.9V_2 \tag{10.4}$$

上述结论是在理想情况下得到的，如果考虑到整流二极管正向导通电阻和变压器等效内阻上的压降，输出直流电压的实际数值要低一些。

(2) 脉动系数 S

整流电路输出电压的脉动程度用脉动系数 S 表示，其定义为输出电压基波的最大值 V_{O1m} 与其平均值 $V_{O(AV)}$ 之比，即

$$S = \frac{V_{O1m}}{V_{O(AV)}} = \frac{\frac{4\sqrt{2}V_2}{3\pi}}{\frac{2\sqrt{2}V_2}{\pi}} = \frac{2}{3} = 0.67 \tag{10.5}$$

(3) 二极管止向平均电流 $I_{D(AV)}$

因在桥式整式电路中二极管轮流导通，由图 10.4 波形可知，每个二极管的平均电流为

输出电流平均值的一半，即

$$I_{D(AV)} = \frac{1}{2} I_{O(AV)} \tag{10.6}$$

若当负载电流平均值已知时，可以根据 $I_{D(AV)}$ 来选择整流二极管。

(4) 二极管最大反向峰值电压 V_{RM}

整流二极管最大反向峰值电压 V_{RM} 是指整流二极管不导通时两端出现的最大反向电压。由图 10.4 波形可知，整流二极管承受的最大反向电压就是变压器副边电压的最大值，即

$$V_{RM} = \sqrt{2} V_2 \tag{10.7}$$

在选用整流二极管时，耐压值应选得比此数值高，以免被击穿。

下面介绍选管原则。一般根据二极管的正向平均电流 $I_{D(AV)}$ 和二极管所承受的最大反向峰值电压 V_{RM} 进行选择。即 $I_D \geqslant I_{D(AV)}$，$V_R \geqslant V_{RM} = \sqrt{2} V_2$。

表 10.1 列出了单向半波、全波和桥式 3 种整流电路的主要参数。

表 10.1　单向整流电路的主要参数(忽略变压器内阻和整流管压降)

电路形式	$\frac{V_{O(AV)}}{V_2}$	S/%	$\frac{I_{D(AV)}}{I_{O(AV)}}$/%	$\frac{V_{RM}}{V_2}$
半波整流	0.45	157	100	1.41
全波整流	0.90	67	50	2.83
桥式整流	0.90	67	50	1.41

【例 10.1】 某直流电源电路要求其输出为 12 V，已知负载电阻 $R_L = 100\ \Omega$，试完成下列问题：

(1) 如果采用单向桥式整流电路，变压器副边电压 V_2 应为多大？整流二极管正向平均电流 $I_{D(AV)}$ 和整流二极管承受的最高反向峰值电压 V_{RM} 等于多少？输出电压的脉动系数 S 为多少？并选择整流二极管。

(2) 如果改用单向半波整流电路，则 V_2、$I_{D(AV)}$、V_{RM} 和 S 各等于多少？并选择整流二极管。

解：

(1) 由式(10.4)可得：

$$V_2 = \frac{V_{O(AV)}}{0.9} = \frac{12}{0.9} = 13.3(\text{V})$$

则输出直流电流为：

$$I_{O(AV)} = \frac{V_{O(AV)}}{R_L} = \frac{12}{100} = 0.12 = 120(\text{mA})$$

由式(10.6)和式(10.7)可得：

$$I_{D(AV)} = \frac{1}{2} I_{O(AV)} = \frac{1}{2} \times 120 = 60(\text{mA})$$

$$V_{RM} = \sqrt{2} V_2 = \sqrt{2} \times 13.3 = 18.9(\text{V})$$

则脉动系数为：

$$S = \frac{V_{O1m}}{V_{O(AV)}} = \frac{\frac{4\sqrt{2}V_2}{3\pi}}{\frac{2\sqrt{2}V_2}{\pi}} = \frac{2}{3} = 0.67 = 67\%$$

可选用最大整流电流为 100 mA、反向工作电压为 50 V 的二极管 4 个。

(2) 如改用单向半波整流电路，则

$$V_2 = \frac{V_{O(AV)}}{0.45} = \frac{12}{0.45} = 26.7(\text{V})$$

$$I_{D(AV)} = I_{O(AV)} = 120(\text{mA})$$

$$V_{RM} = \sqrt{2} V_2 = \sqrt{2} \times 26.7 = 37.7(\text{V})$$

$$S = \frac{V_{O1m}}{V_{O(AV)}} = 1.57 = 157\%$$

可选用最大整流电流为 200 mA、最高反向工作电压为 50 V 的二极管 1 个。

10.2.2 滤波电路

无论哪种整流电路，它们的输出电压都含有较大的脉动成分，这远不能满足实际应用的要求，因此需要采取措施，尽量降低输出电压中的脉动成分，同时还要尽量保留其中的直流成分，使输出电压更加平滑，接近直流电压。滤波电路即能完成此工作。

1) 电容滤波电路

电容滤波电路是利用电容器两端电压不能突变的特点，在整流电路的输出端并联一个大容量的电容 C，因为大电容具有通交流、隔直流的特性。利用这个特性，能将整流电路输出中的交流成分滤掉，输出直流，以达到使输出电压平滑的目的。一般采用电解电容器，连接时要注意正负极性，切不可将电解电容器极性接反，以免电解电容器损坏甚至发生爆炸。桥式整流电容滤波电路如图 10.6(a)所示。

(1) 工作原理

当电路处于正半周，二极管 VD_1、VD_3 导通，变压器次端电压 v_2 给电容 C 充电。此时 C 相当于并联在 v_2 上，所以输出波形同 v_2，是正弦形。当 v_2 到达 90°时，v_2 开始下降。先假设二极管关断，电容 C 就要以指数规律向负载 R_L 放电。指数放电起始点的放电速率很大。在刚过 90°时，正弦曲线下降的速率很慢，所以刚过 90°时二极管仍然导通。在超过 90°后的某个点，正弦曲线下降的速率越来越快，当刚超过指数曲线起始放电速率时，二极管关断。所以，在 t_1 到 t_2 时刻，二极管导电，C 充电，$v_C = v_L$ 按正弦规律变化；t_2 到 t_3 时刻，二极管关断，$v_C = v_L$ 按指数曲线下降，放电时间常数为 R_LC。当负半周时，二极管 VD_2、VD_4 导通，负载中的电流将经由 VD_2、VD_4 提供，分析同上类似，不再赘述。在一个周期内，v_2 对电容充电两次,电容对负载放电的时间大大缩短,输出电压波形更加平滑。电容滤波电流、电压波形如10.6(b)所示。

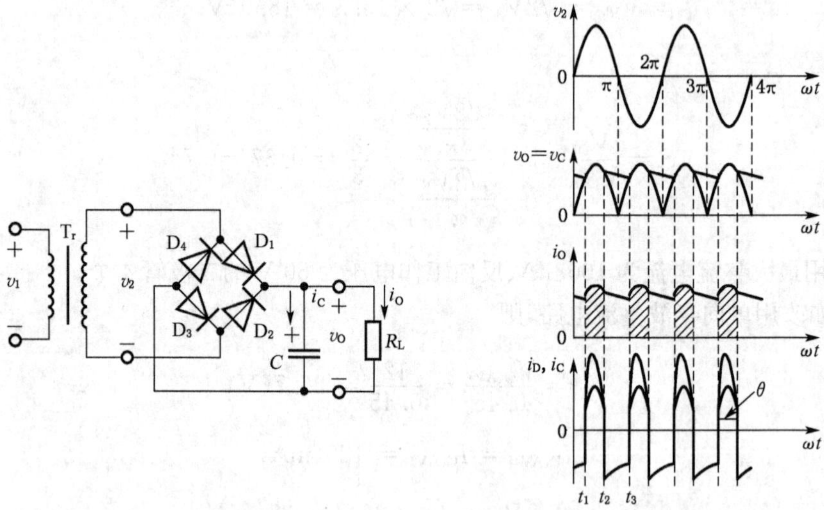

(a) 桥式整流电容滤波电路　　(b) 桥式整流电容滤波电路波形

图 10.6　桥式整流电容滤波电路及波形

(2) 电容滤波电路的特点

① 二极管的导通角 $\theta<\pi$,且流过二极管的瞬时电流很大,容易损坏二极管。选择整流二极管时必须有足够的电流裕量,一般按 $(2\sim3)I_{O(AV)}$ 来选择二极管。

② 输出电压的平均值增大,纹波减小,且 R_LC 越大,电容的放电速度越慢,纹波越小,输出电压平均值越大。R_LC 不同时 V_O 的波形如图 10.7 所示。曲线 3 为放电时间常数 R_LC 较大时的波形,曲线 2 为放电时间常数 R_LC 较小时的波形。

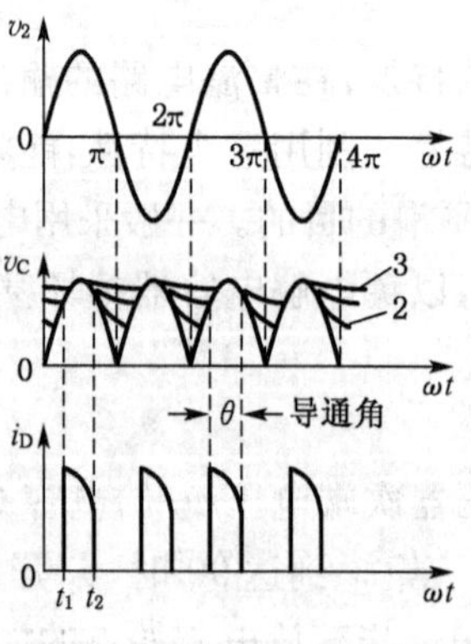

图 10.7　R_LC 不同时 V_O 的波形

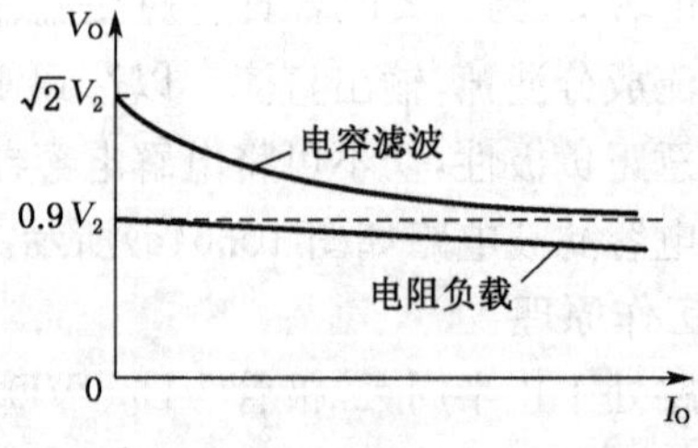

图 10.8　电容滤波电路的输出特性

③ 输出的直流电压 V_C 随负载电流增加而减小。输出特性如图 10.8 所示,电容滤波适用于负载电压较高、输出电流较小、负载变动不大的场合。

(3) 电容滤波的输出计算

电容滤波的计算比较麻烦,因为决定输出电压的因素较多。工程上有详细的曲线可供查阅。一般常采用以下近似估算法：

①用锯齿波近似表示，即

$$V_L = V_O = \sqrt{2}V_2\left(1 - \frac{T}{4R_LC}\right) \tag{10.8}$$

②在 $R_LC=(3\sim5)T/(2R_L)$ 的条件下（如果要使电容滤波获得较好的效果，工程上通常应满足 $\omega R_LC \geqslant 6 \sim 10$），近似认为：

$$V_L = V_O = 1.2V_2 \tag{10.9}$$

在电容滤波电路中，若负载电阻 R_L 开路，则

$$V_O = \sqrt{2}V_2 \tag{10.10}$$

【例 10.2】 图 10.6(a)所示为单相桥式整流电容滤波电路，若交流电源频率 $f=50\ \text{Hz}$，负载电阻 $R_L=50\ \Omega$，要求输出电压 $V_{O(AV)}=30\ \text{V}$。试求变压器二次电压有效值 V_2，并选择二极管和滤波电容。

解：由式(10.9)可得：

$$V_2 = \frac{V_{O(AV)}}{1.2} = \frac{30}{1.2} = 25(\text{V})$$

则流过二极管的电流平均值为：

$$I_{D(AV)} = I_{O(AV)} = \frac{1}{2}\frac{V_{O(AV)}}{R_L} = \frac{1}{2}\times\frac{30}{50} = 0.3(\text{A})$$

二极管承受最高反向电压为：

$$V_{RM} = \sqrt{2}V_2 = \sqrt{2}\times 25 = 35(\text{V})$$

所以，应选择 $I_F \geqslant (2\sim3)I_{D(AV)} = (0.6\sim0.9)\text{A}$、$V_{RM} > 35\text{V}$ 的二极管。

根据 $R_LC=(3\sim5)T/(2R_L)$ 的条件，取

$$R_LC = 4\times\frac{T}{2} = 4\times\frac{1}{2f} = \frac{2}{f}$$

则

$$C = \frac{2}{R_Lf} = \frac{2}{50\times50} = 800(\mu\text{F})$$

可选择 800 μF 标称值、耐压为 50 V 的电解电容器。

2）电感滤波电路

电感滤波电路是利用电感器两端的电流不能突变的特点，在整流电路和负载之间串联一个大的电感器，以达到使输出电流平滑的目的。实际中，一般是串联一个带铁心的大电感 L 构成电感滤波电路。图 10.9 所示为电感滤波电路及其波形。

电感与电容一样，也是一种储能元件，但具有通直流、隔交流的特性。利用这个特性，能将整流电路输出中的交流成分滤掉，输出直流。电感滤波后的输出电压平均值为：

$$V_{O(AV)} = \frac{R_L}{R+R_L}V_{D(AV)} \approx \frac{R_L}{R+R_L}\times 0.9V_2 \tag{10.11}$$

式中：$V_{D(AV)}$——桥式全波整流电路的输出直流电压；

R——电感线圈电阻。

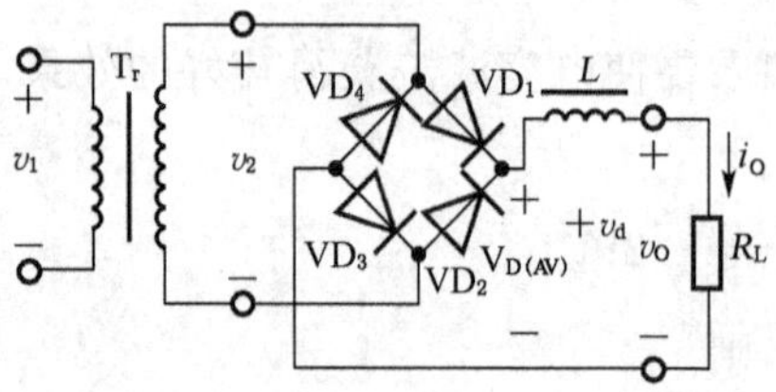

(a) 电感滤波电路

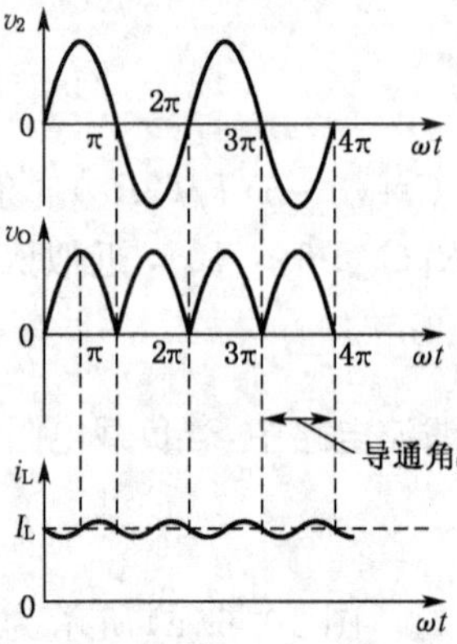

(b) 电感滤波电路波形

图 10.9　电感滤波电路及波形

输出电压的交流分量为：

$$v_o \approx \frac{R_L}{\sqrt{(\omega L)^2 + R_L^2}} v_d \approx \frac{R_L}{\omega L} v_d \tag{10.12}$$

式中：ωL——电感线圈对交流呈现的电抗；

v_d——整流电路输出中的交流分量。

若忽略电感线圈电阻 R 时，电感滤波电路输出电压的平均值为：

$$V_{O(AV)} \approx 0.9V_2 \tag{10.13}$$

由式(10.13)可知，负载电阻越小，负载电流越大，输出电压的交流分量就越小，脉动也越小。一般要求 $\omega L \gg R_L$，电感越大，滤波效果就越好。

电感滤波电路的优点是：整流二极管的导电角 θ 大，近似为 π，峰值电流小，输出特性较为平坦。但存在含铁心、体积大、笨重、易引起电磁干扰等缺点，一般只适用于低电压、大电流的场合。

10.3　串联反馈式稳压电路

交流电经过整流滤波后可得到平滑的直流电压，但当输入电网电压波动和负载变化时，输出电压也随之而变。因此，需要稳压电路，使输出电压在电网波动、负载变化时基本稳定在某一数值。稳压电路的功能就是使整流滤波后的直流电压维持稳定。稳压电路有串联型和并联型两种基本形式，前者稳压调整器件与负载 R_L 串联，后者则为并联。本节主要讨论串联反馈式稳压电路。通常用稳压系数 S_r 和稳压电路的输出电阻 R_o 这两个主要指标指来衡量稳压电路的质量。

10.3.1　稳压电路的主要指标

1) 稳压系数 S_r

稳压系数 S_r 定义为：在负载固定的前提下，输出电压的相对变化量与稳压电路输入电

压的相对变化量之比,即

$$S_r = \frac{\Delta V_o/V_o}{\Delta V_i/V_i}\bigg|_{R_L=常数} = \frac{\Delta V_o}{\Delta V_i}\frac{V_i}{V_o}\bigg|_{R_L=常数} \tag{10.14}$$

该指标反映了电网波动对输出电压的影响。此处稳压电路输入电压就是整流滤波后的直流电压。稳压系数越小,则稳压效果越好。

2) 稳压电路的输出电阻 R_o

稳压电路的输出电阻 R_o 定义为:经过整流滤波后输入到稳压电路的直流电压 V_i 不变时,稳压电路的输出电压变化量 ΔV_o 与输出电流变化量 ΔI_o 之比,即

$$R_o = \frac{\Delta V_o}{\Delta I_o}\bigg|_{V_i=常数} \tag{10.15}$$

输出电阻可以衡量稳压电路受负载电阻的影响程度。一般说来,输出电阻越小,电路承受负载电流变化的能力就越强,则输出电压就越稳定。

除上述两个指标外,有时还用其他指标,如电压调整率 S_U、电流调整率 S_i、最大波纹电压、温度系数 S_T 等。

10.3.2 串联反馈式稳压电路的工作原理

典型的串联反馈式稳压电路如图 10.10 所示。它由调整管 VT、取样电路、比较放大器、基准电压源 4 个部分组成。

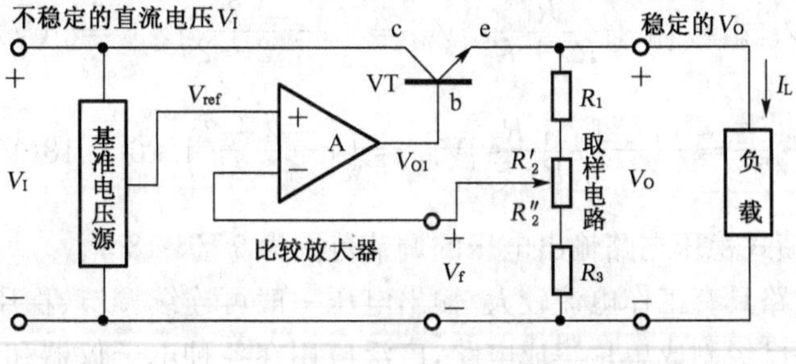

图 10.10 串联型稳压电路构成框图

调整管 VT 接成射极输出器形式,与负载 R_L 串联,故这种电路称为串联反馈式稳压电路。电压 V_I 为整流滤波电路的输出电压,为不稳定的直流电压,需要稳压电路对其调整稳压。取样电路的作用是把输出电压及其变化量取出并加到比较放大电路的输入端;基准电压电路的作用是为稳压电路提供稳定的基准电压;比较放大器的作用是将取样电路采集到的电压与基准电压进行比较并放大,进而推动电压调整环节工作;电压调整电路的作用是在比较放大电路的推动下改变调整环节的压降,使输出电压稳定。

下面根据图 10.10 分两种情况来讨论串联反馈式稳压电路的工作原理。

(1) 输入电压变化,负载电流保持不变

输入电压 V_I 的增加必然会使输出电压 V_O 有所增加,输出电压经过取样电路取出一部分信号 V_f 与基准源电压 V_{ref} 比较,获得误差信号 ΔV。误差信号经放大后,用 V_{O1} 去控制调

整管的管压降 V_{CE} 增加，从而抵消输入电压增加的影响。亦即：

$$V_I\uparrow \rightarrow V_O\uparrow \rightarrow V_f\uparrow \rightarrow V_{O1}\downarrow \rightarrow V_{CE}\uparrow \rightarrow V_O\downarrow$$

(2) 负载电流变化，输入电压保持不变

负载电流 I_L 的增加必然会使输入电压 V_I 有所减小，输出电压 V_O 必然有所下降，经过取样电路取出一部分信号 V_f 与基准源电压 V_{ref} 比较，获得的误差信号使 V_{O1} 增加，从而使调整管的管压降 V_{CE} 下降，从而抵消因 I_L 增加而使输入电压减小的影响。亦即：

$$I_L\uparrow \rightarrow V_I\downarrow \rightarrow V_O\downarrow \rightarrow V_f\downarrow \rightarrow V_{O1}\uparrow \rightarrow V_{CE}\downarrow \rightarrow V_O\uparrow$$

10.3.3　输出电压的调节范围

根据图 10.10 可知 $V_f \approx V_{ref}$，则

$$V_O \approx V_{O1} = \left(1+\frac{R_1+R_2'}{R_3+R_2''}\right)V_{ref} \tag{10.16}$$

调节电位器 R_2 显然可以改变输出电压。当电位器滑动端向上调，输出电压减小，当滑动端调至最上端时，输出电压最小；反之，当滑动端调至最下端时，输出电压最大。

【例 10.3】 图 10.10 所示串联反馈式稳压电路中，若 $V_{ref}=6$ V，采用电阻 $R_1=2$ kΩ，$R_2=2$ kΩ，$R_3=2$ kΩ，试估算输出电压的调节范围。

解：由式(10.16)可得：

$$V_{Omin} = \left(1+\frac{R_1}{R_3+R_2}\right)V_{ref} = \left(1+\frac{2}{2+2}\right)\times 6 = 9(\text{V})$$

$$V_{Omax} = \left(1+\frac{R_1+R_2}{R_3}\right)V_{ref} = \left(1+\frac{2+2}{2}\right)\times 6 = 18(\text{V})$$

因此，串联反馈式稳压电路输出电压的调节范围为 9 V～18 V。

串联型稳压电路具有工作电流较大、输出电压一般可连续调节、稳压性能优越等优点。目前这种稳压电路已经制成单片集成电路，广泛应用在各种电子仪器和电子电路之中。线性串联型稳压电源的缺点是损耗较大、效率低。

10.4　集成串联稳压电路

10.4.1　三端集成稳压器电路的符号和型号

1）电路符号和外形

采用集成工艺将串联稳压电路和保护电路集成在一块芯片上，就构成了集成串联稳压器。早期的集成稳压器引脚较多，现在的集成稳压器引脚只有 3 个：输入端、输出端、公共端 GND 或调整端 ADJ，称为三端集成稳压器。它的电路符号如图 10.11 所示，外形如图 10.12 所示。

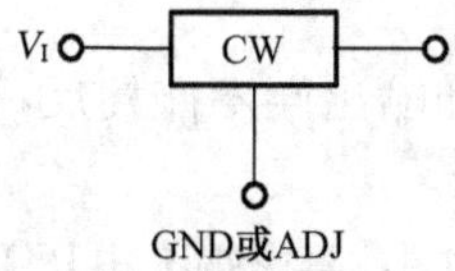

图 10.11 集成稳压器电路符号

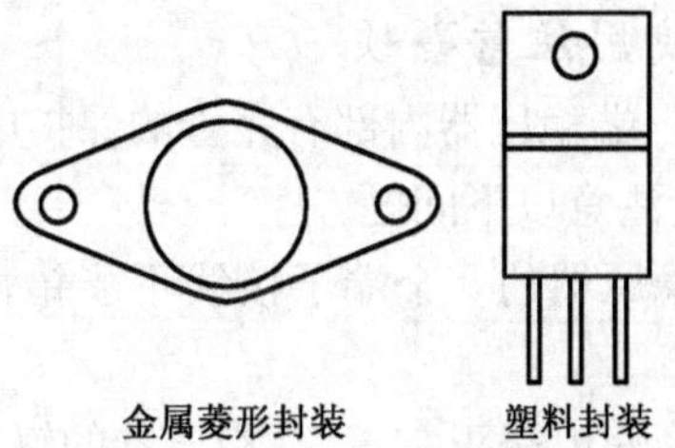

图 10.12 集成稳压器外形

2）型号组成及其意义

集成稳压器的种类很多，按输出电压形式可分为固定式稳压器和可调式稳压器。前者的输出电压不能调节，为固定值；后者可通过外接元件使输出电压在较宽范围内调节。目前国内生产的三端集成稳压器主要有 CW78××系列和 CW79××系列，其中，CW78××系列输出正电压，CW79××系列输出负电压，共有 7 个等级，对应输出电压为±5 V、±6 V、±8 V、±9 V、±12 V、±15 V、±18 V、±24 V，最大输出电流为 0.1 A、0.5 A、1 A、1.5 A、2.0 A 等。

三端固定式集成稳压器型号组成及意义如图 10.13 所示。

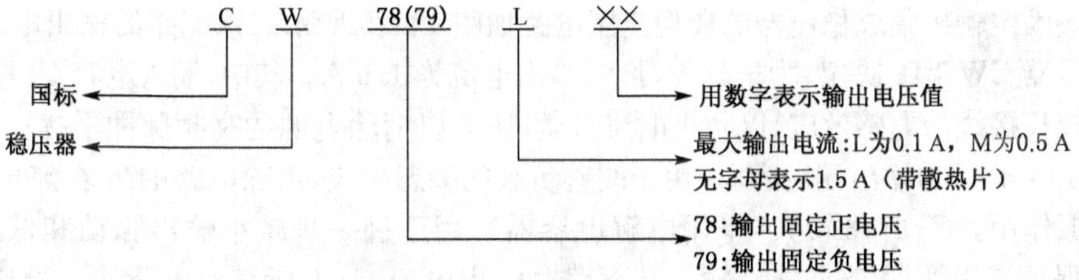

图 10.13 三端固定式集成稳压器的型号组成

例如，CW78L05 表示最大输出电流为 0.1 A、输出电压为 5 V 的三端固定式集成稳压器。

10.4.2 CW78××/CW79××系列三端固定式集成串联稳压电路

1）外形和引脚功能

CW78××系列和 CW79××系列三端固定集成稳压器的外形和引脚功能如图 10.14 所示。

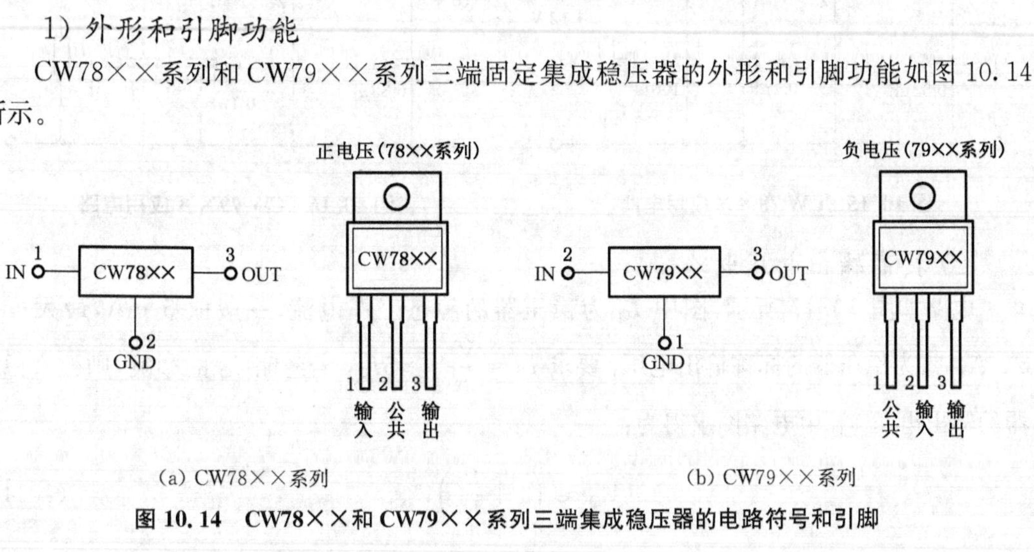

(a) CW78××系列 (b) CW79××系列

图 10.14 CW78××和 CW79××系列三端集成稳压器的电路符号和引脚

2）使用注意事项

虽然三端稳压器内部有完善的保护电路，但为了保证稳压电路安全可靠的工作，在实际使用时，应注意以下问题：

(1) 稳压器的 3 个端子接线不能错，特别是输入端和输出端不能接反，否则器件就会损坏。

(2) 为使电路正常工作，稳压器的输入电压 V_I 不能过小，要求输入电压 V_I 应至少大于 $(2.5\sim3)V_O$。但压差也不能过大，否则会使稳压器功耗增大，应特别注意不能使器件功耗超过规定值(塑料封装管加散热器最大功耗为 10 W，金属壳封装管加散热器最大功耗为 20 W)。

(3) 稳压器输出端接有大容量负载电容时，应在稳压器输入端与输出端之间加接保护二极管。

(4) 稳压器 GND 端不能开路，一旦 GND 开路，稳压器输出电压就会接近于输入电压，即 $V_O\approx V_I$，可能会损坏负载电路中的元器件。

10.4.3　三端固定式集成稳压器的应用

1）典型应用电路

三端固定输出集成稳压器的典型应用电路如图 10.15 所示。该电路的输出电压 V_O 由集成稳压器 CW7812 决定，为 +12 V，最大输出电流为 1.5 A。其中，输入电容 C_1 用于抵消输入端较长接线的电感效应，以防止电路自激，还可以消除电源的高频脉冲干扰，一般其值取 0.1 μF～1 μF。输出端电容 C_2 用于改善负载的瞬态响应，消除电路的高频噪声，同时也具有消振作用。C_3 容量较大(采用电解电容器)，用于进一步减小输出脉动和低频干扰。VD_1 是保护二极管，用来防止在输入端短路时输出电容 C_3 上所存储电荷通过稳压器放电而损坏器件。CW79××系列接线与 CW78××系列接线基本相同，如图 10.16 所示。

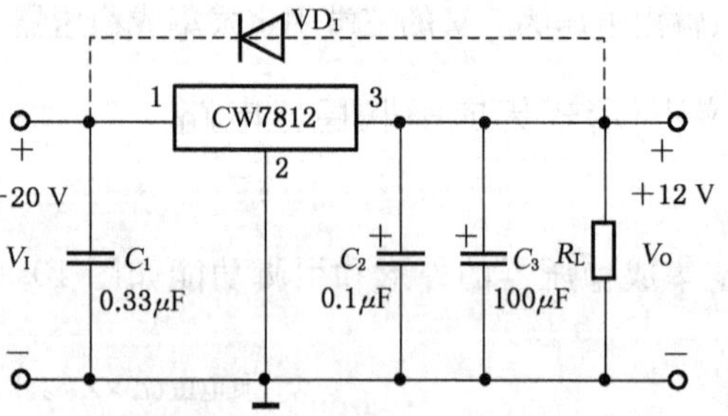

图 10.15　CW 78××应用电路

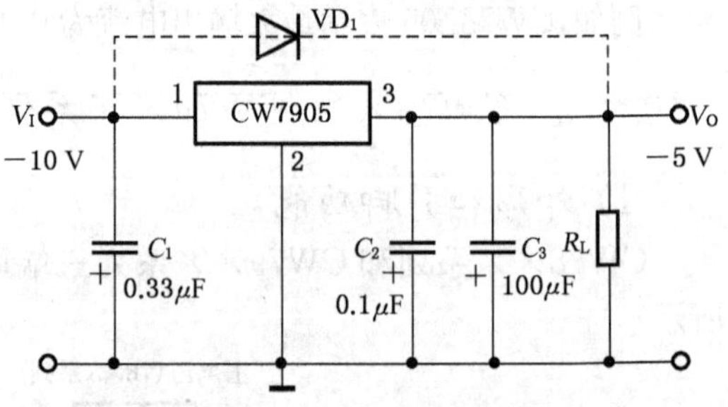

图 10.16　CW 79××应用电路

2）提高输出电压电路

电路如图 10.17 所示，图中 I_Q 为稳压器的静态工作电流，一般取 5 mA，最大可达 8 mA；V_{xx} 为稳压器的标称输出电压，要求 $I_1=\dfrac{V_{xx}}{R_1}\geqslant 5I_Q$。若忽略 I_Q 的影响，则整个稳压器的输出电压 V_O 由电路图求得为：

$$V_O\approx\left(1+\frac{R_2}{R_1}\right)V_{xx}\tag{10.17}$$

可见，提高 R_2 与 R_1 的比值，可提高 V_O。但这种接法的缺点是，当输入电压变化时，I_Q 也会变化，将降低稳压器的精度。

3）恒流源电路

三端集成稳压器的输出端串入阻值适当的电阻 R，就可以构成恒流源电路，如图10.18所示。图中 R_L 为输出负载电阻。由电路可求出向负载 R_L 输出电流 I_O 为：

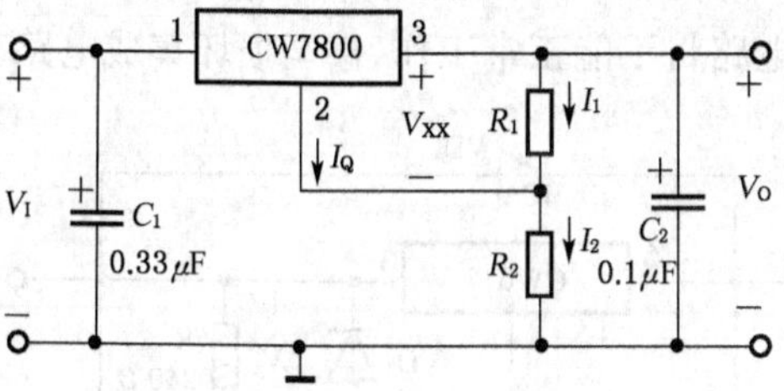

图 10.17 提高输出电压应用电路

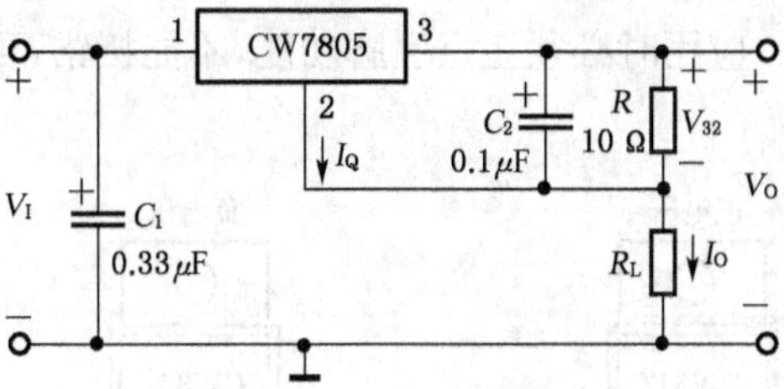

图 10.18 恒流源电路

$$I_O = \frac{V_{32}}{R} + I_Q \tag{10.18}$$

式中：I_Q——稳压器的静态工作电流，由于受 V_I 及温度变化的影响，所以只有当 $V_{32}/R \gg I_Q$ 时，输出电流 I_O 才比较稳定。

4）具有正、负对称输出电压的稳压电路

具有正、负对称输出电压的稳压电路如图 10.19 所示。要求变压器带有中心抽头并接地，则输出端得到大小相等、极性相反的输出电压。

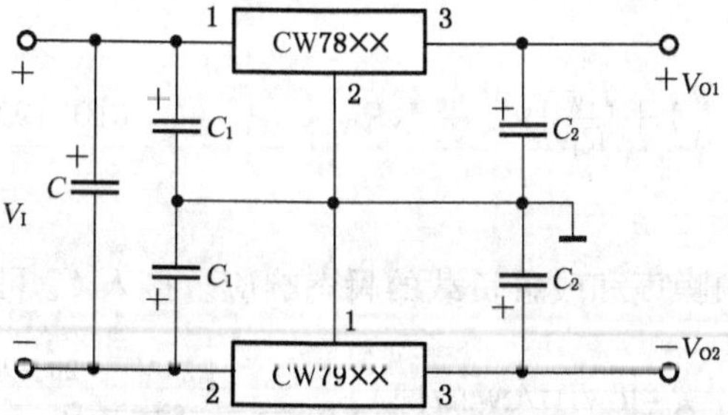

图 10.19 正负对称输出的稳压电路

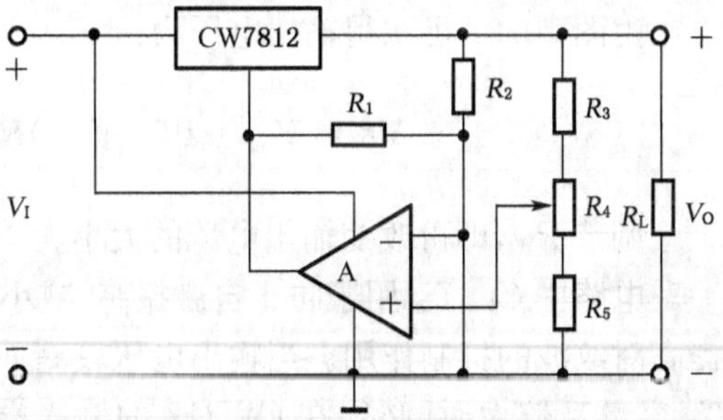

图 10.20 输出电压可调的集成稳压电路

【例 10.4】 在图 10.20 所示的输出可调的集成稳压电路中，试求出电路输出电压的表达式。

解：CW7812 的输出为 V_{ref}，则基准电压为：

$$V_R = \frac{R_2}{R_1 + R_2} V_{ref}$$

则输出电压的表达式为：

$$\frac{R_3 + R_4 + R_5}{R_3 + R_4} V_R \leqslant V_O \leqslant \frac{R_3 + R_4 + R_5}{R_3} V_R$$

10.4.4 三端可调式集成稳压器

三端可调集成稳压器按输出电压分为正电压输出可调集成稳压器 CW317(CW117、CW217)和负电压输出可调集成稳压器 CW337(CW137、CW237)两大类。按输出电流大小,每个系列又分为L型和M型等。

三端可调集成稳压器(以 CW317 和 CW337 为例)外形封装和引脚功能如图 10.21 所示。应用时必须注意引脚功能,不能接错,否则电路将不能正常工作,甚至损坏集成电路。

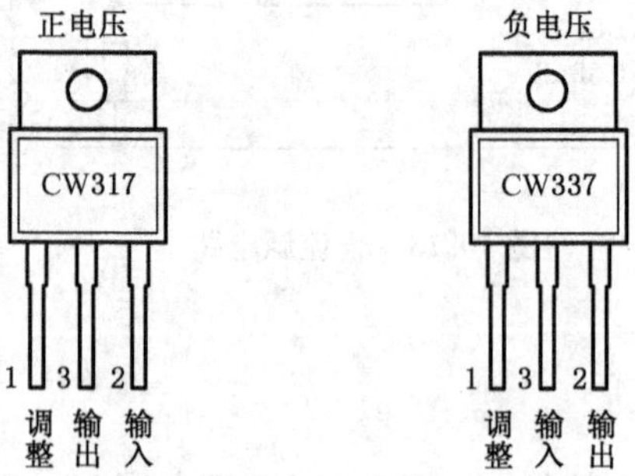

图 10.21 可调式三端集成稳压器外形封装和引脚功能

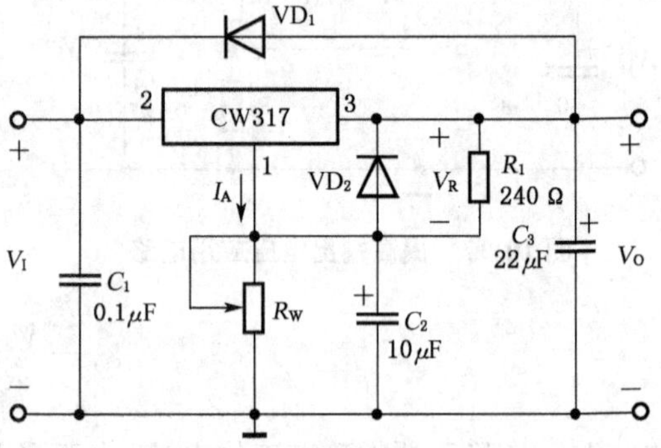

图 10.22 可调式三端集成稳压器基本应用电路

图 10.22 所示为 CW317 系列稳压器基本应用电路。为保证稳压器在空载时也能正常工作,要求流过电阻 R_1 的电流不能太小。一般取 $I_{R1}=5\text{ mA}\sim10\text{ mA}$,故 $R_1=V_{ref}/I_{R1}=1.25\text{ V}/(5\sim10)\text{mA}\approx120\ \Omega\sim240\ \Omega$。

由图 10.22 可求得输出电压为:

$$V_O=V_{ref}+(I_{R1}+I_A)R_W=\left(1+\frac{R_W}{R_1}\right)V_{ref}+I_AR_W \tag{10.19}$$

调节 R_W,即可改变输出电压的大小。

电路中 C_1、C_3 用于防止自激振荡、减小高频噪声和改善负载的瞬态响应。接入 C_2 可提高对纹波的抑制作用。当输出电压较高而 C_3 容量又较大时,必须在 CW317 的输入端与输出端之间接上保护二极管 VD_1。否则,一旦输入短路时,未经释放的 C_3 上的电压会通过稳压器内部的输出晶体管放电,可能造成输出晶体管发射结反向击穿。接上 VD_1 后,C_3 可通过 VD_1 放电。同理,VD_2 可用来当输出端短路时为 C_2 提供放电通路,同样起保护稳压器的作用。

若在图 10.22 的基础上,配上由 CW337 组成的负电源电路,即可构成正、负输出电压可调的稳压电源,如图 10.23 所示。该电源

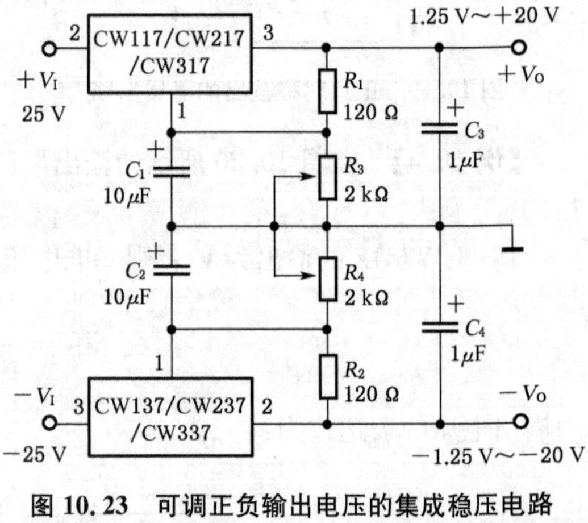

图 10.23 可调正负输出电压的集成稳压电路

输出电压调节范围为±1.25 V～±20 V，输出电流为1 A。

三端集成稳压器属线性集成直流稳压电路，其中调整管工作在放大状态，这种电路结构简单，调整方便。但因调整管工作在线性状态，管耗大，效率低，一般不超过50%。特别在输入电压升高、负载电流很大时，管耗会更大，不但电源效率很低，而且使调整管的工作可靠性降低，同时还需加装庞大的散热装置。一般适用于负载电流不是很大的场合。

【例 10.5】 在图10.24所示电路中，$R_1=240\ \Omega$，$R_2=3\ \text{k}\Omega$；CW117输入端和输出端电压允许范围为3 V～40 V，输出端与调整端之间的电压V_R为1.25 V。试求解：

(1) 输出电压V_O的调节范围；

(2) 输入电压V_I允许的范围。

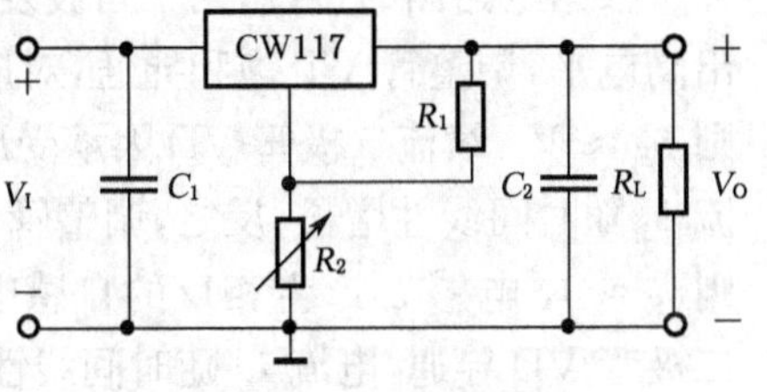

图 10.24　集成稳压电路

解：

(1) 输出电压的调节范围为：

$$V_O \approx \left(1+\frac{R_2}{R_1}\right)V_{ref} = 1.25\ \text{V} \sim 16.9\ \text{V}$$

(2) 输入电压取值范围为：

$$V_{Imin} = V_{Omin} + V_{12min} \approx 20\ \text{V}$$

$$V_{Imax} = V_{Omin} + V_{12max} \approx 41.25\ \text{V}$$

*10.5　开关稳压电路

为解决线性稳压电源功耗较大、效率低的缺点，研制了开关型稳压电源。开关型稳压电源效率可达90%以上，造价低，体积小。目前开关型稳压电源已经比较成熟，广泛应用于各种电子电路中。开关型稳压电源的缺点是纹波较大，用于小信号放大电路时，还应采用第2级稳压措施。但由于其优点显著，现在发展非常迅速，应用越来越广泛。

10.5.1　开关稳压电路的工作原理

开关稳压电路的工作原理可用图10.25所示电路来说明。

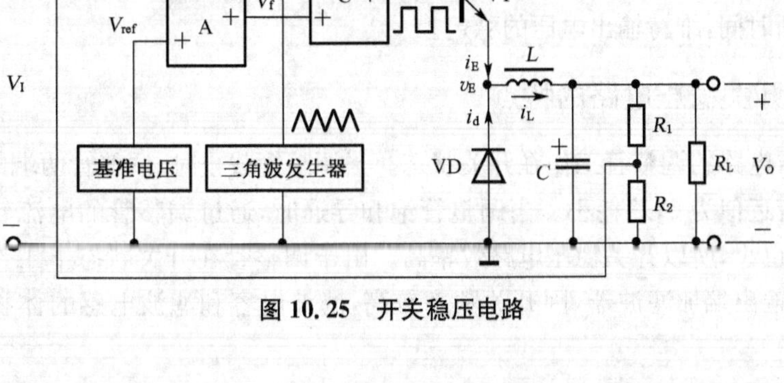

图 10.25　开关稳压电路

该电路由调整管 VT、滤波电路(由 L、C 构成)、误差放大器 A、三角波发生器、比较放大器 C 和基准源等部分构成。调整管 VT 与负载 R_L 串联;R_1 和 R_2 构成取样电路;三角波发生器通过比较器产生一个方波 v_B,去控制调整管 VT 的通断,调整管工作在开关状态。调整管饱和导通时,向电感充电。当调整管截止时,必须给电感中的电流提供一个泄放通路,续流二极管 VD 即可起到这个作用,有利于保护调整管。

根据电路图的接线,当三角波发生器的输出 v_S 小于比较放大器的输出 v_f 时,比较器输出高电平,调整管 VT 饱和导通,对应调整管的导通时间为 t_{on},若忽略调整管的饱和压降,则 $v_E \approx V_I$,续流二极管 VD 因承受反压而截止,v_E 通过电感 L 向 R_L 提供负载电流,电感电流 i_L 随时间线性增长;反之,调整管 VT 截止,对应调整管的截止时间为 t_{off},输出为低电平,则 $v_E \approx 0$,电感 L 产生相反的自感电动势,使续流二极管 VD 导通,电流 i_L 随时间线性下降。

开关稳压电路各点波形如图 10.26 所示。由于调整管发射极输出为方波,存在滤波电感,使输出电流 i_L 为锯齿波,趋于平滑。输出则为带纹波的直流电压。

忽略电感的直流电阻,输出电压 V_O 即为 v_E 的平均分量。于是有:

$$V_O = \frac{1}{T}\int_0^{t_1} v_E \mathrm{d}t + \frac{1}{T}\int_{t_1}^{T} v_E \mathrm{d}t =$$

$$\frac{1}{T}(-V_D)t_{off} + \frac{1}{T}(V_1 - V_{CES})t_{on} \approx$$

$$V_1 \frac{t_{on}}{T} = V_1 D \tag{10.20}$$

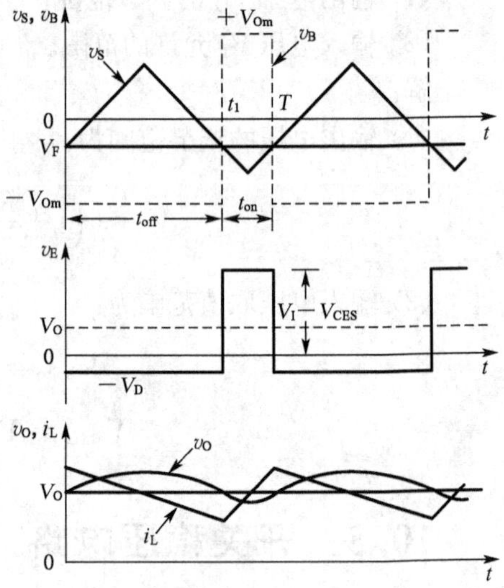

图 10.26 开关型稳压电路的工作波形

在输入电压一定时,输出电压与占空比 $D = t_{on}/T$ 成正比。方波高电平的时间占整个周期的百分比称为占空比。可以通过改变比较器输出方波的宽度(占空比)来控制输出电压值。这种电路称为脉冲宽度调制(PWM)型开关稳压电路。

为了稳定输出电压,应按电压负反馈方式引入反馈,以确定基准源和比较放大器的连线。设输出电压增加,反馈电压 FV_O 增加,比较放大器的输出 V_f 减小,比较器方波输出的 t_{off} 增加,调整管导通时间减小,输出电压下降,从而起到了稳压作用。

由上述分析可知,在闭环情况下,开关稳压电路能根据输出电压的大小自动调节调整管的导通和关断时间,维持输出电压的稳定。

10.5.2 开关稳压电路的特点

开关稳压电路的调整管工作在开关状态。当调整管截止时,调整管两端的电压较大,由于通过的电流近似为 0,管耗小。当调整管饱和导通时,通过调整管的电流较大,但两端电压很小,管耗也小,所以开关稳压电路效率高。由于调整管在开关状态下工作,为得到直流输出,必须在输出端加滤波器,因开关频率较高,滤波电容和滤波电感的体积可大大减小。

可通过脉冲宽度的控制，方便地改变输出电压值。

10.6 小结

＊ 各种电子设备都需要直流电源提供能量。比较经济实用的方法是将电网的交流电经过变压、整流、滤波和稳压后得到。对直流电源的主要要求是：纹波电压要小，当输入电压以及负载变化时，输出电压应保持稳定，即直流电源的稳压系数及输出电阻越小越好。

＊ 整流是利用二极管的单向导电性，将交流电压变为单方向的脉动直流电压。整流电路有半波和全波两种，目前广泛采用整流桥构成的桥式整流电路。分析整流电路时，应分别判断在变压器副边电压正、负半周两种情况下二极管的工作状态，从而得到负载两端电压、二极管端电压及其电流波形，并由此得到输出电压和电流的平均值，以及二极管的最大整流平均电流和所能承受的最高反向电压。

＊ 滤波电路可减小脉动，使直流电压平滑。滤波电路通常有电容滤波、电感滤波，本章重点介绍了桥式电容滤波电路，当$R_LC=\frac{(3\sim5)T}{2}$时，输出电压$V_O\approx1.2V_2$（V_2为变压器二次电压的有效值）。

＊ 稳压电路的作用是在电网电压波动或负载电流变化时保持输出电压基本不变。目前广泛采用集成稳压器，在小功率直流供电系统中，大多采用线性集成稳压器。线性集成稳压器中调整管与负载串联，且工作在线性放大状态，它由调整管、基准电压电路、输出电压取样电路和比较放大电路、保护电路等组成。在电路中引入了深度电压负反馈，从而使输出电压稳定。三端集成稳压器仅有输入端、输出端、公共端或调整端 3 个引出端，使用方便，稳压性能好。CW78××（CW79××）系列为固定输出稳压器，CW117/217/317（CW137/237/337）系列为可调输出稳压器，由于调整管始终工作在线性状态，缺点是功耗大，效率低。

＊ 开关型稳压电源中调整管工作在开关状态，其效率比线性稳压电源要高得多，且这一效率不受输入电压大小的影响，即开关稳压电路有很宽的稳压范围。脉冲宽度调制（PWM）开关稳压电路是在控制输出频率不变的情况下，通过电压反馈调整其占空比，从而达到稳定输出电压的目的。

习　　题

10.1 选择正确答案填入空格内。

(1) 整流的目的是________。

A. 将交流变为直流　　B. 将高频变为低频　　C. 将正弦波变为方波

(2) 在单相桥式整流电路中，若有一个整流管接反，则________。

A. 输出电压约为 $2V_D$　　B. 变为半波直流

C. 整流管将因电流过大而烧坏

10.2 电路如图 10.27 所示，变压器副边电压有效值为 $2V_2$。

(1) 画出 v_2、v_{D_1} 和 v_O 的波形；

(2) 求输出电压平均值 $V_{O(AV)}$ 和输出电流平均值 $I_{L(AV)}$ 的表达式；

(3) 求二极管的平均电流 $I_{D(AV)}$ 和所承受的最大反向电压 V_{RM} 的表达式。

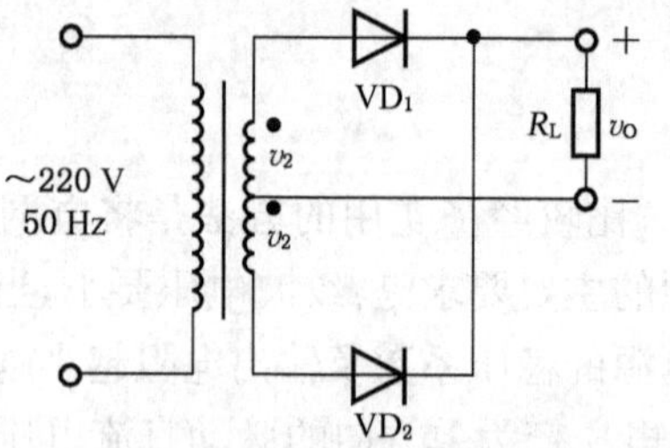

图 10.27　习题 10.2 用图

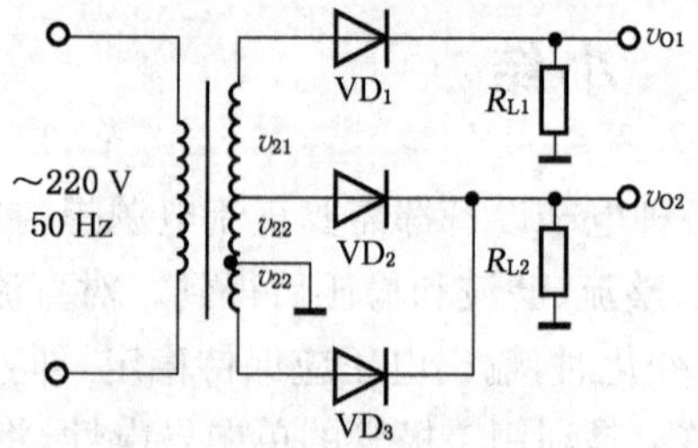

图 10.28　习题 10.3 用图

10.3 电路如图 10.28 所示，变压器副边电压有效值 $V_{21}=50\text{ V}$，$V_{22}=20\text{ V}$。试问：

(1) 输出电压平均值 $V_{O1(AV)}$ 和 $V_{O2(AV)}$ 各为多少？

(2) 各二极管承受的最大反向电压为多少？

10.4 电路如图 10.29 所示。

(1) 分别标出 v_{O1} 和 v_{O2} 对地的极性；

(2) v_{O1}、v_{O2} 分别是半波整流还是全波整流？

(3) 当 $V_{21}=V_{22}=20\text{ V}$ 时，$V_{O1(AV)}$ 和 $V_{O2(AV)}$ 各为多少？

(4) 当 $V_{21}=18\text{ V}$，$V_{22}=22\text{ V}$ 时，画出 v_{O1}、v_{O2} 的波形，并求出 $V_{O1(AV)}$ 和 $V_{O2(AV)}$ 各为多少？

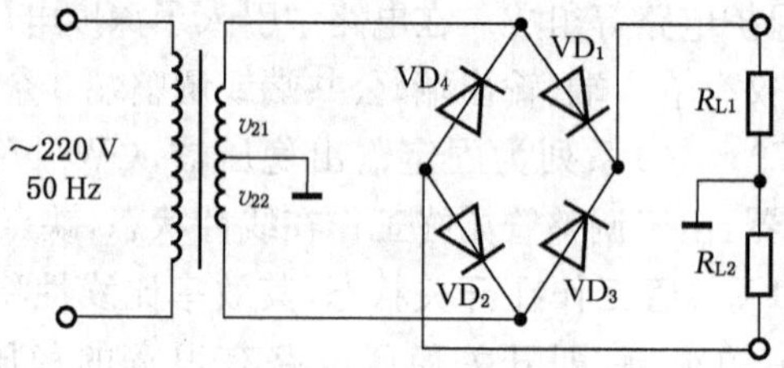

图 10.29　习题 10.4 用图

10.5 判断下列说法是否正确，用“√”或“×”表示判断结果填入括号内。

(1) 在变压器副边电压和负载电阻相同的情况下，桥式整流电路的输出电流是半波整流电路输出电流的 2 倍。（　）

(2) 电容滤波电路适用于小负载电流，而电感滤波电路适用于大负载电流。（　）

(3) 在单相桥式整流电容滤波电路中，若有一个整流管断开，输出电压平均值变为原来的一半。（　）

(4) 若 V_2 为电源变压器副边电压的有效值，则半波整流电容滤波电路和全波整流电容滤波电路在空载时的输出电压均为 $\sqrt{2}V_2$。（　）

10.6 单相桥式滤波电路如图 10.6(a)所示，已知交流电源频率 50 Hz，若变压器二次电压有效值 $V_2=10\text{ V}$，$R_L=50\ \Omega$，$C=2\,000\ \mu\text{F}$，试求：

(1) 输出电压 $V_{O(AV)}$ 等于多少？

(2) R_L 开路时，$V_{O(AV)}$ 等于多少？

(3) C 开路时，$V_{O(AV)}$ 等于多少？

10.7 单相桥式滤波电路如图 10.6(a)所示，若在电路出现下述故障时，分析会出现什么现象？

(1) VD_1 极性接反；　(2) 4 个二极管极性都接反；

(3) R_L 短路；　(4) VD_1 击穿短路时。

10.8 选择正确答案填入空格内。

(1) 直流稳压电源中滤波电路的目的是________。

A. 将交流变为直流　B. 将高频变为低频

C. 将交、直流混合量中的交流成分滤掉

(2) 在直流稳压电源中，滤波电路一般应选用________。

A. 高通滤波电路　B. 低通滤波电路　C. 带通滤波电路

10.9 判断图 10.30 所示各电路能否作为滤波电路，简述理由。

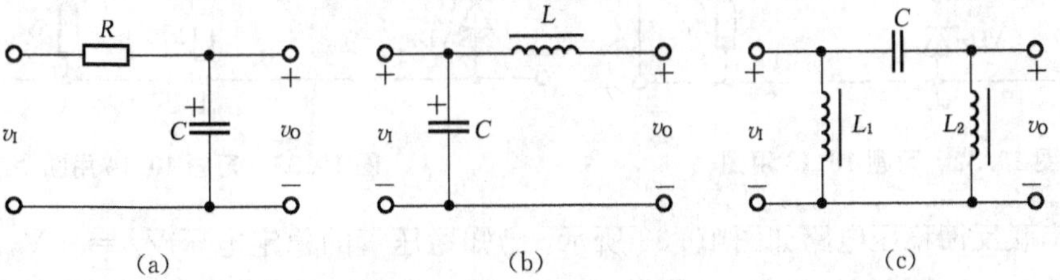

图 10.30　习题 10.9 用图

10.10 如图 10.31 所示稳压管稳压电路中，已知稳压管的稳定电压 V_Z 为 6 V，最小稳定电流 I_{Zmin} 为 5 mA，最大稳定电流 I_{Zmax} 为 40 mA；输入电压 V_I 为 15 V，波动范围为 ±10%，限流电阻 R 为 200 Ω。试问：

(1) 电路是否能空载？为什么？

(2) 确定负载电流 I_L 的范围为多少？

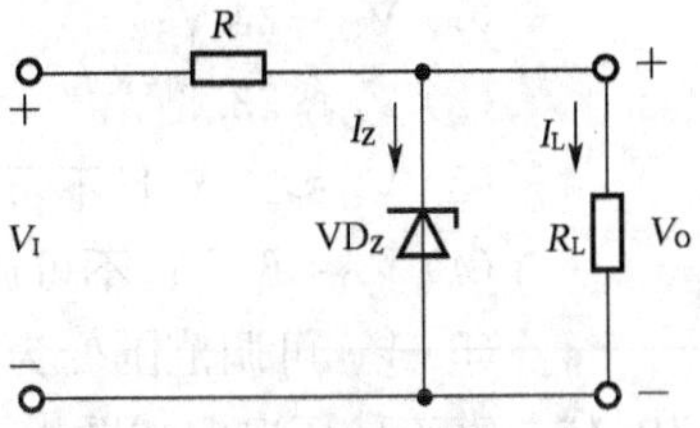

图 10.31　习题 10.10 用图

10.11 判断下列说法是否正确，用"√"或"×"表示判断结果填入括号内。

(1) 对于理想的稳压电路，$\Delta V_O/\Delta V_I = 0$，$R_o = 0$。（　）

(2) 在稳压管稳压电路中，稳压管的最大稳定电流必须大于最大负载电流。（　）

(3) 因为串联型隐压电路中引入了深度负反馈，因此也可能产生自激振荡。（　）

(4) 在稳压管稳压电路中，其最大稳定电流与最小稳定电流之差应大于负载电流的变化范围。（　）

(5) 当输入电压 V_I 和负载电流 I_L 变化时，稳压电路的输出电压是绝对不变的。（　）

10.12 选择合适答案填入空格内。

(1) 若要组成输出电压可调、最大输出电流为 3 A 的直流稳压电源，则应采用________。

A. 电容滤波稳压管稳压电路　B. 电感滤波稳压管稳压电路

C. 电容滤波串联型稳压电路　D. 电感滤波串联型稳压电路

(2) 串联型稳压电路中的放大环节所放大的对象是________。

A. 基准电压　　B. 采样电压　　C. 基准电压与采样电压之差

10.13 串联反馈稳压电路如图 10.32 所示，稳压管的稳定电压 $V_Z = 4.3$ V，晶体管的 $V_{BE} = 0.7$ V，$R_1 = R_2 = R_3 = 300\ \Omega$，$R_0 = 5\ \Omega$。试估算：

(1) 输出电压的可调范围；

(2) 调整管发射极允许的最大电流；

(3) 若 $V_I = 25$ V，波动范围为±10%，则调整管的最大功耗为多少？

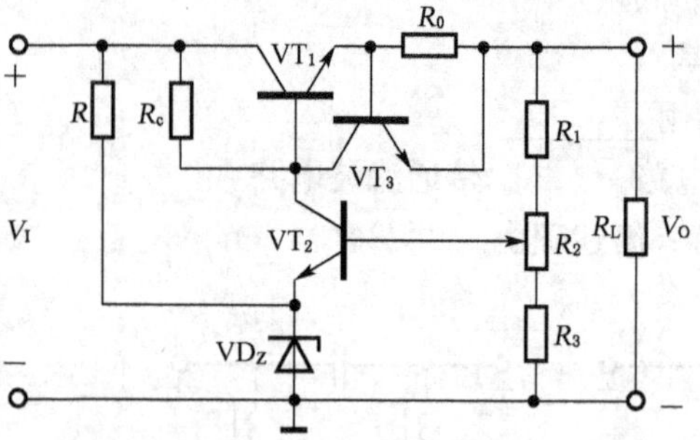

图 10.32　习题 10.13 用图

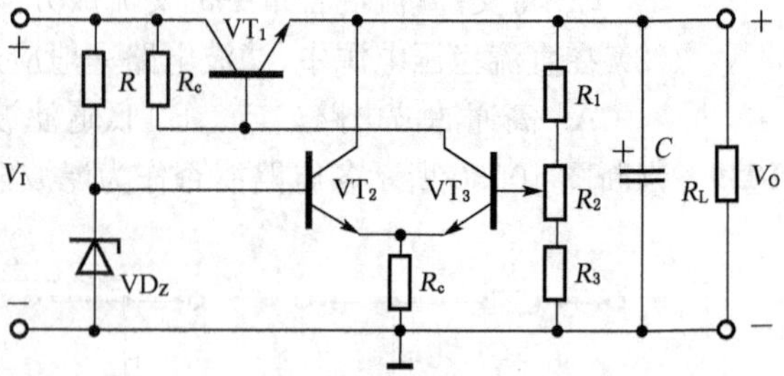

图 10.33　习题 10.14 用图

10.14 串联反馈稳压电路如图 10.33 所示，已知稳压管的稳定电压 $V_Z = 6$ V，晶体管的 $V_{BE} = 0.7$ V，$R_1 = R_2 = R_3 = 300\ \Omega$，$V_I = 24$ V。试判断出现下列现象时，分析是电路什么故障引起的(即哪个元件开路或短路)。

(1) $V_O \approx 24$ V；

(2) $V_O \approx 23.3$ V；

(3) $V_O \approx 12$ V 且不可调；

(4) $V_O \approx 6$ V 且不可调；

(5) V_O 可调范围变为 6 V～12 V。

10.15 直流稳压电源如图 10.34 所示。

(1) 说明电路的整流电路、滤波电路、调整管、基准电压电路、比较放大电路、采样电路等部分各由哪些元件组成。

(2) 标出集成运算放大器的同相输入端和反相输入端。

(3) 写出输出电压的表达式。

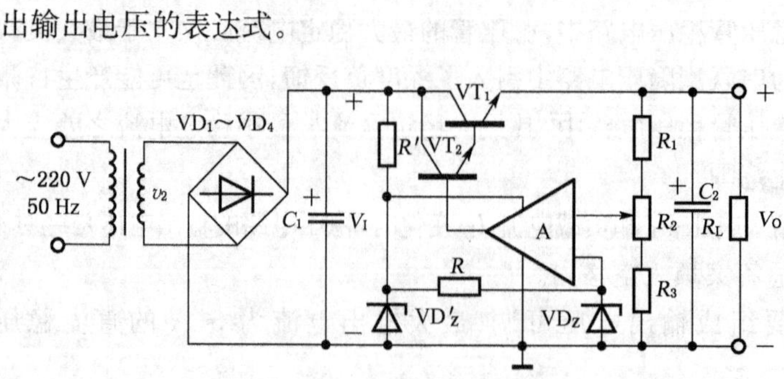

图 10.34　习题 10.15 用图

10.16 集成稳压电路输入端、输出端接电容 C_i、C_o 的作用是什么？对它们的取值有何要求？

10.17 三端集成稳压电路，在使用过程中应注意什么问题？如果输入端、输出端反接，将会出现什么问题？在电路中如何增加输入短路保护电路？说明工作原理。

10.18 集成稳压电路如图 10.35 所示，设 $I_I' \approx I_O' = 1.5\ \text{A}$，晶体管 VT 的 $V_{EB} \approx V_D$，$R_1 = 1\ \Omega$，$R_2 = 2\ \Omega$，$I_D \gg I_B$。求解负载电流 I_L 与 I_O' 的关系式。

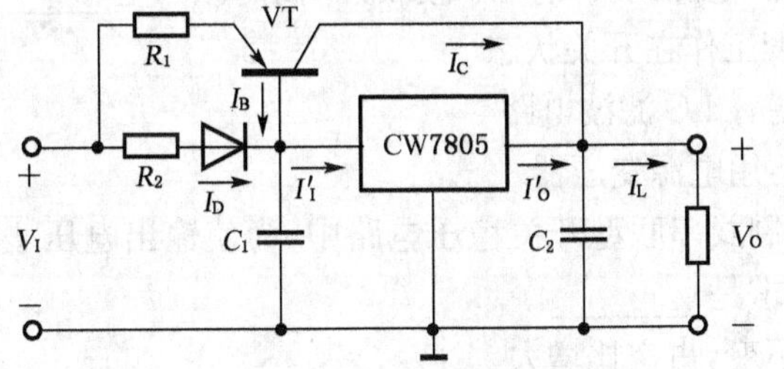

图 10.35　习题 10.18 用图

10.19 画出用 CW78×× 和 CW79×× 组成的具有正负对称输出电压的电路图。

10.20 能否用集成稳压电路构成恒流源电路？若能，说明实现过程；若不能，则说明理由。

10.21 两个恒流源电路分别如图 10.36(a)、(b)所示。

(1) 求各电路负载电流的表达式；

(2) 设输入电压为 20 V，晶体管饱和压降为 3 V，b-e 间电压 $|V_{BE}| = 0.7\ \text{V}$；CW7805 输入端与输出端间的电压最小值为 3 V；稳压管的稳定电压 $V_Z = 5\ \text{V}$；$R_1 = R = 50\ \Omega$。分别求出两电路负载电阻的最大值。

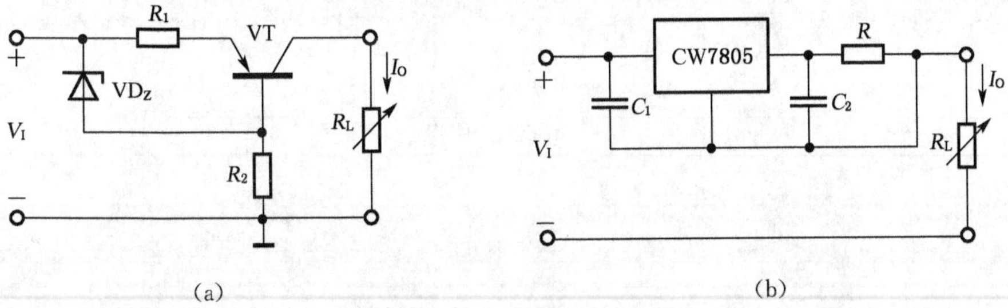

图 10.36　习题 10.21 用图

10.22 两个可调集成稳压电路如图 10.37(a)、(b)所示，分别求各电路输出电压 V_O 的表达式。

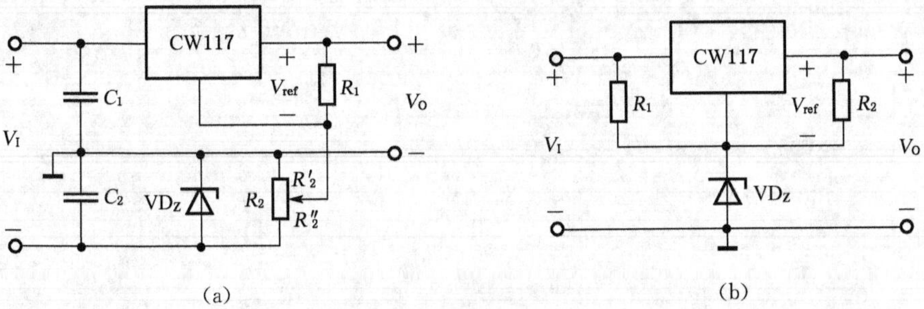

图 10.37　习题 10.22 用图

10.23 判断下列说法是否正确，用“√”或“×”表示判断结果填入括号内。

(1) 线性直流电源中的调整管工作在放大状态，开关型直流电源中的调整管工作在开关状态。（　）

(2) 一般情况下，开关型稳压电路比线性稳压电路效率高。（　）

10.24 选择合适答案填入空格内。

(1) 开关型直流电源比线性直流电源效率高的原因是________。

A. 调整管工作在开关状态

B. 输出端有 LC 滤波电路

C. 可以不用电源变压器

(2) 在脉宽调制式串联型开关稳压电路中，为使输出电压增大，对调整管基极控制信号的要求是________。

A. 周期不变，占空比增大

B. 频率增大，占空比不变

C. 在一个周期内，高电平时间不变，周期增大

参考文献

[1] 康华光.电子技术基础(模拟部分).4版.北京:高等教育出版社,2003

[2] 谢嘉奎.电子线路(线性部分).4版.北京:高等教育出版社,2000

[3] 童诗白.模拟电子技术基础.4版.北京:高等教育出版社,2003

[4] 周淑阁.模拟电子技术基础.北京:高等教育出版社,2004

[5] 周淑阁.模拟电子技术基础学习指南与习题详解.北京:高等教育出版社,2006

[6] 胡宴如,耿苏燕.模拟电子技术基础.北京:高等教育出版社,2004

[7] 周良权.模拟电子技术基础.北京:高等教育出版社,2001

[8] 杨拴科.模拟电子技术基础.北京:高等教育出版社,2003

[9] 夏应清,陈小宇,吴建斌.模拟电子技术基础.北京:科学出版社,2006

[10] 邱关源.电路.3版.北京:高等教育出版社,1988

[11] 陈小钦,彭容修.模拟电子技术基础学习与解题指南.武汉:华中科技大学出版社,2001

[12] GRAY P R, MEYER R G. Analysis and design of analog integrated circuits. New York, USA:John Wiley & Sons, 1993

[13] NEAMEN O A. Electronic circuit analysis and design. Second edition. New York, USA:McGraw-Hill Inc., 2001

[14] RASHID M H. Microelectronic circuits: Analysis and design. Boston, USA:PWS Publishing Company, 1999

[15] 宋文涛,王汝君,等.模拟电子线路习题精解.北京:科学出版社,2003

[16] 罗振中.模拟电子技术.北京:清华大学出版社,2005

[17] 谢沅清,解四珍.电子技术基础.北京:人民邮电出版社,1999

[18] 罗民昌.模拟集成电路系统.北京:中国铁道出版社,1998

[19] 吴运昌.模拟集成电路原理与应用.广州:华南理工大学出版社,1995

[20] 华成英.模拟电子技术基础(第三版)教师手册.北京:高等教育出版社,2002

[21] 郑家龙,王小海,章安元.集成电子技术基础教程.北京:高等教育出版社,2002